职业技能培训鉴定教材

Jixie Chanpin

Jianyangong

编审人员

主　编　罗　佳　董利　蒋　屹

编　者　李庆莲　周雄伟　杨　靖　祝　娟

主　审　范　丽　吕晓萍

机械产品检验工

（综合基础知识）

中国劳动社会保障出版社

图书在版编目(CIP)数据

机械产品检验工：综合基础知识/人力资源和社会保障部教材办公室组织编写. —北京：中国劳动社会保障出版社，2013

职业技能培训鉴定教材

ISBN 978-7-5167-0243-7

Ⅰ.①机… Ⅱ.①人… Ⅲ.①机械工业-产品质量-质量检验-职业技能-鉴定-教材 Ⅳ.①TH-43

中国版本图书馆 CIP 数据核字(2013)第 109232 号

中国劳动社会保障出版社出版发行

（北京市惠新东街1号　邮政编码：100029）

出版人：张梦欣

*

北京市艺辉印刷有限公司印刷装订　新华书店经销

787毫米×1092毫米　16开本　23.75印张　516千字

2013年6月第1版　　2020年3月第2次印刷

定价：46.00元

读者服务部电话：（010）64929211/84209101/64921644

营销中心电话：（010）64962347

出版社网址：http://www.class.com.cn

http://zyjy.class.com.cn

编者的话

机械产品检验工是装备制造业中十分重要的职业之一，在《中华人民共和国职业分类大典》中，机械产品检验工岗位覆盖面广（包含铸、锻、焊、热处理、电镀、涂装、机械零件加工、机械装配等工序的品质检验等），技术要求高。机械产品检验工的职业能力水平直接关系到中国装备制造业的整体水平。目前，国家还没有颁发机械产品检验工的国家职业标准，也缺乏相关的职业技能培训与鉴定教材。这次《职业标准·机械产品检验工》（试行）的出台和职业技能培训鉴定教材《机械产品检验工》的出版，将积极地推进机械产品检验工的职业技能培训与鉴定工作，提升该职业的职业能力水平。

为满足机械产品检验工职业技能培训鉴定的需要，我们组织业界实际工作专家、教学工作专家和职业技能鉴定方法专家，对《职业标准·机械产品检验工》（试行）进行了深入的研究，共同编写了职业技能培训鉴定教材《机械产品检验工（综合基础知识）》《机械产品检验工（职业技能）》《机械产品检验工（质量检验管理）》，以及配套的职业技能鉴定指导，共计6本教材。其中，《机械产品检验工（综合基础知识）》综合了机械制图、金属材料、机械传动基础、机械制造基础、机械加工装配工艺、电工常识等机械产品检验工必备的基础知识；《机械产品检验工（职业技能）》包含了机械产品检验工中级、高级、技师应知应会的职业技能；《机械产品检验工（质量检验管理）》重点讲述了机械产品检验数据的采集、统计分析、不合格品的处置和控制、产品实物质量的评判与监督、检验报告的编写等。

本套职业技能培训鉴定教材和职业技能鉴定指导主要以《职业标准·机械产品检验工》（试行）为依据，坚持“用什么、编什么、考什么”的原则，内容上由浅入深，在基本保证知识连贯性的基础上，采用任务驱动式的教学方法，着眼于技能操作，力求浓缩精练、体现职业特色，突出针对性、典型性、实用性，是对职业标准的细化，并涵盖各等级鉴定要素细目表中90%以上鉴定点的内容，从而不同于一般的学科教材。

本书由湖南电气职业技术学院罗佳、董利、蒋屹、范丽联合主编，各单元的主要编写者如下：罗佳和董利编写第1单元，罗佳编写第2单元，董利编写第3单元，蒋屹编写第4、5单元，范丽编写第6单元，湘电集团李庆莲、周雄伟、吕晓萍、杨靖、祝娟参与了各单元的编写。

在本套教材的编写过程中，得到了湖南省人力资源和社会保障厅、湖南省职业技能鉴定中心、湘潭电机集团有限公司、湖南电气职业技术学院、三一重工、中联重科、南车集团等单位的大力支持和无私的援助，在此深表谢意。

由于时间仓促，不足之处在所难免，欢迎广大读者提出宝贵意见和建议。

内容简介

本教材由人力资源和社会保障部教材办公室组织编写。教材以《职业标准·机械产品检验工》（试行）为依据，紧紧围绕“以企业需求为导向，以职业能力为核心”的编写理念，力求突出职业技能培训特色，满足职业技能培训与鉴定考核的需要。

本教材主要介绍了识图与制图、金属材料、机械传动基础、机械制造基础、机械加工工艺与装配工艺、电工常识等机械产品检验工必备的基础知识。

本教材是机械产品检验工职业技能培训与鉴定考核用书，也可供相关人员参加在职培训、岗位培训使用。

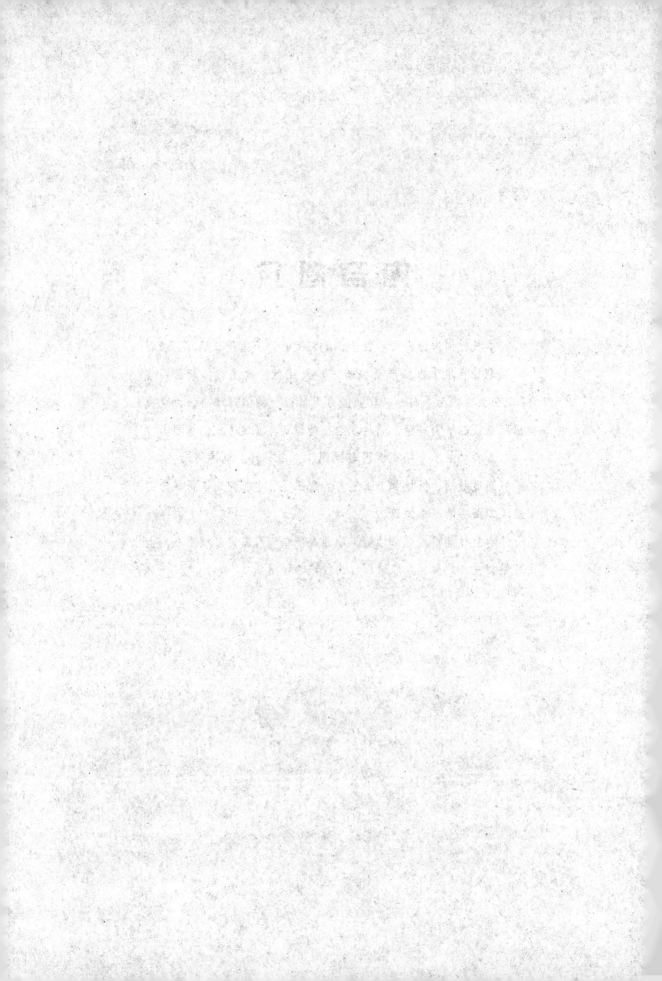

前　言

1994年以来，原劳动和社会保障部职业技能鉴定中心、教材办公室和中国劳动社会保障出版社组织有关方面专家，依据《中华人民共和国职业技能鉴定规范》，编写出版了职业技能鉴定教材及其配套的职业技能鉴定指导200余种，作为考前培训的权威性教材，受到全国各级培训、鉴定机构的欢迎，有力地推动了职业技能鉴定工作的开展。

原劳动保障部从2000年开始陆续制定并颁布了国家职业标准。同时，社会经济、技术不断发展，企业对劳动力素质提出了更高的要求。为了适应新形势，为各级培训、鉴定部门和广大受培训者提供优质服务，人力资源和社会保障部教材办公室组织有关专家、技术人员和职业培训教学管理人员、教师，依据国家职业标准和企业对各类技能人才的需求，研发了职业技能培训鉴定教材。

新编写的教材具有以下主要特点：

在编写原则上，突出以职业能力为核心。教材编写贯穿"以职业标准为依据，以企业需求为导向，以职业能力为核心"的理念，依据国家职业标准，结合企业实际，反映岗位需求，突出新知识、新技术、新工艺、新方法，注重职业能力培养。凡是职业岗位工作中要求掌握的知识和技能，均作详细介绍。

在使用功能上，注重服务于培训和鉴定。根据职业发展的实际情况和培训需求，教材力求体现职业培训的规律，反映职业技能鉴定考核的基本要求，满足培训对象参加各级各类鉴定考试的需要。

在编写模式上，采用分级模块化编写。纵向上，教材按照国家职业资格等级单独成册，各等级合理衔接、步步提升，为技能人才培养搭建科学的阶梯型培训架构。横向上，教材按照职业功能分模块展开，安排足量、适用的内容，贴近生产实际，贴近培训对象需要，贴近市场需求。

在内容安排上，增强教材的可读性。为便于培训、鉴定部门在有限的时间内把最重要的知识和技能传授给培训对象，同时也便于培训对象迅速抓住重点，提高学习效率，在教材中精心设置了"培训目标"等栏目，以提示应该达到的目标，需要掌握的重点、难点、鉴定点和有关的扩展知识。另外，每个学习单元后安排了单元思考题，方便培训对象及时巩固、检验学习效果，并对本职业鉴定考核形式有初步的了解。

编写教材有相当的难度，是一项探索性工作。由于时间仓促，不足之处在所难免，恳切希望各使用单位和个人对教材提出宝贵意见，以便修订时加以完善。

人力资源和社会保障部教材办公室

目录

第1单元

识图与制图

第一节 机件表示方法

在实际生产中，机件的结构和形状是多样的，内、外形状的结构特点和复杂程度也各不相同。为此，在国家标准《技术制图》和《机械制图》中制定了对机件的各种表达方法——视图、剖视图、断面图及其他规定画法等，以使机件的结构和形状表达准确、清晰、简练。本节介绍机件常用的表达方法。

一、视图

机件在投影面上的投影称为视图，视图主要用于表达机件的外形结构。视图可分基本视图、向视图、斜视图和局部视图四种。

1. 基本视图

机件向基本投影面投射所得到的视图称为基本视图。根据国家标准规定，采用一个正六面体的六个面为基本投影面。把机件放在六面体中，向基本投影面投射，如图 1—1 所示，得到主视图——从前向后投射；俯视图——从上向下投射；左视图——从左向右投射；后视图——从后向前投射；仰视图——从下向上投射；右视图——从右向左投射。投影面按图 1—1 所示展开成同一平面后，基本视图的配置关系如图 1—2 所示。在同一张图纸内按图 1—2 所示配置视图时，可不标注视图的名称。

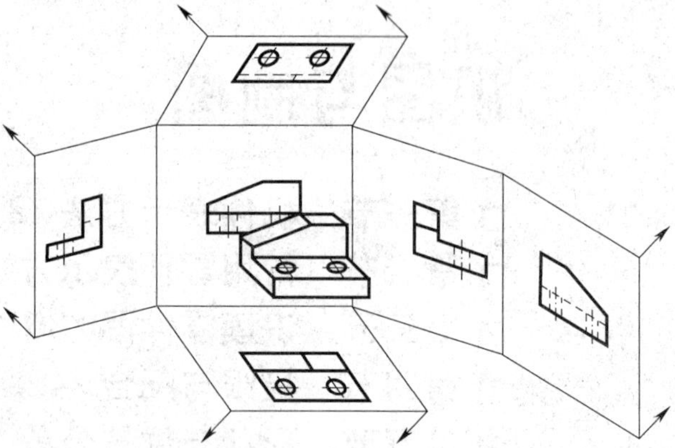

图 1—1 基本投影面及其展开

从视图中还可以看出机件前后、左右、上下的方位关系。六个基本视图之间符合长对正、高平齐、宽相等的投影规律。

国家标准规定：绘制技术图样时，应首先考虑看图方便，还应根据机件的结构特点选用适当的表示方法。在完整、清晰地表示物体形状的前提下，力求制图简便。通常优先采用主、俯、左三个视图。

2. 向视图

当基本视图不能按规定位置配置时，可画成向视图，如图 1—3 所示。画成向视图时，应在视图上方用大写拉丁字母标出视图的名称“×”，同时在相应的视图附近用箭头指明投射方向，并注上相同的字母，如图 1—3 所示。

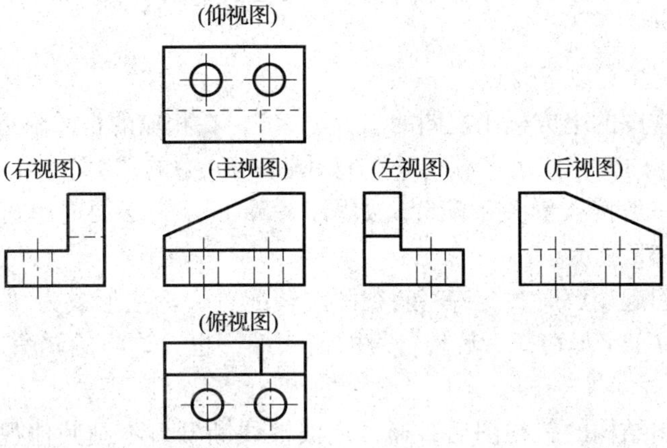

图 1—2　基本视图的配置关系

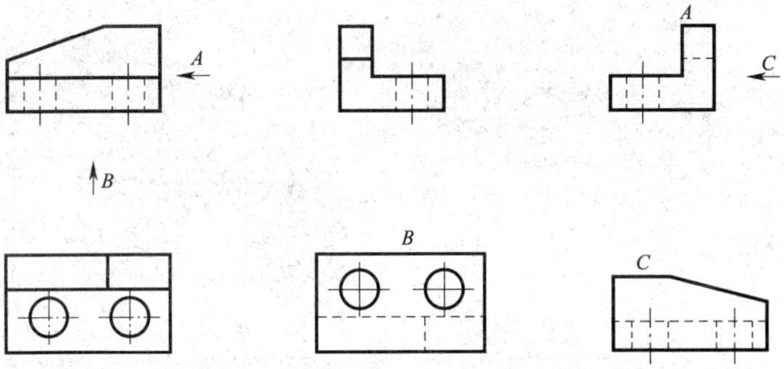

图 1—3　向视图

3. 斜视图

机件上的倾斜部分由于不平行于基本投影面，所以该部分在基本投影面上的投影不反映实形，如图 1—4a 所示。这时选取一个与机件倾斜部分平行的投影面，使倾斜部分在该投影面上的投影反映实形，就可得到反映这部分实形的视图，如图 1—4b 所示。压紧杆的三视图及斜视图的形成如图 1—4 所示。

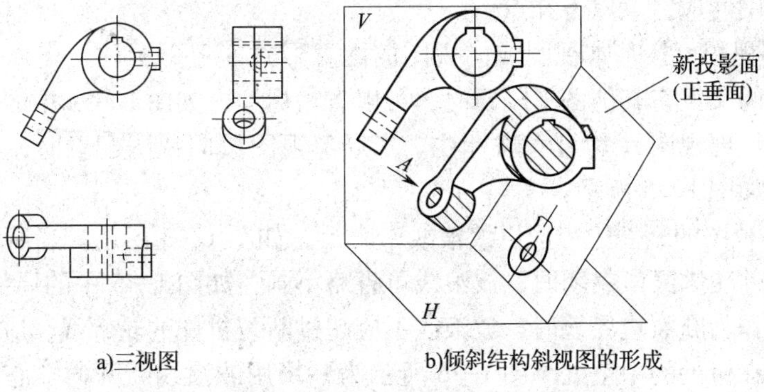

a)三视图　　b)倾斜结构斜视图的形成

图 1—4　压紧杆的三视图及斜视图的形成

人们把机件向不平行于任何基本投影面，但垂直于某一基本投影面的平面投射所得的视图称为斜视图。

画斜视图时应注意以下几点：

（1）必须在视图的上方标出视图的名称“×”，在相应的视图附近用箭头指明投影方向，并注上同样的大写拉丁字母“×”，如图 1—5a 中的“*A*”。

（2）斜视图一般按投影关系配置，如图 1—5a 所示，必要时也可配置在其他适当的位置，如图 1—5b 所示。

（3）在不致引起误解时，允许将斜视图旋转配置，标注形式为“×↶”，表示该斜视图名称的大写拉丁字母应靠近旋转符号的箭头端，也允许将旋转角度标注在字母后，如图 1—5b 所示。

（4）画出倾斜结构的斜视图后，通常用波浪线断开，不画其他视图中已表达清楚的部分，如图 1—5 所示。

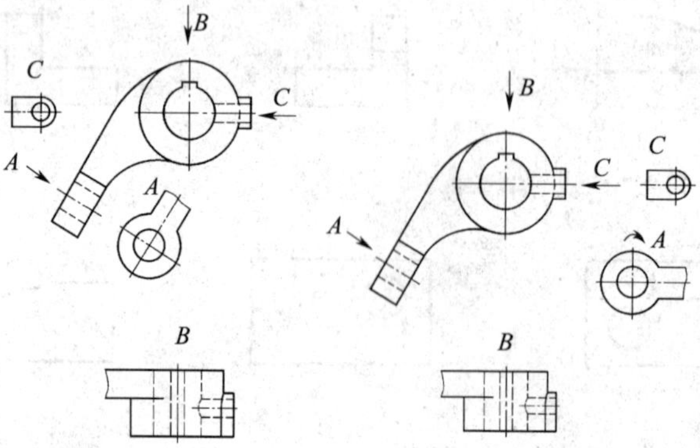

a) 一种布置形式　　b) 另一种布置形式

图 1—5　压紧杆的斜视图和局部视图

4. 局部视图

将机件的某一部分向基本投影面投射所得到的视图称为局部视图。

画局部视图时应注意以下几点：

（1）局部视图可按基本视图或向视图的配置形式配置并标注。当局部视图按基本视图配置且中间又没有其他图形隔开时，可以省略标注，如图 1—5a 中的局部视图 *C* 和图 1—5b 中的局部视图 *B* 均可省略标注。当局部视图按向视图配置时，按向视图的标注方法标注，如图 1—5 所示。

（2）局部视图的断裂边界应以波浪线来表示，如图 1—5 所示。当所表示的局部结构是完整的且外轮廓又呈封闭时，波浪线可省略不画，如图 1—5 中的局部视图 *C*。

用波浪线作为断裂边界线时，波浪线不应超过断裂机件的轮廓线，应画在机件的实体上，不可画在机件的中空处。图 1—6 所示为一块用波浪线断开的空心圆板的正、误对比画法。

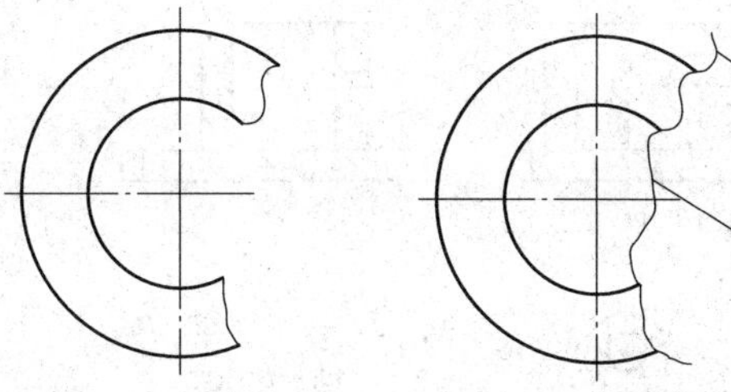

图 1—6　波浪线的正、误对比画法

二、剖视图

当机件内结构复杂时，视图上出现许多虚线，会使图形不清晰，给看图和标注尺寸带来困难。为了将内部结构表达清楚，同时又避免出现虚线，可采用剖视图的方法来表达。

1．剖视图的概念

（1）剖视图的形成。如图 1—7 所示，用假想的剖切面将机件剖开，将处在观察者和剖切面之间的部分移去，而将其余部分向投影面投射所得到的视图称为剖视图，简称剖视。

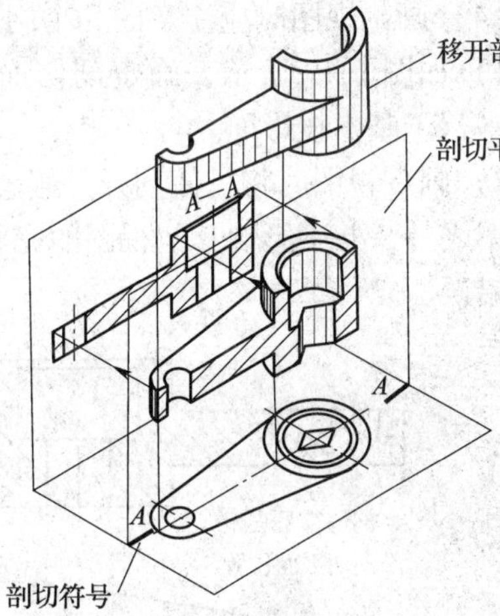

图 1—7　剖视图的概念

（2）剖面符号。在剖视图中，剖切面与机件相交的实体剖面区域应画出剖面符号。因机件的材料不同，剖面符号也不相同。画图时应采用国家标准所规定的剖面符号（常见材料的剖面符号参见国家标准）。

按国家标准规定，绘制金属零件图样时，其剖面符号用与水平方向倾斜 45° 的细实线画出。在同一张图样上同一零件的剖面线方向、间隔应相同。

当图形中的主要轮廓线与水平线成 45° 时，该图形的剖面线应画成与水平线成 30° 或 60° 的平行线，其方向与间隔应与该机件的其他视图的剖面线相同。

（3）剖视图的标注。在剖视图中，应该用剖切线来标明剖切面的剖切位置。剖切线用细点画线绘制，剖切线也可以省略不画。用剖切符号指示剖切面的起止和转折位置（用粗实线表示）及投影方向（用箭头及细实线表示）。剖切符号的粗实线应尽可能不与图形的轮廓线相交，并在起止和转折处注上大写拉丁字母；同时，用同样的大写字母在相应的剖视图上方标出剖视图的名称“×—×”，如图 1—8 中的“*A—A*”和“*B—B*”所示。

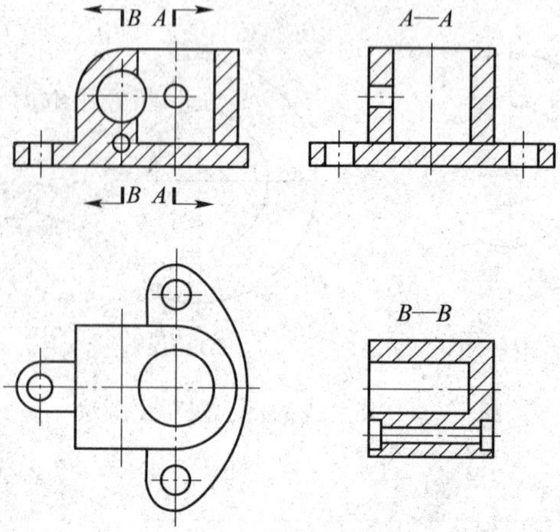

图 1—8　剖视图的标注

以上是剖视图标注的一般原则。当单一剖切平面通过机件的对称平面或基本对称平面，且视图按投影关系配置，中间又没有其他图形隔开时，可省略标注，如图 1—9 的主视图所示。

（4）画剖视图时应注意的几个问题

1）如图 1—9 所示，确定剖切面位置时一般选择所需表达的内部结构的对称面，并且平行于基本投影面。

2）画剖视图时将机件剖开是假想的，并不是真正把机件切掉一部分，因此，除了剖视图之外，并不影响其他视图的完整性，即不应出现图 1—10 所示的俯视图只画出一半的错误。

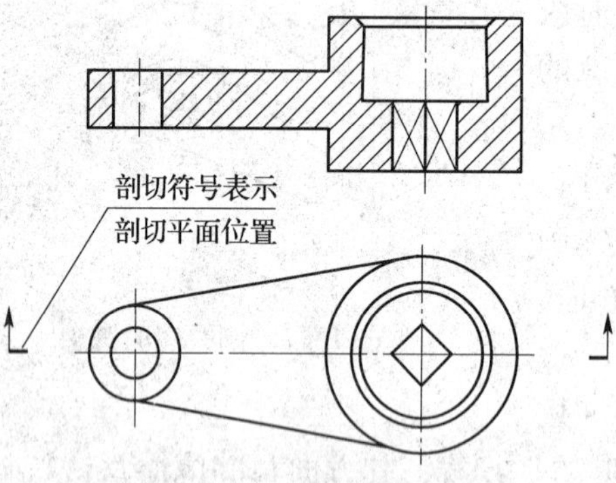

图 1—9　剖视图的画法

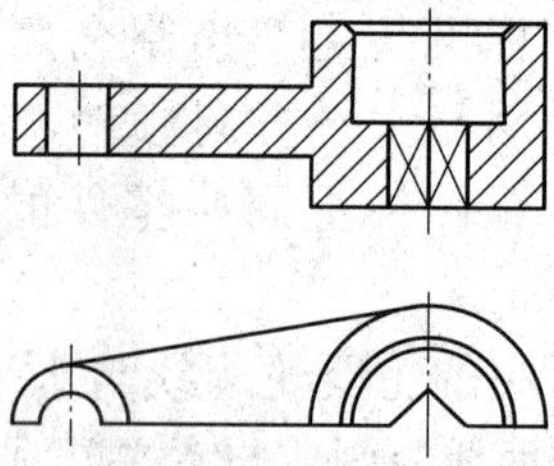

图 1—10　画剖视图的常见错误

3）剖切后，留在剖切面之后的部分应全部向投影面投射。只要是看得见的线、面的投影都应画出，如图 1—9 所示。应特别注意空腔中线、面的投影。

4）在剖视图中，凡是已表达清楚的结构，虚线应省略不画。

2．剖切面的种类

用来剖切被表达物体的假想平面或曲面称为剖切面。

由于机件内部结构和形状的不同，常需选用不同数量、位置、范围及形状的剖切面剖切机件，才能把它们的内部结构和形状表达清楚。常用的剖切面有单一剖切平面、两相交剖切平面、几个平行的剖切平面、组合的剖切平面及不平行于任何基本投影面的剖切平面等。

单一剖切平面是指用一个剖切平面剖切机件。

两相交剖切平面是指两平面的交线应垂直于某一基本投影面。

几个平行的剖切平面是指剖切面必须平行于某一基本投影面。

组合剖切平面是指相交剖切平面与平行剖切平面的组合。

不平行于任何基本投影面的剖切平面是指基本投影面的垂直面。

3. 剖视图的种类

采用不同剖切面剖开机件时，得到的剖视图有全剖视图（旋转剖、阶梯剖、斜剖等）、半剖视图和局部剖视图三种。

（1）全剖视图。用一个或几个剖切平面完全地剖开机件所得到的剖视图称为全剖视图，如图 1—11 所示。

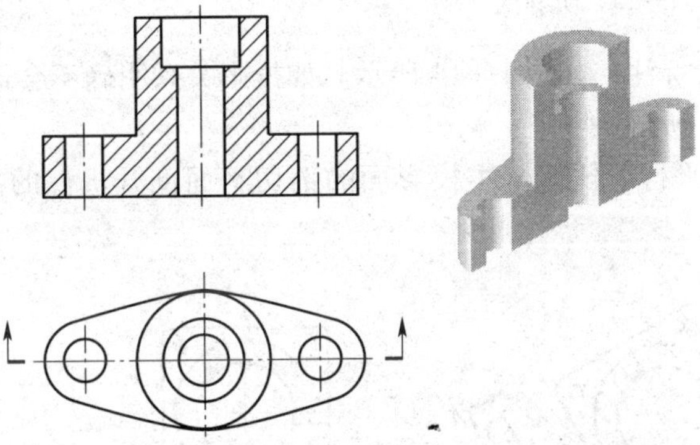

图 1—11　全剖视图

单元 1

1）旋转剖。用两相交剖切平面剖开机件的剖切方法称为旋转剖，如图 1—12 所示。

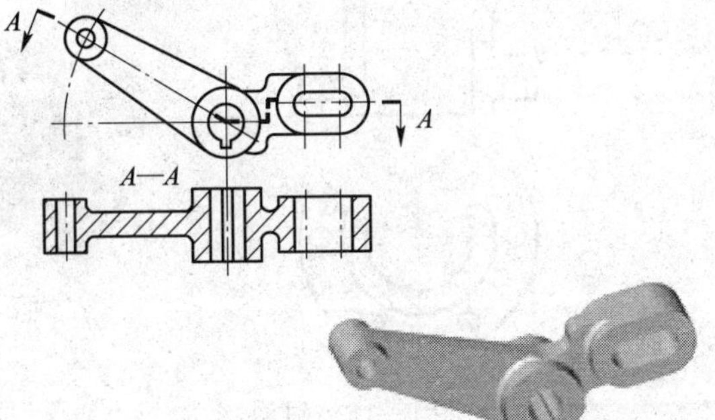

图 1—12　旋转剖

2）阶梯剖。如果机件的内部结构较多，又不处于同一平面内，并且被表达结构无明显的回转中心时，可用几个平行的剖切平面剖开机件，这种剖切方法称为阶梯剖，如图 1—13 所示。

虽然阶梯剖是假想用几个平行的剖切平面剖开机件的，但画图时应把几个平行的剖切平面看作一个剖切平面。因此，在剖视图中各剖切平面的分界处（转折处）不必用图线表示，并日应注意剖切符号不得与图形中的任何轮廓线重合。如果两个要素在图形上具有公共对称中心线或轴线时，可以各画一半，此时应以中心线或轴线为界，如图 1—14 所示。

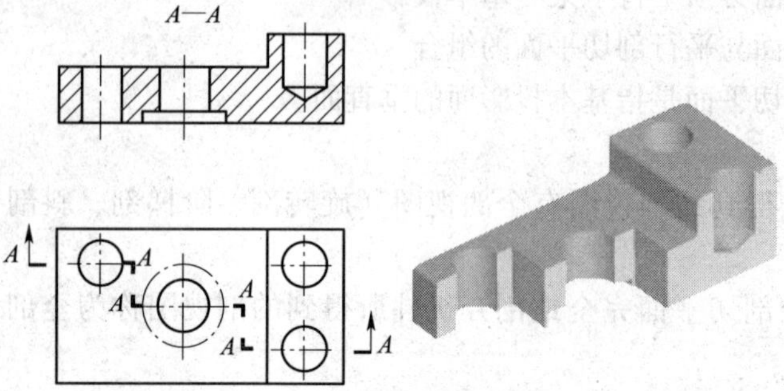

图 1—13　阶梯剖

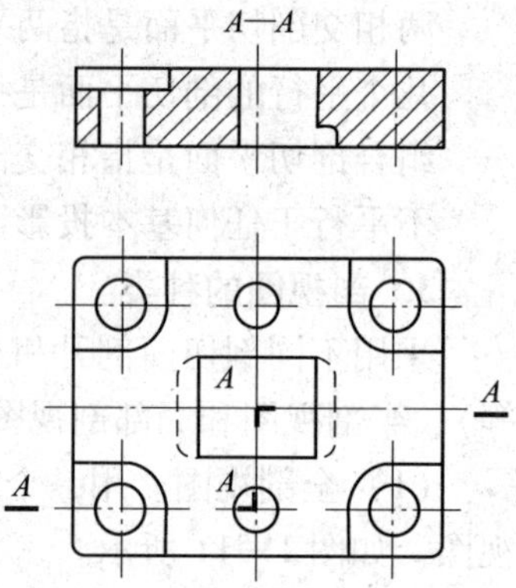

图 1—14　阶梯剖

阶梯剖必须进行标注，如图 1—14 所示。如投影关系明确不会造成误解时，可以省略箭头，如图 1—14 所示。

3）斜剖。用不平行于任何基本投影面的剖切平面剖开机件的剖切方法称为斜剖，如图 1—15 所示。

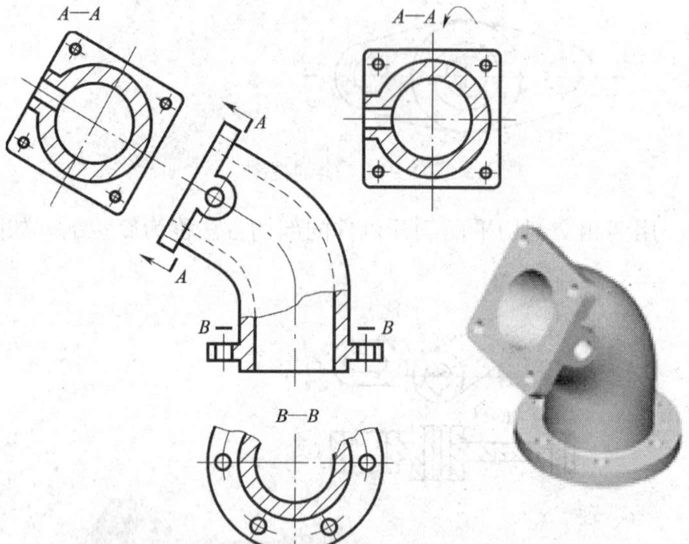

图 1—15　斜剖

（2）半剖视图。当机件具有对称平面，向垂直于对称平面的投影面上投射时，以对称中心线为界，一半画成剖视图，另一半画成视图，这种图形叫作半剖视图。

半剖视图既表达了机件的外形，又表达了其内部结构，它适用于内外形状都需要表达的对称机件。

如图 1—16 所示的机件左右对称，前后对称，因此，主视图和俯视图都可以画成半剖视图。

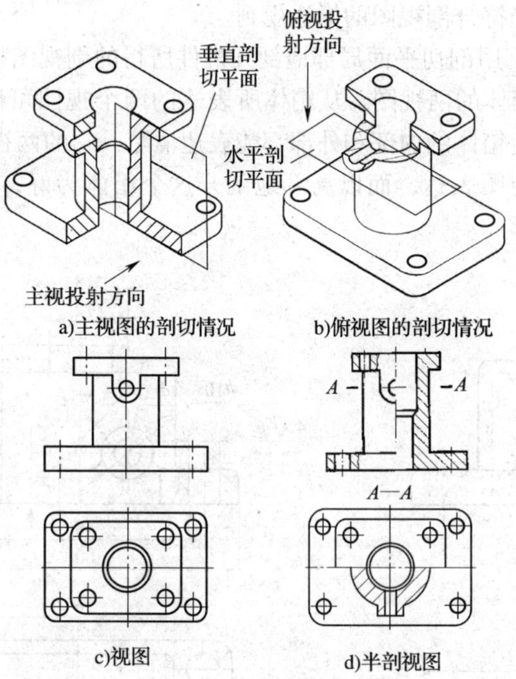

图 1—16　半剖视图

画半剖视图时应注意以下几点：

1）只有当物体对称时，才能在与对称面垂直的投影面上作半剖视图。但当物体基本对称，而不对称的部分已在其他视图中表达清楚时，也可以画成半剖视图。如图 1—17 所示的机件除顶部凸台外，其左右是对称的，而凸台的形状在俯视图中已表示清楚，所以主视图仍可画成半剖视图。

2）在表示外形的半个视图中一般不画虚线。

3）半个剖视图和半个视图必须以细点画线分界。如果机件的轮廓线恰好与细点画线重合，则不能采用半剖视图。此时应采用局部剖视图，如图 1—18 所示。

图 1—17　用半剖视图表示基本对称的机件

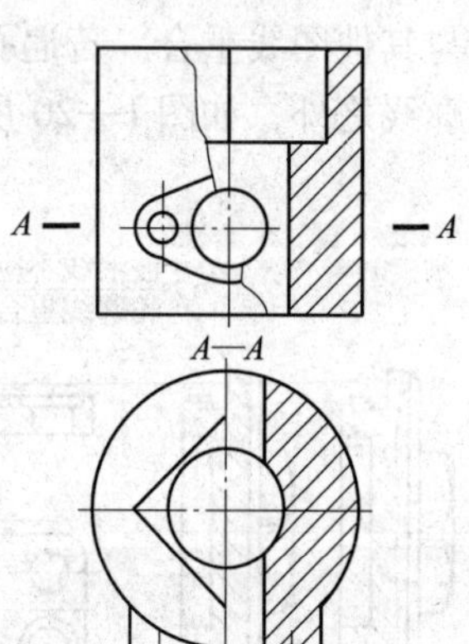

图 1—18　内轮廓线与中心线重合，不宜作半剖视图

半剖视图的标注仍符合剖视图的标注规则。

（3）局部剖视图。用剖切平面局部地剖开机件所得的剖视图称为局部剖视图。

图 1—19 所示为箱体的两视图。从箱体所表达的两个视图可以看出：上下、左右、前后都不对称。为了使箱体的内部和外部都能表达清楚，它的两视图既不宜用全剖视图表达，也不能用半剖视图表达，而以局部地剖开这个箱体为好，既能表达清楚内部结构，又能保留部分外形。

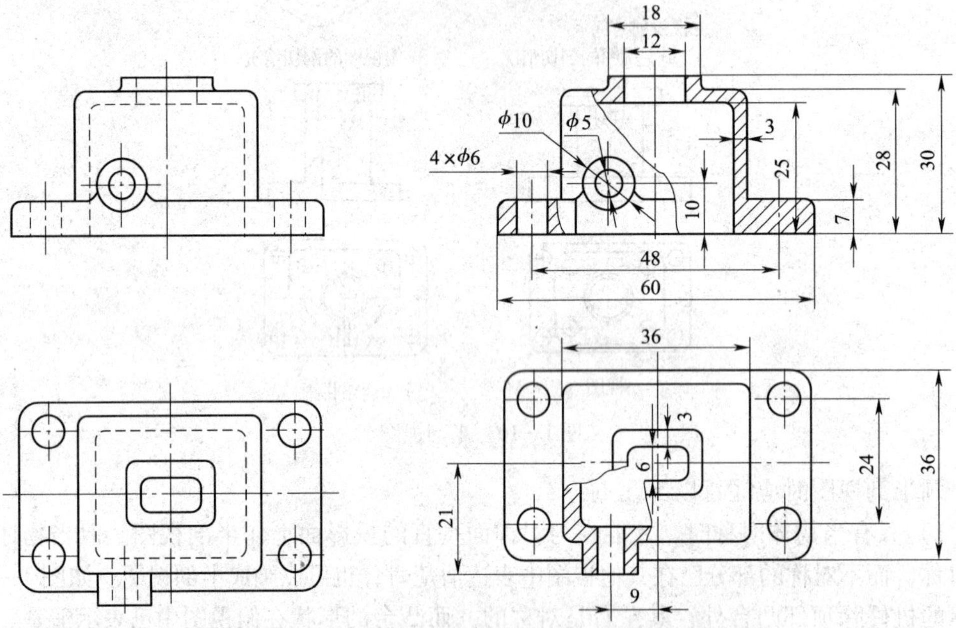

a) 箱体的两视图　　b) 箱体的局部视图

图 1—19　局部剖视图的画法示例

画局部剖视图时应注意以下几点：

1）在局部剖视图中，可用波浪线作为剖开部分和未剖部分的分界线。画波浪线时不应与其他图线重合。若遇孔、槽等空洞结构，则不应使波浪线穿空而过，也不允许画到轮廓线之外，如图 1—20 所示为波浪线的错误画法。

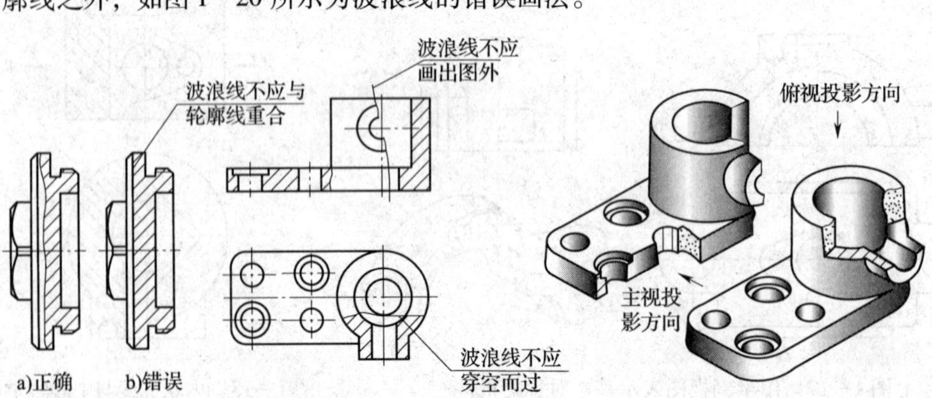

图 1—20　波浪线的错误画法

2）当被剖切的结构为回转体时，允许将该结构的中心线作为局部剖视图与视图的分界线，如图 1—21 所示。

3）局部剖视图是一种比较灵活的表达方法，但在一个视图中，局部剖视图的数量不宜过多，以免使图形过于破碎。

4）局部剖视图的标注符合剖视图的标注规则，在不致引起看图误解时，也可省略标注。

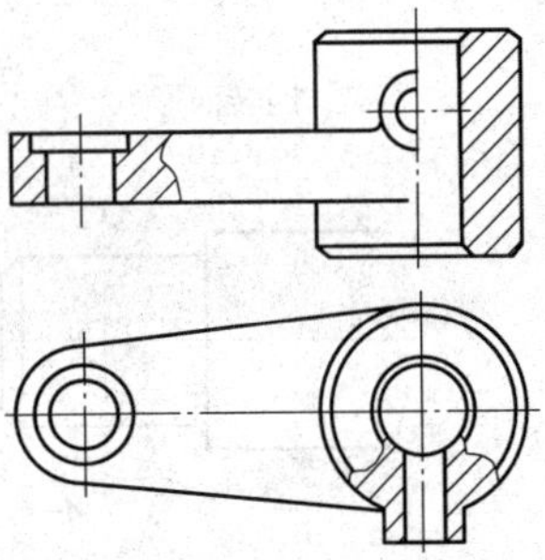

图 1—21　以中心线作为局部剖视图与视图的分界线

三、断面图和局部放大图

1. 断面图的概念

如图 1—22 所示，用剖切面假想地将物体的某处断开，仅画出该剖切面与物体接触部分的图形，这种图形称为断面图，简称断面。

画断面图时，应特别注意断面图与剖视图之间的区别。断面图只画出物体被剖切处的断面形状。而剖视图除了画出断面形状之外，还必须画出断面之后所有的可见轮廓。图 1—22 所示为剖视图与断面图的区别。

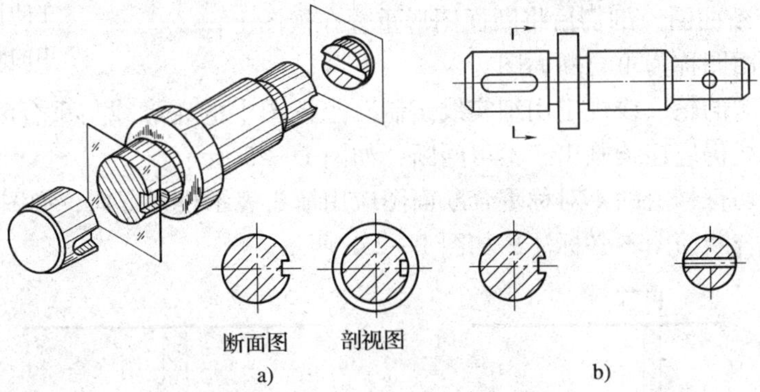

图 1—22　剖视图与断面图的区别

2. 断面图的种类

断面图可分为移出断面图和重合断面图。

（1）移出断面图。画在视图之外的断面图称为移出断面图，如图 1—22 所示。

画移出断面图时应注意以下几点：

1）移出断面图的轮廓线用粗实线绘制。

2）为了读图方便，移出断面图尽可能画在剖切符号的延长线上，如图1—22 所示。也可画在其他适当的位置，如图 1—23 中的 *A—A* 断面图所示。

3）当剖切平面通过由回转面形成的孔或凹坑等结构的轴线时，这些结构应按剖视图画出，如图 1—23 所示。

4）剖切平面一般应垂直于被剖切部分的主要轮廓线。当遇到如图 1—24 所示的肋板结构时，可用两个相交的剖切平面分别垂直于左、右肋板进行剖切。这时所画的断面图中间用波浪线分开。

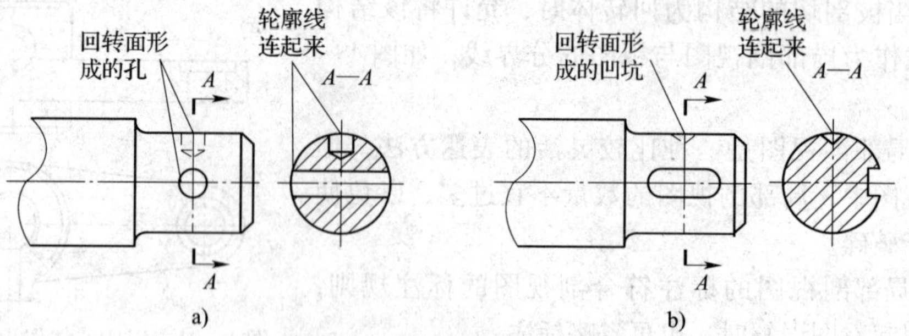

图 1—23　移出断面图的画法

5）标注移出断面图时应掌握以下要点：

①当断面图画在剖切线的延长线上时，如果断面图是对称图形，可完全省略标注；若断面图不对称，则须用剖切符号表示剖切位置和投射方向，如图 1—22 所示。

②当断面图不是放置在剖切位置的延长线上时，不论断面图是否对称，都应画出剖切符号，并用大写字母标注断面图名称。

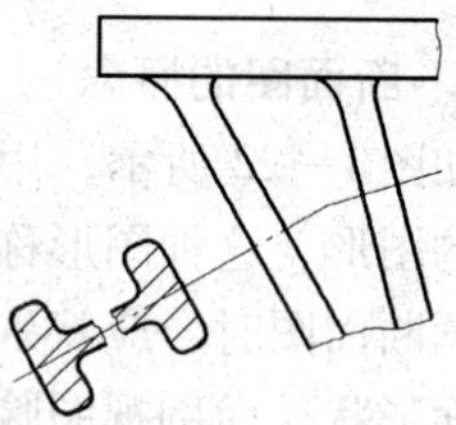

图 1—24　用两个相交且垂直于肋板的平面剖切出的断面图

（2）重合断面图。剖切后将断面图形重叠在视图上，这样得到的断面图称为重合断面图。

重合断面图的轮廓线规定用细实线绘制。当视图中的轮廓线与重合断面图重叠时，视图中的轮廓线仍应连续画出，不可间断，如图 1—25 所示。

配置在剖切符号上的不对称重合断面图应用箭头表示投射方向，如图 1—25a 所示。

对称的重合断面图不必标注，如图 1—25b 所示。

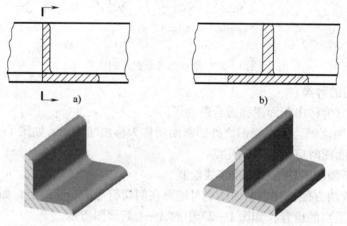

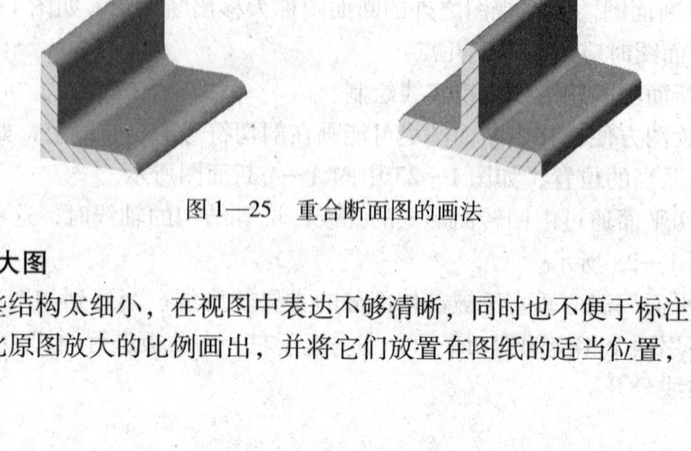

图 1—25　重合断面图的画法

3. 局部放大图

机件上有些结构太细小，在视图中表达不够清晰，同时也不便于标注尺寸。对这种细小结构可用比原图放大的比例画出，并将它们放置在图纸的适当位置，这种图称为局部放大图。

局部放大图可画成视图、剖视图或断面图，且应尽量配置在被放大部位的附近。

局部放大图必须标注。其方法是：在视图中，将需要放大的部位画上细实线圆，然后在局部放大图的上方注写绘图比例。当需要放大的部位不止一处时，应在视图中对这些部位用罗马数字编号，并在局部放大图的上方注写相应编号，如图 1—26 所示。

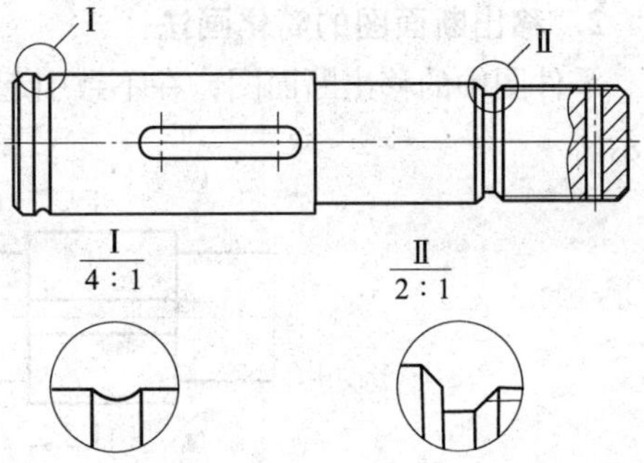

图 1—26　局部放大图

四、简化画法与规定画法

1. 剖视图中的简化画法

（1）对于机件的肋、轮辐、薄壁等实心圆杆状及板状结构，如按纵向剖切（即剖切平面与肋、轮辐或薄壁厚度方向的对称平面重合或平行），这些结构不画剖面符号，而用粗实线将它们与其邻近部分分开，如图 1—27 所示。

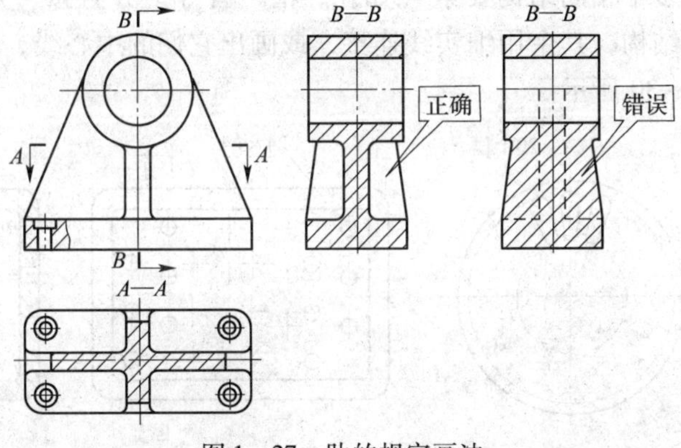

图 1—27　肋的规定画法

（2）当机件上均匀分布在一个圆周上的肋、轮辐、孔等结构不处于剖切平面上时，可将这结构旋转到剖切平面上画出，如图 1—28 所示。

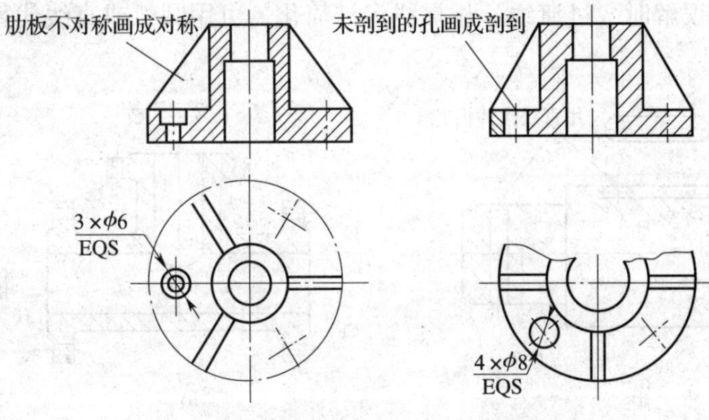

图 1—28　均布孔、肋的简化画法

2. 移出断面图的简化画法

零件图中的移出断面图，在不致引起误解的前提下，允许省略剖面符号，如图 1—29 所示。

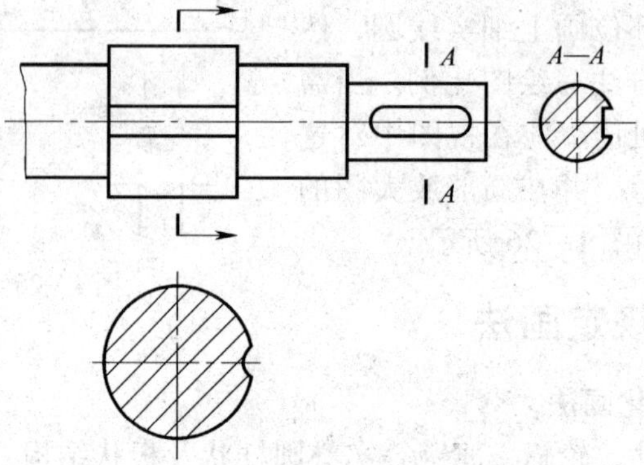

图 1—29　移出断面图中省略剖面符号

3. 相同结构要素简化画法

当机件上具有多个相同结构要素（如孔、槽、齿等）并且按一定规律分布时，只需画出几个完整的结构，其余用细实线连接，或画出它们的中心线，然后在图中注明它们的总数，如图 1—30 所示。

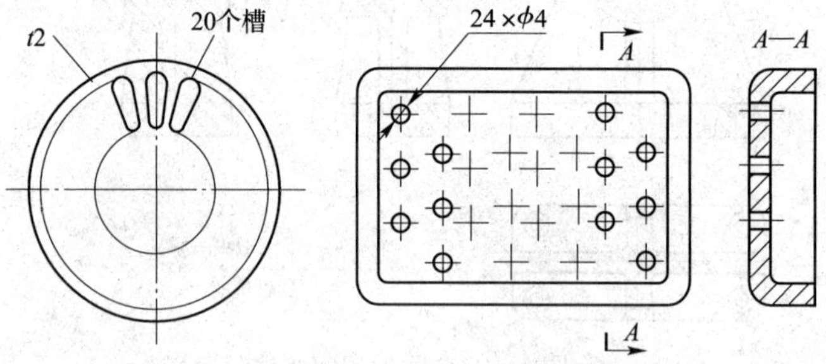

图 1—30　相同结构要素的简化画法

4. 过渡线、相贯线简化画法

在不致引起误解时，过渡线、相贯线允许简化，可用圆弧或直线代替非圆曲线，如图 1—31 所示。

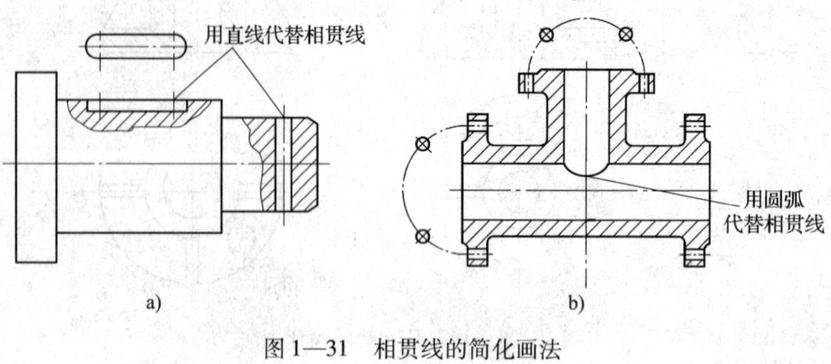

图 1—31　相贯线的简化画法

5. 平面及网纹画法

当图形不能充分表示平面时，可用平面符号（相交的两条细实线）表示，如图 1—32 所示。机件上的滚花部分可在轮廓线附近用粗实线示意画出，如图 1—33 所示。

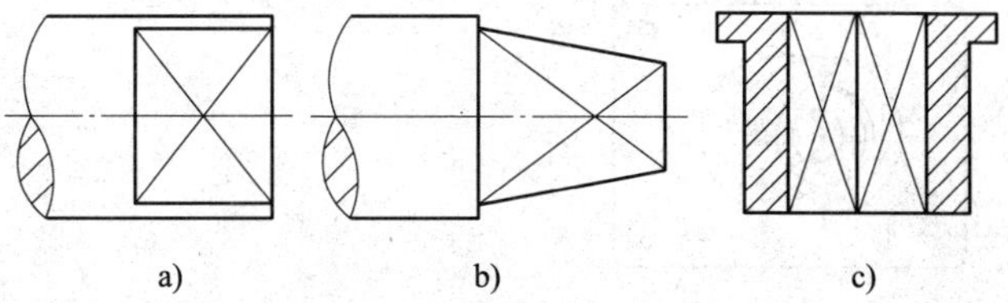

图 1—32 用符号表示平面

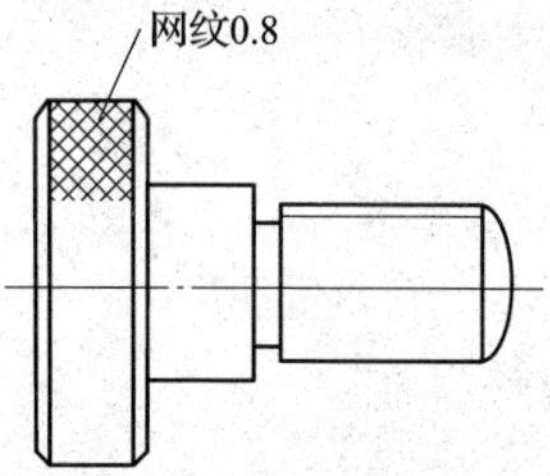

图 1—33 滚花部分

6. 对称机件的简化画法

在不致引起误解时，对称机件的视图可以只画一半或四分之一，并在中心线的两端画出两条与该中心线垂直的平行细实线，如图 1—34 所示。

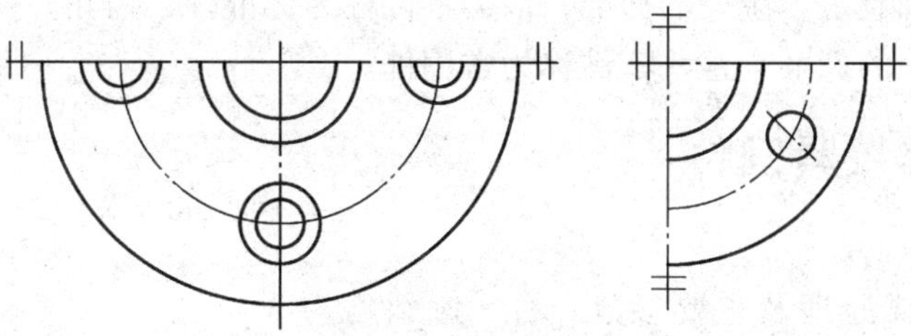

图 1—34 对称图形的画法

7. 断裂画法

对于较长的机件，沿长度方向的形状若按一定规律变化时，可断开后缩短绘制，如图 1—35 所示。但要注意，采用这种画法时，尺寸应按实际长度数值标注。

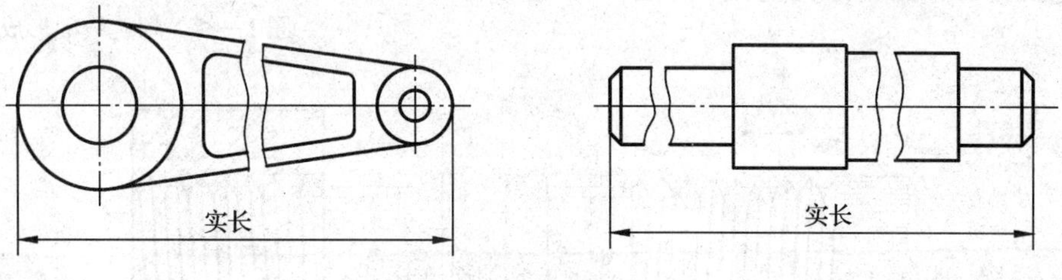

图 1—35 断开画法

8. 倾斜角度小于或等于 30°斜面上圆或圆弧画法

倾斜角度小于或等于 30°的斜面上的圆或圆弧，其投影可以用圆或圆弧代替，如图 1—36 所示。

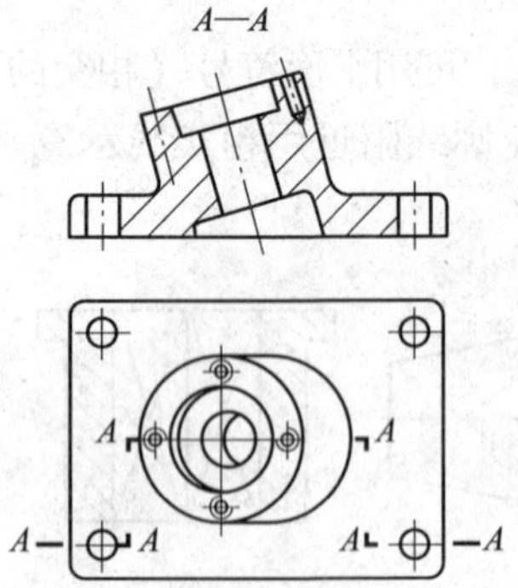

图 1—36　较小倾斜角度的圆的简化画法

第二节　常用零件表示方法

机器上常见的零件主要有螺栓、螺钉、垫圈、销、键等，国家标准对这些零件的结构、尺寸和画法都制定了统一的标准，该类零件称为标准件；齿轮、弹簧等零件的部分参数也制定了统一的标准，这些零件称为常用件。

一、螺纹与螺纹紧固件

1. 螺纹

（1）螺纹形成原理及主要参数。将一倾斜角为 λ 的直线绕在圆柱体上便形成一条螺旋线，如图 1—37 所示。沿着螺旋线作出具有相同剖面的连续凸起和沟槽就是螺纹。在圆柱体表面上形成的螺纹称为外螺纹，在圆柱形孔壁上形成的螺纹称为内螺纹。

现以三角形螺纹的外螺纹为例介绍螺纹的主要参数，螺纹各部分的名称及大径、中径和小径如图 1—38 所示。

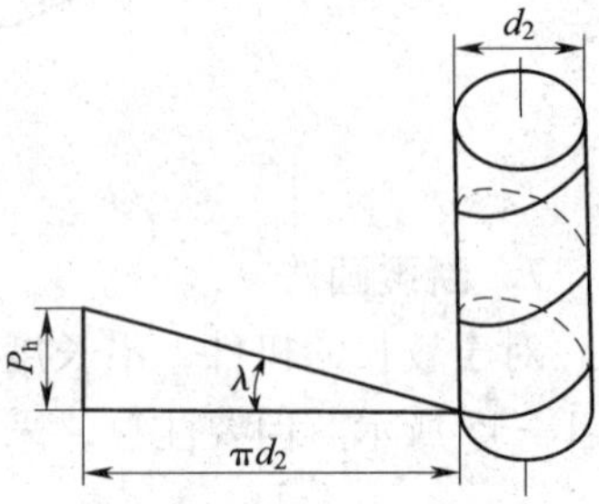

图 1—37　螺旋线的形成

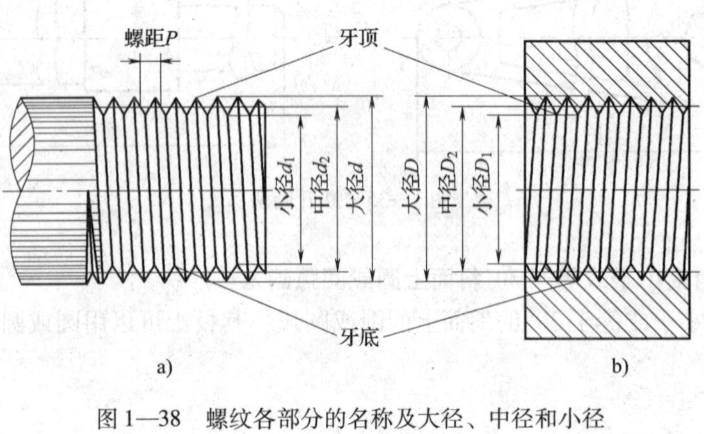

图 1—38　螺纹各部分的名称及大径、中径和小径

1）大径。大径是指与外螺纹的牙顶、内螺纹的牙底相重合的假想圆柱或圆锥的直径，外螺纹用 d 表示，内螺纹用 D 表示。在螺纹标准中定为螺纹的公称直径，如图 1—38 所示。

2）小径。小径是指与外螺纹的牙底、内螺纹的牙顶相重合的假想圆柱或圆锥的直径，外螺纹用 d_1 表示，内螺纹用 D_1 表示，如图 1—38 所示。

3）中径。在大径和小径之间假想有一圆柱或圆锥，其母线通过牙型上沟槽和凸起宽度相等的地方，则该假想圆柱或圆锥的直径称为螺纹中径，外螺纹用 d_2 表示，内螺纹用 D_2 表示，如图 1—38 所示。

4）螺距 P。螺纹相邻两牙在中径线上对应两点之间的轴向距离称为螺距。

5）线数 n。形成螺纹的螺旋线条数称为线数。有单线螺纹和多线螺纹之分。通常，连接螺纹 $n=1$，传动螺纹 $n=2\sim4$。

6）导程 P_h。是指同一条螺旋线上相邻两螺纹牙在中径线上对应两点间的轴向距离，如图 1—39 所示。线数 n、螺距 P、导程 P_h 的关系为：对单线螺纹，$P_h=P$；对多线螺纹，$P_h=nP$。

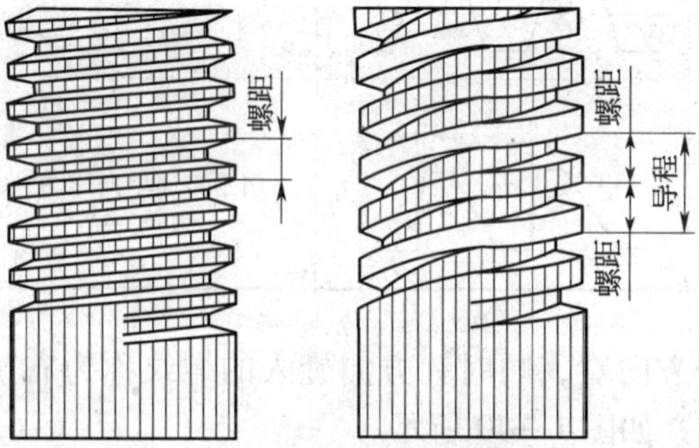

a)　　　　b)

图 1—39　单线螺纹和双线螺纹

单元 1

7）螺纹升角 λ。是指螺纹中径圆柱面上螺旋线的切线与垂直于螺纹轴线的平面间的夹角。由图 1—37 可得：

$$\lambda = \arctan\frac{P_h}{\pi d_2} = \arctan\frac{nP}{\pi d_2}$$

8）牙型角 α。在通过螺纹轴线的剖面上，螺纹的轮廓形状称为螺纹牙型。相邻两牙侧面间的夹角称为牙型角。常用标准螺纹的牙型角及牙型符号见表 1—1。

9）螺纹工作高度 h。是指内、外螺纹沿径向的接触高度。

表 1—1　　常用标准螺纹的牙型角及牙型符号

种类			牙型符号	牙型放大图	说明
连接螺纹	普通螺纹	粗牙和细牙	M	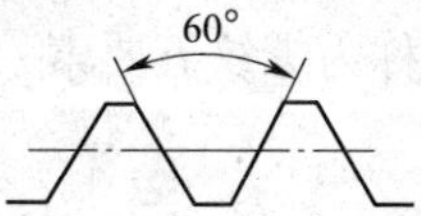	常用的连接螺纹，一般连接多用粗牙。在相同的大径下，细牙螺纹的螺距比粗牙螺纹小，切深较浅。多用于薄壁或紧密连接的零件

续表

种类			牙型符号	牙型放大图	说明
连接螺纹	管螺纹	用螺纹密封的管螺纹	Rc R_1 R_2 Rp	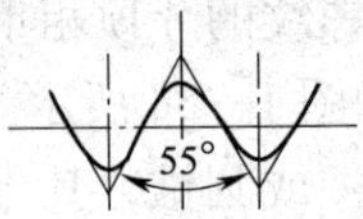	包括圆锥内螺纹与圆锥外螺纹、圆柱内螺纹与圆锥外螺纹两种连接形式。必要时，允许在螺纹副内添加密封物，以保证连接的紧密性。适用于管子、管接头、旋塞、阀门等
		非螺纹密封的管螺纹	G	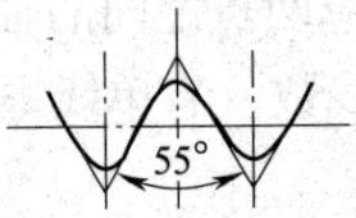	螺纹本身不具有密封性，若要求连接后具有密封性，可压紧被连接件螺纹副外的密封面，也可在密封面间添加密封物。适用于管接头、旋塞、阀门等
传动螺纹	梯形螺纹		Tr	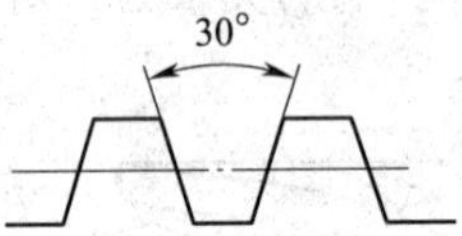	用于传递运动和动力，如机床丝杠、尾座丝杆等
	锯齿形螺纹		B	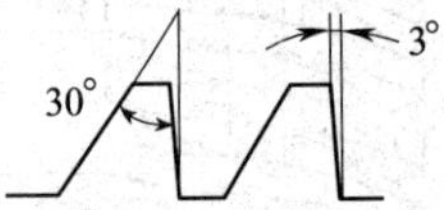	用于传递单向压力，如千斤顶螺杆等

10）旋向。沿轴线方向看，顺时针方向旋入的螺纹称为右旋螺纹，逆时针方向旋入的螺纹称为左旋螺纹，如图 1—40 所示。

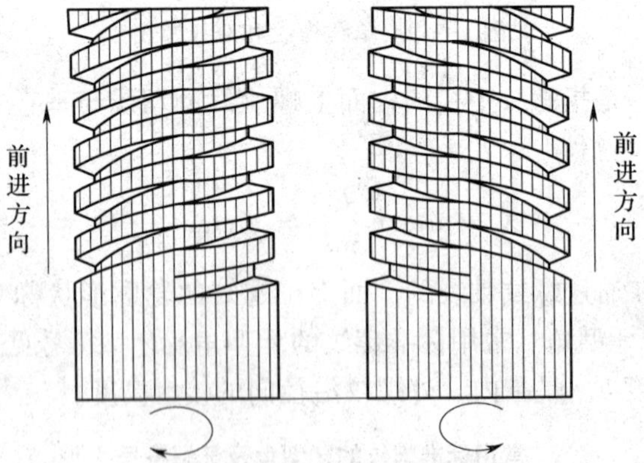

a) 右旋　　b) 左旋

图 1—40　螺纹的旋向

螺纹的牙型、大径、螺距、线数和旋向称为螺纹五要素，只有这五个要素都相同的外螺纹和内螺纹才能相互旋合。

（2）螺纹的分类

1）按标准化程度分类。螺纹按其参数的标准化程度分为标准螺纹、特殊螺纹和非标准螺纹。标准螺纹是指牙型、公称直径（大径）和螺距三个要素均符合国家标准的螺纹。只有牙型符合国家标准的螺纹称为特殊螺纹。凡牙型不符合国家标准的螺纹称为非标准螺纹。

2）按螺纹的用途分类。螺纹根据其用途不同可分为连接螺纹（连接螺纹又分为粗牙普通螺纹、细牙普通螺纹和管螺纹）和传动螺纹（传动螺纹又分为梯形螺纹和矩形螺纹等）。

（3）螺纹的规定画法（GB/T 4459.1—1995）

1）外螺纹规定画法。外螺纹的牙顶用粗实线表示，牙底用细实线表示。在不反映圆的视图上，倒角（或倒圆）应画出，牙底的细实线应画入倒角，螺纹终止线用粗实线表示。在比例画法中螺纹小径可按大径的 0.85 倍绘制，螺尾部分一般不必画出。当需要表示时，该部分用与轴线成 30°的细实线画出。在反映圆的视图上，小径用大约 3/4 圈的细实线圆弧表示，倒角圆不画。外螺纹规定画法如图 1—41 所示。

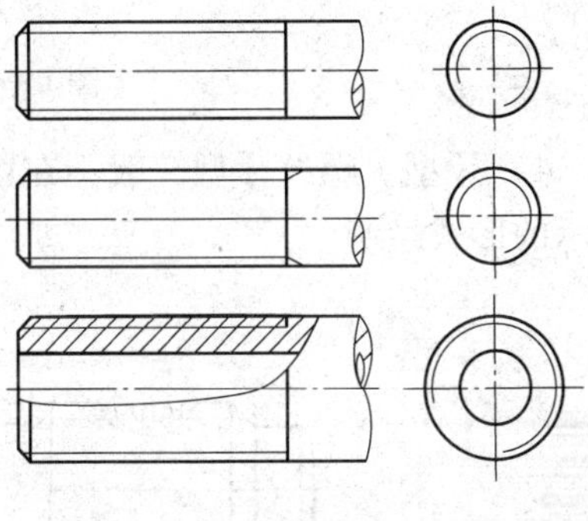

图 1—41　外螺纹规定画法

2）内螺纹规定画法。在不反映圆的视图中，当采用剖视图时，内螺纹的牙顶用粗实线表示，牙底用细实线表示。采用比例画法时，小径可按大径的 0.85 倍绘制。需要注意的是，内螺纹的公称直径也是大径。剖面线应画到粗实线，螺纹终止线用粗实线绘制。若为盲孔，采用比例画法时，终止线到孔的末端的距离可按 0.5 倍大径绘制。在反映圆的视图中，大径用约 3/4 圈的细实线圆弧绘制，倒角圆不画。当螺纹的投影不可见时，所有图线均为虚线。内螺纹规定画法如图 1—42 所示。

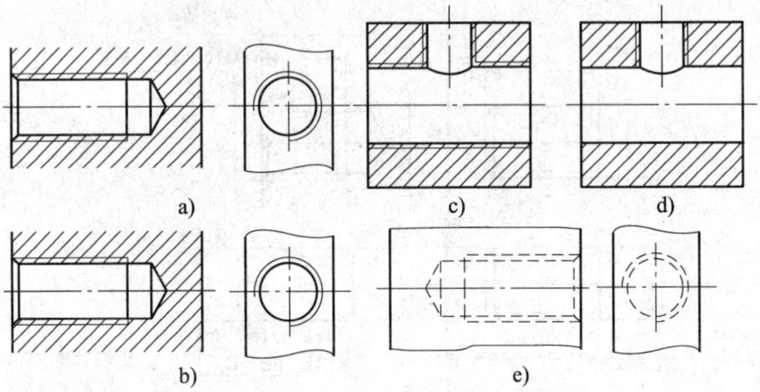

图 1—42　内螺纹规定画法

3）内、外螺纹旋合的画法。在剖视图中，内、外螺纹的旋合部分应按外螺纹的规定画法绘制，其余不重合部分按各自原有的规定画法绘制。必须注意，表示内、外螺纹大径的细实线和粗实线，以及表示内、外螺纹小径的粗实线和细实线应分别对齐。在剖切平面通过螺纹轴线的剖视图中，实心螺杆按不剖绘制。内、外螺纹旋合的画法，如图 1—43 所示。

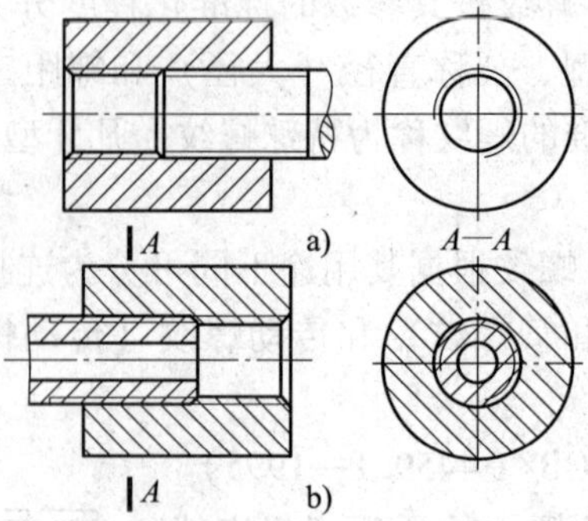

图 1—43　内、外螺纹旋合的画法

4）牙型。螺纹牙型一般不在图形中表示，当需要表示螺纹牙型时，可按图 1—44 所示的形式绘制。

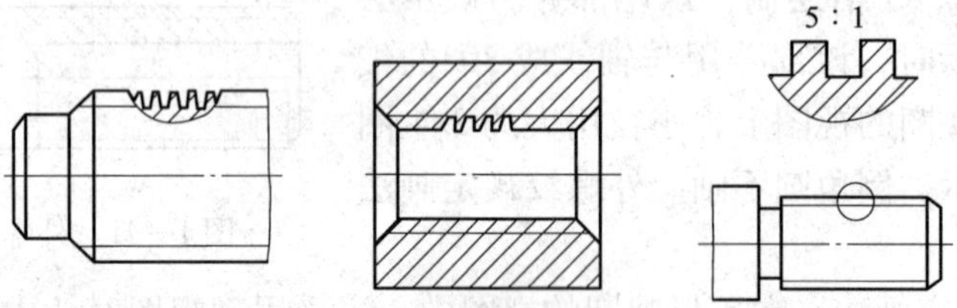

a)局部视图　　b)全剖视图　　c)局部放大图

图 1—44　螺纹牙型的表示法

（4）螺纹的标注方法

1）普通螺纹及传动螺纹的标注。普通螺纹和传动螺纹尺寸的标注如图 1—45 所示，其中螺纹标记注在螺纹大径上。

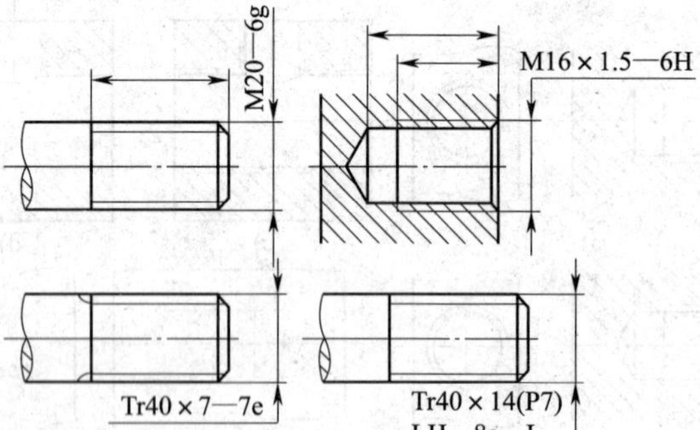

图 1—45　螺纹尺寸的标注

螺纹的尺寸由螺纹长度、螺纹工艺结构尺寸和螺纹标记组成。完整的螺纹标记如下：

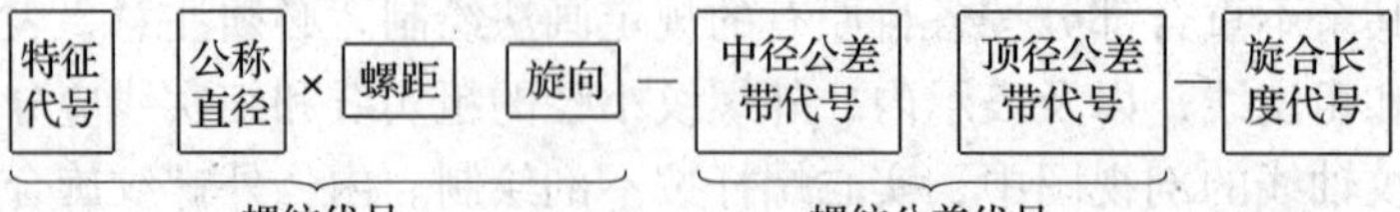

标注螺纹标记时，如符合下列情况，应省略有关标注内容：

①粗牙普通螺纹的螺距不标注。

②如中径和顶径公差带代号相同，只标注一次。

③右旋螺纹不注旋向，左旋螺纹则标注 LH。

④螺纹旋合长度为中等（N）时不注，长旋合长度用 L 表示，短旋合长度用 S 表示。螺纹标记的示例如下：

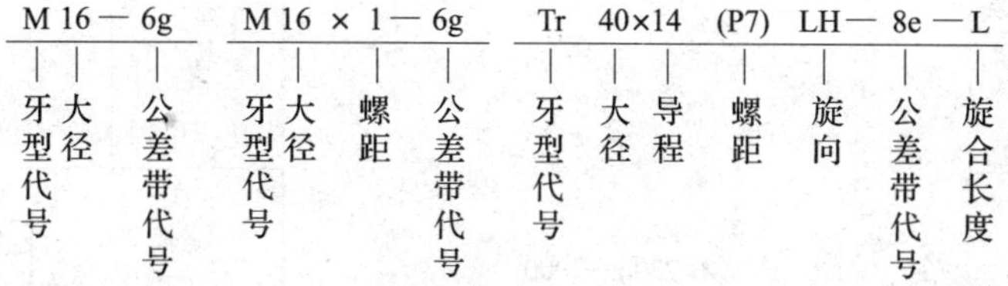

2）管螺纹的标注。管螺纹分为用螺纹密封的管螺纹和非螺纹密封的管螺纹。管螺纹的尺寸指引线必须指向大径，其标记组成如下：

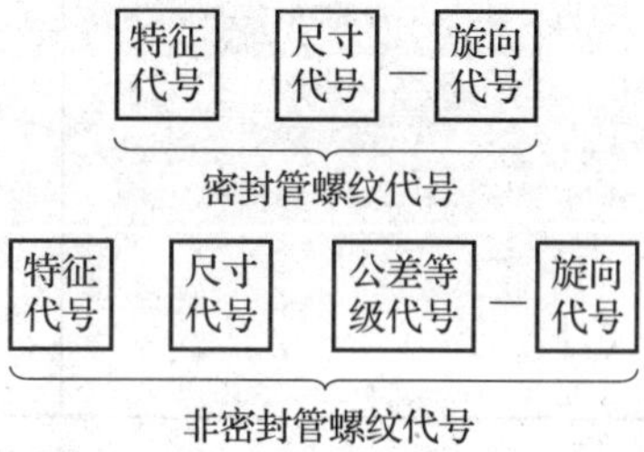

需要注意的是管螺纹的尺寸代号并不是指螺纹大径，其大径和小径等参数可以查阅相关国家标准。

管螺纹的特征代号和标注示例见表 1—2。

表 1—2　　管螺纹的特征代号和标注示例

类别	标准代号	特征代号	标注示例
非螺纹密封的管螺纹	GB 7307—2000	G	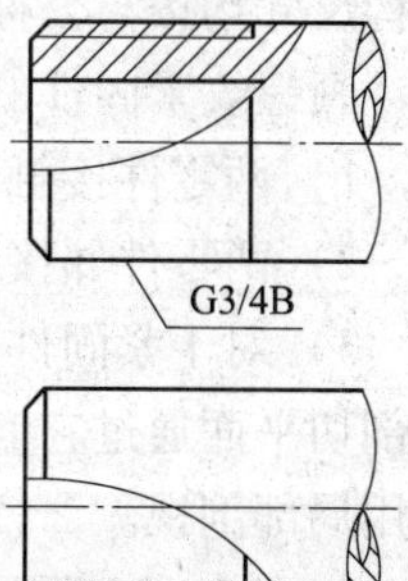

续表

类别		标准代号	特征代号	标注示例
用螺纹密封的管螺纹	与圆柱内螺纹配合的圆锥外螺纹	GB 7306—2000	R_1	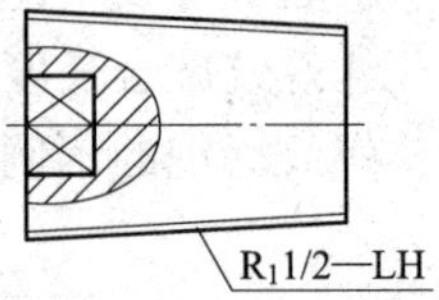
	与圆锥内螺纹配合的圆锥外螺纹		R_2	
	圆锥内螺纹		Rc	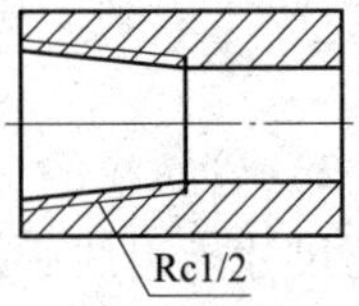
	圆柱内螺纹		Rp	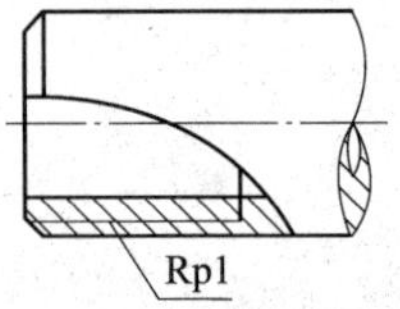

单元 1

2. 螺纹紧固件

常用螺纹紧固件有螺栓、双头螺柱、螺钉、螺母和垫圈。螺栓用于被连接零件允许钻成通孔的情况；双头螺柱用于被连接零件之一较厚或不允许钻成通孔，并常需拆卸的连接中；螺钉的用途与双头螺柱相似，常用在不经常拆卸和受力较小的连接中。螺钉按用途不同又可分为连接螺钉和紧定螺钉。

（1）螺栓连接。螺栓连接的紧固件有螺栓、螺母和垫圈。紧固件一般采用比例画法绘制。所谓比例画法，就是以螺栓上螺纹的公称直径（d、D）为基准，其余各部分结构尺寸均按与公称直径成一定比例关系绘制。

画螺纹紧固件的装配图时应遵守下述基本规定：

1）两零件接触表面画一条线，不接触表面画两条线。

2）两零件邻接时，不同零件的剖面线方向应相反，或者方向一致、间隔不等。

3）对于紧固件和实心零件（如螺钉、螺栓、螺母、垫圈、键、销、球及轴等），若剖切平面通过它们的基本轴线时，则这些零件都按不剖绘制，只画外形；需要时，可采用局部剖视。

如图 1—46 所示为螺栓连接比例画法的画图步骤。其中螺栓长度 L 可按下式估算：

$$L \geq t_1 + t_2 + 0.15d + 0.8d + (0.2 \sim 0.3)d$$

根据上式的估算值，从有关手册中选取与估算值相近的标准长度值作为 L 值。

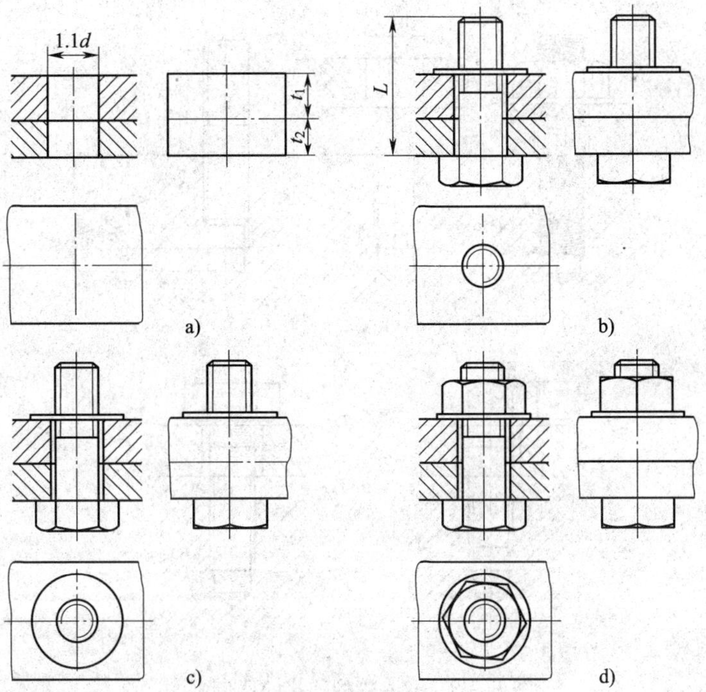

图 1—46　螺栓连接比例画法的画图步骤

在装配图中，螺栓连接也可采用图 1—47 所示的简化画法。但应注意，螺母、螺栓的六方倒角省略不画后，螺栓上螺纹端面的倒角也应省略不画，这样风格才能统一。

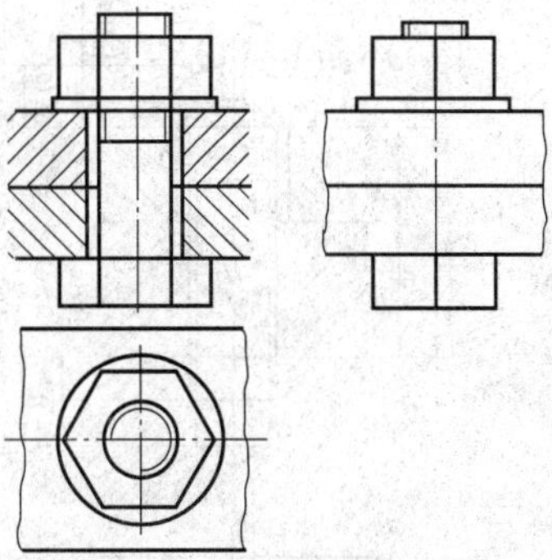
图 1—47　简化画法

（2）双头螺柱连接。双头螺柱两端均加工有螺纹，一端与被连接件旋合，一端与螺母旋合，如图 1—48 所示，双头螺柱连接的比例画法与螺栓连接的比例画法基本相同。双头螺柱旋入端长度 b_m 要根据被旋入件的材料而定，以确保连接可靠。对应于不同材料 b_m 有下列四种取值：

$b_m = d$（用于钢或青铜）；$b_m = 1.25d$，$b_m = 1.5d$（用于铸铁）；$b_m = 2d$（用于铝合金）。

螺柱的公称长度 L 可按下式估算：

$$L \geqslant \delta + 0.15d + 0.8d + (0.2 \sim 0.3)d$$

根据上式的估算值，对照有关手册中螺柱的标准长度系列，选取与估算值相近的标准长度值作为 L 值。

（3）螺钉连接。对于螺钉连接的比例画法，其旋入端与螺柱相同，被连接板孔部画法与螺栓相同。根据头部结构不同，螺钉分为球头螺钉、圆柱头螺钉和沉头螺钉，这些结构的比例画法如图 1—49 所示。

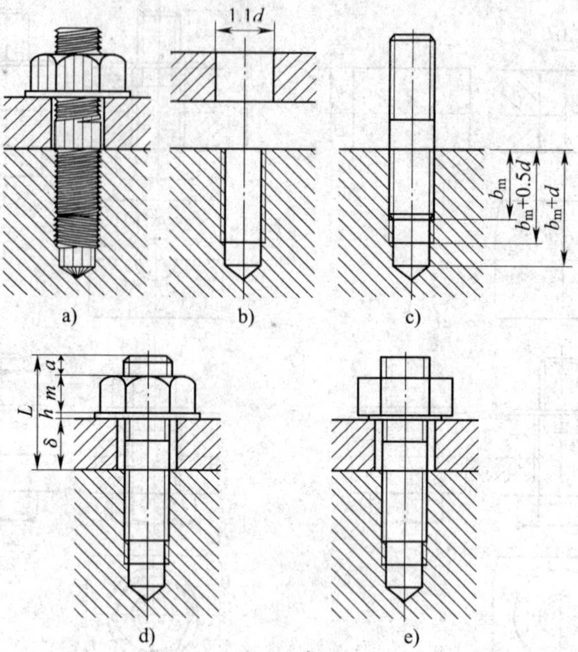

图 1—48　双头螺柱连接的比例画法

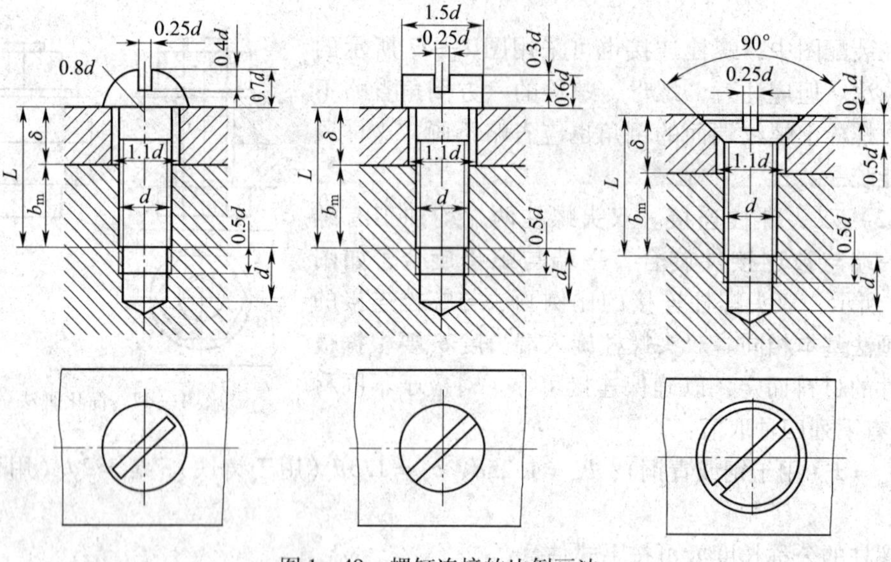

图 1—49　螺钉连接的比例画法

二、键、花键及其连接

键主要用于轴和轴上零件（如齿轮、带轮等）间的连接，以传递转矩。如图 1—50 所示，将键嵌入轴上的键槽中，再把齿轮装在轴上，当轴转动时，通过键连接，齿轮也将与轴同步转动，达到传递动力的目的。其中有些类型的键还能实现轴向固定或轴向动连接。

1. 常用键及其标记

键连接主要有普通平键连接、半圆键连接、楔键连接和切向键连接等。

（1）平键连接。平键是矩形剖面的连接件，它安装在轴和轴上零件轮毂孔的键槽内（图 1—51a）。键的两侧面为工作面，工作时，依靠键与键槽的挤压传递转矩。键的上面与轮毂槽底之间留有间隙，为非工作面。平键连接结构简单，对中良好，装拆方便，故应用很广泛，但它不能实现轴上零件的轴向固定。

图 1—50　键连接

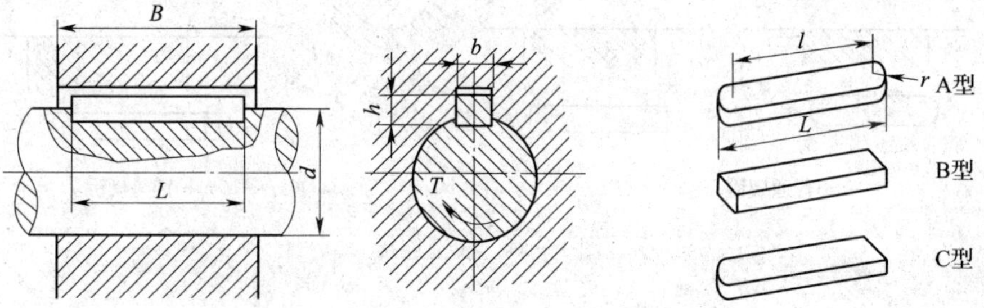

a) 平键连接　　b) 平键的类型

图 1—51　普通平键连接

普通平键连接用于轴与轮毂间无相对轴向移动的静连接，按端部形状不同可分为 A 型（圆头）、B 型（方头）、C 型（单圆头）三种，如图 1—51b 所示。普通平键连接适用于高精度、高速或冲击、变载荷的工作情况。

导向平键能实现轴上零件的轴向移动，构成动连接。导向平键较长，需用螺钉固定在轴槽中，为便于装拆，在键上制出起键螺孔，如图 1—52 所示。

（2）半圆键连接。半圆键的侧面为半圆形（图 1—53），其工作原理与平键相同，轴上键槽尺寸与键用相同的盘状铣刀铣出，故键可在槽中绕键的几何中心摆动，以适应轮毂槽底面的斜度，安装极为方便。由于轴上键槽较深，对轴的强度削弱较大，所以主要用于轻载或锥形轴端与轮毂的辅助连接。

半圆键用于静连接，定心性比普通平键好。

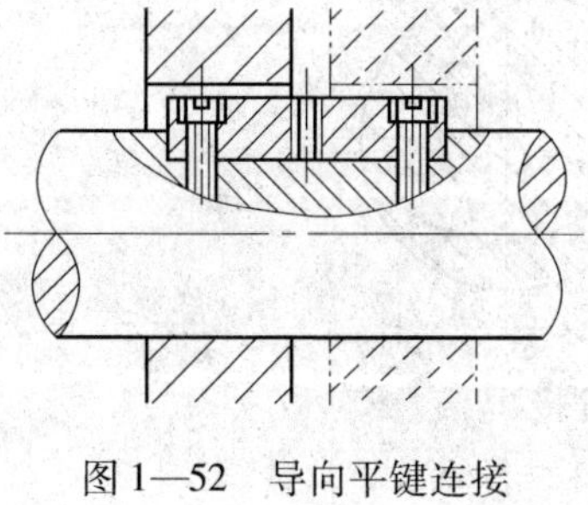

图 1—52　导向平键连接

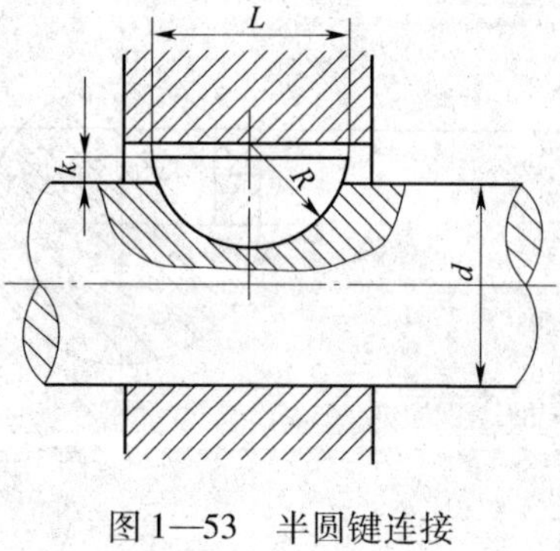

图 1—53　半圆键连接

（3）楔键连接。如图1—54所示，楔键的上表面与轮毂槽的底面都有1∶100的斜度。装配时将楔键打入，使楔键楔紧在轮毂槽和轴槽之间，键的上、下两表面为工作面，靠工作面的挤压产生的摩擦力传递转矩，并能轴向固定零件和承受一定的单向轴向载荷。楔键分为普通楔键（图1—54a）和钩头楔键（图1—54b）两种。普通楔键又有圆头和方头两种，钩头楔键的钩头是为了装拆用的。

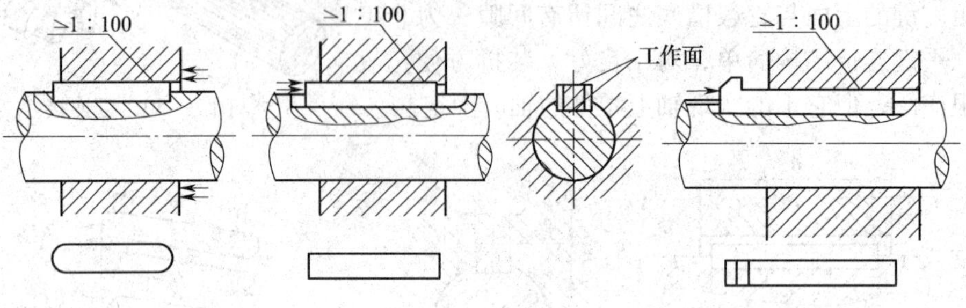

a)普通楔键　　b)钩头楔键

图1—54　楔键连接

由于楔键装入时迫使被连接的轴上零件和轴不同轴，故适用于对中精度要求不高、载荷平稳和低速的连接。

（4）切向键连接。切向键由一对具有1∶100的斜度的楔键组成，其结构如图1—55所示。装配时两个键分别从轮毂的两端打入，以其斜面相互贴合，使键楔紧在轴与轮毂的键槽中。键上下两个相互平行的窄面为工作面，且使其中一个工作面处于包含轴线的平面内。工作时靠上下两面与轴毂之间的挤压力传递转矩，一个切向键只能传递一个方向的转矩，若要传递双向转矩，须用两对切向键，键槽互隔120°布置。切向键承载大，对中性差，对轴削弱较大，常用于对中要求不严，载荷大，轴径大的场合。

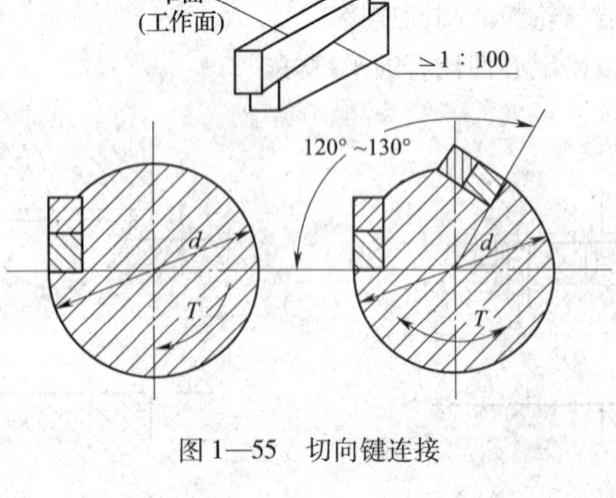

图1—55　切向键连接

表 1—3 列出了几种常用键的名称、图例和标记示例。

表 1—3　　　　常用键的名称、图例和标记示例

序号	名称	图例	标记示例
1	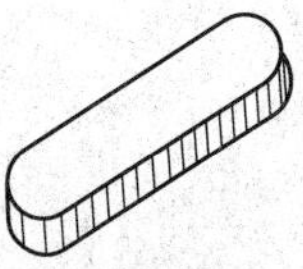 普通平键	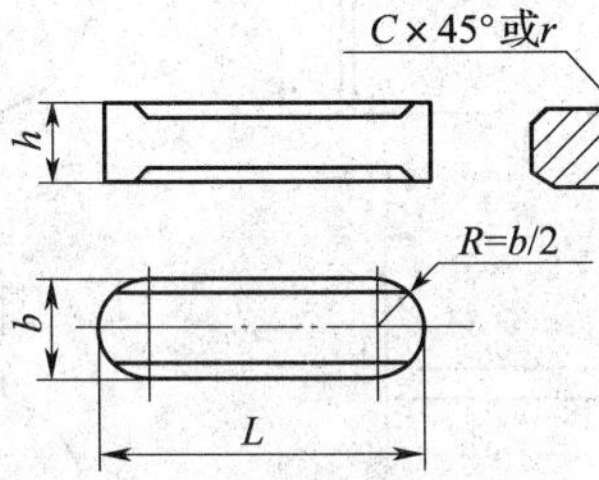	$b=8$、$h=7$、$L=25$ 的普通平键（A 型） GB/T 1096　键 8 × 7 × 25
2	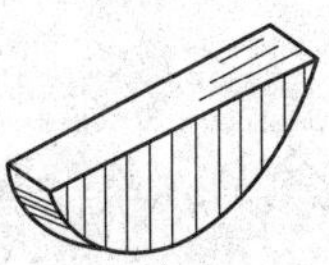 半圆键	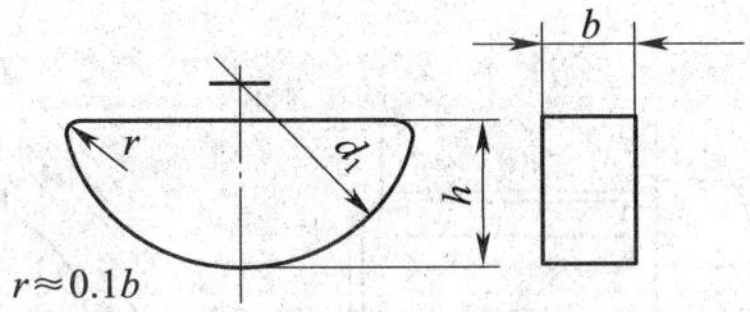	$b=6$，$h=10$，$d_1=25$ 的半圆键 GB/T 1099.1　键 6 × 10 × 25
3	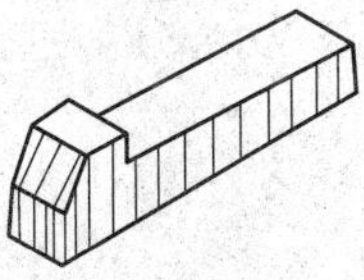 钩头楔键	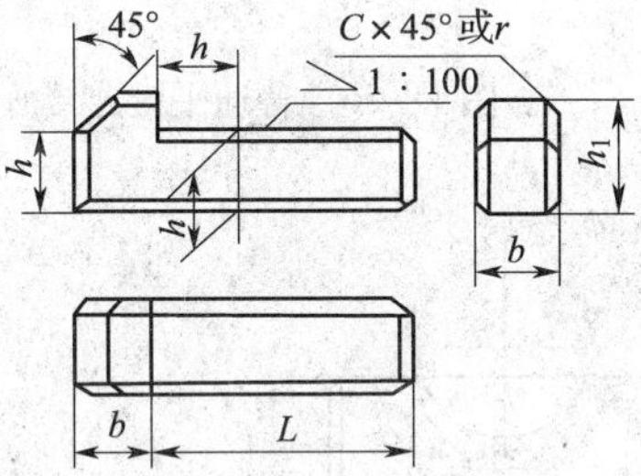	$b=18$，$h=11$、$L=100$ 的钩头楔键 GB/T 1565　键 18 × 11 × 100

2. 键连接的画法及尺寸标注

（1）普通平键连接画法。当采用普通平键时，键的长度 L 和宽度 b 要根据轴的直径 d 和传递的转矩大小从标准中选取适当值。轴和轮毂上键槽的表达方法及尺寸标注如图 1—56 所示。

在装配图上，键连接的画法如图 1—56 所示。因为键是实心零件，所以当用平行于键的剖切平面剖切时键按不剖绘制，但当垂直于键剖切时，键按剖视绘制。键的上表面与轮毂上键槽的底面为非接触面，所以应画两条图线。轮、轴和键剖面线的方向要遵守装配图中剖面线的规定画法。

（2）半圆键连接画法。半圆键连接常用于载荷不大的传动轴上，其工作原理和画法与普通平键相似，键槽的表示方法和装配图中半圆键连接画法如图 1—57 所示。

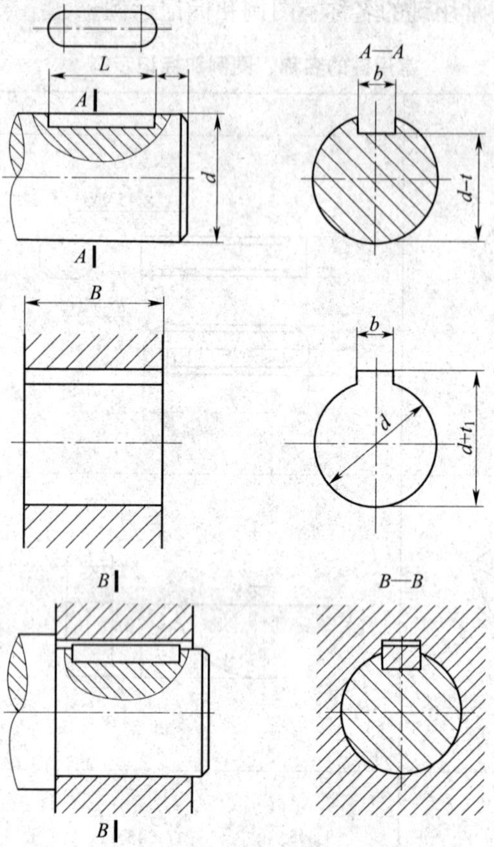

图 1—56　普通平键连接画法

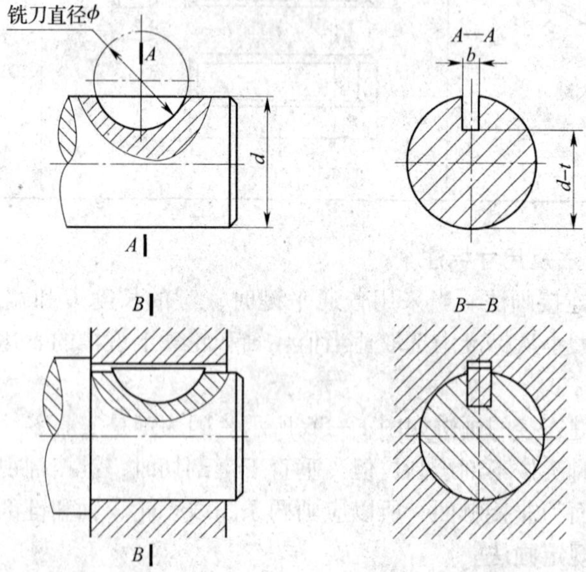

图 1—57　半圆键连接画法

（3）钩头楔键连接画法。钩头楔键的上顶面有 1∶100 的斜度，装配时将键沿轴向嵌入键槽内，靠键的上、下面将轴和轮连接在一起，键的侧面为非工作面，在装配图钩头楔键连接画法如图 1—58 所示。

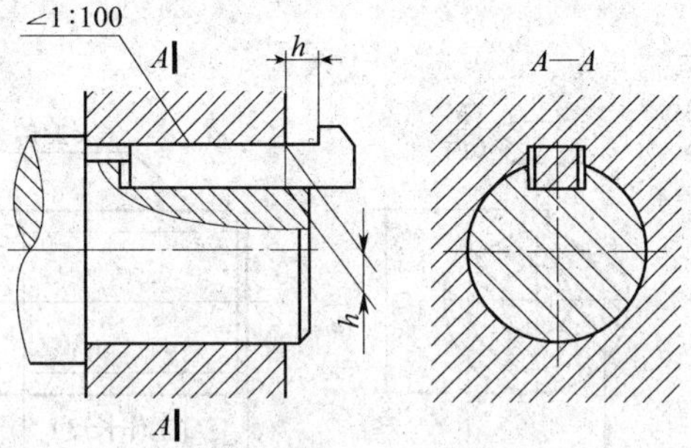

图 1—58　钩头楔键连接画法

3. 花键连接

由轴和轮毂孔上的多个键齿组成的连接叫作花键连接。如图 1—59 所示，当轴、轮毂连接传递的载荷较大或对定心精度要求较高时，可采用花键连接。花键连接的承载能力高，定心性和导向性好，对轴和轮毂的强度削弱较少，但需要专用设备才能加工花键。

花键连接按其齿形不同，分为矩形花键连接、渐开线花键连接等。

矩形花键已标准化，对大径为 4 ~ 125 mm 的矩形花键连接，规定以小径定心（图 1—60）。它的优点是能通过磨削消除热处理变形，定心精度高。

渐开线花键（图 1—61）两侧曲线为渐开线，其压力角规定有 30°和 45°两种。渐开线花键根部强度高，应力集中小，承载能力大。本书主要介绍矩形花键连接的画法和标记。

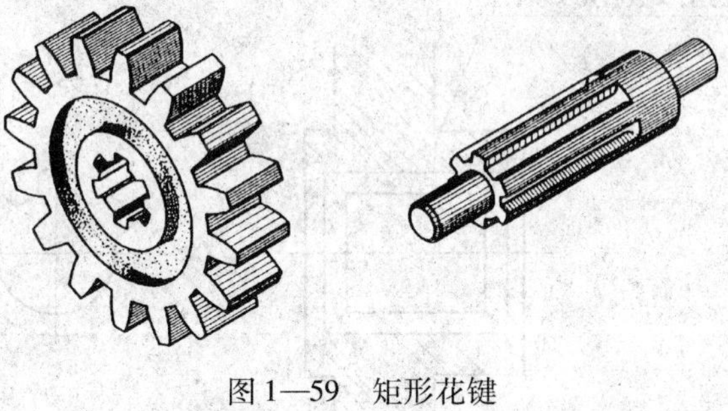

图 1—59　矩形花键

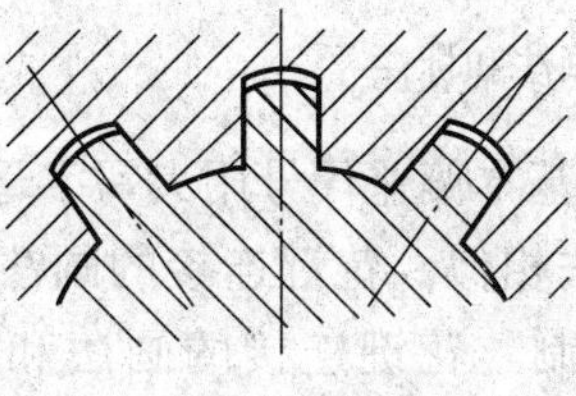

图 1—60　矩形花键连接和定心方式

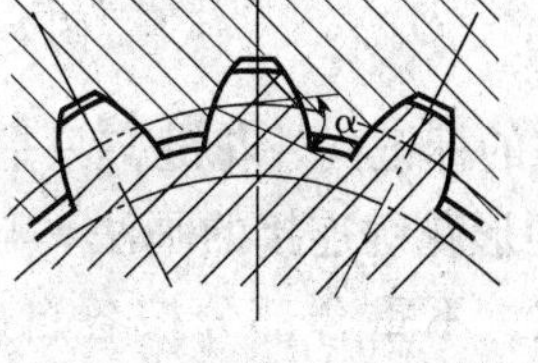

图 1—61　渐开线花键连接

（1）外花键的画法和标记。与外螺纹画法相似，外花键的大径用粗实线绘制，小径用细实线表示；花键工作长度的终止端和尾部长度的末端也用细实线绘制，尾部画成与轴线成30°倾斜的细实线。当采用剖视时，若平行于键齿剖切，键齿按不剖绘制，且大、小径均用粗实线画出。在反映圆的视图上，小径用细实线圆表示。外花键的画法和标注如图1—62所示。

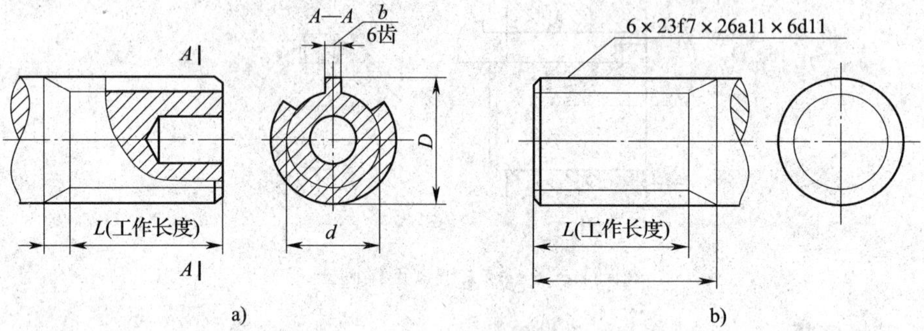

图1—62　外花键的画法和标注

外花键的标注可采用一般尺寸标注法和代号标注法两种。一般尺寸标注法应注出大径 D、小径 d、齿宽 b（及齿数 N）、工作长度 L；用代号标注时，指引线应从大径引出，代号组成为：

齿数	小径	小径公差带代号	大径	大径公差带代号	齿宽	齿宽公差带代号

（2）内花键画法及标记。内花键的画法及标记如图1—63所示。当采用剖视时，若平行于键齿剖切，键齿按不剖绘制，且大、小径均用粗实线绘制。在反映圆的视图上，大径用细实线圆表示。

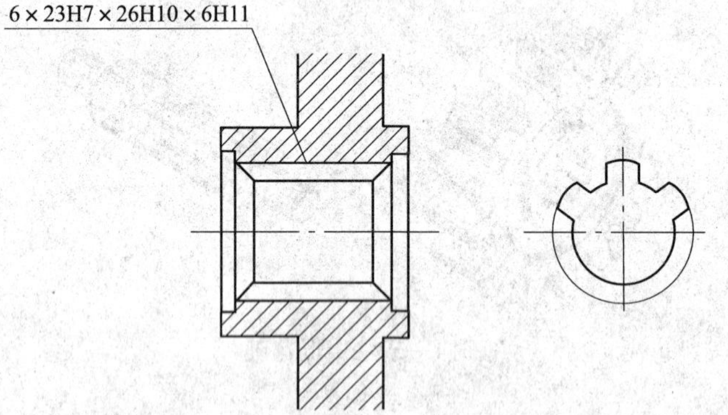

图1—63　内花键的画法和标注

内花键的标记同外花键，只是表示公差带的基本偏差代号用大写字母表示。

（3）矩形花键连接的画法。与螺纹连接画法相似，花键连接的画法为公共部分按外花键绘制，不重合部分按各自的规定画法绘制。花键连接的画法和代号标注如图1—64所示。

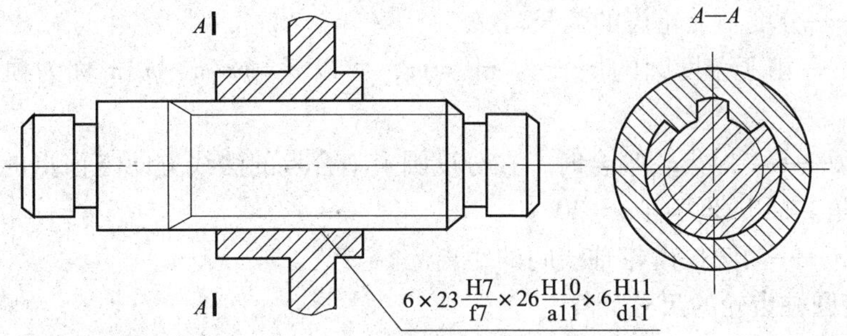

图 1—64　花键连接的画法和代号标注

三、渐开线直齿圆柱齿轮

齿轮的齿形有渐开线、摆线、圆弧等形状，本书主要介绍渐开线标准齿轮的有关知识和规定画法。

1. 直齿圆柱齿轮各部分的名称及参数（图 1—65）

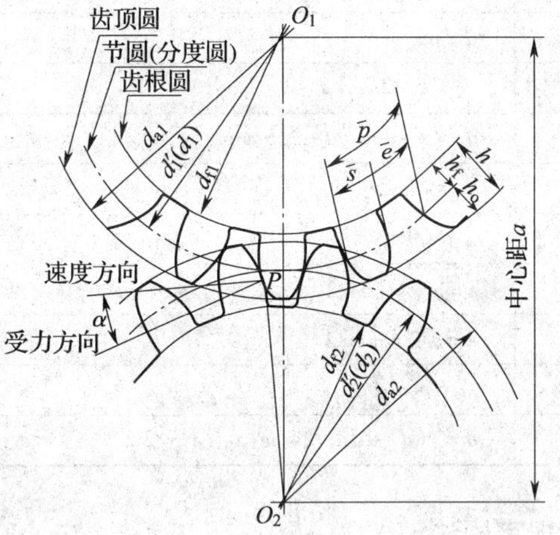

图 1—65　直齿圆柱齿轮各部分的名称和代号

齿数 z——齿轮上轮齿的个数。

齿顶圆直径 d_a——通过齿顶的圆柱面直径。

齿根圆直径 d_f——通过齿根的圆柱面直径。

分度圆直径 d——在垂直于齿向截面内，用一个假想柱面切割轮齿，使得齿厚与齿槽宽相等，这个假想的圆称为分度圆，其直径称为分度圆直径。

节圆直径 d'——两齿轮啮合时，在连心线上啮合点所在的圆称为节圆。正确安装的标准齿轮，其节圆与分度圆重合。

全齿高 h——齿顶圆和齿根圆之间的径向距离。

齿顶高 h_a——齿顶圆和分度圆之间的径向距离。

齿根高 h_f——齿根圆与分度圆之间的径向距离。

齿距 p——分度圆上相邻两齿廓对应点之间的弧长称为齿距。

单元 1

齿厚 s——分度圆上轮齿的弧长。

模数 m——由于分度圆的周长为 $\pi d = pz$，所以 $d = pz/\pi$，p/π 称为模数，模数以 mm 为单位。

压力角 α——一对齿轮啮合时，在分度圆上啮合点的法线方向与该点的瞬时速度方向所夹的锐角。标准压力角 $\alpha = 20°$。

中心距 a——两圆柱齿轮轴线间的距离。

2. 直齿圆柱齿轮的尺寸计算

已知模数 m 和齿数 z 时，齿轮轮齿的其他参数均可以计算出来。标准直齿圆柱齿轮几何尺寸的计算公式见表 1—4。

表 1—4　标准直齿圆柱齿轮几何尺寸的计算公式

名称	代号	计算公式
齿顶高	h_a	$h_a = h_a^* m = m (h_a^* = 1)$
齿根高	h_f	$h_f = (h_a^* + c^*) m = 1.25m (c^* = 0.25)$
全齿高	h	$h = h_a + h_f = 2.25m$
分度圆直径	d	$d = mz$
齿顶圆直径	d_a	$d_a = d + 2h_a = d + 2m$
齿根圆直径	d_f	$d_f = d - 2h_f = d - 2.5m$
基圆直径	d_b	$d_b = d\cos\alpha$
齿距	p	$p = \pi m$
齿厚	s	$s = p/2 = \pi m/2$
齿槽宽	e	$e = p/2 = \pi m/2$
基圆齿距	p_b	$p_b = p\cos\alpha$
中心距	a	$a = (d_1 + d_2)/2 = m(z_1 + z_2)/2$

3. 直齿圆柱齿轮的规定画法

单个齿轮的画法如图 1—66 所示。齿顶圆和齿顶线用粗实线绘制；分度圆和分度线用细点画线表示；齿根圆和齿根线用细实线绘制（也可省略不画）。在剖视图中，齿根线用粗实线绘制。当剖切平面通过轮齿时，轮齿一律按不剖绘制。除轮齿部分外，齿轮其他部分的结构均按真实投影画出。

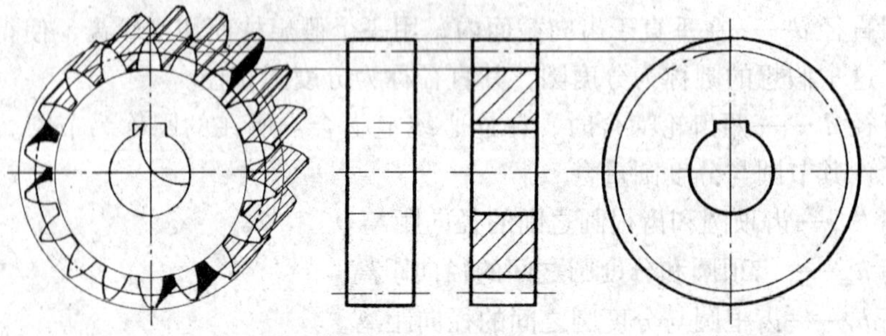

图 1—66　直齿圆柱齿轮的画法

在零件图中，轮齿部分的径向尺寸仅标注出分度圆直径和齿顶圆直径即可。轮齿部分的轴向尺寸仅标注齿宽和倒角。其他参数（如模数、齿数等）可用表格说明。如图1—67所示为直齿圆柱齿轮零件图。

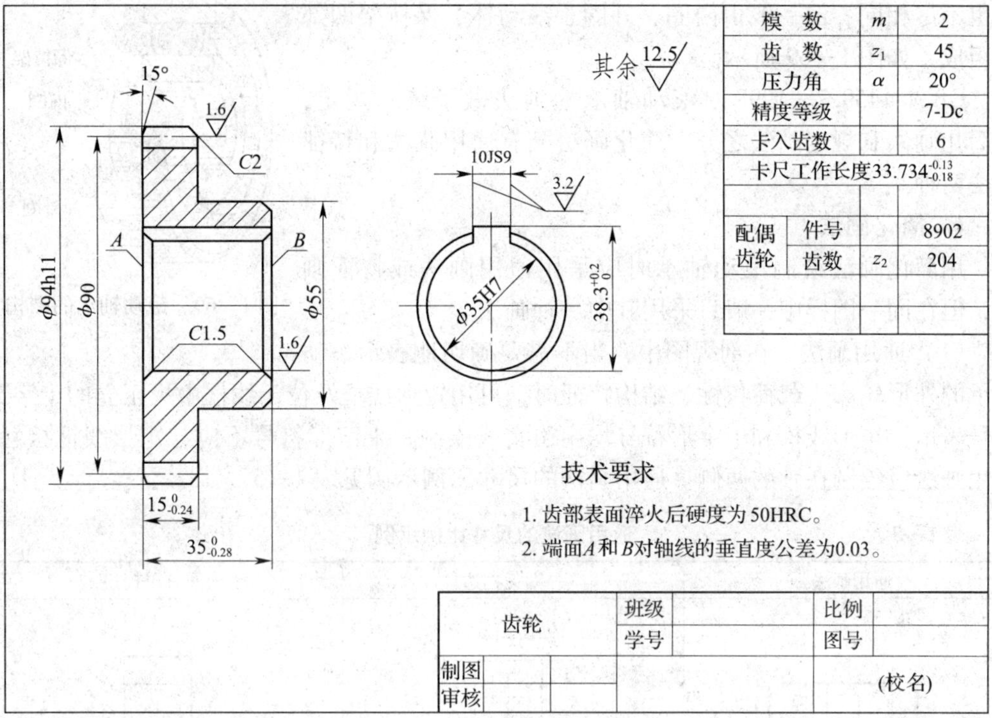

图1—67　直齿圆柱齿轮零件图

一对齿轮啮合的画法如图1—68所示。在反映圆的视图上，齿顶圆用粗实线绘制，两齿轮的分度圆相切，齿根圆不画；在不反映圆的视图上，采用剖视图时，在啮合区域，一个齿轮的轮齿用粗实线绘制，另一个齿轮的轮齿按被遮挡处理，齿顶线用虚线绘出；齿顶线和齿根线之间的缝隙为0.25m（m为模数），如图1—68a所示。

当不采用剖视绘制时，可采用图1—68b所示的表达方法。即在不反映圆的视图上，啮合区的齿顶线和齿根线均不画，分度线用粗实线绘制。

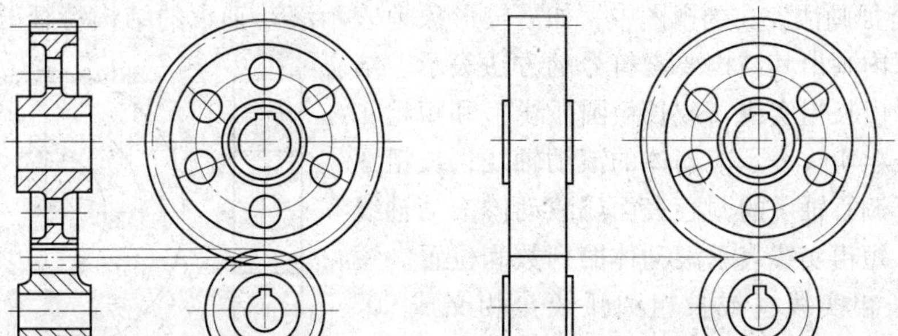

图1—68　直齿圆柱齿轮啮合画法

单元 1

四、滚动轴承的画法

滚动轴承是一种支承传动轴的标准件，其种类很多，结构也不尽相同，但一般由内圈、外圈、滚动体、保持架四部分组成，如图 1—69 所示。

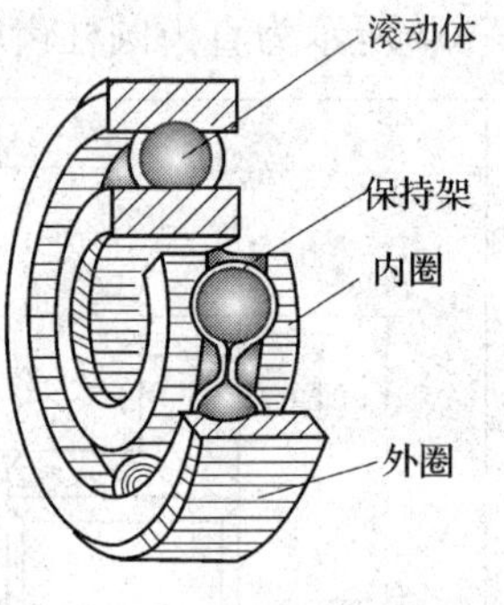

图 1—69　滚动轴承的结构

GB/T 4459. 7—1998 对滚动轴承的画法做了统一规定，有简化画法和规定画法之分。简化画法又有通用画法和特征画法两种。

1. 简化画法

用简化画法绘制滚动轴承时应采用通用画法或特征画法，但在同一图样中一般只采用其中一种画法。

（1）通用画法。在剖视图中，当不需要确切地表示滚动轴承的外形轮廓、载荷特性、结构特征时，可用矩形线框及位于线框中央正立的十字形符号表示。矩形线框和十字形符号均用粗实线绘制，十字形符号不应与矩形线框接触，通用画法应绘制在轴的两侧。通用画法的尺寸比例示例见表 1—5。

表 1—5　　通用画法的尺寸比例示例

通用画法	外圈无挡边	内圈有单挡边
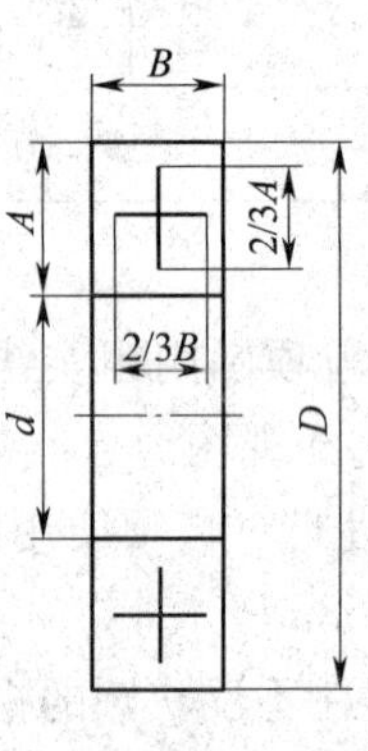	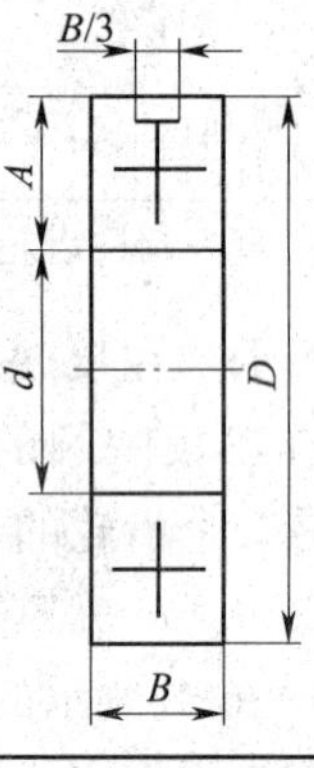	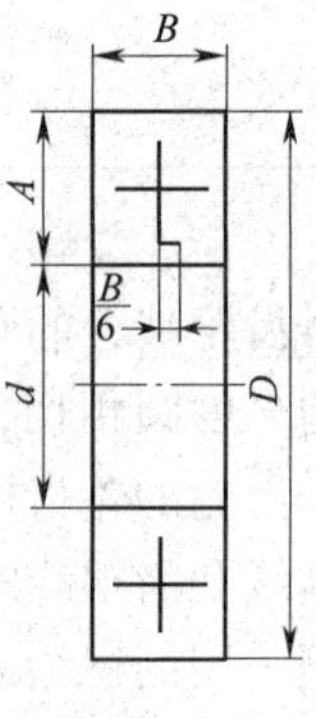

（2）特征画法。在剖视图中，如需较形象地表示滚动轴承的结构特征时，可采用在矩形线框内画出其结构要素符号的方法表示。结构要素符号由长粗实线（或长粗圆弧线）和短粗实线组成。长粗实线表示滚动体的滚动轴线；长粗圆弧线表示可调心轴承的调心表面或滚动体滚动轴线的包络线；短粗实线表示滚动体的列数和位置。短粗实线和长粗实线（或长粗圆弧线）相交成 90°（或相交于法线方向），并通过滚动体的中心。特征画法的矩形线框用粗实线绘制，并且应绘制在轴的两侧。图 1—70a 所示为深沟球轴承的特征画法。

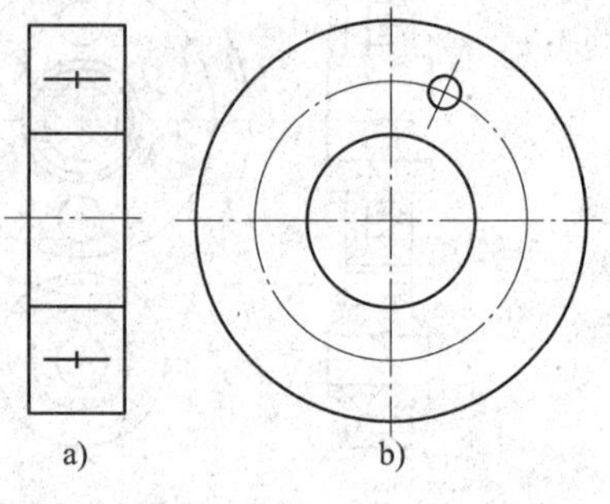

图 1—70　深沟球轴承的特征画法

在垂直于滚动轴承轴线的投影面上，无论滚动体的形状（球、柱、针等）及尺寸如何，均可按图 1—70b 所示的方法绘图。

常用滚动轴承特征画法的尺寸比例示例见表 1—6。

表 1—6　　　　特征画法及规定画法的尺寸比例示例

轴承类型	特征画法	规定画法
深沟球轴承（GB/T 276—1994）	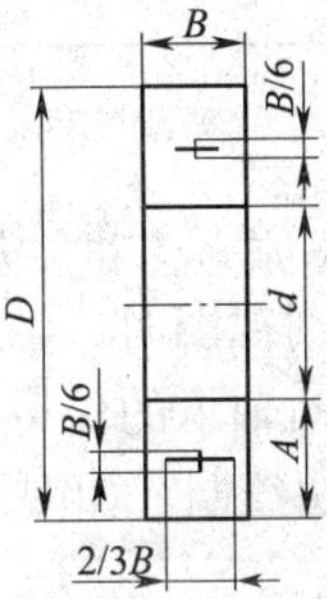	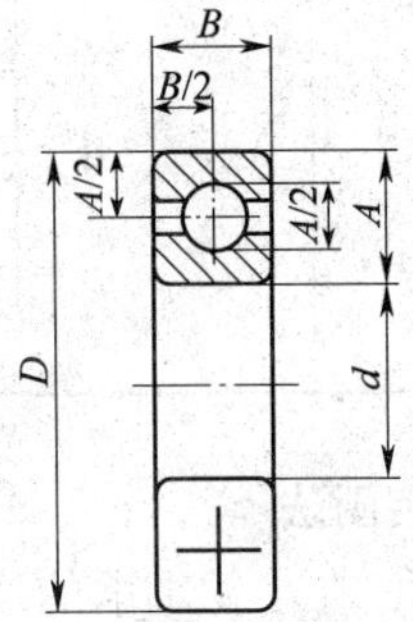
圆柱滚子轴承（GB/T 283—1994）		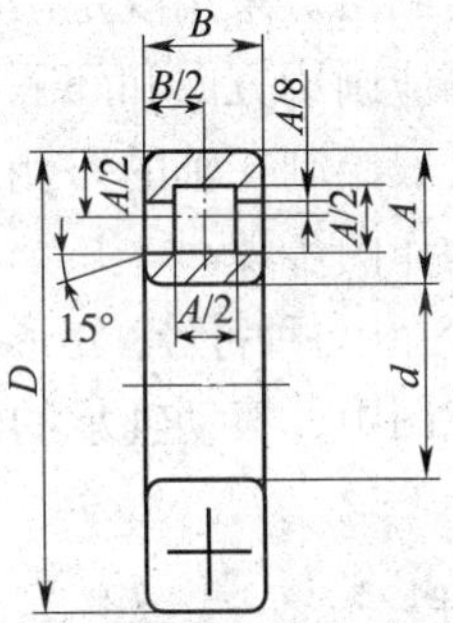
角接触球轴承（GB/T 292—1994）	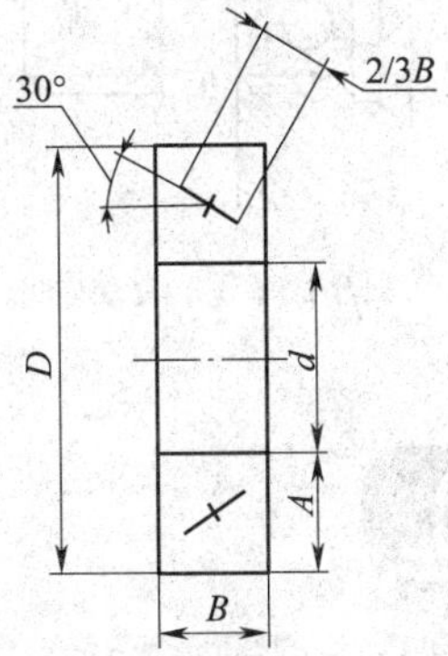	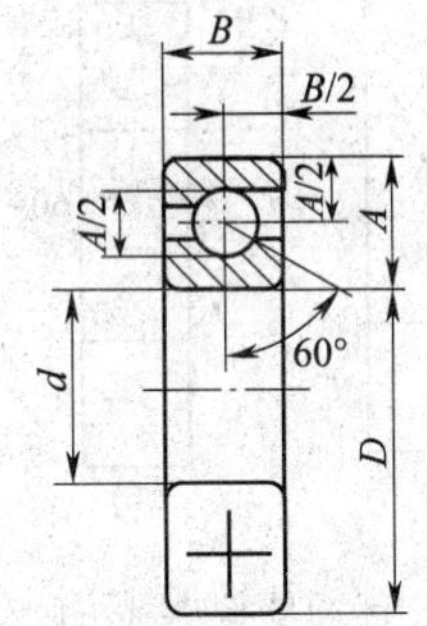
圆锥滚子轴承（GB/T 297—1994）		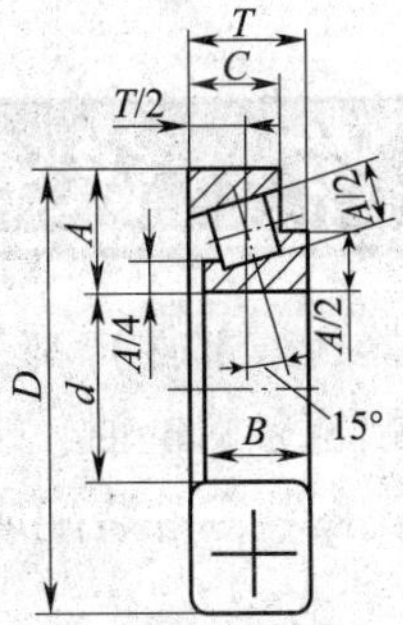

续表

轴承类型	特征画法	规定画法
推力球轴承（GB/T 301—1995）	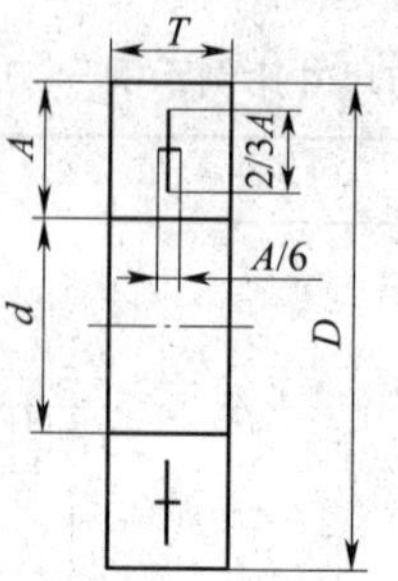	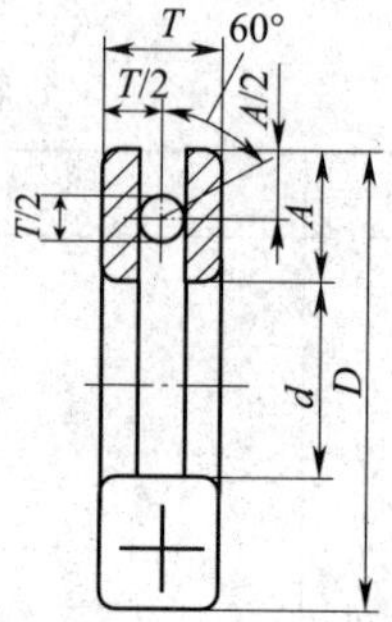

2. 规定画法

必要时，在滚动轴承的产品图样、产品样本、产品标准、用户手册和使用说明书中可采用规定画法。采用规定画法绘制滚动轴承的剖视图时，轴承的滚动体不画剖面线。其各套圈等应画成方向和间隔相同的剖面线；滚动轴承的保持架及倒角等可省略不画。规定画法一般绘制在轴的一侧，另一侧按通用画法绘制。如图 1—71 所示为深沟球轴承规定画法的作图步骤。

规定画法中各种符号、矩形线框和轮廓线均采用粗实线绘制，其尺寸比例示例见表 1—6。

在装配图中，滚动轴承的画法如图 1—72 所示。

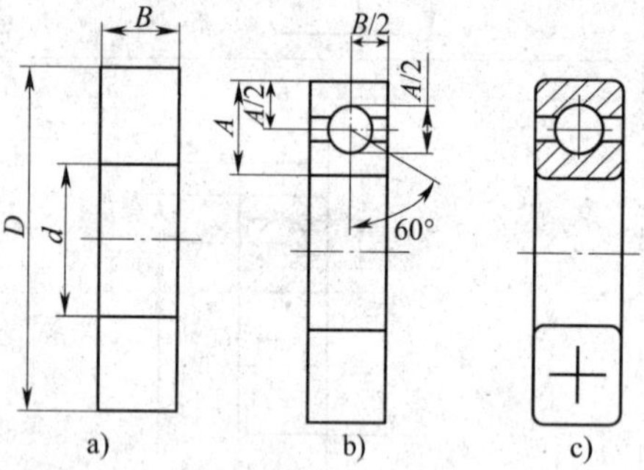

图 1—71　深沟球轴承规定画法的作图步骤

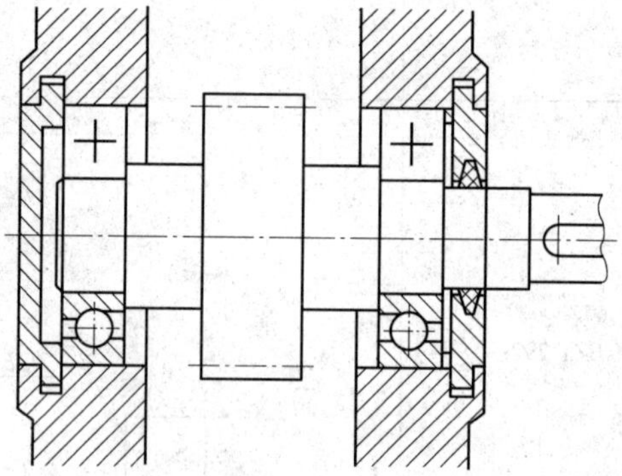

图 1—72　滚动轴承在装配图中的画法

第三节　识读零件图

任何机器（或部件）都是由若干零件组成的。如图 1—73 所示的蜗轮减速器，就是由箱体、蜗轮、蜗轮轴、蜗杆等零件组成。制造机器时，先按零件图生产出全部零件，再按装配图将零件装配成部件或机器。所以，零件图和装配图是生产中的重要技术文件。

图 1—73　蜗轮减速器

一、零件图分析

1. 零件图的内容

零件图是设计部门提交给生产部门的重要技术文件。它不仅反映了设计者的设计意图，而且表达了零件的各种技术要求，如尺寸精度、表面粗糙度等。工艺部门要根据零件图制造毛坯、制定工艺规程、设计工艺装备等。所以，零件图是制造和检验零件的重要依据。如图 1—74 所示为蜗杆轴的零件图。

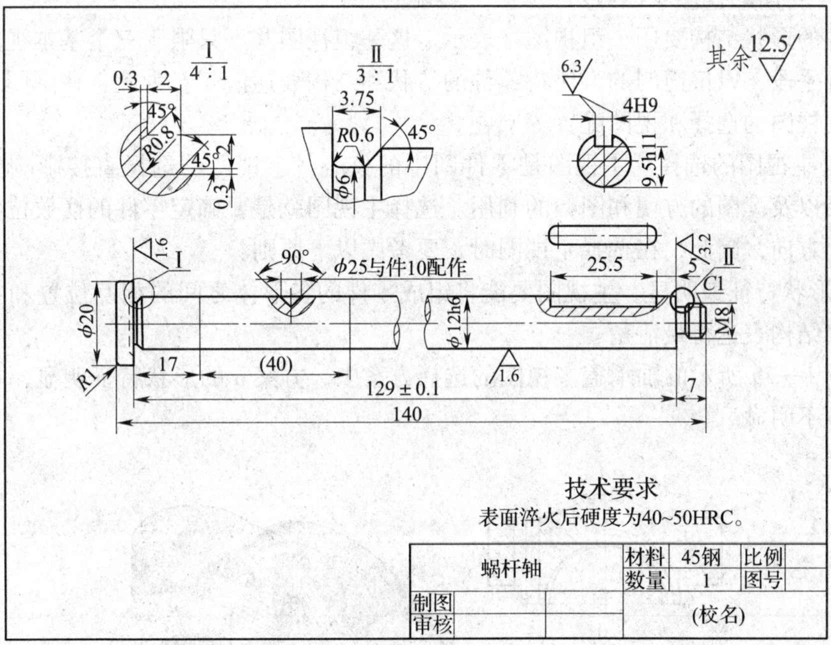

图 1—74　蜗杆轴零件图

一张完整的零件图应包括以下内容：

（1）一组视图。在零件图中须用一组视图来表达零件的形状和结构，应根据零件的结构特点选择适当的剖视、断面、局部放大等表达方法，用最简明的方法将零件的形状、结构表达出来。

（2）完整的尺寸。零件图上的尺寸不仅要标注得完整、清晰，而且还要注得合理，能够满足设计意图，易于制造，便于检验。

（3）技术要求。零件图上的技术要求包括表面粗糙度、尺寸极限与配合、表面形状公差和位置公差、表面处理、热处理、检验等要求。零件制造后需满足这些要求才是合格产品。这些要求制定得不能太高，否则要增加制造成本；也不能制定得太低，以致影响产品的使用性能和寿命。要在满足产品对零件性能要求的前提下，既经济又合理。

（4）标题栏。对于标题栏的格式，国家标准 GB 10609. 1—2008 已做了统一规定，使用中应采用标准的标题栏格式。零件图标题栏的内容一般包括零件名称、材料、数量、比例、图样的编号以及设计、描图、绘图、审核人员的签名等。填写标题栏时，应注意以下几点：

1）零件名称。标题栏中的零件名称要精练，如“轴”“齿轮”“泵盖”等，不必体现零件在机器中的具体作用。

2）图样编号。图样可按产品系列进行编号，也可按零件类型综合编号。各行业、厂家都规定了自己的图样编号方法，图样编号要有利于检索。

3）零件材料。零件材料要用规定的牌号表示，不得用自编的文字或代号表示。

2. 零件图的视图表达方法

零件的形状结构要用一组视图来表示。这一组视图并不只限于三个基本视图，而要采用各种手段，以最简明的方法将零件的形状和结构表达清楚。为此，在画图之前要详细考虑主视图的选择和视图配置等问题。

（1）主视图的选择。主视图是零件图中的核心，主视图的选择直接影响到其他视图的选择以及读图的方便和图幅的利用。选择主视图就是要确定零件的摆放位置和主视图的投射方向，因此，在选择主视图时，要考虑以下原则：

1）形状特征最明显。主视图要能将组成零件的各形体之间的相互位置和主要形体的形状、结构表达得最清楚。

如图 1—75 所示的轴承盖主视图的选择方案中，方案 a 的形状特征明显，方案 b 的形状特征不明显。

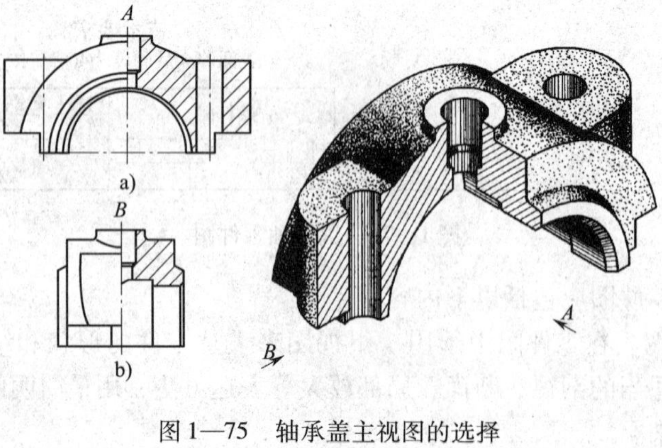

图 1—75　轴承盖主视图的选择

2）以加工位置确定主视图。按照零件在主要加工工序中的装夹位置选取主视图，是为了使加工制造者看图方便。如图 1—76 所示的轴、套、轮盘类零件，其主要加工工序是车削或磨削。在车床或磨床上装夹时以轴线定位，用三爪自定心或四爪单动卡盘夹紧，所以该类主视图的选择常将轴线水平放置。

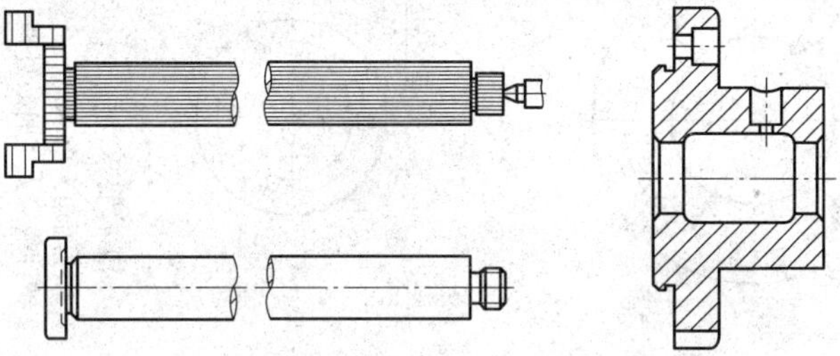

图 1—76　主视图符合加工位置

3）以工作位置确定主视图。工作位置是指零件装配在机器或部件中工作时的位置。按工作位置选取主视图，容易想象零件在机器或部件中的作用。如图 1—77 所示拨叉类零件和图 1—78 所示箱体类零件，适合以工作位置确定主视图。

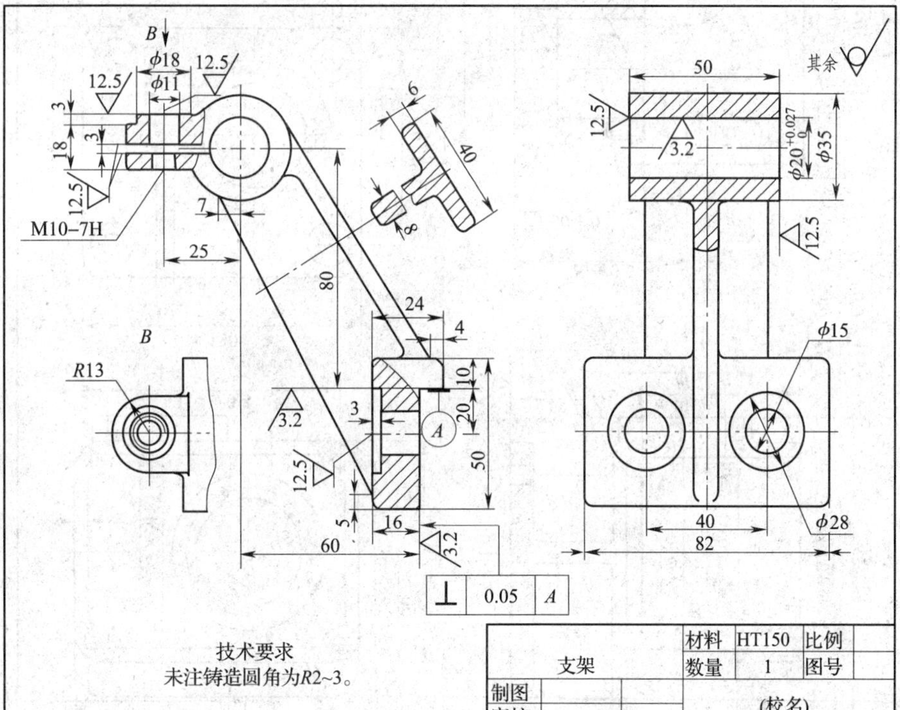

图 1—77　拨叉类零件

（2）其他视图的选择。其他视图的选择原则是：配合主视图，在完整、清晰地表达出零件结构形状的前提下，尽可能减少视图的数量。所以，配置其他视图时应注意以下几个问题：

1）每个视图都有明确的表达重点。各个视图互相配合、互相补充，表达内容不应重复。

如图 1—78 所示为减速器箱体的零件图，主视图主要表达了 φ52J7 和 φ40J7 蜗轮轴

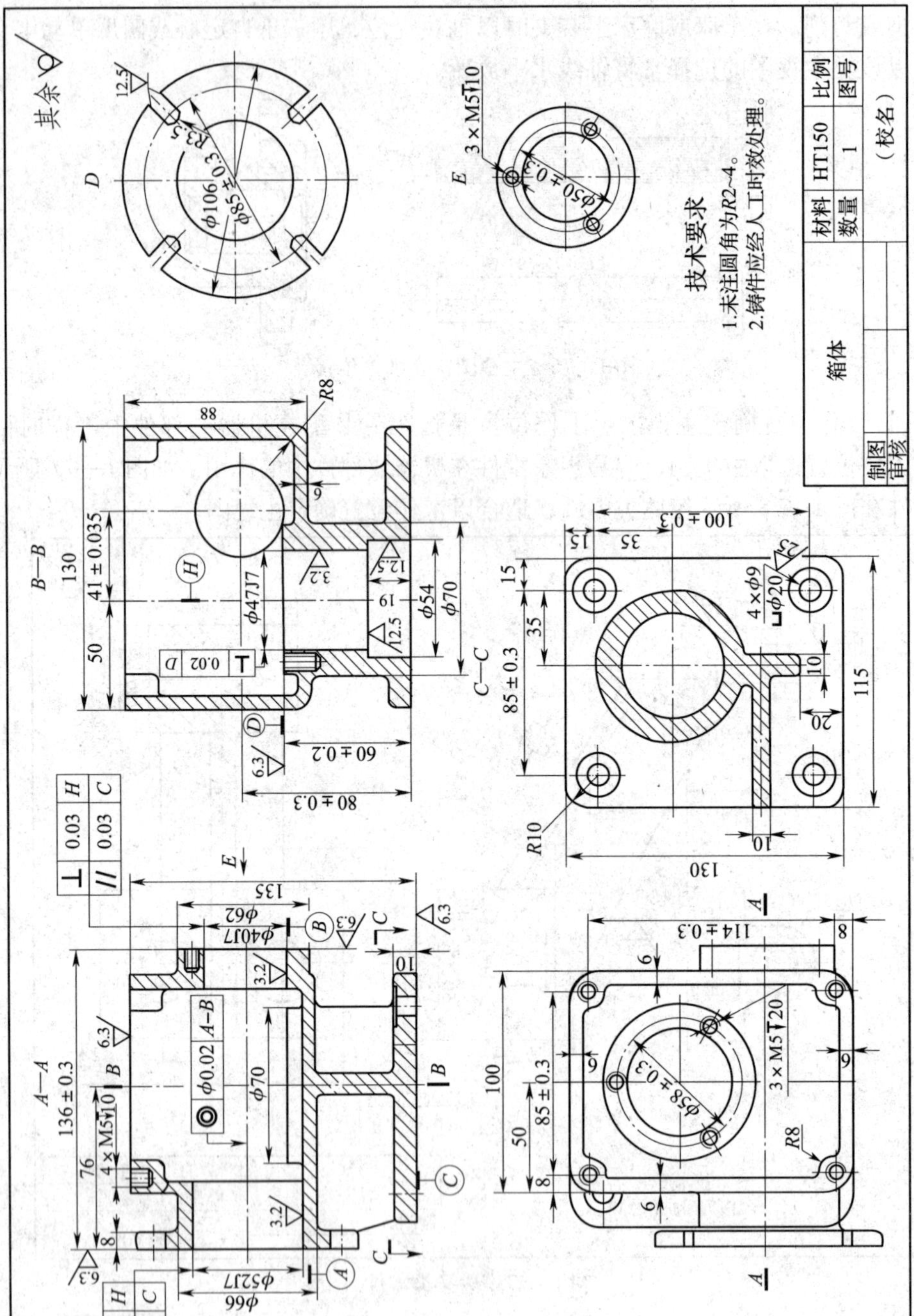
A—A
B—B
C—C
D
E
其余
技术要求
1.未注圆角为R2~4。
2.铸件应经人工时效处理。
箱体
材料
HT150
比例
数量
1
图号
制图
审核
（校名）

图 1—78　箱体类零件

孔的结构、形状以及各形体的相互位置，俯视图主要表达了箱壁的结构和形状，左视图主要表达了蜗轮轴孔与蜗杆轴孔的相互位置，*C*—*C* 剖视图主要表达了肋板的位置和底板的形状。几个视图配合起来，完整地表示了箱体的复杂结构。

2）根据零件的内部结构选择恰当的剖视图和断面图。选择剖视图和断面图时，一定要明确剖视图和断面图的意义，使其发挥最大作用。

3）对尚未表达清楚的局部形状和细小结构，补充必要的局部视图和局部放大图。

如图 1—78 的箱体零件，*D* 向和 *E* 向局部视图对表达凸台的形状及其孔、槽的形状和位置是必不可少的。

4）能采用省略、简化方法表达的地方要尽量采用省略和简化的方法。

二、零件图的尺寸标注

零件图上标注尺寸一般应做到以下几点：尺寸标注要符合国家标准；尺寸标注要完整；尺寸布置要整齐、清晰；尺寸标注要合理。

1. 基准及其选择

零件的尺寸标注除了满足组合体的尺寸标注要求外，还要合理。所谓尺寸标注的合理，是指标注的尺寸既要符合零件的设计要求，又便于加工和检验，这就要求根据零件的设计和加工工艺要求，正确地选择尺寸基准，恰当地配置零件的结构尺寸。显然只有具备较多的零件设计和加工检验知识，才能满足尺寸标注合理的要求。

零件在设计、制造和检验时，计量尺寸的起点为尺寸基准。根据基准的作用不同，分为设计基准、工艺基准、测量基准等。

设计基准——设计时确定零件表面在机器中的位置所依据的点、线、面。

工艺基准——加工制造时，确定零件在机床或夹具中的位置所依据的点、线、面。

测量基准——测量某些尺寸时，确定零件在量具中的位置所依据的点、线、面。

齿轮轴在箱体中的安装情况如图 1—79 所示。确定轴向位置依据的是端面 *A*，确定径向位置依据的是轴线 *B*，所以设计基准是端面 *A* 和轴线 *B*。在加工齿轮轴时，大部分工序采用中心孔定位。中心孔所体现的直线与机床主轴的回转轴线重合，也是圆柱面的轴线，所以，轴线 *B* 又为工艺基准。

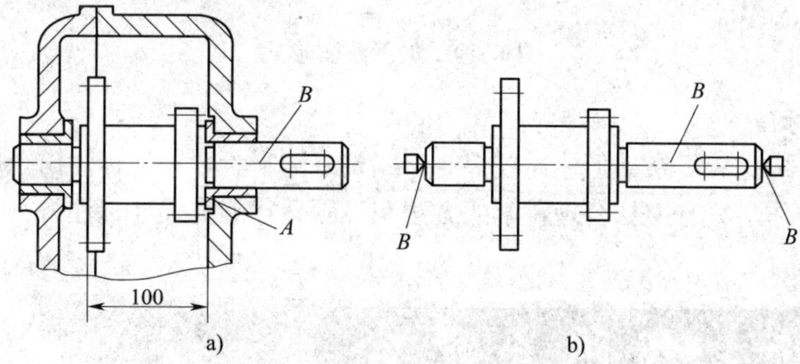

图 1—79　设计基准与工艺基准

每个零件都有长、宽、高三个方向的尺寸，每个尺寸都有基准。因此，每个方向至少有一个尺寸基准。同一方向上也可以有多个尺寸基准，但其中必定有一个是主要的，称为主要基准，其余的称为辅助基准。辅助基准与主要基准之间应有尺寸相关联。

主要基准应与设计基准重合，工艺基准应与设计基准重合，这一原则称为“基准重合原则”。当工艺基准与设计基准不重合时，主要尺寸基准要与设计基准重合。

可作为设计基准或工艺基准的点、线、面主要有对称平面、主要加工面、安装底面、端面、孔、轴的轴线等。这些平面、轴线常常是标注尺寸的基准。

2. 尺寸配置的形式

由于零件的设计、工艺要求不同，尺寸基准的选择也不尽相同，相应地产生了下列三种零件图上的尺寸配置形式：

（1）基准型尺寸配置，如图 1—80a 所示。这种尺寸配置形式的优点是任一尺寸的加工误差都不影响其他尺寸的加工精度。

（2）连续型尺寸配置，如图 1—80b 所示。这种尺寸标注的形式，虽然前一段尺寸的加工误差并不影响后一段的尺寸精度，但是总尺寸的误差则是各段尺寸误差之和。

（3）综合型尺寸配置，如图 1—80c、d 所示。综合型尺寸配置是上述两种尺寸配置形式的综合。这种尺寸配置形式，使得各尺寸的加工误差都累加到空出不标注的尺寸上（图 1—80d 中的尺寸 e）。

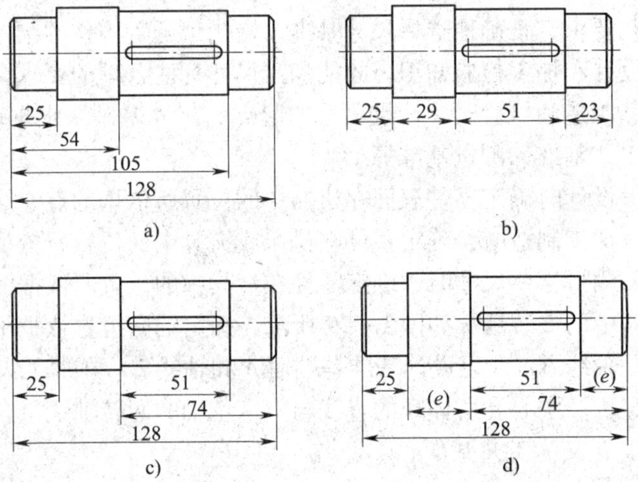

图 1—80　尺寸配置形式

3. 尺寸标注

当零件结构比较复杂，形体比较多时，完整、清晰、合理地标注出全部尺寸是一件非常复杂的工作。只有遵从合理科学的方法和步骤，才能将尺寸标注得符合要求，如图 1—78 所示。

第四节　极限与配合

光滑圆柱体结合是机械产品中最广泛采用的一种结合形式，通常指圆柱形的孔和轴的结合。圆柱体结合的极限与配合标准是国标系列中的一项最基本、最重要的标准。

一、极限与配合的基本术语及其定义

1. 孔和轴的概念

(1) 孔。主要指工件的圆柱形内表面，也包括其他单一尺寸确定的非圆柱形的内表面（由两平行平面或切面形成的包容面）。

(2) 轴。主要指工件的圆柱形外表面，也包括其他单一尺寸确定的非圆柱形的外表面（由两平行平面或切面形成的被包容面）。

从工艺上看，孔为包容面，越加工尺寸越大；轴为被包容面，越加工尺寸越小。

孔、轴具有广泛的含义。不仅表示通常理解的圆柱形的内、外表面，而且也包括由两平行平面或切面形成的包容面和被包容面。

如图 1—81 所示，D_1、D_2、D_3和 D_4各尺寸确定的包容面都称为孔；d_1、d_2、d_3和 d_4各尺寸确定的被包容面都称为轴。

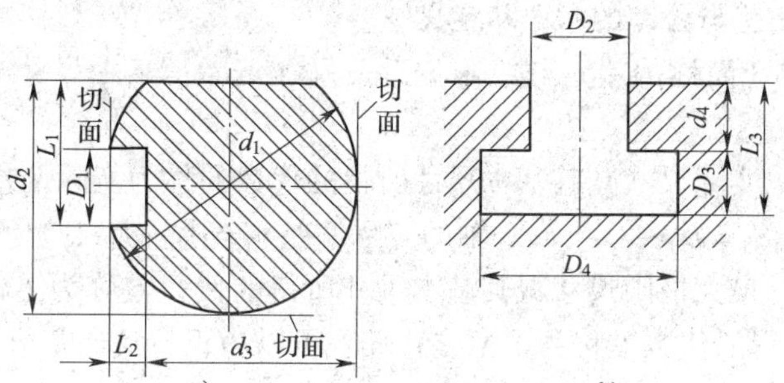

图 1—81 孔和轴

如果两平行平面或切平面既不能形成包容面，也不能形成被包容面，则它们既不是孔，也不是轴，如图 1—81 中由 L_1、L_2和 L_3各尺寸确定的各组平行平面或切面所示。

2. 有关尺寸的术语和定义

(1) 尺寸。用特定单位表示长度值的数字，一般指两点之间的距离。在机械制造中一般常用毫米（mm）作为单位，在图样上通常省略单位。

(2) 基本尺寸（D、d）。设计时给定的尺寸。用括号中的符号表示基本尺寸，大写字母表示孔，小写字母表示轴。它的数值一般应按标准长度、标准直径的数值进行圆整。基本尺寸标准化可减少刀具、量具、夹具的规格数量。形成配合关系的孔和轴的基本尺寸相同。

(3) 极限尺寸。允许尺寸变化的两个界限值。它们是以基本尺寸为基数来确定的。界限值较大者称为最大极限尺寸（D_{max}、d_{max}），界限值较小者称为最小极限尺寸（D_{min}、d_{min}），如图 1—82 所示。极限尺寸可大于、小于或等于基本尺寸，但最大极限尺寸须大于最小极限尺寸。

(4) 实际尺寸（D_a、d_a）。通过测量所得到的尺寸。由于加工误差的存在，所以即使在同一零件上，被测部位不同、方向不同，其实际尺寸也往往不相等。由于测量时还引入了测量误差，所以实际尺寸并非真值。

生产中，大多数零件的实际尺寸出现在最大极限尺寸与最小极限尺寸的平均尺寸附近。

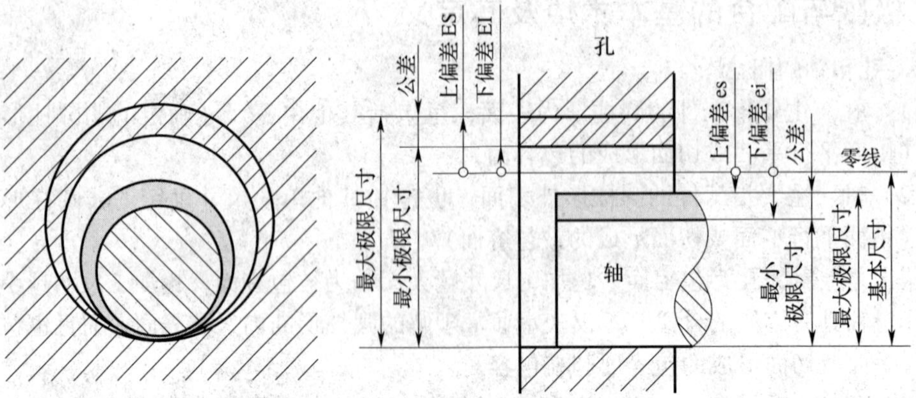

图 1—82　公差与配合示意图

3. 有关尺寸偏差与公差的术语和定义

（1）尺寸偏差（简称偏差）与极限偏差。尺寸偏差：某一尺寸减其基本尺寸所得的代数差。

1）实际偏差。实际尺寸减其基本尺寸所得的代数差称为实际偏差。

孔的实际偏差 $E_a = D_a - D$，　　　轴的实际偏差 $e_a = d_a - d$

2）极限偏差。最大极限尺寸减其基本尺寸所得的代数差称为上偏差；最小极限尺寸减其基本尺寸所得的代数差称为下偏差；偏差可以为正、负或零值。上偏差与下偏差统称为极限偏差。

孔上偏差 $\mathrm{ES} = D_{max} - D$，　　　孔下偏差 $\mathrm{EI} = D_{min} - D$

轴上偏差 $\mathrm{es} = d_{max} - d$，　　　轴下偏差 $\mathrm{ei} = d_{min} - d$

极限偏差可大于、小于或等于零，但上偏差必须大于下偏差。

（2）尺寸公差（简称公差）。允许尺寸的变动量。公差数值等于最大极限尺寸与最小极限尺寸之代数差的绝对值，也等于上偏差与下偏差之代数差的绝对值。公差取绝对值不存在正、负，也不允许为零。

孔公差 $T_D = |D_{max} - D_{min}| = |\mathrm{ES} - \mathrm{EI}|$

轴公差 $T_d = |d_{max} - d_{min}| = |\mathrm{es} - \mathrm{ei}|$

（3）零线与公差带图解。前述有关尺寸、极限偏差及公差可用图 1—82 进行分析。从图中可见，公差的数值比基本尺寸的数值小得多，不能用同一比例画在一张示意图上，故采用简明的极限与配合图解（简称公差带图）来表示，如图 1—83 所示。

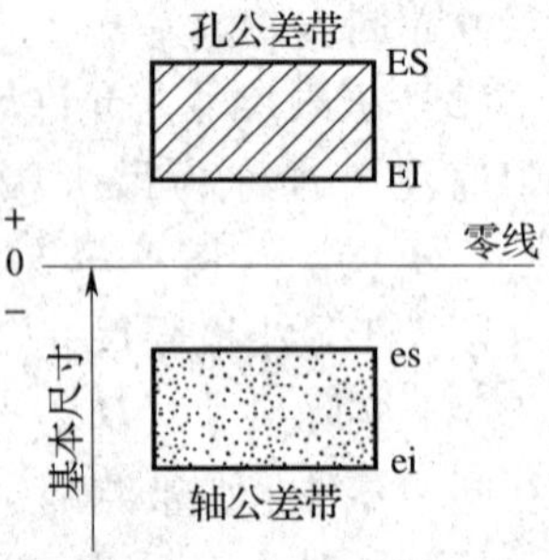

图 1—83　公差带图

1）零线。在公差带图中，确定偏差的一条基准直线，即零偏差线。零线表示基本尺寸，偏差在零线以上为正偏差，在零线以下为负偏差。

2）尺寸公差带（简称公差带）。由代表上下偏差的二条直线所限定的一个区域。公差带在垂直零线方向的宽度代表公差值，上线代表上偏差，下线代表下偏差。公差带沿零线方向的长度可以适当选取。

4. 有关配合的术语和定义

(1) 配合。配合是指基本尺寸相同的、相互结合的孔和轴公差带之间的关系。

间隙或过盈：孔的尺寸减去相配合的轴的尺寸所得的代数差，此差值为正时为间隙，用符号 X 表示；此差值为负时为过盈，用符号 Y 表示。

(2) 间隙配合。具有间隙的配合。间隙配合在公差带图上，孔的公差带在轴的公差带之上，如图 1—84 所示。

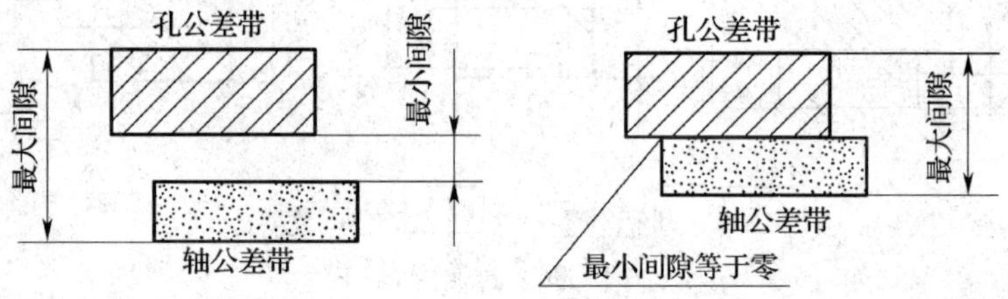

图 1—84　间隙配合

孔和轴的尺寸在公差范围内可变化，故实际间隙的大小随着孔和轴的实际尺寸而变化。孔的最大极限尺寸减轴的最小极限尺寸所得的差值为最大间隙，也等于孔的上偏差减轴的下偏差。孔的最小极限尺寸减轴的最大极限尺寸所得差值为最小间隙，也等于孔的下偏差减轴的上偏差，允许最小间隙 X_{min} 等于 0。

最大间隙：　$X_{max} = D_{max} - d_{min} = ES - ei$

最小间隙：　$X_{min} = D_{min} - d_{max} = EI - es$

生产中，大多数零件装配后实际间隙表现为在平均间隙附近变动。

平均间隙：　$X_{av} = \dfrac{X_{max} + X_{min}}{2}$

(3) 过盈配合。具有过盈的配合。过盈配合在公差带图上，孔的公差带在轴的公差带之下，如图 1—85 所示。

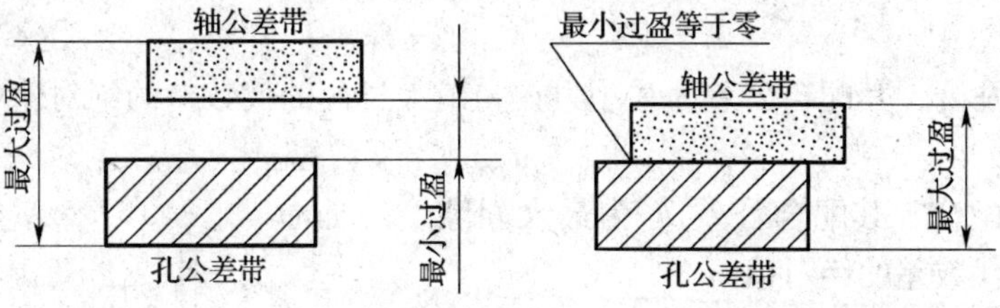

图 1—85　过盈配合

孔的最大极限尺寸减轴的最小极限尺寸所得的差值为最小过盈，也等于孔的上偏差减轴的下偏差，允许最小过盈 Y_{min} 等于 0。孔的最小极限尺寸减轴的最大极限尺寸所得的差值为最大过盈，也等于孔的下偏差减轴的上偏差。

最大过盈：　$Y_{max} = D_{min} - d_{max} = EI - es$

最小过盈：　$Y_{min} = D_{max} - d_{min} = ES - ei$

实际生产中，大多数零件装配后实际过盈表现为在平均过盈附近变动。

平均过盈： $$Y_{av}=\frac{Y_{min}+Y_{max}}{2}$$

（4）过渡配合。具有间隙或过盈的配合，过渡配合在公差带图上，孔和轴的公差带相互交叠，如图 1—86 所示。

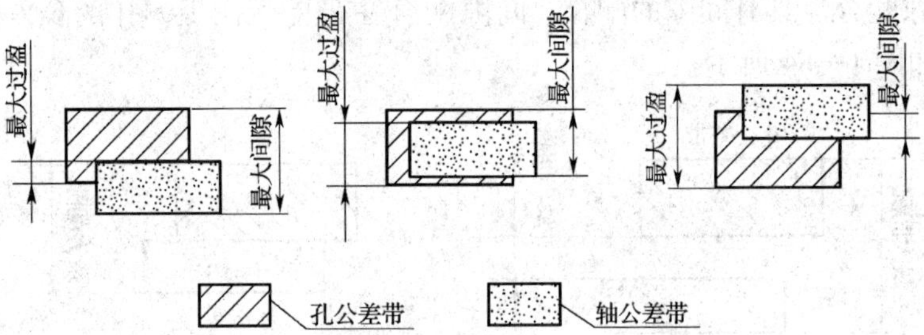

图 1—86　过渡配合

孔的最大极限尺寸减轴的最小极限尺寸所得的差值为最大间隙。孔的最小极限尺寸减轴的最大极限尺寸所得的差值为最大过盈。

最大间隙： $X_{max}=D_{max}-d_{min}=ES-ei$

最大过盈： $Y_{max}=D_{min}-d_{max}=EI-es$

实际生产中，大多数零件装配后实际间隙或过盈表现在平均盈隙附近变动。

$$X_{av}\text{ 或 }Y_{av}=\frac{X_{max}+Y_{max}}{2}\quad (X_{av}>0，Y_{av}<0)$$

（5）配合公差。在上述间隙、过盈和过渡三类配合中，允许间隙或过盈在两个界限值内变动，这个允许的变动量为配合公差，它是设计人员根据相配件的使用要求确定的。配合公差越大，配合精度越低；配合公差越小，配合精度越高。

配合公差的大小为两个界限值代数差的绝对值，也等于相配合孔的公差和轴的公差之和。

对于间隙配合，其配合公差 T_f 为最大间隙与最小间隙的代数差的绝对值：

$$T_f=|X_{max}-X_{min}|=T_D+T_d$$

对于过盈配合，其配合公差为最小过盈与最大过盈的代数差的绝对值：

$$T_f=|Y_{min}-Y_{max}|=T_D+T_d$$

对于过渡配合，其配合公差 T_f 为最大间隙与最大过盈的代数差的绝对值：

$$T_f=|X_{max}-Y_{max}|=T_D+T_d$$

以上三类配合的配合公差带可以用图 1—87 表示。配合公差带完全在零线以上为间隙配合；完全在零线以下为过盈配合；跨在零线上、下两侧为过渡配合。配合公差带两端的数值代表极限间隙或极限过盈，上下两端之间距离为配合公差值。

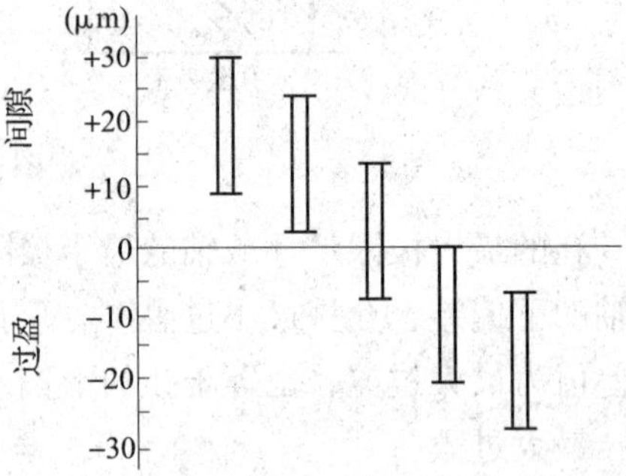

图 1—87　配合公差带

二、极限与配合国家标准

为了实现互换性和满足各种使用要求，极限与配合国家标准对形成各种配合的公差带进行了标准化，包括“标准公差系列”和“基本偏差系列”，标准公差用以确定公差带的大小，基本偏差确定公差带的位置，二者的不同结合形成不同的孔、轴公差带；而孔、轴公差带之间各种相互关系则构成了各种的配合。

1. 标准公差系列

标准公差是国家标准规定的、用以确定公差值大小的任一公差值。

（1）公差等级。公差等级是确定尺寸精确程度的等级。国家标准 GB/T 1800.3—1998 将标准公差等级分为 20 级，用 IT 和阿拉伯数字组成的代号表示。在基本尺寸至 500 mm 内，规定了 IT01、IT0、IT1、…、IT18 共 20 个等级；在大于 500 mm 至 3 150 mm 内，规定了 IT1 至 IT18 共 18 个标准公差等级。在 IT01 ~ IT18 范围内，随着数字增大，公差等级依次降低，相应的标准公差数值依次增加。

（2）标准公差数值。标准公差数值取决于零件的基本尺寸和公差等级。当基本尺寸≤500 mm，公差等级为 IT5 ~ T18 时，公差值按 $T=ai$ 计算。其中，公差等级系数 a 从 IT6 ~ IT18 选取优先数系 R5 系列数值；公差单位 i 取决于基本尺寸的数值，一个基本尺寸对应一个公差单位 i。

（3）基本尺寸分段。计算标准公差值时，如果每一个基本尺寸在每个级别都有一个公差值，将会使编制的公差表格非常庞大。为简化公差表格，标准规定对基本尺寸进行分段，并规定同一公差等级在同一尺寸分段内各基本尺寸的标准公差值相同。基本尺寸分段后的标准公差数值见表 1—7。

单元 1

表 1—7　　标准公差的数值表（GB/T 1800.3—1998）

基本尺寸/mm	公差等级																		
	(μm)															(mm)			
	IT01	IT0	IT1	IT2	IT3	IT4	IT5	IT6	IT7	IT8	IT9	IT10	IT11	IT12	IT13	IT14	IT15	IT16	IT17
≤3	0.3	0.5	0.8	1.2	2	3	4	6	10	14	25	40	60	100	140	0.25	0.40	0.60	1.0
>3 ~ 6	0.4	0.6	1	1.5	2.5	4	5	8	12	18	30	48	75	120	180	0.30	0.48	0.75	1.2
>6 ~ 10	0.4	0.6	1	1.5	2.5	4	6	9	15	22	36	58	90	150	220	0.36	0.58	0.90	1.5
>10 ~ 18	0.5	0.8	1.2	2	3	5	8	11	18	27	43	70	110	180	270	0.43	0.70	1.10	1.8
>18 ~ 30	0.6	1	1.5	2.5	4	6	9	13	21	33	52	84	130	210	330	0.52	0.84	1.30	2.1
>30 ~ 50	0.6	1	1.5	2.5	4	7	11	16	25	39	62	100	160	250	390	0.62	1.00	1.60	2.5
>50 ~ 80	0.8	1.2	2	3	5	8	13	19	30	46	74	120	190	300	460	0.74	1.20	1.90	3.0
>80 ~ 120	1	1.5	2.5	4	6	10	15	22	35	54	87	140	220	350	540	0.87	1.40	2.20	3.5
>120 ~ 180	1.2	2	3.5	5	8	12	18	25	40	63	100	160	250	400	630	1.00	1.60	2.50	4.0
>180 ~ 250	2	3	4.5	7	10	14	20	29	46	72	115	185	290	460	720	1.15	1.85	2.90	4.6
>250 ~ 315	2.5	4	6	8	12	16	23	32	52	81	130	210	320	520	810	1.30	2.10	3.20	5.2
>315 ~ 400	3	5	7	9	13	18	25	36	57	89	140	230	360	570	890	1.40	2.30	3.60	5.7
>400 ~ 500	4	6	8	10	15	20	27	40	63	97	155	250	400	630	970	1.55	2.50	4.00	6.3

2. 基本偏差系列

基本偏差是指用以确定公差带相对于零线位置的那个极限偏差（上偏差或下偏差），一般为靠近零线的那个极限偏差。为了满足生产实践中对配合松紧不同的要求，国家标准对孔和轴各规定了28种公差带位置，分别用28个基本偏差代号来表示。当公差带在零线以上时，以下偏差为基本偏差；公差带在零线以下时，以上偏差为基本偏差。孔、轴公差带的另一极限偏差可由公差值的大小计算确定。

（1）基本偏差代号及其特点。国家标准中对孔、轴各规定了28个基本偏差，基本偏差代号用拉丁字母表示，大、小写字母分别表示孔、轴的基本偏差。在26个拉丁字母中去掉易与其他含义混淆的5个字母：I、L、O、Q、W（i、l、o、q、w），同时增加CD、EF、FG、JS、ZA、ZB、ZC（cd、ef、fg、js、za、zb、zc）7个双写字母，构成28个基本偏差代号，形成基本偏差系列如图1—88所示。

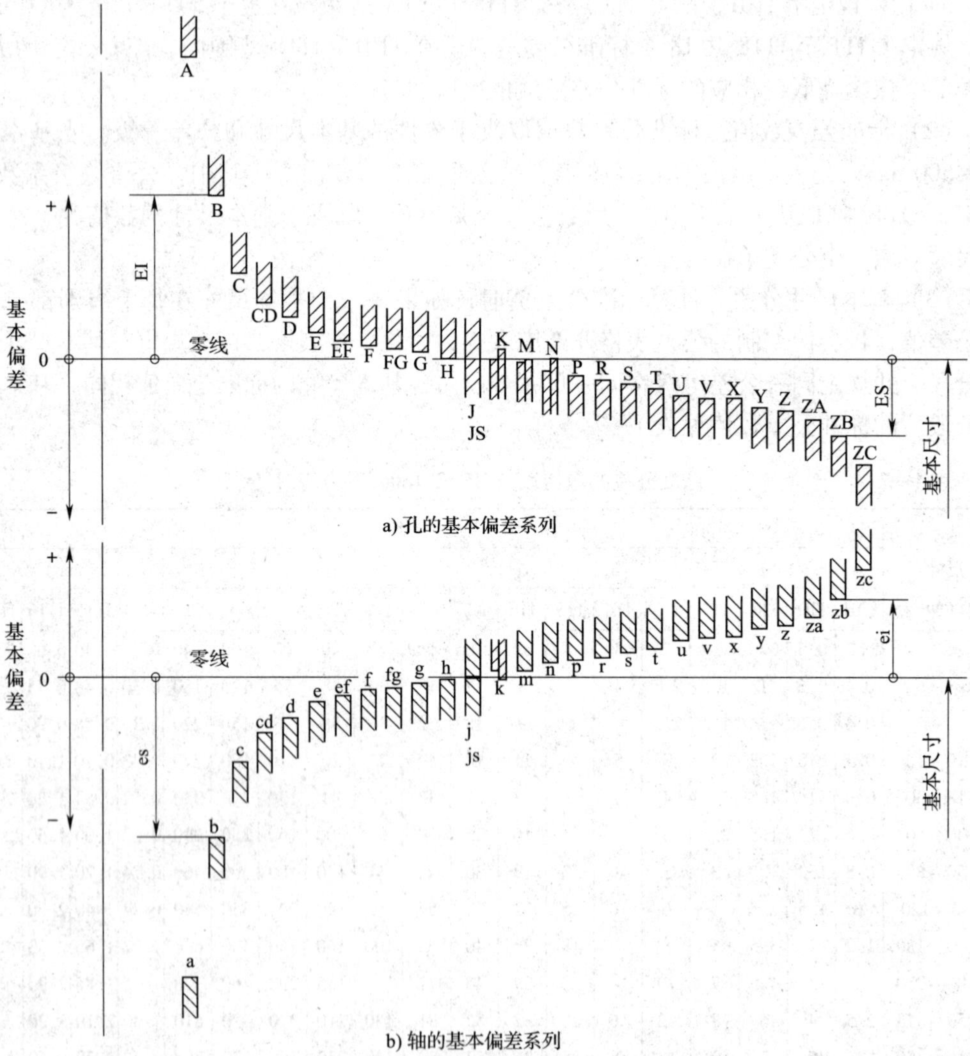

图1—88　基本偏差系列

从图1—88可知：孔的基本偏差系列中，A~H的基本偏差为下偏差且数值大于或等于零，J~ZC的基本偏差为上偏差；轴的基本偏差中，a~h的基本偏差为上偏差且数值小于或等于零，j~zc的基本偏差为下偏差。

基本偏差系列中的H（h）的基本偏差为零，其中，孔H时EI=0；轴h时es=0。

基本偏差系列中的JS（js）相对零线对称，上偏差ES（es）=+IT/2，下偏差EI（ei）=－IT/2，上下偏差均可作为基本偏差。

（2）基准制。为了以尽可能少的标准公差带形成实践中所需的各种配合，标准规定了两种基准制：基孔制和基轴制。

1）基孔制。基本偏差为一定的孔的公差带，与不同基本偏差的轴的公差带形成各种配合的一种制度，如图1—89a所示。

在基孔制中，孔是基准件，称为基准孔，其基本偏差代号是H，且EI=0。此时，轴是非基准件，称为非基准轴。

2）基轴制。基本偏差为一定的轴的公差带，与不同基本偏差的孔的公差带形成各种配合的一种制度，如图1—89b所示。

在基轴制中，轴是基准件，称为基准轴，其基本偏差代号是h，且es=0。此时，孔是非基准件，称为非基准孔。

必要时，允许将任一孔、轴公差带组成配合，即组成非基准制配合。

（3）基本偏差数值。轴的基本偏差数值是以基孔制配合为基础，按照各种配合要求，再根据生产实践经验和统计分析得出的一系列经验公式经计算后圆整而得出的列表值。轴的基本偏差数值见表1—8。

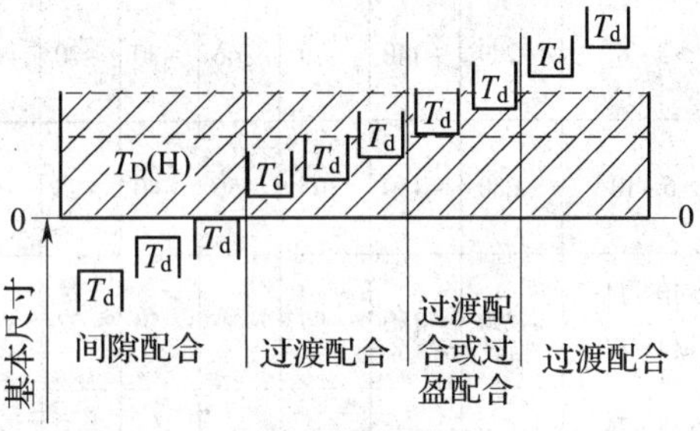

a) 基孔制配合

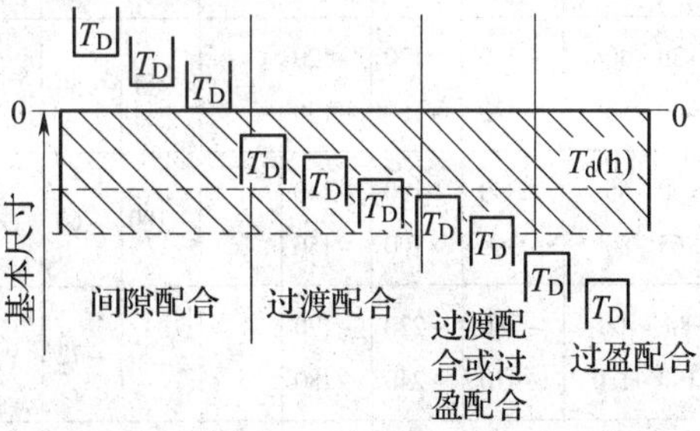

b) 基轴制配合

图1—89　配合基准制

孔的基本偏差数值是由轴的基本偏差数值根据基轴制按一定规则换算后得出的，孔的基本偏差数值见表1—9。

（4）公差带代号与配合代号

1）公差带代号。由基本偏差代号+公差等级组成，如G6、f6分别表示的孔、轴的公差带代号；字母大小写区分孔和轴。为确定唯一的公差带，通常在公差带代号前加注基本尺寸，如ϕ45f6。

2）配合代号。由孔公差带代号/轴公差带代号组成，分子为孔的公差带代号，分母为轴的公差带代号，如H7/f6。为确定唯一的配合，通常在配合代号前加注基本尺寸，如ϕ60H7/f6。

3）基准制的判别。在配合代号中找H（h），配合代号中存在H时为基孔制；存在h时为基轴制；同时存在H、h时既是基孔制又是基轴制；H、h都不存在时，是非基准制。

表 1—8 **轴的基本**

基本尺寸/mm	基本偏																
	上偏差 es																
	a	b	c	cd	d	e	ef	f	fg	g	h	js	j			k	
	所有公差等级												5~6	7	8	4~7	≤3 >7
≤3	-270	-140	-60	-34	-20	-14	-10	-6	-4	-2	0	偏差等于 $\pm\frac{IT}{2}$	-2	-4	-6	0	0
>3~6	-270	-140	-70	-46	-30	-20	-14	-10	-6	-4	0		-2	-4	—	+1	0
>6~10	-280	-150	80	-56	-40	-25	-18	-13	-8	-5	0		-2	-5	—	+1	0
>10~14 >14~18	-290	-150	-95	—	-50	-32	—	-16	—	-6	0		-3	-6	—	+1	0
>18~24 >24~30	-300	-160	-110	—	-65	-40	—	-20	—	-7	0		-4	-8	—	+2	0
>30~40 >40~50	-310 -320	-170 -180	-120 -130	—	-80	-50	—	-25	—	-9	0		-5	-10	—	+2	0
>50~65 >65~80	-340 -360	-190 -200	-140 -150	—	-100	-60	—	-30	—	-10	0		-7	-12	—	+2	0
>80~100 >100~120	-380 -410	-220 -240	-170 -180	—	-120	-72	—	-36	—	-12	0		-9	-15	—	+3	0
>120~140 >140~160 >160~180	-460 -520 -580	-260 -280 -310	-200 -210 -230	—	-145	-85	—	-43	—	-14	0		-11	-18	—	+3	0
>180~200 >200~225 >225~250	-660 -740 -820	-340 -380 -420	-240 -260 -280	—	-170	-100	—	-50	—	-15	0		-13	-21	—	+4	0
>250~280 >280~315	-920 -1 050	-480 -540	-300 -330	—	-190	-110	—	-56	—	-17	0		-16	-26	—	+4	0
>315~355 >355~400	-1 200 -1 350	-600 -680	-360 -400	—	-210	-125	—	-62	—	-18	0		-18	-28	—	+4	0
>400~450 >450~500	-1 500 -1 650	-760 -840	-440 -480	—	-230	-135	—	-68	—	-20	0		-20	-32	—	+5	0

注：1. 基本尺寸小于 1 mm 时，各级的 a 和 b 均不采用。

2. js 的数值：对 IT7 ~ IT11，若 IT 的数值（μm）为奇数，则取 $js = \pm\frac{IT-1}{2}$。

偏差表

差/μm

下偏差 ei													
m	n	p	r	s	t	u	v	x	y	z	za	zb	zc
所有公差等级													
+2	+4	+6	+10	+14	—	+18	—	+20	—	+26	+32	+40	+60
+4	+8	+12	+15	+19	—	+23	—	+28	—	+35	+42	+50	+80
+6	+10	+15	+19	+23	—	+28	—	+34	—	+42	+52	+67	+97
+7	+12	+18	+23	+28	—	+33	— +39	+40 +45	— —	+50 +60	+64 +77	+90 +108	+130 +150
+8	+15	+22	+28	+35	— +41	+41 +48	+47 +55	+54 +64	+63 +75	+73 +88	+98 +118	+138 +160	+188 +218
+9	+17	+26	+34	+43	+48 +54	+60 +70	+68 +81	+80 +97	+94 +114	+112 +136	+148 +180	+200 +242	+274 +325
+11	+20	+32	+41 +43	+53 +59	+66 +75	+87 +102	+102 +120	+122 +146	+144 +174	+172 +201	+226 +274	+300 +360	+405 +480
+13	+23	+37	+51 +54	+71 +79	+91 +104	+124 +144	+146 +172	+178 +210	+214 +256	+258 +310	+335 +400	+445 +525	+585 +600
+15	+27	+43	+63 +65 +68	+92 +100 +108	+122 +134 +146	+170 +190 +210	+202 +228 +252	+248 +280 +310	+300 +340 +380	+365 +415 +465	+470 +535 +600	+620 +700 +780	+800 +900 +1 000
+17	+31	+50	+77 +80 +84	+122 +130 +140	+166 +180 +196	+236 +258 +284	+284 +310 +340	+350 +385 +425	+425 +470 +520	+520 +575 +640	+670 +740 +820	+880 +960 +1 050	+1 150 +1 250 +1 350
+20	+34	+56	+94 +98	+158 +170	+218 +240	+315 +350	+385 +425	+475 +525	+580 +650	+710 +790	+920 +1 000	+1 200 +1 300	+1 550 +1 700
+21	+37	+62	+108 +114	+190 +208	+268 +294	+390 +435	+475 +330	+590 +660	+730 +820	+900 +1 000	+1 150 +1 300	+1 500 +1 650	+1 900 +2 100
+23	+40	+68	+126 +132	+232 +252	+330 +360	+490 +540	+595 +660	+740 +820	+920 +1 000	+1 100 +1 250	+1 450 +1 600	+1 850 +2 100	+2 400 +2 600

表 1—9 **孔的基本**

基本尺寸/mm	基本																		
	下偏差 FI																		
	A	B	C	CD	D	E	EF	F	FG	G	H	JS	J			K		M	
	所有的公差等级												6	7	8	≤8	>8	≤8	>8
≤3	+270	+140	+60	+34	+20	+14	+10	+6	+4	+2	0	偏差等于 $\pm\frac{IT}{2}$	+2	+4	+6	0	0	-2	-2
>3~6	+270	+140	+70	+36	+30	+20	+14	+10	+6	+4	0		+5	+6	+10	-1+Δ	—	-4+Δ	-4
>6~10	+280	+150	+80	+56	+40	+25	+18	+13	+8	+5	0		+5	+8	+12	-1+Δ	—	-6+Δ	-6
>10~14 >14~18	+290	+150	+95	—	+50	+32	—	+16	—	+6	0		+6	+10	+15	-1+Δ	—	-7+Δ	-7
>18~24 >24~30	+300	+160	+110	—	+65	+40	—	+20	—	+7	0		+8	+12	+20	-2+Δ	—	-8+Δ	-8
>30~40 >40~50	+310 +320	+170 +180	+120 +130	—	+80	+50	—	+25	—	+9	0		+10	+14	+24	-2+Δ	—	-9+Δ	-9
>50~65 >65~80	+340 +360	+190 +200	+140 +150	—	+100	+60	—	+30	—	+10	0		+13	+18	+28	-2+Δ	—	-11+Δ	-11
>80~100 >100~120	+380 +410	+220 +240	+170 +180	—	+120	+72	—	+36	—	+12	0		+16	+22	+34	-3+Δ	—	-13+Δ	-13
>120~140 >140~160 >160~180	+440 +520 +580	+260 +280 +310	+200 +210 +230	—	+145	+85	—	+43	—	+14	0		+18	+26	+41	-3+Δ	—	-15+Δ	-15
>180~200 >200~225 >225~250	+660 +740 +820	+340 +380 +420	+240 +260 +280	—	+170	+100	—	+50	—	+15	0		+22	+30	+47	-4+Δ	—	-17+Δ	-17
>250~280 >280~315	+920 +1 050	+480 +540	+300 +330	—	+190	+110	—	+56	—	+17	0		+25	+36	+55	-4+Δ	—	-20+Δ	-20
>315~355 >355~400	+1 200 +1 350	+600 +680	+360 +400	—	+210	+125	—	+62	—	+18	0		+29	+39	+60	-4+Δ	—	-21+Δ	-21
>400~450 >450~500	+1 500 +1 650	+760 +840	+440 +480	—	+230	+135	—	+68	—	+20	0		+33	+43	+66	-5+Δ	—	-23+Δ	-23

注：1. 基本尺寸小于 1 mm 时，各级的 A 和 B 及大于 8 级的 N 均不采用。

2. JS 的数值：对 IT7 ~ IT11，若 IT 的数值（μm）为奇数，则取 $JS = \pm\frac{IT-1}{2}$。

3. 特殊情况：当基本尺寸大于 250 ~ 315 mm 时，M6 的 ES 等于 -9（不等于 -11）。

4. 对小于或等于 IT8 的 K、M、N 和小于或等于 IT7 的 P 至 ZC，所需 Δ 值从表内右侧栏选取。例如：大于

偏差表

偏差/μm															Δ/μm					
上偏差 ES																				
N		P~ZC	P	R	S	T	U	V	X	Y	Z	ZA	ZB	ZC						
≤8	>8	≤7	>7												3	4	5	6	7	8
-4	-4	在>7级的相应数值上增加一个Δ值	-6	-10	-14	—	-18	—	-20	—	-26	-32	-40	-60	0					
-8 +Δ	0		-12	-15	-19	—	-23	—	-28	—	-35	-42	-50	-80	1	1.5	1	3	4	6
-10 +Δ	0		-15	-19	-23	—	-28	—	-34	—	-42	-52	-67	-97	1	1.5	2	3	6	7
-12 +Δ	0		-18	-23	-28	—	-33	— -39	-40 -45	— —	-50 -60	-64 -77	-90 -108	-130 -150	1	2	3	3	7	9
-15 +Δ	0		-22	-28	-35	— -41	-41 -48	-47 -55	-54 -64	-65 -75	-73 -88	-98 -118	-136 -160	-188 -218	1.5	2	3	4	8	12
-17 +Δ	0		-26	-34	-43	-48 -54	-60 -70	-68 -81	-80 -95	-94 -114	-112 -136	-148 -180	-200 -242	-274 -325	1.5	3	4	5	9	14
-20 +Δ	0		-32	-41 -43	-53 -59	-66 -75	-87 -102	-102 -120	-122 -146	-144 -174	-172 -210	-226 -274	-300 -360	-400 -480	2	3	5	6	11	16
-23 +Δ	0		-37	-51 -54	-71 -79	-91 -104	-124 -144	-146 -172	-178 -210	-214 -254	-258 -310	-353 -400	-445 -525	-585 -690	2	4	5	7	13	19
-27 +Δ	0		-43	-63 -65 -68	-92 -100 -108	-122 -134 -146	-170 -190 -210	-202 -238 -252	-248 -280 -310	-300 -340 -380	-365 -415 -465	-470 -535 -600	-620 -700 -780	-800 -900 -1 000	3	4	6	7	15	23
-31 +Δ	0		-50	-77 -80 -84	-122 -130 -140	-166 -180 -196	-236 -258 -284	-284 -310 -340	-350 -385 -425	-425 -470 -520	-520 -575 -640	-670 -740 -820	-880 -960 -1 050	-1 150 -1 250 -1 350	3	4	6	9	17	26
-34 +Δ	0		-56	-94 -98	-158 -170	-218 -240	-315 -350	-385 -425	-475 -525	-580 -650	-710 -790	-920 -1 000	-1 200 -1 300	-1 550 -1 700	4	4	7	9	20	29
-37 +Δ	0		-62	-108 -114	-190 -208	-268 -294	-390 -435	-475 -530	-590 -660	-730 -820	-900 -1 000	-1 150 -1 300	-1 500 -1 650	-1 900 -2 100	4	5	7	11	21	32
-40 +Δ	0		-68	-126 -132	-232 -252	-330 -360	-490 -540	-595 -660	-740 -820	-920 -1 000	-1 100 -1 250	-1 450 -1 600	-1 850 -2 100	-2 400 -2 600	5	5	7	13	23	34

6 ~ 10 mm 的 P6，$\Delta = 3$，所以 $ES = (-15+3)\ \mu m = -12\ \mu m$。

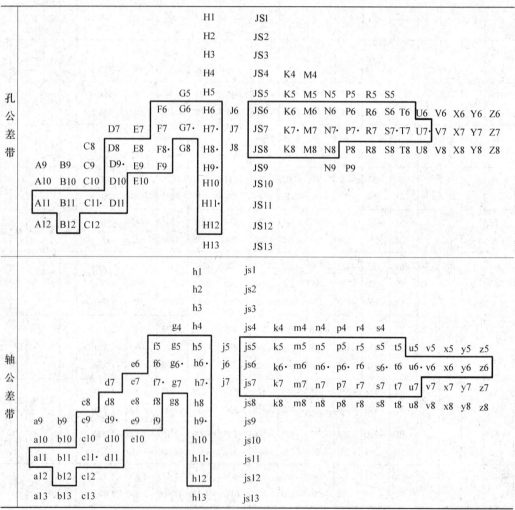

3. 国标中规定的公差带与配合

（1）国标中规定的公差带。GB/T 1800. 3—1998 原则上允许基本尺寸相同的任一公差带的孔、轴组成配合。但为了简化标准、考虑经济性和使用方便，根据实际使用情况，国标规定了优先、常用和一般用途的孔、轴公差带，以减少刀具、量具的规格、数量，便于生产准备、组织与管理工作。

表 1—10 为基本尺寸至 500 mm 的孔、轴优先、常用和一般用途公差带。表中，轴的优先公差带 13 种，常用公差带 59 种，一般用途公差带 116 种；孔的优先公差带 13 种，常用公差带 44 种，一般用途 105 种。

表 1—10　　基本尺寸至 500 mm 孔、轴优先、常用和一般用途公差带

孔公差带								H1		JS1												
								H2		JS2												
								H3		JS3												
								H4		JS4	K4	M4										
							G5	H5		JS5	K5	M5	N5	P5	R5	S5						
						F6	G6	H6	J6	JS6	K6	M6	N6	P6	R6	S6	T6	U6	V6	X6	Y6	Z6
				D7	E7	F7	G7·	H7·	J7	JS7	K7·	M7	N7·	P7·	R7	S7·	T7	U7·	V7	X7	Y7	Z7
			C8	D8	E8	F8·	G8	H8·	J8	JS8	K8	M8	N8	P8	R8	S8	T8	U8	V8	X8	Y8	Z8
	A9	B9	C9	D9·	E9	F9		H9·		JS9			N9	P9								
	A10	B10	C10	D10	E10			H10		JS10												
	A11	B11	C11·	D11				H11·		JS11												
	A12	B12	C12					H12		JS12												
								H13		JS13												

轴公差带								h1		js1												
								h2		js2												
								h3		js3												
							g4	h4		js4	k4	m4	n4	p4	r4	s4						
						f5	g5	h5	j5	js5	k5	m5	n5	p5	r5	s5	t5	u5	v5	x5	y5	z5
					e6	f6	g6·	h6·	j6	js6	k6·	m6	n6·	p6·	r6	s6·	t6	u6·	v6	x6	y6	z6
				d7	e7	f7·	g7	h7·	j7	js7	k7	m7	n7	p7	r7	s7	t7	u7	v7	x7	y7	z7
			c8	d8	e8	f8	g8	h8		js8	k8	m8	n8	p8	r8	s8	t8	u8	v8	x8	y8	z8
	a9	b9	c9	d9·	e9	f9		h9·		js9												
	a10	b10	c10	d10	e10			h10		js10												
	a11	b11	c11·	d11				h11·		js11												
	a12	b12	c12					h12		js12												
	a13	b13	c13					h13		js13												

注：表中带 · 的字为优先用公差带，方框中的为常用公差带，其他为一般用途公差带。

（2）国标中规定的配合。同一基本尺寸的孔、轴公差带进行组合可得到 30 万种配合，根据实际使用情况，在尺寸≤500 mm 范围内，国标对基孔制规定 13 种优先配合和 59 种常用配合，见表 1—11；对基轴制规定了 13 种优先配合和 47 种常用配合，见表 1—12。

表 1—11　　基孔制优先、常用配合

基准孔	轴																				
	a	b	c	d	e	f	g	h	js	k	m	n	p	r	s	t	u	v	x	y	z
	间隙配合								过渡配合			过盈配合									
H6						H6/f5	H6/g5	H6/h5	H6/js5	H6/k5	H6/m5	H6/n5	H6/p5	H6/r5	H6/s5	H6/t5					
H7						H7/f6	◤H7/g6	◤H7/h6	H7/js6	◤H7/k6	H7/m6	◤H7/n6	◤H7/p6	H7/r6	◤H7/s6	H7/t6	◤H7/u6	H7/v6	H7/x6	H7/y6	H7/z6
H8					H8/e7	◤H8/f7	H8/g7	◤H8/h7	H8/js7	H8/k7	H8/m7	H8/n7	H8/p7	H8/r7	H8/s7	H8/t7	H8/u7				
				H8/d8	H8/e8	H8/f8		H8/h8													
H9			H9/c9	◤H9/d9	H9/e9	H9/f9		◤H9/h9													
H10			H10/c10	H10/d10				H10/h10													
H11	H11/a11	H11/b11	◤H11/c11	H11/d11				◤H11/h11													
H12		H12/b12						H12/b12													

注：1. H6/n5、H7/p6 在基本尺寸≤3 mm 和 H8/r7 在≤100 mm 时，为过渡配合。

2. 标注◤的配合为优先配合。

表 1—12　　基轴制优先、常用配合

基准轴	孔																				
	A	B	C	D	E	F	G	H	JS	K	M	N	P	R	S	T	U	V	X	Y	Z
	间隙配合								过渡配合			过盈配合									
h5						F6/h5	C6/h5	H6/h5	JS6/h5	K6/h5	M6/h5	M6/h5	P6/h5	R6/h5	S6/h5	T6/h5					
h6						F7/h6	◤G7/h6	◤H7/h6	JS7/h6	◤K7/h6	M7/h6	◤N7/h6	◤P7/h6	R7/h6	◤S7/h6	T7/h6	◤U7/h6				
h7					E8/h7	◤F8/h7		◤H8/h7	JS8/h7	K8/h7	M8/h7	N8/h7									
h8				D8/h8	E8/h8	F8/h8		H8/h8													

单元 1

续表

基准轴	孔																				
	A	B	C	D	E	F	G	H	JS	K	M	N	P	R	S	T	U	V	X	Y	Z
	间隙配合								过渡配合			过盈配合									
h9				◤$\frac{D9}{h9}$	$\frac{E9}{h9}$	$\frac{F9}{h9}$		◤$\frac{H9}{h9}$													
h10				$\frac{D10}{h10}$				$\frac{H10}{h10}$													
h11	$\frac{A11}{h11}$	$\frac{B11}{h11}$	◤$\frac{C11}{h11}$	$\frac{D11}{h11}$				◤$\frac{H11}{h11}$													
h12		$\frac{B12}{h12}$						$\frac{H12}{h12}$													

注：标注◤的配合为优先配合。

（3）国标中规定的公差带与配合选择。公差带与配合选择时，选择的顺序是先从优先公差带与配合中寻找，若无法找到合适的公差带与配合时，再从常用的公差带与配合中寻找，若再无法找到合适的公差带，最后在一般公差带中寻找。

4. 温度条件

国家标准规定的标准温度为20℃，当温度偏离标准温度时，高精度应用时应进行修正。

单元 1

5. 线性尺寸的一般公差（GB/T 1804—1992）

一般公差是指在车间一般加工条件下可以保证的公差，是机床设备在正常维护和操作情况下，能达到的经济加工精度。采用一般公差时，在该尺寸后不标注极限偏差或公差带代号，而是在图样上、技术文件或标准中，做出总的公差要求说明。

GB/T 1804—1992 规定了四个等级，即精密级 f、中等级 m、粗糙级 c、最粗级 v，线性尺寸一般公差的公差等级及其极限偏差数值见表 1—13；其倒圆半径与倒角高度尺寸一般公差的公差等级及其极限偏差数值见表 1—14。

在图样上、技术文件或相应的标准中，一般公差的表示方法为：

GB/T 1804—m　其中 m 表示用中等级。

表 1—13　线性尺寸一般公差的公差等级及其极限偏差数值　mm

公差等级	尺寸分段							
	0.5~3	>3~6	>6~30	>30~120	>120~400	>400~1 000	>1 000~2 000	>2 000~4 000
f（精密级）	±0.05	±0.05	±0.1	±0.15	±0.2	±0.3	±0.5	—
m（中等级）	±0.1	±0.1	±0.2	±0.3	±0.5	±0.8	±1.2	±2
c（粗糙级）	±0.2	±0.3	±0.5	±0.8	±1.2	±2	±3	±4
v（最粗级）	—	±0.5	±1	±1.5	±2.5	±4	±6	±8

表 1—14　　倒圆半径与倒角高度尺寸一般公差的公差等级及其偏差数值　　mm

公差等级	尺寸分段			
	0.5～3	>3～6	>6～30	>30
f（精密级） m（中等级）	±0.2	±0.5	±1	±2
c（粗糙级） v（最粗级）	±0.4	±1	±2	±4

三、公差与配合的选用

公差与配合的选用主要包括确定基准制、公差等级和配合三方面的内容。

1. 基准制的确定

基准制的确定应从零件的加工工艺、装配工艺和经济性等方面考虑，即所选择的基准制应当有利于零件的加工、装配和降低制造成本。

在一般情况下优先采用基孔制，因为加工孔需要定值刀具和量具，如钻头、铰刀、拉刀和塞规等。采用基孔制可减少这些刀具和量具的品种、规格和数量，这样选择经济合理。但在下面几种情况下就应当采用基轴制。

（1）在同一基本尺寸的轴上，同时安装几个不同松紧配合要求的孔件时。如活塞连杆机构中，销轴需要同时与活塞和连杆孔形成不同的配合。如图 1—90 所示，销轴两端与活塞孔的配合为 M6/h5，销轴与连杆孔的配合为 H6/h5，此时应当采用基轴制，便于加工和装配。

（2）与标准件配合时，基准制的选择依标准件类型而定。若标准件属于孔时，应采用基孔制；标准件属于轴时，则采用基轴制。如轴承外圈与机座孔的配合应采用基轴制；轴承的内圈与轴配合时，则应采用基孔制。

（3）必要时可选择非基准制的配合。实践工作中，基准制是根据实际需要确定的，某些场合也可采用非基准制的配合，即相配合的孔和轴都不是基准件。实例如图 1—91 所示。

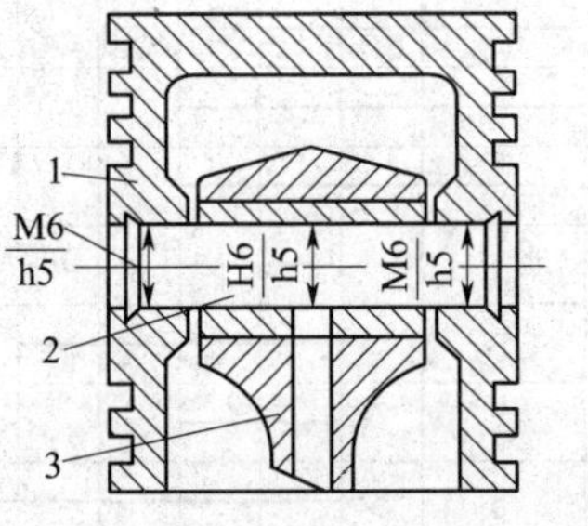

图 1—90　活塞连杆机构中的配合
1—活塞　2—活塞销　3—连杆

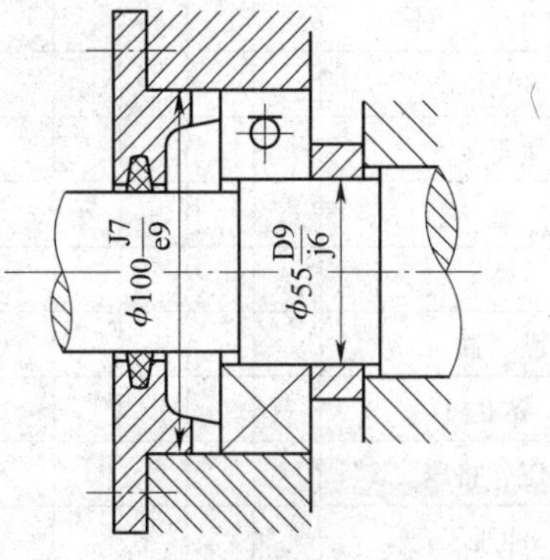

图 1—91　非基准制的配合

单元 1

2. 公差等级的确定

选择公差等级的基本原则是：在满足配合精度要求的前提下，应尽量选择较低的公差等级。在确定公差等级时要注意以下几个问题。

（1）一般，非配合尺寸要比配合尺寸的公差等级低。

（2）遵守工艺等价原则——孔、轴的加工难易程度相当。在基本尺寸≤500 mm 且孔的公差等级不低于 IT8 时，推荐孔比轴要低一级；在孔公差等级低于、等于 IT8 或在基本尺寸 >500 mm 时，孔、轴的公差等级相同。

（3）必要时，在满足配合要求的前提下，孔、轴的公差等级可以任意组合，不受工艺等价原则的限制。如图 1—91 中的 ϕ100J7/e9 和 ϕ55D9/j6。

（4）与标准件配合的零件，其公差等级由标准件的有关标准所决定。如与轴承配合的孔和轴，其公差等级由轴承的精度等级来决定。与齿轮内孔相配的轴，其配合部位的公差等级由齿轮内孔的精度等级所决定。

（5）用类比法确定公差等级时，要先明确各公差等级的应用范围，公差等级的选择实例，可查阅相关书籍。

（6）在满足设计要求的前提下，应尽量考虑工艺的可能性和经济性。各种加工方法所能达到的精度可参考表 1—15。

表 1—15　　各种加工方法的加工精度

加工方法	公差等级（IT）																	
	01	0	1	2	3	4	5	6	7	8	9	10	11	12	13	14	15	16
研磨	—	—	—	—	—	—	—											
珩						—	—	—	—									
圆磨							—	—	—	—								
平磨							—	—	—	—								
金刚石车							—	—	—									
金刚石镗							—	—	—									
拉削							—	—	—	—								
铰孔								—	—	—	—	—						
车									—	—	—	—	—					
镗									—	—	—	—	—					
铣										—	—	—	—					
刨、插												—	—					
钻孔												—	—	—	—			
滚压、挤压												—	—					
冲压												—	—	—	—	—		
压铸													—	—	—	—		
粉末冶金成型								—	—	—								

续表

加工方法	公差等级（IT）																	
	01	0	1	2	3	4	5	6	7	8	9	10	11	12	13	14	15	16
粉末冶金烧结									—	—	—	—						
砂型铸造、气割																		—
锻造																	—	

3．配合的选择

配合选择可以采用试验法、计算法和类比法，实践中主要采用类比法。配合的选择主要从以下几个方面考虑。

（1）配合件之间有无相对运动。有相对转动或滑动时应采用间隙配合；无相对运动又不需要传递转矩时一般应采用过渡配合或轻的过盈配合；需传递转矩时，应采用过盈量较大的过盈配合；如果结构需要采用间隙配合或过渡配合，必须加紧固件传递转矩。

（2）配合件的定心要求。当定心要求比较高时，应采用较小间隙的间隙配合或平均盈隙为过盈的过渡配合；当定心要求很高时，一般采用过盈配合。

（3）工作时的温度变化。如工作时的温度与装配时的温度相差比较大，在选择配合时必须充分考虑装配间隙或过盈随温度的变化。

（4）生产批量的大小。在一般情况下，生产批量的大小决定了生产方式。大批量生产时，通常采用调整法加工。如在自动机上加工一批轴件和一批孔件时，将刀具位置调至被加工零件的公差带中心，这样加工出的零件尺寸大多数处于极限尺寸的平均值附近。因此，它们形成的配合松紧趋中。

在单件小批生产时，多用试切法加工。工人为防止废品的出现，零件的尺寸往往控制在接近最大实体尺寸一侧，由此，形成的配合当然较平均盈隙趋紧。

在选择配合时，要根据以上情况适当调整，以满足配合性质的要求。

（5）间隙或过盈的修正。实际上影响配合间隙或过盈的因素很多，如材料的力学性能、所受载荷的特性、零件的形状误差、运动速度的高低等都会对间隙或过盈产生一定的影响，在选择配合时，都应给予考虑。

（6）应尽量选用优先配合。优先配合是国家标准推荐的首选配合，在选择配合时应优先考虑。如果这些配合不能满足设计要求，则应考虑常用配合。优先和常用配合都不能满足要求时，可由孔、轴的一般公差带自行组合。优先配合的使用场合可参考相关书籍。

（7）用类比法选择配合。所谓类比法就是根据所设计机器的使用要求，参照同类型机器中所用的配合，再加以修正来确定配合的一种方法。这种方法简便实用，目前在生产实际中被普遍采用。关于三大类配合的应用实例，相关的同类书籍列出了表格，供使用类比法选择配合时参考，需要时可查阅有关资料。

第五节　形状与位置公差

一、概述

零件在加工过程中，机床—夹具—刀具—工件组成的工艺系统本身的误差，以及加工中工艺系统的受力变形、振动、摩擦等因素，都会使加工后零件的形状及其构成要素之间的位置与其理想形状和位置之间存在一定的差异，这种差异即是形状误差与位置误差，简称形位误差。

1．形位公差的研究对象

形位公差的研究对象是几何要素。任何机械零件都是由点、线、面组合而成的，把构成零件几何特征的点、线或面统称为几何要素，简称要素。如图1—92所示的零件是由多种要素组成的。几何要素可以从不同的角度分类。

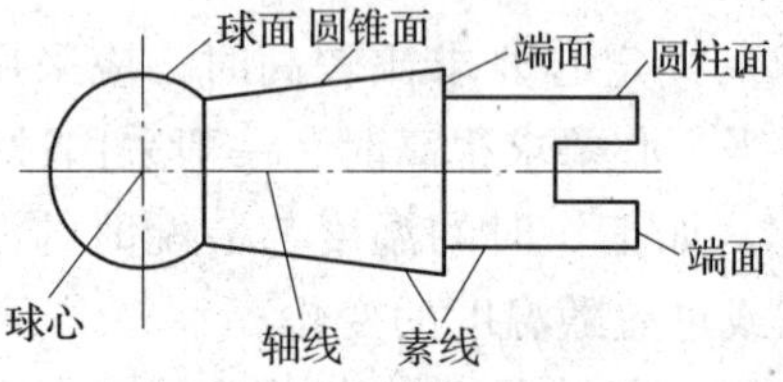

图1—92　零件的几何要素

（1）按存在的状态可分为实际要素和理想要素

1）实际要素。零件上实际存在的要素。通常用测量得到的要素作为实际要素。

2）理想要素。具有几何学意义的要素，它们不存在任何误差。图样上表示的要素均为理想要素。

（2）按结构特征可分为轮廓要素和中心要素

1）轮廓要素。构成零件外形轮廓的点、线、面各要素。如图1—92中的球面、圆锥面、圆柱面、端平面以及圆柱面和圆锥面的素线。

2）中心要素。轮廓要素的对称中心所表示的点、线、面诸要素。如图1—92中的球心、轴线、公共轴线或中心平面。

（3）按要素在形位公差中所处的地位可分为被测要素和基准要素

1）被测要素。图样上给出了形位公差要求的要素，是被检测的对象。

2）基准要素。用来确定被测要素的方向或（和）位置的要素。

（4）按被测要素的功能关系可分为单一要素和关联要素

1）单一要素。仅对要素本身提出形状要求并给出形状公差要求的要素。

2）关联要素。指与其他要素有功能关系并给出位置公差要求的要素。

2．形位公差的特征项目和符号

（1）特征项目及符号介绍。形位公差国家标准将形位公差特征项目分为14种。各项目名称及符号见表1—16。

表 1—16　　公差特征项目和符号

公差	特征	符号	有或无基准要求	公差		特征	符号	有或无基准要求
形状	直线度	—	无	位置	定向	平行度	//	有
	平面度	⏥				垂直度	⊥	
	圆度	○				倾斜度	∠	
	圆柱度	⌭			定位	位置度	⌖	有或无
形状或位置	线轮廓度	⌒	有或无			同轴度	◎	有
						对称度	⌯	
	面轮廓度	⌓			跳动	圆跳动	↗	
						全跳动	⌰	

（2）形位公差带。形位公差带是用来限制被测实际要素在空间变动的区域。这个区域是个几何图形，它可以是平面区域或空间区域。只要被测实际要素能全部落在给定的公差带内，就表明该被测实际要素合格。

形位公差带具有形状、大小、方向和位置四个特征要素。这四个要素会在图样标注中体现出来。

1）形状。公差带的形状由被测要素的理想形状和给定的公差特征项目所共同决定。常见的形位公差带形状如图 1—93 所示。

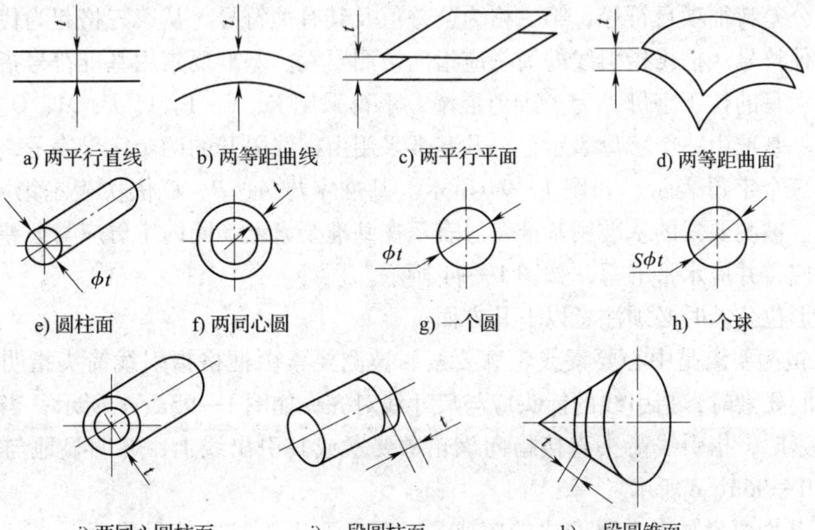

图 1—93　形位公差带的形状

2）大小。公差带大小由公差值 t 确定，它表示的是公差带的宽度或直径。如果公差带是圆、圆柱或球，则在公差值前加注 ϕ 或 $S\phi$（公差带是球时）。

3）方向。公差带的方向是指公差带的宽度方向或直径方向。

4）位置。形位公差带的位置有固定和浮动两种。所谓固定是指公差带的位置不随实际尺寸的变化而变化，所谓浮动是指公差带的位置随实际尺寸的变化而浮动。

3. 形位公差的标注

在技术图样中，形位公差应采用形位公差代号标注。当无法采用代号标注时，允许在图样的技术要求中用文字说明。必要时，还可采用表格的形式进行标注。

形位公差代号包括形位公差框格、框格指引线、形位公差特征项目符号、形位公差值和有关符号以及基准符号等，如图 1—94 所示。

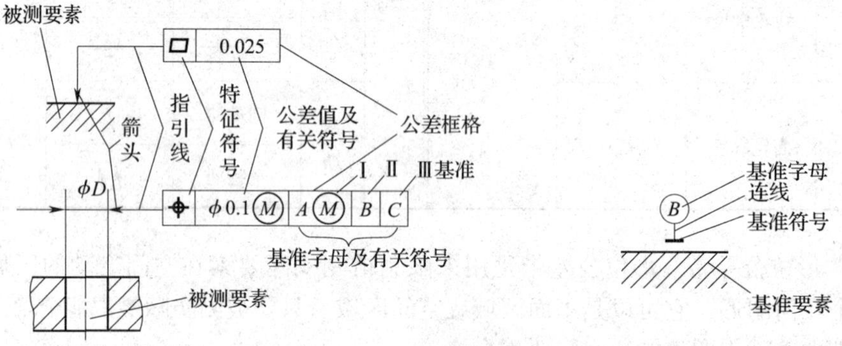

图 1—94　形位公差标注代号

形位公差框格由两格至五格组成。公差框格应用细实线绘制，一般应水平绘制，必要时可垂直绘制，但不得倾斜绘制。指引线应从公差框格的两端水平或垂直引出，引出后可折弯，最多可折弯两次。框格内容填写时，按规定从左到右或从下到上的顺序，第一格填写公差特征项目符号，第二格为公差值及其有关符号，从第三格起为代表基准的字母及其他符号。框格指引线的箭头应指向被测要素。基准要素由基准符号指明。基准字母采用大写的拉丁字母，为了避免混淆，不得采用 E、F、I、J、L、M、O、P、R 等字母。单一基准由一个字母表示，公共基准采用由横线隔开的两个字母表示，基准体系由两个或三个字母表示，如图 1—94 所示。基准字母 *A*、*B*、*C* 依次表示第一、第二、第三基准。被测要素的基准用基准符号表示在基准要素上，圈内字母应与公差框格内的字母相对应，并应水平书写，如图 1—94 所示。

标注形位公差时必须注意以下几方面。

（1）被测要素是中心要素或轮廓要素。被测要素由框格指引线箭头指明，当被测要素为中心要素时，指引线的箭头应与尺寸线对齐，如图 1—95a、c 所示；当被测要素为轮廓要素时，指引线箭头直接指向该轮廓要素或其引出线上，并明显地与尺寸线错开，如图 1—96a、c 所示。

（2）基准要素是中心要素或轮廓要素。基准要素用基准符号指明，当基准要素为中心要素时，基准符号的连线应与尺寸线对齐，如图 1—95b 所示；当基准要素为轮廓要素时，基准符号直接指向该轮廓要素或其引出线上，且基准符号的连线明显地与尺寸线错开，如图 1—96b 所示。

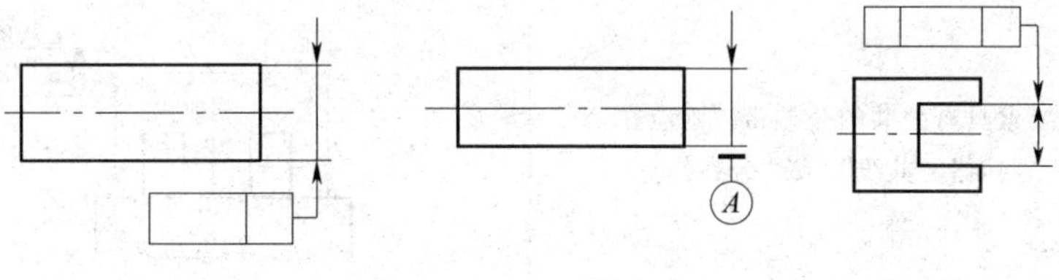

a)　　b)　　c)

图 1—95　中心要素的标注

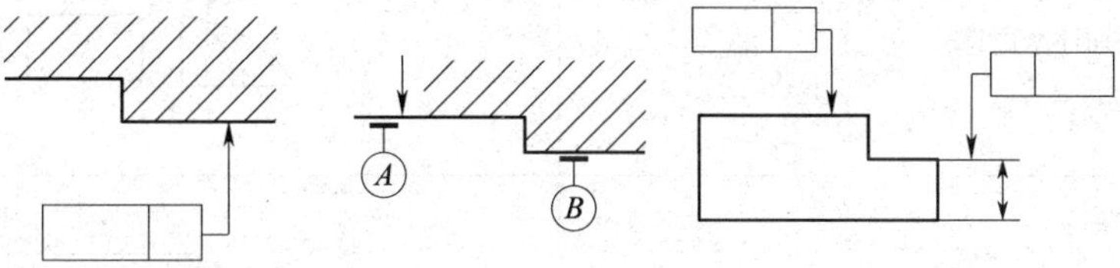

a)　　b)　　c)

图 1—96　轮廓要素的标注

（3）指引线的箭头指向公差带的宽度方向或直径方向。若指引线的箭头指向的是公差带的宽度方向，形位公差框格中的公差值只标出数值；若指引线的箭头指向的是公差带的直径方向，而公差带是圆柱或圆时，形位公差框格中的公差值前加注“ϕ”，若公差带是球，则在公差值前加注“$S\phi$”。

（4）正确掌握形位公差的特殊标注方法。在保证读图方便和不致引起误解的前提下，可以简化标注方法，见表 1—17。

表 1—17　形位公差的一些特殊标注

含义	举例
对同一要素有一项以上的形位公差要求，且其指引线箭头的方向又一致时，可将框格并在一起，共用一条指引线	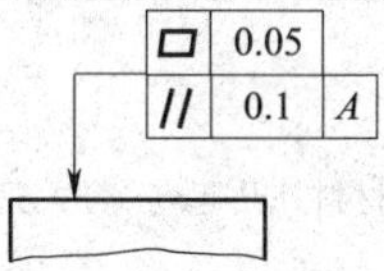
对不同要素有相同的形位公差要求，可共用一个框格，引出多条指引线	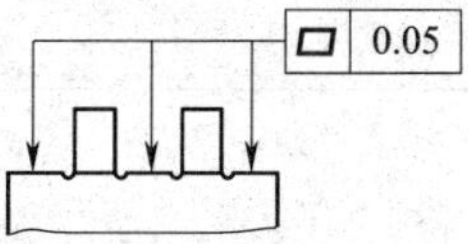
标注受地方限制，也可以将形位公差框格与箭头分开，并用字母表示被测要素	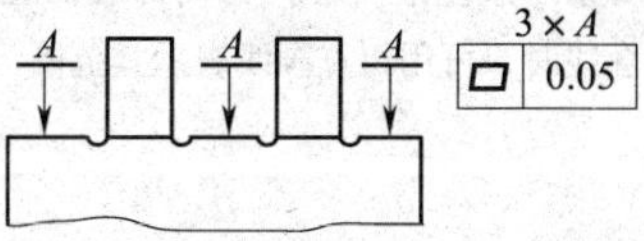

续表

含义	举例
若要求各被测要素具有公共的公差带，则应在公差框格的上方标注“共面”“共线”或“公共公差带”	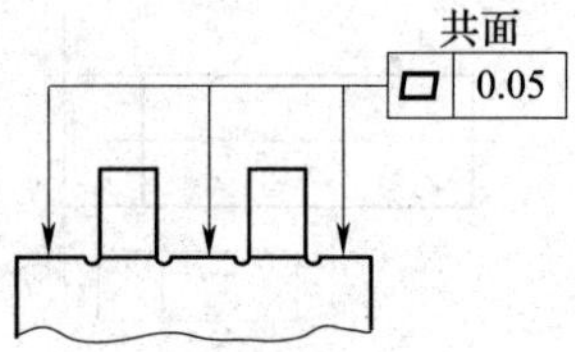
当被测要素为整个视图上的轮廓线（面）时，应在指引线的转折处加注全周符号	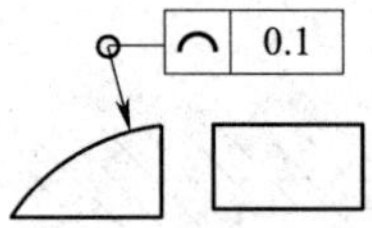
对被测要素单位范围内的公差要求，（如右图中在任意 100 mm 长度内的直线度、在任意边长为 100 mm 的正方形范围内的平面度）可采用“/”的方式标注	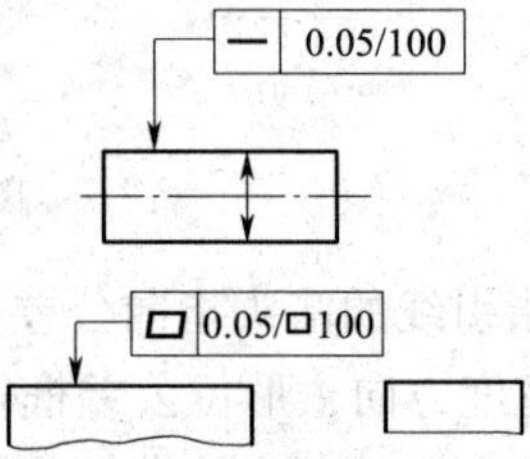
只允许从左向右减小 ▷，只允许从右向左减小 ◁	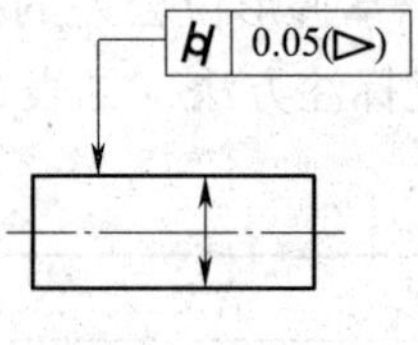
只允许中间向材料外凸起（+），只允许中间向材料内凹下（-）	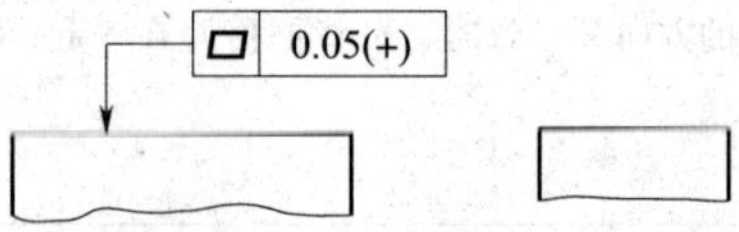
当被测要素（或基准要素）为局部表面且在视图上表现为轮廓线时，可用粗点画线表示其范围	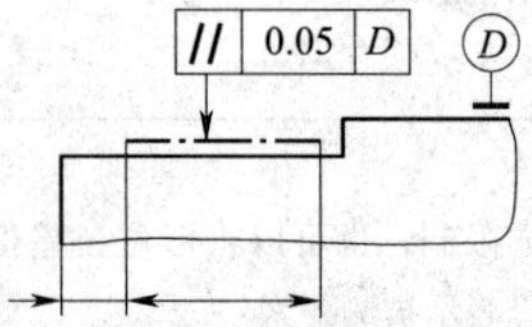

续表

含义	举例
当被测要素（或基准要素）为视图上的局部表面时，箭头（或基准符号）可指向带圆点的参考线	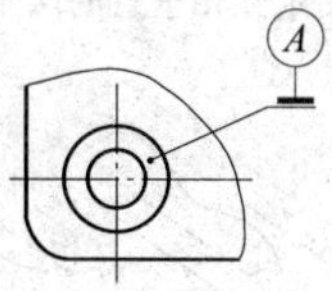
对具有对称形状的零件上实际无法分辨的两个相同要素间的位置公差应标注互为基准	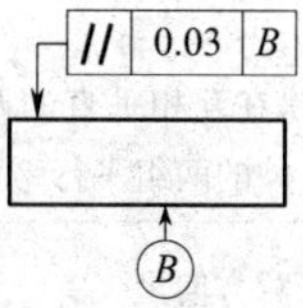

二、形位公差

1. 形状公差与公差带

（1）形状误差和形状公差。形状公差是为了限制形状误差而设置的，形状公差用于单一要素，形状公差是指单一实际要素的形状所允许的变动全量。若形状误差值不大于相应的公差值，则认为合格。

（2）形状公差与公差带。形状公差限制零件本身形状误差的大小，其中直线度、平面度、圆度和圆柱度四个项目为单一要素，属于形状公差。形状或位置公差线轮廓度、面轮廓度中有基准要求时应看作是位置公差，无基准要求时应看作形状公差。

表1—18列出了形状公差的公差带定义、标注示例和解释。

表1—18　　形状公差的公差带含义、标注示例和解释

项目	公差带含义	标注和解释
直线度	1. 在给定平面内 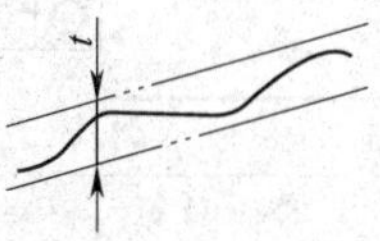 公差带是距离为公差值 t 的两平行直线之间的区域	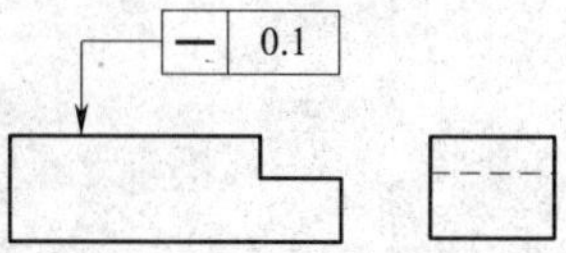 被测表面的素线必须位于平行于图样所示投影面且距离为公差值0.1 mm的两平行直线内
	2. 在给定的一个方向上 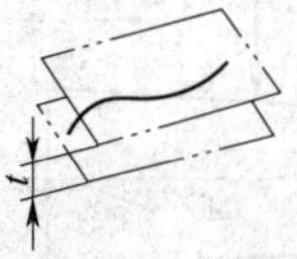 公差带是距离为公差值 t 的两平行平面之间的区域	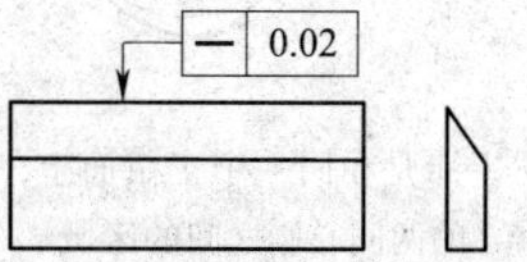 被测棱线必须位于在给定方向上（箭头所指方向上）距离为公差值0.02 mm的两平行平面内

续表

项目	公差带含义	标注和解释
直线度	3．在给定互相垂直的两个方向上 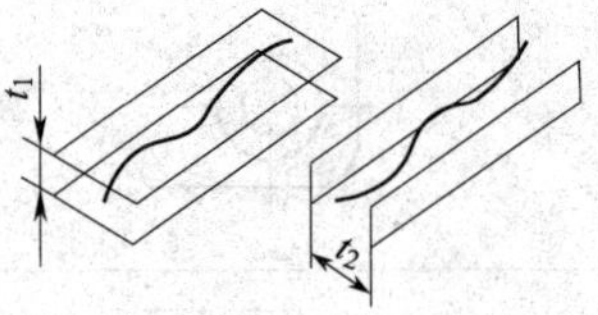 公差带是在互相垂直的两个方向上距离分别为 t_1 和 t_2 的两组平行平面之间的区域	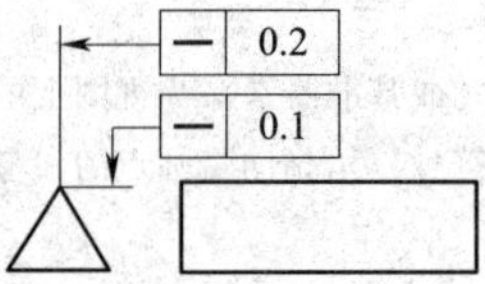 被测棱线必须位于在互相垂直的两个方向上距离分别为公差值 0.1 mm 和 0.2 mm 的两组平行平面之间的区域
	4．在任意方向上 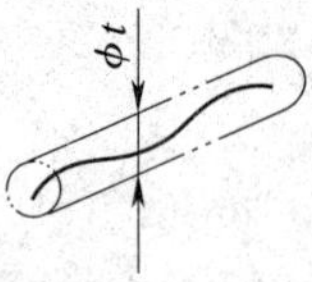 公差带是直径为公差值 t 的圆柱面内的区域，公差值前加注 ϕ	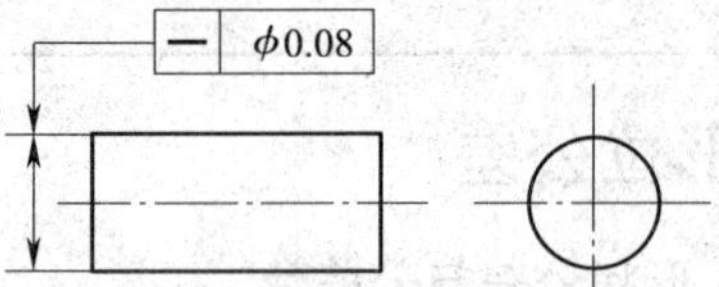 被测圆柱体的轴线必须位于直径为公差值 ϕ0.08 mm 的圆柱面内
平面度	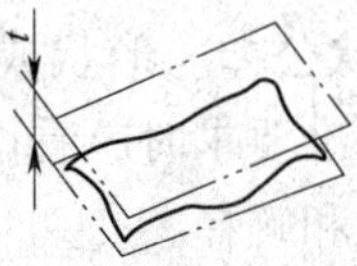 公差带是距离为公差值 t 两平行平面之间的区域	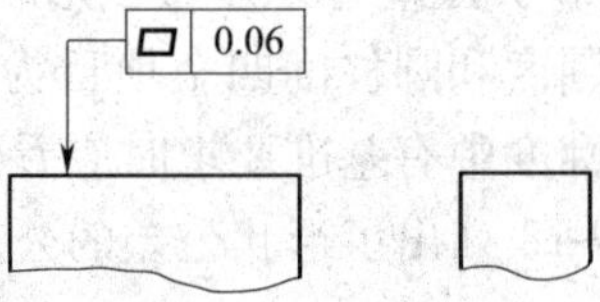 被测表面必须位于距离为公差值 0.06 mm 的两平行平面内
圆度	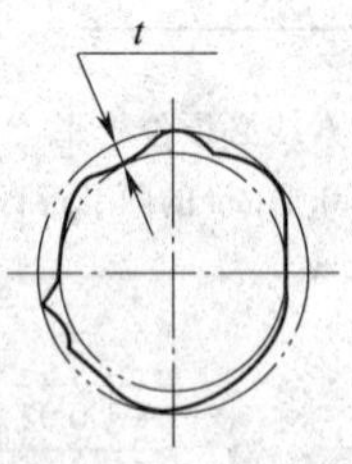 公差带是在同一个正截面上，半径差为公差值 t 的两同心圆之间的区域	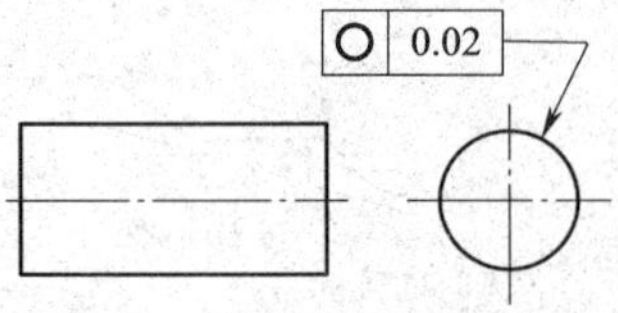 被测圆柱面的任一正截面圆周必须位于半径差为公差值 0.02 mm 的两同心圆之间 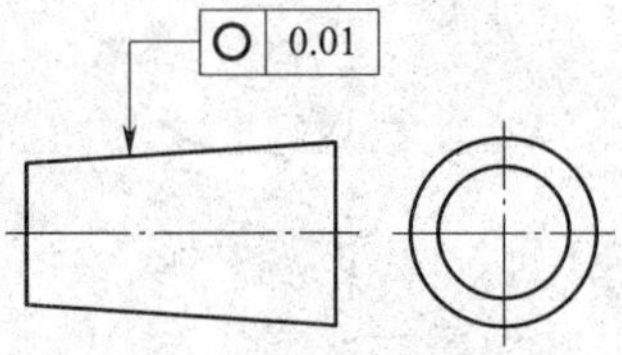 被测圆锥面的任一正截面上的圆周必须位于半径差为公差值 0.01 mm 的两同心圆之间

<table>
<tr><th>项目</th><th>公差带含义</th><th>标注和解释</th></tr>
<tr><td>圆柱度</td><td>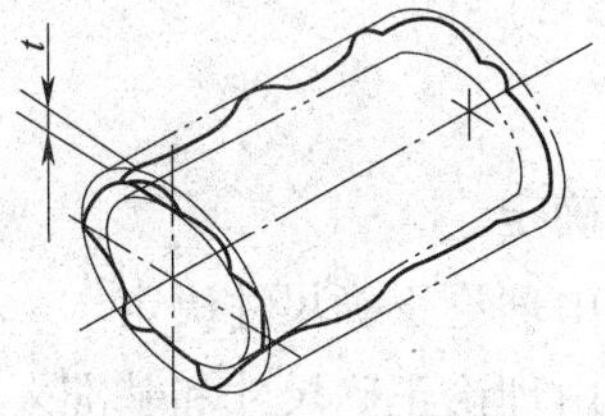

公差带是半径差为公差值 t 的两同轴圆柱面之间的区域</td><td>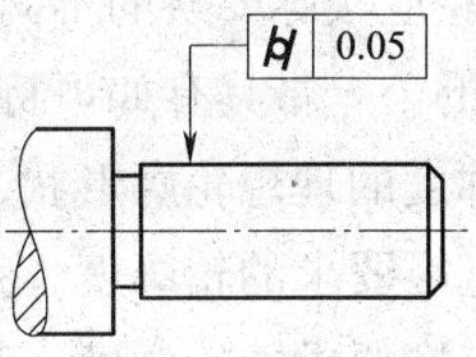

被测圆柱面必须位于半径差为公差值 0.05 mm 的两同轴圆柱面之间</td></tr>
<tr><td>线轮廓度</td><td>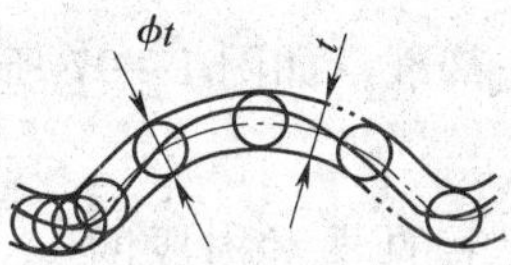

公差带是包络一系列直径为公差值 t 的圆的两包络线之间的区域，诸圆的圆心应该位于具有理论正确几何形状的线上</td><td>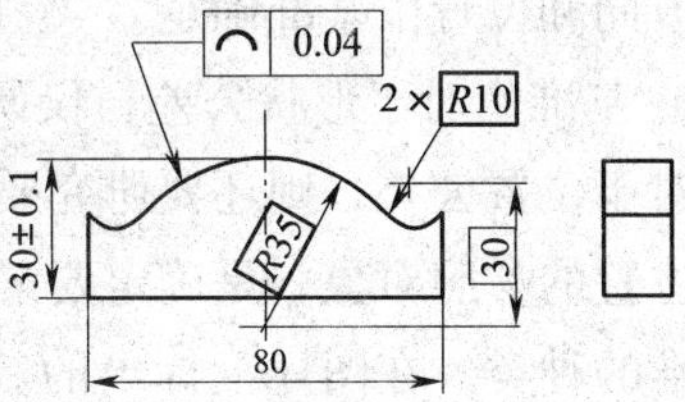

无基准要求时，公差带位置浮动，R10、R35、30 等为理论正确尺寸
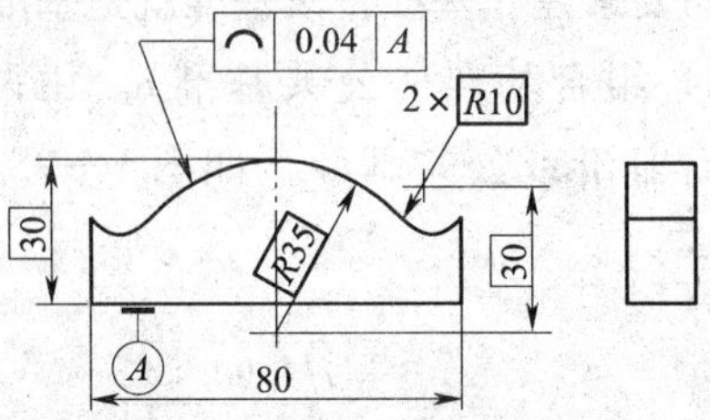

有基准要求时公差带位置固定
在平行于图样所示投影面的任一截面上，被测轮廓线必须位于包络一系列直径为公差值 0.04 mm，且圆心位于具有理论正确几何形状的线上的两包络线之间</td></tr>
<tr><td>面轮廓度</td><td>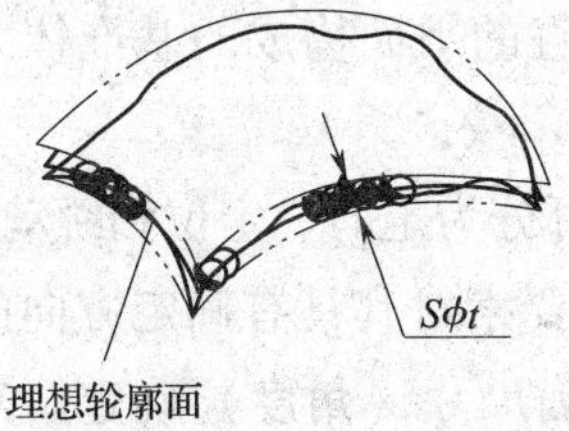

公差带是包络一系列直径为公差值 t 的球的两包络面之间的区域，诸球的球心应该位于具有理论正确几何形状的面上</td><td>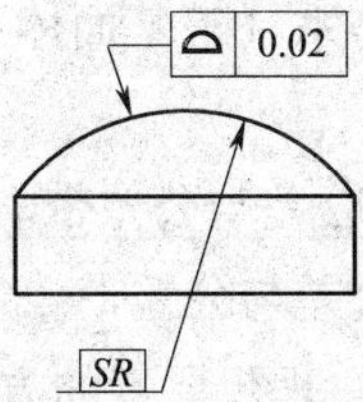

被测轮廓面必须位于包络一系列球的两包络面之间，诸球的直径为公差值 0.02 mm，且球心位于具有理论正确几何形状的面上</td></tr>
</table>

单元 1

形状公差带的特点是不涉及基准；公差带无确定的方向和固定的位置；公差带的方向和位置随相应实际要素的不同而浮动。

轮廓度的公差带具有如下特点：

1）轮廓度的理想轮廓形状，由理论正确尺寸确定。

2）无基准要求的轮廓度，其公差带的形状仅由理论正确尺寸决定。

3）有基准要求的轮廓度，其公差带的位置需由理论正确尺寸和基准来决定。

2. 位置公差与公差带

位置公差是关联被测实际要素的方向和位置对其理想要素所允许的变动量，而理想要素的方向和位置由基准确定。

（1）基准。对于形状公差，仅研究要素本身的实际形状相对其理想形状的偏离即可。但对于位置公差，则还要研究要素相对于基准的实际位置。基准是反映被测要素的方向或位置的参照对象，是确定要素之间几何关系的依据。

基准的种类。在图样上标出的基准通常分为三种：单一基准、组合基准或公共基准、基准体系。

1）单一基准。由一个要素建立的基准称为单一基准，如图1—97所示，图中由一个平面要素建立基准，该基准就是基准平面*A*。

2）组合基准（公共基准）。由两个或两个以上的要素构成的一个独立基准称为组合基准或公共基准，如图1—98所示，由两段轴线*A*、*B*建立起公共基准轴线*A*—*B*。

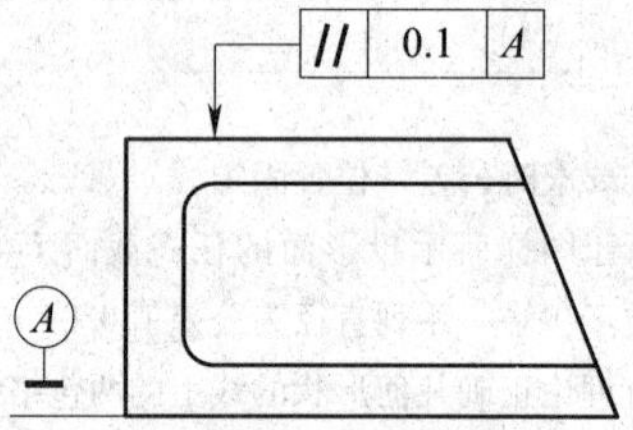

图1—97　单一基准

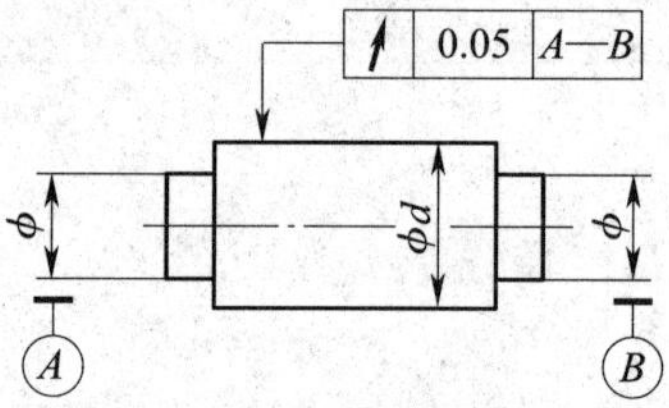

图1—98　组合基准

3）基准体系（三基面体系）。由三个相互垂直的平面构成的基准体系即三基面体系。

（2）位置公差与公差带。位置公差按其特征可分为定向、定位和跳动公差三类。

1）定向公差与公差带。定向公差是关联实际要素对其具有确定方向的理想要素所允许变动全量。理想要素的方向由基准及理论正确尺寸（角度）确定。当理论正确角度为0°时，称为平行度公差；为90°时，称为垂直度公差；为任意角度时，称为倾斜度公差。这三项公差都有面对面、线对线、面对线和线对面这四种情况。表1—19列出了定向公差的公差带含义、标注示例和解释。

表 1—19　　位置公差的公差带定义、标注示例和解释

项目		公差带含义	标注和解释
平行度	面对面	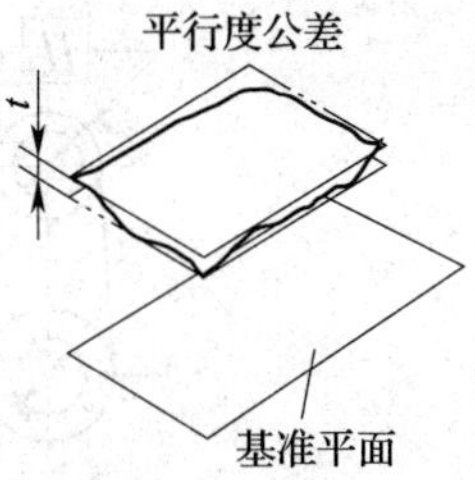 公差带是距离为公差值 t，且平行于基准平面的两平行平面之间的区域	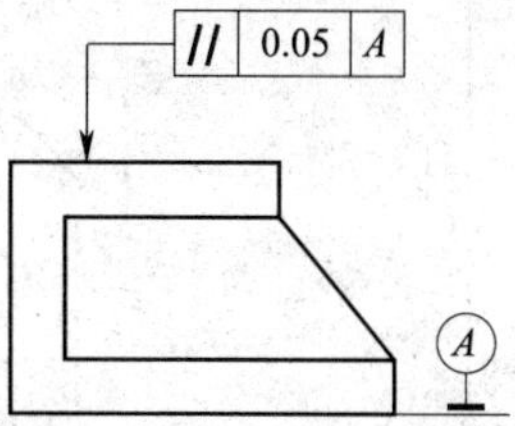 被测表面（上表面）必须位于距离为公差值 0.05 mm，且平行于基准平面 A（底面）的两平行平面之间
	线对面	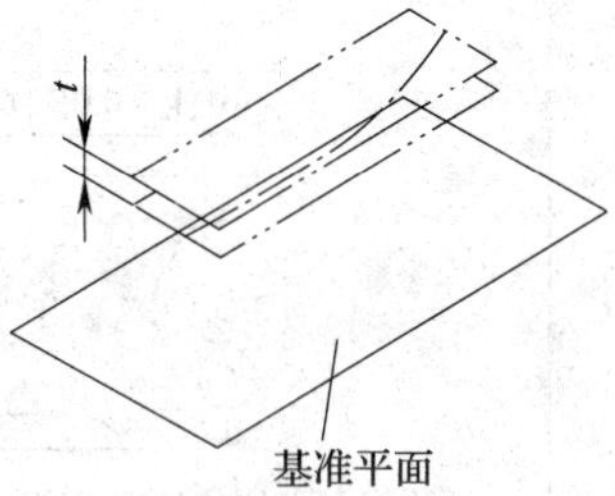 公差带是距离为公差值 t，且平行于基准平面的两平行平面之间的区域	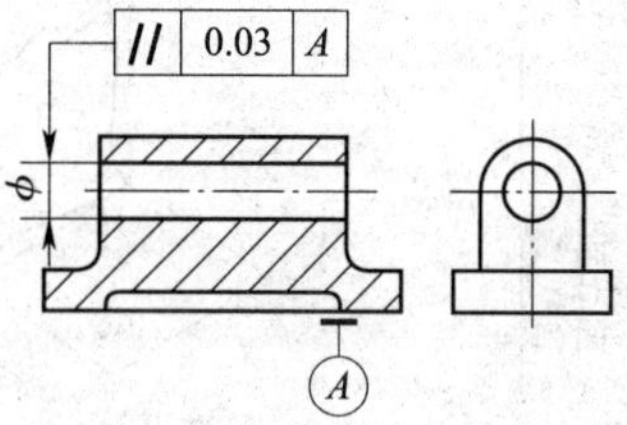 被测孔的中心线必须位于距离为公差值 0.03 mm，且平行于基准平面 A（底面）的两平行平面之间
	面对线	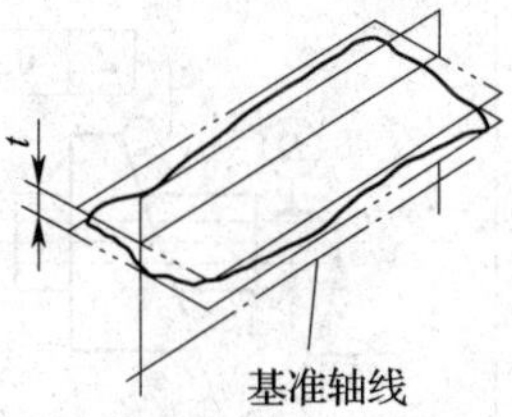 公差带是距离为公差值 t，且平行于基准轴线的两平行平面之间的区域	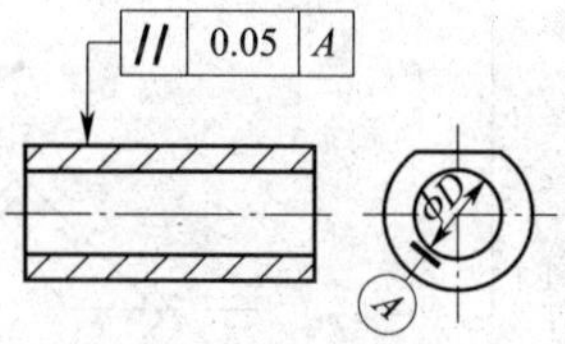 被测表面必须位于距离为公差值 0.05 mm，且平行于基准轴线 A 的两平行平面之间
	线对线	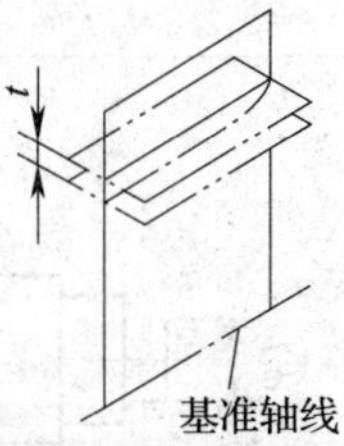 公差带是距离为公差值 t，且平行于基准线，并位于给定方向上的两平行平面之间的区域	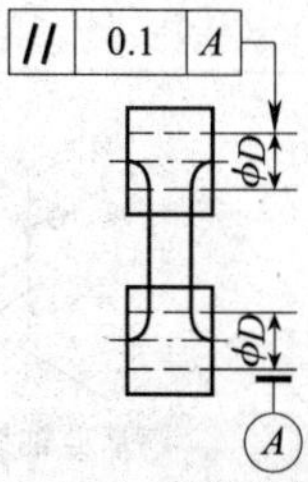 被测 ϕD 孔的中心线必须位于距离为公差值 0.1 mm，且在给定方向上平行于基准轴线 A 的两平行平面之间

单元 1

续表

项目		公差带含义	标注和解释
平行线	线对线	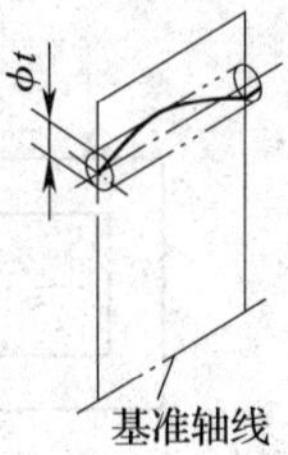 如在公差值前加注 φ，公差带是直径为公差值 t，且平行于基准轴线的圆柱面内的区域	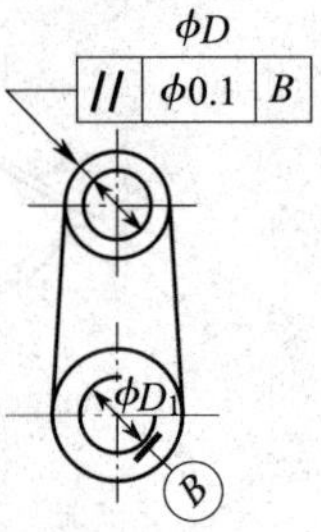 被测 φD 孔的中心线必须位于直径为公差值 0.1 mm，且平行于基准轴线 B 的圆柱面内
垂直度	面对面	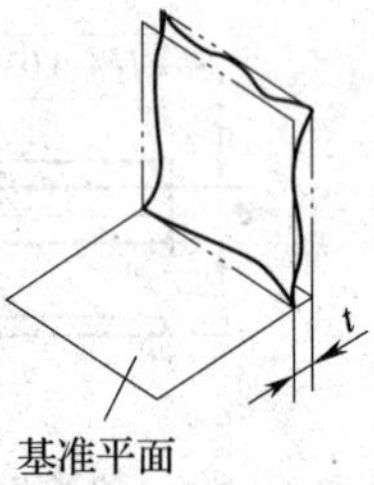 公差带是距离为公差值 t，且垂直于基准平面的两平行平面之间的区域	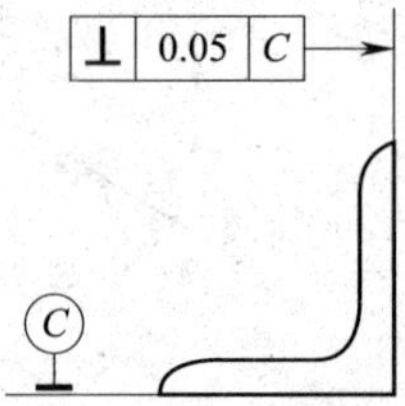 被测表面必须位于距离为公差值 0.05 mm，且垂直于基准平面 C（底面）的两平行平面之间
倾斜度	面对线	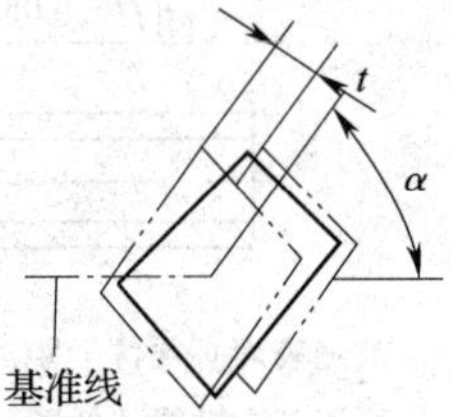 公差带是距离为公差值 t，且与基准线成一定角度 α 的两平行平面之间的区域	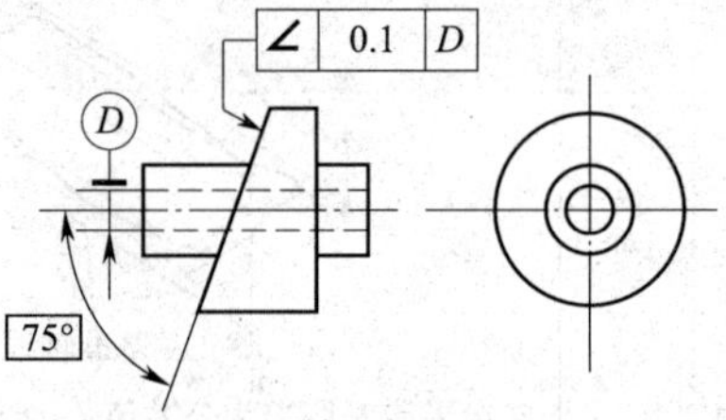 被测表面必须位于距离为公差值 0.1 mm，且与基准轴线 D 成理论正确角度 75°的两平行平面之间
同轴度	轴线的同轴度	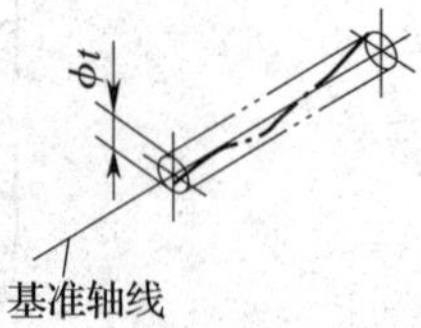 公差带是直径为公差值 φt，且与基准轴线同轴的圆柱面内的区域，公差值前加注 φ	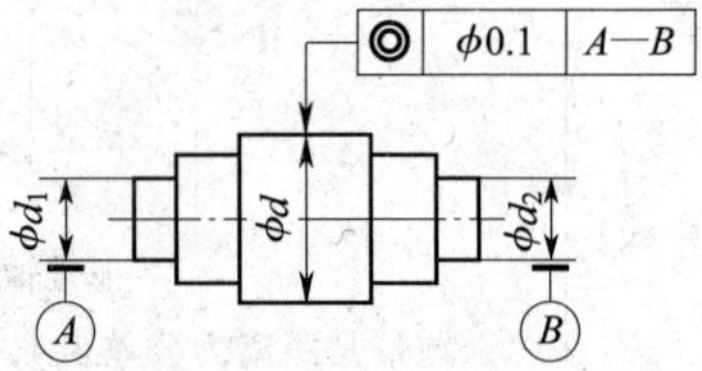 被测轴的轴线必须位于直径为公差值 0.1 mm，且与公共基准轴线 A—B 同轴的圆柱面内

单元 1

续表

项目		公差带含义	标注和解释
对称度	中心平面的对称度	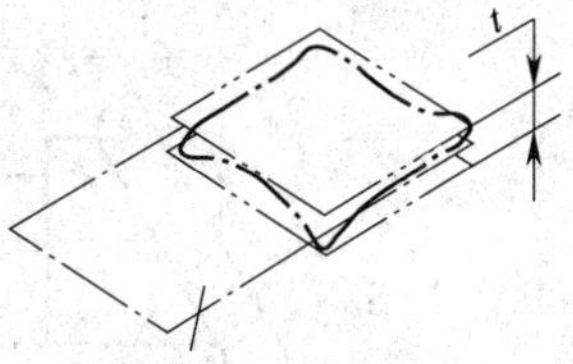 公差带是距离为公差值 t，且相对于基准的中心平面对称配置的两平行平面之间的区域	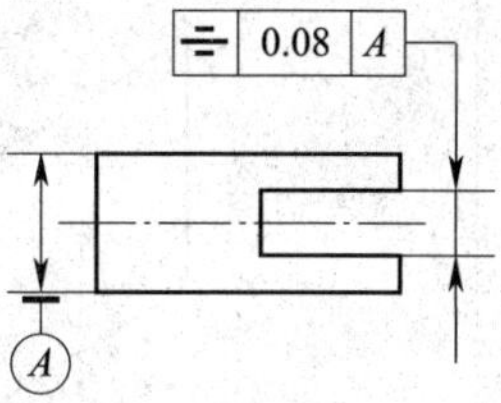 被测中心平面必须位于距离为公差值0.08 mm，且相对于基准中心平面 A 对称配置的两平行平面之间
位置度	点的位置度	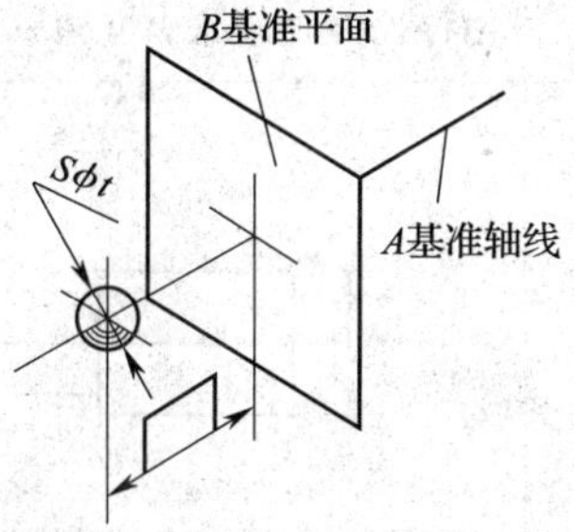 公差值前加注 $S\phi$，公差带是直径为公差值 t 的球内区域，该球的球心位置由相对基准 A 和 B 的理论正确尺寸确定	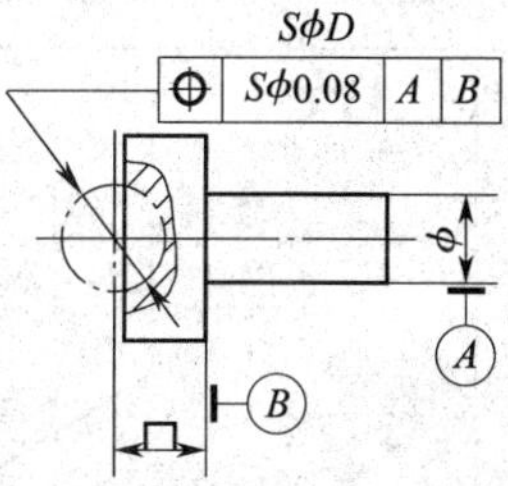 被测球的球心必须位于直径为公差值 0.08 mm 的球内，该球的球心位于由相对基准 A 和 B 的理论正确尺寸所确定的理想位置上
	线的位置度	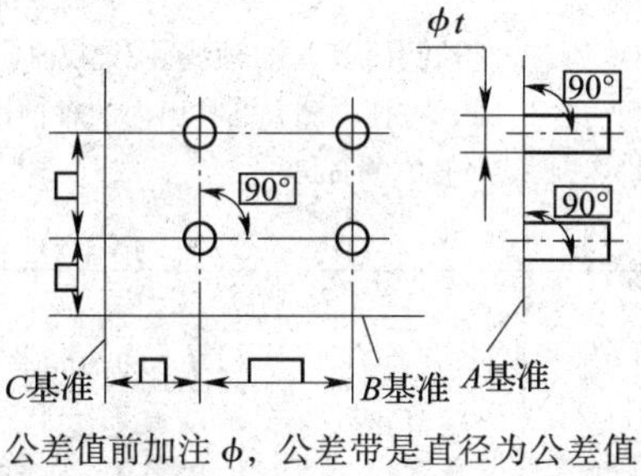 公差值前加注 ϕ，公差带是直径为公差值 t 的圆柱面内区域，该圆柱轴线的位置由相对于三基面体系的理论正确尺寸确定	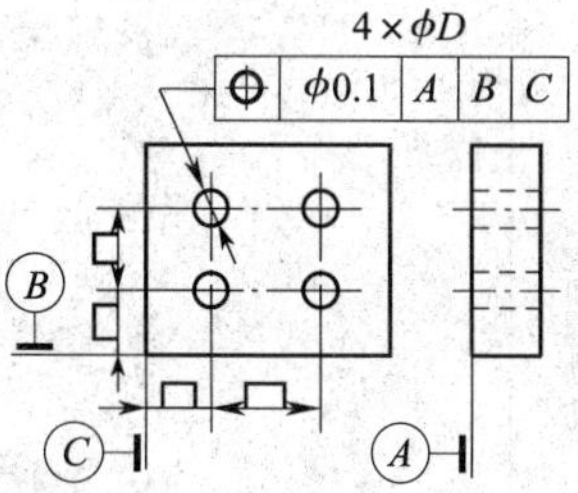 有基准要求时，被测孔的中心线，必须位于直径为公差值0.1 mm的圆柱内，该圆柱的轴线位置由基准 A、B、C 的理论正确尺寸确定 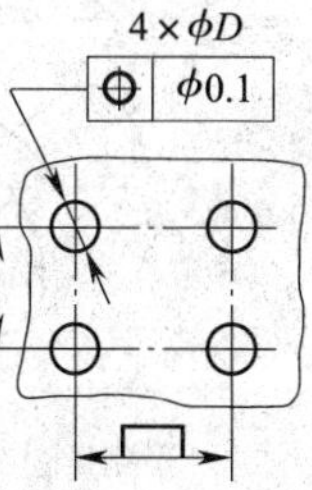 无基准要求，每个被测孔的中心线，必须位于直径为公差值0.1 mm，且以理想位置为轴线的圆柱内

续表

项目		公差带含义	标注和解释
位置度	面的位置度	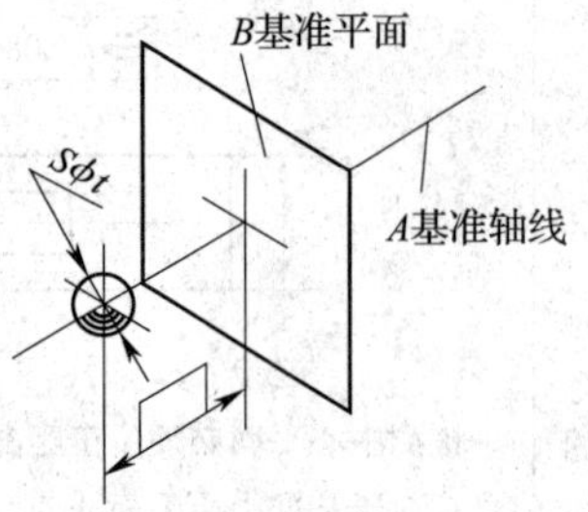 公差带是距离为公差值 t，且以面的理想位置（由基准 A、B 所确定）为中心，对称配置的两平行平面之间的区域	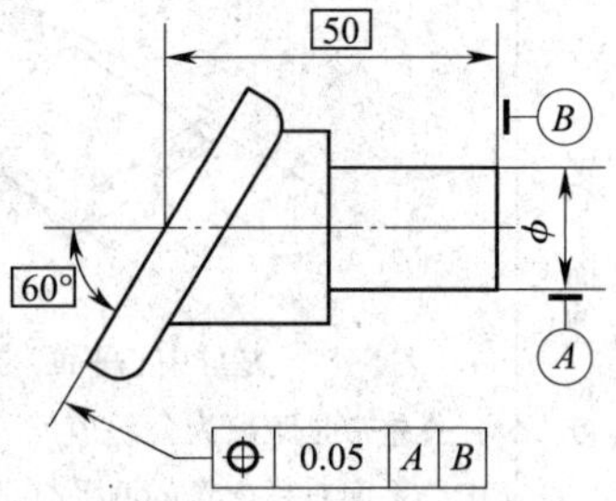 被测平面（斜面）必须位于距离为公差值 0. 05 mm，且与基准轴线 A 成理论正确角度 60°、中心平面距离基准 B 为 50 mm 的两平行平面内
圆跳动	径向圆跳动	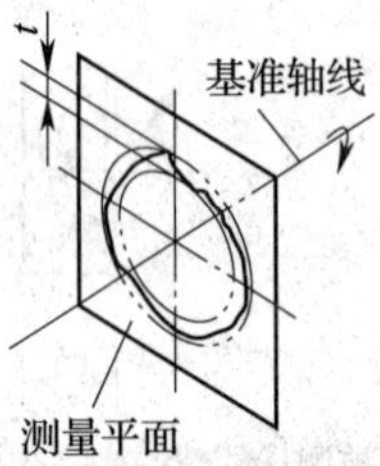 公差带是在垂直于基准轴线的任一测量平面内半径差为公差值 t，且圆心在基准轴线上的两个同心圆之间的区域	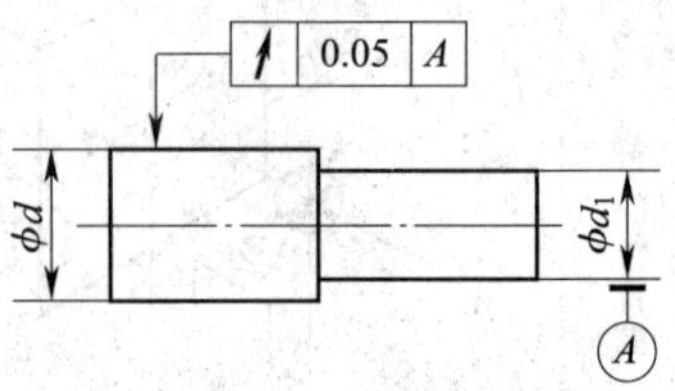 当被测要素围绕基准轴线 A 作无轴向移动旋转一周时，在任一测量平面内的径向圆跳动量均不大于 0. 05 mm
	端面圆跳动	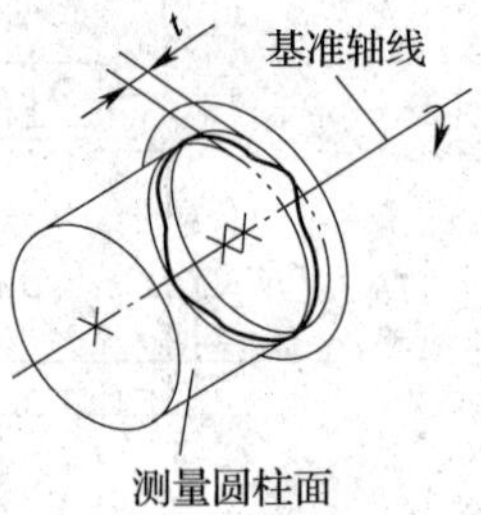 公差带是在与基准同轴的任一半径位置的测量圆柱面上距离为 t 的圆柱面区域	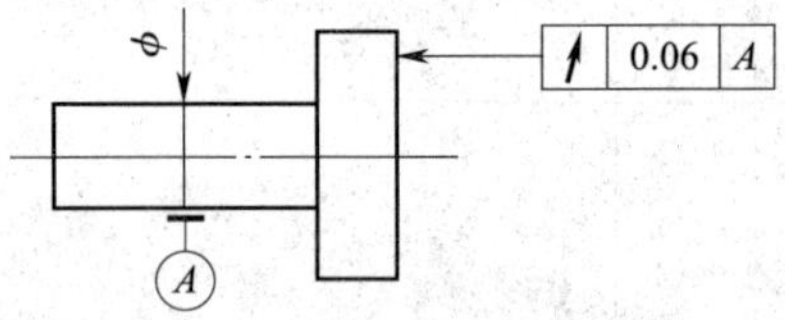 被测面绕基准轴线 A 作无轴向移动旋转一周时，在任一测量圆柱面内的轴向圆跳动量均不得大于 0. 06 mm
	斜向圆跳动	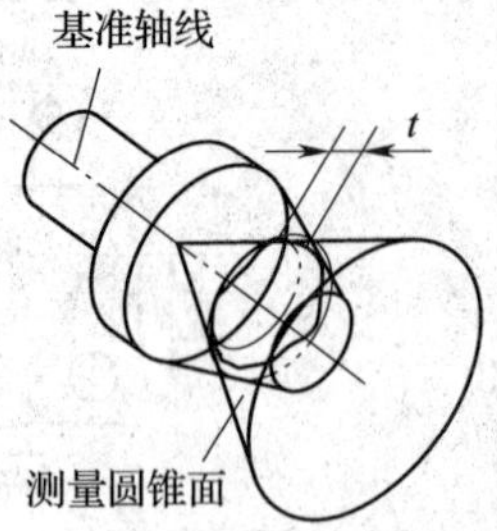 公差带是在与基准同轴的任一测量圆锥面上距离为 t 的两圆之间的区域。除另有规定外，其测量方向应与被测面垂直	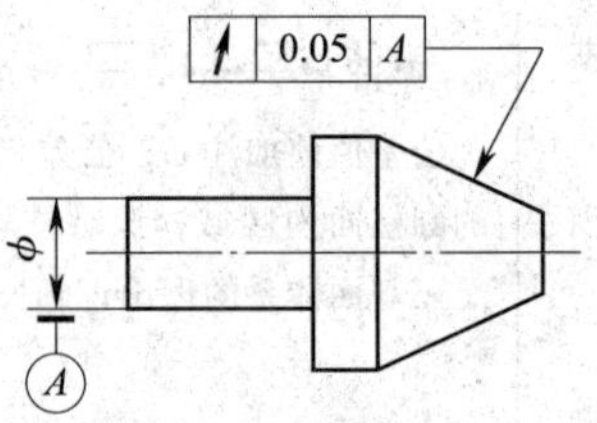 被测面绕基准轴线 A 作无轴向移动旋转一周时，在任一测量圆锥面上的跳动量均不得大于 0. 05 mm

续表

<table>
<tr><th colspan="2">项目</th><th>公差带含义</th><th>标注和解释</th></tr>
<tr><td rowspan="2">全跳动</td><td>径向全跳动</td><td>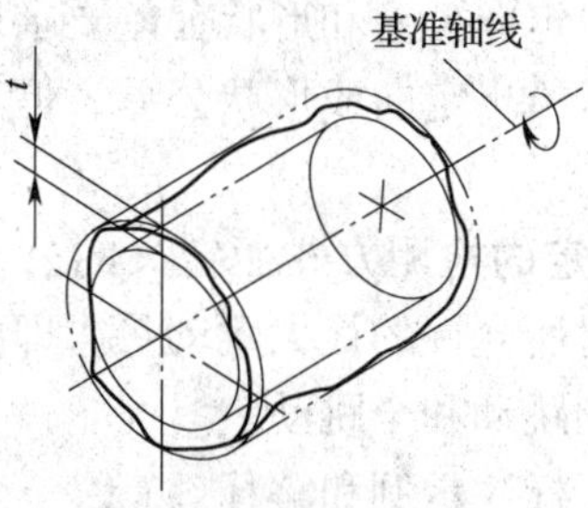
公差带是半径差为公差值 t，且与基准同轴的两圆柱面之间的区域</td><td>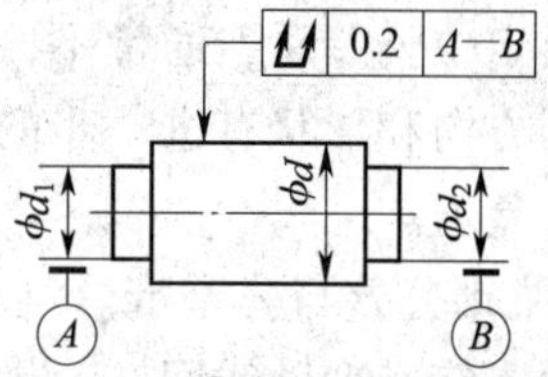
被测要素围绕公共基准轴线 $A—B$ 作若干次旋转，并在测量仪器与工件间同时作轴向移动，此时在被测要素上各点间的示值差均不得大于 0.2 mm，测量仪器或工件必须沿着基准轴线方向并相对于公共基准轴线 $A—B$ 移动</td></tr>
<tr><td>端面全跳动</td><td>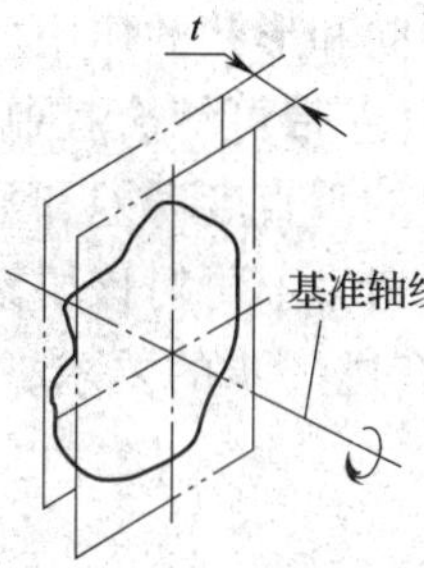
公差带是距离为公差值 t，且垂直于基准轴线的两平行平面之间的区域</td><td>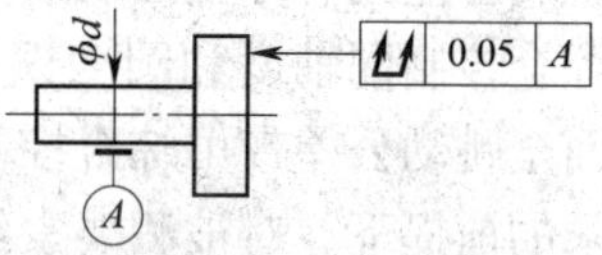
被测要素围绕基准轴线 A 作若干次旋转，并在测量仪器与工件间作径向移动，此时，在被测要素上各点间的示值差均不得大于 0.05 mm，测量仪器或工件必须沿着轮廓具有理想正确形状的线和相对于基准轴线 A 的正确方向移动</td></tr>
</table>

定向公差带具有如下特点：

①定向公差带相对于基准有确定的方向，而其位置往往是浮动的。

②定向公差带具有综合控制被测要素的方向和形状的功能。如平面的平行度公差，可以控制该平面的平面度和直线度误差；轴线的垂直度公差可以控制该轴线的直线度误差。在保证使用要求的前提下，对被测要素给出定向公差后，通常不再对该要素提出形状公差要求。需要对被测要素的形状有更高的要求时，可给出公差数值更小的形状公差。

2）定位公差与公差带。定位公差是关联实际要素对其具有确定位置的理想要素所允许的变动全量。理想要素的位置由基准及理论正确尺寸（长度或角度）确定。当理论正确尺寸为零，且基准要素和被测要素均为轴线时称为同轴度公差；当理论正确尺寸为零，且基准要素和被测要素为其他中心要素（中心平面）时，称为对称度公差；在其他情况下均称为位置度公差。表 1—19 列出了定位公差的公差带含义、标注示例和解释。

定位公差具有如下特点：

①定位公差带相对于基准有确定的位置。

②定位公差带具有综合控制被测要素的位置、方向和形状的功能。如平面的位置度公差，可以控制该平面的平面度和相对于基准的方向误差；同轴度公差可以控制被测轴线的直线度误差和其相对于基准轴线的平行度误差。在保证使用要求的前提下，对被测要素给出定位公差后，通常不再对该要素提出定向公差和形状公差要求。如果需要对被测要素的方向和形状有进一步的要求，可另行给出定向或形状公差，但其公差数值应小于定位公差值。

3）跳动公差与公差带。跳动公差是按特定的检测方式而定义的公差特征项目。它是被测要素绕基准轴线回转一周或连续回转时所允许的最大跳动量，即指示器的最大读数与最小读数之差的允许值。跳动公差分为圆跳动和全跳动。

表1—19列出了跳动公差的公差带含义、标注示例和解释。

跳动公差带具有如下特点：

①跳动公差带的位置具有固定和浮动双重特点，一方面公差带的中心（或轴线）始终与基准轴线同轴，另一方面公差带的半径又随实际要素的变动而变动。

②跳动公差具有综合控制被测要素的位置、方向和形状的作用。例如径向圆跳动公差带可综合控制同轴度和圆度误差，径向全跳动公差带可综合控制同轴度和圆柱度误差，端面全跳动公差带可综合控制端面对基准轴线的垂直度误差和平面度误差。在满足使用要求的前提下，对被测要素给出跳动公差后，通常不再对该要素提出位置公差和形状公差要求。如果需要对被测要素的位置和形状有进一步的要求，可另行给出位置或（和）形状公差，但其公差数值应小于跳动公差值。

③跳动公差适用于回转表面及其端面。

三、形位公差的选择

正确地选择形位公差，既能保证零件的功能要求，又可以提高经济效益。形位公差的选择包括公差项目、基准要素和公差等级（形位公差值）等的选择。

1. 形位公差项目的选择

形位公差项目的选择，取决于零件的几何特征与使用要求，同时还要考虑检测的方便性。

（1）考虑零件的几何特征。要素的几何形状特征是选择被测要素公差项目的基本依据。例如，圆柱形零件可选择圆柱度公差，平面类零件可选择平面度公差，槽类零件可选择对称度公差，阶梯孔、轴可选择同轴度公差，凸轮类零件可选择轮廓度公差等。

（2）考虑零件的功能要求。根据零件不同的功能要求，选择不同的形位公差项目。例如，齿轮箱两孔轴线的不平行，将影响正常啮合，降低承载能力，故应选择平行度公差项目。为了保证机床工作台或刀架运动轨迹的精度，需要对导轨提出直线度公差要求等。

（3）考虑检测的方便性。当同样满足零件的使用要求时，应选用检测简便的项目。例如，同轴度公差常常被径向圆跳动公差或径向全跳动公差代替，端面对轴线的垂直度公差可以用端面圆跳动公差或端面全跳动公差代替。因为跳动公差检测方便，而且与工作状态比较吻合。

2. 基准要素的选择

基准要素的选择包括基准部位的选择、基准数量的选择、基准顺序的合理安排。

（1）基准部位的选择。选择基准时，主要应根据设计和使用要求，考虑基准统一原则和结构特征。具体应考虑以下几点：

1）选用零件在机器中定位的结合面作为基准部位。例如箱体的底平面和侧面、盘类零件的轴线、回转零件的支承轴颈或支承孔等。

2）基准要素应具有足够的大小和刚度，以保证定位稳定可靠。例如用两条或两条以上相距较远的轴线组合成公共基准轴线比一条基准轴线要稳定。

3）选用加工比较精确的表面作为基准部位。

4）尽量使装配、加工和检测基准统一。这样，既可以消除因基准不统一而产生的误差，也可以简化夹具、量具的设计与制造，方便测量。

（2）基准数量的确定。一般来说，应根据公差项目的定向、定位几何功能要求来确定基准的数量。定向公差大多只要一个基准，而定位公差则需要一个或多个基准。如对于位置度公差项目，需要确定孔系的位置精度，就可能要用到两个或三个基准要素。

（3）基准顺序的安排。当选用两个以上基准要素时，就要明确基准要素的次序，并按第一、第二、第三的顺序写在公差框格中，第一基准要素是主要的，第二基准要素次之，第三基准要素最次。

3. 公差等级的选择

公差等级的选择实质上就是对形位公差值的选择。国家标准规定，对 14 个形位公差项目，除线轮廓度和面轮廓度外，其余 12 项均规定了公差等级和数系表（位置度）。对圆度和圆柱度划分为 13 级，从 0 ~ 12 级。对其余公差项目划分为 12 级，从 1 ~ 12 级，精度等级依次降低，12 级精度等级最低。见表 1—20 至表 1—24。

表 1—20　　直线度、平面度公差值　　μm

主参数 L/mm	公差等级											
	1	2	3	4	5	6	7	8	9	10	11	12
≤10	0.2	0.4	0.8	1.2	2	3	5	8	12	20	30	60
>10 ~ 16	0.25	0.5	1	1.5	2.5	4	6	10	15	25	40	80
>16 ~ 25	0.3	0.6	1.2	2	3	5	8	12	20	30	50	100
>25 ~ 40	0.4	0.8	1.5	2.5	4	6	10	15	25	40	60	120
>40 ~ 63	0.5	1	2	3	5	8	12	20	30	50	80	150
>63 ~ 100	0.6	1.2	2.5	4	6	10	15	25	40	60	100	200

注：主参数 L 为轴、直线、平面的长度。

表 1—21　　圆度、圆柱度公差值　　μm

主参数 d（D）/mm	公差等级												
	0	1	2	3	4	5	6	7	8	9	10	11	12
≤3	0.1	0.2	0.3	0.5	0.8	1.2	2	3	4	6	10	14	25
>3～6	0.1	0.2	0.4	0.6	1	1.5	2.5	4	5	8	12	18	30
>6～10	0.12	0.25	0.4	0.6	1	1.5	2.5	4	6	9	15	22	36
>10～18	0.15	0.25	0.5	0.8	1.2	2	3	5	8	11	18	27	43
>18～30	0.2	0.3	0.6	1	1.5	2.5	4	6	9	13	21	33	52
>30～50	0.25	0.4	0.6	1	1.5	2.5	4	7	11	16	25	39	62
>50～80	0.3	0.5	0.8	1.2	2	3	5	8	13	19	30	46	74

注：主参数 d（D）为轴（孔）的直径。

表 1—22　　平行度、垂直度、倾斜度公差值　　μm

主参数 L、d（D）/mm	公差等级											
	1	2	3	4	5	6	7	8	9	10	11	12
≤10	0.4	0.8	1.5	3	5	8	12	20	30	50	80	120
>10～16	0.5	1	2	4	6	10	15	25	40	60	100	150
>16～25	0.6	1.2	2.5	5	8	12	20	30	50	80	120	200
>25～40	0.8	1.5	3	6	10	15	25	40	60	100	150	250
>40～63	1	2	4	8	12	20	30	50	80	120	200	300
>63～100	1.2	2.5	5	10	15	25	40	60	100	150	250	400

注：1. 主参数 L 为给定平行度时轴线或平面的长度或给定垂直度、倾斜度时被测要素的长度。

2. 主参数 d（D）为给定面对线垂直度时，被测要素的轴或孔的直径。

单元 1

形位公差等级的选择原则与尺寸公差选择原则一样，在满足零件功能要求的前提下，尽量选用低的公差等级，选择方法常采用类比法。

确定形位公差值时，应考虑以下几个问题。

（1）形位公差与尺寸公差的关系。通常，同一要素的形状公差、位置公差和尺寸公差应满足关系式：$t_{形状} < t_{位置} < t_{尺寸}$。

（2）有配合要求时形状公差与尺寸公差的关系。有配合要求并要严格保证其配合性质的要素，应采用包容要求。

表 1—23　　同轴度、对称度、圆跳动和全跳动公差值　　μm

主参数 d（D）、B、L/mm	公差等级											
	1	2	3	4	5	6	7	8	9	10	11	12
≤1	0.4	0.6	1	1.5	2.5	4	6	10	15	25	40	60
≥1～3	0.4	0.6	1	1.5	2.5	4	6	10	20	40	60	120
>3～6	0.5	0.8	1.2	2	3	5	8	12	25	50	80	150

续表

主参数 d（D）、B、L/mm	公差等级											
	1	2	3	4	5	6	7	8	9	10	11	12
>6~10	0.6	1	1.5	2.5	4	6	10	15	30	60	100	200
>10~18	0.8	1.2	2	3	5	8	12	20	40	80	120	250
>18~30	1	1.5	2.5	4	6	10	15	25	50	100	150	300
>30~50	1.2	2	3	5	8	12	20	30	60	120	200	400
>50~120	1.5	2.5	4	6	10	15	25	40	80	150	250	500

注：1. 主参数 d（D）为给定同轴度时轴的直径，或给定圆跳动、全跳动时轴（孔）直径。
2. 圆锥体斜向圆跳动公差的主参数为平均直径。
3. 主参数 B 为给定对称度时槽的宽度。
4. 主参数 L 为给定两孔对称度时的孔心距。

表 1—24　　位置度公差值数系表　　μm

1	1.2	1.5	2	2.5	3	4	5	6	8
1×10^n	1.2×10^n	1.5×10^n	2×10^n	2.5×10^n	3×10^n	4×10^n	5×10^n	6×10^n	8×10^n

注：n 为正整数。

（3）形状公差与表面粗糙度的关系。一般情况下，表面粗糙度的 R_a 值约占形状公差值的 20%~25%。

（4）考虑零件的结构特点。对于结构复杂、刚度较差或不易加工和测量的零件，如细长轴、薄壁件等，在满足零件功能要求的前提下，可适当选用低 1~2 级的公差值。

形位公差值和形位公差等级的应用可参考相关公差配合书籍或国家标准。

对于位置度，由于被测要素类型繁多，国家标准只规定了公差值数系，而未规定公差等级，见表 1—24。

4. 未注形位公差的规定

为了简化图样，对一般机床加工就能保证的形位精度，就不必在图样上注出形位公差。图样上没有标注形位公差的要素，其形位精度按下列规定执行。

（1）对未注直线度、平面度、垂直度、对称度和圆跳动各规定了 H、K、L 三个公差等级，见表 1—25 至表 1—28。采用规定的未注公差值时，应在技术要求中注出下述内容：如“GB/T 1181—K”。

（2）未注圆度公差值等于直径公差值，但不能大于表 1—23 中的径向圆跳动的未注公差值。

（3）未注圆柱度公差值不作规定，由要素的圆度、素线直线度和相对素线平行度的注出或未注公差控制。

（4）未注平行度公差值等于被测要素和基准要素间的尺寸公差和被测要素的形状公差（直线度或平面度）的未注公差值中的较大者，并取两要素中较长者作为基准。

表 1—25　　直线度、平面度未注公差值（摘自 GB/T 1184—1996）　　mm

公差等级	基本长度范围					
	~10	>10~30	>30~100	>100~300	>300~1 000	>1 000~3 000
H	0. 02	0. 05	0. 1	0. 2	0. 3	0. 4
K	0. 05	0. 1	0. 2	0. 4	0. 6	0. 8
L	0. 1	0. 2	0. 4	0. 8	1. 2	1. 6

表 1—26　　垂直度未注公差值（摘自 GB/T 1184—1996）　　mm

公差等级	基本长度范围			
	~100	>100~300	>300~1 000	>1 000~3 000
H	0. 2	0. 3	0. 4	0. 5
K	0. 4	0. 6	0. 8	1
L	0. 6	1	1. 5	2

表 1—27　　对称度未注公差值（摘自 GB/T 1184—1996）　　mm

<table>
<tr><th rowspan="2">公差等级</th><th colspan="4">基本长度范围</th></tr>
<tr><th>~100</th><th>>100~300</th><th>>300~1 000</th><th>>1 000~3 000</th></tr>
<tr><td>H</td><td colspan="4">0. 5</td></tr>
<tr><td>K</td><td colspan="2">0. 6</td><td>0. 8</td><td>1</td></tr>
<tr><td>L</td><td>0. 6</td><td>1</td><td>1. 5</td><td>2</td></tr>
</table>

表 1—28　　圆跳动未注公差值（摘自 GB/T 1184—1996）　　mm

公差等级	圆跳动公差值
H	0. 1
K	0. 2
L	0. 5

（5）未注同轴度公差值未作规定。必要时，可取同轴度的未注公差值等于圆跳动的未注公差值。

（6）未注全跳动公差值未作规定。端面全跳动未注公差值等于端面对轴线的垂直度未注公差值；径向全跳动可由径向圆跳动和相对素线的平行度控制。

第六节　表面粗糙度

一、概述

1. 表面粗糙度的概念

在切削加工过程中，由于刀具和被加工表面间的相对运动轨迹、刀具和被加工表面间的摩擦、切削过程中切屑分离时表面金属材料的塑性变形以及工艺系统的高频振动等原因，零件表面会出现许多间距较小、凹凸不平的微小峰、谷，零件被加工表面上的这种微观几何形状误差称为表面粗糙度。

表面粗糙度是实际表面几何形状误差的微观特性，而前述的形状误差则是宏观的，表面波度介于两者之间。目前还没有划分它们的统一标准，通常以一定的波距与波高之比来划分。一般比值大于1 000 为形状误差，小于40 为表面粗糙度，介于两者之间为表面波纹度，如图1—99 所示。

对于已加工完毕的零件，只有同时满足尺寸精度、形状和位置精度、表面粗糙度的要求，才能保证零件几何参数的互换性。

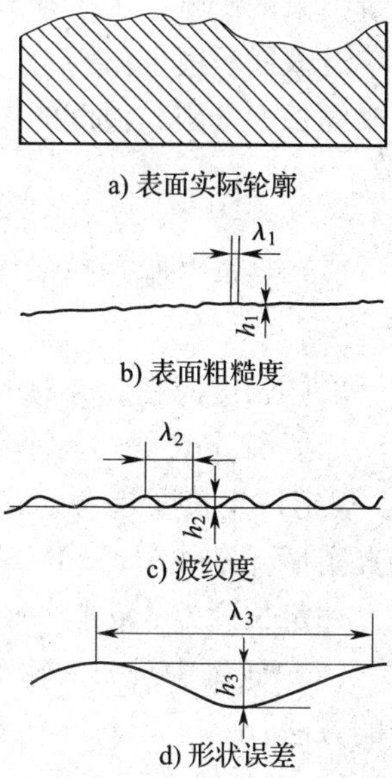

图1—99　加工误差

2. 表面粗糙度对零件使用性能的影响

表面粗糙度对零件使用性能的影响主要有以下几个方面。

（1）对耐磨性的影响。表面越粗糙，摩擦系数就越大，摩擦阻力也越大，两结合面的磨损也就越快。

（2）对配合性质的影响。表面粗糙度影响配合性质的稳定性。对间隙配合，粗糙的表面会因峰尖很快磨损而使实际间隙量增大；在过盈配合中，粗糙的表面经压合后，过粗的凸起部分会被挤平，这样就会减小实际过盈量，降低配合性质的稳定性。

（3）对疲劳强度的影响。一般，表面越粗糙，表面微观不平的凹痕就越深，在交变应力作用下，应力集中就会越严重，零件损坏的可能性就越大，零件抗疲劳强度的降低将更显著。

（4）对耐腐蚀性的影响。粗糙的表面易使腐蚀性气体或液体通过表面微观凹谷渗入到金属内层，造成表面锈蚀。

（5）对接触刚度的影响。表面越粗糙，表面间接触面积就越小，单位面积受力就越大，造成峰顶处的局部塑性变形加剧，接触刚度因而下降，影响机器工作精度和抗振性。

此外，表面粗糙度还影响结合面的密封性，影响产品的外观和表面涂层的质量等。

为保证零件质量，提高零件的使用寿命，降低生产成本，在设计零件时必须依据国家标准对其表面粗糙度提出合理的要求，并在生产中对给定参数进行检测。

二、表面粗糙度的评定

1. 主要术语及定义（摘自 GB/T 3505—1983）

（1）实际轮廓。实际轮廓是指平面与实际表面相交所得的轮廓。按照相截方向的不同，它可以分为横向表面轮廓和纵向表面轮廓。在评定或测量表面粗糙度时，除非特别指明，通常均指横向表面轮廓，即与加工纹理方向垂直的截面上的轮廓。

（2）取样长度 l。用于判别表面粗糙度特征的一段基准线长度，称为取样长度，代号为 l。规定取样长度是为了限制和减弱其他几何形状误差，特别是波度对表面粗糙度测量结果的影响。为了得到较好的测量结果，取样长度应满足下列要求：

设取样长度上限为 l_{max}，下限为 l_{min}，波度的波距为 λ_w，表面粗糙度的波距为 λ_R，则取样长度上限与波度的波距的关系应满足

$$l_{max} \leqslant \frac{1}{3}\lambda_w$$

取样长度下限与粗糙度的波距的关系应满足

$$l_{min} \geqslant 5\lambda_R$$

取样长度应在轮廓总的走向上量取。表面越粗糙，取样长度应越大。

（3）评定长度 l_n。评定轮廓表面粗糙度所必需的一段长度称为评定长度，代号为 l_n。规定评定长度是为了综合考虑评定加工表面的不均匀性，较客观地反映表面粗糙度的真实情况，如图 1—100 所示。

评定长度 $l_n = nl$，一般推荐 $l_n = 5l$；表面越粗糙，n 取越大。

（4）轮廓中线 m。轮廓中线是定量计算粗糙度数值的基准线，有两种确定轮廓中线的方法：

1）轮廓的最小二乘中线。具有几何轮廓形状并划分轮廓的基准线，在取样长度内使轮廓线上各点的轮廓偏距的平方和最小，如图 1—101 所示。

单元 1

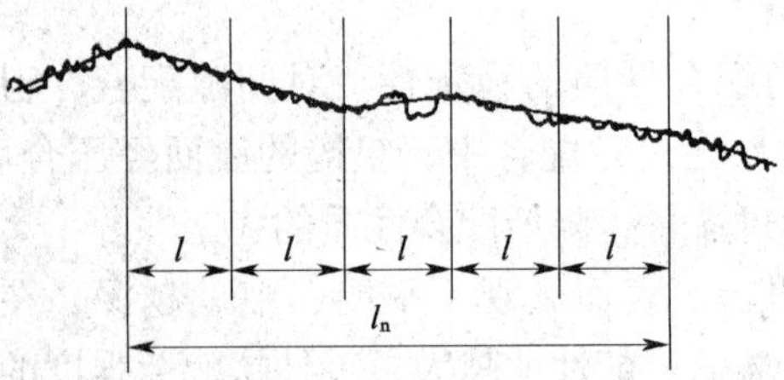

图 1—100　取样长度评定长度

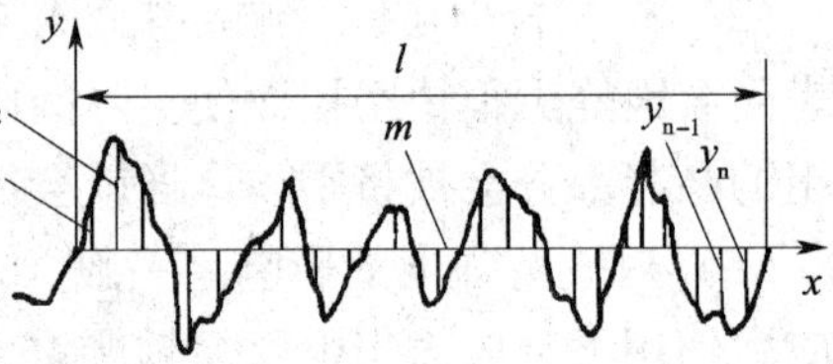

图 1—101　轮廓最小二乘中线

所谓轮廓偏距是指轮廓线上的点至基准线之间的距离，如 y_1、y_2、…、y_n。

轮廓的最小二乘中线的数学表达式为

$$\int_0^l y^2 \mathrm{d}x = \text{极小值}$$

2）轮廓的算术平均中线。具有几何轮廓形状，在取样长度内与轮廓走向一致的基准线，该线划分轮廓并使上下两部分的面积相等。如图 1—102 所示，中间直线 m 是算术平均中线，F_1、F_3、…、F_{2n-1} 代表中线上面部分的面积，F_2、F_4、…、F_{2n} 为中线下面部分的面积，它使

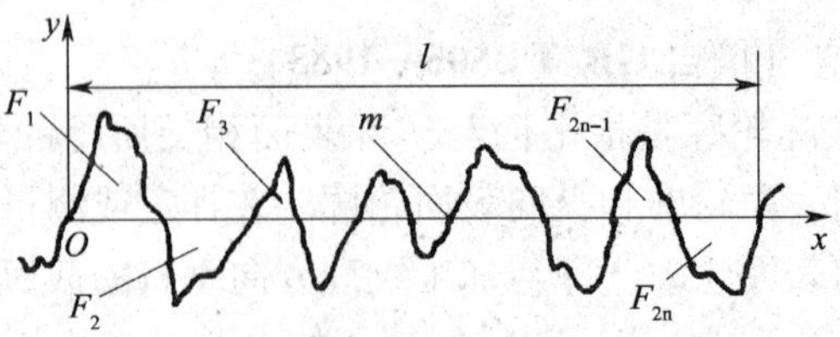

图 1—102　轮廓的算术平均中线示意图

$$F_1 + F_3 + \cdots + F_{2n-1} = F_2 + F_4 + \cdots + F_{2n}$$

用最小二乘方法确定的中线是唯一的，但比较费事。用算术平均方法确定中线是一种近似的图解法，较为简便，因而得到广泛应用。

2. 表面粗糙度主要评定参数

（1）高度特征参数——主参数

1）轮廓算术平均偏差 R_a。在取样长度 l 内，轮廓偏距绝对值的算术平均值，如图1—103所示。

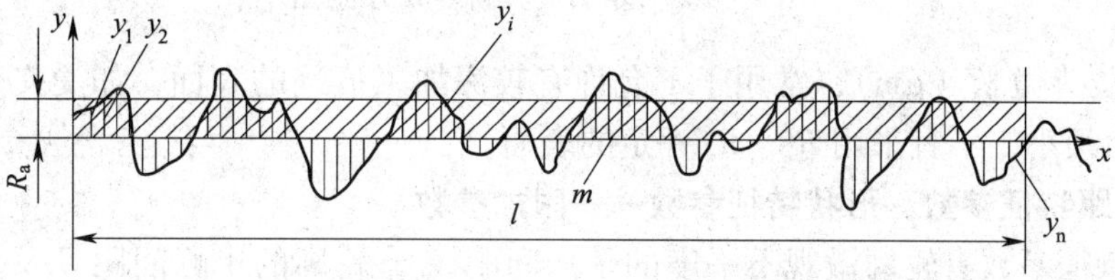

图1—103　轮廓算术平均偏差 R_a 示意图

图中，中线 m，轮廓偏距值为 y_1、y_2、…、y_n，R_a 为轮廓算术平均偏差，单位为微米（μm）。

其数学表达式为：$R_a = \dfrac{1}{l}\int_0^l |y|\,dx$

或近似为：$R_a = \dfrac{1}{n}\sum\limits_{i=1}^{n} |y_i|$，$R_a$ 越大，表面越粗糙。

2）微观不平度十点高度 R_z。在取样长度内，五个最大的轮廓峰高的平均值与五个最深的轮廓谷深的平均值之和，如图1—104所示，图中 y_{p1}、y_{p2}、…、y_{p5} 为五个最大轮廓峰高，y_{v1}、y_{v2}、…、y_{v5} 为五个最深的轮廓谷深，则 R_z 的数学表达式为：$R_z = \dfrac{\sum\limits_{i=1}^{5} y_{pi} + \sum\limits_{i=1}^{5} y_{vi}}{5}$。

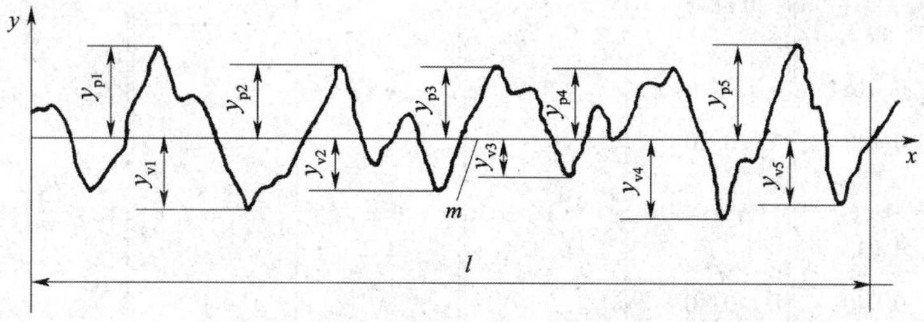

图1—104　微观不平度十点高度 R_z 示意图

R_z 的单位为微米（μm），R_z 越大，表面越粗糙。因测点少，R_z 不能充分反映表面状况，但是 y_p、y_v 值易于在光学仪器上量取，且计算简便，故在实验室应用较多。

3）轮廓最大高度 R_y。在取样长度内，轮廓峰顶线和轮廓谷底线之间的距离，称为轮廓最大高度 R_y。图 1—105 中 R_p 为轮廓最大峰高，R_m 为轮廓最大谷深，则轮廓最大高度为：$R_y = R_p + R_m$。

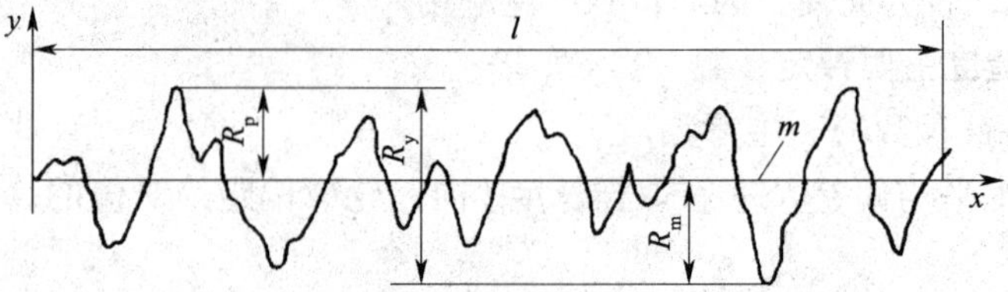

图 1—105　轮廓最大高度 R_y 示意图

R_y 单位为微米（μm），常用于不允许有较深加工痕迹的表面，如受交变应力的表面；或表面很小，不宜采用 R_a、R_z 评定的表面。

3. 间距特征参数、形状特征参数——附加参数

间距特征参数有轮廓微观不平度的平均间距 S_m，轮廓的单峰间距 S 及支承长度率 t_p。

形状特征参数常用的为支承长度率 t_p，需用时可参阅相关书籍或国家标准。

4. 表面粗糙度国家标准

国标规定采用中线制来评定表面粗糙度，粗糙度的评定参数一般从 R_a、R_z、R_y 中选取，参数值见表 1—29、表 1—30，表中的“系列值”应得到优先选用。在常用的参数值范围内（R_a 为 0.025 ~ 6.3 μm，R_z 为 0.10 ~ 25 μm）推荐优先选用 R_a。

R_a、R_z、R_y 的取样长度与评定长度选用值的关系见表 1—31。

国标中还规定，零件表面有功能要求时，除选用高度参数 R_a、R_z、R_y 之外，还可选用附加的评定参数。因篇幅所限，这里不作介绍。

表 1—29　　轮廓算术平均偏差 R_a 的数值表　　μm

系列值	补充系列	系列值	补充系列	系列值	补充系列	系列值	补充系列
	0.008						
	0.010						
0.012			0.125		1.25	12.5	
	0.016		0.160	1.6			16.0
	0.020	0.20			2.0		20
0.025			0.25		2.5	25	
	0.032		0.32	3.2			32
	0.040	0.40			4.0		40
0.050			0.50		5.0	50	
	0.063		0.63	6.3			63
	0.080	0.80			8.0		80
0.100			1.00		10.0	100	

表 1—30　　微观不平度十点高度（R_z）和轮廓最大高度（R_y）的数值　　μm

系列值	补充系列	系列值	补充系列	系列值	补充系列	系列值	补充系列	系列值	补充系列	系列值	补充系列
			0.125		1.25	12.5			125		1 250
			0.160	1.60			16.0		160	1 600	
		0.20			2.0		20	200			
0.025			0.25		2.5	25			250		
	0.032		0.32	3.2			32		320		
	0.040	0.40			4.0		40	400			
0.050			0.50		5.0	50			500		
	0.063		0.63	6.3			63		630		
	0.080	0.80			8.0		80	800			
0.100			1.00		10.0	100			1 000		

表 1—31　　R_a、R_z、R_y 的取样长度与评定长度选用值

R_a/μm	R_z 与 R_y/μm	l/mm	l_n（$l_n=5l$）/mm
≥0.008～0.02	≥0.025～0.10	0.08	0.4
>0.02～0.1	>0.10～0.50	0.25	1.25
>0.1～2.0	>0.50～10.0	0.8	4.0
>2.0～10.0	>10.0～50.0	2.5	12.5
>10.0～80.0	>50.0～320	8.0	40.0

三、表面粗糙度的标注

国标对表面粗糙度符号、代号及标注都做了规定，本处主要对高度参数 R_a、R_z、R_y 的标注作简要说明。

表面粗糙度的基本符号如图 1—106 所示，在图样上用细实线画出，符号尖端应指向被注表面内部。符号及其意义见表 1—32。

表面粗糙度高度参数值标注示例及其意义见表 1—33。国标规定：R_a 只需标数值，符号省略；R_z、R_y 则数值、符号都需标注；在同一个表面粗糙度符号上可同时标出两个参数值。表面粗糙度在图样上标注见表 1—34。

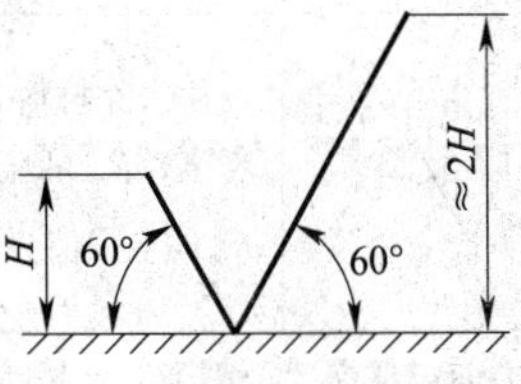

图 1—106　表面粗糙度的基本符号

表 1—32　　表面粗糙度符号及意义

符号	意义及说明
	基本符号，表示表面可用任何方法获得。当不加注粗糙度参数值或有关说明（例如：表面处理、局部热处理状况等）时，仅适用于简化代号标注
	基本符号加一短划，表示表面是用去除材料的方法获得。例如：车、铣、钻、磨、剪切、抛光、腐蚀、电火花加工、气割等
	基本符号加一小圆，表示表面是用不去除材料的方法获得。例如：铸、锻、冲压变形、热轧、冷轧、粉末冶金等。 或者是用于保持原供应状况的表面（包括保持上道工序的状况）
	在上述三个符号的长边上均可加一横线，用于标注有关参数和说明
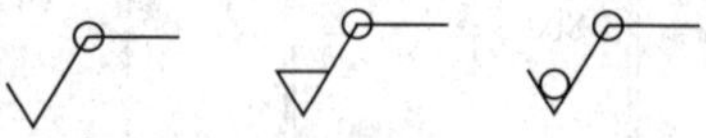	在上述三个符号上均可加一小圆，表示所有表面具有相同的表面粗糙度要求

表 1—33　　表面粗糙度高度数值的标注示例及意义

代号	意义	代号	意义
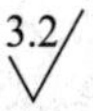 3.2	用任何方法获得的表面粗糙度，R_a 的上限值为 3.2 μm	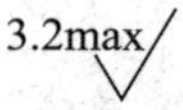 3.2max	用任何方法获得的表面粗糙度，R_a 的最大值为 3.2 μm
 3.2	用去除材料方法获得的表面粗糙度，R_a 的上限值为 3.2 μm	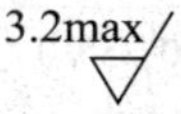 3.2max	用去除材料方法获得的表面粗糙度，R_a 的最大值为 3.2 μm
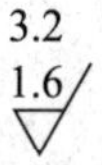 3.2 1.6	用去除材料方法获得的表面粗糙度，R_a 的上限值为 3.2 μm，R_a 的下限值为 1.6 μm	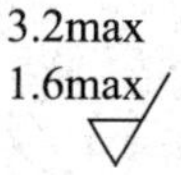 3.2max 1.6max	用去除材料方法获得的表面粗糙度，R_a 的最大值为 3.2 μm，R_a 的最小值为 1.6 μm
 R_z200	用不去除材料方法获得的表面粗糙度，R_z 的上限值为科学 200 μm	 R_z200max	用不去除材料方法获得的表面粗糙度，R_z 的最大值为 200 μm
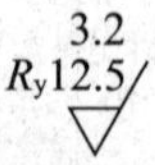 3.2 R_y12.5	用去除材料方法获得的表面粗糙度，R_a 的上限值为 3.2 μm，R_y 的上限值为 12.5 μm	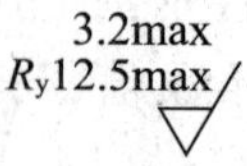 3.2max R_y12.5max	用去除材料方法获得的表面粗糙度，R_a 的最大值为 3.2 μm，R_y 的最大值为 12.5 μm

注：表面粗糙度“上限值”（或“下限值”）表示表面粗糙度参数的所有实测值中允许 16% 测得值超过规定值；“最大值”（或“最小值”）表示所有实测值不得超过规定值。

表 1—34　　表面粗糙度在图样上的标注示例

对零件表面粗糙度要求	图样上标注方法
所有表面具有相同的粗糙度，则在零件图上右上角标注粗糙度代号及其要求	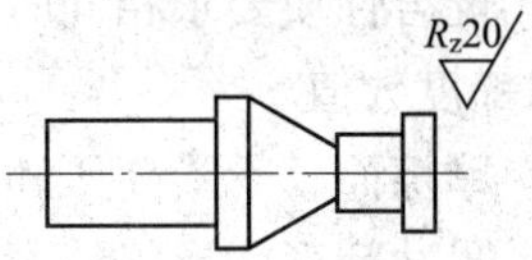
各表面要求有不同的粗糙度，对其中使用最多的一种，可以统一注在图样上的右上角，并加注“其余”两字	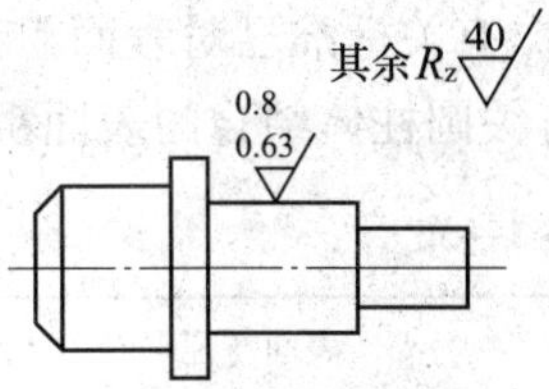
图样上没有画齿形的齿轮、花键，粗糙度代号应注在节圆线上	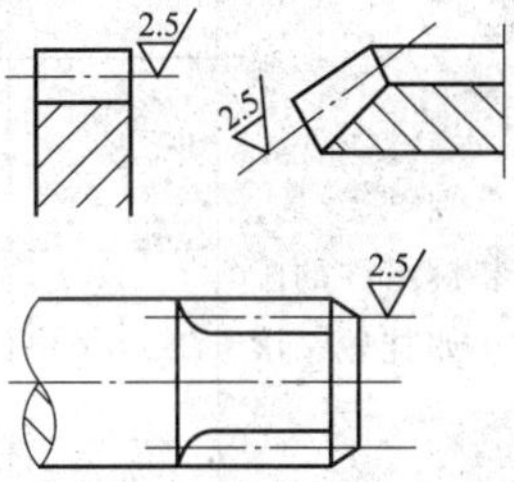
螺纹处需标粗糙度时，两种方法任选其一	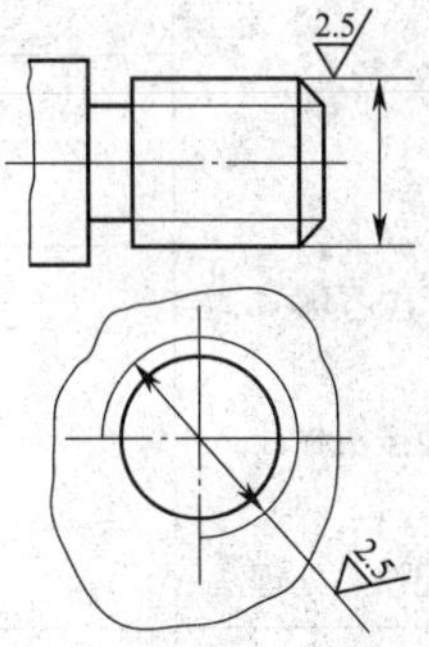
同一表面上各部位有不同的要求时，应以细实线画出界限	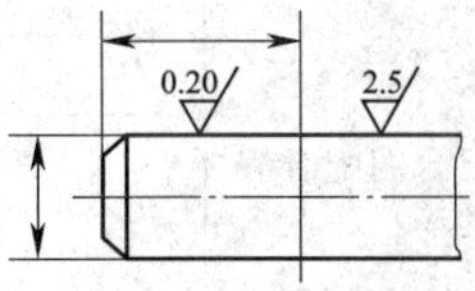

四、表面粗糙度数值的选择

表面粗糙度选用的总原则是：首先满足使用性能要求，其次兼顾经济性，即在满足使用要求的前提下，尽可能降低表面粗糙度的要求，放大表面粗糙度允许值。

表面粗糙度数值的选择，一般应作以下考虑。

1. 同一零件上，工作表面的粗糙度值比非工作表面小。

2. 在满足零件表面功能要求的情况下，尽量选用大一些的粗糙度数值。

3. 配合性质要求相同时，小尺寸结合面的表面粗糙度数值应小于大尺寸结合面的表面粗糙度数值。

4. 摩擦面、承受高压和交变载荷的工作面的粗糙度数值应小一些。

5. 尺寸精度和形状精度要求高的表面，粗糙度数值应小一些。

6. 要求耐腐蚀的零件表面，粗糙度数值应小一些。

7. 有关标准已对表面粗糙度要求作出规定的，应按相应标准确定表面粗糙度数值。

有关圆柱体结合的表面粗糙度数值的选用，参看表 1—35。

表 1—35　　圆柱体结合的表面粗糙度推荐值

<table>
<tr><th colspan="3">表面特征</th><th colspan="3">R_a/μm　不大于</th></tr>
<tr><td rowspan="10">经常装拆零件的配合表面（如挂轮、滚刀等）</td><td rowspan="2">公差等级</td><td rowspan="2">表面</td><td colspan="3">基本尺寸/mm</td></tr>
<tr><td>0～50</td><td colspan="2">大于 50～500</td></tr>
<tr><td rowspan="2">5</td><td>轴</td><td>0.2</td><td colspan="2">0.4</td></tr>
<tr><td>孔</td><td>0.4</td><td colspan="2">0.8</td></tr>
<tr><td rowspan="2">6</td><td>轴</td><td>0.4</td><td colspan="2">0.8</td></tr>
<tr><td>孔</td><td>0.4～0.8</td><td colspan="2">0.8～1.6</td></tr>
<tr><td rowspan="2">7</td><td>轴</td><td>0.4～0.8</td><td colspan="2">0.8～1.6</td></tr>
<tr><td>孔</td><td>0.8</td><td colspan="2">1.6</td></tr>
<tr><td rowspan="2">8</td><td>轴</td><td>0.8</td><td colspan="2">1.6</td></tr>
<tr><td>孔</td><td>0.8～1.6</td><td colspan="2">1.6～3.2</td></tr>
<tr><td rowspan="4">过盈配合的配合表面
a）装配按机械压入法
b）装配按热处理法</td><td rowspan="2">公差等级</td><td rowspan="2">表面</td><td colspan="3">基本尺寸/mm</td></tr>
<tr><td>0～50</td><td>大于 50～120</td><td>大于 120～500</td></tr>
<tr><td rowspan="2">5</td><td>轴</td><td>0.1～0.2</td><td>0.4</td><td>0.4</td></tr>
<tr><td>孔</td><td>0.2～0.4</td><td>0.8</td><td>0.8</td></tr>
<tr><td rowspan="8">过盈配合的配合表面
a）装配按机械压入法
b）装配按热处理法</td><td rowspan="2">公差等级</td><td rowspan="2">表面</td><td colspan="3">基本尺寸/mm</td></tr>
<tr><td>0～50</td><td>大于 50～120</td><td>大于 120～500</td></tr>
<tr><td rowspan="2">6～7</td><td>轴</td><td>0.4</td><td>0.8</td><td>1.6</td></tr>
<tr><td>孔</td><td>0.8</td><td>1.6</td><td>1.6</td></tr>
<tr><td rowspan="2">8</td><td>轴</td><td>0.8</td><td>0.8～1.6</td><td>1.6～3.2</td></tr>
<tr><td>孔</td><td>1.6</td><td>1.6～3.2</td><td>1.6～3.2</td></tr>
<tr><td rowspan="2">—</td><td>轴</td><td colspan="3">1.6</td></tr>
<tr><td>孔</td><td colspan="3">1.6～3.2</td></tr>
</table>

单元 1

续表

<table>
<tr><td colspan="2">表面特征</td><td colspan="6">$R_a/\mu m$　不大于</td></tr>
<tr><td rowspan="5">精密定心用的配合零件表面</td><td rowspan="3">表面</td><td colspan="6">径向跳动公差/μm</td></tr>
<tr><td>2.5</td><td>4</td><td>6</td><td>10</td><td>16</td><td>25</td></tr>
<tr><td colspan="6">$R_a/\mu m$　不大于</td></tr>
<tr><td>轴</td><td>0.05</td><td>0.1</td><td>0.1</td><td>0.2</td><td>0.4</td><td>0.5</td></tr>
<tr><td>孔</td><td>0.1</td><td>0.2</td><td>0.2</td><td>0.4</td><td>0.8</td><td>1.6</td></tr>
<tr><td rowspan="5">滑动轴承的配合表面</td><td rowspan="3">表面</td><td colspan="4">公差等级</td><td colspan="2" rowspan="2">液体湿摩擦条件</td></tr>
<tr><td colspan="2">6~9</td><td colspan="2">10~12</td></tr>
<tr><td colspan="6">$R_a/\mu m$　不大于</td></tr>
<tr><td>轴</td><td colspan="2">0.4~0.8</td><td colspan="2">0.8~3.2</td><td colspan="2">0.1~0.4</td></tr>
<tr><td>孔</td><td colspan="2">0.8~1.6</td><td colspan="2">1.6~3.2</td><td colspan="2">0.2~0.8</td></tr>
</table>

第七节　识读装配图

一、装配图的内容

一张完整的装配图，必须具有下列内容。

1. 一组视图

用一组视图完整、清晰、准确地表达出机器的工作原理、各零件的相对位置及装配关系、连接方式和重要零件的形状结构。

图 1—107 是滑动轴承的装配轴测图。它直观地表示了滑动轴承的外形结构，但不能清晰地表示各零件的装配关系。图 1—108 是滑动轴承的装配图，图中采用了三个基本视图，由于结构基本对称，所以三个视图均采用了半剖视，这就比较清楚地表示了轴承盖、轴承座和上下轴衬的装配关系。

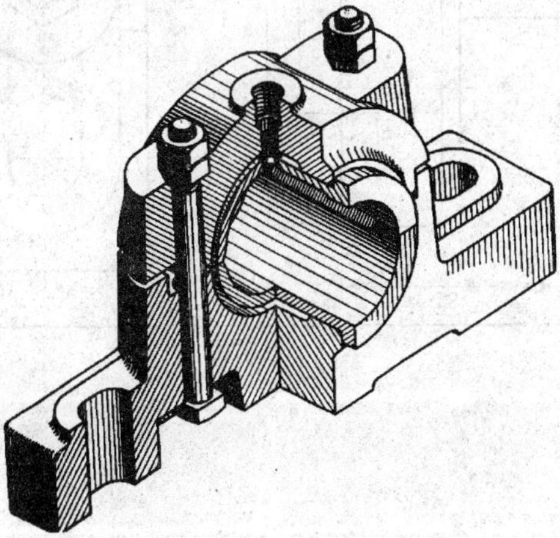

图 1—107　滑动轴承轴测图

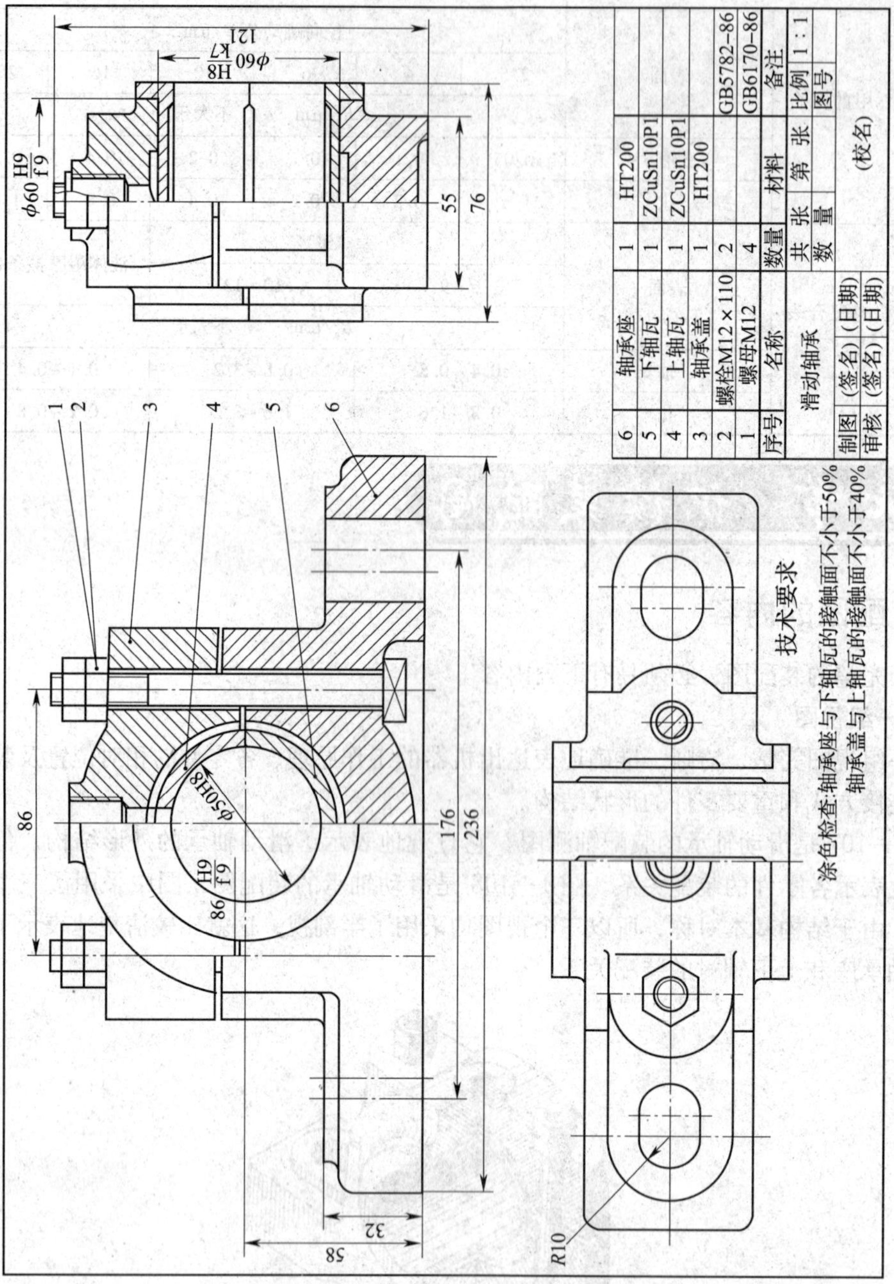

图1—108 滑动轴承装配图

2. 几种必要的尺寸

装配图上要有表示机器或部件的规格、装配、检验和安装时所需要的一些尺寸。在图 1—108 所示滑动轴承的装配图中，轴孔直径 ϕ50H8 为规格尺寸，176 mm、32 mm、R10 mm 长圆孔等为安装尺寸，ϕ60H8/k7、86H9/f9 等为装配尺寸，236 mm、121 mm 为总体尺寸。

3. 技术要求

技术要求就是说明机器或部件的性能和装配、调整、试验等所必须满足的技术条件。如图 1—108 所示的部件，其技术要求是：装配后，要进行接触面涂色检查。

4. 零件的序号、明细栏和标题栏

装配图中的零件编号、明细栏用于说明每个零件的名称、代号、数量和材料等。标题栏包括零部件名称、比例、绘图及审核人员的签名等。绘图及审核人员签名后就要对图样的技术质量负责，所以画图时必须细致认真。

二、装配图的视图表达方法

装配图的表达方法和零件图基本相同，所以零件图中所应用的各种表达方法都适用于装配图。此外，根据装配图的要求还提出了一些规定画法和特殊的表达方法。

1. 规定画法

（1）两相邻零件的接触面和配合面只画一条线。但是，如果两相邻零件的基本尺寸不相同，即使间隙很小，也必须画成两条线，如图 1—109 所示。

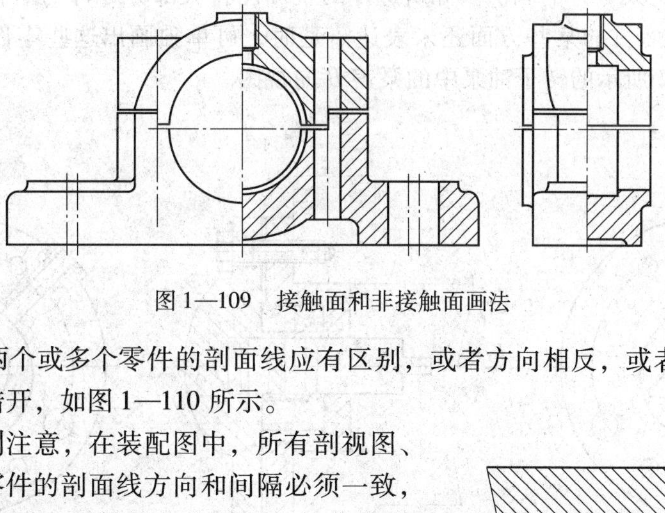

图 1—109 接触面和非接触面画法

（2）相邻两个或多个零件的剖面线应有区别，或者方向相反，或者方向一致但间隔不等，相互错开，如图 1—110 所示。

但必须特别注意，在装配图中，所有剖视图、断面图中同一零件的剖面线方向和间隔必须一致，这样有利于找出同一零件的各个视图，想象其形状和装配关系。

（3）对于紧固件以及实心的球、手柄、键等零件，若剖切平面通过其对称平面或基本轴线时，则这些零件均按不剖绘制。如需表明零件的凹槽、键槽、销孔等构造时，可用局部剖视表示，如图 1—111 所示。

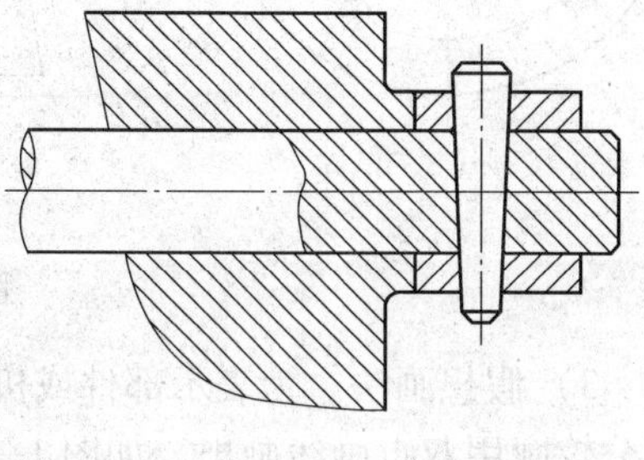

图 1—110 装配图中剖面线的画法

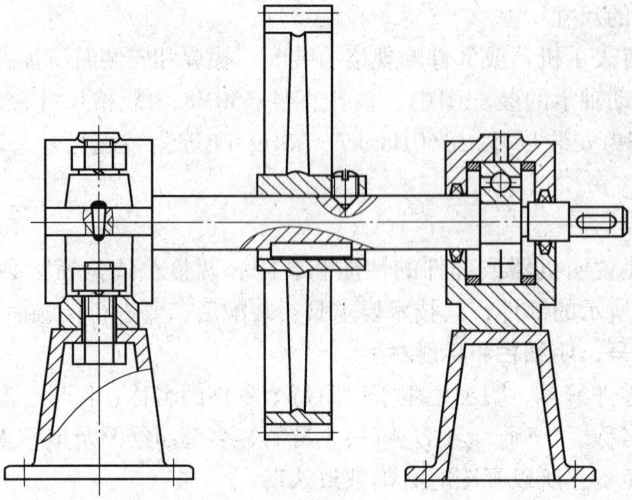

图 1—111　剖视图中不剖零件的画法

2. 特殊表达方法和简化画法

（1）特殊表达方法

1）拆卸画法。当某些零件的图形遮住了其后面需要表达的零件，或在某一视图上不需要画出某些零件时，可拆去某些零件后再画，也可选择沿零件结合面进行剖切的画法。如在图 1—108 所示的滑动轴承装配图中，俯视图就采用了后一种拆卸画法。

2）单独表达某零件的画法。如所选择的视图已将大部分零件的形状、结构表达清楚，但仍有少数零件的某些方面还未表达清楚时，可单独画出这些零件的视图或剖视图，如图 1—112 所示的转子油泵中的泵盖 *B* 向视图。

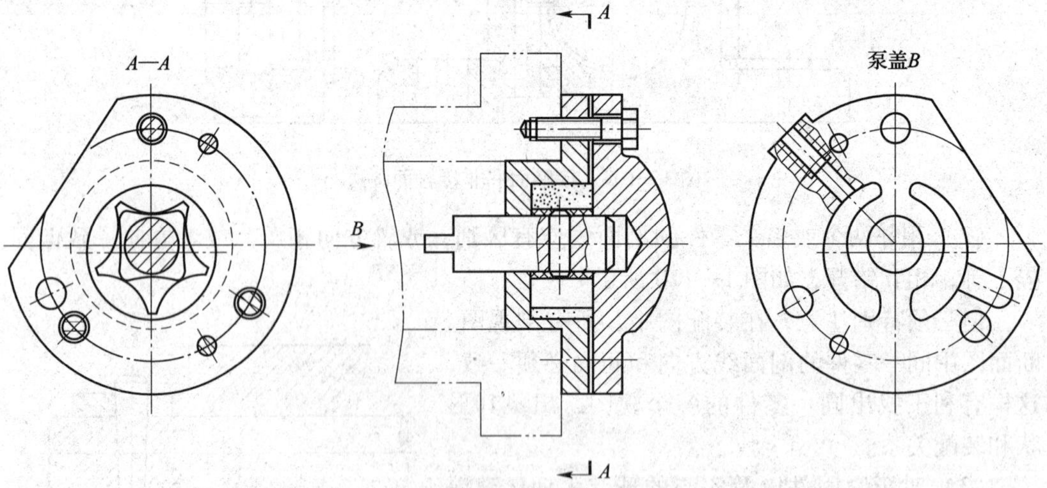

图 1—112　转子油泵

3）假想画法。为表示部件或机器的作用、安装方法，可将其他相邻零件、部件的部分轮廓用双点画线画出，如图 1—112 所示，假想轮廓的剖面区域内不画剖面线。

需要表示运动零件的运动范围或运动的极限位置时，可按其运动的一个极限位置绘制图形，再用双点画线画出另一极限位置的图形，如图 1—113 所示。

（2）简化画法

1）对于装配图中若干相同的零、部件组如螺栓连接等，可详细地画出一组，其余只需用点画线表示其位置即可，如图 1—114 所示。

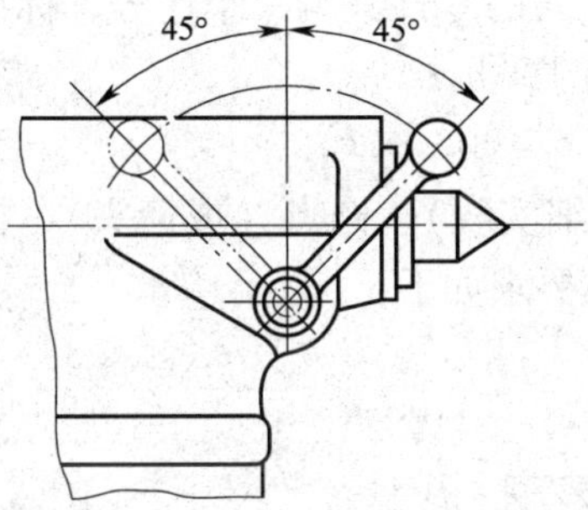

图 1—113　运动零件的极限位置

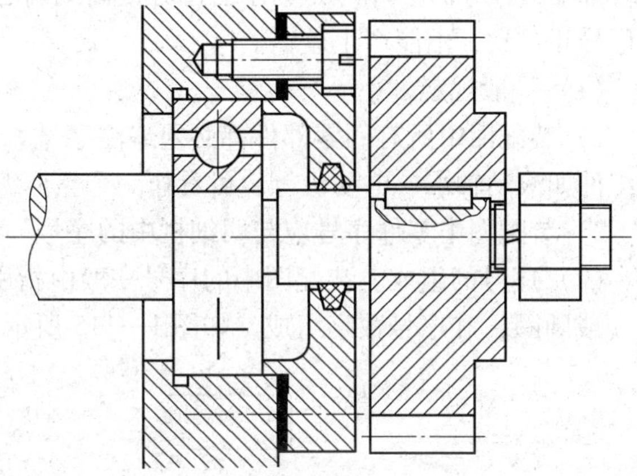
图 1—114　装配图中的简化画法

2）在装配图中，对薄的垫片等不易画出的零件可将其涂黑，如图 1—114 所示。

3）在装配图中，零件的工艺结构如小圆角、倒角、退刀槽、起模斜度等可不画出，如图 1—114 所示。

三、装配图中的尺寸标注与零部件编号、标题栏及明细栏

1. 尺寸标注

装配图的作用是表达零部件的装配关系，因此，其尺寸标注的要求不同于零件图。不需要注出每个零件的全部尺寸，一般只需标注规格尺寸、装配尺寸、安装尺寸、外形尺寸和其他重要尺寸五大类尺寸。

（1）规格尺寸。说明部件规格或性能的尺寸，它是设计和选用产品时的主要依据，图 1—108 中的 ϕ50H8 就是规格尺寸。

（2）装配尺寸。装配尺寸是保证部件正确地装配，并说明配合性质及装配要求的尺寸，图 1—108 中 86H9/f9、ϕ60H9/f9 及连接螺栓中心距等都属于装配尺寸。

（3）安装尺寸。将部件安装到地基上或与其他零件、部件相连接时所需要的尺寸，图 1—108 中地脚螺栓孔的尺寸等就属于安装尺寸。

（4）外形尺寸。机器或部件的总长、总宽和总高的尺寸。它反映了机器或部件的体积大小，即该机器或部件在包装、运输和安装过程中所占空间的大小，图 1—108 中的 236 mm、121 mm 和 76 mm 即是外形尺寸。

（5）其他重要尺寸。除以上四类尺寸外，在装配或使用中必须说明的尺寸，如运动零件的位移尺寸等。

需要说明的是，装配图上的某些尺寸有时兼有几种意义，而且每一张图上也不一定

都具有上述五类尺寸。在标注尺寸时，必须明确每个尺寸的作用，对装配图没有意义的结构尺寸不需注出。

2. 零部件编号

在生产中，为便于图样管理、生产准备、机器装配和看懂装配图，对装配图上各零部件都要编注序号。序号是为了看图方便而编制的，零部件的序号或图号要和明细栏中的序号相一致，不能产生差错。

（1）一般规定

1）装配图中所有的零部件都必须编注序号。规格相同的零件只编一个序号，标准化组件如滚动轴承、电动机等，可看作一个整体编注一个序号。

2）装配图中零件序号应与明细栏中的序号一致。

（2）序号的组成。装配图中的序号一般由指引线（细实线）、圆点（或箭头）、横线（或圆圈）和序号数字组成，如图 1—115 所示。具体要求如下：

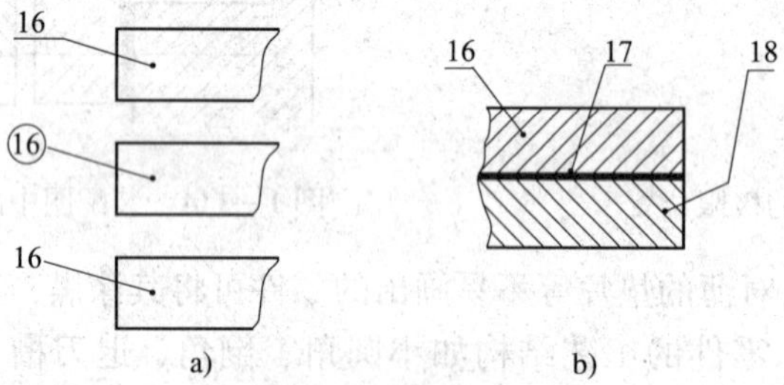

图 1—115　序号的组成

1）指引线不要与轮廓线或剖面线等图线平行，指引线之间不允许相交，但指引线允许弯折一次。

2）指引线末端不便画出圆点时，可在指引线末端画出箭头，箭头指向该零件的轮廓线，如图 1—115b 所示。

3）序号数字比装配图中的尺寸数字大一号。

（3）零件组序号。对紧固件组或装配关系清楚的零件组，允许采用公共指引线，如图 1—116 所示。

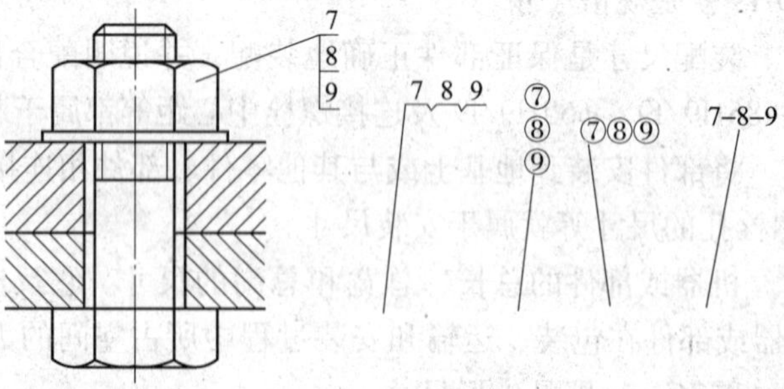

图 1—116　零件组序号

（4）序号的排列。零件的序号应按顺时针或逆时针方向在整个一组图形外围顺次整齐排列，并尽量使序号间隔相等，如图 1—108 所示。

3. 标题栏及明细栏

标题栏格式由 GB/T 10609.1—2008 确定，明细栏则按 GB/T 10609.2—1989 规定绘制。各工厂有时也有各自的标题栏、明细栏格式，本书推荐的装配图格式如图 1—117 所示。

140

15　45　15　35

6	轴承座	1	HT200	
5	下轴瓦	1	ZCuSn10P1	
4	上轴瓦	1	ZCuSn10P1	
3	轴承盖	1	HT200	
2	螺栓M12×110	2		GB 5782-86
1	螺母M12	4		GB 6170-86
序号	名称	数量	材料	备注

滑动轴承			共 张	第 张	比例	1∶1
			数 量		图号	
制图	(签名)	(日期)	(校名)			
审核	(签名)	(日期)				

8　8　4×8

25　20　25　25　15　15

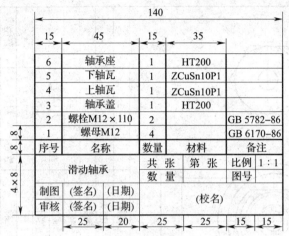

图 1—117　装配图标题栏和明细栏格式

绘制和填写标题栏、明细栏时应注意以下问题。

（1）明细栏和标题栏的分界线是粗实线，明细栏的外框竖线是粗实线，明细栏的横线和内部竖线均为细实线（包括最上面一条横线）。

（2）序号应自下而上顺序填写，如向上延伸位置不够，可以在标题栏紧靠左边的位置自下而上延续。

（3）标准件的国标代号可写入备注栏。

四、读装配图的方法和步骤

读装配图应特别注意从机器或部件中分离出每一个零件，并分析其主要结构形状和作用，以及同其他零件的关系，然后再将各个零件合在一起，分析机器或部件的作用、工作原理及防松、润滑、密封等系统的原理和结构等，必要时还应查阅有关的专业资料。

不同的工作岗位看图的目的是不同的。有的仅需要了解机器或部件的用途和工作原理；有的要了解零件的连接方法和拆卸顺序；有的要拆画零件图等。一般来说，应按以下方法和步骤读装配图。

1. 概括了解

从标题栏和有关的说明书中了解机器或部件的名称和大致用途；从明细栏和图中的序号了解机器或部件的组成。

2. 对视图进行初步分析

明确装配图的表达方法、投影关系和剖切位置，并结合标注的尺寸，想象出主要零件的主要结构形状。

图 1—118 所示为阀的装配图。该部件装配在液体管路中，用以控制管路的“通”与“不通”。该图采用了主（全剖视）、俯（全剖视）、左三个视图和一个 *B* 向局部视图

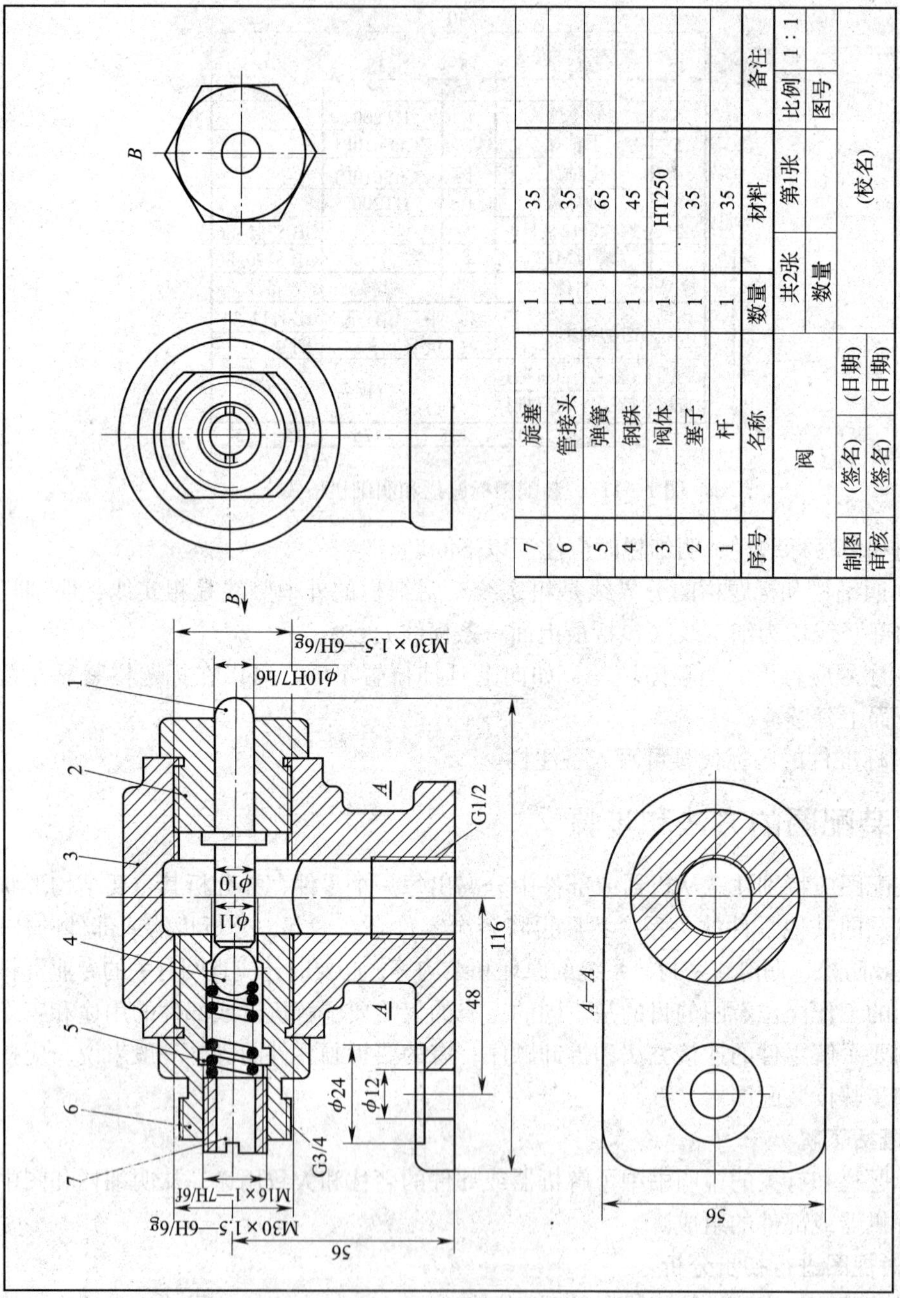

序号	名称	数量	材料	备注
7	旋塞	1	35	
6	管接头	1	35	
5	弹簧	1	65	
4	钢珠	1	45	
3	阀体	1	HT250	
2	塞子	1	35	
1	杆	1	35	

阀		共2张	第1张	比例 1 : 1
		数量		图号
制图	(签名)	(日期)	(校名)	
审核	(签名)	(日期)		

图1—118 阀装配图

的表达方法。有一条装配轴线，部件通过阀体上的 G1/2 螺纹孔、ϕ12 mm 的螺栓孔和管接头上的 G3/4 螺孔装入液体管路中。

3. 分析工作原理和装配关系

在概括了解的基础上，应对照各视图进一步研究机器或部件的工作原理、装配关系，这是看懂装配图的一个重要环节。看图时应先从反映工作原理的视图入手，分析机器或部件中零件的运动情况，从而了解工作原理。然后再根据投影规律，从反映装配关系的视图着手，分析各条装配轴线，弄清零件相互间的配合要求、定位和连接方式等。

4. 分析零件结构

对主要的复杂零件要进行投影分析，想象出其主要形状及结构，必要时可画出其零件图。

思 考 题

1. 图样中有哪几种视图？
2. 通常优先采用哪些基本视图？
3. 画斜视图时应注意哪些问题？
4. 螺纹的基本要素指的是螺纹的哪几个参数？
5. 内螺纹和外螺纹画法的主要区别是什么？
6. 螺纹连接的画法应注意什么问题？
7. 螺纹紧固件主要有哪几类？应用场合有什么不同？
8. 标准圆柱齿轮的主要参数是什么？
9. 零件图的内容是什么？其表达方法是如何选择的？
10. 标注零件图应注意哪些问题？
11. 看零件图的方法和步骤是什么？
12. 装配图包含哪些内容？
13. 装配图的标注与零件图有什么不同？
14. 装配图的规定画法和特殊画法指的是什么？
15. 选择公差等级时应考虑哪些问题？
16. 选择配合时应考虑哪些问题？
17. 形位公差特征项目共有几项？其名称和符号各是什么？
18. 形位公差带由哪几个要素构成？分析比较各形位公差带和位置公差带的特点。
19. 识读零部件图时，如何区分被测要素和基准要素是轮廓要素还是中心要素？
20. 圆度和径向圆跳动、端面对轴线的垂直度和端面全跳动、圆柱度和径向全跳动公差带各有何异同？
21. 为什么要合理选定取样长度和评定长度？
22. 试述表面粗糙度评定参数 R_a、R_y、R_z 的含义。
23. 试述表面粗糙度高度参数的上限值和最大值的差异。
24. 标注表面粗糙度时，符号尖端应指向哪个方向？

第2单元

金属材料

第一节 金属材料性能

金属材料是现代机械制造业的基本材料，广泛应用于制造产品和生活用品。金属材料由于具有许多优良的性能，获得广泛的应用。

金属材料的性能包括使用性能和工艺性能。使用性能是指金属材料在使用条件下所表现出来的性能，包括物理性能、化学性能和力学性能等。本节主要介绍使用性能中的力学性能。工艺性能则是指金属在制造加工过程中所反映出来的各种性能。

一、金属的力学性能

力学性能是指金属材料在外力作用下所表现出来的性能，主要包括强度、塑性、硬度、冲击韧性及疲劳强度等。

金属材料在加工及使用过程中所受的外力称为载荷。根据载荷作用性质的不同，分为三种载荷：

（1）静载荷。大小不变或变化过程缓慢的载荷。

（2）冲击载荷。以较高速率变化的载荷。

（3）交变载荷。大小或（和）方向随时间发生周期性变化的载荷。

金属材料受到载荷作用而产生的几何形状和尺寸的变化称为变形。变形分为弹性变形和塑性变形两类。

金属受外力作用时，在材料内部产生与外力相对抗的力，称为内力；单位面积上的内力称为应力，用符号 σ 表示；应力单位为 Pa 或 MPa。$1\ \text{Pa} = 1\ \text{N/m}^2$，$1\ \text{MPa} = 1\ \text{N/mm}^2 = 10^6\ \text{Pa}$。

1. 强度

金属在静载荷作用下，抵抗塑性变形或断裂的能力称为强度。强度的大小用应力表示，可通过拉伸试验测定。

（1）力—伸长曲线。拉伸试验中得出的拉伸力与伸长量的关系曲线叫作力—伸长曲线，也称为拉伸曲线图。图 2—1 所示是低碳钢的力—伸长曲线，图中纵坐标表示力 F，单位为 N；横坐标表示伸长量 Δl，单位为 mm。图中表现出材料在试验过程中经历如下几个变形阶段。

1）弹性变形阶段 oe 段。试样变形完全是弹性的，即卸载后变形能完全消失。F_e为试样能恢复到原始形状和尺寸的最大拉伸力。

2）屈服阶段 es 段。当载荷超过 F_e时，试样产生塑性变形，即卸载后变形只能部分消失，残留部分变形。当载荷增加到 F_s时，图上出现平台和锯齿状，这种现象叫屈服。F_s称为屈服载荷。材料屈服后，开始明显出现塑性变形。

3）强化阶段 sb 段。经历屈服阶段后，随着塑性变形增大，试样变形抗力也逐渐增加，这种现象称为形变强化（或称加工硬化），此阶段试样的变形是均匀发生的。F_b为试样拉伸试验时的最大载荷。

4）缩颈阶段 bz 段（局部塑性变形阶段）。当载荷达到最大值 F_b后，试样的直径发生局部收缩，称为“缩颈”。此后试样变形所需的载荷也随之降低，伸长主要集中于缩颈部位，直至断裂。

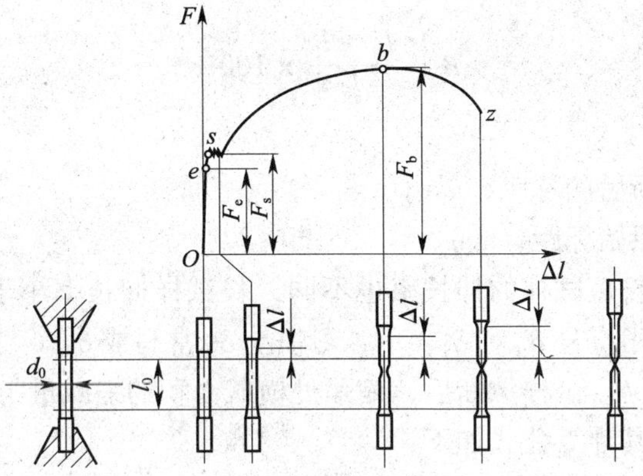

图 2—1　低碳钢的力—伸长曲线

注意：工程上使用的金属材料，多数没有明显的屈服现象。有些脆性材料，不仅没有屈服现象，而且也不会产生“缩颈”。

（2）强度指标

1）屈服强度 σ_s。在拉伸试验过程中，载荷保持恒定，试样仍能继续伸长时的应力称为材料的屈服强度，计算公式如下：

$$\sigma_s = \frac{F_S}{S_0} \qquad (2—1)$$

式中　σ_s——屈服强度，MPa；

F_s——试样屈服时的载荷，N；

S_0——试样原始横截面积，mm^2。

对无明显屈服现象的金属材料，按国标 GB/T 228—1987 规定，用规定残余伸长应力 $\sigma_{0.2}$表示。

材料的屈服强度或规定残余伸长应力越高，允许的工作应力也越高。

2）抗拉强度 σ_b。材料在拉断前所能承受的最大应力称为抗拉强度。计算公式如下：

$$\sigma_b = \frac{F_b}{S_0} \qquad (2—2)$$

式中　σ_b——抗拉强度，MPa；

F_b——试样拉断前承受的最大载荷，N；

S_0——试样的原始横截面积，mm^2。

对塑性材料，抗拉强度表示材料抵抗大量均匀变形的能力；对脆性材料，它表示材料抵抗断裂的能力。抗拉强度 σ_b也是机械零件设计和选材的重要依据。

2. 塑性

金属材料断裂前产生永久变形的能力称为塑性。塑性指标也是由拉伸试验测得的，常用伸长率和断面收缩率来表示。

（1）伸长率δ。试样拉断后，标距的伸长量与原始长度的百分比称为伸长率。其计算公式如下：

$$\delta = \frac{l_1 - l_0}{l_0} \times 100\% \qquad (2\text{—}3)$$

式中 δ——伸长率，%；

l_1——试样拉断后的标距，mm；

l_0——试样的原始标距，mm。

相同材料的不同长短试样的伸长率也不同，长试样伸长率小于短试样伸长率，长、短试样的伸长率分别用符号δ_{10}和δ_5表示，习惯上δ_{10}常写成δ。

（2）断面收缩率ψ。试样拉断后，缩颈处横截面积的缩减量与原始横截面积的百分比称为断面收缩率。其计算公式如下：

$$\psi = \frac{S_0 - S_1}{S_0} \times 100\% \qquad (2\text{—}4)$$

式中 ψ——断面收缩率，%；

S_0——试样原始横截面积，mm^2；

S_1——试样拉断后缩颈处的横截面积，mm^2。

金属材料的伸长率（δ）和断面收缩率（ψ）数值越大，表示材料的塑性越好，便于通过塑性变形加工成形状复杂的零件。

3．硬度

材料抵抗局部变形特别是局部塑性变形、压痕或划痕的能力称为硬度。零件材料的硬度高，才能保证具有足够的耐磨性和使用寿命。

硬度测试的方法很多，最常用的有布氏硬度试验法、洛氏硬度试验法和维氏硬度试验法三种。

（1）布氏硬度

1）布氏硬度的测试原理。使用一定直径的球体（淬火钢球或硬质合金球），以规定的试验力压入试样表面，保持规定时间后卸除试验力，测量表面压痕直径来计算硬度。

布氏硬度值用球面压痕单位表面积上所承受的平均压力来表示。用符号 HBS（钢球压头）或 HBW（硬质合金球压头）来表示试件的布氏硬度值。

在实际应用中，布氏硬度用专用的刻度放大镜量出压痕直径（d），根据压痕直径的大小，再从专门的硬度表中查出相应的布氏硬度值。

2）布氏硬度的表示方法。符号 HBS 或 HBW 之前的数字为硬度值，符号后面分别按球体直径、试验力公斤力、试验力保持的时间（10 ~ 15 s 不标注）等试验条件的顺序用数字表示。

例如 170HBS10/1000/30 表示用直径 10 mm 的钢球，在 9 807 N 的试验力作用下，保持 30 s 时测得的布氏硬度值为 170。530HBW5/750 则表示用直径 5 mm 的硬质合金球，在 7 355 N 的试验力作用下，保持 10 ~ 15 s 时测得的布氏硬度值为 530。

3）应用范围及优缺点。由于布氏硬度测量采用的试验力大，球体直径和压痕直径也大，测量硬度值能较准确地反映出金属的平均性能。因此，布氏硬度主要适用于测定灰铸铁、有色金属、各种软钢等硬度不是很高的材料。另外，由于布氏硬度与其他力学性能（如抗拉强度）之间存在着一定的近似关系，因而在工程上得到广泛应用。

其缺点是操作时间较长，不同材料需要的压头和试验力不同，压痕较大，测量费时，不宜测量成品及薄件；对高硬度材料进行试验时，球体产生受力变形，引起测量结果误差。故用钢球压头测量时，材料硬度值必须小于450；用硬质合金球压头测量时，材料硬度值必须小于650。

（2）洛氏硬度

1）洛氏硬度测试原理。洛氏硬度试验采用金刚石圆锥体或淬火钢球压头，压入金属表面后，经规定保持时间后卸除主试验力，以测量的残余压痕深度来计算洛氏硬度值，并用符号 HR 表示。

2）常用洛氏硬度标尺。为了用一台硬度计测定软硬不同金属材料的硬度，可采用不同的压头和总试验力组成几种不同的洛氏硬度标尺，每一种标尺用一个字母在洛氏硬度符号 HR 后面加以注明。常用的洛氏硬度标尺是 A、B、C 三种，其中 C 标尺应用最为广泛。三种洛氏硬度标尺的试验条件和适用范围见表 2—1。

表 2—1　　常用洛氏硬度标尺的试验条件和适用范围

硬度标尺	压头类型	试验载荷/N	硬度有效值	应用举例
HRA	102°金刚石圆锥体	588.4	60～85HRA	硬质合金、表面淬火钢等
HRB	ϕ1.588 mm 淬火钢球	980.7	25～100HRB	软钢、退火钢、铜合金等
HRC	102°金刚石圆锥体	1 471.0	20～67HRC	一般淬火钢件

各种不同标尺的洛氏硬度值不能直接进行比较，但可用试验测定的换算表相互比较，需要时可查阅相关书籍。

3）洛氏硬度表示方法。符号 HR 前面的数字表示硬度值，HR 后面的字母表示不同洛氏硬度的标尺。例如 45HRC 表示用 C 标尺测定的洛氏硬度值为 45。

4）优缺点。洛氏硬度试验的优点是操作简单迅速，能直接从刻度盘上读出硬度值；压痕较小，可以测定成品及较薄工件；可测试的硬度值范围大，从很软到很硬的金属材料。其缺点是压痕较小，当材料内部组织不均匀时，硬度值波动较大，需测试不同部位，取算术平均值来作为材料的硬度。

（3）维氏硬度

1）维氏硬度试验原理。基本上和布氏硬度试验相同，将相对面夹角为 136°的正四棱锥体金刚石压头以选定的试验力压入试样表面，经规定保持时间后卸除试验力，用测量压痕对角线的长度来计算硬度。维氏硬度用符号 HV 表示。

在实际工作中，维氏硬度值同布氏硬度一样，不用计算，而是根据压痕对角线长度，从表中直接查出。

2）维氏硬度值表示方法。与布氏硬度相同，例如640HV30表示：用294.2 N试验力，保持10～15 s（可省略不标），测定的维氏硬度值为640。

3）维氏硬度试验时所加的试验力小，压入深度较浅，可测量较薄的材料，也可测量表面渗碳、渗氮层的硬度。因维氏硬度值具有连续性（10～1 000HV），故可测定很软到很硬的各种金属材料的硬度，且准确性较高。维氏硬度试验的缺点是测量压痕对角线的长度较繁；压痕小，对试件表面质量要求较高。

4. 冲击韧性

许多机械零件（如冲模、锻模、活塞销、锤杆等）在工作中，往往受到冲击载荷的作用。制造这类零件所用的材料，其性能不能单纯用静载荷下的指标来衡量，而必须考虑材料抵抗冲击载荷的能力。金属材料抵抗冲击载荷作用而不破坏的能力称为冲击韧性。目前，常用一次摆锤冲击弯曲试验来测定金属材料的冲击韧性。

材料的冲击韧度用符号 a_K 表示，单位为 J/cm^2。冲击韧度是冲击试样缺口处单位横截面积上的冲击吸收功。冲击韧度越大，表示材料的冲击韧性越好。

5. 疲劳强度

（1）疲劳的概念。许多机械零件在工作过程中各部位承受的应力随时间作周期性的变化，这种应力称为交变应力（也称循环应力）。在交变应力作用下，虽然零件所承受的应力低于材料的屈服点，但经过长时间的工作后产生裂纹或突然发生断裂的现象称为金属的疲劳。

单元 2

疲劳破坏是机械零件失效的主要原因之一。据统计，在机械零件失效中大约有80%以上属于疲劳破坏。

（2）疲劳破坏的特征。疲劳破坏有以下的特点：

1）疲劳断裂时并没有明显的宏观塑性变形，断裂前没有预兆，而是突然破坏。

2）引起疲劳断裂的应力很低，常常低于材料的屈服强度。

3）疲劳破坏的宏观断口由两部分组成，即疲劳裂纹的策源地及扩展区（光滑部分）和最后断裂区（粗糙部分）。

机械零件产生疲劳断裂，是由于材料表面或内部有缺陷（夹杂、划痕、微裂纹等），产生局部塑性变形而导致微裂缝，裂缝随应力循环次数的增加而逐渐扩展，最后承载的截面减小到不能承受所加载荷而突然断裂。疲劳破坏经常造成重大事故。

（3）疲劳曲线和疲劳极限。疲劳曲线是指交变应力与循环次数的关系曲线，如图2—2所示。图中曲线表明，金属承受的交变应力越小，断裂前的应力循环次数 N 越大；反之，则 N 越小。

如图2—2所示，当应力达到 σ_5 时，曲线与横坐标平行，它表示应力低于此值时，试样可以经受无数次周期循环而不破坏，此应力值称为材料的疲劳极限。疲劳极限是金属材料在无限多次交变应力作用下而不破坏的最大应力。疲劳极限越大，材料抵抗疲劳破坏的能力越强。当应力为对称循环时（图2—3），疲劳极限用 σ_{-1} 表示。

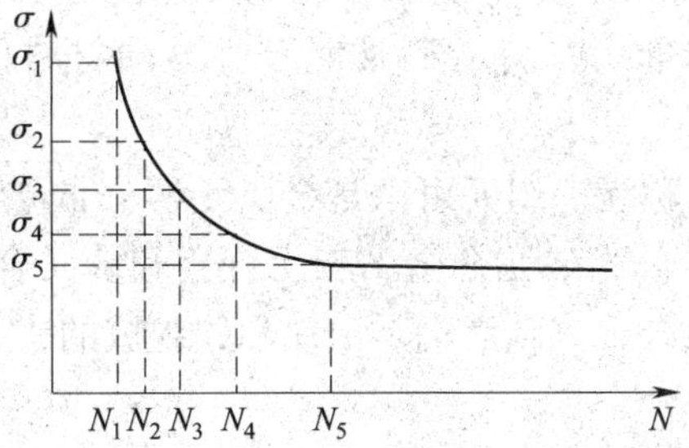

图 2—2　疲劳曲线示意图

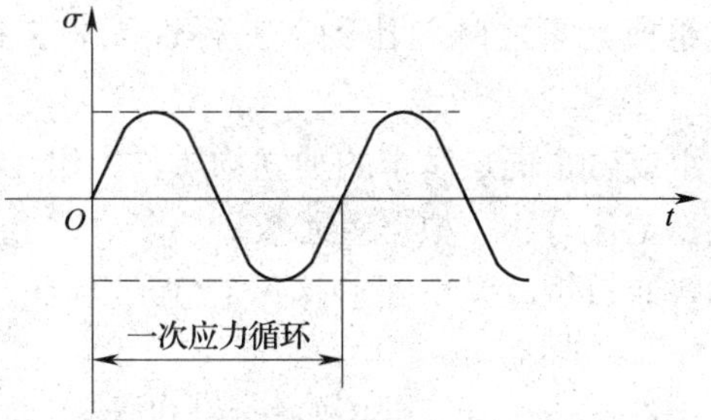

图 2—3　对称循环应力图

实际上，金属材料不可能做无数次交变载荷试验。对于黑色金属，一般规定应力循环 10^7 周次而不断裂的最大应力为疲劳极限，有色金属、不锈钢等材料则取 10^8 周次。

二、金属的工艺性能

工艺性能是指金属材料对不同加工工艺方法的适应能力，它包括铸造性能、锻造性能、焊接性能和切削加工性能等。工艺性能直接影响到零件制造工艺和质量，是选材和制定零件工艺路线时必须考虑的因素之一；另外，材料热处理性能也是金属工艺性能之一。

1．铸造性能

金属及合金在铸造工艺中获得优良铸件的难易程度称为铸造性能。衡量铸造性能的主要指标有流动性、收缩性和偏析等。

金属的流动性越好，收缩率越小，偏析倾向越小，则其铸造性能越好。

2．锻造性能

用锻压成形方法获得优良锻件的难易程度称为锻造性能。锻造性能的好坏主要同金属的塑性和变形抗力有关。一般来说，塑性越好，变形抗力越小，金属的锻造性能越好。

3．焊接性能

金属材料在一定的焊接工艺条件下，获得优质焊接接头的难易程度称为焊接性能。对于碳钢和低合金钢，焊接性能主要与其化学成分有关（其中碳的影响最大）。如低碳钢具有良好的焊接性能，高碳钢、铸铁的焊接性能较差。

4．切削加工性能

金属材料切削加工的难易程度称为切削加工性能。一般用工件切削后的表面粗糙度及刀具寿命等方面来衡量。影响因素主要有工件的化学成分、组织状态、硬度、塑性、导热性和形变强化等。一般认为金属材料具有适当硬度（170～230HBS）和足够的脆性时较易切削，改变钢的化学成分和进行适当的热处理是改善钢切削加工性能的重要途径。

第二节　铁碳合金相图及应用

合金是一种金属元素与其他金属元素或非金属元素通过熔炼或其他方法结合而成

的具有金属特性的材料。与纯金属相比，合金除具有更好的力学性能外，还可以通过调整组成元素之间的比例，获得性能各异的合金，以满足工业生产对不同材料的要求。

组成合金的最基本的独立物质称为组元，简称元。组元可以是金属元素、非金属元素或稳定化合物。根据组元数目的多少，合金可分为二元合金、三元合金和多元合金。例如普通黄铜就是由铜和锌两个组元组成的二元合金，碳素钢是由铁和碳组成的二元合金。

在合金中成分、结构及性能相同的组成部分称为相。相与相之间具有明显的界面。数量、形态、大小和分布方式不同的各种相组成合金组织。

钢铁材料是现代工业中应用最为广泛的合金，它们是以铁和碳两种元素为主要元素的合金。钢铁材料的成分不同，组织和性能也不同，应用场合也不一样。

一、铁碳合金的相及组织

在铁碳合金中，碳可以与铁形成化合物、固溶体和混合物。在铁碳合金中可以下列几种基本组织存在。

1. 铁素体

碳溶解在 α－Fe 中所形成的间隙固溶体称为铁素体，用符号 F 表示，其晶胞如图 2—4 所示。由于 α－Fe 是体心立方晶格，其间隙较小，故碳在 α－Fe 中的溶解度很小；在 727℃时为最大，其碳的质量分数也仅为 0.021 8%；随着温度的降低，碳的质量分数逐渐减小，在室温时几乎为零。由于铁素体的碳的质量分数低，所以其性能与纯铁相似，即具有良好的塑性和韧性，而强度和硬度较低。

单元 2

2. 奥氏体

碳溶解在 γ－Fe 中形成的间隙固溶体称为奥氏体，用符号 A 来表示，晶胞如图 2—5所示。由于 γ－Fe 是面心立方晶格，晶格的间隙较大，故奥氏体的溶碳能力较强；在 1 148℃时碳的质量分数可达 2.11%，随着温度的下降，溶解度逐渐减小，在 727℃时仅为 0.77%。

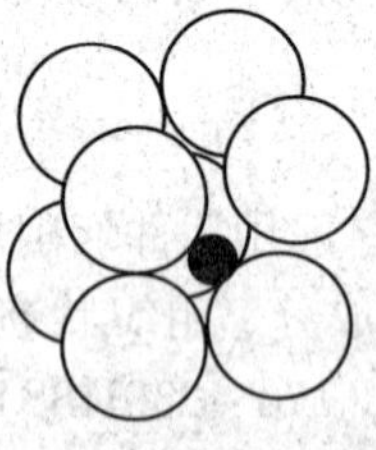

图 2—4　铁素体的晶胞示意图

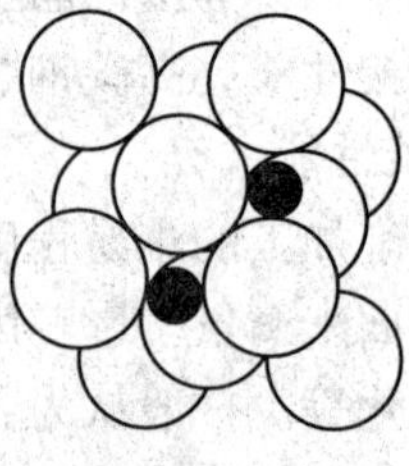

图 2—5　奥氏体的晶胞示意图

奥氏体的强度和硬度不高，但具有良好的塑性，是绝大多数钢在高温进行锻造和轧制时所要求的组织。

3. 渗碳体

渗碳体是碳的质量分数为 6.69% 的铁与碳的化合物，其化学式为 Fe_3C。渗碳体具有复杂的斜方晶体结构（图 2—6），与铁和碳的晶体结构完全不同。渗碳体的熔点为 1 227℃，硬度很高，塑性很差，伸长率和冲击韧度几乎为零，是一种脆而硬的组织。在钢中，渗碳体以不同形态和大小的晶体出现于组织中，对钢的力学性能影响很大。

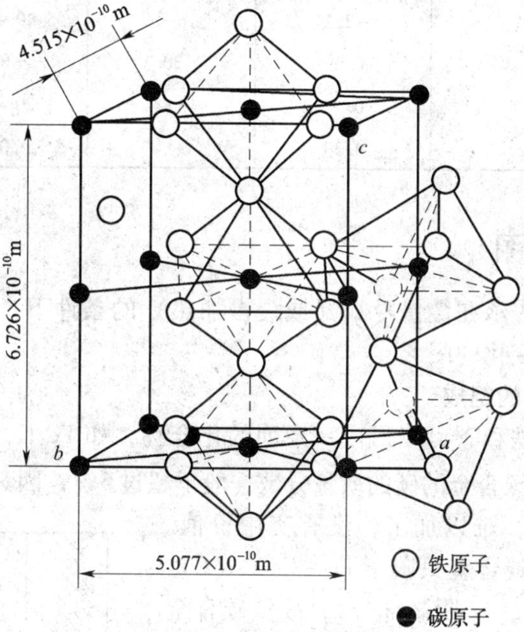

图 2—6　渗碳体的晶胞示意图

渗碳体在适当条件下（如高温长期停留或缓慢冷却）能分解为铁和石墨，这对铸铁有重要意义。

4. 珠光体

珠光体是铁素体和渗碳体的混合物，用符号 P 表示。它是渗碳体和铁素体片层相间、交替排列形成的混合物。

在缓慢冷却条件下，珠光体的碳的质量分数为 0.77%。由于珠光体是由硬的渗碳体和软的铁素体组成的混合物，所以其力学性能取决于铁素体和渗碳体的性能。性能上是两者的平均值，故珠光体的强度较高，硬度适中，具有一定的塑性。

5. 莱氏体

莱氏体是碳的质量分数为 4.3% 的液态铁碳合金，在 1 148℃时从液相中同时结晶出的奥氏体和渗碳体的混合物，用符号 L_d 表示。由于奥氏体在 727℃时还将转变为珠光体，所以在室温下的莱氏体由珠光体和渗碳体组成，这种混合物叫低温莱氏体，用符号 L'_d 来表示。

莱氏体的力学性能和渗碳体相似，硬度很高，塑性很差。

上述五种基本组织中，铁素体、奥氏体和渗碳体都是单相组织，称为铁碳合金的基本相；珠光体、莱氏体则是由基本相混合成的多相组织。表 2—2 是铁碳合金基本组织的力学性能。

表 2—2　　　　铁碳合金基本组织的力学性能

组织名称	符号	含碳量/%	力学性能		
			σ_b/MPa	δ/%	HBS（HBW）
铁素体	F	~0.021 8	180 ~ 280	30 ~ 50	50 ~ 80
奥氏体	A	~2.11	—	40 ~ 60	120 ~ 220
渗碳体	Fe_3C	6.69	30	0	~800
珠光体	P	0.77	800	20 ~ 25	180
莱氏体	L'_d（L_d）	4.30		0	>700

二、铁碳合金相图

铁碳合金相图是表示在缓慢冷却（或缓慢加热）的条件下，不同成分的铁碳合金的状态或组织随温度变化的图形。

1. 铁碳合金相图的组成

在铁碳合金中，铁和碳可以形成一系列的化合物，如 Fe_3C、Fe_2C、FeC 等，如图 2—7 所示。工业用铁碳合金的碳的质量分数一般不超过 5%，因为碳的质量分数更高的铁碳合金，脆性很大，难以加工，没有实用价值。因此，我们研究的铁碳合金只限于 Fe - Fe_3C（C≤6.69%）范围内（图 2—7 阴影部分），故铁碳合金相图也可以认为是 Fe - Fe_3C 相图。图 2—8 所示为 Fe - Fe_3C 相图。

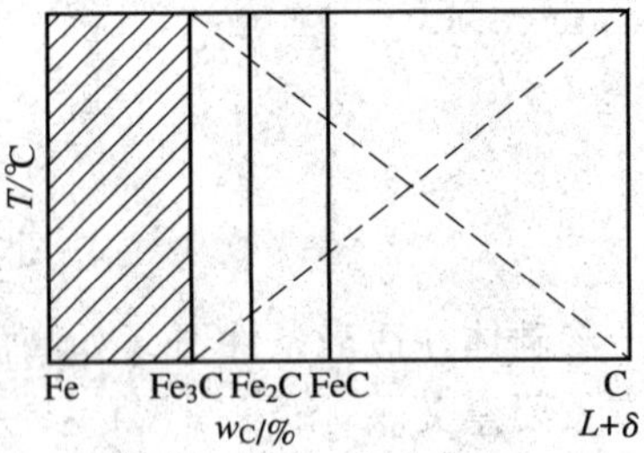

图 2—7　Fe - C 相图的组成

图中纵坐标为温度，横坐标为碳的质量分数。为了便于掌握和分析 Fe - Fe_3C 相图，将相图上实用意义不大的左上角部分（液相 δ - Fe 及 δ - Fe 向 γ - Fe转变部分）以及左下角 GPQ 线左边部分予以省略。经简化后的 Fe - Fe_3C 相图如图 2—9 所示。

2. Fe - Fe_3C 相图中点、线的含义

（1）Fe - Fe_3C 相图中几个主要特性点的温度、碳的质量分数及其物理含义见表 2—3。

（2）Fe - Fe_3C 相图的特性线。在 Fe - Fe_3C 相图上，有若干合金状态的分界线，它们是不同成分合金具有相同含义的临界点的连线。几条主要特性线的物理含义如下：

1）液相线 *ACD* 线。此线以上区域全部为液相，用 *L* 来表示。金属液冷却到此线开始结晶，在此线以下从液相中分别结晶出奥氏体和渗碳体。

2）固相线 *AECF* 线。金属液冷却到此线全部结晶为固态，此线以下为固态区。

液相线与固相线之间为金属液的结晶区域。这个区域内金属液与固相并存，*AEC* 区域内为金属液与奥氏体，*CDF* 区域内为金属液与渗碳体。

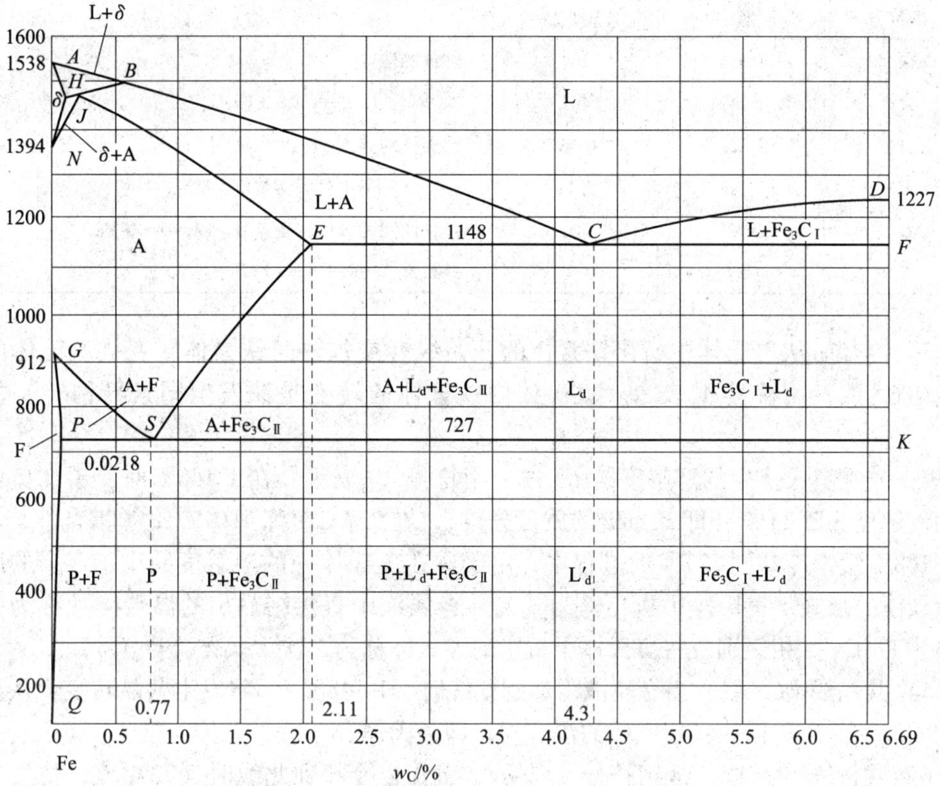

图 2—8 Fe－Fe_3C 相图

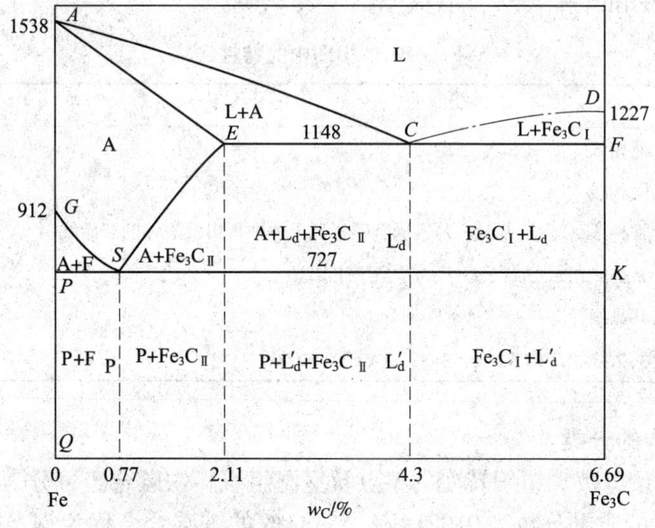

图 2—9 简化后的 Fe－Fe_3C 相图

单元 2

表2—3 $Fe-Fe_3C$ 相图中的几个特性点

点的符号	温度/℃	含碳量/%	含　义
A	1 538	0	纯铁的熔点
C	1 148	4.3	共晶点，$Lc \rightleftharpoons (A+Fe_3C)$
D	1 227	6.69	渗碳体的熔点
E	1 148	2.11	碳在 $\gamma-Fe$ 中最大溶解度
G	912	0	纯铁的同素异构转变点 $\alpha-Fe \rightleftharpoons \gamma-Fe$
S	727	0.77	共析点 $As \rightleftharpoons (F+Fe_3C)$

3）冷却时从奥氏体中析出铁素体的开始线（或加热时铁素体转变成奥氏体的终止线）GS 线，用符号 A_3 表示。奥氏体向铁素体的转变是铁发生同素异构转变的结果。

4）碳在奥氏体中的溶解度线 ES 线，用符号 A_{cm} 表示。在1 148℃时，碳在奥氏体中的溶解度为2.11%（即 E 点碳的质量分数），在727℃时降到0.77%（相当于 S 点）。从1 148℃缓慢冷却到727℃的过程中，由于碳在奥氏体中的溶解度减小，多余的碳将以渗碳体的形式从奥氏体中析出。为了与从金属液中直接结晶出的渗碳体（称为一次渗碳体 Fe_3C_{I}）相区别，将奥氏体中析出的渗碳体称为二次渗碳体（Fe_3C_{II}）。

5）共晶线 ECF 线。当金属液冷却到此线时（1 148℃），将发生共晶转变，从金属液中同时结晶出奥氏体和渗碳体的混合物，即莱氏体。

单元 2

6）共析线 PSK 线，常用符号 A_1 表示。当合金冷却到此线时（727℃），将发生共析转变，从奥氏体中同时析出铁素体和渗碳体的混合物，即珠光体。这种一定成分的固溶体，在某一恒温下，同时析出两种固相的转变叫共析转变。

$Fe-Fe_3C$ 相图的特性线及其含义归纳于表2—4。

表2—4 $Fe-Fe_3C$ 相图中的特性线

特性线	含　义
ACD	液相线
$AECF$	固相线
GS	常称 A_3 线。冷却时，从不同含碳量奥氏体中析出铁素体的开始线
ES	常称 A_{cm} 线。碳在 $\gamma-Fe$ 中的溶解度线
ECF	共晶线，$Lc \rightleftharpoons (A+Fe_3C)$
PSK	共析线，常称 A_1 线。$As \rightleftharpoons (F+Fe_3C)$

3. 铁碳合金的分类

根据碳的质量分数、组织转变的特点及室温组织，铁碳合金可分为。

（1）钢。碳的质量分数为0.021 8%～2.11%的铁碳合金称为钢。根据碳的质量分数及室温组织的不同，钢可分为：

亚共析钢　　　　$0.021\ 8\% < w_C < 0.77\%$

共析钢　　$w_C=0.77\%$

过共析钢　　$0.77\%<w_C<2.11\%$

(2) 白口铸铁。碳的质量分数为2.11%~6.69%的铁碳合金称为白口铸铁。根据碳的质量分数及室温组织的不同，又可分为：

亚共晶白口铸铁　　$2.11\leqslant w_C<4.3\%$

共晶白口铸铁　　$w_C=4.3\%$

过共晶白口铸铁　　$4.3\%<w_C<6.69\%$

三、铁碳合金的成分、组织与性能的关系

从铁碳合金相图可看出，铁碳合金在室温的组织都是由铁素体和渗碳体两相组成。随着碳的质量分数的增加，铁素体的量逐渐减少，渗碳体的量逐渐增加，如图2—10b所示。随着碳的质量分数的变化，不仅铁素体和渗碳体的相对量有变化，而且相互结合的形态也发生变化。随着碳的质量分数的增加，合金的组织将按下列顺序发生变化：$F\rightarrow F+P\rightarrow P\rightarrow P+Fe_3C_{II}\rightarrow P+Fe_3C_{II}+L'_d\rightarrow L'_d\rightarrow L'_d+Fe_3C_I$ (图2—10a)。

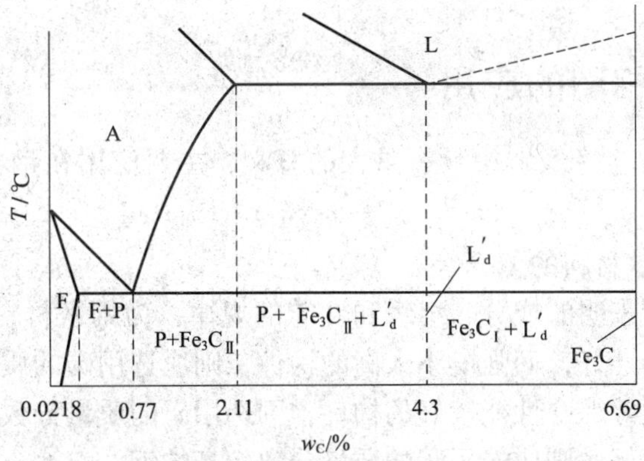

a)

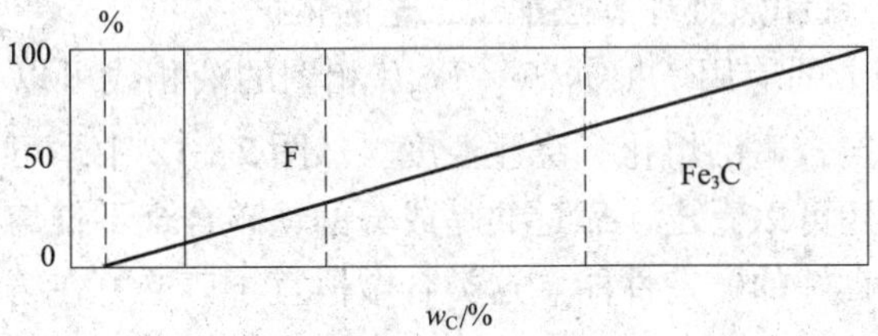

b)

图2—10　铁碳合金的成分—组织的对应关系

铁碳合金组织的变化，必然引起性能的变化。图2—11所示为碳的质量分数对正火后碳素钢的力学性能的影响。由图可知，改变碳的质量分数可以在很大范围内改变钢的力学性能。总之，碳的质量分数越高，钢的强度和硬度越高，而塑性和韧性越低。这是由于碳的质量分数越高，钢中的硬脆相 Fe_3C 越多的缘故，但当碳的质量分数超过0.9%时，因二次渗碳体呈明显网状，使钢的强度有所降低。

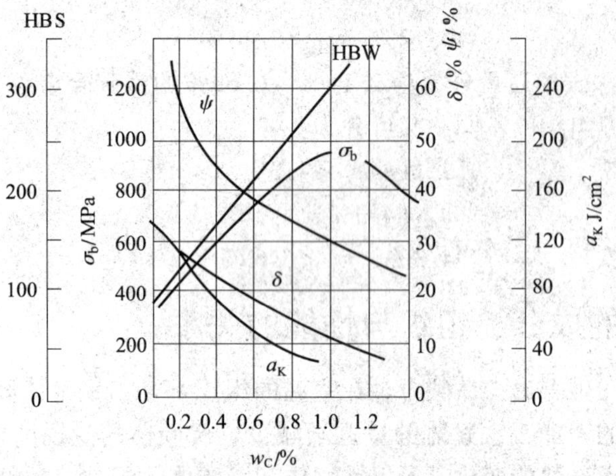

图 2—11　碳的质量分数对钢的力学性能的影响

为了保证工业上使用的钢具有足够的强度，并具有一定的塑性和韧性，钢中含碳量一般不超过 1.4%。

四、Fe－Fe_3C 相图的应用

Fe－Fe_3C 相图在生产实践中具有重大的意义，主要应用在钢材料的选用和热加工工艺的制定两方面。

1. 作为选用钢铁材料的依据

铁碳合金相图所表明的成分、组织和性能的规律，为钢铁材料的选用提供了依据。如制造要求塑性、韧性好，而强度不太高的构件，则应选用碳的质量分数较低的钢；要求强度、塑性和韧性等综合性能较好的构件，则选用碳的质量分数适中的钢；各种工具要求硬度高及耐磨性好，则应选用碳的质量分数较高的钢。

2. 作为制定铸、锻和热处理等热加工工艺的依据

（1）在铸造生产上的应用。根据 Fe－Fe_3C 相图的液相线可以找出不同成分的铁碳合金的熔点，从而确定合适的熔化、浇注温度。从图 2—12 中，可以看到钢的熔化与浇注温度均比铸铁高，还可以看出，靠近共晶成分的铁碳合金不仅熔点低，而且凝固温度区间也较小，故具有良好的铸造性能。这类合金适宜于铸造，在铸造生产中获得广泛的应用。

（2）在锻造工艺上的应用。钢经加热后获得奥氏体组织，它的强度低，塑性好，便于塑性变形加工。因此，钢材轧制或锻造的温度范围多选择在单一奥氏体组织范围内。各种碳素钢合适的轧制或锻造温度范围如图 2—12 所示。

（3）在热处理工艺上的应用。热处理与 Fe－Fe_3C 相图有着更为直接的关系。根据对工件材料性能要求的不同，各种不同热处理方法的加热温度都是参考 Fe－Fe_3C 相图选定的。

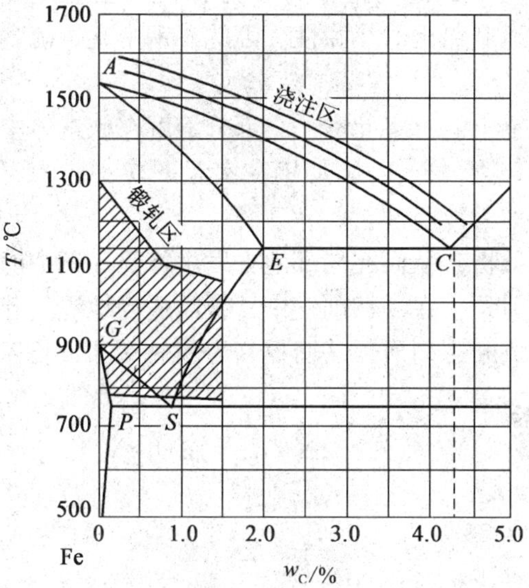

图 2—12　Fe - Fe_3C 相图与铸、锻工艺的关系

第三节　碳　素　钢

含碳量为 0.021 8% ~2.11%，且不含特意加入合金元素的铁碳合金，称为碳素钢或非合金钢。碳素钢具有良好的力学性能和工艺性能，且冶炼方便，价格便宜，故在机械制造、建筑、交通运输等许多工业部门中得到广泛的应用。

一、常存元素对钢性能的影响

碳素钢中除铁和碳两种元素外，还含有少量的硅、锰、硫、磷等元素，这些元素，有的是从炉料中带来的，有的是在冶炼过程中不可避免地带入的，它们的存在必然会对钢的性能产生影响。

1. 硅

硅是炼钢后期以硅铁作脱氧剂进行脱氧反应后残留在钢中的元素。钢中的硅能溶于铁素体，形成含硅铁素体，可提高钢的强度和硬度，所以硅是钢中的有益元素。由于其含量少，故其强化作用不大。

2. 锰

锰主要来自炼钢脱氧剂，脱氧后残留在钢中。锰可溶于铁素体和渗碳体中，使钢的强度和硬度提高。此外，锰能和硫形成 MnS，从而减轻硫对钢的危害，所以锰也是钢中的有益元素。

3. 硫

硫主要是由生铁带入钢中的有害元素，它在钢中与铁形成共晶体（Fe + FeS），当钢材加热到 1 000 ~1 200℃进行轧制或锻造时，共晶体熔化，会导致钢材开裂，这种现象称为热脆（或红脆）性。因此，钢中的含硫量不得超过0.05%。钢中加入锰，可消除硫的有害影响，有效地避免钢的热脆性。因此，钢中锰、硫含量常有定比。

4. 磷

磷也是由生铁带入钢中的有害元素。它部分溶解在铁素体中形成固溶体，部分在结晶时形成脆性很大的化合物（Fe_3P），使钢在室温下（一般为100℃以下）的塑性和韧性急剧下降，这种现象称为冷脆性。

磷在结晶时还容易偏析，从而在局部地方发生冷脆。钢中的硫和磷是有害元素，应严格控制它们的含量。但是，在易切削钢中，常需适当地提高硫、磷的含量，以增加钢的脆性，利于切削时形成断裂切屑，从而提高切削效率和延长刀具寿命。

二、碳素钢的分类

1. 按钢的含碳量分类

（1）低碳钢：$w_C \leqslant 0.25\%$。

（2）中碳钢：$0.25\% < w_C < 0.60\%$。

（3）高碳钢：$w_C \geqslant 0.60\%$。

2. 按钢的质量分类

（1）普通钢：S≤0.050%，P≤0.045%。

（2）优质钢：S≤0.035%，P≤0.035%。

（3）高级优质钢：S≤0.025%，P≤0.025%。

3. 按钢的用途分类

（1）结构钢：主要用于制造各种机械零件和工程结构件，其含碳量一般小于0.70%。

（2）工具钢：主要用于制造各种刀具、模具和量具等，其含碳量一般大于0.70%。

4. 按冶炼时脱氧程度的不同分类

（1）沸腾钢：脱氧程度不完全的钢。

（2）镇静钢：脱氧程度完全的钢。

（3）半镇静钢：脱氧程度介于沸腾钢和镇静钢之间的钢。

三、碳素钢的牌号及用途

我国钢材的牌号用国际通用的化学元素符号、汉语拼音字母和阿拉伯数字相结合的方法来表示。

1. 碳素结构钢

碳素结构钢的杂质和非金属夹杂物较多，但冶炼容易，工艺性好，价格便宜，产量大，能满足一般工程结构及普通零件的性能要求，应用普遍。碳素结构钢通常轧制成钢板和各种型材（圆钢、方钢、扁钢、角钢、槽钢、工字钢、钢筋等），用于厂房、桥梁、船舶等建筑结构或一些受力不大的机械零件（如铆钉、螺钉、螺母等）。

碳素结构钢的牌号由代表屈服强度的汉语拼音字母“Q”、屈服强度数值、质量等级符号和脱氧方法符号四个部分组成。质量等级符号用字母A、B、C、D表示，其中A

级的硫、磷含量最高，D 级的硫、磷含量最低。脱氧方法符号用 F、b、Z、TZ 表示，F 是沸腾钢；b 是半镇静钢；Z 是镇静钢；TZ 是特殊镇静钢。Z 与 TZ 符号在钢号组成表示方法中予以省略。例如 Q235 - A · F，表示屈服强度为 235 MPa 的 A 级沸腾钢。碳素结构钢的牌号、化学成分、力学性能见表 2—5。

表 2—5　　碳素结构钢的牌号、化学成分、力学性能

牌号	等级	化学成分/%					脱氧方法	力学性能		
		C	Mn	Si	S	P		σ_s /MPa	σ_b /MPa	δ_5 /%
				不大于						
Q195	—	0.06～0.12	0.25～0.50	0.30	0.050	0.045	F、b、Z	195	315～390	33
Q215	A	0.090～0.15	0.25～0.55	0.30	0.500	0.045	F、b、Z	215	335～450	31
	B				0.045					
Q235	A	0.14～0.22	0.30～0.65	0.30	0.050	0.045	F、b、Z	235	375～460	26
	B	0.12～0.20	0.30～0.70		0.045					
	C	≤0.18	0.35～0.80	0.30	0.050	0.040	Z、TZ			
	D	≤0.17			0.035	0.035				
Q255	A	0.18～0.28	0.40～0.70	0.30	0.045	0.045	Z	255	410～550	24
	B									
Q275	—	0.28～0.38	0.50～0.80	0.30	0.045	0.045	Z	275	490～630	20

单元 2

2. 优质碳素结构钢

优质碳素结构钢是按化学成分和力学性能供应的，钢中所含硫、磷及非金属夹杂物量较少，常用来制造重要的机械零件，使用前一般都要经过热处理来改善力学性能。

优质碳素结构钢的牌号用两位数字表示，这两位数字表示该钢的平均含碳量的万分数。例如“45”表示平均含碳量为 0.45% 的优质碳素结构钢；“08”表示平均含碳量为 0.08% 的优质碳素结构钢。

优质碳素结构钢根据其含锰量的不同，分为普通含锰量钢和较高含锰量钢两组。较高含锰量钢在牌号后面标出元素符号“Mn”，例如“50Mn”。

优质碳素结构钢的牌号、化学成分和力学性能见表 2—6。

表 2—6　　优质碳素结构钢的牌号、化学成分和力学性能

牌号	化学成分/%			力学性能						
				σ_s	σ_b	δ_5	ψ	a_K	HBS	
				MPa		%		J/cm²	热轧钢	退火钢
	C	Si	Mn	不小于					不大于	
08F	0.05～0.11	≤0.03	0.25～0.50	175	295	35	60	—	131	—
08	0.05～0.12	0.17～0.37	0.35～0.65	195	325	33	60	—	131	—

续表

牌号	化学成分/%			力学性能						
				σ_s	σ_b	δ_5	ψ	a_K	HBS	
	C	Si	Mn	MPa		%		J/cm^2	热轧钢	退火钢
				不小于					不大于	
10F	0.07～0.14	≤0.07	0.25～0.50	185	315	33	55	—	137	—
10	0.07～0.14	0.17～0.37	0.35～0.65	205	335	31	55	—	137	—
15F	0.12～0.19	～0.07	0.25～0.50	205	335	29	55	—	143	—
15	0.12～0.19	0.17～0.37	0.35～0.65	225	375	27	55	—	143	—
20	0.17～0.24	0.17～0.37	0.35～0.65	245	410	25	55	—	156	—
25	0.22～0.30	0.17～0.37	0.50～0.80	275	450	23	50	88.3	170	—
30	0.27～0.35	0.17～0.37	0.50～0.80	295	490	21	50	78.3	179	—
35	0.32～0.40	0.17～0.37	0.50～0.80	315	530	20	45	68.7	187	—
40	0.37～0.45	0.17～0.37	0.50～0.80	335	570	19	45	58.8	217	187
45	0.42～0.50	0.17～0.37	0.50～0.80	355	600	16	40	49	241	197
50	0.47～0.55	0.17～0.35	0.50～0.85	375	630	14	40	39.2	241	207
55	0.52～0.60	0.17～0.37	0.50～0.80	380	645	13	35	—	255	217
60	0.57～0.65	0.17～0.37	0.50～0.80	400	675	12	35	—	255	229
65	0.62～0.70	0.17～0.37	0.50～0.80	410	695	10	30	—	255	229
70	0.67～0.75	0.17～0.37	0.50～0.80	420	715	9	30	—	269	229
75	0.72～0.80	0.17～0.37	0.50～0.80	880	1 080	7	30	—	285	241
80	0.77～0.85	0.17～0.37	0.50～0.80	930	1 080	6	30	—	285	241
85	0.82～0.90	0.17～0.37	0.50～0.80	980	1 130	6	30	—	302	255
15Mn	0.12～0.19	0.17～0.37	0.70～1.00	245	410	26	55	—	163	—
20Mn	0.17～0.24	0.17～0.37	0.70～1.00	275	450	24	50	—	197	—
25Mn	0.22～0.30	0.17～0.37	0.70～1.00	295	490	22	50	88.3	207	—
30Mn	0.27～0.35	0.17～0.37	0.70～1.00	315	540	20	45	78.5	217	187
35Mn	0.32～0.40	0.17～0.37	0.70～1.00	335	560	19	45	68.7	229	197
40Mn	0.37～0.45	0.17～0.37	0.70～1.00	355	590	1	45	58.8	229	207
45Mn	0.42～0.50	0.17～0.37	0.70～1.00	375	620	15	40	49	241	217
50Mn	0.48～0.56	0.17～0.37	0.70～1.00	390	645	13	40	39.2	255	217
60Mn	0.57～0.65	0.17～0.37	0.70～1.00	410	695	11	35	—	269	229
65Mn	0.62～0.70	0.17～0.37	0.90～1.20	430	735	9	30	—	285	229
70Mn	0.67～0.75	0.17～0.37	0.90～1.20	450	785	8	30	—	285	229

08～25 钢属低碳钢。这类钢的强度、硬度较低，塑性、韧性及焊接性良好，主要用于制作冲压件、焊接结构件及强度要求不高的机械零件及渗碳件，如深冲器件、压力容器、小轴、销子、法兰盘、螺钉和垫圈等。

30～55 钢属中碳钢。这类钢具有较高的强度和硬度，其韧性和塑性随含碳量的增加而逐步降低，切削性能良好。这类钢经调质后，能获得较好的综合力学性能，主要用来制作受力较大的机械零件，如连杆、曲轴、齿轮和联轴器等。

60 钢以上的牌号属高碳钢。这类钢具有较高的强度、硬度和弹性，但焊接性不好，切削性较差，冷变形塑性差，主要用来制造具有较高强度、耐磨性和弹性的零件，如气门弹簧、弹簧垫圈、板簧和螺旋弹簧等弹性元件及耐磨零件。

3. 碳素工具钢

碳素工具钢是用于制造刀具、模具和量具的钢。由于大多数工具都要求高硬度和高耐磨性，故碳素工具钢含碳量均在 0.70% 以上，都是优质钢或高级优质钢。

碳素工具钢的牌号以汉字“碳”的汉语拼音字母字头“T”及后面的阿拉伯数字表示，其数字表示钢中平均含碳量的千分数，如“T8”表示平均含碳量为 0.80% 的碳素工具钢。若为高级优质碳素工具钢，则在牌号后面标以字母 A，如“T12A”表示平均含碳量 1.2% 的高级优质碳素工具钢。

碳素工具钢的牌号、化学成分、力学性能和用途见表 2—7。

表 2—7　　碳素工具钢的牌号、化学成分、力学性能和用途

<table>
<tr><th rowspan="2">牌号</th><th colspan="6">化学成分/%</th><th>热处理</th><th rowspan="2">应用举例</th></tr>
<tr><th>w_C</th><th>w_{Mn}</th><th>w_{Si}</th><th>w_S</th><th>w_P</th><th>淬火温度/℃</th><th>HRC（不小于）</th></tr>
<tr><td>T7</td><td>0.65～0.74</td><td rowspan="2">≤0.40</td><td rowspan="8">≤0.35</td><td rowspan="8">≤0.03</td><td rowspan="8">≤0.035</td><td rowspan="2">800～820 水淬</td><td rowspan="8">62</td><td rowspan="3">受冲击而要求较高硬度和耐磨性的工具，如木工用錾、锤头、钻头、模具等</td></tr>
<tr><td>T8</td><td>0.75～0.84</td></tr>
<tr><td>T8Mn</td><td>0.80～0.90</td><td>0.40～0.60</td><td>780～800 水淬</td></tr>
<tr><td>T9</td><td>0.85～0.94</td><td rowspan="5">≤0.40</td><td rowspan="5">760～780 水淬</td><td rowspan="2">受中等冲击的工具和耐磨机件，如刨刀、冲模、丝锥、板牙、手工锯条、卡尺等</td></tr>
<tr><td>T10</td><td>0.95～1.04</td></tr>
<tr><td>T11</td><td>1.05～1.14</td><td rowspan="3">不受冲击而要求极高硬度的工具和耐磨机件，如钻头、锉刀、刮刀、量具等</td></tr>
<tr><td>T12</td><td>1.15～1.24</td></tr>
<tr><td>T13</td><td>1.25～1.35</td></tr>
</table>

各种牌号的碳素工具钢经淬火后的硬度相差不大，但是随着含碳量的增加，未溶的二次渗碳体增多，钢的耐磨性增加，韧性降低。因此，不同牌号的工具钢用于制造不同使用要求的各类工具。

4. 铸造碳钢

铸造碳钢一般用于制造形状复杂、力学性能要求较高的机械零件。这些零件形状复杂，很难用锻造或机械加工的方法制造，又由于力学性能要求较高，不能用铸铁来铸造。铸造碳钢广泛应用于制造重型机械的某些零件，如轧钢机机架、水压机横梁、锻锤和砧座等。

铸造碳钢的牌号是用“铸钢”两汉字的汉语拼音字母字头“ZG”后面加两组数字组成：第一组数字代表屈服强度，第二组数字代表抗拉强度值。如“ZG270－500”表示屈服强度不小于270 MPa，抗拉强度不小于500 MPa的铸造碳钢。

铸造碳钢的牌号、化学成分和力学性能见表2—8。

表2—8　铸造碳钢的牌号、化学成分和力学性能

牌号	化学成分/%					室温下力学性能				
	C	Si	Mn	P	S	σ_s 或 $\sigma_{0.2}$/MPa	σ_b/MPa	δ/%	ψ/%	a_K/（J/cm^2）
	不大于					不小于				
ZG200－400	0.20	0.50	0.80	0.04		200	400	25	40	60
ZG230－450	0.30	0.50	0.90	0.04		230	450	22	32	45
ZG270－500	0.40	0.50	0.90	0.04		270	500	18	25	35
ZG310－570	0.50	0.60	0.90	0.04		310	570	15	21	30
ZG340－640	0.60	0.60	0.90	0.04		340	640	12	18	20

不同牌号的铸造碳钢用于制造不同使用要求的零件。ZG200－400有良好的塑性、韧性和焊接性，用于受力不大、要求具有一定韧性的零件，如机座、变速箱体等。ZG230－450有一定的强度和较好的塑性、韧性，焊接性良好，切削性能尚可，用于受力不大、要求具有一定韧性的零件，如砧座、轴承盖、外壳、阀体、底板等。ZG270－500有较高强度和较好塑性，铸造性能良好，焊接性较差，切削性能良好，是用途较广的铸造碳钢，用作轧钢机机架、连杆、箱体、缸体、曲轴、轴承座等。ZG310－570强度和切削性能良好，塑性、韧性较差，用于负荷较高的零件，如大齿轮、缸体、制动轮、辊子等。ZG340－640有高的强度、硬度和耐磨性，切削性能中等，焊接性差，裂纹敏感性大，用作齿轮、棘轮等。

第四节　钢的热处理

将固态金属或合金采用适当的方式进行加热、保温和冷却以获得所需要的组织结构与性能的工艺称为热处理。

热处理工艺不但能提高零件的使用性能，充分发挥钢材的潜力，延长零件的使用寿命，还可以改善工件的工艺性能，提高加工质量，减小刀具磨损。因而在机械制造业中得到极为广泛的应用。

钢的常用热处理方法可分为退火、正火、淬火、回火及表面热处理等几种。

热处理方法虽然很多，但任何一种热处理工艺都是由加热、保温和冷却三个阶段所组成的。因此，热处理工艺过程可用温度—时间坐标系中的曲线图表示，如图 2—13 所示。这种曲线称为热处理工艺曲线。

热处理之所以能使钢的性能发生变化，其实质是利用铁的同素异构转变，使钢在加热和冷却过程中，发生组织与结构变化。因此，要掌握热处理工艺，必须了解钢在各种加热及冷却条件下的组织变化规律。

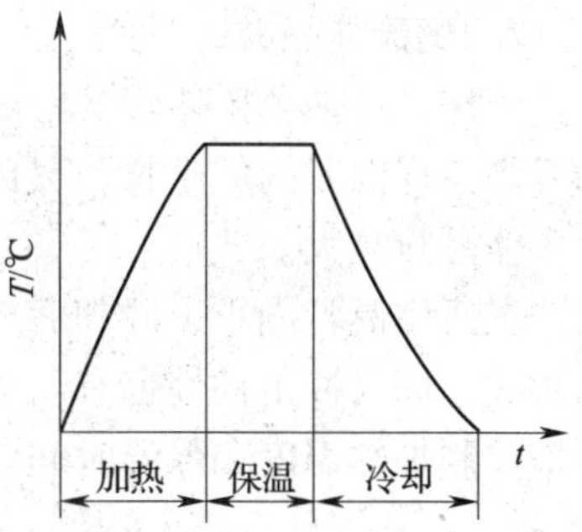

图 2—13　热处理工艺曲线

一、钢在加热时的转变

在热处理工艺中，钢加热是为了获得奥氏体。奥氏体虽然是钢在高温状态时的组织，但其晶粒大小、成分及其均匀程度，对钢冷却后的组织和性能有重要影响。

由 Fe－Fe_3C 相图可知，A_1、A_3、A_{cm}是钢在极缓慢加热和冷却时的临界点，但在实际的加热和冷却条件下，钢的组织转变总有滞后现象，即加热时高于而在冷却时低于相图上的临界点。为了便于区别，通常把加热时的各临界点分别用 Ac_1、Ac_3、Ac_{cm}来表示，冷却时的临界点分别用 Ar_1、Ar_3、Ar_{cm}来表示，如图 2—14 所示。

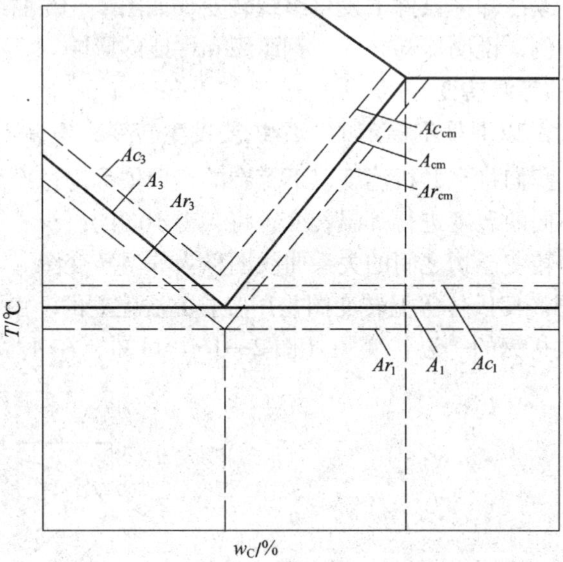

图 2—14　钢在加热和冷却时的临界温度

1. 钢的奥氏体化

热处理时须将钢加热到一定温度，使其组织全部或部分转变为奥氏体，这种通过加热获得奥氏体组织的过程称为奥氏体化。这一转变过程遵循结晶过程的基本规律，也是通过形核及晶核长大的过程来进行的。主要包括如下几个阶段。

（1）奥氏体晶核的形成及长大。

（2）残余渗碳体的溶解。

（3）奥氏体的均匀化。

2. 奥氏体晶粒的长大

当珠光体向奥氏体转变刚刚完成时，奥氏体晶粒是比较细小的。但是随着加热温度的升高，保温时间的延长，奥氏体晶粒会自发地长大。加热温度越高，保温时间越长，奥氏体晶粒越大。

奥氏体晶粒细小，冷却后产物组织的晶粒也细小。细晶粒组织不仅强度、塑性比粗晶粒高，而且冲击韧性也有明显提高。因此，为了得到细小而均匀的奥氏体晶粒，必须严格控制加热温度和保温时间。

二、钢在冷却时的转变

钢奥氏体化后，在不同的冷却条件下冷却，可使钢获得不同的力学性能。同样的材料，加热条件相同，冷却条件不同，在性能上会产生显著的差别。为此，需了解奥氏体在冷却过程中的组织变化规律。

在热处理工艺中，常采用等温转变和连续冷却转变两种冷却方式。其工艺曲线如图2—15所示。

等温转变是将奥氏体化的钢迅速冷却到 A_1 以下某一温度保温，使奥氏体在此温度发生组织转变，如图2—15曲线2所示。连续冷却转变是将奥氏体化的钢从高温冷却到室温，让奥氏体在连续冷却体条件下发生组织转变，如图2—15曲线1所示。

下面以共析钢为例，说明冷却方式对钢组织和性能的影响。

1. 过冷奥氏体的等温转变

单元 2

奥氏体在临界点 A_1 以下是不稳定的，组织要发生转变，但并不是一冷却到 A_1 温度以下立即发生转变。我们将在共析温度以下存在的奥氏体称为过冷奥氏体。

过冷奥氏体在不同的温度进行等温转变，将获得不同的组织。表示过冷奥氏体的转变温度、转变时间与转变产物之间的关系曲线图称为等温转变图。

（1）等温转变图。奥氏体等温转变图是用实验方法建立的。由于其形状类似“*C*”，故又称 *C* 曲线。由共析钢的等温转变图（图2—16）可知，在 A_1 以上是奥氏体稳定区

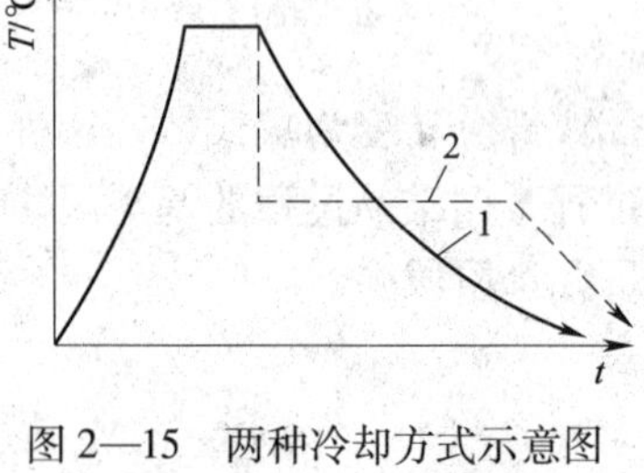

图2—15　两种冷却方式示意图

1—连续冷却转变　2—等温转变

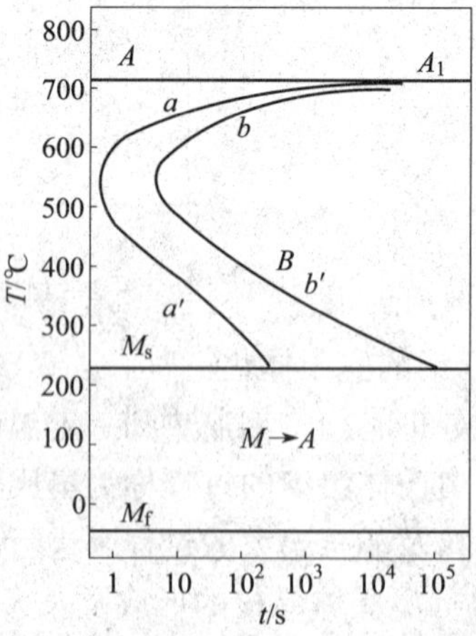

图2—16　共析钢的等温转变图

域。$a-a'$为过冷奥氏体等温转变的开始线，此线的左方是过冷奥氏体区（这一段时间称为孕育期）；$b-b'$为过冷奥氏体等温转变终了线，该线的右方，是转变产物区；在$a-a'$线与$b-b'$线之间是转变正在进行的过渡区。

在等温转变图的下方有两条水平线，M_s线为过冷奥氏体向马氏体转变的开始线，约230℃；M_f线为过冷奥氏体向马氏体转变终了线，约为-50℃。在C曲线拐弯处（约550℃，俗称“鼻尖”），孕育期最短，此时奥氏体最不稳定，最容易分解。

（2）过冷奥氏体等温转变产物的组织和性能。过冷奥氏体在A_1以下等温转变的温度不同，转变产物也不同。在M_s点以上，可发生以下两种类型的转变：

1）珠光体型转变。在A_1～550℃温度范围内，奥氏体等温分解为铁素体和渗碳体的片层状混合物——珠光体。在珠光体转变区内，转变温度越低（过冷度越大），形成的珠光体片层越薄。根据片层的间距大小，又分别称为珠光体（P）、索氏体（S）和托氏体（T）。其中珠光体片层较粗；索氏体片层较细；托氏体片层更细，需要用电子显微镜才能分辨出片状组织。

珠光体的力学性能主要取决于片层间距的大小，片层间距越小，塑性变形抗力越大，强度和硬度越高。

2）贝氏体型转变。在550℃～M_s温度范围内，转变成碳的质量分数具有一定过饱和度的铁素体和分散的渗碳体（或碳化物）的混合物，称为贝氏体（B）表示。

贝氏体有上贝氏体和下贝氏体之分，通常把550～350℃范围内形成的贝氏体称为上贝氏体（$B_上$）表示。上贝氏体的硬度为40～45HRC，塑性很差。在350℃～M_s范围内形成的贝氏体称为下贝氏体（$B_下$）表示。其硬度可达45～55HRC，且强度、塑性、韧性均高于上贝氏体。

过冷奥氏体等温转变产物的组织和力学性能见表2—9。

表2—9　共析钢过冷奥氏体等温转变产物的组织和力学性能

组织名称	符号	形成温度范围/℃	显微组织特征	硬度/HRC
珠光体	P	A_1～650	粗片层状的F与Fe_3C的混合物	<25
索氏体	S	650～600	细片层状的F与Fe_3C的混合物	25～35
托氏体	T	600～550	极细片层状的F与Fe_3C的混合物	35～40
上贝氏体	$B_上$	550～350	细条状Fe_3C分布于片状的F之间，呈羽毛状	40～45
下贝氏体	$B_下$	350～M_s	细小的碳化物分布于针叶状的F之间，呈黑色针状	45～55

（3）马氏体转变。当钢从奥氏体区急冷到M_s以下时，奥氏体转变为马氏体。这是一种非扩散过程。只有$\gamma-Fe$向$\alpha-Fe$的晶格转变，而不发生碳原子的扩散。因此，固溶在奥氏体中的碳，转变后原封不动地保留在铁的晶格中，形成碳在$\alpha-Fe$中的过饱和固溶体，称为马氏体（M）。

马氏体转变的特点：

1）转变是在一定温度范围内（M_s～M_f）连续冷却过程中进行的，马氏体的数量随转变温度的下降而不断增多，降温过程停止，则奥氏体向马氏体转变也终止。

2）转变速度极快。每个马氏体片形成的时间极短，大约只需 10^{-7} s。

3）转变时体积发生膨胀，因而产生很大内应力。

4）转变不能进行彻底。即使冷却到 M_f 以下温度，仍有一定量的奥氏体存在，这部分奥氏体称为残余奥氏体。

马氏体的硬度主要取决于马氏体中的碳的质量分数。马氏体中由于溶入过多的碳，而使 α - Fe 晶格发生畸变，增加了其塑性变形的抗力。马氏体中的碳的质量分数越高，其硬度也越高（图 2—17），当钢中的碳的质量分数大于 0.6% 时，淬火钢的硬度增加很慢。

2. 过冷奥氏体等温转变图的应用

（1）在等温转变图上估计连续冷却转变产物。下面以共析钢为例加以说明。

把代表连续冷却的冷却曲线叠画在等温转变图上，根据它们同 C 曲线相交的位置，便可大致估计其冷却转变情况，如图 2—18 所示。图中冷却速度 v_1 相当于随炉冷却，奥氏体将在 A_1 以下附近的温度进行转变，得到粗片的珠光体组织；v_2 相当于在空气中冷却，可估计它将转变为索氏体；v_3 相当于在油中冷却，小部分奥氏体在“鼻尖”附近分解转变为托氏体，其余奥氏体冷却到 $M_s \sim M_f$ 范围内转变为马氏体，得到托氏体 + 马氏体组织；v_4 相当于在水中冷却，它不与 C 曲线相交，奥氏体将全部过冷到 M_s 以下向马氏体转变。

单元 2

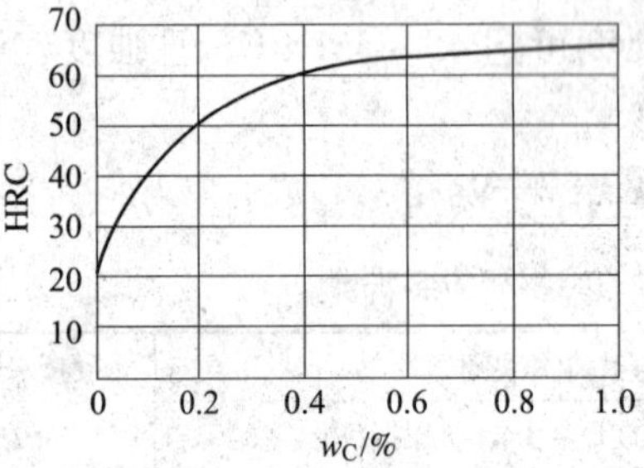

图 2—17　碳的质量分数与淬火钢硬度的关系

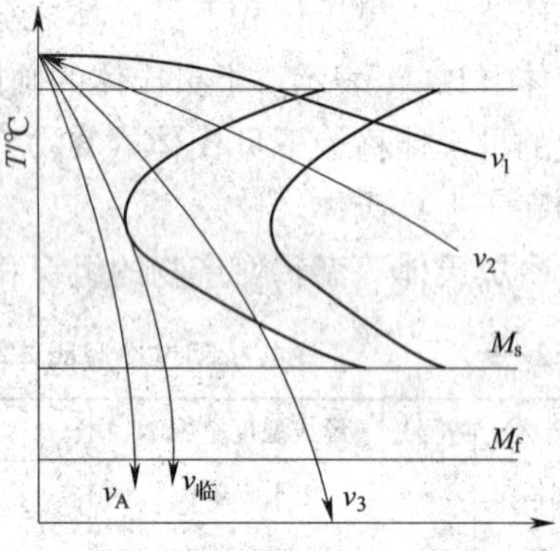

图 2—18　在等温转变图上估计连续冷却时的组织

（2）确定马氏体临界冷却速度。为确保奥氏体过冷至 M_s 之前不发生任何转变，冷却后得到马氏体组织，必须使其冷却速度大于 $v_临$（图 2—18）。显然，$v_临$ 应恰好与 C 曲线的“鼻尖”相切。它表示钢中奥氏体在连续冷却时不产生马氏体转变所需的最小冷却速度，称为临界冷却速度。

三、钢的退火与正火

1. 退火

将钢加热到适当温度，保持一定时间，然后缓慢冷却（一般随炉冷却）的热处理工艺称为退火。

退火的主要目的是：

（1）降低钢的硬度，提高塑性，利于切削加工及冷变形加工。

（2）细化晶粒，均匀钢的组织及成分，改善钢的性能或为后续的热处理作准备。

（3）消除钢中的残余内应力，防止变形和开裂。

常用的退火方法有完全退火、球化退火、去应力退火等几种。

1）完全退火。完全退火是将钢加热到完全奥氏体化（Ac_3以上30～50℃），随之缓慢冷却，以获得接近平衡组织（铁素体+珠光体）的工艺方法，达到降低钢的硬度、细化晶粒、充分消除内应力的目的。

完全退火主要用于中碳钢及低、中碳合金结构钢的锻件、铸件、热轧型材等，有时也用于焊接结构件。

2）球化退火。球化退火是将钢加热到Ac_1以上20～30℃，保温一定时间，以不大于50℃/h的冷却速度随炉冷却下来，使钢中碳化物呈球状的工艺方法。

球状珠光体同片状珠光体相比，不但硬度低，便于切削加工，而且在淬火加热时，奥氏体晶粒不易粗大，冷却时工件的变形和开裂倾向小。

球化退火适用于共析钢及过共析钢，如碳素工具钢、合金工具钢、轴承钢等。这些钢在锻造加工后进行球化退火，既有利于切削加工，又为最后的淬火处理做好组织准备。

3）去应力退火。去应力退火是将钢加热到略低于A_1的温度（一般取500～650℃），保温一定时间后缓慢冷却的工艺方法。其目的是消除由于塑性变形、焊接、切削加工、铸造等形成的残余应力。防止工件和零件在加工和使用过程中发生变形，影响其精度。因此，锻造、铸造、焊接及切削加工后（精度要求高）的工件，均应采用去应力退火。

由于去应力退火温度低于A_1，所以在退火时钢的组织不发生变化，只是消除内应力。

2. 正火

正火是将钢加热到Ac_3或Ac_{cm}以上30～50℃，保温适当的时间，在空气中冷却的工艺方法。正火与退火的目的基本相同，但正火的冷却速度却比退火稍快，故正火后得到的珠光体组织比较细，强度、硬度比退火钢高。

正火主要用于如下场合：

（1）改善低碳钢和低碳合金钢的切削性能。一般认为硬度在160～230HBS范围内的钢材，其切削加工性好。低碳钢和低碳合金钢退火后的硬度在160HBS以下，切削加工性不良，而正火能适当提高其硬度，改善切削加工性。

（2）细化晶粒。正火可细化晶粒，正火后组织的力学性能较高（表2—10）。

表2—10　　45钢正火、退火状态的力学性能

热处理	σ_b/MPa	δ_5/%	a_K/（J/cm^2）	HBS
退火	650～700	15～200	40～60	～180
正火	700～800	15～20	60～80	～220

（3）消除过共析钢中的网状渗碳体，改善钢的力学性能。并为球化退火作组织准备。

（4）代替中碳钢和低碳合金钢的退火，改善它们的组织结构和切削加工性能。

正火比退火生产周期短，成本低，操作方便，故在可能时应优先采用正火。但当零件形状较复杂时，因正火的冷却速度较快，有引起开裂的危险，则宜采用退火。

上述三种退火及正火的加热温度范围及热处理工艺曲线如图2—19所示。

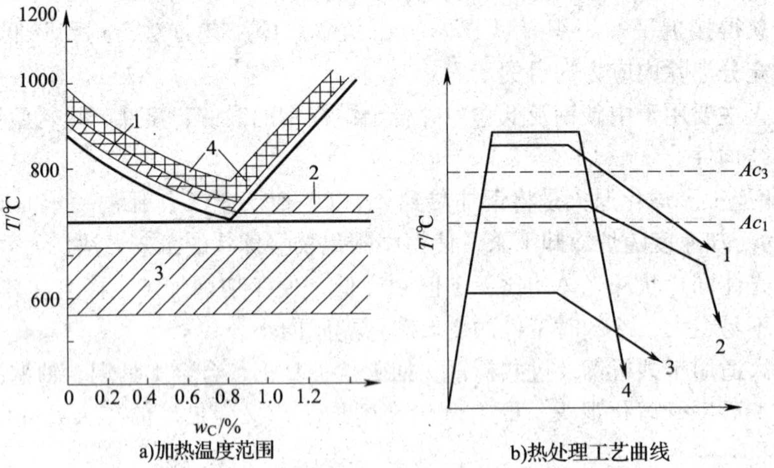

图2—19　退火和正火的加热温度及热处理工艺曲线

1—完全退火　2—球化退火　3—去应力退火　4—正火

四、钢的淬火

将钢加热到 Ac_3 或 Ac_1 以上某一温度，保温后以较快的速度冷却，获得马氏体或下贝氏体组织的热处理工艺称为淬火。

1．淬火加热温度

钢的淬火加热温度可根据 $Fe-Fe_3C$ 相图来选择，如图2—20所示。

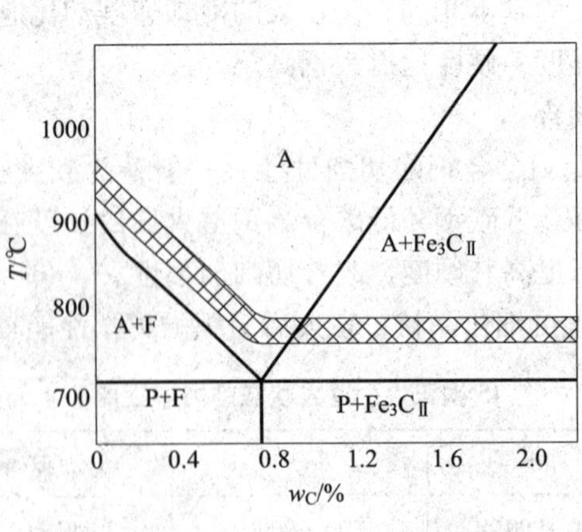

图2—20　碳钢淬火温度范围

为了得到细晶粒的奥氏体，使淬火后的马氏体组织细小，亚共析钢的淬火加热温度应选择在 Ac_3 以上 30～50℃。过共析钢的淬火加热温度选择在 Ac_1 以上 30～50℃。

2. 淬火介质

淬火要得到马氏体组织，其冷却速度必须大于临界冷却速度。但冷却过快，会引起很大的内应力，容易造成工件变形及开裂。因此，淬火介质的选择是个很重要的问题。

根据碳钢的等温转变图可知，为了抑制非马氏体转变，在 C 曲线“鼻尖”附近（550℃左右）需要快冷，而在 650℃以上或 400℃以下，并不需要快冷。特别是在 M_s 线附近发生马氏体转变时，尤其不应快冷，否则容易造成变形或开裂。钢的理想淬火冷却速度如图 2—21 所示。

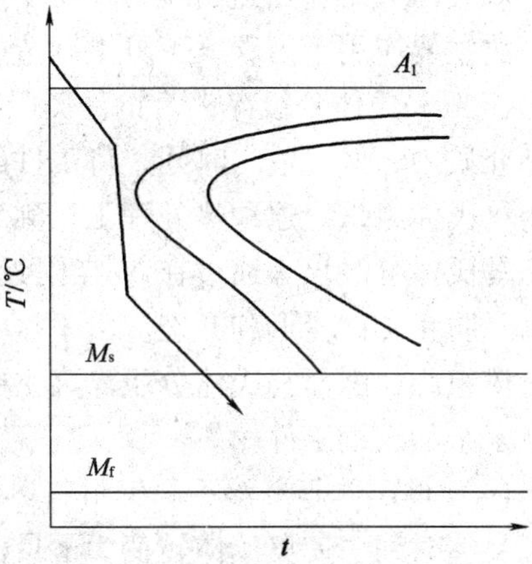

图 2—21　钢的理想淬火冷却速度

常用的淬火介质有油、水、盐水、碱水等，它们的冷却能力依次增加。盐水在 650～550℃范围内冷却速度快，但如果在 300～200℃时冷却速度仍然很快，容易引起开裂，所以常用作形状简单的碳钢零件的淬火。油在 300～200℃的温度范围内冷却速度较慢，但在 650～500℃时冷却速度过慢，一般只用于临界冷却速度较小的合金钢零件的淬火。

3. 淬火方法

淬火时为了最大限度地减小变形和避免开裂，除了正确地进行加热及合理地选择冷却介质外，还应根据工件的材料、尺寸、形状和技术要求选择合理的淬火方法。

常用淬火方法如图 2—22 所示。

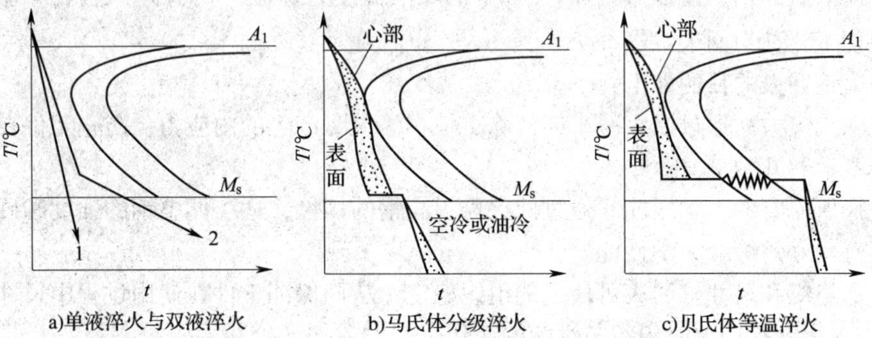

图 2—22　常用淬火方法的冷却示意图

1—单液淬火　2—双液淬火

（1）单液淬火法。将钢件奥氏体化后，在单一淬火介质中冷却到室温的处理，称为单液淬火，如图 2—22a 中的曲线 1 所示。单液淬火时碳钢一般用水作冷却介质；合金钢可用油作冷却介质。

单液淬火操作简单，易实现机械化和自动化，但冷却特性不够理想，容易产生硬度不足或开裂等淬火缺陷。

（2）双液淬火。将钢件奥氏体化后，先浸入一种冷却能力强的介质中冷却至接近 M_s 点温度，趁钢的组织还未开始转变时迅速取出，马上浸入另一种冷却能力弱的介质中，使之发生马氏体转变的淬火，称为双液淬火。如先水后油、先水后空气等。双液淬火如图 2—22a 中曲线 2 所示。

双液淬火的优点是内应力小，变形及开裂小，缺点是操作困难，随意性强，不易掌握，故主要应用于由碳素工具钢制造的易开裂工件，如丝锥等。

（3）马氏体分级淬火。钢件奥氏体化后，随之浸入温度稍高或稍低于钢的 M_s 点的液态介质中，保温适当时间，待工件的内外层均达到介质温度后取出空冷或油冷，从而获得马氏体组织。这种热处理工艺称为马氏体分级淬火，如图 2—22b 所示。

马氏体分级淬火通过在 M_s 点附近保温，使工件内外的温差趋于最小，以减小淬火应力，防止工件变形和开裂。由于盐浴的冷却能力较差，对碳钢零件，淬火后会出现非马氏体组织，因而马氏体分级淬火主要应用于临界冷却速度较小的合金钢或截面不大、形状复杂的碳钢工件。

（4）贝氏体等温淬火。钢材料奥氏体化后，放入温度稍高于 M_s 点的盐浴或碱浴中，保温足够时间，使奥氏体转变为下贝氏体。这种热处理工艺称为贝氏体等温淬火，如图 2—22c 所示。

贝氏体等温淬火的主要目的是强化钢材，使工件获得强度和韧性的良好搭配，以及较高硬度和较好的耐磨性。

贝氏体等温淬火可显著地减小淬火应力和变形，基本上避免了工件的淬火开裂，常用来处理形状复杂的各种模具和成形刀具等。

五、钢的回火

将淬火后的钢，再加热到 Ac_1 点以下的某一温度，保温一定时间，然后冷却到室温的热处理工艺称为回火。

淬火钢回火的目的如下：

消除内应力。通过回火减小或消除工件在淬火时产生的内应力，防止工件在使用过程中的变形和开裂。

获得所需要的力学性能。通过回火可提高钢的韧性，适当调整钢的强度和硬度，使工件具有较好的综合力学性能。

稳定组织和尺寸。回火可使钢的组织稳定，从而保证工件在使用过程中尺寸稳定。

1. 淬火钢在回火时组织与性能的变化

钢淬火后的组织是马氏体及少量残余奥氏体，它们都是不稳定的组织，有自发向稳定组织转变的趋势。但在室温下，原子活动能力很差，这种转变速度极慢。随着温度的升高，原子活动能力加强，组织转变便会以较快的速度进行。由于组织的变化，钢的性能也会发生相应的变化。

按加热温度的不同，淬火钢回火时的组织转变可分为以下四个阶段。

（1）马氏体分解。当钢加热到 80 ~ 200℃时发生，回火组织为回火马氏体。

（2）残余奥氏体分解。当加热温度至 200～300℃时发生，组织为下贝氏体和回火马氏体。

（3）形成渗碳体。当钢加热到 300～400℃阶段发生，组织为铁素体和细粒状渗碳体的混合物，称为回火托氏体。

（4）渗碳体的聚集长大。400℃以上时发生，聚集长大的渗碳体和铁素体的混合物为回火索氏体。

回火后，由于组织发生了变化，钢的性能也随之发生改变。其基本趋势是随着回火温度的升高，钢的强度、硬度下降，而塑性、韧性提高。40 钢的力学性能与回火温度的关系如图 2—23 所示。由图可见，在 300℃以下加热时，回火钢的屈服强度随加热温度的升高而提高，这主要是由于淬火内应力的消除和高度分散的极细碳化物的强化作用。钢的韧性在 400℃以下还较低，以后随温度升高而迅速上升，到 650℃左右可达到最大值。

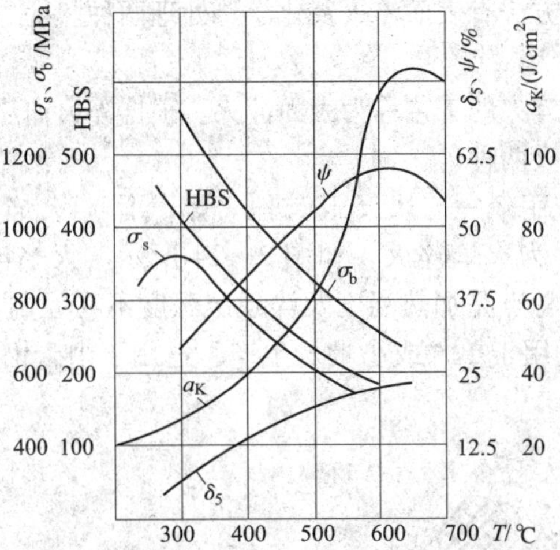

图 2—23　40 钢力学性能与回火温度的关系

2. 回火的分类及应用

（1）低温回火（150～250℃）。低温回火得到的组织是回火马氏体，其性能是具有高的硬度（58～64HRC）、高的耐磨性和一定的韧性。低温回火主要用于刀具、量具、冷冲压模具及其他要求硬而耐磨的零件。

（2）中温回火（350～500℃）。中温回火得到的组织是回火托氏体，其性能是具有高的弹性极限、屈服强度和适当的韧性，硬度可达 35～50HRC。中温回火主要用于弹性零件及热锻模具等。

（3）高温回火（500～650℃）。高温回火得到的组织是回火索氏体，其性能是具有良好的综合力学性能（足够的强度与高韧性相配合），硬度达 200～330HBS。生产中常把淬火及高温回火的复合热处理工艺称为“调质”。调质处理广泛用于受力构件，如传动轴、螺栓、连杆、齿轮、曲轴等。

调质钢与正火钢相比，不仅强度较高，而且塑性、韧性远高于后者，这是由于调质后钢的组织是回火索氏体，其渗碳体呈球粒状，而正火后的索氏体中渗碳体呈薄片状，因此，重要零件均应采用调质处理。表 2—11 为 45 钢经正火和调质后的力学性能比较。

表 2—11　　45 钢经正火和调质后的力学性能比较

	σ_b/MPa	δ_5/%	a_K/（J/cm^2）	HBS
正火	700～800	15～20	60～80	～220
调质	750～850	20～25	80～120	210～250

六、钢的表面热处理

在机械设备中，有许多零件（如齿轮、活塞销、曲轴等）工作时承受冲击载荷，同时表面摩擦频繁。这类零件表面应具有高硬度和耐磨性，而心部应具有足够的塑性和韧性。为达到零件的这些性能要求，此类零件需进行表面热处理。

常用的表面热处理方法有表面淬火及化学热处理两种。

1. 表面淬火

仅对工件表层进行淬火的工艺称为表面淬火。根据淬火加热方法的不同，常用的有火焰淬火和感应加热淬火两种。

（1）火焰淬火。应用氧—乙炔（或其他可燃气体）火焰对零件表面进行加热，随之快速冷却的工艺称为火焰淬火，如图 2—24 所示。火焰淬火的硬度深度一般为 2～6 mm。这种方法的特点是加热温度及淬硬层深度不易控制，淬火质量不稳定，但不需要特殊设备，故适用于单件或小批量生产，适用于中碳钢、中碳合金钢制造的大型工件。

单元 2

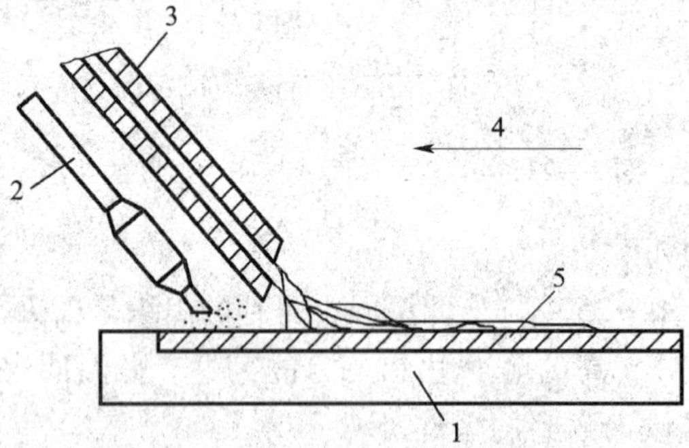

图 2—24　火焰淬火示意图

1—工件　2—烧嘴　3—喷火管　4—移动方向　5—淬硬性

（2）感应加热淬火。利用感应电流通过工件所产生的热效应，使工件表面受到局部加热，并进行快速冷却的淬火工艺称为感应加热淬火。它的原理如图 2—25 所示，把工件放入空心铜管绕成的感应器内，感应器中通入一定频率的交流电，以产生交变磁场，于是在工件内部就会产生频率相同、方向相反的感应电流（涡流）。由于涡流的趋肤效应，使涡流在工件截面上的分布是不均匀的，表面电流密度大，心部电流密度小，感应器中的电流频率越高，涡流越集中于工件的表层。由于工件表面涡流产生的热量，使工件表层迅速被加热到淬火冷却起始温度（心部温度仍接近室温），随即快速冷却，从而达到表面淬火的目的。

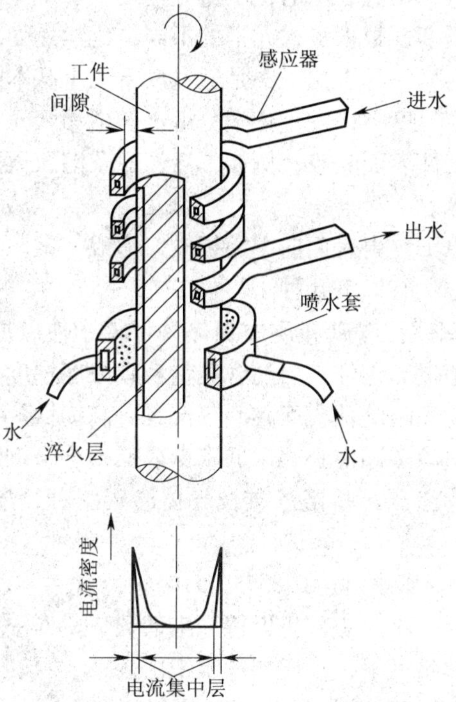

图 2—25　感应加热淬火示意图

为了得到不同的淬硬层深度，可采用不同频率的电流进行加热，电流频率与淬硬层深度的关系见表 2—12。

表 2—12　　　　感应加热淬火的频率选择

类别	频率范围	淬硬层深度（mm）	应用举例
高频感应加热	200 ~ 300 kHz	0.5 ~ 2	在摩擦条件下工作的零件，如小齿轮、小轴
中频感应加热	1 ~ 10 kHz	2 ~ 8	承受扭曲、压力载荷的零件，如曲轴、大齿轮、主轴
低频感应加热	50 Hz	10 ~ 15	承受扭曲、压力载荷的大型零件，如冷轧辊

感应加热淬火特点：

1）加热速度快。零件由室温加热到淬火温度仅需几秒到几十秒的时间。

2）淬火质量好。由于加热迅速，奥氏体晶粒不易长大，淬火后表层可获得细针马氏体，硬度比普通淬火高 2 ~ 3HRC。

3）淬硬层深度易于控制。淬火操作易实现机械化和自动化，但设备较复杂，故适用于大批量生产。

2. 钢的化学热处理

将工件置于一定温度的活性介质中保温，使一种或几种元素渗入它的表层，以改变其化学成分、组织和性能的热处理工艺称为化学热处理。化学热处理与其他热处理相比，不仅改变了钢的组织，而且表层的化学成分也发生了变化。

化学热处理的种类很多，根据渗入元素的不同，化学热处理有渗碳、渗氮、碳氮共渗、渗金属等多种。无论哪一种方法，都是通过以下三个基本过程来完成的：

分解　介质在一定的温度下，发生化学分解，产生渗入元素的活性原子。

吸收　活性原子被工件表面吸收。例如，活性原子溶入铁的晶格中形成固溶体，与铁化合形成金属化合物等。

扩散　渗入的活性原子，由表面向中心扩散，形成一定厚度的扩散层（即渗层）。

常用的化学热处理方法有以下几种。

（1）钢的渗碳。将钢件在渗碳介质中加热并保温，使碳原子渗入表层的化学热处理工艺称为渗碳。目的是提高钢件表层的含碳量和碳浓度梯度。渗碳后工件经淬火及低温回火，表面获得高硬度和耐磨性，而其心部又具有高韧性。

为了达到上述要求，渗碳零件必须用低碳钢或低碳合金钢来制造。

渗碳方法可分为固体渗碳、盐浴渗碳及气体渗碳三种，应用较为广泛的是气体渗碳。

零件渗碳后，其表面含碳量可达 0.85% ~1.05%，含碳量从表面到心部逐渐减小，心部仍保持原来低碳钢的含碳量。在缓慢冷却条件下，渗碳层的组织由表面向中心依次为：过共析区、共析区、亚共析区（过渡层），中心仍为原来组织。图 2—26 所示为低碳钢渗碳后缓冷的渗碳层组织。

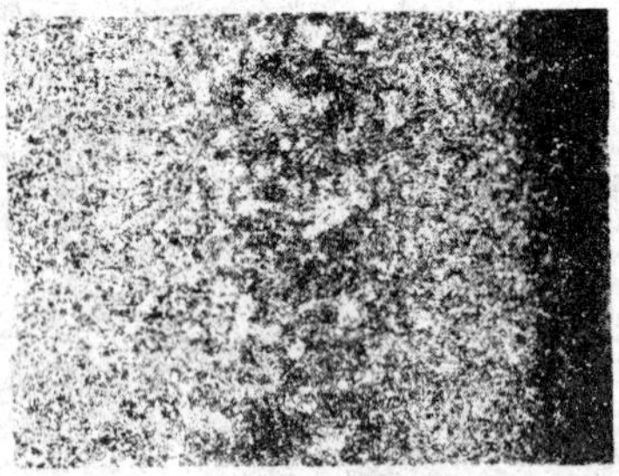

图 2—26　低碳钢渗碳、缓冷后的渗碳组织

单元 2

由上可见，渗碳只改变工件表面化学成分。要使渗碳件表层具有高的硬度、高的耐磨性和心部良好韧性相配合的性能，渗碳后必须进行热处理，常用的是淬火后低温回火。渗碳零件经淬火及低温回火后，表层显微组织为细针马氏体和均匀分布的细粒渗碳体，硬度高达 58 ~ 64HRC，心部因是低碳钢，其显微组织仍为铁素体和珠光体（某些低碳合金钢，其心部组织为低碳马氏体及铁素体），所以心部具有较高的韧性和适当的强度。

（2）钢的渗氮。在一定温度下，使活性氮原子渗入工件表面的化学热处理工艺称为渗氮。其目的是提高零件表面的硬度、耐磨性、耐腐蚀性及疲劳强度。

渗氮与渗碳相比，有如下特点：

1）渗氮层具有很高的硬度和耐磨性，钢件渗氮后不用淬火就可得到高硬度。如 38CrMoAl 钢渗氮层硬度高达 1 000HV 以上（相当于 69 ~ 72HRC），而且这些性能在 600 ~ 650℃时仍可维持。

2）渗氮温度低，工件变形小。渗氮零件具有很好的耐腐蚀性，可防止水、蒸气、碱性溶液的腐蚀。

渗氮虽然具有上述特点，但它的产生周期长，成本高，渗氮层薄而脆，不宜承受集中的重载荷，这就使渗氮的应用受到一定限制。在生产中渗氮主要用来处理重要和复杂的精密零件，如精密丝杠、排气阀、精密机床的主轴等。

（3）碳氮共渗。在一定温度下，将碳、氮同时渗入工件表层奥氏体中，并以渗碳为主的化学热处理工艺称为碳氮共渗。常用的为气体碳氮共渗。

气体碳氮共渗的温度为 820～870℃，共渗表面含碳量为 0.7%～1.0%，含氮量为 0.15%～0.5%。热处理后，表层组织为含碳、氮的马氏体及呈细小分布的碳氮化合物。

碳氮共渗同渗碳相比，具有很多优点。它不仅加热温度低，零件变形小，生产周期短，而且渗层具有较高的硬度、耐磨性和疲劳强度。工厂里常用来处理汽车和机床上的齿轮、蜗杆和轴类零件。

以渗氮为主的液体碳氮共渗，也称为“软氮化”。它常用的共渗介质是尿素 $[(NH_2)_2CO]$，处理温度一般不超过 570℃，处理时间仅为 1～3 h。与一般渗氮相比，渗层硬度较低，脆性较小。软氮化常用于处理模具、量具、高速钢刀具等。

（4）其他化学热处理。根据使用要求不同，工件还可以采用其他的化学热处理方法，如渗铝可提高零件的抗高温氧化性；渗硼可提高零件的耐磨性、硬度及耐蚀性；渗铬可提高零件的抗腐蚀、抗高温氧化及耐磨性等。

钢的化学热处理已从单元素渗发展到多元素复合渗，使之具有综合的优良性能。例如硫、氮、硼三元共渗，铬、铝、硅三元共渗等。

第五节　合　金　钢

在碳钢的基础上，为了改善钢的性能，冶炼时有目的地加入一种或数种合金元素的钢称为合金钢。

一、合金元素在钢中的主要作用

合金元素在钢中的作用是非常复杂的，它们对钢的组织和性能有很大的影响。下面简述几种主要的作用。

1. 强化铁素体

大多数合金元素（除铅外）都能溶于铁素体，形成合金铁素体。使铁素体的强度、硬度提高，塑性和韧性下降。合金元素对铁素体韧性的影响与它们的质量分数有关。

2. 形成合金碳化物

锰、铬、钼、钨、钒、钛等元素与碳能形成碳化物。按合金元素与碳的亲和力大小，它们在钢中形成的碳化物可分为两类。

（1）合金渗碳体。锰、铬、钼、钨等弱及中强碳化物形成元素一般倾向于形成合金渗碳体，如 $(Fe, Mn)_3C$、$(Fe, Cr)_3C$、$(Fe, W)_3C$ 等。合金渗碳体较渗碳体略为稳定，硬度也略高。

（2）特殊碳化物。钒、铌、钛等强碳化物形成元素能与碳形成特殊碳化物，如 VC、TiC 等。特殊碳化物比合金渗碳体具有更高的熔点、硬度和耐磨性，而且更稳定、不易分解，能显著提高钢的强度、硬度和耐磨性。

3. 细化晶粒

除锰以外，几乎所有的合金元素都有抑制钢在加热时奥氏体晶粒长大的作用，达到细化晶粒的目的。强碳化物形成元素铌、钒、钛等形成的碳化物、铝在钢中形成的 AiN 和 Al_2O_3细小质点，均能强烈地阻碍奥氏体晶粒长大，使合金钢在热处理后获得比碳钢更细的晶粒。

4. 提高钢的淬透性

除钴、铝外，所有的合金元素溶解于奥氏体后，均可增加过冷奥氏体的稳定性，推迟其向珠光体的转变，使 *C* 曲线右移，从而减小淬火临界冷却速度，提高钢的淬透性。

合金元素加入后，可提高钢的淬透性，因此，在获得同样淬硬层深度的情况下，可以采用冷却能力较低的淬火介质，以减小形状复杂的零件在淬火时的变形和开裂倾向。在淬火条件相同的情况下，合金钢可获得较深的淬硬层，能使大截面的零件获得均匀一致的组织，从而达到较好的力学性能。

常用的提高淬透性的合金元素有钼、锰、铬、镍和硼等。

5. 提高钢的回火稳定性

淬火钢在回火时，抵抗软化的能力称为钢的回火稳定性。合金钢在回火过程中，由于合金元素的阻碍作用，使马氏体不易分解，碳化物不易析出，即使析出后也不易聚集长大，而保持较大弥散度，所以钢在回火过程中硬度下降较慢。

在相同的回火温度下，合金钢比相同含碳量的碳素钢具有更高的硬度和强度；在强度要求相同的条件下，合金钢可在更高的温度下回火，以充分消除内应力，而使韧性更好。

高的回火稳定性使钢在较高温度下，仍能保持高硬度和高耐磨性。金属材料在高温下保持高硬度的能力称为热硬性或红硬性，这种性能对一些工具钢具有重要意义。

二、合金钢的分类和牌号

1. 合金钢的分类

合金钢的分类方法很多，最常用的是下面两种分类方法。

（1）按用途分类

合金结构钢：用于制造机械零件和工程结构的钢。

合金工具钢：用于制造各种工具的钢。

特殊性能钢：具有某种特殊物理、化学性能的钢，如不锈钢、耐热钢、耐磨钢等。

（2）按合金元素总质量分数分类

低合金钢：合金元素总质量分数 $<5\%$。

中合金钢：合金元素总质量分数为 $5\% \sim 10\%$。

高合金钢：合金元素总质量分数 $>10\%$。

2. 合金钢的牌号

我国合金钢牌号采用含碳量、合金元素的种类及质量分数、质量级别来编号，简单明了，比较实用。

合金结构钢的牌号采用两位数字（含碳量）+元素符号（或汉字）+数字表示。前面两位数字表示钢的平均含碳量的万分数；元素符号（或汉字）表明钢中含有的主要合金元素，后面的数字表示该元素的质量分数。合金元素质量分数小于1.5%时不标，平均质量分数为1.5%~2.5%，2.5%~3.5%时，则相应的标以2、3。例如60Si2Mn钢为合金结构钢，平均碳的质量分数为0.60%，主要合金元素锰质量分数小于1.5%，平均含硅量为2%。

合金工具钢的牌号与合金结构钢的区别仅在于含碳量的表示方法，它用一位数字表示平均含碳量的千分数，当碳质量分数大于等于1.0%时，则不予标出。如9SiCr为合金工具钢，平均含碳量为0.90%，主要合金元素为硅、铬，质量分数均小于1.5%。Cr12MoV钢为合金工具钢，平均含碳量大于等于1.0%，主要合金元素铬的平均质量分数为12%，钼和钒的质量分数均小于1.5%。

特殊性能钢的牌号和合金工具钢的表示方法相同，如不锈钢2Cr13表示含碳量为0.20%，平均含铬量为13%。当含碳量为0.03%~0.10%时，首位用0表示；当含碳量小于等于0.03%时，则用00表示。如0Cr18Ni9钢的含碳量为0.03%~0.10%，00Cr30Mo2钢的平均含碳量小于0.03%。

除此以外，还有一些特殊专用钢，为表示其用途，在钢的牌号前面冠以汉语拼音字母字头，而不标碳的质量分数，合金元素质量分数的标注也和上述有所不同。例如滚动轴承钢前面标“G”（“滚”字的汉语拼音字头），如GCr15。这里应注意牌号中铬元素后面的数字是表示含铬量的千分数，其他元素仍按百分数表示，如GCr15SiMn表示含铬量为1.5%，硅、锰质量分数均小于1.5%的滚动轴承钢。

三、合金结构钢

按用途不同，合金结构钢可以分为低合金结构钢和机械制造用钢两类。

1. 低合金结构钢

低合金结构钢是在碳素结构钢的基础上，加入少量的合金元素（一般合金元素总量小于3%）的工程用钢。按主要性能及使用特性，低合金结构钢又可以分为低合金高强度结构钢、低合金耐候钢及低合金专业用钢等。

（1）低合金高强度结构钢。低合金高强度结构钢的含碳量较低（一般在0.10%~0.25%范围内），加入的主要合金元素是锰、硅、钒、铌和钛等。锰和硅的主要作用是提高钢的强度，钒、钛和铌等元素的主要作用是提高钢的韧性。这类钢比相同含碳量的碳素结构钢的强度要高得多，且有良好的塑性、韧性、耐腐蚀性和焊接性，广泛用来制造桥梁、船舶、车辆、锅炉、压力容器、起重机械等钢结构件。

低合金高强度结构钢大多数是在热轧退火或正火状态下使用，一般不再进行热处理。

常用的低合金高强度结构钢的牌号、力学性能和应用见表2—13。

（2）低合金耐候钢。耐候钢即耐大气腐蚀的钢，是在低碳钢的基础上加入少量的合金元素，如铜、磷、铬、镍、钼、钛、钒等合金元素，使其在金属表面形成保护层，以提高钢材的耐腐蚀性。

表 2—13　　低合金高强度结构钢的牌号、力学性能和应用

牌号	σ_s/MPa	σ_b/MPa	δ_5/%	特性及应用举例
Q295	235 ~ 295	390 ~ 570	23	具有优良的韧性、塑性，冷弯性和焊接性均良好，冲压成形性能良好，一般在热轧或正火状态下使用。适用于制作各种容器、螺旋焊管、车辆用冲压件、建筑用结构件、农机结构件、储油罐、输油管道、造船及金属结构等
Q345	275 ~ 345	470 ~ 630	21	具有良好的综合力学性能、塑性和焊接性良好，冲击韧性较好，一般在热轧或正火状态下使用。适于制作桥梁、船舶、车辆、管道、锅炉、各种容器、油罐、电站、厂房结构、低温压力容器等结构件
Q390	330 ~ 390	490 ~ 650	19	具有良好的综合力学性能，焊接性及冲击韧性较好，一般在热轧状态下使用。适于制作锅炉汽包、中高压石油化工容器、桥梁、船舶、起重机、较高负荷的焊接件、连接构件等
Q420	360 ~ 420	520 ~ 680	18	具有良好的综合力学性能，优良的低温韧性，焊接性好，冷热加工性良好，一般在热轧或正火状态下使用。适于制作高压容器、重型机械、桥梁、船舶、机车车辆、锅炉及其他大型焊接结构件
Q460	400 ~ 460	550 ~ 720	17	—

我国的耐候钢又分为焊接结构用耐候钢和高耐候性结构钢两类。前一类钢具有良好的焊接性能，适用于桥梁、建筑及其他要求耐候性的结构件，见表 2—14；高耐候性结构钢的耐候性比较好，适用于车辆、建筑、塔架和其他要求高耐候性的钢结构，见表 2—15。

表 2—14　　焊接结构用耐候钢的牌号和力学性能

牌号	钢材厚度/mm	σ_s/MPa	σ_b/MPa	δ_5/%
16CuCr	≤16	≥250	410	≥22
	>16 ~ 40	≥240		≥24
	>40	≥220	≥390	≥22
12MnCuCr	≤16	≥300	≥430	≥22
	>16 ~ 40	≥290		≥24
	>40	≥270	≥420	≥22
15MnCuCr	≤16	≥350	≥500	≥20
	>16 ~ 40	≥340		≥24
	>40	≥320	≥480	≥20

续表

牌号	钢材厚度/mm	σ_s/MPa	σ_b/MPa	δ_5/%
15MnCuCr－QT	≤16	≥450	550～700	≥20
	＞16～40	≥440		≥22
	＞40	≥420		≥20

表 2—15　　高耐候性结构钢的牌号和力学性能

牌号	交货状态	厚度/mm	σ_s/MPa	σ_b/MPa	δ_5/%
09CuPCrNi－A	热轧	≤6	350	490	22
		＞6			
09CuPCrNi－B		≤6	300	440	24
		＞6			
09CuP		≤6	300	420	24
		＞6			
09CuPCrNi－A	冷轧	≤2.5	320	460	26
09CuPCrNi－B/09CuP			270	410	27

（3）低合金专业用钢。在低合金高强度结构钢的基础上发展了一些专门用途的低合金专业用钢，如低合金钢筋钢、铁道用低合金钢、矿用低合金钢、汽车用低合金钢等，根据使用性能的要求可对各类钢的化学成分作相应的调整。

单元 2

2．合金渗碳钢

合金渗碳钢是用来制造既有优良的耐磨性、耐疲劳性，又能承受冲击载荷作用的零件，如汽车、拖拉机中的变速齿轮、内燃机中的凸轮和活塞销等。

合金渗碳钢碳的质量分数为 0.10%～0.25%，可保证心部有足够的塑性和韧性，加入铬、镍、锰、硅、硼等合金元素以提高钢的淬透性，使零件在热处理后，表层和心部均得到强化；加入钒、钛等合金元素，主要是为了防止在高温长时间渗碳过程中的晶粒长大。20CrMnTi 是最常用的合金渗碳钢，适用于截面径向尺寸小于 30 mm 的高强度渗碳零件。

合金渗碳钢的热处理，一般是渗碳后淬火、低温回火。

常用合金渗碳钢的牌号、力学性能和用途见表 2—16。

表 2—16　　常用合金渗碳钢的牌号、力学性能和用途

牌号	试样毛坯尺寸/mm	力学性能					用　途
		σ_b/MPa	σ_s/MPa	δ_5/%	ψ/%	a_K/（J/cm^2）	
		不小于					
20Cr	15	835	540	10	40	60	齿轮、齿轮轴、凸轮、活塞销
20Mn2B	15	980	785	10	45	70	齿轮、轴套、气阀挺杆、离合器

续表

牌号	试样毛坯尺寸/mm	力学性能					用途
		σ_b/MPa	σ_s/MPa	δ_5/%	ψ/%	a_K/（J/cm^2）	
		不小于					
20MnVB	15	1 080	885	10	45	70	重型机床的齿轮和轴、汽车后桥齿轮
20CrMnTi	15	1 080	835	10	45	70	汽车、拖拉机上变速齿轮、传动轴
12CrNi3	15	930	685	11	50	90	重负荷下工作的齿轮、轴、凸轮轴
20Cr2Ni4	15	1 175	1 080	10	45	80	大型齿轮和轴，也可用作调质件

3. 合金调质钢

合金调质钢是用来制造一些受力复杂的重要零件，它既要求有高的强度，又要有很好的塑性和韧性，即具有良好的综合力学性能。这类钢含碳量一般为0.25%～0.50%。

合金调质钢常加入少量的铬、锰、硅、镍、硼等合金元素以增加钢的淬透性，使铁素体强化并提高韧性。加入少量的钼、钒、钨、钛等碳化物形成元素，可阻止奥氏体晶粒长大和提高钢的回火稳定性，以进一步改善钢的性能。

40Cr钢是最常用的合金调质钢，其强度比40钢提高了20%。

合金调质钢的热处理工艺是调质（淬火后高温回火），处理后获得回火索氏体组织，使零件具有良好的综合力学性能。若要求零件表面有很高的耐磨性，可在调质后再进行淬火或化学热处理。

常用合金调质钢的牌号、力学性能、热处理及用途见表2—17。

表2—17　常用合金调质钢的牌号、力学性能、热处理和用途

牌号	热处理				力学性能					用途
	淬火		回火		σ_b/MPa	σ_s/MPa	δ_5/%	ψ/%	a_K/（J/cm^2）	
	温度/℃	介质	温度/℃	介质	不小于					
40Cr	850	油	520	水、油	980	785	9	45	60	齿轮、花键轴、后半轴、连杆、主轴
45Mn2	840	油	520	水、油	885	735	10	45	60	齿轮、齿轮轴、连杆盖、螺栓
35CrMo	850	油	550	水、油	980	835	12	45	80	大电动机轴、锤、杆、轧钢机、曲轴
30CrMnSi	880	油	520	水、油	1 080	835	12	45	80	飞机起落架、螺栓
40MnVB	850	油	520	水、油	980	785	10	45	60	汽车和机床上轴、齿轮

续表

牌号	热处理				力学性能					用途
	淬火		回火		σ_b /MPa	σ_s /MPa	δ_5 /%	ψ/%	a_K/ (J/cm^2)	
	温度 /℃	介质	温度 /℃	介质	不小于					
30CrMnTi	880	油	220	水、空气	1 470	—	9	40	60	汽车主动锥齿轮、后主齿轮、齿轮轴
38CrMoAlA	940	水、油	640	水、油	980	835	14	50	90	磨床主轴、精密丝杠、量规、样板

注：30CrMnTi 钢淬火前须加热到880℃进行第一次淬火或正火。

4. 合金弹簧钢

弹簧是各种机器和仪表中的重要零件，它利用弹性变形吸收能量以缓和振动和冲击和依靠弹性储存能量以起驱动作用。因此，弹簧的材料应具有高的弹性极限和疲劳极限、足够的塑性与韧性。

合金弹簧钢含碳量一般为0.45%～0.70%。含碳量过高，塑性和韧性降低，疲劳极限也下降。可加入的合金元素有锰、硅、铬、钒和钨等。加入硅、锰主要是提高钢的淬透性，同时也提高钢的弹性极限，其中硅的作用更为突出。但硅元素的质量分数过高易使钢在加热时脱碳，锰元素的质量分数过高则钢易过热，因此，重要用途的弹簧钢必须加入铬、钒、钨等。它们不仅使钢材有更高的淬透性，不易过热，而且有更高的高温强度和韧性。

常用弹簧钢的牌号、化学成分、热处理、力学性能和用途见表2—18。

表2—18　常用合金弹簧钢的牌号、化学成分、热处理、力学性能和用途

牌号	化学成分/%					热处理		力学性能				用途
	C	Si	Mn	Cr	V	淬火 /℃	回火 /℃	σ_b /MPa	σ_s /MPa	δ_{10} /%	ψ /%	
								不大于				
55Si2Mn	0.52～0.60	1.50～2.00	0.60～0.90	≤0.35		870 油	480	1 200	1 300	6	30	作20～25 mm弹簧可用于230℃以下温度
60Si2Mn	0.56～0.64	1.50～2.00	0.60～0.90	≤0.35		870 油	480	1 200	1 300	5	25	作25～30 mm弹簧可用于230℃以下温度
50CrVA	0.46～0.54	0.17～0.37	0.50～0.80	0.80～1.10	0.10～0.20	850 油	500	1 150	1 300	(δ_5) 10	40	作30～35 mm弹簧可用于210℃以下温度
60Si2CrVA	0.56～0.64	1.40～1.80	0.40～0.70	0.90～1.20	0.10～0.20	850 油	410	1 700	1 900	(δ_5) 6	20	作50 mm弹簧可用于250℃以下温度

5. 滚动轴承钢

滚动轴承钢用来制造各种轴承的内外圈及滚动体（滚珠、滚柱、滚针），也可用来制造各种工具和耐磨零件。

滚动轴承钢在工作时，承受着强而集中的交变应力，同时在滚动体和套圈之间还产生强烈的摩擦。因此，滚动轴承钢必须具有高的硬度和耐磨性、高的屈服强度和接触疲劳强度、足够的韧性和一定的耐腐蚀性。

应用最广的轴承钢是高碳铬钢，其含碳量为 0.95% ~1.15%，含铬量为 0.40% ~1.65%。加入合金元素铬是为了提高淬透性，并在热处理后形成细小均匀分布的碳化物，以提高钢的硬度、接触疲劳强度和耐磨性。制造大型轴承时，为了进一步提高淬透性，还可以加入硅、锰等元素。

滚动轴承钢对有害元素及杂质的限制极高，非金属夹杂物（氧化物、硅化物、硅酸盐等）的质量分数必须很低，因此轴承钢都是高级优质钢。滚动轴承钢的热处理包括预备热处理和最终热处理。预备热处理采用球化退火，以获得球状珠光体组织，降低锻造后钢的硬度，便于切削加工，并为淬火作好组织准备。最终热处理为淬火加低温回火，以获得极细的回火马氏体和细小均匀分布的碳化物组织，提高轴承的硬度和耐磨性。硬度可达 61 ~65HRC。

目前应用最多的滚动轴承钢有：GCr15，主要用于中小型滚动轴承；GCr15SiMn，主要用于较大的滚动轴承。

由于滚动轴承钢的化学成分和主要性能与低合金钢相近，故一般工厂常用它来制造刀具、冷冲模、量具及性能要求与滚动轴承相似的耐磨零件。

常用滚动轴承钢的牌号、化学成分、热处理和用途见表 2—19。

表 2—19　　常用滚动轴承钢的牌号、化学成分、热处理和用途

牌号	化学成分/%				热处理/℃		回火后硬度/HRC	用　途
	C	Cr	Si	Mn	淬火	回火		
GCr6	1.05 ~1.15	0.40 ~0.70	0.1 ~0.35	0.20 ~0.40	800 ~820 水、油	150 ~170	62 ~64	$<\phi 10$ mm 的滚珠、滚柱及滚针
GCr9	1.00 ~1.10	0.90 ~1.20	0.15 ~0.35	0.20 ~0.40	800 ~820 水、油	150 ~170	62 ~66	$<\phi 20$ mm 的滚珠、滚柱及滚针
GCr9SiMn	1.00 ~1.10	0.90 ~1.20	0.40 ~0.70	0.90 ~1.20	810 ~830 水、油	150 ~160	62 ~64	$\phi 25$ ~ $\phi 50$ mm 的滚珠，$<\phi 12$ mm 滚柱，壁厚 <12 mm、外径 $<\phi 250$ mm 的套圈
GCr15	0.95 ~1.05	1.30 ~1.65	0.15 ~0.35	0.20 ~0.40	820 ~840 油	150 ~160	62 ~64	
GCr15SiMn	0.95 ~1.05	1.30 ~1.65	0.45 ~0.65	0.90 ~1.20	810 ~830 油	150 ~200	61 ~65	$>\phi 50$ mm 的滚珠，$>\phi 22$ mm 滚柱，壁厚 >12 mm、外径 $>\phi 250$ mm 的套圈

四、合金工具钢

合金工具钢按用途可分为刃具钢、模具钢和量具钢。

1．合金刃具钢

合金刃具钢主要用来制造车刀、铣刀、钻头等各种金属切削刀具。刃具钢要求高硬度、耐磨、高热硬性及足够的强度和韧性等。合金刃具钢分为低合金刃具钢和高速钢两种。

（1）低合金刃具钢。低合金刃具钢是在碳素工具钢的基础上加入少量合金元素的钢。钢中主要加入铬、锰、硅等元素，其目的是提高钢的淬透性和强度。加入钨、钒等强碳化物形成元素，是为了提高钢的硬度和耐磨性，防止过热，保持晶粒细小。与碳素工具钢相比，能制造尺寸较大的刀具，可在冷却较缓慢的介质（如油）中淬火，使变形倾向减小。由于合金元素加入量不大，故一般工作温度不得超过300℃。

9SiCr 和 CrWMn 是最常用的低合金刃具钢。

低合金刃具钢的预备热处理是球化退火，最终热处理为淬火加低温回火。

常用低合金刃具钢的牌号、化学成分、热处理和用途见表 2—20。

表 2—20　　常用低合金刃具钢的牌号、化学成分、热处理和用途

牌号	化学成分/%					热处理					用途
						淬火			回火		
	C	Cr	Si	Mn	其他	温度/℃	介质	HCR（不小于）	温度/℃	HRC	
9SiCr	0.85~0.95	0.95~1.25	1.20~1.60	0.30~0.60	—	820~860	油	62	180~200	60~62	冷冲模、板牙、丝锥、钻头、铰刀、拉刀
8MnSi	0.75~0.85	—	0.30~0.60	0.80~1.10	—	800~820	油	60	180~200	58~60	木工錾子、锯条或其他工具
9Mn2V	0.85~0.95	—	≤0.4	1.70~2.00	V0.10~0.25	780~810	油	62	150~200	60~62	量具、量块、精密丝杠、丝锥、板牙
CrWMn	0.90~1.05	0.90~1.20	0.15~0.35	0.80~1.10	W1.20~1.60	800~830	油	62	140~160	62~65	淬火后变形小的刀具，如拉刀、长丝杠及量规；形状复杂的冲模

（2）高速钢。高速钢是一种具有高热硬性、高耐磨性的高合金工具钢。钢中含有较多的碳（0.7%~1.50%）和大量的钨、铬、钒、钼等强碳化物形成元素。高的含碳量是为了保证形成足够量的合金碳化物，并使高速钢具有高的硬度和耐磨性；钨、钼是提高钢热硬性的主要元素；铬主要是提高钢的淬透性；钒能显著提高钢的硬度、耐磨性和热硬性，并能细化晶粒。高速钢的热硬性可达600℃，切削时能长期保持刃口锋利，故又称锋钢。

高速钢只有经过适当的热处理以后才能获得较好的组织和性能。图 2—27 所示为高速钢热处理工艺曲线。高速钢淬火加热时必须进行一次预热（800～850℃）或两次预热（500～600℃、800～850℃）。高速钢淬火加热温度很高，一般为1 220～1 280℃，才能保证淬火、回火后获得高的热硬性。高速钢淬火常在油中淬火。正常淬火组织是马氏体＋残余奥氏体＋剩余合金碳化物，此时钢的硬度尚不够高。

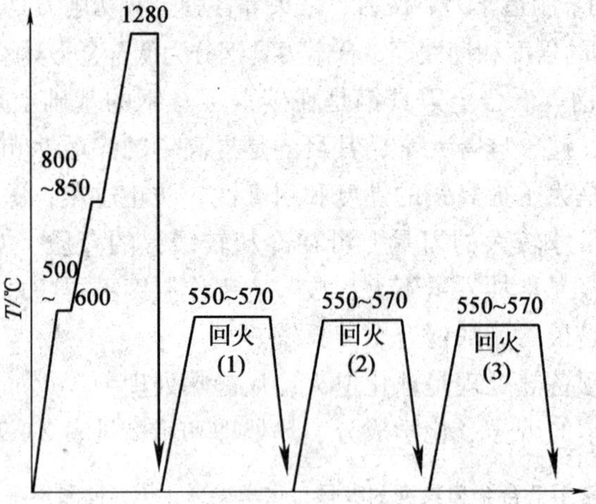

图2—27　W18Cr4V高速钢的热处理工艺曲线

高速钢淬火后必须在550～570℃温度下进行多次回火（一般两次或三次），以进一步提高了硬度和耐磨性，使钢的硬度达到较高值。

高速钢经淬火及回火后的组织是含有较多合金元素的回火马氏体、均匀分布的细颗粒状合金碳化物（如VC、W_2C、Fe_4W_2C）及少量残余奥氏体，硬度可达63～66HRC。

高速钢具有高热硬性、高耐磨性和足够的强度，故常用于制造切削速度较高的刀具（如车刀、铣刀、钻头等）和形状复杂、载荷较大的成形刀具（如齿轮铣刀、拉刀等）。此外，高速钢还可用于制造冷挤压模及某些耐磨零件。

常用高速钢的牌号、化学成分和热处理见表2—21。

表2—21　　常用高速钢的牌号、化学成分和热处理

牌号	化学成分/%						热处理				
	C	Cr	W	Mo	V	其他	退火 温度/℃	退火 HBS	淬火、回火 淬火/℃	淬火、回火 回火/℃	淬火、回火 HRC
W18Cr4V	0.70～0.80	3.80～4.40	17.5～19.0	≤0.30	1.00～1.40	—	850～870	<225	1 270～1 285	550～570	>63
W18Cr4VCo5	0.70～0.80	3.75～4.50	17.5～19.0	0.40～1.00	0.80～1.20	Co4.25～5.75		<269	1 270～1 290	540～560	>63
W6Mo5Cr4V2	0.80～0.90	3.80～4.40	5.50～6.75	4.50～5.50	1.75～2.20	—		<255	1 210～1 230	540～560	>64

续表

牌号	化学成分/%						热处理				
							退火		淬火、回火		
	C	Cr	W	Mo	V	其他	温度/℃	HBS	淬火/℃	回火/℃	HRC
CW6Mo5Cr4V2	0.95 ~1.05	3.80 ~4.40	5.50 ~6.75	4.50 ~5.50	1.75 ~2.20	—		<225	1 190 ~1 210	540 ~560	>64
W2Mo9Cr4V2	0.97 ~1.05	3.50 ~4.00	1.40 ~2.10	8.20 ~9.20	1.75 ~2.25	—	840 ~880	<255	1 190 ~1 210	540 ~560	>65
W9Mo3Cr4V	0.77 ~0.87	3.80 ~4.40	8.50 ~9.50	2.70 ~3.30	1.30 ~1.70	—		<255	1 210 ~1 230	540 ~560	>64

2. 合金模具钢

模具钢主要用来制造各种金属成形用的模具。按其工作条件的不同，可分为冷作模具钢和热作模具钢。

(1) 冷作模具钢。冷作模具钢是用于制造金属在冷态下变形的模具，如冷冲模、冷挤压模、拉丝模等，冷作模具钢需具有高的硬度和耐磨性、一定的韧性和抗疲劳性，大型模具还要求良好的淬透性。

小型冷作模具可用碳素工具钢和低合金刃具钢来制造，如 T10A、T12、9SiCr、CrWMn、9Mn2V 等。

大型冷作模具一般采用 Cr12、Cr12MoV 等高碳高铬钢制造。

(2) 热作模具钢。热作模具钢是用来制造使金属在高温下成形的模具，如热锻模、热挤压模和压铸模等。热作模具钢具有高的热强度和热硬性、高温耐磨性和高的抗氧化性，以及较高的抗热疲劳性和导热性。

热作模具钢一般采用中碳（$w_C = 0.3\% \sim 0.6\%$）合金钢制造。含碳量过高会使韧性下降，导热性也差；含碳量太低则不能保证钢的强度和硬度。加入合金元素铬、镍、锰、硅等是为了强化钢的基体和提高钢的淬透性。加入钼、钨、钒等是为了细化晶粒，提高钢的回火稳定性和耐磨性。

3. 合金量具钢

量具是测量工件尺寸的工具，如游标卡尺、量规和样板等，它们的工作部分一般要求高硬度、高耐磨性、高的尺寸稳定性和足够的韧性。

制造量具没有专用钢种，碳素工具钢、合金工具钢和滚动轴承钢均可用来制造量具。精度要求较高的量具，一般采用微变形合金工具钢制造，如 CrWMn、CrMn、GCr15 等。

量具钢经淬火后要在 150 ~ 170℃下长时间低温回火，以稳定尺寸。对精密量具，为了保证使用过程中的尺寸稳定性，淬火后要进行 −80 ~ −70℃的冷处理，促使残余奥氏体的转变，然后再进行长时间的低温回火。在精磨后或研磨前，还要进行时效处理（在 120 ~ 150℃保温 24 ~ 36 h），以进一步消除内应力。

表 2—22 是量具钢的应用实例。

表 2—22　　量具钢的应用实例

量具名称	钢　号
平样板、卡板	15、20、50、60Mn、65Mn
一般量规	T10A、T12A、9SiCr
高精度量规	Cr12、GCr15
高精度、形状复杂的量规	CrWMn

注：15、20 钢经渗碳淬火后使用。

五、特殊性能钢

具有特殊物理、化学性能的钢称为特殊性能钢。这类钢种类很多，在机械制造业中常用的有不锈钢、耐热钢和耐磨钢等。

1. 不锈钢

（1）金属的腐蚀。金属受周围介质作用而引起损坏的过程称为金属的腐蚀。

根据金属腐蚀机理，提高金属的耐腐蚀性可采取以下措施：在钢中加入一定量的铬（≥12.5%），使钢表面形成一层氧化膜，提高金属抗氧化能力；提高基体电极电位，并尽量使合金在室温下呈单相组织，从而提高抵抗电化学腐蚀的能力。

（2）常用不锈钢

1）铬不锈钢。常用铬不锈钢的牌号有 1Cr13、2Cr13 和 3Cr13 等，通称 Cr13 型不锈钢。钢中的铬使钢具有良好的耐腐蚀性，而碳则保证钢有适当的强度。随着钢中含碳量的增加，钢的强度和硬度提高，而韧性和耐蚀性下降。

含碳量较低的 1Cr13 和 2Cr13 钢，具有良好的抗大气、海水、蒸气等介质腐蚀的能力，塑性和韧性很好，适用于制造在腐蚀条件下工作、受冲击载荷的零件。如汽轮机叶片、水压机阀门等。

含碳量较高的 3Cr13、3Cr13Mo、7Cr13 等，经淬火、低温回火后，得到马氏体组织，其硬度可达 50HRC 左右，用于制造弹簧、轴承、医疗器械及在弱腐蚀条件下工作且要求高强度的零件。

2）铬镍不锈钢。常用的铬镍不锈钢的牌号有 0Cr19Ni9、1Cr18Ni9 等，通称 18－8 型不锈钢。这类钢含碳量低，含镍量高，经热处理后，呈单相奥氏体组织，无磁性，其耐腐蚀性、塑性和韧性均较 Cr13 型不锈钢好。

铬镍不锈钢主要用于制造强腐蚀介质（硝酸、磷酸、有机酸及碱水溶液等）中工作的零件，如吸收塔壁，贮槽、管道及容器等。

2. 耐热钢

在高温下具有高的抗氧化性能和较高强度的钢称为耐热钢。耐热钢可分为抗氧化钢与热强钢两类。

（1）抗氧化钢。抗氧化钢具是在高温下有较好的抗氧化能力且具有一定强度的钢。

这类钢主要用于制造长期在高温下工作但强度要求不高的零件，如各种加热炉的炉底板、渗碳处理用的渗碳箱等。

抗氧化钢中加入的合金元素为铬、硅、铝等，它们在钢表面形成稳定的、熔点高的、致密的氧化膜，牢固地覆盖在钢的表面，使钢与高温氧化性气体隔绝，从而避免了钢的进一步氧化。常用的抗氧化钢有 4Cr9Si2、1Cr13SiAl 等。

（2）热强钢。热强钢是在高温下具有良好的抗氧化能力且具有较高的高温强度的钢。为了提高钢的抗氧化能力和高温下的强度，常在钢中加入铬及钨、钼、钛、钒等合金元素。常用的热强钢有 15CrMo、4Cr14Ni14W2Mo 等，15CrMo 钢是典型的锅炉用钢，4Cr14Ni14W2Mo 钢可以制造 600℃以下的工作的零件，如汽轮机叶片、大型发动机排气阀等。

3. 耐磨钢

耐磨钢主要用于承受严重摩擦和强烈冲击的零件，如车辆履带、破碎机颚板、球磨机衬板、挖掘机铲斗和铁道道岔等。因此，要求耐磨钢具有良好的韧性和耐磨性。

高锰钢是典型的耐磨钢，含碳量为 0.9% ~1.4%，含锰量为 11% ~14%，其牌号为 ZGMn13。高锰钢耐磨、耐冲击的原因是在热处理后具有单相奥氏体组织。为了使高锰钢获得单相奥氏体组织，应进行“水韧处理”，即将钢加热到 1 000 ~1 100℃，保温一定时间，使钢中的碳化物全部溶解，然后迅速水淬，在室温下获得均匀单一的奥氏体组织。此时钢的硬度不高（180 ~220HBW），韧性很好。当在工作中受到强烈的冲击和压力而变形时，表面会产生强烈的硬化使其硬度显著提高（50HRC 以上），从而获得高的耐磨性，而心部仍保持高的塑性和韧性。这种钢只有在受到强大冲击和压力的条件下，才有高的耐磨性，否则，并不耐磨。由于高锰钢极易加工硬化，切削加工困难，故高锰钢零件大多采用铸造成形。

第六节 铸 铁

一、概述

铸铁是含碳量大于 2.11% 的铁碳合金。工业上常用的铸铁，含碳量一般在 2.5% ~4.0% 的范围内，此外还有硅、锰、硫、磷等元素。

铸铁和钢相比，虽然力学性能较低，但它具有优良的铸造性和切削加工性，生产成本低廉，且具有耐压、耐磨和减振等特性，所以获得广泛的应用。若按质量百分比计算，它在汽车、拖拉机中的应用占 30% ~50%。

铸铁中的碳主要以渗碳体和石墨两种形式存在，根据碳存在的形式的不同，铸铁可以分为下列几种：

白口铸铁。碳主要以渗碳体形式存在，其断口呈银白色，故称为白口铸铁。这类铸铁的性能既脆又硬，很难进行切削加工，所以很少直接用来制造机器零件。

灰口铸铁。碳大部或全部以石墨形式存在，其断口呈暗灰色，故称为灰口铸铁。它是目前工业生产中应用最广泛的一种铸铁。

麻口铸铁。碳大部分以渗碳体形式存在，少部分以石墨形式存在，断口呈灰白色。这种铸铁有较大的脆性，工业上很少使用。

根据铸铁中石墨形态的不同，铸铁又可分为以下几种：

灰铸铁。石墨以片状存在于铸铁中。

可锻造铁。石墨以团絮状存在于铸铁中。

球墨铸铁。石墨以球状存在于铸铁中。

蠕墨铸铁。石墨以蠕虫状存在于铸铁中。

二、灰铸铁

灰铸铁是一种价格便宜的结构材料，在铸铁生产中，灰铸铁产量约占80%以上。

1. 灰铸铁的组织和性能

灰铸铁的组织是金属基体和片状石墨。根据石墨化的程度不同，有三种不同基体组织的灰铸铁。

（1）铁素体灰铸铁（铁素体＋片状石墨）。

（2）铁素体—珠光体灰铸铁（铁素体＋珠光体＋片状石墨）。

（3）珠光体灰铸铁（珠光体＋片状石墨）。

铸铁是在钢的基体上分布着一些片状石墨。由于石墨的强度和韧性几乎为零，因此，石墨的存在就像在钢的基体上分布着许多细小的裂缝和空洞，破坏了金属基体的连续性，减小了有效承载面积，并且在石墨尖角处容易产生应力集中，所以灰铸铁的强度、塑性和韧性远不如钢。铸铁中的石墨数量越多，尺寸越大，分布越不均匀，对基体的割裂作用和应力集中现象就越严重，铸件的强度、塑性和韧性就越差，但石墨的存在对抗压强度和硬度的影响不大。

石墨虽然降低了铸铁的力学性能，但也使灰铸铁获得一些优异性能，如良好的铸造性能和切削性能、较高的耐磨性、减振性及低的缺口敏感性。

2. 灰铸铁的孕育处理

为了改善灰铸铁的性能，一方面要改变石墨的数量大小和分布，另一方面要增加基体中珠光体的数量。由于石墨对铸铁强度影响远比基体的影响大，所以提高灰铸铁性能的关键是改变石墨片的形态和数量。石墨片越少，越细小，分布越均匀，铸铁的力学性能就越高。为了细化金属基体并增加珠光体的数量，改变石墨片的形态和数量，生产中常采用孕育处理工艺。

所谓孕育处理（或称变质处理）就是在浇注前往铁水中投入少量硅铁、硅钙合金等作孕育剂，使铁水内产生大量均匀分布的晶核，使石墨片及基体组织得到细化。

经过孕育处理后的铸铁称为孕育铸铁，不仅其强度有很大提高，且塑性和韧性也有所改善。因此，孕育铸铁常用作力学性能要求较高、截面尺寸变化较大的大型铸铁件。

3. 灰铸铁的牌号及用途

灰铸铁的牌号由“灰铁”两字的汉语拼音字母字头“HT”及后面一组数字组成，

数字表示最低抗拉强度。表2—23是灰铸铁的牌号和应用。

表2—23　　灰铸铁的牌号和应用

牌号	最小抗拉强度/MPa	应用举例
HT100	100	适用于负荷小、对摩擦、磨损无特殊要求的零件，如盖、油盘、支架、手轮
HT150	150	适用于承受中等负荷的零件，如机床支柱、底座、刀架、齿轮箱、轴承座
HT200	200	适用于承受较大负荷的零件，如机床床身、立柱、汽车缸体、缸盖、支柱、轮毂、联轴器、油缸、齿轮、飞轮
HT250	250	
HT300	300	适用于承受较大负荷的零件，如齿轮、凸轮、大型发动机曲轴、缸体、缸套、缸盖、高压油缸、阀体、泵体
HT350	350	

注：灰铸铁是根据强度分级的，一般采用 ϕ30 mm 铸造试棒，切削加工后进行测定。

4. 灰铸铁的热处理

灰铸铁可以通过热处理改变基体组织，但不能改变石墨的形态和分布，因而对提高灰铸铁的力学性能作用不大。热处理的目的主要是为了减小铸件的内应力，提高表面硬度和耐磨性等。

常用的热处理工艺有以下几种。

（1）去应力退火。由于铸件形状复杂，壁厚不均匀，在铸件冷却过程中，铸件各个部位冷却不一致而产生较大的内应力。内应力不仅在冷却时可能使铸件产生变形或裂纹，而且在铸件切削加工过程，由于内应力的重新分配，也会引起铸件变形。所以一些形状复杂或精度要求高的铸件，如机床床身、机架等在切削加工之前均要进行去应力退火。

（2）表面淬火。有些铸件如机床导轨、缸体内壁，因使用要求表面具有较高的硬度和耐磨性，须进行表面淬火。淬火后表面的硬度可达50～55HRC。表面淬火方法有感应加热表面淬火、火焰加热表面淬火和电接触加热表面淬火等。

（3）消除铸铁白口、降低硬度的退火。铸件上的薄壁处或表层，由于冷却速度快，常出现白口组织，给切削加工带来困难，常用高温退火（石墨化退火）来降低其硬度。

三、可锻铸铁

可锻铸铁俗称玛钢、马铁。它是白口铸铁通过石墨化退火，使渗碳体分解而获得团絮状石墨的铸铁。由于石墨呈团絮状，减轻了石墨对金属基体的割裂作用和应力集中，因而可锻铸铁相对灰铸铁有较高的强度，塑性和韧性也有很大的提高。因其具有一定的塑性变形能力，故得名可锻铸铁，实际上可锻铸铁并不能锻造。

1. 可锻铸铁的组织和性能

可锻铸铁的生产过程包括两个步骤：首先铸造白口铸铁件，然后进行长时间的石墨化退火。根据白口铸铁件退火的工艺不同，可形成铁素体基体的可锻铸铁和珠光体基体的可锻铸铁。

可锻铸铁的基体组织不同，其性能也不同，黑心可锻铸铁（铁素体基体可锻铸铁）具有一定的强度和一定的塑性和韧性，而珠光体可锻铸铁则具有较高的强度、硬度和耐磨性，塑性与韧性则较低。

2. 可锻铸铁的牌号及用途

我国可锻铸铁的牌号是由三个字母及两组数字组成。前两个字母“KT”是“可铁”两字的汉语拼音的第一个字母，第三个字母代表可锻铸铁的类别。后面两组数字分别代表最低抗拉强度和伸长率的数值。如 KTH300－06 表示黑心可锻铸铁，其最低抗拉强度为 300 MPa，最低伸长率为 6%。KTZ450－06 表示珠光体可锻铸铁，其最低抗拉强度为 450 MPa，最低伸长率为 6%。表 2—24 所示为我国黑心可锻铸铁和珠光体可锻铸铁的牌号、力学性能和用途。

表 2—24　可锻铸铁的牌号、力学性能和用途

牌号		试样直径 d/mm	σ_b /MPa	σ_s /MPa	δ /%	硬度 /HBS	应　用
A	B		不小于				
KTH300－6	—	12 或 15	300	—	6	不大小 150	适于动载和静载且要求气密性好的零件，如管道配件、中低压阀门
—	KGH330－08		330	—	8		适用承受中等动载和静载的零件，如机床用扳手、车轮壳、钢丝绳接头
KGH350－10	—		350	220	10		适于承受较高的冲击、振动及扭转负荷下工作的零件，如汽车上的减速器壳、前后轮壳、转向节壳、制动器
—	KTH370－12		370	—	12		
KTZ450－06	—		450	270	6	150～200	适于承受较高载荷、耐磨损且要求有一定韧性的重要零件，如曲轴、凸轮轴、连杆、齿轮、活塞环、摇臂、扳手
KTZ550－04	—		550	340	4	180～230	
KTZ650	—		650	430	2	210～260	
KTZ700－02	—		700	530	2	240～290	

注：牌号 B 为过渡性牌号。

可锻铸铁具有铁水处理简单、低温韧性好、质量稳定、容易组织流水生产等优点，广泛应用于汽车、拖拉机制造业，常用来制造形状复杂、承受冲击载荷的中小型、薄壁零件。

四、球墨铸铁

铁水经过球化处理而使石墨大部分或全部呈球状的铸铁称为球墨铸铁。

球化处理是在铁水浇注前加入少量的球化剂（如纯镁、镁合金、稀土硅铁镁合金）及孕育剂，使石墨以球状析出。

1. 球墨铸铁的组织与性能

球墨铸铁按其基体组织不同，可分为铁素体球墨铸铁、铁素体－珠光体球墨铸铁和珠光体球墨铸铁三种。

由于球墨铸铁中的石墨呈球状，其割裂基体的作用及应力集中现象大为减小，可以充分发挥金属晶体的性能，所以，它的强度和塑性已超过灰铸铁和可锻铸铁，接近铸钢。

2. 球墨铸铁的牌号及用途

球墨铸铁的牌号是由“球铁”两字的汉语拼音的第一个字母“QT”及两组数字组成，两组数字分别代表其最低抗拉强度和伸长率。如 QT400－18 表示球墨铸铁，其最低抗拉强度为 400 MPa，最低伸长率为 18%。

表 2—25 是球墨铸铁的牌号、力学性能和用途。

表 2—25　　球墨铸铁的牌号、力学性能和用途

牌号	σ_b /MPa	$\sigma_{0.2}$ /MPa	δ /%	硬度 HBS	用　途
	不小于				
QT400－18	400	250	18	130～180	汽车轮毂、驱动桥壳体、差速器壳体、离合器壳、拨叉、阀体、阀盖
QT500－7	500	320	7	170～230	内燃机的机油泵齿轮、铁路车辆轴瓦、飞轮
QT600－3	600	370	3	190～270	柴油机曲轴，轻型柴油机凸轮轴、连杆、汽缸套、进排气门座，磨床、铣床、车床主轴，矿车车轮
QT700－2	700	420	2	225～305	
QT800－2	800	480	2	245～335	
QT900－2	900	600	2	280～360	汽车锥齿轮、转向节、传动轴，内燃机曲轴、凸轮轴

由于球墨铸铁具有良好的力学性能和工艺性能，并能通过热处理使其力学性能在较大范围内变化，因此，可以代替碳素铸钢、合金铸钢和可锻铸铁，制造一些受力复杂，强度、硬度、韧性和耐磨性要求较高的零件，如内燃机曲轴、凸轮轴、连杆、减速箱齿轮及轧钢机轧辊等。

3. 球墨铸铁的热处理

由于球状石墨对基体的割裂作用小，所以通过热处理改变球墨铸铁的基体组织，对提高其力学性能有重要作用。常用的热处理工艺有以下几种。

（1）退火。退火的主要目的是为了得到铁素体基体的球墨铸铁，以提高它的塑性和韧性，改善切削加工性能，消除内应力。

（2）正火。正火的目的是为了得到珠光体基体的球墨铸铁，从而提高其强度和耐磨性。

（3）调质。调质的目的是为了得到回火索氏体基体的球墨铸铁，从而获得良好的综合力学性能。

（4）等温淬火。等温淬火是为了得到下贝氏体基体的球墨铸铁，从而获得高强度、高硬度、高韧性的综合性能。一般用于要求综合力学性能较好，外形较复杂，热处理容易变形和开裂的零件，如凸轮轴、齿轮、滚动轴承等。

第七节 有色金属及硬质合金

通常把铁及其合金（钢铁）称为黑色金属，而把黑色金属以外的金属称为有色金属，也称非铁金属。有色金属的产量及用量虽不如黑色金属，但由于它具有许多特殊的性能，如导电性和导热性好、熔点较低、力学性能和工艺性能良好，因此，有色金属也是现代工业，特别是国防工业不可缺少的材料。

常用的有色金属有铜及其合金、铝及其合金、钛及其合金和轴承合金等。

一、铜及其合金

1. 铜

纯铜呈紫红色，故又称紫铜。

纯铜的密度为 $8.96\times10^3\ kg/m^3$，熔点为 1 083℃，其导电性和导热性仅次于金和银，是最常用的导电、导热材料。纯铜的塑性非常好，易于冷、热压力加工，在大气及淡水中有良好的抗腐蚀性能。由于铜的强度不高，所以一般不用作结构零件。常用冷加工方法制造电线、电缆、铜管以及配制铜合金等。

铜加工产品按化学成分的不同可分为纯铜和无氧铜两类，表 2—26 为铜加工产品的牌号、化学成分和用途。

表 2—26　铜加工产品的牌号、化学成分和用途

组别	牌号	化学成分/%				用　途
		Cu（不小于）	杂质 Bi	杂质 Pb	质总量	
纯铜	T1	99.95	0.001	0.003	0.05	导电、导热、耐腐蚀器具材料，如电线、蒸发器、雷管、储藏器
	T2	99.90	0.001	0.005	0.1	
	T3	99.70	0.002	0.01	0.3	一般用铜材，如电气开关、管道、铆钉
无氧铜	TU1	99.97	0.001	0.003	0.03	电真空器件、高导电性导线
	TU2	99.95	0.001	0.004	0.05	

2. 铜合金

工业上广泛采用的是铜合金。常用的铜合金可分为黄铜、青铜和白铜三类。

（1）黄铜。黄铜是以锌为主加元素的铜合金。按照化学成分的不同，黄铜可分为普通黄铜和特殊黄铜。

1）普通黄铜。普通黄铜又分为单相黄铜和双相黄铜两类：当锌质量分数小于39%时，锌全部溶于铜中形成单相黄铜；当锌质量分数大于等于39%时，形成双相黄铜。锌的质量分数对黄铜力学性能的影响如图2—28所示。锌质量分数少于32%时，随着锌质量分数的增加，黄铜的强度和塑性提高；达到30%～32%时，黄铜的塑性最好；超过39%以后，强度继续升高，但塑性迅速下降；大于45%以后，强度急剧下降，在生产中已无实用价值。

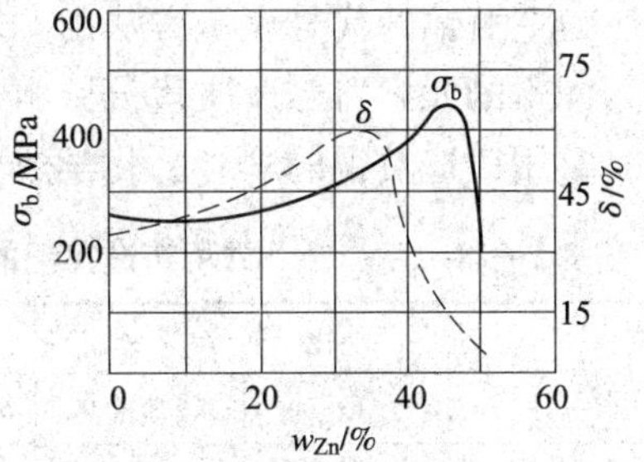

图2—28　锌的质量分数对黄铜力学性能的影响

单相黄铜塑性很好，适于冷、热变形加工。双相黄铜强度高，热状态下塑性良好，故适于热变形加工。

普通黄铜的牌号用“H”＋数字表示。其中“H”表示黄铜的“黄”字汉语拼音字母的字头，数字表示平均含铜量的百分数。表2—27给出了常用黄铜的牌号、化学成分、力学性能和用途。

表2—27　常用黄铜的牌号、化学成分、力学性能和用途

组别	牌号	化学成分/%		力学性能			用途
		Cu	其他	σ_b/MPa	δ/%	HBS	
普通黄铜	H90	88.0～91.0	余量Zn	260/480	45/4	53/130	双金属片、供水和排水管、艺术品、证章
	H68	67.0～70.0	余量Zn	320/660	55/3	/150	复杂的冲压件、散热器外壳、波纹管、轴套、弹壳
	H62	60.5～63.5	余量Zn	330/600	49/3	56/140	销钉、铆钉、螺钉、螺母、垫圈、夹线板、弹簧
特殊黄铜	HSn90－1	88.0～91.0	0.25～0.75Sn 余量Zn	280/520	45/5	/82	船舶零件、汽车和拖拉机的弹性套管
	HSi80－3	79.0～81.0	2.5～4.0Si 余量Zn	300/600	58/4	90/110	船舶零件、蒸汽（<265℃）条件下工作的零件
	HMn58－2	57.0～60.0	1.0～2.0Mn 余量Zn	400/700	40/10	85/175	弱电电路用的零件
	HPb59－1	57.0～60.0	0.8～1.9Pb 余量Zn	400/650	45/16	44/80	热冲压及切削加工零件，如销、螺钉、螺母、轴套等
	HAl59－3－2	57.0～60.0	2.5～3.5Al 2.0～3.0Ni 余量Zn	380/650	50/15	75/155	船舶、电动机及其他在常温下工作的高强度、耐腐蚀零件

注：力学性能数值中，分母数值为50%变形程度的硬化状态测定；分子数值为600℃下退火状态测定。

铸造黄铜的代号表示方法由“ZCu”+主加元素符号+主加元素的质量分数+其他加入元素的元素符号及质量分数组成。例如ZCuZn38、ZCuZn40Mn2等。

常用铸造黄铜的牌号、化学成分、力学性能和用途见表2—28。

表2—28　常用铸造黄铜的牌号、化学成分、力学性能及用途

牌号	化学成分/%		力学性能			用途
	Cu	其他	σ_b/MPa	δ/%	HBS	
ZCuZn38	60.0~63.0	余量Zn	295/295	30/30	60/70	法兰、阀座、手柄、螺母
ZCuZn25Al-Fe3Mn3	60.0~66.0	4.5~7.0Al 2.0~4.0Fe 1.5~4.0Mn 余量Zn	600/600	18/18	160/170	耐磨板、滑块、蜗轮、螺栓
ZCuZn40Mn2	57.0~60.0	1.0~2.0Mn 余量Zn	345/390	20/25	80/90	在淡水、海水、蒸汽中工作的零件，如阀体、阀杆、泵管接头
ZCuZn33Pb2	63.0~67.0	1.0~3.0Pb 余量Zn	180/	12/	50/	煤气和给水设备的壳体、仪器的构件

注：力学性能中，分子为砂型铸造试样测定；分母为金属型铸造试样测定。

2）特殊黄铜。在普通黄铜中加入其他合金元素所组成的铜合金，称为特殊黄铜。特殊黄铜常加入的合金元素有锡、硅、锰、铅和铝等，分别称为锡黄铜、硅黄铜、锰黄铜、铅黄铜和铝黄铜等。

特殊黄铜的代号由“H”+主加元素的元素符号（锌除外）+铜质量分数的百分数+主加元素质量分数的百分数组成。例如HPb59-1表示铜质量分数为59%，铅质量分数为1%的铅黄铜。

常用特殊黄铜的牌号、化学成分、力学性能和用途见表2—27。

（2）青铜。除了黄铜和白铜以外的铜基合金都称为青铜。按主加元素种类，青铜可分为锡青铜、铝青铜、硅青铜和铍青铜等。

青铜的代号由“Q”+主加元素的元素符号及质量分数+其他加入元素符号及质量分数组成。例如QSn4-3表示含锡4%，含锌3%，其余为铜的锡青铜。QAl7表示含铝7%，其余为铜的铝青铜。铸造青铜的牌号表示方法和铸造黄铜的牌号表示方法相同。

1）锡青铜。锡青铜的流动性好，收缩性大，致密性差，在高压下易渗漏，可铸造形状复杂、密封性要求不高的铸件。

锡青铜在大气及海水中的耐腐蚀性好，广泛应用于制造耐腐蚀零件。在锡青铜中加入磷、锌、铅等元素，可以改善锡青铜的耐磨性、铸造性及切削加工性，使其性能更佳。

2）铝青铜。铝青铜的含铝量通常为5%~12%。铝青铜比黄铜和锡青铜具有更好的耐腐蚀性、耐磨性、耐热性和更好的力学性能，还可通过淬火和回火进一步得到强化，常用来铸造承受重载、耐腐蚀和耐磨的零件。

3）铍青铜。常用铍青铜的含铍量为1.7%～2.5%。铍在铜中的溶解度随温度的增加而增加，因此，经淬火后加以人工时效可获得较高的强度、硬度、抗腐蚀性和抗疲劳性，还具有良好的导电性和导热性，是一种综合性能较好的结构材料，主要用于弹性零件和有耐磨性要求的零件。

4）硅青铜。硅青铜具有很高的力学性能和耐腐蚀性能，并具有良好的铸造性能和冷、热变形加工性能，常用来制造耐腐蚀和耐磨零件。

常用青铜的牌号、化学成分和用途见表2—29。

表2—29　　常用青铜的牌号、化学成分、力学性能和用途

牌号	化学成分/%		力学性能			用　途
	第一主加元素	其他	σ_b/MPa	δ/%	HBS	
QSn4－3	Sn3.5～4.5	2.7～3.3Zn 余量Cu	350/350	40/4	60/160	弹性元件、管配件、化工机械中的耐磨零件及抗磁零件
QSn6.5－0.1	Sn6.0～7.0	0.1～0.25P 余量Cu	$\frac{350\sim450}{700\sim800}$	$\frac{60\sim70}{7.5\sim12}$	$\frac{70\sim90}{160\sim200}$	弹簧、接触片、振动片、精密仪器中的耐磨零件
QSn4－4－4	Sn3.5～5.0	3.5～4.5Pb 3.0～5.0Zn 余量Cu	220/250	3/5	80/90	重要的减摩零件，如轴承、轴套、蜗轮、丝杠、螺母
QAl7	Al6.0～8.0	余量Cu	470/980	3/70	70/154	重要用途的弹性元件
QAl9－4	Al8.0～10.0	2.0～4.0Fe 余量Cu	550/900	4/5	110/180	耐磨零件，如轴承、蜗轮、齿圈，在蒸汽及海水中工作的高强度、耐腐蚀零件
QBe2	Be1.8～2.1	0.2～0.5Ni 余量Cu	500/850	3/40	84/247	重要的弹性元件，耐磨件及在高速、高压、高温下工作的轴承
QSi3－1	Si2.7～3.5	1.0～1.5Mn 余量Cu	370/700	3/55	80/180	弹性元件，在腐蚀介质下工作的耐磨零件，如齿轮

注：力学性能数值中分母数值为50%变形程度的硬化状态测定，分子数值为600℃下退火状态测定。

常用铸造青铜的牌号、化学成分、力学性能和用途见表2—30。

表2—30　　常用铸造青铜的牌号、化学成分、力学性能和用途

牌号	化学成分/%		力学性能			用　途
	第一主加元素	其他	σ_b/MPa	δ/%	HBS	
ZCuSn5Pb5Zn5	Sn4.0～6.0	4.0～6.0Zn 4.0～6.0Pb 余量Cu	$\frac{200}{200}$	13/3	60/60	较高负荷、中速的耐磨、耐腐蚀零件，如轴瓦、缸套、蜗轮
ZCuSn10Pb1	Sn9.0～11.5	0.5～1.0Pb 余量Cu	$\frac{200}{310}$	3/2	80/90	高负荷、高速的耐磨零件，如轴瓦、衬套、齿轮

续表

牌号	化学成分/%		力学性能			用　途
	第一主加元素	其他	σ_b/MPa	δ/%	HBS	
ZCuPb30	Pb27.0～33.0	余量 Cu			/25	高速双金属轴瓦
ZCuAl9Mn2	Al8.0～10.0	1.5～2.5Mn 余量 Cu	390/440	20/20	85/95	耐腐蚀、耐磨件，如齿轮、衬套、蜗轮

注：力学性能中分子为砂型铸造试样测定，分母为金属型铸造试样测定。

二、铝及铝合金

1. 铝

纯铝是银白色的金属，是自然界储量最丰富的金属元素。铝及其铝合金的密度为 2.72 g/cm^3，塑性好，可以冷、热变形加工，热处理强化、工艺性能较好。导电性仅次于铜、银。具有较好的抗大气腐蚀能力。

铝及其合金广泛用于电气工程、航天和汽车等行业。

铝中常见的杂质是铁和硅，杂质越多，铝的导电性、耐腐蚀性及塑性越低。工业纯铝按杂质的质量分数分为一号铝、二号铝……

表 2—31 是工业纯铝的牌号、化学成分和用途。

表 2—31　　工业纯铝的牌号、化学成分和用途

旧牌号	新牌号	化学成分/%		用　途
		Al	杂质总量	
L1	1070	99.7	0.3	垫片、电容、电气管隔离罩、电缆、导电体和装饰件
L2	1060	99.6	0.4	
L3	1050	99.5	0.5	
L4	1035	99.0	1.00	
L5	1200	99.0	1.00	不受力而具有某种特性的零件，如电线保护导管、通信系统的零件、垫片和装饰件

2. 铝合金

纯铝的强度很低（σ_b = 80～100 MPa），但加入适量的硅、铜、镁、锌、锰等合金元素，形成铝合金，再经过冷变形和热处理后，强度可以明显提高（σ_b = 500～600 MPa）。

（1）铝合金的分类。铝合金按成分和工艺特点可分为变形铝合金和铸造铝合金。

铝合金相图如图 2—29 所示，若铝合金中溶质 B 含量低于最大溶解度 D，则加热时形成单相固溶体，塑性好的变形铝合金。变形铝合金的塑性好，适于压力加工。其中，F 点左边的铝合金冷却时组织不随温度变化，不能用热处理强化，称为热处理不能强化的铝合金；$F-D$ 点之间铝合金溶质的质量分数将随温度而变化，可以通过热处理强化，故称为热处理能强化的铝合金。D 点右边的铝合金适于铸造，叫铸造铝合金。铸造铝合金的凝固温度低、塑性差，但充型能力好，适于铸造零件毛坯。

（2）铝合金的热处理。将热处理能强化的铝合金加热到 α 相区，经保温后迅速水冷（即固溶处理），在室温下得到过饱和的 α 固溶体。这种组织在室温下放置或低温加热时，有分解出强化相过渡到稳定状态的倾向，而使强度和硬度明显提高，这种现象称为时效。在室温下进行的时效称为自然时效，在加热条件下进行的时效称为人工时效。如图 2—30 所示是含铜 4% 的铝合金的自然时效曲线。

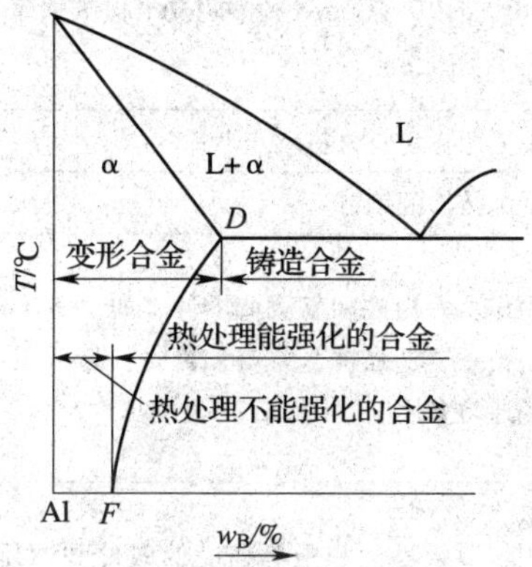

图 2—29　铝合金相图的一般形式

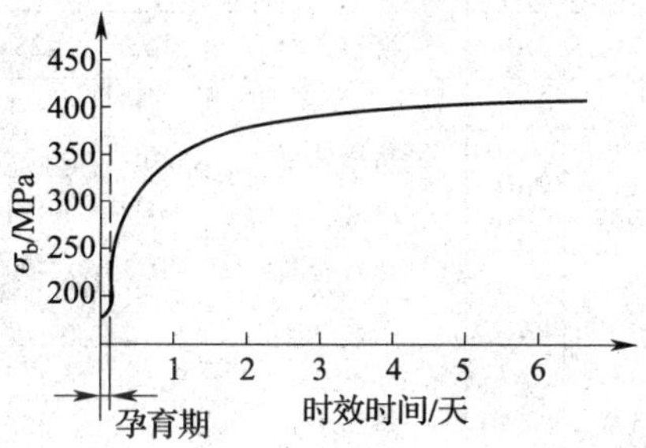

图 2—30　含铜 4% 的铝合金的自然时效曲线

由图可知，自然时效在最初一段时间（2 h）内，铝合金的强度变化不大，这段时间称为孕育期。此时，合金的塑性较好，可进行冷加工（如铆接、弯形等），随着时间的延长，铝合金才逐渐强化。

3. 常用的铝合金

（1）变形铝合金。GB 3190—1982 将变形铝合金分为防锈铝合金（LF）、硬铝合金（LY）、超硬铝合金（LC）、锻铝合金（LD）四类。GB/T 3190—1996《变形铝及铝合金化学成分》规定了新的牌号，现将新旧铝合金的牌号、力学性能及用途列于表 2—32。

表 2—32　常用变形铝合金的牌号、力学性能和用途

类别	旧牌号	新牌号	半成品种类	状态①	力学性能		用途举例
					σ_b/MPa	δ/%	
防锈铝合金	LF2	5A02	冷轧板材	O	167～226	16～18	在液体中工作的中等强度的焊接件、冷冲压件和容器、骨架零件等
			热轧板材	H112	117～157	7～6	
			挤压板材	O	≤226	10	
	LF21	3A21	冷轧板材	O	98～147	18～20	要求高的可塑性和良好的焊接性、在液体或气体介质中工作的低载荷零件，如油箱、油管、液体容器、饮料罐等
			热轧板材	H112	108～118	15～12	
			挤制厚壁管材	H112	≤167	—	

续表

类别	旧牌号	新牌号	半成品种类	状态①	力学性能		用途举例
					σ_b/MPa	δ/%	
硬铝合金	LY11	2A11	冷轧板材（包铝）	O	226～235	12	用作各种要求中等强度的零件和构件、冲压的连接部件、空气螺旋桨叶片、局部镦粗的零件（如螺栓、铆钉）
			挤压棒材	T4	353～373	10～12	
			拉挤制管材	O	≤245	10	
	LY12	2A12	冷轧板材（包铝）	T4	407～427	10～13	用量最大。用作各种要求高载荷的零件和构件（但不包括冲压件和锻件），如飞机上的骨架零件、蒙皮、翼梁、铆钉等150℃以下工作的零件
			挤压棒材	T4	255～275	8～12	
			拉挤制管材	O	≤245	10	
	LY8	2B11	铆钉线材	T4	J225	—	主要用作铆钉材料
超硬铝合金	LC3	7A03	铆钉线材	T6	J284	—	受力结构的铆钉
	LC4 LC9	7A04 7A09	挤压棒材	T6	490～510	5～7	用作承力构件和高载荷零件，如飞机上的大梁、桁条、加强框、蒙皮、翼肋、起落架零件等，通常多用以取代2A12
			冷轧板材	O	≤240	10	
			热轧板材	T6	490	3～6	
锻铝合金	LD5	2A50	挤压棒材	T6	353	12	用作形状复杂和中等强度的锻件和冲压件，内燃机活塞、压气机叶片、叶轮、圆盘以及其他在高温下工作的复杂锻件。2A70耐热性好
	LD7	2A70	挤压棒材	T6	353	8	
	LD8	2A80	挤压棒材	T6	441～432	8～10	
	LD10	2A14	热轧板材	T6	432	5	高负荷和形状简单的锻件和模锻件

①状态符号采用GB/T 16475—1996规定代号：O—退火，T4—淬火＋自然时效，T6—淬火＋人工时效，H112—热加工。

防锈铝合金属于不能热处理强化的铝合金，常采用冷变形方法强化。这类合金具有适中的强度、优良的塑性和良好的焊接性，并具有很好的抗腐蚀性，常用于制造油罐和各式容器等。

其他三类变形铝合金都属于能热处理强化的铝合金。经固溶、时效后，这些合金的强度提高，其中超硬铝合金的强化效果最突出。锻铝合金的合金元素质量分数少，具有良好的热塑性，适用于热压力加工制造零件，一般在锻造后热处理，有较好的力学性能，但有晶间腐蚀倾向。

（2）铸造铝合金。铸造铝合金的种类很多，常用的有铝硅系、铝铜系、铝镁系和铝锌系合金。

铝硅合金是最常用的铸造铝合金，俗称硅铝明。常用的铝硅合金含硅量为4.5%～13%。这种合金的铸造性能优良，是目前工业上最常用的铸造铝合金之一，广泛用来制造形状复杂的零件。

铸造铝合金的代号用“铸铝”两字的汉语拼音字母的字头“ZL”及后面三位数字

表示。第一位数字表示铝合金的类别（1 为铝硅合金，2 为铝铜合金，3 为铝镁合金，4 为铝锌合金）；后两位数字表示合金的顺序号。

常用铸造铝合金的牌号、化学成分、力学性能和用途见表 2—33。

表 2—33　　常用铸造铝合金的牌号、化学成分、力学性能和用途

合金牌号	化学成分/%				铸造方法与合金状态	力学性能（不低于）			用　途
	Si	Cu	Mg	其他		σ_b /MPa	δ/%	HBS	
ZL101	6.5 ~7.5	—	0.25 ~0.45	—	J、T5 S、T5	202 192	2 2	60 60	飞机、仪器上零件，工作温度 < 185℃的汽化器
ZL102	10.0 ~13.0	—	—	—	J、SB JB、SB T2	153 143 133	2 4 4	50 50 50	仪表、抽水机壳体，承受低载、工作温度 < 200℃的气密性零件
ZL105	4.5 ~5.5	1.0 ~1.5	0.4 ~0.6	—	J、T5 S、T5 S、T6	231 212 222	0.5 1.0 0.5	70 70 70	形状复杂，在 < 225℃下工作的零件。如风冷发动机的汽缸头、油泵体、机匣
ZL108	—	4.5 ~5.3	—	0.6 ~1.0 Mn 0.15 ~0.35 Ti	S、T4 S、T5	290 330	8 4	70 90	在 175 ~300℃以下工作的零件，如内燃机汽缸、活塞、支臂
ZL202	—	9.0 ~11.0	—	—	S、J S、J、T6	104 163	— —	50 100	形状简单、要求表面光洁的中等承载零件
ZL301	—	9.0 ~11.5	—	—	J、S T4	280	9	60	工作温度 < 150℃的在大气或海水中工作，承受大振动载荷的零件
ZL401	6.0 ~8.0	—	0.1 ~0.3	9.0 ~13.0 Zn	J、T1 S、T1	241 192	1.5 2	90 80	工作温度 < 200℃，形状复杂的汽车、飞机零件

注：铸造方法与合金状态的符号：J—金属型铸造；S—砂型铸造；B—变质处理；T1—人工时效；T2—290℃退火；T4—淬火 + 自然时效；T5—淬火 + 不完全时效；T6—淬火 + 人工时效（180℃以下，时间较长）。

三、轴承合金

轴承合金是用来制造滑动轴承的材料。滑动轴承是机床、汽车和拖拉机等的重要零件。当轴旋转时，在轴与轴承之间有很大的摩擦，并承受轴颈传给的交变载荷。因此，轴承合金应具有下列性能：

足够的强度和硬度，以承受轴颈较大的压力；高的耐磨性和小的摩擦系数，以减小轴颈的磨损，确保旋转精度；足够的塑性和韧性，较高的抗疲劳强度，以承受轴颈的交变载荷，并抵抗冲击和振动；良好的导热性及耐蚀性，以利于热量的散失和抵抗润滑油的腐蚀；良好的磨合性，使其与轴颈能较快地进入紧密贴合状态。

为满足上述要求，轴承合金的理想组织应由塑性好的软基体和均匀分布在软基体上的硬质点（一般为化合物）组成，如图 2—31 所示。

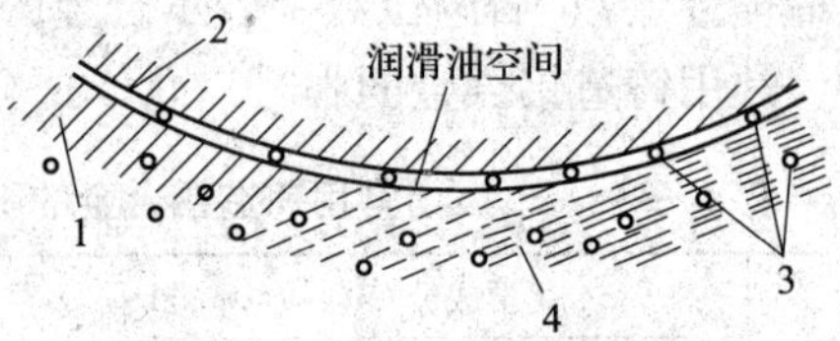

图 2—31　轴承合金的理想组织示意图
1—轴瓦　2—轴　3—硬质夹杂物　4—软基体

软基体组织的塑性高，能与轴颈较好地配合，并承受轴的冲击。软基体被磨损形成凹面，硬质点相对凸起支承着轴颈。软基体的凹陷处可储存润滑油，使轴颈和轴瓦之间形成油膜，以减小摩擦，从而减小轴颈与轴瓦的磨损。

常用的轴承合金有锡基轴承合金、铅基轴承合金和铝基轴承合金三类。

1. 锡基轴承合金

锡基轴承合金是以锡为基，加入锑、铜等元素组成的合金。

这种轴承合金具有适中的硬度、小的摩擦系数、较好的塑性及韧性、优良的导热性和耐腐蚀性等优点，常用于重要的轴承。由于锡是较贵的金属，因此妨碍了它的广泛应用。

这类合金的代号表示方法为："Zch"（"铸"及"承"两字的汉语拼音字母字头）+基体元素和主加元素的元素符号 + 主加元素与辅加元素的质量分数。如 ZchSnSb11 –6 为锡基轴承合金，主加元素锑的质量分数为 11%，辅加元素铜的质量分数为 6%，其余为锡。

锡基轴承合金的牌号、化学成分、力学性能和用途见表 2—34。

表 2—34　　锡基轴承合金的牌号、化学成分、力学性能和用途

牌号	化学成分/%					HBS（不低于）	用　途
	Sb	Cu	Sn	杂质	Pb		
ZchSnSb 12 –4 –10	11.0 ~13.0	2.5 ~5.0	9.0 ~11.0	0.55	余量	29	一般发动机的主轴承，但不适用于高温条件
ZchSnSb 11 –6	10.0 ~12.0	5.5 ~6.5	—	0.55	余量	27	1 500 kW 以上蒸汽机、3 700 kW涡轮压缩机、涡轮泵及高速内燃机的轴承
ZchSnSb 8 –4	7.0 ~8.0	3.0 ~4.0	—	0.55	余量	24	大型机器轴承及重载汽车发动机轴承
ZchSnSb 4 –4	4.0 ~5.0	4.0 ~5.0	—	0.50	余量	20	涡轮内燃机的高速轴承及轴承衬套

2. 铅基轴承合金（铅基巴氏合金）

铅基轴承合金通常是以铅锑为基，加入锡、铜等元素组成的轴承合金。铅基轴承合金的强度、硬度、韧性均低于锡基轴承合金，且摩擦因数较大，故只用于中等负荷的轴承。由于其价格便宜，在可能的情况下，应尽量用其代替锡基轴承合金。

铅基轴承合金的牌号表示方法与锡基轴承合金相同。例如 ZchPbSb16－16－2，其中铅为基体元素；锑为主加元素，其质量分数为 16%；辅加元素锡的质量分数为 16%，铜的质量分数为 2%，其余为铅。

铅基轴承合金的牌号、化学成分、力学性能和用途见表 2—35。

表 2—35　　铅基轴承合金的牌号、化学成分、力学性能和用途

牌号	化学成分/%					HBS（不低于）	用　途
	Sb	Cu	Sn	杂质	Pb		
ZchPbSb 16－16－2	15.0～17.0	1.5～2.0	15.0～17.0	0.60	余量	30	110～880 kW 蒸汽涡轮机、150～750 kW 电动机和小于 1 500 kW 起重机中重载推力轴承
ZchPbSb 15－5－3	14.0～16.0	2.5～3.0	5.0～6.0	0.40	Cd1.75～2.25 As0.6～1.0 Pb 余量	32	船舶机械、小于 250 kW 电动机、水泵轴承
ZchPbSb 15－10	14.0～16.0	—	9.0～11.0	0.50	余量	24	高温、中等压力下机械轴承
ZchPbSb 15－5	14.0～15.5	0.5～1.0	4.0～5.5	0.75	余量	20	低速、轻压和下机械轴承
ZchPbSb 10－6	9.0～11.0	—	5.0～7.0	0.75	余量	18	重载、耐腐蚀、耐磨轴承

3．铝基轴承合金

目前采用的铝基轴承合金有铝锑镁轴承合金和高锡铝基轴承合金。这类合金并不直接浇铸成形，而是采用铝基轴承合金带与低碳钢带（08 钢）一起轧成双金属带料，然后制成轴承。

铝锑镁轴承合金以铝为基，加入锑 3.5%～4.5% 和镁 0.3%～0.7%。镁的加入改善了合金的塑性和韧性，提高了屈服强度。目前这种合金已大量应用在低速柴油机等的轴承上。

高锡铝基轴承合金以铝为基，加入锡约 20% 和铜 1%。具有高的抗疲劳强度，良好的耐热、耐磨和抗腐蚀性。这种合金已在汽车、拖拉机、内燃机车上推广使用。

四、硬质合金

硬质合金是将一种或多种难熔金属的碳化物和黏结剂金属，用粉末冶金方法制成的金属材料。即将难熔的高硬度的 WC、TiC、TaC（碳化钽）和钴、镍等金属（黏结剂）粉末经混合、压制成形，再在高温下烧结制成。

1．硬质合金的性能特点

（1）硬度高、热硬性高、耐磨性好。硬质合金在室温下的硬度可达 86～93HRA，在 900～1 000℃下仍然有较高的硬度，故硬质合金刀具在使用时，其切削速度、耐磨性及寿命均比高速钢有显著提高。

（2）抗压强度比高速钢高，抗弯强度只有高速钢的1/3～1/2，韧性差（为淬火钢的30%～50%）。

2. 常用的硬质合金

按成分与性能特点不同，常用的硬质合金有三类。

（1）钨钴类硬质合金。它的主要成分为碳化钨及钴。其代号用“硬”“钴”两字的汉语拼音字母字头“YG”加数字表示，数字表示含钴量的百分数。例如YG8，表示钨钴类硬质合金，含钴量8%。

（2）钨钴钛类硬质合金。它的主要成分为碳化钨、碳化钛及钴。其代号用“硬”“钛”两字的汉语拼音字母字头“YT”加数字表示，数字表示碳化钛的百分数。例如YT5，表示钨钴钛类硬质合金，含碳化钛5%。

硬质合金中，碳化物质量分数越多，含钴量越少，则合金的硬度、热硬性及耐磨性越高，合金的强度和韧性越低。含钴量相同时，YT类硬质合金由于碳化钛的加入，具有较高的硬度及耐磨性，同时，其表面形成一层氧化薄膜，切削不易粘刀，具有较高的热硬性；但强度和韧性比YG类硬质合金低。因此YG类硬质合金刀具适合加工脆性材料（如铸铁），而YT类硬质刀具适合加工塑性材料（如钢等）。

（3）通用硬质合金。它是以碳化钽或碳化铌取代YT类硬质合金中的一部分碳化钛制成的。由于加入碳化钽（碳化铌），显著提高了合金的热硬性，常用来加工不锈钢、耐热钢、高锰钢等难加工的材料。所以也称其为“万能硬质合金”。万能硬质合金代号用“硬”“万”两字汉语拼音字母字头“YW”加顺序号表示。如YW1、YW2等。

上述硬质合金，硬度高，脆性大，除磨削外，不能进行切削加工，一般不能制成形状复杂的整体刀具，故一般将硬质合金制成一定规格的刀片，使用前将其紧固（用焊接、粘接或机械紧固）在刀体或模具上。

常用硬质合金的牌号、化学成分和力学性能见表2—36。

表2—36　常用硬质合金的牌号、化学成分和力学性能

类别	牌号	化学成分/%				力学性能	
		WC	TiC	TaC	Co	HRA（不低于）	σ_b/MPa（不低于）
钨钴类合金	YG3X	96.5	—	<0.5	3	92	1 000
	YG6	94.0	—	—	6	89.5	1 450
	YG6X	93.5	—	<0.5	6	91	1 400
	YG8	92.0	—	—	8	89	1 500
	YG8C	92.0	—	—	8	88	1 750
	YG11C	89.0	—	—	11	88.5	2 100
	YG15	85.0	—	—	15	87	2 100
	YG20C	80.0	—	—	20	83	2 200
	YG6A	91.0	—	3	6	91.5	1 400
	YG8A	91.0	—	<1	8	89.5	1 500

续表

类别	牌号	化学成分/%				力学性能	
		WC	TiC	TaC	Co	HRA（不低于）	σ_b/MPa（不低于）
钨钴钛类合金	YT5	85.0	5	—	10	88.5	1 400
	YT15	79.0	15	—	6	91	1 130
	YT30	66.0	30	—	4	92.5	880
适用合金	YW1	84.0	6	4	6	92	1 230
	YW2	82.0	6	4	8	91.5	1 470

注：牌号中“X”表示该合金为细颗粒；“C”表示粗颗粒，不标字母的为一般颗粒；“A”表示在原合金的基础上还含有少量 TiC 或 NbC 的合金。

近年来，又开发了一种钢结硬质合金，它与上述硬质合金的不同点在于其黏结剂为合金粉末（不锈钢或高速钢），从而使其与钢一样可以进行锻造、切削、热处理及焊接，可以制成各种形状复杂的刀具、模具及耐磨零件等。例如高速钢结硬质合金可以制成滚刀、圆锯片等刀具。

思考题

1. 有一个直径 $d_0 = 10$ mm，$l_0 = 100$ mm 的低碳钢试样，拉伸试验时测得其 $F_s = 21$ kN，$F_b = 29$ kN，$d_1 = 5.65$ mm，$l_1 = 138$ mm。求该试样的 σ_s、σ_b、δ、ψ。

2. 什么叫强度、塑性、硬度？衡量强度、塑性的常用指标及符号是什么？常用的硬度试验法有哪三种？各用什么符号表示？

3. 绘制简化后的 $Fe - Fe_3C$ 相图，说明各主要特性点和线的含义。

4. 随着含碳量的增加，钢的组织和性能有什么变化？

5. 说明碳素钢的分类及牌号表示方法。

6. 热处理工艺由哪三个阶段组成？

7. 退火、正火、淬火、回火的主要目的是什么？淬火钢回火时，常用回火方法有哪几种？指出各种回火的组织及适用范围。

8. 哪些零件需要表面热处理？常用的表面热处理有哪几种？各有什么优缺点？

9. 说明合金钢牌号的表示方法。

10. 灰铸铁、可锻铸铁、球墨铸铁的牌号如何表示？各有哪些特点？主要的热处理方式有哪些？

11. 什么是孕育处理？孕育处理对铸铁性能有何影响？

12. 什么是黄铜？什么是青铜？它们的牌号如何表示？

13. 说明铝合金的分类及热处理方法。

14. 轴承合金应满足哪些要求？常用的轴承合金有哪几类？各有何特点？

15. 常用硬质合金有哪几类？举例说明牌号及用途。

第3单元

机械传动基础

第一节　齿轮传动

齿轮传动是应用最广泛的一种机械传动。和其他传动形式相比，其主要优点有：适用的速度和功率范围广；传动比准确；效率高；工作可靠；寿命长；可实现平行轴、相交轴、交错轴之间的传动；结构紧凑。缺点有：制造和安装精度要求较高，成本较高；不适宜于远距离两轴之间的传动。

齿轮用于传递运动和动力，必须满足以下两个要求：

齿轮传动的最基本要求之一是瞬时传动比恒定不变。以避免产生动载荷、冲击、振动和噪声。这与齿轮的齿廓形状、制造和安装精度有关。第二是承载能力强。齿轮传动在具体的工作条件下，必须有足够的工作能力，以保证齿轮在整个工作过程中不致产生各种失效。这与齿轮的尺寸、材料、热处理工艺因素有关。要满足这些要求，可以采用摆线、圆弧和渐开线等作齿形，但目前应用最广泛的是渐开线齿形。

一、渐开线的形成及其特性

1．渐开线的形成

当一直线 L 沿一圆周作纯滚动时，直线上任意点 K 的轨迹 AK 即为该圆的渐开线（图 3—1）。这个圆称为渐开线的基圆，其半径为 r_b。而该直线 L 称为渐开线的发生线。

2．渐开线的特性

根据渐开线的形成过程，可知其有以下特性：

（1）因为发生线在基圆上作纯滚动，所以发生线在基圆上滚过的一段长度等于基圆上被滚过的弧长，即 $\overline{NK}=\overset{\frown}{AN}$。

（2）渐开线任意点 K 的法线 NK 必切于基圆，且 NK 为 K 点的曲率半径，N 点为 K 点的曲率中心。

（3）渐开线上任一点 K 所受法向力的方向线（即渐开线在该点的法线）与该点绕基圆中心转动的速度方向线所夹的锐角 α_K，称为该点的压力角。由图 3—1 可知：

$$\cos\alpha_K=\overline{ON}/\overline{OK}=r_b/r_K$$

上式表明渐开线上各点的压力角不等，向径 r_K 越大，其压力角也越大。基圆上的压力角为零。

（4）渐开线的形状取决于基圆的大小（图 3—2）。随着基圆半径增大，渐开线上对应点的曲率半径也增大，当基圆半径为无穷大时，渐开线则成为直线。故渐开线齿条的齿廓为直线。

（5）由于渐开线是以基圆为起点向外展开的，故基圆以内无渐开线。

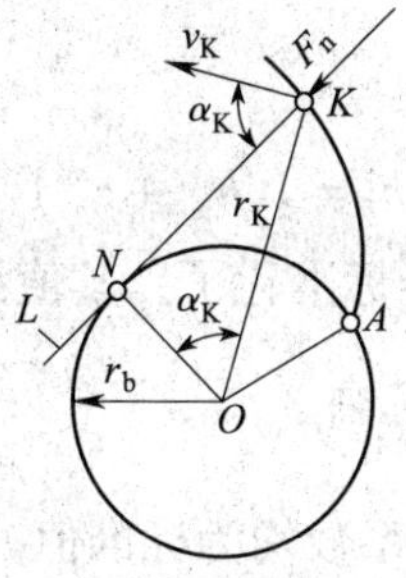

图 3—1　渐开线的形成及性质

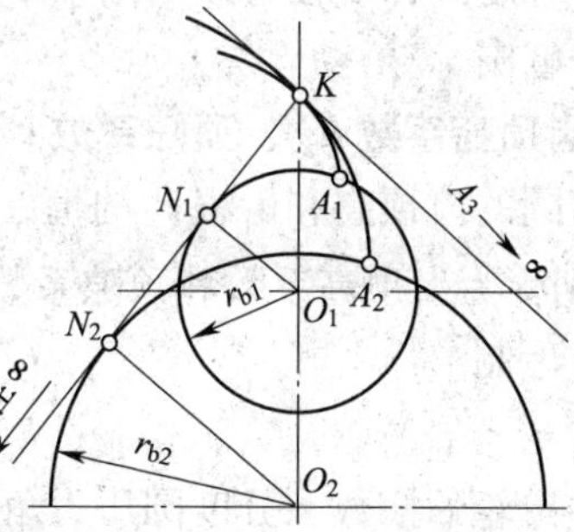

图 3—2　渐开线形状与基圆半径的关系

二、渐开线标准直齿圆柱齿轮的基本参数

决定齿轮尺寸和齿形的基本参数有 5 个，即齿数 z、模数 m、压力角 α、齿顶高系数 h_a^* 和顶隙系数 c^*。

1. 齿数 z

一个齿轮圆周表面上的轮齿总数。

2. 模数 m

由前述已知，当给定齿轮的齿数 z 及齿距 p 时，分度圆直径即可由 $d = zp/\pi$ 求出。但由于 π 为一无理数，它将给齿轮的设计、计算、制造和检验等带来很大不便。为了便于设计、制造及互换使用，将 p/π 规定为标准值，此值称为模数 m，单位为 mm。分度圆上的模数已经标准化，计算几何尺寸时应采用我国规定的标准模数系列，见表 3—1。

表 3—1　　标准模数系列（GB/T 1357—1987）

第一系列	0.1	0.12	0.5	0.2	0.25	0.3	0.4	0.5	0.6	0.8
	1	1.25	1.5	2	2.5	3	4	5	6	8
	10	12	16	20	25	32	40	50		
第二系列	0.35	0.7	0.9	1.75	2.25	2.75	(3.25)	3.5	(3.75)	
	4.5	5.5	(6.5)	7	9	(11)	14	18	22	
	28	36	45							

模数是决定齿轮尺寸的一个基本参数，齿数相同的齿轮，模数大则齿轮尺寸也大（图 3—3a）。

而当模数一定时，齿数 z 不同，则齿廓渐开线的形状也不同（图 3—3b）。

3. 压力角 α

渐开线上各点的压力角各不相同，分度圆上的压力角用 α 表示。国家标准中规定分度圆上的压力角为标准值，$\alpha = 20°$。

对于分度圆，现在可以给出一个明确的定义：齿轮上具有标准模数和标准压力角的圆即为分度圆。

4. 齿顶高系数 h_a^*、顶隙系数 c^*

分度圆的齿顶高和齿根高的值，分别为 $h_a = h_a^* m$ 和 $h_f = (h_a^* + c^*) m$，式中 h_a^* 和 c^* 分别称为齿顶高系数和顶隙系数。这两个系数也已经标准化了，其值为

正常齿制　　$h_a^* = 1$，$c^* = 0.25$

短齿制　　$h_a^* = 0.8$，$c^* = 0.3$

若一齿轮的模数、分度圆压力角、齿顶高系数和顶隙系数均为标准值，且其分度圆上齿厚与齿槽宽相等，则称为标准齿轮。

三、渐开线齿廓的啮合特性

1. 能保持恒定的传动比

经研究得出两渐开线齿轮啮合时，其传动比与两基圆半径成反比，在齿轮加工完成之后，其基圆大小就已完全确定，故一对渐开线齿轮瞬时传动比为常数，即能保持恒定的传动比。

2. 具有传动的可分性

渐开线齿轮的传动比与两轮基圆半径成反比。所以即使由于制造、安装、受力变形和轴承磨损等原因使两轮的实际中心距与设计中心距略有偏差，也不会影响两齿轮的传动比。渐开线齿廓传动的这种特性称为传动的可分性。这种传动的可分性，对于渐开线齿轮的加工和装配都是十分有利的。

四、渐开线齿轮的正确啮合条件

为了使一对齿轮能正确啮合（图 3—4），必须保证处于啮合线上的各对轮齿都能正

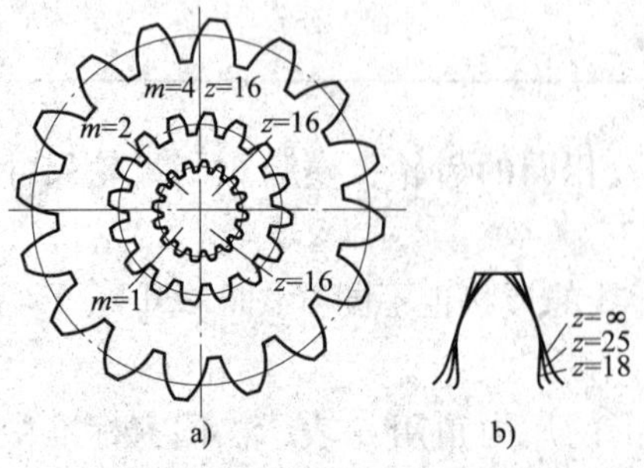

图 3—3　不同模数和不同齿数的轮齿

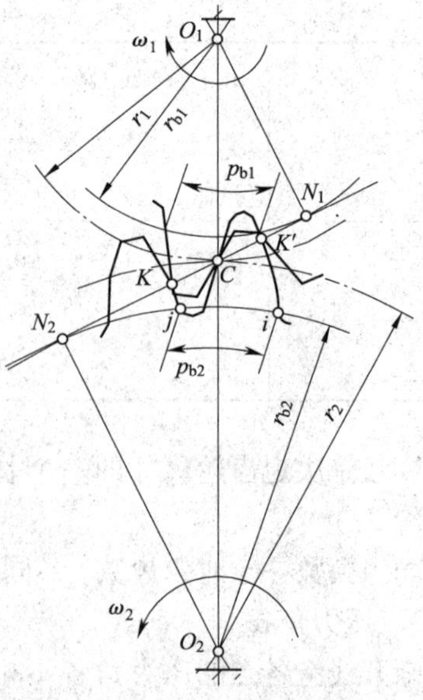

图 3—4　渐开线齿轮的正确啮合

确地进入啮合状态。为此，一对相互啮合的齿轮的法向齿距必须相等，即 $p_{b1}=p_{b_2}$。又因为 $p_b=\pi m\cos\alpha$，所以，两齿轮的正确啮合条件为：

$$m_1\cos\alpha_1=m_2\cos\alpha_2$$

由于模数 m 和压力角 α 均已标准化，故正确啮合条件为：

$$\left.\begin{aligned}m_1=m_2=m\\ \alpha_1=\alpha_2=\alpha\end{aligned}\right\}$$

五、渐开线齿轮的切制原理及根切现象

1. 齿轮的加工方法

齿轮的加工方法有铸造、热轧、冲压和切削等。生产上常用的是切削加工方法，按其原理可分为仿形法和展成法。

（1）仿形法。仿形法是在铣床上用盘形铣刀（图 3—5a）或指状铣刀（图 3—5b）切制轮齿。铣刀的轴面形状与齿轮的齿槽形状相同。铣齿时，盘形铣刀转动，安装在铣床工作台上的轮坯作轴向移动，铣好一个齿槽后，轮坯轴向退回原位，转过 360°/z，铣下一个齿槽，直至加工出全部轮齿。指状铣刀一般用于切制大模数齿轮（$m\geqslant20$ mm）。这种加工方法简单，不需要专用机床，但生产率低，精度差，只适用于单件生产及精度要求不高的齿轮加工。

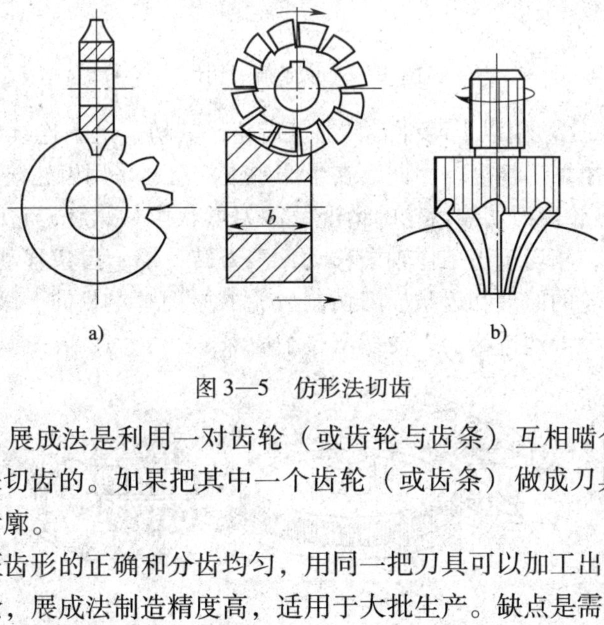

图 3—5　仿形法切齿

（2）展成法。展成法是利用一对齿轮（或齿轮与齿条）互相啮合时其共轭齿廓互为包络线的原理来切齿的。如果把其中一个齿轮（或齿条）做成刀具，就可以切出与它共轭的渐开线齿廓。

此法可以保证齿形的正确和分齿均匀，用同一把刀具可以加工出同一模数和压力角而齿数不同的齿轮，展成法制造精度高，适用于大批生产。缺点是需要专用机床，故加工成本高。

用展成法加工齿轮时，常用的刀具有齿轮插刀、齿条插刀、齿轮滚刀三大类。

1）齿轮插刀加工。齿轮插刀形状如图 3—6 所示，齿轮插刀是一个具有切削刃的渐开线外齿轮。插齿时，插刀与轮坯严格地按定比传动作展成运动（即啮合传动），同时插刀沿轮坯轴线方向作上下往复的切削运动。为了防止插刀退刀时擦伤已加工的齿廓

表面，在退刀时，轮坯还需作小距离的让刀运动。另外，为了切出轮齿的整个高度，插刀还需要向轮坯中心移动，作径向进给运动。

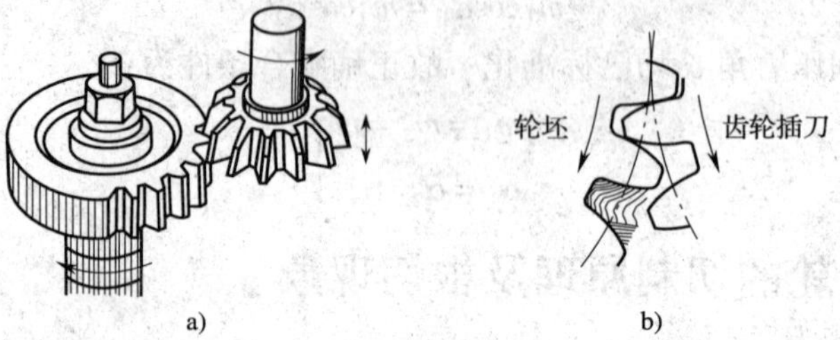

图 3—6　齿轮插刀切齿

2）齿条插刀加工。用齿轮插刀切齿是模仿齿条与齿轮的啮合过程，把刀具做成齿条状，如图 3—7 所示。其切齿原理与用齿轮插刀加工齿轮的原理相同。

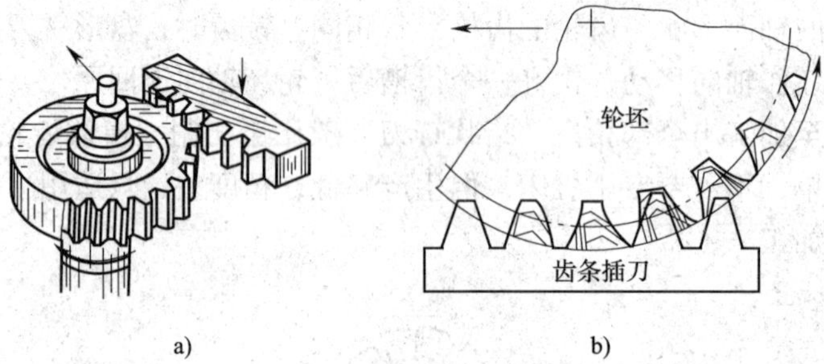

图 3—7　齿条插刀切齿

3）齿轮滚刀加工。用以上两种刀具加工齿轮，其切削是不连续的，不仅影响生产率的提高，还限制了加工精度。因此，在生产中更广泛地采用齿轮滚刀来切制齿轮。如图 3—8 所示为用齿轮滚刀切制齿轮的情况。滚刀形状像一螺旋，它的轴向剖面为一齿条。当滚刀转动时，相当于齿条作轴向移动，滚刀转一周，齿条移动一个导程的距离。所以用滚刀切制齿轮的原理和齿条插刀切制齿轮的原理基本相同。滚刀除了旋转之外，还沿着轮坯的轴线缓慢地进给，以便切出整个齿深。

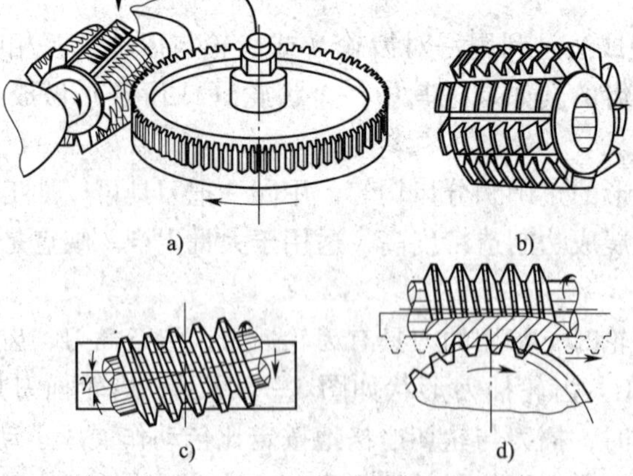

图 3—8　齿轮滚刀切齿

2. 渐开线齿廓的根切问题

（1）根切现象。用展成法加工齿轮时，有时会出现刀具的顶部切入齿根，将齿根部分渐开线齿廓切去的现象称为根切。

如图 3—9 所示，虚线表示该轮齿的理论齿廓，实线表示根切后的齿廓。产生严重根切的齿轮削弱了轮齿的抗弯强度，导致传动的不平稳，对传动十分不利，因此，应尽力避免根切现象的产生。

（2）标准齿轮无根切的最少齿数。用齿条型刀具切制渐开线标准直齿圆柱齿轮时，为了避免根切，被切齿轮的最少齿数为：

$$z_{\min} = \frac{2h_a^*}{\sin^2\alpha}$$

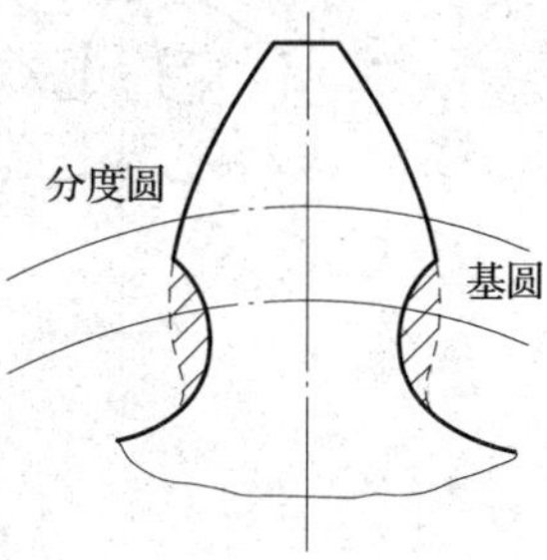

图 3—9 渐开线齿廓的根切

对于 $h_a^* = 1$，$\alpha = 20°$的标准直齿圆柱齿轮，不发生根切的最少齿数 $z_{\min} = 17$。在工程实际中，轮齿若有轻微的根切，对齿轮的承载能力影响甚微。因此，允许取最少齿数为 14。

六、斜齿圆柱齿轮传动

1. 斜齿轮齿廓曲面的形成

如图 3—10 所示，当发生面与基圆柱相切并作纯滚动时，发生面上任意一条与基圆柱母线成一倾斜角 β_b 的直线 *KK* 在空间所展开的轨迹为一个渐开线螺旋面，即为斜齿圆柱齿轮的齿廓曲面。从端面上看各点的轨迹均为渐开线，只是各渐开线的起点不同而已。由于斜直线 *KK* 在其上各点依次和基圆柱相切，因此，各切点在基圆柱上形成螺旋线 *AA*，*AA* 线上各点为渐开线的起始点，它们在空间展开的曲面为渐开螺旋面。β_b 角称为基圆柱上的螺旋角。

单元 3

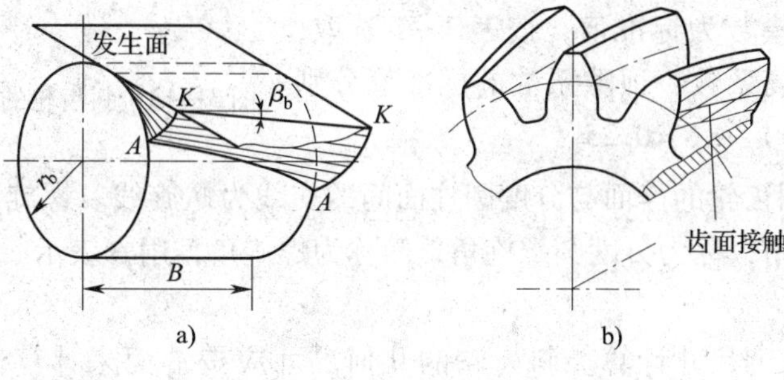

图 3—10 渐开线螺旋面的形成

2. 斜齿圆柱齿轮的啮合特点

直齿圆柱齿轮的轮齿和齿轮轴线平行，轮齿啮合时齿面间的接触线也和齿轮轴平行（图 3—11a）。因此，轮齿进入啮合和退出啮合时，都是沿整个齿宽同时发生的，因而传动平稳性差，冲击和噪声较大。

斜齿圆柱齿轮的轮齿和齿轮轴线不平行，轮齿啮合时齿面间的接触线是倾斜的

（图 3—11b），接触线的长度是由短变长，再由长变短。即轮齿是逐渐进入啮合，再逐渐退出啮合的，故传动平稳，冲击和噪声小，适合于高速传动。

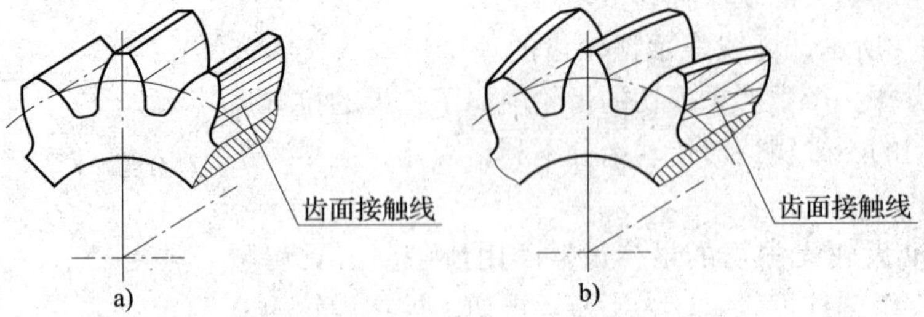

图 3—11　直齿轮和斜齿轮的齿面接触线

3．斜齿轮的基本参数和几何尺寸计算

（1）斜齿轮的基本参数。斜齿轮由于轮齿的倾斜，其几何参数有端面参数与法面参数之分。

1）模数和压力角。对于斜齿轮，垂直于齿轮轴线的平面称为端面（参数加下角标 t）。垂直于轮齿螺旋线的平面称为法面（参数加下角标 n）。将斜齿轮沿分度圆柱面展开（图 3—12）。图中有阴影的部分代表轮齿。可得

$$p_t = p_n / \cos\beta$$

因 $p_n = \pi m_n$，$p_t = \pi m_t$，故

$$m_n = m_t \cos\beta$$

$$\tan\alpha_n = \tan\alpha_t \cos\beta$$

$$h_{at}^* = h_{an}^* \cos\beta$$

$$c_t^* = c_n^* \cos\beta$$

斜齿轮的法向模数为标准值，按表 3—1 选取，法向压力角、齿顶高系数、顶隙系数的标准值分别为：$\alpha_n = 20°$，$h_{an}^* = 1$，$c_n^* = 0.25$。

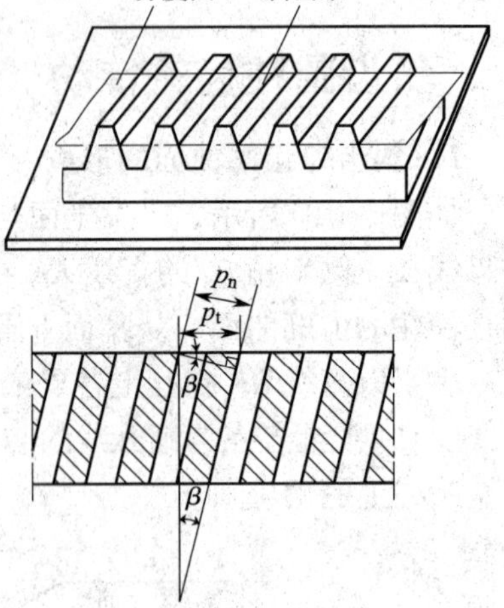

图 3—12　斜齿轮的端面和法面参数

2）螺旋角。斜齿轮的齿面与分度圆柱面间的交线为螺旋线。螺旋线的切线与齿轮轴线之间所夹的锐角，称为分度圆螺旋角，简称为螺旋角，用 β 表示。螺旋角有左旋和右旋之分。

3）斜齿轮的几何尺寸计算。斜齿轮的几何尺寸应按端面来计算，计算公式见表 3—2。

表 3—2　　标准斜齿圆柱齿轮传动的几何尺寸计算公式

名称	代号	计算公式
螺旋角	β	一般取 8°～20°
基圆柱螺旋角	β_b	$\tan\beta_b = \tan\beta\cos\alpha$

续表

名称	代号	计算公式
法向齿距	p_n	$p_n = \pi m_n$
基圆法向齿距	p_{bn}	$p_{bn} = p_n \cos\alpha_n$
齿顶高	h_a	$h_a = h_{an}^* m_n = m_n$ （$h_{an}^* = 1$）
齿根高	h_f	$h_f = (h_{an}^* + c_n^*) m_n = 1.25 m_n$ （$c_n^* = 0.25$）
全齿高	h	$h = h_a + h_f = 2.25 m_n$
分度圆直径	d	$d = m_t z = \dfrac{mz}{\cos\beta}$
齿顶圆直径	d_a	$d_a = d + 2h_a$
齿根圆直径	d_f	$d_f = d - 2h_f$
顶隙	c	$c = c_n^* m_n = 0.25 m_n$
中心距	a	$a =$ （$d_1 + d_2$）$/2 = m_n$（$z_1 + z_0$）$/(2\cos\beta)$

4. 斜齿轮传动的正确啮合条件

一对斜齿轮啮合传动，由于存在螺旋角，所以在啮合传动中，要求两个齿轮的法面模数及法面压力角应分别相等，另外两轮啮合处的齿向也要相同，因此，斜齿轮传动的正确啮合条件为

$$\left.\begin{aligned} m_{n1} &= m_{n2} \\ \alpha_{n1} &= \alpha_{n2} \\ \beta_1 &= \pm\beta_2 \end{aligned}\right\}$$

式中，正号用于内啮合传动，负号用于外啮合传动。由于相互啮合的斜齿轮的螺旋角大小相等，旋向相反，所以其端面模数和端面压力角也分别相等。即

$$m_{t1} = m_{t2}，\alpha_{t1} = \alpha_{t_2}$$

七、直齿锥齿轮传动

1. 直齿锥齿轮传动的特点

直齿锥齿轮用于相交两轴之间的传动。其运动可以看成是两个圆锥形摩擦轮在一起纯滚动，该圆锥即为节圆锥。与圆柱齿轮相似，锥齿轮也分为分度圆锥、齿顶圆锥和齿根圆锥等。但和圆柱齿轮不同的是轮齿的厚度沿锥顶方向逐渐减小。锥齿轮传动中两轴之间的轴交角 Σ 可根据传动的需要来确定，在一般机械中，多采用 $\Sigma = 90°$ 的传动。由于直齿锥齿轮的设计、制造和安装均较简便，故应用最广泛。曲齿锥齿轮主要用在高速大功率传动中，斜齿锥齿轮则应用较少。

2. 直齿锥齿轮的参数和几何尺寸计算

直齿锥齿轮的轮齿是分布在圆锥面上的，因此有大端和小端之分。

大端尺寸较大，计算和测量的相对误差较小，便于确定齿轮机构的外廓尺寸。为了便于计算和测量，通常取锥齿轮大端的参数为标准值，模数按表 3—3 选取。大端压力角为标准值，$\alpha = 20°$。直齿锥齿轮的几何尺寸计算也是以大端为基准，其齿顶高系数 $h_a^* = 1$，顶隙系数 $c^* = 0.2$。

表 3—3　　标准直齿锥齿轮的模数

1	1.125	1.25	1.375	1.5	1.75	2	2.25	2.5	2.75	3		
3.25	3.5	3.75	4	4.5	5	5.5	6	6.5	7	8	9	10

如图 3—13 所示为一对直齿锥齿轮传动，轴交角 $\Sigma=\delta_1+\delta_2=90°$，其传动比为

$$i_{12}=\frac{\omega_1}{\omega_2}=\frac{z_2}{z_1}=\frac{d_2}{d_1}=\cot\delta_1=\tan\delta_2$$

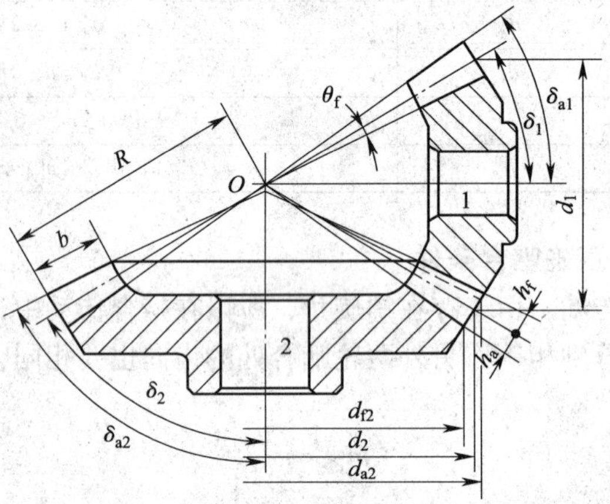

图 3—13　轴交角 Σ=90°的直齿锥齿轮传动

图 3—13 中 R 为分度圆锥的锥顶到大端的距离，称为锥距。齿宽 b 与锥距 R 的比值称为锥齿轮的齿宽系数，用 ψ_R 表示，一般取 $\psi_R=b/R=0.20\sim0.35$，常取 $\psi_R=0.30$，由 $b=\psi_R R$ 计算出的齿宽应圆整，并取大小齿轮的齿宽 $b_1=b_2=b$。

根据 GB/T 12369—90、GB/T 12370—90 的规定，现主要采用等顶隙锥齿轮传动，即两轮的顶隙由轮齿大端到小端都是相等的。在这种传动中，两轮的分度圆锥和齿根圆锥的锥顶共点。但两轮的齿顶圆锥，因其母线各自平行于与之啮合传动的另一锥齿轮的齿根圆锥母线，所以其锥顶就不再重合于一点了。标准直齿锥齿轮传动的主要尺寸计算公式见表 3—4。

表 3—4　　标准直齿锥齿轮传动的几何尺寸计算公式（$\Sigma=90°$）

名称	代号	计算公式
齿顶高	h_a	$h_a=h_a^* m=m$（$h_a^*=1$）
齿根高	h_f	$h_f=(h_a^*+c^*)m=1.2m$（$c^*=0.2$）
全齿高	h	$h=h_a+h_f=2.2m$
顶隙	c	$c=c^* m=0.2m$
分度圆锥角	δ	$\delta_1=\arctan(z_1/z_2)$，$\delta_2=\arctan(z_2/z_1)$
分度圆直径	d	$d_1=mz_1$，$d_2=mz_2$
齿顶圆直径	d_a	$d_{a1}=d_1+2h_a\cos\delta_1$，$d_{a2}=d_2+2h_a\cos\delta_2$

续表

名称	代号	计算公式
齿根圆直径	d_f	$d_{f1}=d_1-2h_f\cos\delta_1$，$d_{f2}=d_2-2h_f\cos\delta_2$
锥距	R	$R=\sqrt{d_1^2+d_2^2}/2=m\sqrt{z_1^2+z_2^2}/2$
齿宽	b	$b=\psi_R R$，$\psi_R=0.25\sim0.3$
齿根角	θ_f	$\theta_f=\arctan(h_f/R)$
顶锥角	δ_a	$\delta_{a1}=\delta_1+\theta_f$，$\delta_{a2}=\delta_2+\theta_f$
根锥角	δ_f	$\delta_{f1}=\delta_1-\theta_f$，$\delta_{f2}=\delta_2-\theta_f$

八、齿轮的结构

齿轮的结构形式主要有齿轮轴、实心式齿轮、腹板式齿轮、轮辐式齿轮，具体的结构应根据工艺要求及经验公式确定。

1. 齿轮轴

对于直径较小的钢制齿轮，当齿根圆直径与轴的直径相差较小时，应将齿轮与轴做成一体，称为齿轮轴（图 3—14）；如果齿轮的直径比轴的直径大得较多时，应将齿轮与轴分开。

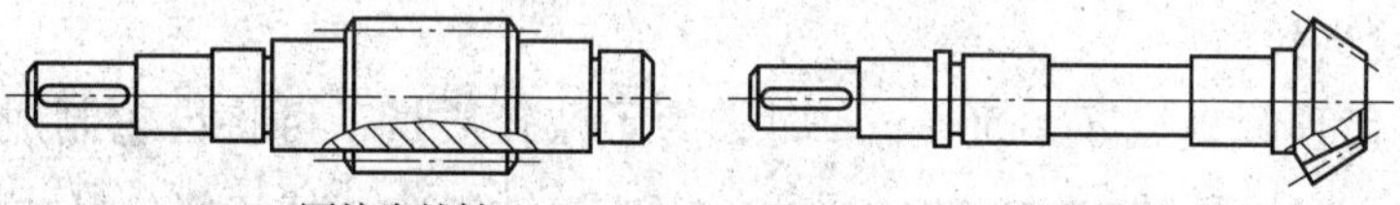

a) 圆柱齿轮轴　　b) 锥齿轮轴

图 3—14　齿轮轴

2. 实心式齿轮

当齿轮的齿顶圆直径 $d_a\leqslant200$ mm 时，可做成实心式齿轮，实心式齿轮结构简单、制造方便，为了便于装配和减少边缘的应力集中，孔边、齿顶边缘应切制倒角，如图 3—15 所示。这种结构形式的齿轮常用锻钢制造。

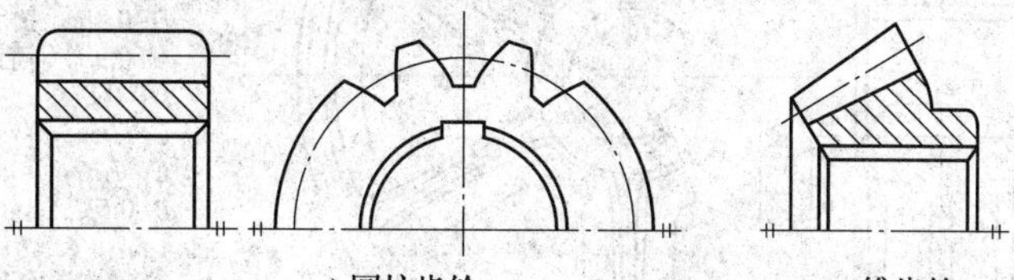

a) 圆柱齿轮　　b) 锥齿轮

图 3—15　实心式齿轮

3. 腹板式齿轮

当齿轮的齿顶圆直径 $d_a=200\sim500$ mm 时，可将齿轮做成腹板式结构，以节省材料、减轻质量。考虑到制造、搬运等的需要，腹板上常对称开出多个孔，如图

3—16 所示。这种结构的齿轮一般多用锻钢制造，其各部分尺寸由图中的经验公式确定。

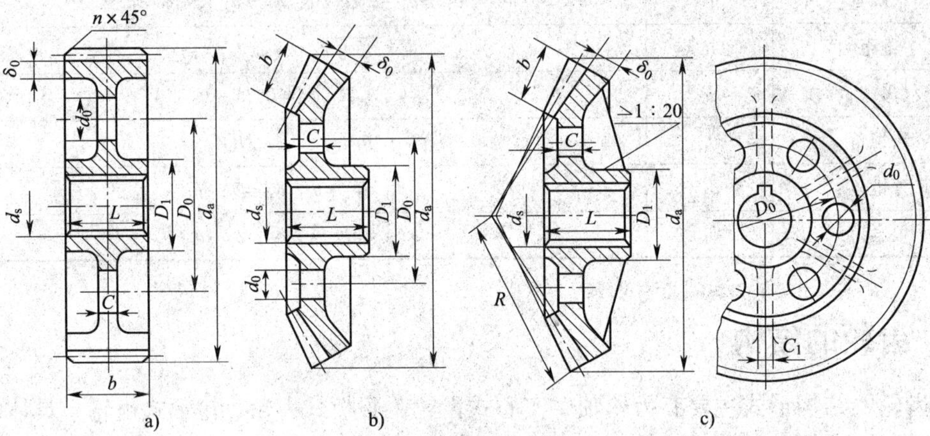

D_1=1.6d_s（钢材）；D_1=1.8d_s（铸铁）；

D_0、d_0按结构而定；

圆柱齿轮：L=（1.2～1.5）$d_s \geq b$；δ_0=（2.5～4）$m_n \geq$10mm；

C=（0.2～0.3）b；n=0.5m_n；

锥齿轮：L=（1.0～1.2）d_s；δ_0=（3～4）$m \geq$10mm；

C=（0.1～0.17）R；C_1=0.8c

图 3—16　腹板式齿轮

单元 3

4. 轮辐式齿轮

当齿轮的齿顶圆直径 d_a > 500 mm 时，为了减轻质量，可将齿轮制成轮辐式结构，如图 3—17 所示。这种结构的齿轮常采用铸钢或铸铁制造，其各部分尺寸按图中的经验公式确定。

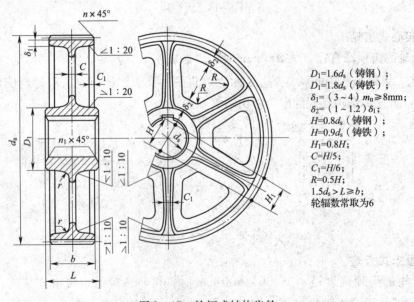

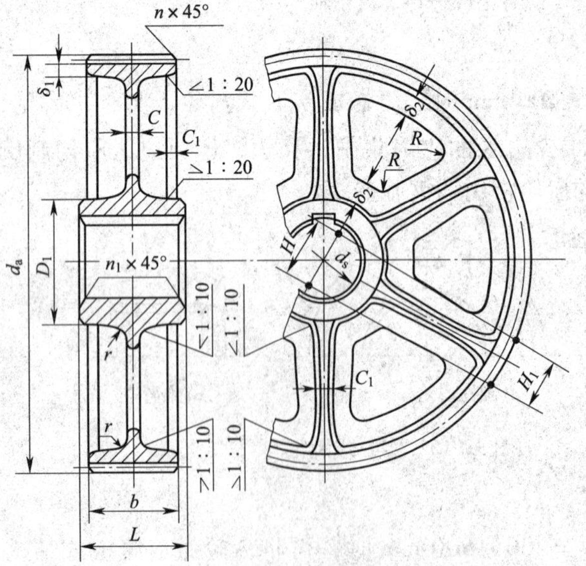

D_1=1.6d_s（铸钢）；

D_1=1.8d_s（铸铁）；

δ_1=（3～4）$m_n \geq$8mm；

δ_2=（1～1.2）δ_1；

H=0.8d_s（铸钢）；

H=0.9d_s（铸铁）；

H_1=0.8H；

C=H/5；

C_1=H/6；

R=0.5H；

1.5d_s > $L \geq b$；

轮辐数常取为6

图 3—17　轮辐式结构齿轮

第二节　蜗杆传动

蜗杆传动机构由蜗轮和蜗杆组成（图 3—18），用于传递空间两交错轴之间的运动和动力，通常是两轴在空间相互垂直，轴交错角 $\Sigma=90°$，一般蜗杆为主动件。

图 3—18　蜗轮蜗杆传动机构

一、蜗杆传动机构的特点

蜗杆传动机构具有传动比大、结构紧凑、工作平稳、噪声低，在一定条件下可以实现自锁等优点而获得广泛的应用。但蜗杆传动机构有效率低、发热量和磨损大、常需耗用有色金属等缺点。

二、蜗轮蜗杆传动机构的类型

按蜗杆形状不同，蜗杆传动可分为圆柱蜗杆传动（图 3—19a）、环面蜗杆传动（图 3—19b）、锥面蜗杆传动（图 3—19c）三大类。环面蜗杆和锥面蜗杆的制造较困难，安装要求较高，故不如圆柱蜗杆应用广泛。

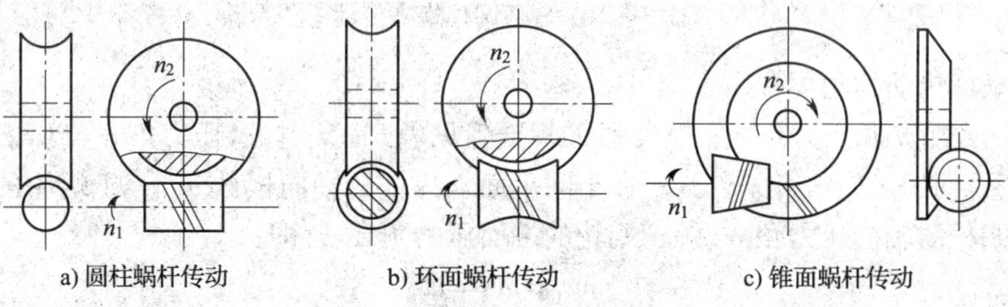

图 3—19　蜗杆传动的类型

根据加工方法的不同，圆柱蜗杆又可分为阿基米德圆柱蜗杆、渐开线圆柱蜗杆、法向直廓圆柱蜗杆和圆弧圆柱蜗杆等（图 3—20）。前三种称为普通圆柱蜗杆传动。

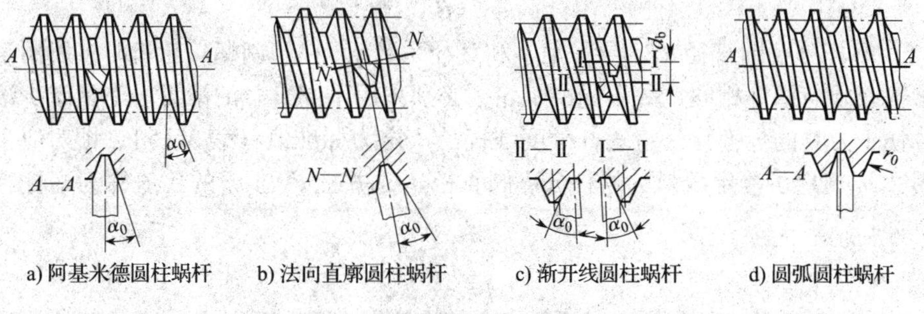

图 3—20　圆柱蜗杆的几种类型

蜗杆类似于螺杆有左旋和右旋之分，除特殊需要外，一般采用右旋。

由于普通圆柱蜗杆传动加工制造简单，用途广泛，所以本章着重介绍以阿基米德蜗杆为代表的普通圆柱蜗杆传动。

单元 3

三、普通圆柱蜗杆传动的主要参数和几何尺寸计算

如图 3—21 所示，通过蜗杆轴线并垂直于蜗轮轴线的平面，称为中间平面。蜗杆和蜗轮啮合时，在中间平面内圆柱蜗杆传动就相当于齿条与齿轮的啮合传动，所以在设计蜗杆传动时，均取中间平面上的参数（如模数、压力角等）和尺寸（如齿顶圆、分度圆等）为基准，并沿用齿轮传动的计算关系。

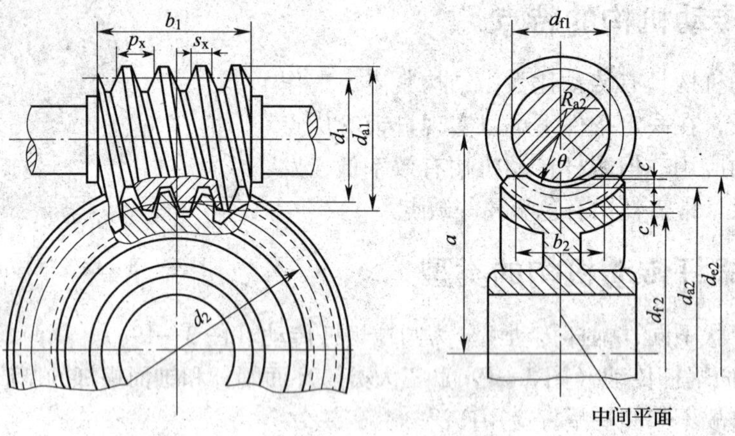

图 3—21　普通圆柱蜗杆传动

1. 蜗杆传动的主要参数

（1）模数 m 和压力角 α。模数 m 的标准值见表 3—5，标准压力角 $\alpha=20°$。

蜗杆传动的正确啮合条件为：在中间平面上蜗杆的轴向模数 m_{x1} 等于蜗轮的端面模数 m_{t2}，蜗杆的轴向压力角 α_{x1} 等于蜗轮的端面压力角 α_{t2}，即：

$$m_{x1}=m_{t2}=m$$

$$\alpha_{x1}=\alpha_{t2}=\alpha$$

此外，为保证蜗杆和蜗轮的正确啮合，对于两轮轴线交错角为 90°时，还应使蜗杆分度圆柱导程角 γ 与蜗轮分度圆柱螺旋角 β 等值且方向相同，即：

$$\gamma=\beta$$

（2）蜗杆分度圆直径 d_1、导程角 γ 和直径系数 q。在切制蜗轮轮齿时，所用滚刀的几何参数必须与蜗杆相同，故不同的蜗轮，必须采用不同直径的滚刀。为了减少滚刀的型号，便于刀具的标准化，将蜗杆分度圆直径 d_1 定为标准值（表 3—5），即对应于每一标准模数 m 规定了一定数量的蜗杆分度圆直径 d_1，并把 d_1 与 m 的比值称为蜗杆直径系数 q，即：

$$q=\frac{d_1}{m}$$

由于 d_1 与 m 均为标准值，故 q 是 d_1、m 的导出值，不一定是整数（表 3—5）。

在蜗杆直径系数 q 及蜗杆头数 z_1 选定以后，蜗杆分度圆柱导程角 γ 就确定了。从图 3—22 知：

表 3—5　　圆柱蜗杆的模数 m 和分度圆直径 d_1 的搭配值（GB 10085—88）

模数 m/mm	分度圆直径 d_1/mm	蜗杆头数 z_1	直径系数 q	m^2d_1 /mm^3	模数 m/mm	分度圆直径 d_1/mm	蜗杆头数 z_1	直径系数 q	m^2d_1 /mm^3
2	(18)	1、2、4	9.000	72	6.3	(50)	1、2、4	7.936	1 985
	22.4	1、2、4、6	11.200	89.6		63	1、2、4、6	10.000	2 500
	(28)	1、2、4	14.000	112		(80)	1、2、4	12.698	3 475
	35.5	1	17.750	142		112	1	17.778	4 445
2.5	(22.4)	1、2、4	8.960	140	8	(63)	1、2、4	7.875	4 032
	28	1、2、4、6	11.200	175		80	1、2、4、6	10.000	5 120
	(35.5)	1、2、4	14.200	221.9		(100)	1、2、4	12.500	6 400
	45	1	18.000	281		140	1	17.500	8 960
3.15	(28)	1、2、4	8.889	277.8	10	(71)	1、2、4	7.100	7 100
	35.5	1、2、4、6	11.270	352.2		90	1、2、4、6	9.000	9 000
	(45)	1、2、4	14.286	446.5		(112)	1、2、4	11.200	11 200
	56	1	17.778	556		160	1	16.000	16 000
4	(31.5)	1、2、4	7.875	504	12.5	(90)	1、2、4	7.200	14 062
	40	1、2、4、6	10.000	640		112	1、2、4	8.960	17 500
	(50)	1、2、4	12.500	800		(140)	1、2、4	11.200	21 875
	71	1	17.750	1 136		200	1	16.000	31 250
5	(40)	1、2、4	8.000	1 000	16	(112)	1、2、4	7.000	28 672
	50	1、2、4、6	10.000	1 250		140	1、2、4	8.750	35 840
	(63)	1、2、4	12.600	1 575		(180)	1、2、4	11.250	46 080
	90	1	18.000	2 250		250	1	15.625	64 000

注：括号中的数字尽可能不采用。

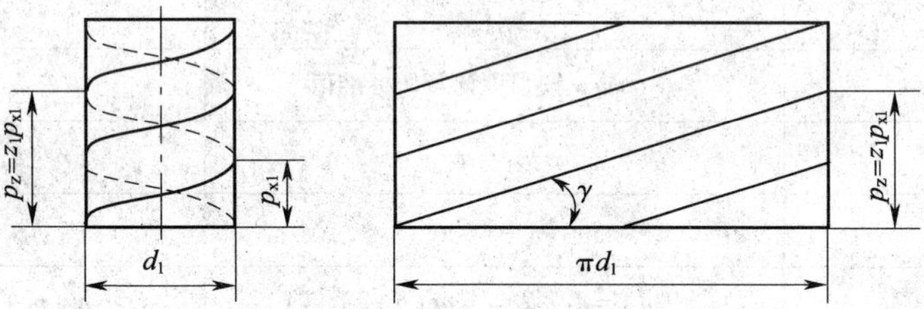

图 3—22　蜗杆导程角与导程的关系

$$\tan\gamma = \frac{p_z}{\pi d_1} = \frac{z_1 p_{x1}}{\pi d_1} = \frac{z_1 \pi m}{\pi d_1} = \frac{z_1 m}{d_1} = \frac{z_1}{q}$$

式中：z_1为蜗杆头数；p_{x1}为蜗杆轴向周节（齿距）；p_z为蜗杆的导程。

从上两式可知，当 m 一定时，q 增大，则 d_1变大，蜗杆的刚度及强度相应提高，因此 m 较小时，q 选较大值；又因为 $\tan\gamma = z_1/q$，当 q 取小值时，γ 增大，效率 η 随之提

单元 3

高，故在蜗杆轴刚度允许的情况下，应尽可能选较小的 q 值。

导程角 $\gamma \leqslant 3°30'$的蜗杆传动具有自锁性。

（3）传动比 i、蜗杆头数 z_1 和蜗轮齿数 z_2。通常蜗杆为主动件，蜗杆与蜗轮之间的传动比为：

$$i_{12} = \frac{n_1}{n_2} = \frac{z_2}{z_1}$$

式中：n_1、n_2分别为蜗杆和蜗轮的转速，r/min；z_1、z_2分别为蜗杆头数和蜗轮齿数。

必须指出，蜗杆传动的传动比不等于蜗杆与蜗轮的分度圆直径之比。

选择蜗杆头数 z_1时，主要考虑传动比、效率和制造三个方面。从制造方面看，头数越多，蜗杆制造精度要求也越高；从提高效率看，头数越多，效率越高；若要求自锁，应选择单头；从提高传动比出发，也应选择较少的头数。换言之，如果要求传动比一定，z_1较少，则 z_2也较少，这样蜗杆传动结构就紧凑。因此，在选择 z_1、z_2时要全面分析上述因素。一般来说，在动力传动中，在考虑结构紧凑的前提下，应很好地考虑提高效率，所以，当 i 较小时，宜采用多头蜗杆。而在传递运动要求自锁时，常选用单头蜗杆。通常推荐采用值为：当 $i=8\sim14$ 时，选 $z_1=4$；$i=16\sim28$ 时，选 $z_1=2$；$i=30\sim80$ 时，选 $z_1=1$ 。

蜗轮的齿数 $z_2=iz_1$，为避免加工蜗轮时产生根切，当 $z_1=1$ 时，选 $z_2\geqslant17$；当 $z_1=2$ 时，取 $z_2\geqslant27$。对于动力传动，为保证传动的平稳性，z_2不应少于 28，一般选 $z_2=32\sim63$ 为宜。蜗轮直径越大，蜗杆越长时，则蜗杆刚度小而易变形，故 z_2最好不大于 80。对于分度机构，传动比可以很大，z_2可达数百以上。

2. 蜗杆传动的几何尺寸计算

标准普通圆柱蜗杆传动的基本几何尺寸关系，参见图 3—21 和表 3—6。

表 3—6　　圆柱蜗杆基本几何尺寸关系

名称	计算公式	
	蜗杆	蜗轮
分度圆直径	$d_1=mq$，按强度计算取标准值	$d_2=mz_2$
齿顶高	$h_{a1}=m$	$h_{a2}=m$
齿根高	$h_{f1}=1.2m$	$h_{f2}=1.2m$
顶圆直径	$d_{a1}=d_1+2h_{a1}=m(q+2)$	$d_{a2}=m(z_2+2)$（喉圆直径）
根圆直径	$d_{f1}=d_1-2h_{f1}=m(q-2.4)$	$d_{f2}=m(z_2-2.4)$
径向间隙	$c=0.2m$	
中心距	$a=0.5(d_1+d_2)=0.5m(q+z_2)$	
蜗杆轴向齿距 p_{x1} 蜗轮端面周节 p_{t2}	$p_{x1}=p_{t2}=m\pi$	

续表

名称	计算公式	
	蜗杆	蜗轮
蜗杆齿宽 b_1	$z_1=1$、2 时，$b_1=(12+0.1z_2)m$； $z_1=3$、4 时，$b_1=(13+0.1z_2)m$ 磨削蜗杆加长量为：$m<10$ mm 时，加长 25 mm； $m=10\sim16$ mm 时，加长 35 mm； $m>16$ mm 时，加长 45～50 mm	
蜗轮顶圆直径 d_{e2} （也称外圆直径）	$z_1=1$ 时，$d_{e2}\leqslant d_{a2}+2m$； $z_1=2\sim3$ 时，$d_{e2}\leqslant d_{a2}+1.5m$； $z_1=4\sim6$ 时，$d_{e2}\leqslant d_{a2}+m$	
蜗轮齿宽 b_2	$z_1\leqslant3$ 时，$b_2\leqslant0.75d_{a1}$；$z_1=4\sim6$ 时，$b_2\leqslant0.67d_{a1}$	
蜗轮齿顶圆弧半径 R_{a2}	$R_{a2}=0.5d_1-m$	
蜗轮齿根圆弧半径 R_{f2}	$R_{f2}=0.5d_{a1}+0.2m$	
蜗轮齿宽角 θ	$\theta=2\arcsin(b_2/d_1)$	

四、蜗杆和蜗轮的常用材料和结构

1. 蜗杆和蜗轮的常用材料

选用材料时不仅要满足强度要求，更重要的是应具有良好的跑合性、减摩性和耐磨性能。

蜗杆一般用碳钢或合金钢制成。对于不太重要的传动及低速中载蜗杆，常用 40、45 等钢经正火或调质处理，硬度为 220～230HBS；对高速重载蜗杆常用 15Cr、20Cr、20CrMnTi 和 20MnVB 等经渗碳淬火，硬度为 56～63HRC，也可用 40、45、40Cr、40CrNi 等经表面淬火，硬度为 45～50HRC。

常用的蜗轮材料为青铜和铸铁。低速轻载传动（$v_s<2$ m/s）可用灰铸铁 HT150、HT200 等制造；低速重载传动，则用铸造铝青铜制造，如 ZCuAl10Fe3；高速传动，可采用铸造锡青铜制造，如 ZCuSn10Pb1、ZCuSn5Pb5Zn5，因具有较好的耐磨性，但价格高，一般用于 $v_s\geqslant3$ m/s 的重要传动。对于尺寸较大的蜗轮，常采用青铜轮冠，铸铁轮芯。

2. 蜗杆与蜗轮的结构

蜗杆往往与轴做成一体，除螺旋部分的结构尺寸决定于蜗杆的几何尺寸外，其余的结构尺寸按轴的结构尺寸要求决定。图 3—23a 所示为铣制蜗杆，在轴上直接铣出螺旋部分，刚度较大。图 3—23b 所示为车制蜗杆，为便于车螺旋部分时退刀，留有退刀槽而使轴径小于蜗杆根圆直径，削弱了蜗杆的刚度。

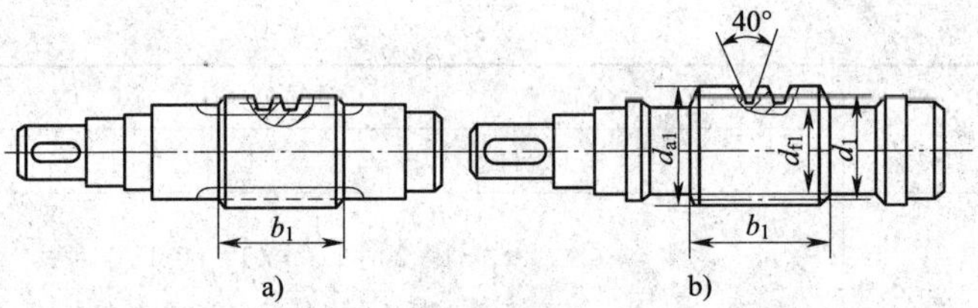

图 3—23　蜗杆的结构形式

蜗轮的结构如图 3—24 所示。对于尺寸大的青铜蜗轮，多采用组合式结构，为防止齿圈和轮芯因发热而松动，在接缝处用 4～6 个紧定螺钉固定，以增强连接的可靠性（图 3—24a），或采用螺栓连接（图 3—24b），也可在铸铁轮芯上浇注青铜齿圈（图 3—24d）。当用铸铁和尺寸小的青铜蜗轮，多采用整体式结构（图 3—24c）。

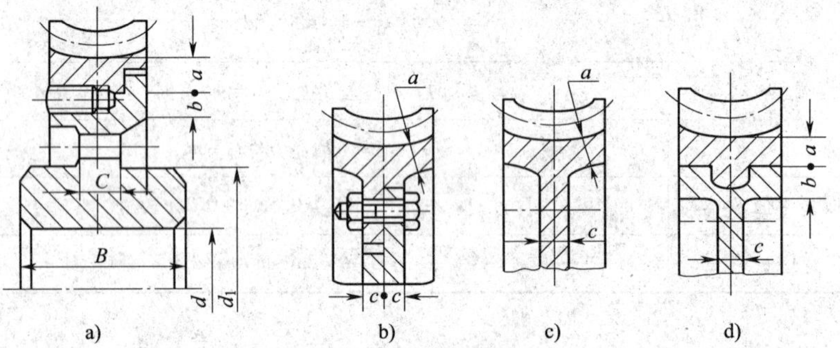

图 3—24　蜗轮的结构形式

第三节　带　传　动

带传动和链传动都是通过中间挠性件（带、链），在两个或多个传动轮之间传递运动和转矩。与应用广泛的齿轮传动相比，它们具有结构简单、成本低廉和维修方便等优点，适用于两轴中心距较大的传动。

一、带传动的工作原理及特点

1. 带传动原理

摩擦型带传动通常是由主动轮 1、从动轮 2 和张紧在两轮上的环形带 3 所组成（图 3—25）。安装时带被张紧在带轮上，由于张紧作用，带已经受到初拉力，它使带与带轮的接触面间产生压力。当主动轮回转时，依靠带与带轮接触面间的摩擦力带动从动轮回转，从而传递运动和动力。

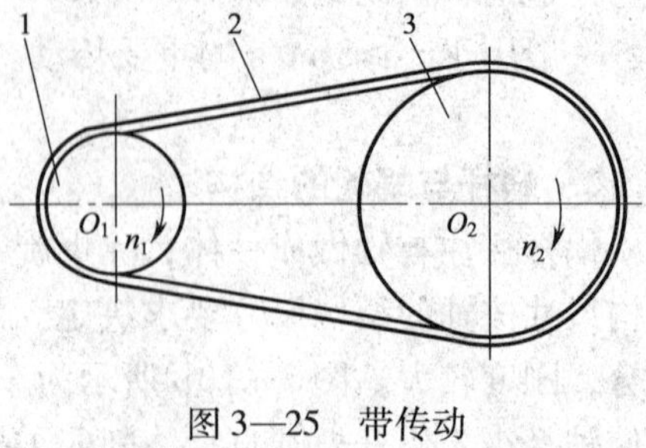

图 3—25　带传动

1—主动带轮　2—从动带轮　3—封闭环形带

2. 带传动的特点

（1）带传动的优点

1）适用于中心距较大的传动。

2）带具有良好的弹性，可缓和冲击、吸收振动。

3）过载时带与带轮间会出现打滑，打滑虽使传动失效，但可防止损坏其他零件。

4）结构简单、成本低廉。

（2）带传动的缺点

1）由于有弹性滑动，使传动比 i 不恒定。

2）张紧力较大（与啮合传动相比），从而使轴上压力较大。

3）结构尺寸较大、不紧凑。

4）因打滑，使带寿命较短。

5）带与带轮间会产生摩擦放电现象，不适用于高温、易燃、易爆的场合。

二、V 带及其标准

1. V 带的构造

V 带有普通 V 带、窄 V 带、联组 V 带、齿形 V 带、大楔角 V 带、宽 V 带等类型，其中普通 V 带应用最为广泛。

V 带由强力层 1（抗拉体）、填充物 2 和外包层 3 三部分组成（图 3—26）。强力层为帘布芯结构的 V 带比较柔软，一般有多层帘布，制造方便，可以在较小的带轮上工作。强力层为绳芯结构（如线绳、尼龙绳和钢丝绳）的 V 带柔顺性较好，抗弯强度高、适于较高转速，载荷不大时。

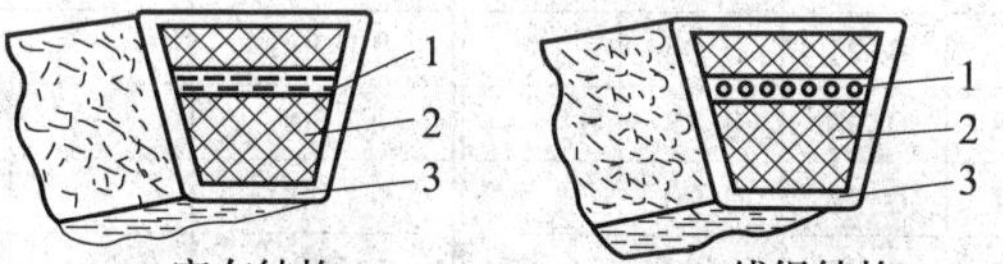

a)帘布结构　　b)线绳结构

图 3—26　V 带的结构

2. V 带截面与公称长度

通常 V 带制成无接头的环形，当带受纵向弯曲时，在带中既不伸长又不缩短的那一层，称为中性层（或节面）。带的节面宽度称为节宽 b_p。V 带截面高度 h 和节宽 b_p 的比值约为 0.7，楔角 φ 为 40°的 V 带被称为普通 V 带。

在带轮上与所配的 V 带的节宽 b_p 相对应的带轮直径称为基准直径 d，其标准系列值见表 3—7。

表 3—7　　V 带轮最小基准直径及基准直径系列

V 带轮槽型	Y	Z	A	B	C	D	E
d_{min}	20	50	75	125	200	355	500
基准直径系列	25　28　31.5　35.5　40　45　50　56　63　71　75　80　85 90　95　100　106　112　118　125　132　140　150　160　170　180 200　212　224　236　250　265　280　300　315　335　355　375 400　425　450　475　500　530　560　600　630　670						

V 带在规定的张紧力作用下，位于带轮基准直径上的周长称为基准长度 L_d，V 带基准长度已经标准化，基准长度系列见表 3—8。

表 3—8　　普通 V 带的长度系列和带长修正系数 K_L（GB/T 13575.1—92）

基准长度 L_d/mm	K_L Y	Z	A	B	C	基准长度 L_d/mm	K_L Z	A	B	C
200	0.81					2 000	1.08	1.03	0.98	0.88
224	0.82					2 240	1.10	1.06	1.00	0.91
250	0.84					2 500	1.30	1.09	1.03	0.93
280	0.87					2 800		1.11	1.05	0.95
315	0.89					3 150		1.13	1.07	0.97
355	0.92					3 550		1.17	1.09	0.99
400	0.96					4 000		1.19	1.13	1.02
450	1.00	0.79				4 500			1.15	1.04
500	1.02	0.81				5 000			1.18	1.07
560		0.82				5 600				1.09
630		0.84	0.81			6 300				1.12
710		0.86	0.83			7 100				1.15
800		0.90	0.85			8 000				1.18
900		0.92	0.87	0.82		9 000				1.21
1 000		0.94	0.89	0.84		10 000				1.23
1 120		0.95	0.91	0.86		11 200				
1 250		0.98	0.93	0.88		12 500				
1 400		1.01	0.96	0.90		14 000				
1 600		1.04	0.99	0.92	0.83	16 000				
1 800		1.06	1.01	0.95	0.86					

3. V 带标准

（1）剖面型号（普通 V 带）。普通 V 带已经标准化，其型号分为 Y、Z、A、B、C、D、E 七种，其截面尺寸由小到大，见表 3—9。普通 V 带剖面尺寸和截面积与传递功率从左至右是由小增大，而传动转速则是由高到低。

表 3—9　　普通 V 带横截面尺寸　　mm

型号	Y	Z	A	B	C	D	E
顶宽 b	6	10	13	17	22	32	38
节宽 b_p	5.3	8.5	8.0	11	14	19	25
高度 h	4.0	6.0	8.0	11	14	19	25
楔角 φ	40°						
每米质量 q/（kg/m）	0.04	0.06	0.10	0.17	0.30	0.60	0.87

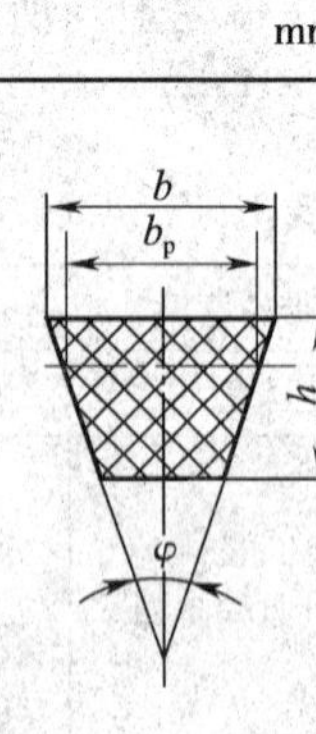

(2) 楔角要求。成型 V 带楔角 $\varphi=40°$，为保证带与轮槽接触良好，增大摩擦力，其轮槽楔角 $\varphi'<40°$，一般 $\varphi'=34°$、$36°$、$38°$，差 $6°$、$4°$、$2°$，但要求满足 $\varphi'<\varphi$ 的关系。因为带绕上带轮后弯曲，中性层上方纵向拉伸，横向缩短，中性层下方纵向缩短，横向拉伸。使带与轮接触段楔角变小，楔紧松弛，接触变坏，摩擦力减小。为保证楔入与良好接触，轮槽楔角应适当减小，当然差值越大，楔入越紧。但当带拉出轮槽时，则损耗功率也大。因此，φ' 与 φ 既要有差值，又不可太大。带轮直径越小，弯曲越厉害，φ' 也越小。

4. V 带的标注

V 带的标记通常压印在 V 带的外表面上。V 带的标记为：

截型　基准长度　标准编号

标记示例：带型为 A 型、基准长度 $L_d=1\ 400$ mm 的普通 V 带，标记为

A1400　GB/T 11544—97

三、弹性滑动与打滑

1. 弹性滑动

传动带是弹性体，受力后会产生弹性伸长。带传动工作时，紧边和松边由于拉力不相等，因而导致带的弹性伸长量不相同。带在绕过主动轮时，作用在带上的拉力由 F_1 逐渐减少到 F_2，弹性伸长量也相应减少。因而带一方面随主动轮不断绕入，另一方面相对主动轮边走边收缩（因为力越来越小），因此带的速度 v 低于主动轮的圆周速度 v_1，造成两者之间发生相对滑动。而在带绕过从动轮时，情况正好相反，即带的速度 v 大于从动轮的圆周速度 v_2，两者之间也发生相对滑动。这样由于带的弹性和拉力差引起的带在带轮上的滑动，称为带的弹性滑动。

2. 打滑

带传动中，存在弹性打滑，当工作载荷进一步加大时，弹性滑动的发生区域（即弹性弧）将扩大到整个接触弧，此时就会发生打滑。

四、普通 V 带传动失效形式

普通 V 带传动失效形式有三种：

1. 带在带轮上打滑

打滑会使带磨损加剧、发热严重，从而缩短带的寿命。

2. 带的疲劳破坏

由于带是在交变应力下工作的，故当应力循环次数达到一定数值时，带便会产生脱层、撕裂等疲劳破坏现象，从而使带传动不能正常工作。

3. 带的工作面磨损

由于带是靠摩擦力传动的，所以其磨损是比较严重的，到一定程度时带便不能正常工作。

五、主要参数的选择

1. 确定小带轮直径 D_1

小带轮直径 D_1越小，带在带轮上的弯曲程度越大，带上的弯曲应力也就越大，导致带的使用寿命缩短。表 3—10 给出了普通 V 带传动的最小带轮基准直径 D_{min}的推荐值。小带轮的基准直径 D_1应大于或等于 D_{min}。

表 3—10　　普通 V 带轮最小基准直径　　mm

型号	Y	Z	A	B	C	D	E
最小基准直径 D_{min}	20	50	75	125	200	355	500

2. 带速 v

带速一般控制在 5 m/s≤v≤25 m/s 范围内，最佳带速 v = 20 ~ 25 m/s。

如果带速 v 太小，传递同样功率 P 时，圆周力 F_t 太大，需要带的根数就多；若带速 v 太大，则离心力太大，带与轮的正压力减小，摩擦力下降，传递载荷能力下降，传递同样载荷时所需张紧力增加，导致带的疲劳寿命下降。这时采取的措施应使 D_1减小，否则带的使用寿命太短。

3. 小轮包角 α_1

由于 $\alpha_1 < \alpha_2$，打滑首先发生在小轮上，所以小轮包角的大小反映带的承载能力。

$$\alpha_1 = 180° - \frac{D_2 - D_1}{\alpha} \times 57.3°$$

单元 3

通常要求 $\alpha_1 \geqslant 120°$，特殊情况下允许 $\alpha_1 \geqslant 90°$。

如 α_1 较小而不满足上述条件时，可采以下取措施：

（1）增大中心距 a（在传动比 i 一定时）。

（2）加张紧轮装置。

4. 中心距 a

传动中心距 a 最大值受安装空间的限制，而最小值则受最小包角的限制。若结构布置已有要求，则中心距 a 按结构确定。若中心距没有限定时，可按下式初定中心距 a_0。

$$0.7(D_1 + D_2) < a_0 < 2(D_1 + D_2)$$

六、带轮结构

带轮由三部分组成：轮缘（用以安装传动带）；轮毂（用以安装在轴上）；轮辐或腹板（用以连接轮缘与轮毂）。典型带轮结构如图 3—27 所示。

带轮直径较小时可采用实心式（图 3—27a）；中等直径的带轮可采用腹板式（图 3—27b）；直径大于 350 mm 时可采用轮辐式（图 3—27c）。

带轮常用铸铁制造，有时也采用钢或非金属材料（塑料、木材）。铸铁带轮（HT150、HT200）允许的最大圆周速度为 25 m/s。速度更高时，可采用铸钢。塑料带轮的质量轻、摩擦因数大。

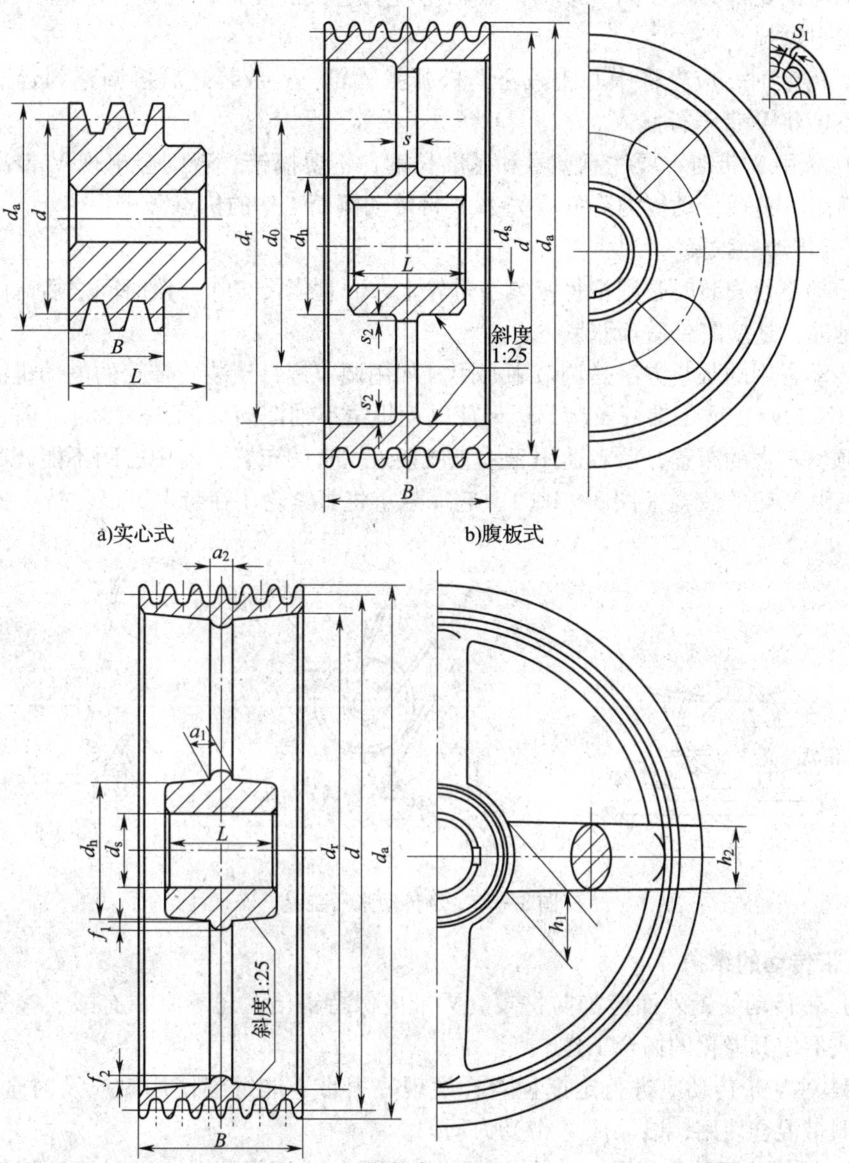

图 3—27　V 带轮结构

七、带传动的安装、张紧和维护

带传动在经过一段时间工作后就会产生塑性变形而松弛，使初拉力 F_0减小，使得传动能力下降。为了保证带传动的正常工作，应定期检查初拉力，并重新张紧。一般要正确的安装、使用和维护，是保证带传动正常工作和延长寿命的有效措施。

1. 带传动的安装

（1）安装 V 带轮时，带轮轴的中心线必须保持平行，V 带轮端面与轴中心线垂直，主、从动轮的轮槽必须在同一平面内。轴不应有过大的变形，否则会引起V带扭曲及带侧面过早磨损。

（2）安装时，应先将中心距减小，松开张紧轮，V带装好后再调整到合适的张紧程度。不能将V带强行撬入。

（3）选用V带时，要注意型号和基准长度，不要搞错。否则会出现V带高出轮槽或底面接触，造成传动能力降低或失去V带传动侧面工作的优点。

2. 带传动的张紧

带传动不仅安装时必须把带张紧在带轮上，而且当带工作一段时间之后，因永久伸长而松弛时，还应将带重新张紧。

带传动常用的张紧方法是调节中心距。如用调节螺钉使装有带轮的电动机沿滑轨移动（图3—28a），或用螺杆及调节螺母使电动机绕小轴摆动（图3—28b）。前者适用于水平或倾斜不大的布置，后者适用于垂直或接近垂直的布置。若中心距不能调节时，可采用具有张紧轮的装置（图3—28c），它靠悬重将张紧轮压在带上，以保持带的张紧。

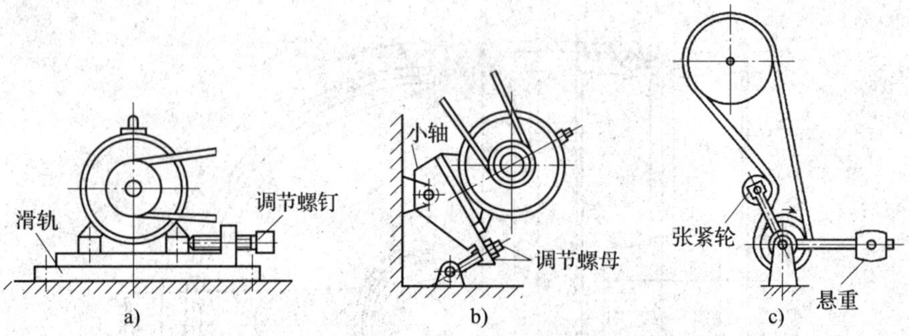

图3—28　带传动张紧装置

3. 带传动的维护

（1）带传动装置外面应加防护罩，V带应保持清洁，还不宜在有酸、碱等对橡胶有腐蚀或促使其老化的场合工作。

（2）对V带传动应进行定期检查，发现一根带不能继续使用时应及时全部更换，不能新旧带混合使用，以保证V带受力均匀。

（3）带传动不需要润滑，禁止往带上加润滑油或润滑脂，应及时清理带轮槽内及传动带上的油污。

第四节　滚子链传动

一、传动链的结构特点

链传动由主动链轮1、从动链轮2和绕在两链轮上的链条3所组成，如图3—29所示。它靠链节和链轮轮齿之间的啮合来传递运动和动力。

与带传动相比，其主要优点是：能获得准确的平均传动比；所需张紧力小，因而作用在轴上的压力小，结构更为紧凑；传动效率较高；可在高温、湿度大等恶劣环境下工作；与齿轮传动相比，中心距较大而结构较简单，制造与安装精度要求较低。

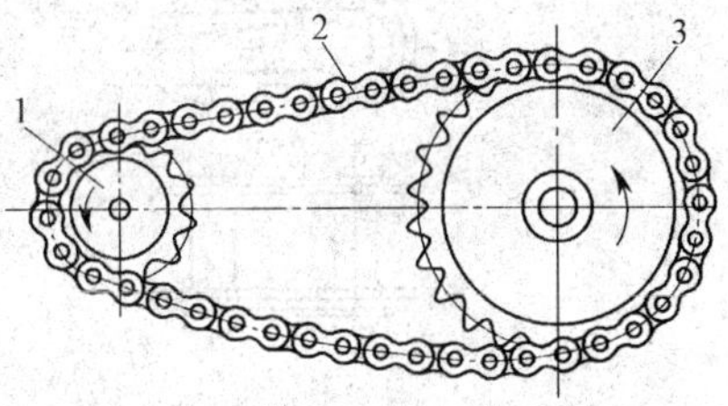

图 3—29 链传动

1—主动链轮 2—从动链轮 3—链条

链传动的主要缺点是：只能用于平行轴间的传动；瞬时速度不均匀，高速运转时不如带传动平稳；不宜在载荷变化很大和急剧反向的传动中应用；工作时有噪声；制造费用比带传动高等。

通常链传动的传动比 $i \leqslant 8$，传动功率 $P \leqslant 100$ kW，链速 $v \leqslant 15$ m/s，传动效率为 0.95 ~ 0.98。链传动已广泛应用于农业机械、矿山机械、起重运输机械、机车及摩托车中。

二、滚子链链条

1. 链条的结构

滚子链链条是由内链板 1、外链板 2、销轴 3、套筒 4 和滚子 5 所组成（图 3—30），也称为套筒滚子链。其中套筒与内链板、销轴与外链板分别用过盈配合（压配）固联，分别称为内、外链节。这样内外链节就构成一个铰链。滚子与套筒、套筒与销轴均为间隙配合。当链条啮入和啮出时，内外链节作相对转动；同时，滚子沿链轮轮齿滚动，可减少链条与轮齿的磨损。内外链板均制成“8”字形，以减轻质量并保持链板各横截面的强度大致相等。

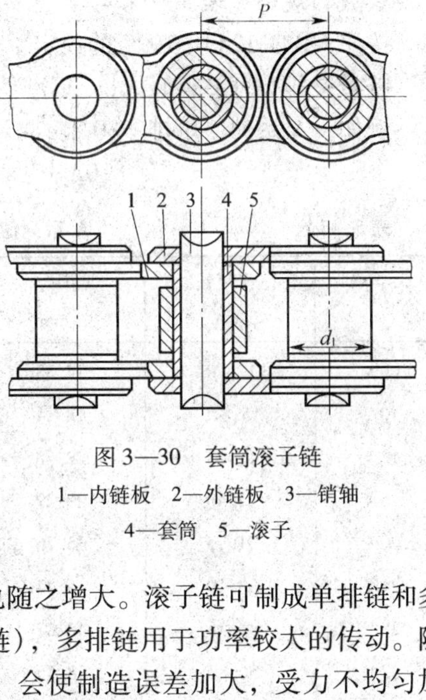

图 3—30 套筒滚子链

1—内链板 2—外链板 3—销轴

4—套筒 5—滚子

链条上相邻两销轴的中心距称为链的节距，以 p 表示，它是链条的主要参数。节距增大时，链条中各零件的尺寸相应也增大，可传递的功率也随之增大。滚子链可制成单排链和多排链。单排链用销轴并联后就称多排链（或双排链），多排链用于功率较大的传动。随着排数增加，其承载能力提高。但随着排数增加，会使制造误差加大，受力不均匀加大，所以一般排数不超过 3 列。

滚子链使用时为封闭环形，链条长度以链节数来表示。当链节数为偶数时，链条联结成环形正好能使外链板与内链板相接，接头处可用开口销和弹簧卡来锁住活动的销轴，如图 3—31a、b 所示。当链节数为奇数时，则需采用过渡链节，如图 3—31c 所示。链条受力后，过渡链节除受拉力外，还承受附加弯矩。因此应避免采用奇数链节。

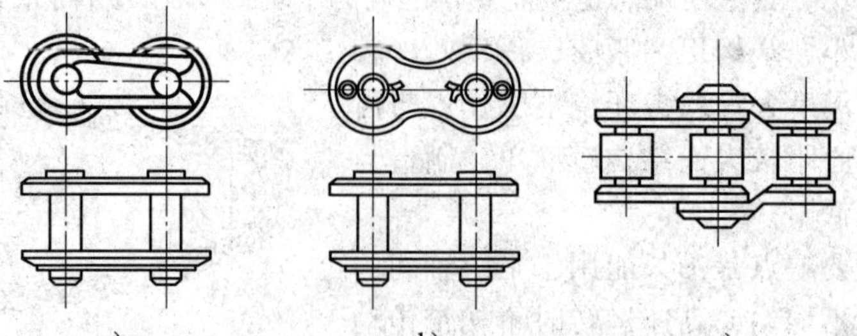

图 3—31　滚子链的接头形式

链条各零件由碳素钢或合金钢制造，常经过热处理以达到一定硬度，提高滚子与销轴截面之间的耐磨损能力。而内、外链板之间留有间隙，保证润滑油进入，达到降低磨损的目的。

2. 滚子链的标记

滚子链已经标准化，分为 A 和 B 两个系列。常用的是 A 系列，A 系列套筒滚子链主要参数与规格见表 3—11。

按照 GB/T 1243—1997 的规定，套筒滚子链的标记为：

链号—排数×整链节数　　标准编号

例如：A 系列、单排、80 节、节距为 25. 4 mm 的标准滚子链，标记应为：

16A—1 ×80　GB 1243. 1—1997

表 3—11　A 系列滚子链的主要参数与规格

链号	节距 p /mm	排距 p_t /mm	滚子外径 d_1 /mm	极限载荷 Q（单排）/N	每米长质量 q（单排）/（kg/m）
08A	12. 70	14. 38	7. 95	13 800	0. 60
10A	15. 875	18. 11	10. 16	21 800	1. 00
12A	19. 05	22. 78	11. 91	31 100	1. 50
16A	25. 40	29. 29	15. 88	55 600	2. 60
20A	31. 75	35. 76	19. 05	86 700	3. 80
24A	38. 10	45. 44	22. 23	124 600	5. 60
28A	44. 45	48. 87	25. 40	169 000	7. 50
32A	50. 80	58. 55	28. 58	222 400	10. 10
40A	63. 50	71. 55	39. 68	347 000	16. 10
48A	76. 20	87. 83	47. 63	500 400	22. 60

三、套筒滚子链链轮的结构与材料

1. 链轮的结构

链轮结构如图 3—32 所示。

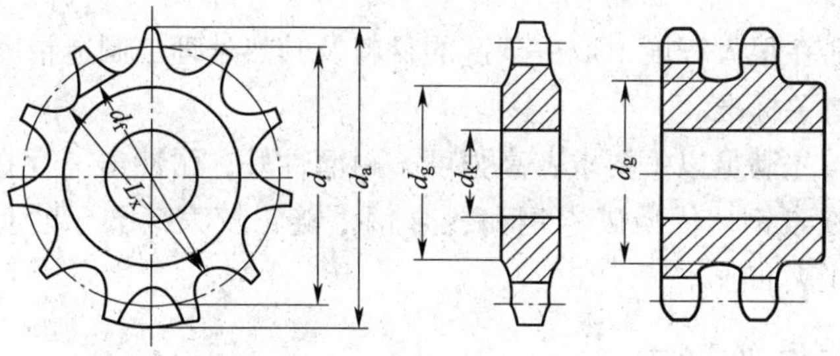

图 3—32　滚子链链轮结构

（1）对链轮齿形的要求

1）保证链节平稳进入和退出啮合。

2）减少啮合时冲击和接触应力。

3）链条节距因磨损而增长后，应仍能与链轮很好地啮合。

4）要便于加工。

（2）链轮齿形及特点。链轮上被链条节距等分的圆称为分度圆，由图 3—32 可知，链轮的分度圆直径为：

$$d = \frac{p}{\sin \frac{180°}{z}}$$

齿顶圆直径　　$d_a = p\left(0.54 + \cot \frac{180°}{z}\right)$

齿根圆直径　　$d_f = d - d_r$　　（d_r为滚子直径）

链轮的轴面齿形呈圆弧状（图 3—33），以便于链节的进入和退出。在链轮工作图上不必绘制端面齿形，但需画出其轴向齿形，以便车削链轮毛坯。

加工方法：标准刀具加工，一般为成型铣刀（只要 p 相同，z 不同的所有链轮均能加工）。

（3）链轮的结构形式。如图 3—34 所示为几种不同形式的链轮结构。小直径链轮可采用实心式（图 3—34a）、中等直径的链轮多采用腹板式（图 3—34b）。链轮损坏主要由于轮齿磨损，所以大链轮最好采用齿圈可以更换的组合式（图 3—34c）。

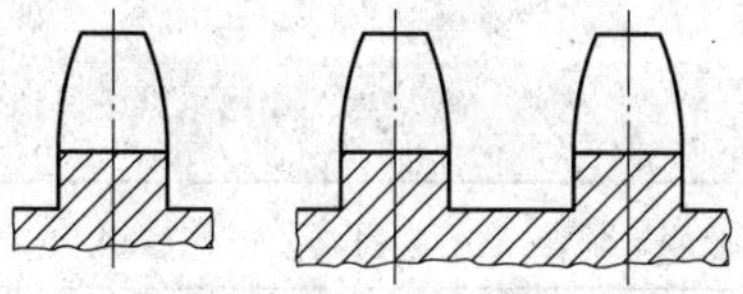

图 3—33　链轮的轴面齿形

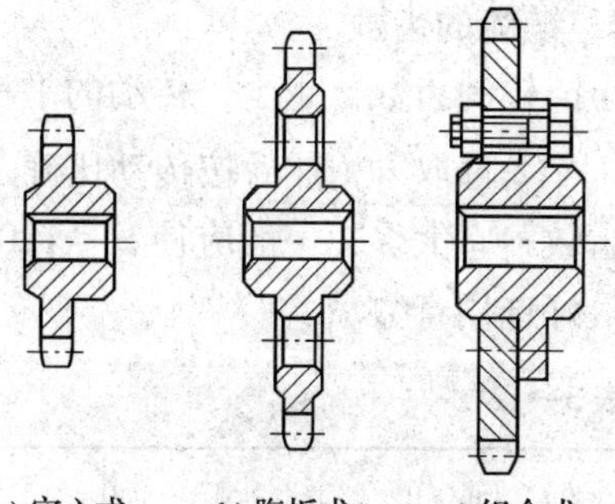

a) 实心式　b) 腹板式　c) 组合式

图 3—34　链轮结构

2. 链轮的材料

链的使用寿命在很大程度上取决于链的材料及其热处理、制造精度。制造链的材料及其硬度要求见有关标准。

链轮材料应首先满足以下要求：高强度；耐磨性好；耐冲击（存在冲击载荷时）。

具体有普通碳素钢、优质碳素钢和合金钢，链轮较大（要求较低时）可用铸铁，小功率传动也可用夹布胶木。

四、链传动的失效形式

1. 链板疲劳破坏

链在松边拉力和紧边拉力的反复作用下，经过一定的循环次数，链板会发生疲劳破坏。正常润滑条件下，疲劳强度是限制链传动承载能力的主要因素。

2. 滚子、套筒的冲击疲劳破坏

链传动的啮入冲击首先由滚子和套筒承受。在反复多次的冲击下，经过一定的循环次数，滚子、套筒会发生冲击疲劳破坏。这种失效形式多发生于中、高速闭式链传动中。

3. 销轴与套筒的胶合

润滑不当或速度过高时，销轴和套筒的工作表面会发生胶合。胶合限定了链传动的极限转速。

4. 链条铰链的磨损

铰链磨损后链节变长，容易引起跳齿或脱链。开式传动、环境条件恶劣或润滑密封不良时，极易引起铰链磨损，从而急剧降低链条的使用寿命。

5. 过载拉断

这种拉断常发生于低速重载或严重过载的传动中。

五、链传动的主要参数

1. 链的节距和排数

节距越大，承载能力越强，但传动平稳性降低，引起的动载荷也越大。因此，设计时应尽可能选用小节距的单排链，高速重载时可选用小节距多排链。

2. 链轮的齿数

小链轮的齿数 z_1 越少，传动的平稳性越差。因此小链轮齿数不宜过少。可参照链速按表 3—12 选取 z_1，然后按传动比确定大链轮齿数 $z_2 = iz_1$。为避免跳齿和脱链现象，大链轮齿数不宜太多，一般应使 $z_2 \leqslant 120$。由于链节数一般为偶数，为使磨损均匀，链轮齿数最好选用奇数。

表 3—12　　小链轮齿数 z_1

链速 v/（m/s）	0.6～3	3～8	>8
z_1	≥17	≥21	≥25

3. 中心距 a

中心距过小，则链在小链轮上的包角小，同时啮合的链轮齿数也减少，使得链的循环频率增加，使链的寿命降低；中心距过大，除结构不紧凑外，还会使链条抖动。一般初选中心距 $a=(30\sim50)p$，最大可为 $a_{max}=80p$。

六、链传动的布置、张紧与润滑

1. 布置

如图 3—35 所示链传动的布置，为使链传动能正常工作，应注意其合理布置，布置的原则简要说明如下：

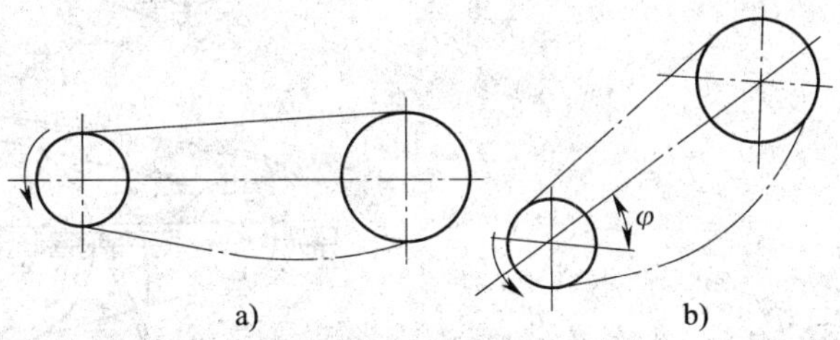

图 3—35　链传动的布置

（1）两链轮的回转平面应在同一垂直平面内，否则易使链条脱落和产生不正常的磨损。

（2）两链轮中心连线最好是水平的或与水平面成 45°以下的倾角，尽量避免垂直传动，以免与下方链轮啮合不良或脱离啮合。

2. 张紧

链传动中如松边垂度过大，将引起啮合不良和链条振动，所以链传动张紧的目的和带传动不同，张紧力并不决定链的工作能力，而只是决定垂度的大小。

张紧的方法很多，最常见的是移动链轮以增大两轮的中心距。但如中心距不可调时，也可以采用张紧轮张紧，如图 3—36 所示。不论是带齿的还是不带齿的张紧轮，其分度圆直径最好与小链轮的分度圆直径相近。

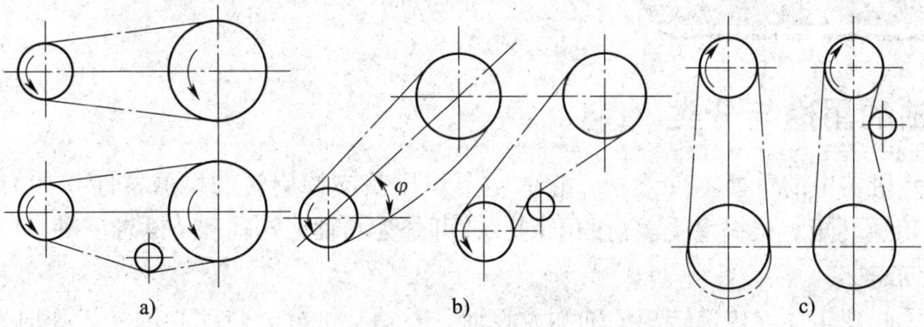

图 3—36　链传动的张紧

单元 3

3. 润滑

链传动的润滑至关重要。适宜的润滑能显著降低链条铰链的磨损，延长使用寿命。

链传动的润滑方式有以下四种：

（1）人工定期用油壶或油刷给油。

（2）用油杯通过油管向松边内外链板间隙处滴油，如图 3—37a 所示。

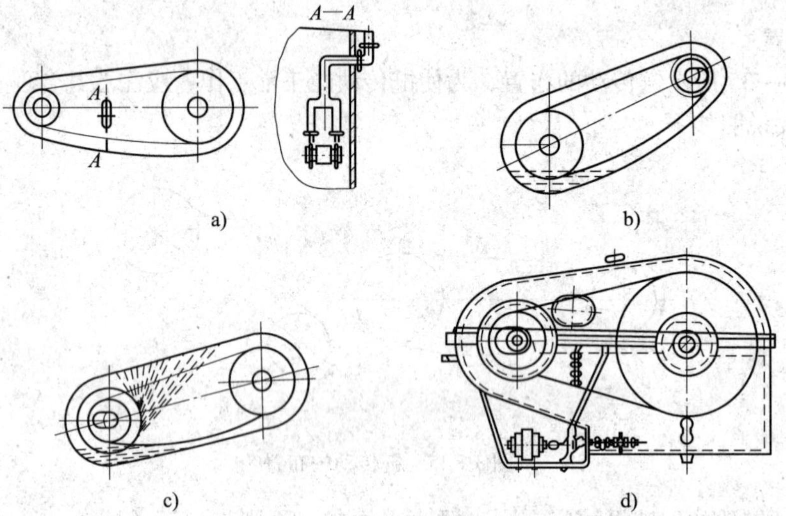

图 3—37　链传动的润滑

（3）油浴润滑（图 3—37b）或用甩油盘将油甩起，以进行飞溅润滑，如图 3—37c 所示。

（4）用油泵经油管向链条连续供油，循环油可起润滑和冷却的作用，如图 3—37d 所示。

根据链速和链条节距大小选择相应的润滑方式。润滑油可选用 L－AN32、L－AN46、L－AN68 全损耗系统用油，环境温度高或载荷大时宜取黏度高者；反之，取黏度低者。

第五节　轴

一、轴的用途与分类

轴是机器中的重要零件之一，它的主要作用是支撑旋转的机械零件（如齿轮，带轮）和传递转矩。根据承受载荷的不同，轴可分为心轴、转轴和传动轴三种。

1. 心轴

只承受弯矩而不传递转矩的轴称为心轴。心轴又可分为转动心轴（工作时轴转动，如铁路车辆的轴）和固定心轴（工作时轴不转动，如自行车的前后轴）两种，如图 3—38、图 3—39 所示。

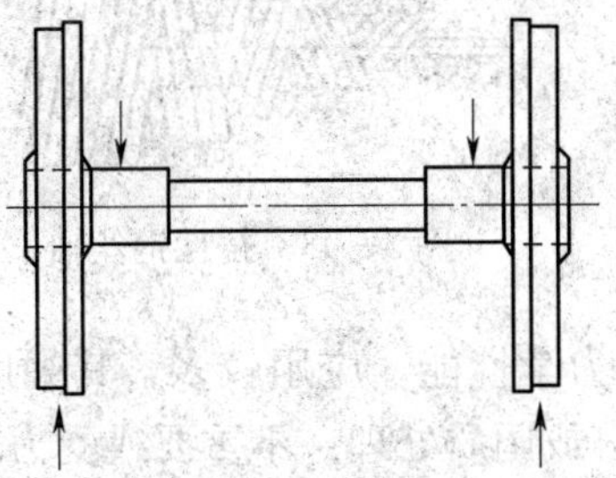

图 3—38　转动心轴

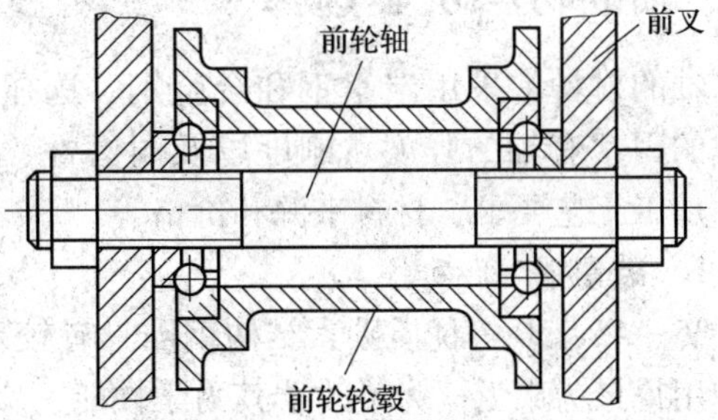

图 3—39　固定心轴

2. 转轴

既支撑传动件又传递动力，即同时承受弯矩和转矩的轴（如齿轮减速箱中的轴），如图 3—40 所示。

3. 传动轴

主要传递动力，即主要承受转矩作用，不承受或承受很小弯矩的轴（如汽车的传动轴），如图 3—41 所示。

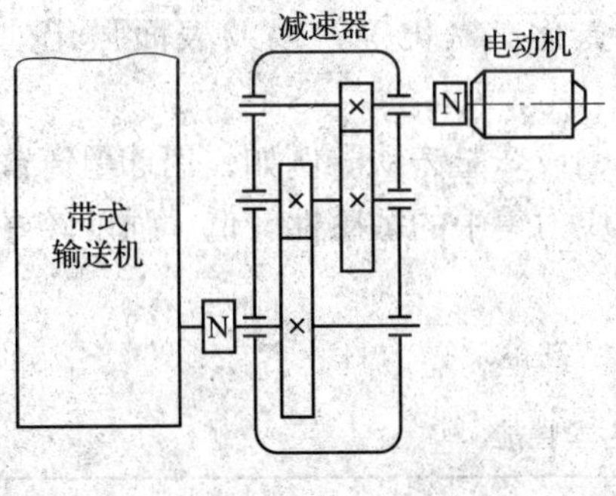

图 3—40　转轴

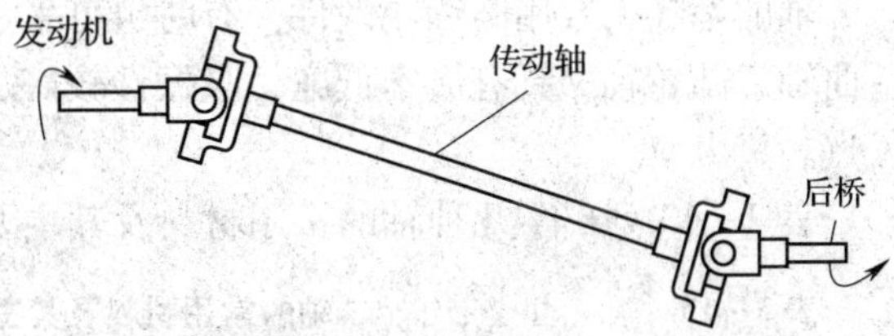

图 3—41　传动轴

按照轴线的形状，轴还可分为直轴（图 3—38 至图 3—41）、曲轴（图 3—42）和挠性钢丝轴（图 3—43）。曲轴常用于往复式机械中。挠性钢丝轴是由几层紧贴在一起的钢丝层构成的，可以把转矩和旋转运动灵活地传到任何位置，常用于振动捣碎等设备中。在此只研究直轴。

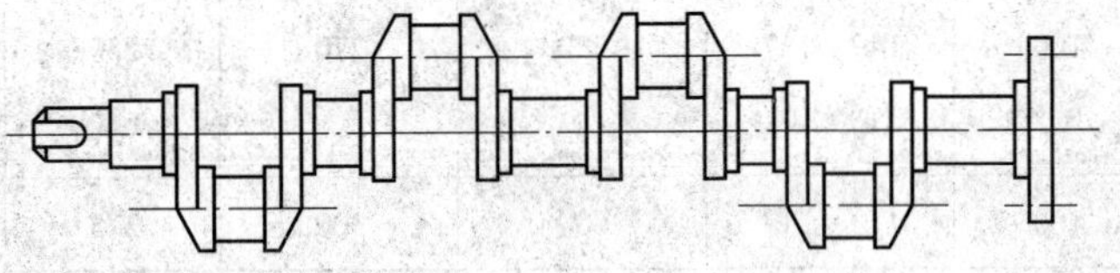

图 3—42　曲轴

二、轴的材料及其选择

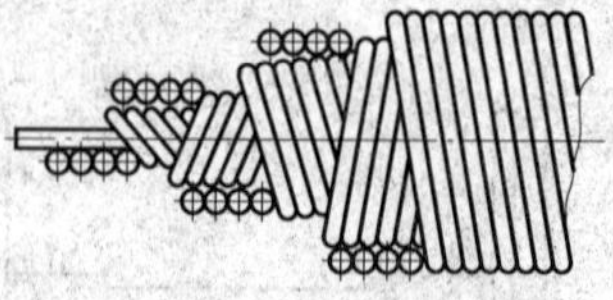

图 3—43　挠性钢丝轴

轴的材料常采用碳素钢和合金钢。选择时应主要考虑的因素有轴的强度、刚度以及耐磨性、热处理方法、加工工艺要求、材料来源和价格等。

1. 碳素钢

35、45、50 等优质碳素结构钢因具有较高的综合力学性能，应用较多，其中以 45 号钢用得最为广泛。为了改善其力学性能，应进行正火或调质处理。不重要或受力较小的轴，则可采用 Q235、Q275 等碳素结构钢。

2. 合金钢

合金钢具有较高的力学性能，但价格较贵，多用于有特殊要求的轴。例如：采用滑动轴承的高速轴，常用 20Cr、20CrMnTi 等低碳合金结构钢，经渗碳淬火后可提高轴颈的耐磨性；汽轮发电机转子轴在高温、高速和重载条件下工作，必须具有良好的高温力学性能，常采用 40CrNi、38CrMoAlA 等合金结构钢。值得注意的有以下两点：

（1）由于碳素钢与合金钢的弹性模量基本相同，所以采用合金钢并不能提高轴的刚度。

（2）轴的各种热处理（如高频淬火、渗碳、氮化、氰化等）以及表面强化处理（喷丸、滚压）对提高轴的疲劳强度有显著效果。

轴的毛坯一般用圆钢或锻件，有时也可采用铸钢或球墨铸铁。例如，用球墨铸铁制造曲轴、凸轮轴，具有成本低廉、吸振性较好、对应力集中的敏感性较低、强度较好等优点。

表 3—13 列出了几种轴的常用材料及其主要力学性能。

表 3—13　　轴的常用材料及其主要力学性能

材料及热处理	毛坯直径 /mm	硬度 HBS	强度极限 σ_b	屈服极限 σ_s	弯曲疲劳极限 σ_{-1}	应用说明
			MPa			
Q235	—	—	440	240	200	用于不重要或载荷不大的轴
35 正火	≤100	149～187	520	270	250	有好的塑性和适当的强度，可做一般曲轴、转轴等
45 正火	≤100	170～217	600	300	275	用于较重要的轴，应用最为广泛
45 调质	≤200	217～255	650	360	300	

续表

材料及热处理	毛坯直径 /mm	硬度 HBS	强度极限 σ_b	屈服极限 σ_s	弯曲疲劳极限 σ_{-1}	应用说明
			MPa			
40Cr 调质	25	—	1 000	800	500	用于载荷较大，而无很大冲击的重要的轴
	≤100	241 ~ 286	750	550	350	
	>100 ~ 300	241 ~ 266	700	550	340	
40MnB 调质	25		1 000	800	485	性能接近 40Cr，用于重要的轴
	≤200	241 ~ 286	750	500	335	
35CrMo 调质	≤100	207 ~ 269	750	550	390	用于重载荷的轴
20Cr 渗碳淬火回火	15	表面 56 ~ 62HRC	850	550	375	用于要求强度、韧性及耐磨性均较高的轴
	≤60		650	400	280	

三、轴的结构

轴的结构外形主要取决于轴在箱体上的安装位置及形式、轴上零件的布置和固定方式、受力情况和加工工艺等。

对轴的结构的要求：轴和轴上零件要有准确、牢固的工作位置；轴上零件装拆、调整方便；轴应具有良好的制造工艺性；尽量避免应力集中等。

根据轴上零件的结构特点，首先要预定出主要零件的装配方向、顺序和相互关系，它是轴进行结构设计的基础，拟定装配方案，应先考虑几个方案，进行分析比较后再优选。

如图 3—44 中的装配方案是：齿轮 3、套筒 4、右端轴承 5、轴承端盖 9、半联轴器 8 依次从轴的右端向左安装，而左端只安装轴承 1 及其端盖。这样就对各轴段的粗细顺序作了初步的安排。

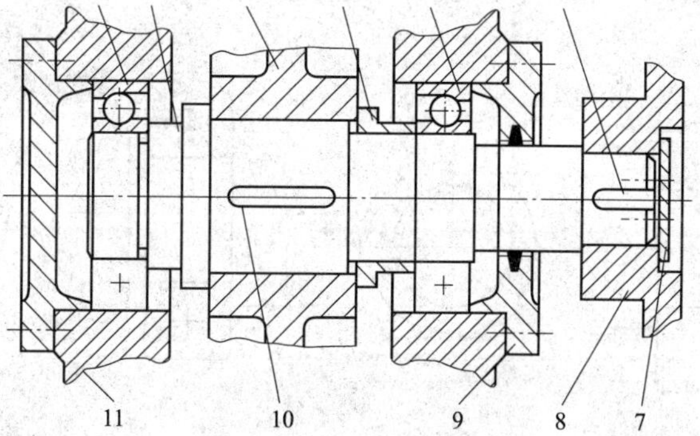

图 3—44　轴上零件的装配方案

1、5—轴承　2—轴　3—齿轮　4—套筒　6、10—键
7—轴承挡圈　8—半联轴器　9—轴承端盖　11—箱体

1. 轴上零件的定位和固定

为了防止轴上零件受力时发生沿轴向或周向的相对运动，必须进行轴向和周向的定位与固定（有游动或相对转动要求例外），以保证其准确的工作位置。

（1）零件的轴向定位与固定。轴上零件的轴向定位与固定常用轴肩、套筒、轴端挡圈（又称压板）、圆螺母等来实现。

1）轴肩（图3—45）和轴环（轴中间高两边低、轴向尺寸小的环）。这种方法结构简单，定位可靠，能承受较大的轴向载荷，广泛用于齿轮类零件和滚动轴承的轴向定位，缺点是轴径变化处会产生应力集中。设计时应保证定位准确，轴的过渡圆角半径 r 应小于相配零件毂孔倒角 C 或圆角 R。轴肩高度 $h \approx (0.07d+3) \sim (0.1d+5)$，对于定位轴肩，$h$ 应大于 C 或 R，通常取 $h=(2\sim3)C$ 或 $(2\sim3)R$；对于非定位轴肩，其主要作用是便于轴上零件的装拆，其轴肩高度可取 $h \approx 1\sim2$ mm；滚动轴承的定位轴肩高度应根据轴承标准查取相关的安装尺寸。轴环的宽度 $b \approx 1.4h$。

2）套筒（图3—46）。套筒常用于两个距离较近的零件之间，起轴向定位和固定的作用。但由于套筒与轴的配合较松，故不宜用于转速很高的轴上。图中套筒对齿轮起固定作用，一般取 $l \approx B-(2\sim3)$ mm。

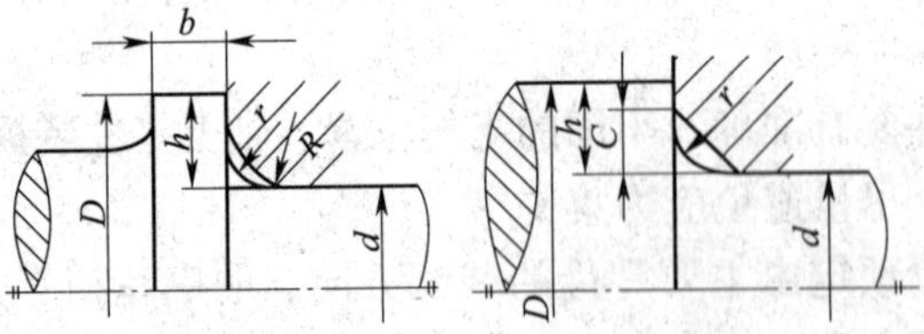

图3—45　轴环、轴肩圆角与相配零件的倒角（或圆角）

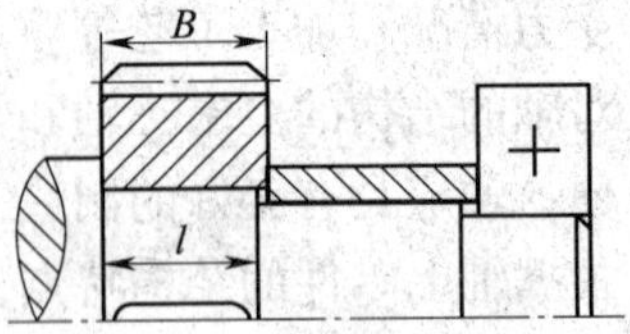

图3—46　套筒

3）圆螺母和弹性挡圈（图3—47）。圆螺母常与止动垫圈配合使用，可以承受较大的轴向力，固定可靠，但轴上需切制螺纹和退刀槽，对轴的强度有所削弱。弹性挡圈结构简单，但装配时轴上需切槽，会引起应力集中，一般用于受轴向力不大的零件，对其轴向固定。但这种固定方式有应力集中，要注意防松。

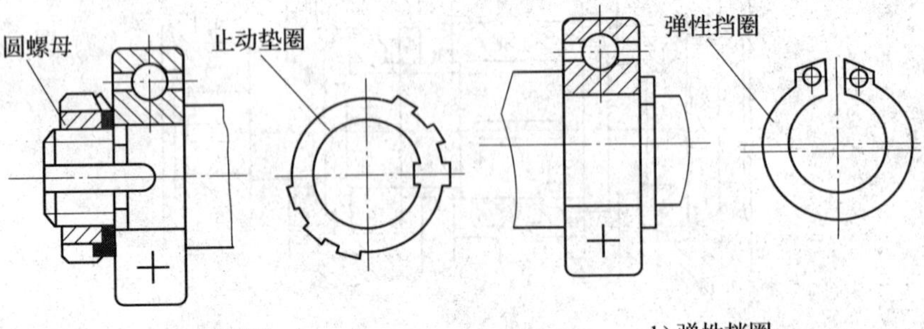

a) 圆螺母　　b) 弹性挡圈

图3—47　圆螺母和弹性挡圈

4）紧定螺钉（图3—48）、轴端挡圈（图3—49）和圆锥面（图3—50）。用紧定螺钉固定的轴结构简单，可同时兼作周向定位（仪器、仪表中较常用），但承载能力低，不适合高速重载场合。用螺钉将挡圈固定在轴的端面，常与轴肩或锥面配合，固定轴端零件。能承受较大的轴向力，且固定可靠。而圆锥面装拆方便，可用于高速、冲击载荷及零件对中性要求高的场合。

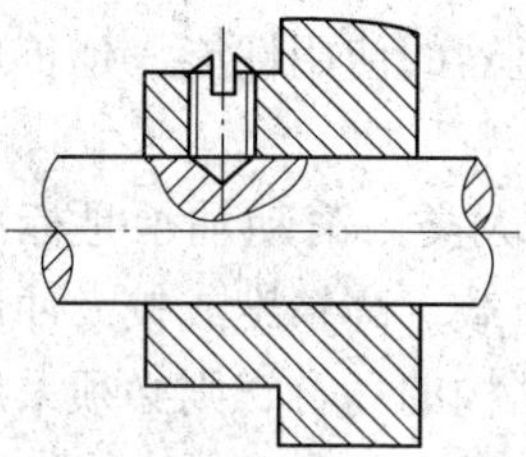
图3—48　紧定螺钉

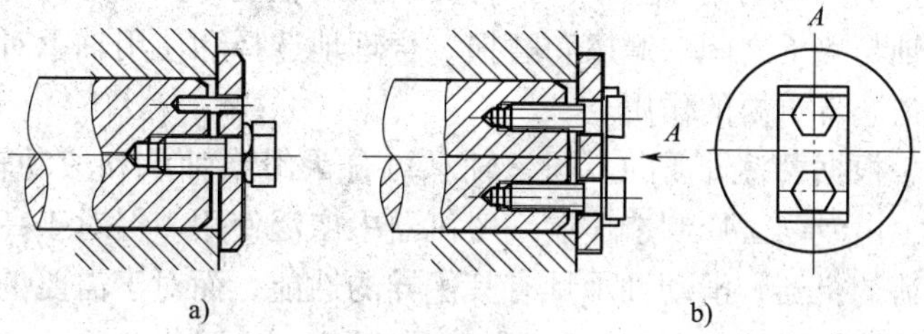

图3—49　轴端挡圈

（2）零件的周向定位与固定。周向定位的目的是限制轴上零件与轴发生相对转动。常用的周向定位零件有键、花键（承载大，定位精度高，适用于动连接）、紧定螺钉、销（同时实现轴向定位，传力不大处）等，还可采用过盈配合。

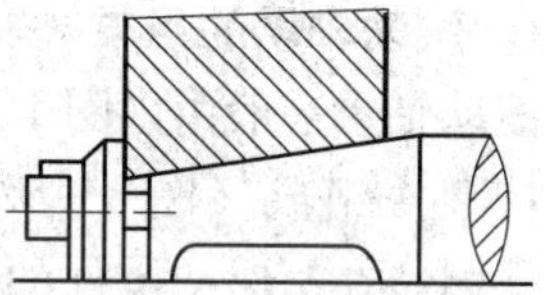
图3—50　轴端挡圈与圆锥面

2. 各轴段的直径和长度的确定

（1）各轴段直径的确定。凡有配合要求的轴段应尽量采用标准直径。安装滚动轴承、联轴器、密封圈等标准件的轴径应符合各标准件内径系列的规定。套筒的内径应与相配的轴径相同并采用过渡配合。

1）可按扭矩估算轴段的直径 d_{min}。

2）按轴上零件安装、定位要求确定各段轴径。

（2）各轴段长度的确定

1）采用套筒、螺母、轴端挡圈作轴向固定，应把装零件的轴段长度做得比零件轮毂短2～3 mm，以确保套筒、螺母或轴端挡圈能靠紧零件端面。

2）考虑零件间的适当间距（特别是转动零件与静止零件之间必须有一定的间隙）。

3. 轴的结构工艺性

轴的结构工艺性是指轴的结构形式应便于加工和装配轴上的零件，并且生产效率高，成本低。一般而言，轴的结构越简单，则工艺性越好。因此，在满足使用要求的前提下，轴的结构形式应尽量简化。为了便于装配零件，应去掉毛刺，轴端应倒角；需要磨削加工的轴段，应留有砂轮越程槽（图3—51a）；需要切制螺纹的轴段，应留有退刀槽（图3—51b），其尺寸可参看标准或手册。为了减少加工时装夹工件的时间，同一轴上不同轴段的键槽应布置在轴的同一母线上。为了减少加工刀具种类和提高劳动

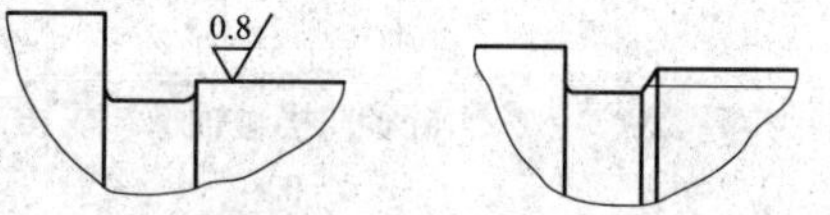

a) 砂轮越程槽　　b) 螺纹退刀槽

图3—51　轴的结构工艺性

生产率，轴上直径相近处的圆角、倒角、键槽宽度、砂轮越程槽和退刀槽宽度等应尽可能采用相同的尺寸。

第六节 轴 承

轴承的功用有两个：一为支承轴及轴上零件，并保持轴的旋转精度；二为减少转动的轴与支承之间的摩擦和磨损。合理地选择和使用轴承对提高机器的使用性能，延长寿命都起着重要的作用。

根据摩擦性质的不同，轴承可分为滑动轴承和滚动轴承两大类。滚动轴承是标准件，由专门工厂制造，在一般机器中广泛使用。但对于高速、重载、高精度或较大冲击载荷的机器，滑动轴承具有其优异的性能，而对于需要剖分式结构的场合，则必须采用滑动轴承。

一、滚动轴承的类型和代号

1. 滚动轴承的组成

滚动轴承一般由内圈 1、外圈 2、滚动体 3 和保持架 4 组成（图 3—52）。内圈装在轴颈上，外圈装在基座或零件的轴孔内。当内外圈之间相对旋转时，滚动体沿着套圈上的滚道滚动，使相对运动表面间的滑动摩擦变为滚动摩擦。保持架的作用是把滚动体彼此隔开并使其沿圆周均匀分布。

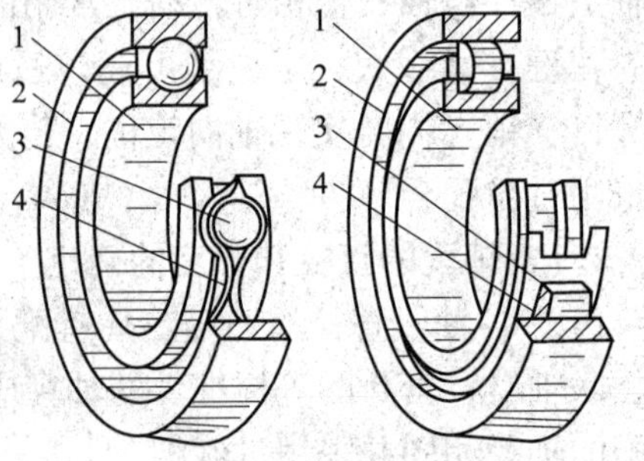

图 3—52 滚动轴承的构造

1—内圈 2—外圈 3—滚动体 4—保持架

2. 滚动轴承的类型和特点

滚动轴承通常按其承受载荷的方向（或接触角）和滚动体的形状分类。

滚动体与外圈接触处的法线与垂直于轴承轴心线的平面之间的夹角称为公称接触角，简称接触角（图 3—53）。接触角是滚动轴承的一个主要参数，接触角越大，轴承承受轴向载荷的能力也越大。

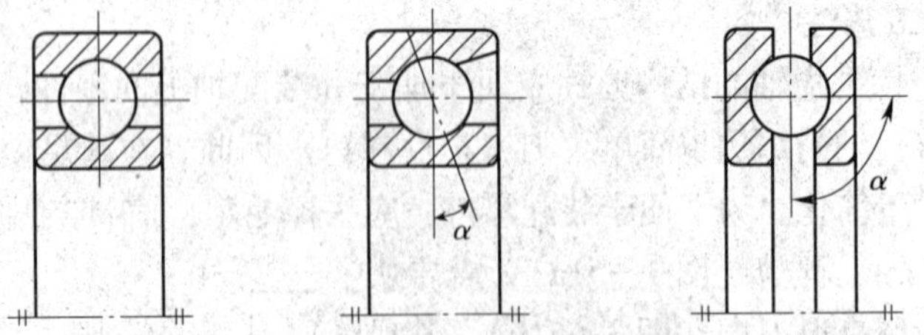

a) 径向接触轴承 $\alpha=0°$　b) 向心角接触轴承 $0°<\alpha\leqslant45°$　c) 轴向接触轴承 $\alpha=90°$

图 3—53 滚动轴承的公称接触角

单元 3

按照承受载荷的方向或公称接触角的不同，滚动轴承可分为：

（1）向心轴承，主要用于承受径向载荷，其公称接触角为0°～45°。

（2）推力轴承。主要用于承受轴向载荷，其公称接触角为大于45°～90°。

按照滚动体的形状不同，滚动轴承可分为球轴承和滚子轴承。滚子又可分为圆柱滚子、圆锥滚子、球面滚子和滚针等，如图3—54所示。

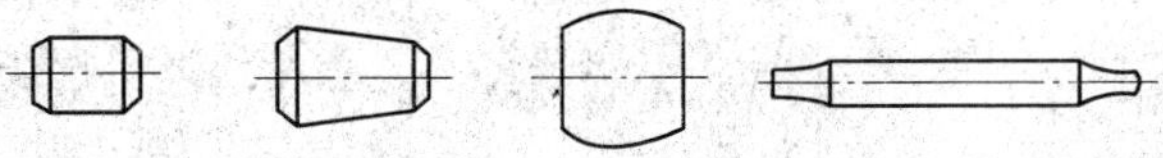

a) 圆柱滚子　b) 圆锥滚子　c) 球面滚子　d) 滚针

图3—54　滚子的类型

常用滚动轴承的类型及性能特点见表3—14。

表3—14　　常用滚动轴承的类型及性能

轴承类型	简图	类型代号	尺寸系列代号	组合代号	极限转速	性能特点
调心球轴承		1 （1） 1 （1）	（0）2 22 （0）3 23	12 22 13 23	中	调心性能好，允许内、外圈轴线相对偏斜1.5°～3°。可承受径向载荷及不大的轴向载荷，不宜承受纯轴向载荷
调心滚子轴承	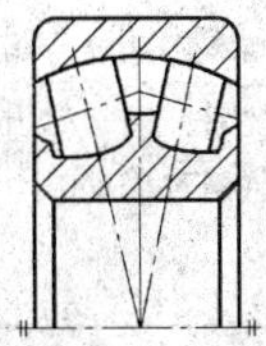	2	22 23 31 32	222 223 231 232	低	性能与调心球轴承相似，但具有较高承载能力。允许内外圈轴相对偏斜1°～2.5°
圆锥滚子轴承	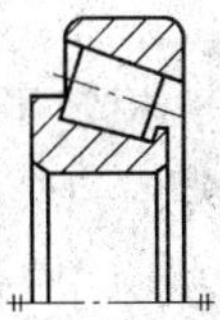	3	02 03 22 23	302 303 322 323	中	能同时承受径向和轴向载荷，承载能力大。这类轴承内外圈可分离，安装方便。在径向载荷作用下，将产生附加轴向力，因此一般都成对使用
推力球轴承	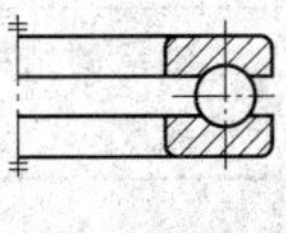	5	11 12 13 14	511 512 513 514	低	只能承受轴向载荷。安装时轴线必须与轴承座底面垂直。在工作时应保持一定的轴向载荷。双向推力轴承能承受双向轴向载荷
双向推力球轴承	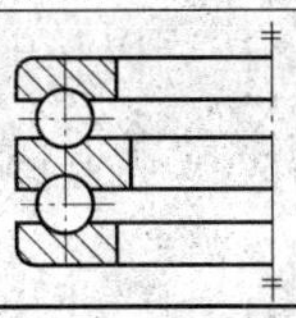	5	22 23 24	522 523 524		

续表

轴承类型	简图	类型代号	尺寸系列代号	组合代号	极限转速	性能特点
深沟球轴承	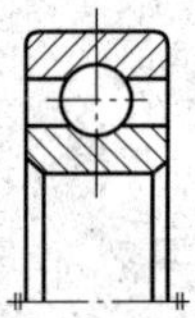	6	(1) 0 (0) 2 (0) 3 (0) 4	60 62 63 64	高	主要承受径向载荷，也可承受一定的轴向载荷，摩擦阻力小。在转速较高而不宜采用推力轴承时，可用来承受纯轴向载荷。价廉，应用广泛
角接触球轴承	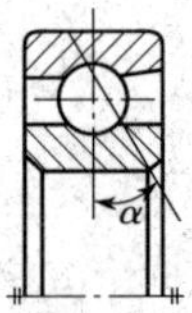	7	(1) 0 (0) 2 (0) 3 (0) 4	70 72 73 74	高	能同时承受径向和轴向载荷，并可以承受纯轴向载荷。在承受径向载荷时，将产生附加轴向力，一般成对使用。轴承接触角有 15°、25°和 40°三种。轴向承受能力随接触角的增大而提高
圆柱滚子轴承	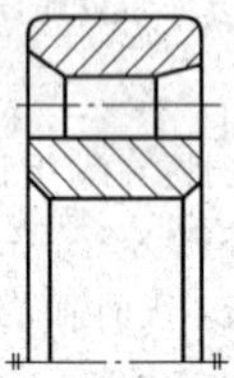	N	10 (0) 2 22 (0) 3 (0) 4	N10 N2 N22 N3 N4	高	能承受较大径向载荷。内、外圈分离，可作轴向相对移动，不能承受轴向载荷。另有 NU、NJ、NF 等形式
滚针轴承	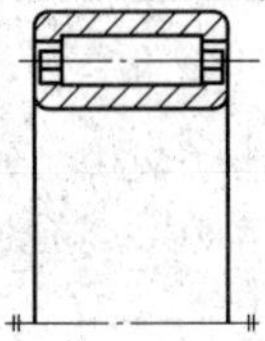	NA	49	轴承基本代号 NA4900	低	径向尺寸小，只能承受径向载荷，价廉。内、外圈分离，可作少量轴向相对移动

注：表中括号内的数字在组合代号中省略。

3. 滚动轴承的代号

滚动轴承的类型、结构及尺寸规格很多，为便于生产和选用，规定了轴承的代号。我国滚动轴承的代号由基本代号、前置代号和后置代号构成，见表 3—15。

表 3—15　　滚动轴承代号的构成

前置代号	基本代号				后置代号
轴承分部件代号	类型代号	尺寸系列代号		内径代号	轴承的结构、公差等级等代号
		宽度系列代号	直径系列代号		

（1）基本代号。基本代号由类型代号、尺寸系列代号和内径代号依此排列构成。

1）类型代号。基本代号左起第一位为类型代号。用数字或字母表示。常用滚动轴承的类型代号见表 3—14。

2）尺寸系列代号。尺寸系列由宽（高）度系列代号（基本代号左起第二位）和直径系列代号（基本代号左起第三位）组合而成，代号见表3—16。

表3—16　　滚动轴承宽度（高度）系列、直径系列代号

轴承种类	宽度（高度）系列	直径系列代号
向心轴承	8、0、1、2、3、4、5、6 ⟶	7、8、9、0、1、2、3、4 ⟶
推力轴承	7、9、1、2 ⟶	0、1、2、3、4、5 ⟶

注：箭头表示尺寸递增。

3）内径代号。用基本代号左起第四位、第五位表示。对于内径为20～495 mm的轴承，代号数乘以5即为轴承内径值（mm）。内径小于20和大于495的轴承内径代号另有规定。

（2）前置、后置代号。前置、后置代号表示轴承结构形状、材料、密封、公差等级等的改变，其内容较多，下面介绍后置代号中的两个常用代号。

内部结构代号：用字母表示轴承内部结构的改变。如：角接触球轴承的公称接触角α有15°、25°和40°三种，分别用C、AC和B紧跟着基本代号表示。

公差等级代号：轴承公差等级有0、6、6X、5、4、2级，共有6个级别，2级最高。其代号分别用/P0、/P6、/P6X、/P5、/P4和/P2。0级为普通级，在轴承代号中不标出。

轴承代号示例：

1）6210/P4——表示内径为50 mm、尺寸系列为02、公差等级为4级的深沟球轴承。

2）7308AC——表示内径为40 mm、尺寸系列为03、公称接触角$\alpha=25°$、公差等级为普通级的角接触球轴承。

4．滚动轴承类型的选择

滚动轴承的类型应根据载荷情况、转速高低、空间位置、调心性能以及其他要求进行选择。具体选择时可参考以下几点：

（1）球轴承承载能力较低，抗冲击能力较差，但旋转精度和极限转速较强，适用于轻载、高速和要求旋转精度高的场合；滚子轴承承载能力较强，抗冲击能力较强，多用于转速较低，载荷较大或有冲击载荷的场合。

（2）同时承受径向和轴向载荷时，一般选用角接触球轴承或圆锥滚子轴承；若轴向载荷较小时，可选用深沟球轴承；当轴向载荷较大时，可选用推力球轴承和深沟球轴承的组合结构，分别承受轴向载荷和径向载荷。

（3）若轴的两轴承座孔的同轴度难以保证，或轴受载后发生较大的挠曲变形，可选用调心轴承。

（4）对于需要经常装拆或装拆困难的场合，可选用内、外圈可分离的轴承（如圆锥滚子轴承）、带内锥孔的轴承等。

（5）选择轴承类型时还要考虑经济性。一般球轴承价格比滚子轴承便宜；公差等级越高，轴承的价格越贵。

二、滑动轴承的类型、结构和材料

滑动轴承按其工作表面的摩擦状态不同，可分为液体摩擦滑动轴承和非液体摩擦滑动轴承。液体摩擦滑动轴承的轴颈与轴承的工作表面完全被油膜隔开，所以摩擦因数很小。非液体摩擦滑动轴承的轴颈与轴承工作表面之间虽有润滑油存在，但在表面间仍有局部凸起部分发生直接接触，因此摩擦因数较大，容易磨损。

按照承受载荷的方向，滑动轴承又可以分为径向滑动轴承和推力滑动轴承。前者承受径向载荷，后者承受轴向载荷。

这里主要介绍非液体摩擦滑动轴承。

1. 径向滑动轴承

（1）整体式滑动轴承。如图 3—55 所示，整体式滑动轴承是由轴承座 1、轴套 2 等组成。油孔 3 用来引入润滑油。这种轴承结构简单，成本低，但装拆时必须通过轴端，而且磨损后轴颈和轴瓦之间的间隙无法调整，故多用于轻载、低速和间歇工作且不太重要的场合。

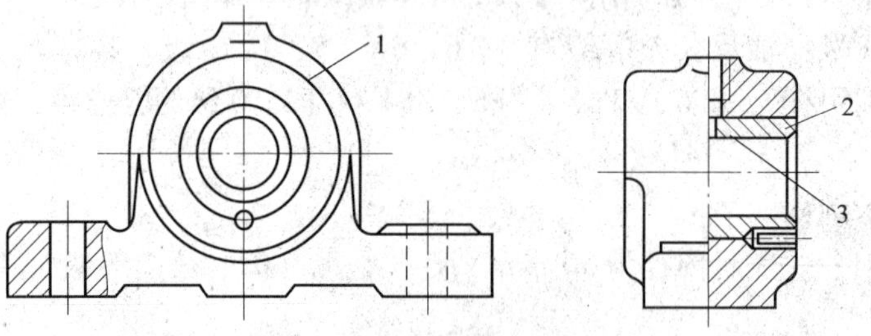

图 3—55　整体式滑动轴承

1—轴承座　2—轴套　3—油孔

（2）对开式滑动轴承。如图 3—56 所示，对开式正滑动轴承是由轴承座 1、轴承盖 2、剖分的上下轴瓦 3 及螺柱 4 等组成。为使轴承盖和轴承座很好地对中和防止工作时错动，在剖分面上设有定位止口。剖分面间放有少量垫片，以便在轴瓦磨损后，借助减少垫片厚度来调整轴承间隙。轴承所受的径向力方向一般不超过对开剖分面垂直线左右 35°的范围，否则应采用对开式斜滑动轴承（图 3—57）。

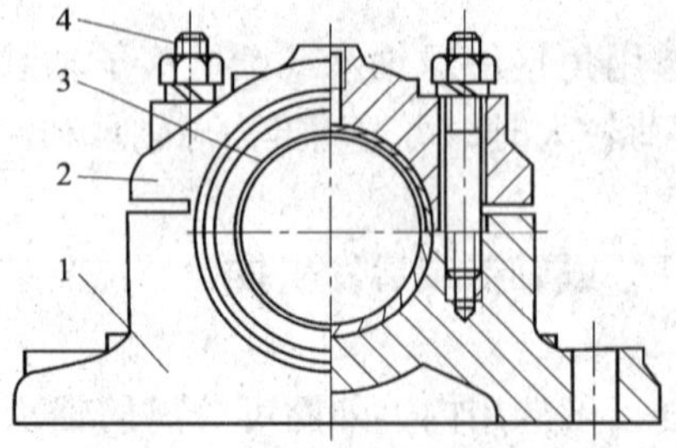

图 3—56　对开式正滑动轴承

1—轴承座　2—轴承盖　3—轴瓦　4—螺柱

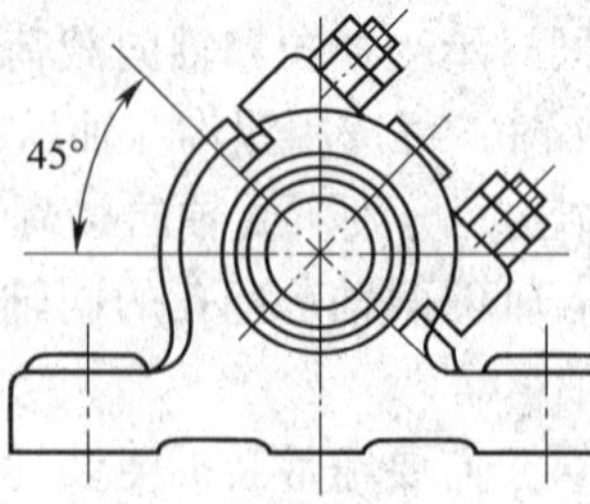

图 3—57　对开式斜滑动轴承

对开式滑动轴承便于装拆和调整间隙，因此得到广泛应用。

（3）自动调心滑动轴承。因安装误差，或轴的弯曲变形较大时，都会造成轴承两端的局部接触（图 3—58），使轴瓦局部严重磨损，轴承宽度越大，这种情况越严重。当轴承的宽度 L 与轴颈直径 d 之比（称为宽径比）$\frac{L}{d}>1.5$ 时，可以采用自动调心滑动轴承（图 3—59）。这种轴承的轴瓦 1 的外表面制成球面，与轴承盖 2 及轴承座 3 上的凹球面相配合。当轴变形时，轴瓦可随轴自动调位，使轴颈与轴瓦均匀接触。

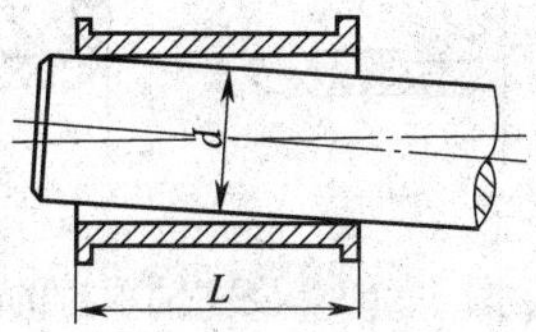

图 3—58　轴瓦端部的局部接触

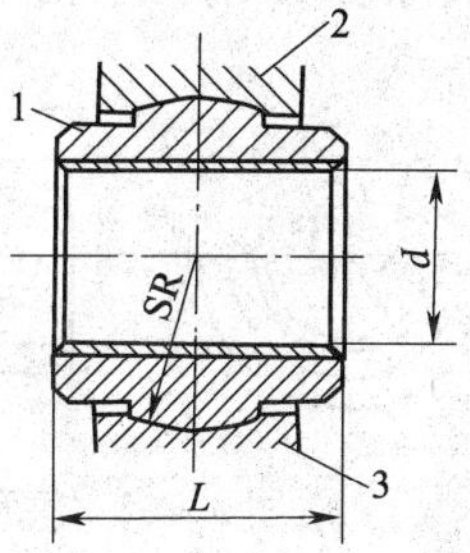

图 3—59　自动调心滑动轴承

1—轴瓦　2—轴承盖　3—轴承座

2. 推力滑动轴承

如图 3—60 所示，推力滑动轴承由轴承座 1、衬套 2、向心轴瓦 3 和推力轴瓦 4 组成。为了便于对中，推力轴瓦底部制成球面，销钉 5 用来防止推力轴瓦随轴转动。润滑油从下部油管注入，从上部油管导出，向心轴瓦 3 用来保证轴的准确位置和承受径向载荷。

推力滑动轴承除了以轴的端面为工作面外，还可将推力轴颈做成单环形和多环形的（图 3—61）。多环轴颈可以承受较大的双向轴向载荷。

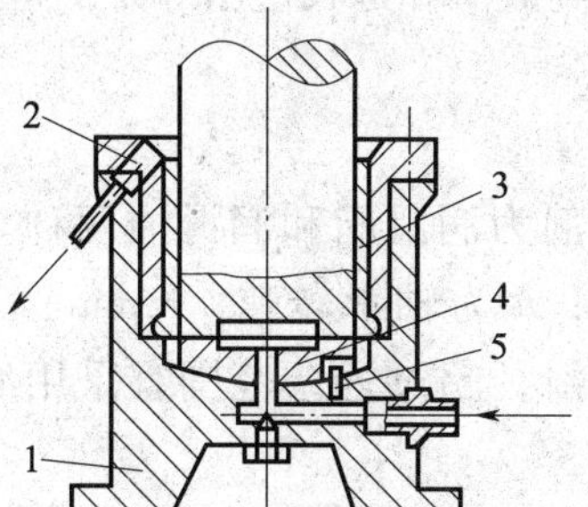

图 3—60　推力滑动轴承

1—轴承座　2—衬套　3—向心轴瓦

4—推力轴瓦　5—销钉

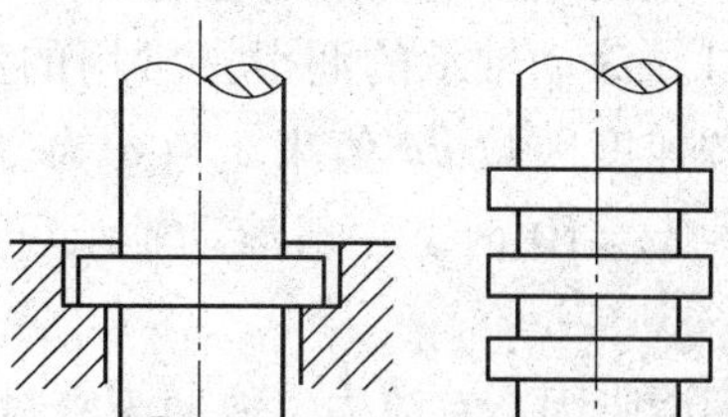

图 3—61　单环和多环推力轴颈

3. 轴瓦

轴瓦是轴承中直接与轴颈接触的部分。轴瓦结构和材料的选择直接影响滑动轴承的工作能力和使用寿命。

轴瓦可以制成整体式和剖分式两种。图 3—62 所示为剖分式轴瓦，其两端的凸肩用以防止轴瓦的轴向窜动，并能承受一定的轴向力。

轴瓦可以用单一的减摩材料制造，但为了节省贵重的金属材料（如轴承合金）及提高轴承的工作能力，通常制成双金属轴瓦，如图 3—63 所示。在强度较高、价格较廉的轴瓦（用钢、铸铁或青铜制造）内表面上浇注一层减摩性更好的合金材料，通常称为轴承衬，其厚度从十分之几毫米到 6 mm 不等。

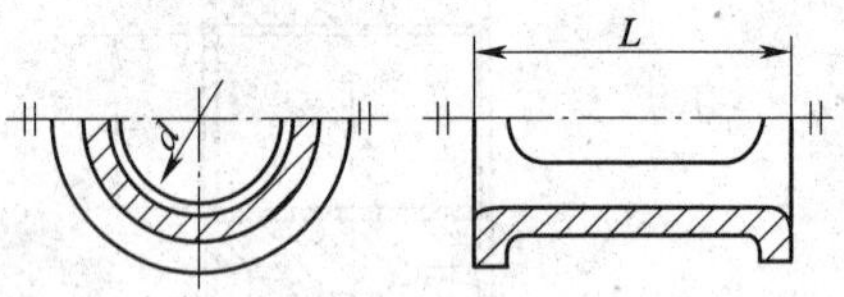

图 3—62 轴瓦

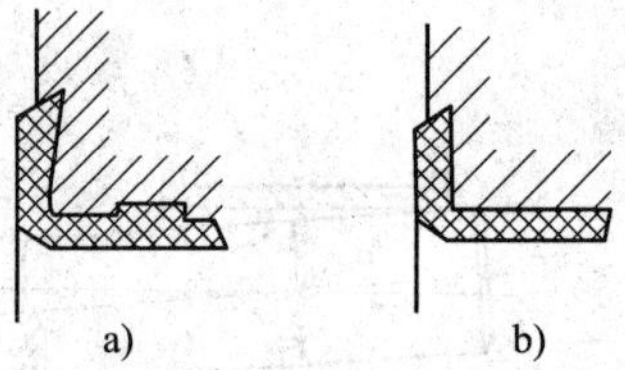

图 3—63 浇注轴承衬的轴瓦

为了使润滑油能够很好地分布到轴瓦的整个工作表面，在轴瓦的非承载区上要开出油沟和油孔。常见的油沟形式如图 3—64 所示。图 a 所示为轴向油沟，润滑油沿轴向输入并充满油沟，通过轴颈转动使油分布于周向；图 b 为斜向油沟。为了使油在整个接触面上均匀分布，油沟沿轴向应有足够的长度，通常取为轴瓦宽度的 80% 左右，但不应开通，以免油从轴瓦两端大量流失。此外，油沟的部位应开在非承载区，使润滑油从非承载区引入，以免降低轴承的承载能力。

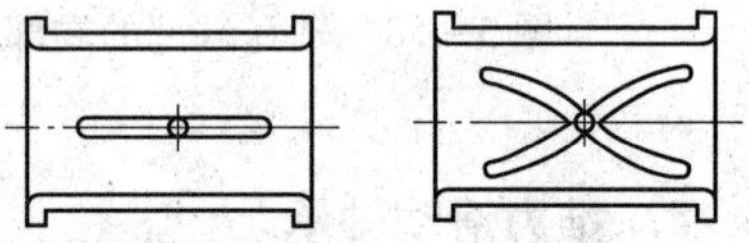

图 3—64 油沟

单元 3

三、轴承的润滑、润滑装置和密封装置

轴承润滑的目的，是为了减少摩擦和磨损，提高效率和延长使用寿命，同时润滑剂也起冷却、吸振、防锈和减少噪声的作用。

1. 滚动轴承的润滑和密封

（1）滚动轴承的润滑。常用的滚动轴承润滑剂为润滑脂和润滑油两种。具体选择可按速度因数 dn 值来定（d 为轴承内径，mm；n 为轴承转速，r/min）。当 $dn<(1.5\sim2)\times10^5$时，一般滚动轴承可采用润滑脂润滑，超过这一范围宜采用润滑油润滑。

润滑脂因不宜流失，故便于密封和维护，且一次充填润滑脂可运转较长时间。滚动轴承的装脂量一般应是轴承内部空间容积的 1/3～2/3，装脂过多，不但浪费，而且会引起轴承内部摩擦增大，工作温度升高，影响轴承的正常工作。

润滑油的优点是比润滑脂的摩擦阻力小，散热效果好，主要用于高速或工作温度较高的轴承，有时轴承速度和工作温度虽然不高，但在轴承附近具有润滑油源时（如减速器内本来就有润滑齿轮的油)，也可采用润滑油润滑。用润滑油润滑滚动轴承时，常用的润滑方法有以下几种：

1）油浴润滑。把轴承局部浸入润滑油中，当轴承静止时，油面应不高于最低滚动体的中心。这个方法不适于高速，因为搅动油液剧烈时要造成很大的能量损失，以致引起油液和轴承的严重过热。

2）滴油润滑。适用于需要定量供应润滑油的轴承部件，滴油量应适当控制，过多的油量将引起轴承温度的升高。

3）飞溅润滑。这是一般闭式齿轮传动装置中的轴承润滑常用的方法，即利用齿轮的转动把润滑齿轮的油甩到箱体的四周壁面上，然后通过适当的沟槽把油引到轴承中去。要求齿轮圆周速度满足：$1.5 \sim 3\ m/s < v < 12\ m/s$。

其他还有喷油润滑和油雾润滑，这两种方法主要用于高速轴承。

（2）滚动轴承的密封。为了防止外界的灰尘、水分等进入滚动轴承，并阻止润滑剂的漏失，需要密封。密封装置有接触式密封和非接触式密封两类。

1）接触式密封。接触式密封常用的有毡圈（图 3—65a）和唇形密封圈（图 3—65b）。毡圈密封主要用于润滑脂润滑的轴承，密封接触面滑动速度 $v < 5\ m/s$。唇形密封圈的密封效果较好，可用于接触面滑动速度 $v < 12\ m/s$。

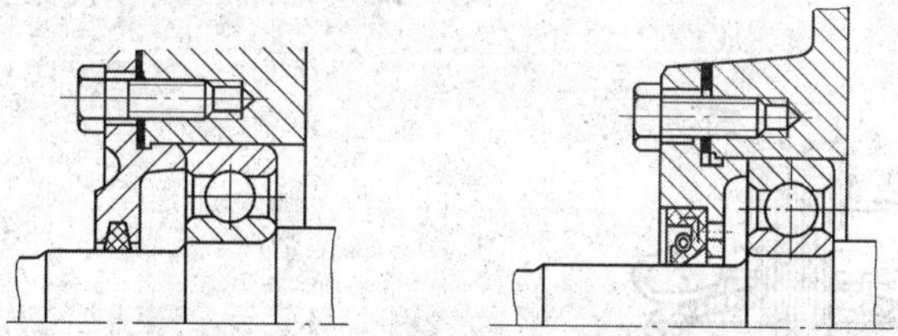

a) 毡圈密封　　b) 唇形密封圈密封

图 3—65　接触式密封

2）非接触式密封。非接触式密封常用的有油沟密封（图 3—66a）和迷宫密封（图 3—66b）两种。油沟密封是在油沟内填充润滑脂以防止内部润滑脂泄漏和外部水气的浸入。其结构简单，密封面不直接接触，适用于温度不高、用润滑脂润滑的轴承。迷宫式密封安装时在缝隙内填充润滑脂。迷宫式密封工作寿命较长，可用于高速场合，但结构比较复杂，安装要求较高。

为了提高密封效果，可以将几种密封装置组合使用。

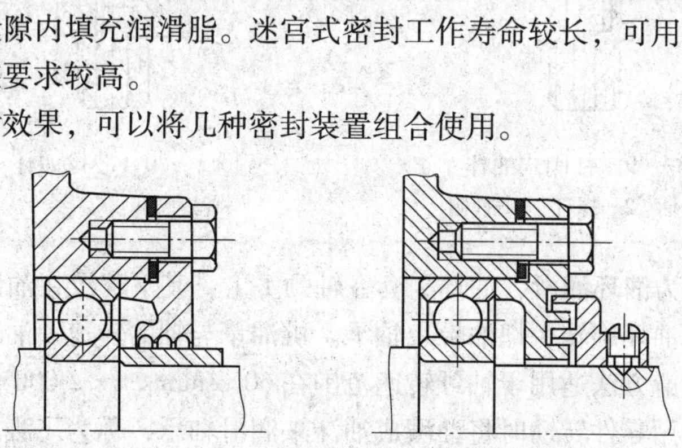

a) 油沟密封　　b)迷宫密封

图 3—66　非接触式密封

2. 滑动轴承的润滑

当采用油润滑时，低速和间歇工作的轴承可用油壶向轴承的油孔内注油（图3—67）。为了不使污物进入轴承，可在油孔上装压注油杯（图3—68）。

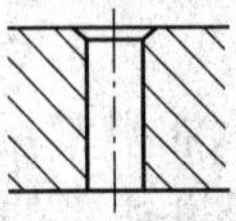

图3—67　油孔

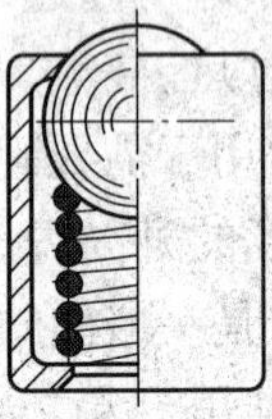

图3—68　压注油杯

比较重要的轴承应采用连续供油润滑方法。图3—69所示为针阀式油杯，当轴承需要供油时，可将手柄1直立，提起针阀3，油即通过油孔自动缓慢而连续地滴入轴承。需要停止供油时，可将手柄按倒，针阀即堵住油孔。供油量大小可用螺母2调节针阀的开启高度。

图3—70所示为芯捻油杯，利用棉纱的毛细吸油作用将油滴入轴承。但应注意不要将芯捻碰到轴颈。这种装置无法调节供油量，且在停止运转时仍继续滴油。

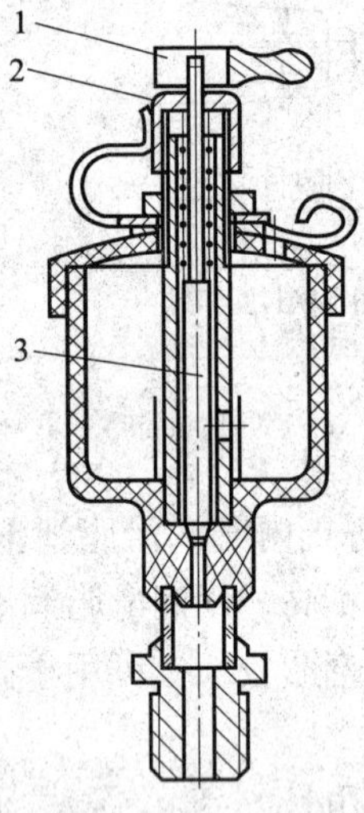

图3—69　针阀式油杯

1—手柄　2—螺母　3—针阀

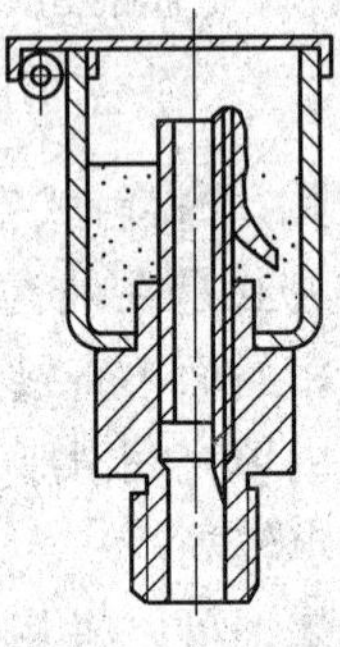

图3—70　芯捻油杯

图3—71所示为油环润滑，油环2套在轴颈1上，其下部浸在油池中，当轴颈旋转时，靠摩擦力带动油环旋转，把油带入轴承。供油量与轴的转速、油环剖面形状和油的黏度有关。这种润滑方法适用于轴颈转速范围在 $60\ r/min < n < 2\ 000\ r/min$ 的场合。

此外，还可利用零件转动时将油溅成油沫来润滑轴承，称为飞溅润滑。

在重载、载荷变化较大的重要机械设备中常用油泵循环供油润滑。这种装置结构比较复杂，费用较高。

润滑脂只能间歇补充，图 3—72 所示为旋盖式油杯是润滑脂润滑中用得较多的润滑装置。润滑脂储存在杯体内，杯盖用螺纹与杯体连接，旋紧杯盖可将润滑脂压送到轴承孔内。

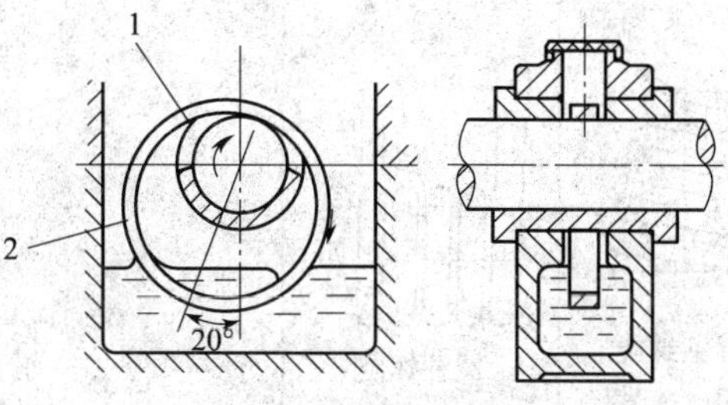

图 3—71　油环润滑
1—轴颈　2—油环

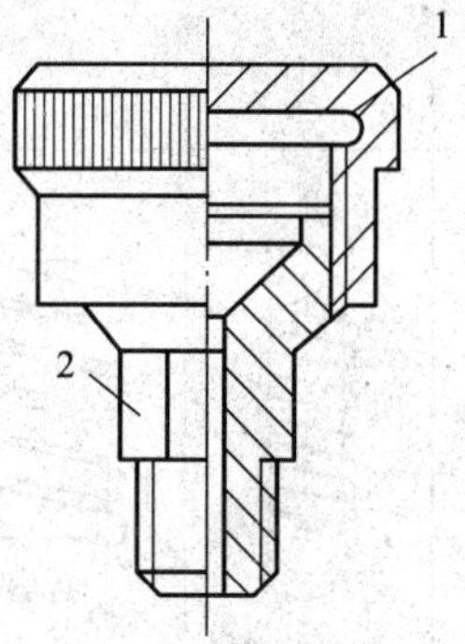

图 3—72　旋盖式油杯
1—杯盖　2—杯体

第七节　弹　簧

一、弹簧的功用

弹簧是机械设备中常用的弹性零件，其功能主要是：

1. 吸收振动和缓和冲击

例如汽车中的缓冲弹簧、铁路机车车辆的缓冲器、弹性联轴器中的弹簧等。这类弹簧具有较大的弹性变形，以便吸收较多的冲击能量。有些弹簧在变形过程中能依靠摩擦消耗部分能量以增加缓冲和吸振的作用。

2. 控制机械运动

例如内燃机的阀门弹簧，离合器、制动器和凸轮机构中的弹簧等。这类弹簧常要求在某变形范围内的作用力变化不大。

3. 储存和释放能量

例如自动机床的刀架自动返回装置中的弹簧、经常开闭的容器中的弹簧、钟表和仪器中的发条等。这类弹簧既要求有较大的弹性，又要求有稳定的作用力。

4. 测量力或力矩的大小

例如测力器，弹簧杆中的弹簧等。这类弹簧要求有稳定的载荷—变形性。

二、弹簧的类型

为了满足不同的工作要求，弹簧有各种不同的类型。

弹簧按其承受载荷的形式不同，可分为压缩弹簧、拉伸弹簧、扭转弹簧和弯曲弹簧。

弹簧按其形状可分为圆柱螺旋（等节距或不等节距的）弹簧、圆锥螺旋弹簧、碟形弹簧、环形弹簧等。常用金属弹簧的类型，见表3　17。

表 3—17　　弹簧的基本类型

按载荷分 按形状分	拉伸	压缩		扭转	弯曲
螺旋形	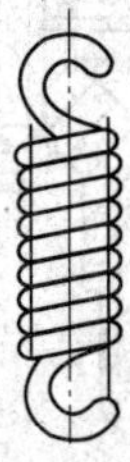 圆柱螺旋 拉伸弹簧	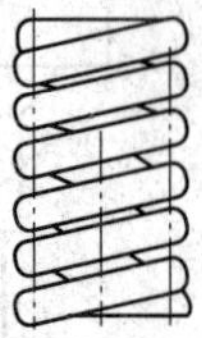 圆柱螺旋 压缩弹簧	 圆锥螺旋 压缩弹簧	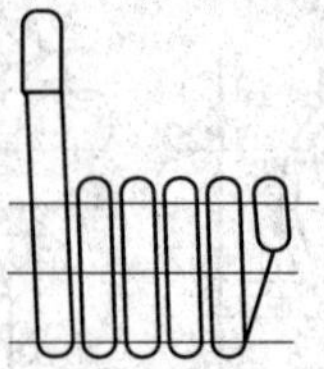 圆柱螺旋 扭转弹簧	
其他形		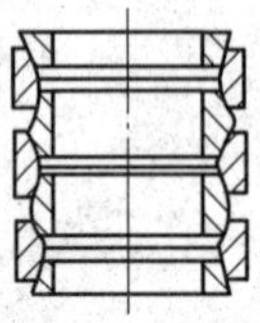 环形弹簧	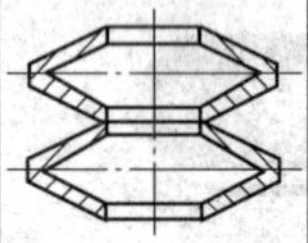 碟形弹簧	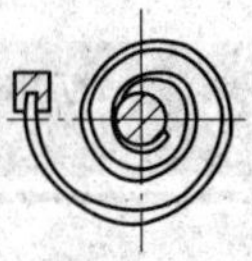 平面涡卷弹簧	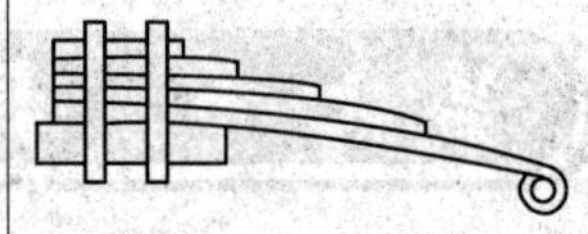 板簧

螺旋弹簧是将弹簧丝按螺旋线卷绕而成，由于制造简单，价格较低，宜于检测和安装，所以应用广泛。

环形弹簧是由分别带有内外锥形的钢制圆环交错叠合制成的。它可以承受很大的冲击载荷，具有良好的吸振能力，常用于机车车辆、锻压设备和起重机中的重型缓冲装置。

碟形弹簧是用钢板冲压成截锥形的弹簧。这种弹簧的刚度较大，结构紧凑，稳定性好，多用于承受较大冲击载荷，并具有较好的吸振能力，制造和维修方便，多用于重型机械的缓冲和减振装置。

涡卷弹簧（也称盘状弹簧）是由钢带盘绕而成，常用于仪器、钟表的储能装置。

板弹簧是由若干长度不等的条状钢板叠在一起并用簧夹夹紧而成。板弹簧的刚度很大，是一种强力弹簧。它主要用于各种车辆的减振装置和某些锻压设备的结构中。

三、弹簧的材料

弹簧主要承受冲击性的交变载荷，多数弹簧是疲劳破坏。因此，弹簧材料应具有较高的弹性极限、疲劳极限、一定的冲击韧性、塑性和良好的热处理性能。工程上常用的弹簧材料有碳素弹簧钢、合金弹簧钢、不锈弹簧钢以及铜合金等。选择弹簧材料时应充分考虑以下几个方面：弹簧的工作条件（工作温度、环境介质），功用及重要性，载荷性质和大小，加工工艺和经济性等因素。

常用金属弹簧材料的性能见表 3—18。

表 3—18　　　　常用弹簧材料及其力学性能

<table>
<tr><th rowspan="2">材料代号</th><th colspan="3">许用切应力
[τ] /MPa</th><th rowspan="2">剪切弹性
模量
G/MPa</th><th rowspan="2">拉压弹性
模量
E/MPa</th><th rowspan="2">推荐
硬度
HRC</th><th rowspan="2">推荐使
用温度
/℃</th><th rowspan="2">特性及用途</th></tr>
<tr><th>Ⅰ类
弹簧</th><th>Ⅱ类
弹簧</th><th>Ⅲ类
弹簧</th></tr>
<tr><td>碳素弹簧
钢丝
B、C、D 级</td><td rowspan="2">$0.3\sigma_b$</td><td rowspan="2">$0.4\sigma_b$</td><td rowspan="2">$0.5\sigma_b$</td><td rowspan="2">$0.5 \leqslant d \leqslant 4$
8 000
$d > 4$
80 000</td><td rowspan="2">$0.5 \leqslant d \leqslant 4$
207 500～
205 000
$d > 4$
200 000</td><td rowspan="2">—</td><td rowspan="2">－40～130</td><td rowspan="2">强度高，加工性能好，适用于小弹簧或要求不高的大弹簧</td></tr>
<tr><td>65Mn</td></tr>
<tr><td>60Si2Mn</td><td>480</td><td>640</td><td>800</td><td rowspan="2">80 000</td><td rowspan="2">200 000</td><td rowspan="2">45～50</td><td>－40～200</td><td>弹性和回火稳定性好，易脱碳，用于受重载荷弹簧</td></tr>
<tr><td>50CrVA</td><td>450</td><td>600</td><td>750</td><td>－40～210</td><td>疲劳性能好，淬透性和回火稳定性好</td></tr>
<tr><td>4Cr13</td><td>450</td><td>600</td><td>750</td><td>77 000</td><td>219 000</td><td>48～53</td><td>－40～300</td><td>耐腐蚀，耐高温，适用于较大弹簧</td></tr>
<tr><td>QSi3－1</td><td>270</td><td>360</td><td>450</td><td>41 000</td><td>95 000</td><td>90～100HBS</td><td>－40～120</td><td>耐腐蚀性、防磁性及弹性均好</td></tr>
<tr><td>QBe2</td><td>360</td><td>450</td><td>560</td><td>43 000</td><td>132 000</td><td>37～40</td><td>－40～120</td><td>耐腐蚀性、防磁性、导电性及弹性均好</td></tr>
</table>

四、弹簧的制造

螺旋弹簧的制造过程包括卷绕、两端加工、热处理和工艺性能试验等。为了提高承载能力，有时需要在弹簧制成后进行强压处理或喷丸处理。

螺旋弹簧的卷绕方法有冷卷法和热卷法两种。当弹簧丝直径 $d \leqslant 8 \sim 10$ mm 或虽弹簧直径较大但易于卷绕时，用经过热处理后的弹簧丝在常温下直接卷制，故称为冷卷。经冷卷后，一般只需进行低温回火以消除在卷绕时产生的内应力。当弹簧丝直径 $d > 8 \sim 10$ mm 或弹簧丝直径虽小于 8 ~ 10 mm，但螺旋弹簧的直径较小时，则要在 800 ~ 1 000℃下卷制，故称为热卷。热卷后，必须进行淬火和中温回火处理。冷卷的压缩与拉伸螺旋弹簧分别用代号 Y 和 L 表示，而热卷的压缩与拉伸螺旋弹簧分别用代号 RY 和 RL 表示。

压缩弹簧为保证两端支承面与其轴线的垂直，应将端面并紧且磨平；拉伸和扭转弹簧的两端要制作成挂钩和工作臂，以便固定和加载。

工艺试验的目的是检查热处理是否合格，有无缺陷，是否符合规定的公差。一般对压缩弹簧在压力作用下使弹簧圈接触两三次，对拉伸弹簧则用工作极限载荷进行拉伸。

强压处理是将弹簧在超过工作极限载荷下，持续强压后卸载。喷丸处理是用一定速度的喷射钢丸或铁丸撞击弹簧。这两种强化措施都能使簧丝表层产生塑性变形和有益的残余应力。由于残余应力的方向和工作应力的方向相反，从而提高弹簧的承载能力。用于长期振动、高温或有腐蚀介质的弹簧，一般不应进行强压处理；拉伸弹簧一般不进行喷丸和强压处理。

思 考 题

1. 渐开线是如何生成的？它有哪些特性？
2. 什么是齿距、齿厚、齿槽宽、模数？它们之间有何关系？
3. 渐开线齿轮传动的正确啮合条件是什么？
4. 为什么说仿形法加工所得齿轮的精度要比范成法加工齿轮的精度要低？
5. 用范成法加工标准齿轮时，为了避免根切，有最小齿数的限制。用仿形法加工标准齿轮时，是否也有同样的问题？
6. 齿轮的失效形式有哪些？
7. 蜗杆传动的优缺点有哪些？
8. 蜗杆的导程角与蜗轮的螺旋角有何关系？
9. 何谓蜗杆的直径系数？
10. 为什么蜗轮常采用青铜制造？
11. 带传动为什么要定期张紧？有哪些张紧方法？
12. 带传动有哪些特点？
13. 何谓带传动的弹性滑动？
14. V 带由哪几部分组成？
15. 对小带轮的包角有何限制？可采取哪些措施增大包角？
16. 链传动有哪些特点？传动范围如何？
17. 链传动的主要参数是什么？
18. 为什么链条的节数最好取偶数，而链轮齿数最好取奇数？

19．与带传动及齿轮传动相比，链传动有哪些优缺点？
20．轴的类型有哪些？转轴、传动轴、心轴的承受载荷有何区别？
21．轴的常用材料有哪些？
22．何谓向心滑动轴承？何谓推力滑动轴承？
23．对轴承材料有哪些基本要求？
24．滚动轴承由哪些零件组成？各零件起何作用？
25．滚动轴承基本类型有哪些？它们都能承受哪些载荷？
26．弹簧有哪些类型？
27．弹簧是如何制造的？为什么弹簧卷制完成后还要进行热处理？
28．常用的弹簧材料有哪些？

第4单元

机械制造基础

第一节 铸造成形

熔炼金属，制造铸型，并将熔融金属浇入铸型，凝固后获得一定形状和性能铸件的成形方法，称为铸造。用铸造方法得到的金属制件称为铸件。铸造成形实质上是利用金属在熔融状态下的流动性实现成形的。

铸造可根据金属材料和生产方法分类。按金属材料的不同可分为铸铁、铸钢和有色金属铸造；按生产方法的不同可分为砂型铸造、金属型铸造、压力铸造、离心铸造和熔模铸造等。

砂型铸造是当前应用最广的基本方法。主要工序有制模、配制造型材料、造型、造芯、烘干、合型、熔炼、浇注、铸件的清理与检查。

铸造的特点是可以生产各种规格大小或形状复杂的铸件，材料来源广，工艺设备简单，生产成本低，且铸件的形状和尺寸均接近于零件，节省金属，减少了切削加工的工作量，但铸件的力学性能与精度较差，因而在生产中受到了一定的限制。

铸造在工业生产中应用广泛，如各种机器的机座、机体、发动机壳体、各类阀体、法兰盘、散热片等均用铸造方法制造。下面以砂型铸造为例，介绍铸造成形的生产过程。

一、砂型的制造

1. 造型材料

砂型铸造用的造型材料主要有型砂、芯砂和涂料。有时还加入少量的煤粉、植物油、木屑等附加物以提高型砂和芯砂的性能。

型砂的质量直接影响铸件的质量，型砂质量不好会使铸件产生气孔、砂眼、粘砂、夹砂等缺陷。良好的型砂必须具备下列性能：

（1）强度。它是指型砂抵抗外力破坏的能力。强度过低，易造成塌箱、砂眼等缺陷；强度过高，易使型砂透气性和退让性变差。黏土砂中黏土含量越高，砂型紧实度越高，砂子的颗粒越细，强度越高。含水量过多或过少均使型砂的强度变低。

（2）透气性。它是指型砂空隙透过气体的能力。若透气性不好，易在铸件内部形成气孔等缺陷。型砂的颗粒粗大、均匀，且为圆形，黏土含量少，型砂舂得不过紧，均可使透气性提高。含水量过多或过少均可使透气性降低。

（3）耐火性。它是指型砂抵抗高温热作用的能力。耐火性差，铸件易产生粘砂。型砂中 SiO_2 含量越多，型砂颗粒越大，耐火性越好。

（4）可塑性。它是指型砂在外力作用下变形，去除外力后能完整地保持已有形状的能力。可塑性好，造型操作方便，制成的砂型形状准确、轮廓清晰。

（5）退让性。它是指铸件在冷凝时，型砂可被压缩的能力。退让性不好，铸件易产生内应力或开裂。型砂越紧实，退让性越差。在型砂中加入木屑等物可以提高退让性。

2. 制模样和芯盒

要铸出一个铸件，必须根据零件图的要求，设计出铸件的形状和尺寸，然后制成铸件模样。

对于具有内腔的铸件，在铸造时内腔由芯砂形成。因此，在制模时，还要制备造砂芯用的芯盒。

制模样和芯盒的材料，常用的是木材或铝合金。

为了保证铸件质量，在设计和制造模样和芯盒时，必须先设计出铸造工艺图，然后根据工艺图的形状和大小，制造模样和芯盒。在设计工艺图时，要考虑下列问题：

（1）分型面的选择。分型面是上下砂型的分界面，选择分型面时必须使模样能从砂型中取出，并使造型方便和有利于保证铸件质量。

（2）起模斜度。为了易于从砂型中取出模样，凡垂直于分型面的非加工表面，都做出0.5°~4°的起模斜度。

（3）加工余量。铸件需要加工的表面，均需留出适当的加工余量。

（4）收缩量。铸件冷却时要收缩，模样的尺寸应考虑收缩的影响。通常铸铁件要加大1%；铸钢加大1.5%~2%；铝合金加大1%~1.5%。

（5）铸造圆角。铸件上各表面的转折处，都要做成过渡性圆角，以利于造型及保证铸件质量。

（6）芯头。有砂芯的砂型，必须在模样上做出相应的芯头。

图4—1所示为端盖零件的铸造工艺图及相应的模样图。从图中可见模样的形状和零件图往往是不完全相同的。

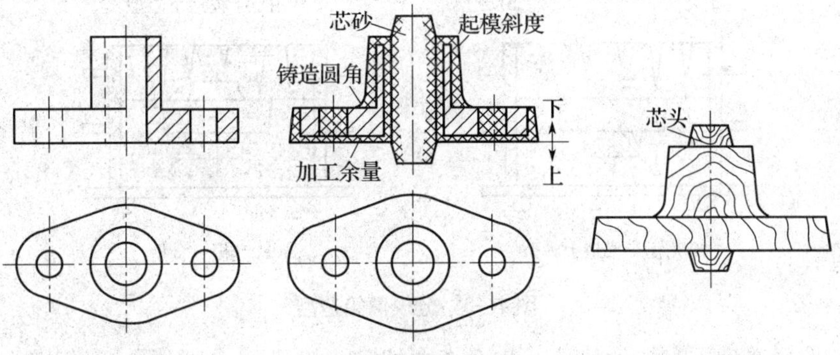

图4—1　端盖零件的铸造工艺图和模样图

3. 手工造型

手工造型操作灵活，可进行整模两箱造型、分模造型、挖砂造型、活块模造型、刮板造型及三箱造型等。

（1）整模两箱造型。整模造型的型腔在一个砂箱里，一般用于最大截面在端部，且大端一侧无模型的、形状简单的铸件。其特点是能避免错箱缺陷，铸件形状、尺寸精度较高，模样制造和造型较简单。造型步骤如图4—2所示。

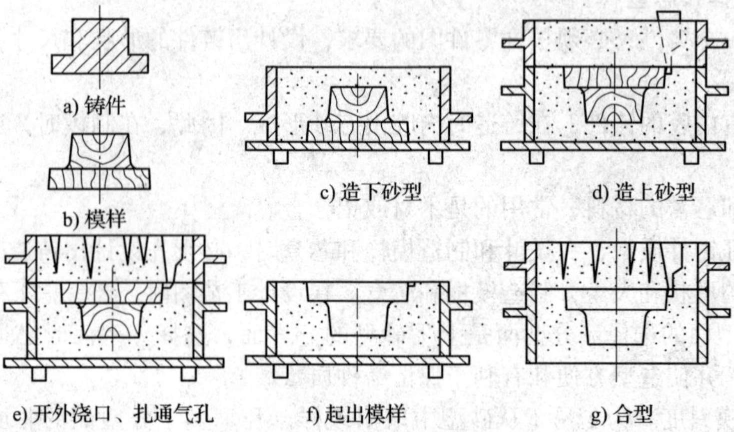

图 4—2　整模两箱造型

（2）分模造型。当铸件不适宜用整模造型时，常以截面为分型面，把模样分成两半，采用分模两箱造型法。其特点是造型方法简单，应用较广；缺点是分模造型时，若砂箱定位不准，夹持不牢，易产生错箱，影响铸件精度，且铸件沿分型面还会产生披缝，影响铸件表面质量，清理也费时。造型步骤如图 4—3 所示。

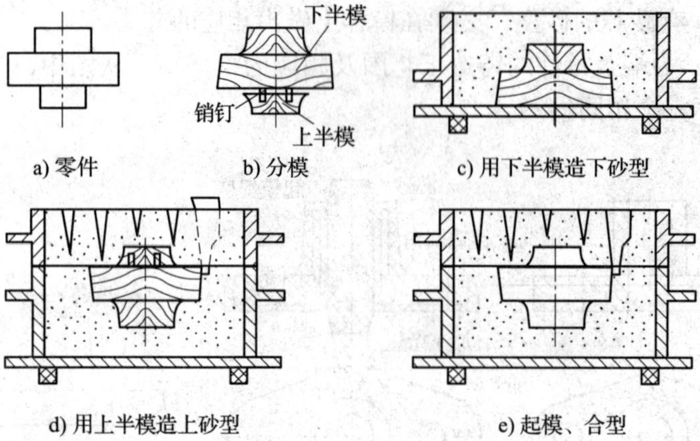

图 4—3　分模两箱造型

（3）挖砂造型。当铸件的最大截面不在端部，且模样又不便分成两半时，常采用挖砂造型。造型时，要将下砂型中阻碍起模的砂挖掉，以便起模。由于要准确挖出分型面，操作较麻烦，要求操作技术水平较高，故这种方法只适用于单件、小批生产。造型步骤如图 4—4 所示。

（4）活块模造型。当铸件侧面有局部凸起阻碍起模时，可将此凸起部分做成能与模样本体分开的活动块。起模时，先将模样主体起出，然后再取出活块。

造型时必须将活块下面的型砂捣紧，以免起模时该部分型砂塌落；同时，也要避免撞紧活块，造成起模困难。活块造型主要用于单件、小批量生产。

活块造型步骤如图 4—5 所示。

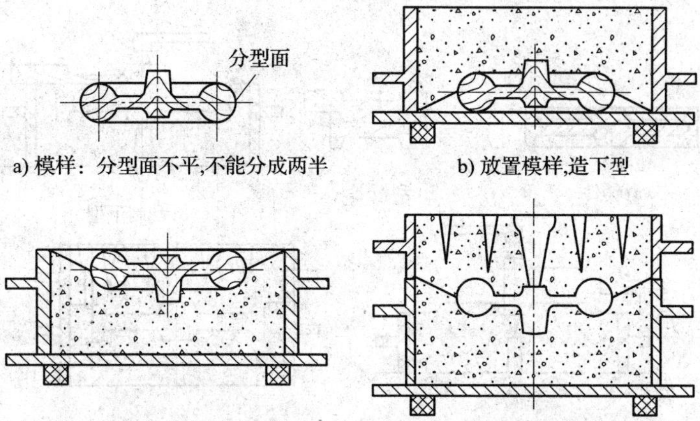

a) 模样：分型面不平,不能分成两半　b) 放置模样,造下型

c) 反转,挖出分型面　d) 造上型,起模,合型

图 4—4　挖砂造型

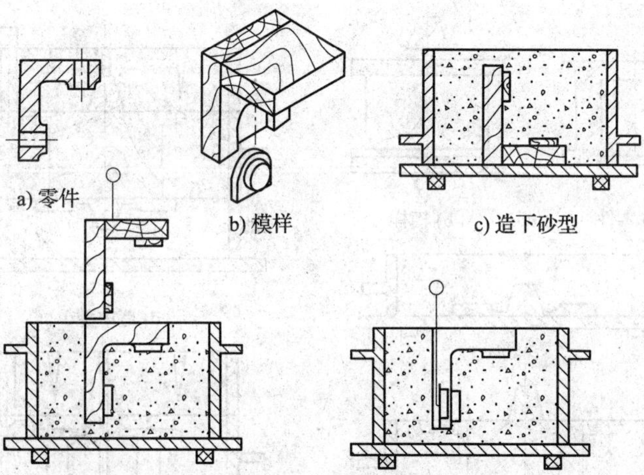

a) 零件　b) 模样　c) 造下砂型

d) 取出模样主体　e) 取出活块

图 4—5　活块造型

（5）刮板造型。刮板造型是用与铸件断面形状相适应的刮板代替模样的造型方法。造型时，刮板绕固定轴回转，将型腔刮出。

刮板造型的特点是可节省制模工时及材料，但操作麻烦，要求操作技术较高，生产效率低。因此多用于单件、小批量生产较大的回转体铸件，如圆环、飞轮等。

刮板造型步骤如图 4—6 所示。

（6）三箱造型。用三个砂箱制造砂型的过程称为三箱造型。主要适用于两端截面尺寸大于中间截面尺寸的零件。

三箱造型的特点是：模样必须是分开的，以便从中型内起出模样；中型上、下两面都是分型面，且其高度与中型的模样高度相近；造型过程较复杂，生产率低，易产生错箱缺陷，故只适用于单件、小批量生产。若成批量生产，可采用带外芯的整模两箱造型。

三箱造型步骤如图 4—7 所示。

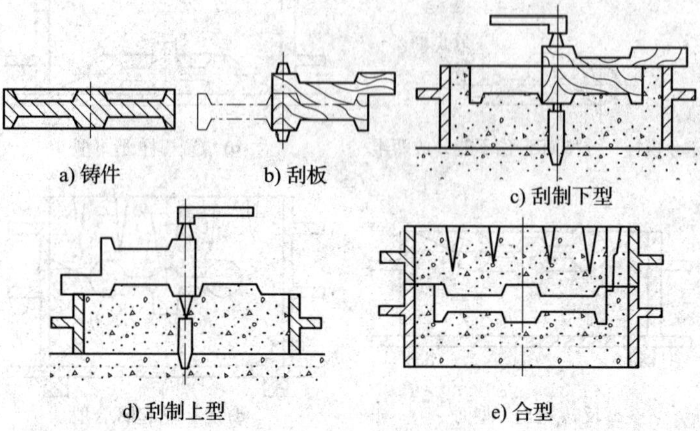

图 4—6　刮板造型

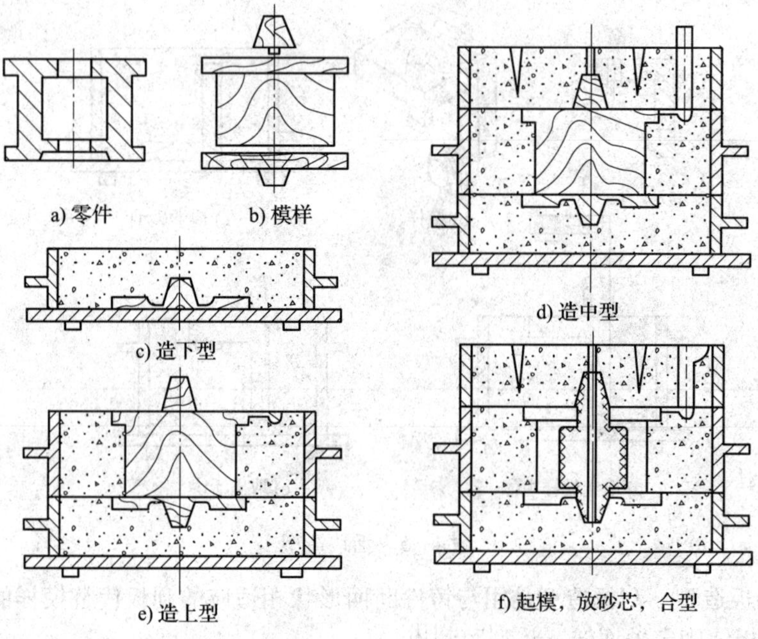

图 4—7　三箱造型

4．机器造型

所谓机器造型，就是用机器代替手工紧砂和起模。造型机种类很多，常用的是振压式造型机等。一般振压式造型机的振动频率为 150～500 次/min。

造型机上一般都装有起模装置，常用的有顶箱起模、落模起模、漏模起模和翻转落箱起模四种。

5．制造砂芯

砂芯的作用是形成铸件内腔。浇注时砂芯受高温液体金属的冲击和包围，因此除要求砂芯具有铸件内腔相应的形状外，还应具有较好的透气性、耐火性、良好的强度和退让性等。故要用杂质较少的石英砂和用植物油、水玻璃等黏结剂来配制芯砂，并在砂芯内放入金属芯骨和扎出通气孔以提高强度和透气性。砂芯是用芯盒制造而成，其工艺过程与造型过程相似。做好的砂芯，用前必须烘干。

6．浇注系统

保证液态金属顺利进入型腔的通道，称为浇注系统。

典型的浇注系统由浇口杯、直浇道、横浇道和内浇道组成。为了保证铸件质量，特别是对厚薄相差较大的铸件，都应在厚大部分的上方适当地开设冒口。冒口的作用是排气、集渣和补缩。

（1）浇口杯。一般为池形或漏斗形。其作用是减轻金属液流的冲击，使金属平稳地流入直通道。

（2）直浇道。它是圆锥形的垂直通道。其作用是使金属液体产生一定的静压力，并引导金属液迅速充填型腔。

（3）横浇道。它是断面为梯形的水平通道，位于内浇道的上面。其作用是挡渣及分配金属液进入内浇道。简单的小铸件，横浇道可省去。

（4）内浇道。它是和型腔相连的金属液通道。其作用是控制金属液流入型腔的方向和速度。

内浇道开设的位置和方向对铸件质量影响很大。一般不应开在铸件的重要部位，以免造成内浇道附近的金属冷却慢、晶粒粗大、力学性能差。当铸件壁厚相差不大时，内浇道一般开在薄壁处，使铸件各处冷却均匀；当壁厚相差较大时，内浇道一般开在厚处以便补缩。内浇道开设的方向，要有利于金属液顺利进入型腔，防止直接冲击砂芯或型腔内壁。内浇道和铸件的接合处应薄而宽，以免清理时伤及铸件。

7．合型

将上型、下型、砂芯等组合为一个完整砂型的过程称为合型。合型的工作包括铸型的检验与装配和铸型的紧固两项工作。

（1）铸型的检验和装配。下芯前，应先清除浇注系统、型腔、砂芯表面的浮砂，检查其形状、尺寸是否符合要求，排气道是否通畅；下芯应平稳、准确。然后导通砂芯和砂型的排气道；固定砂芯；在芯头和砂型芯座的间隙处填满泥条或干砂，防止浇注时金属液钻入芯头而堵死排气道。最后平稳、准确地合上下型。

（2）铸型的紧固。铸型的紧固方法有机械夹紧或在上型顶面加压铁两种方法。

压铁放置要对称，以免上箱一角被压紧而对角翘起，发生浇注时的跑火现象，压铁应放置在箱带或箱边上，以防压坏砂型，同时也不能妨碍浇注工作。

合型是制造铸型的最后一道工序，关系到铸件的质量。若合型操作不当，即使铸型和砂芯的质量很好，也会引起气孔、砂眼、错型、偏芯、飞翅、跑火等缺陷。

二、铸铁的熔炼与浇注

1．铸铁的熔炼设备

铸铁的熔炼设备为冲天炉。

冲天炉炉身是用钢板卷曲焊接而成的圆筒形，内砌耐火砖炉衬。炉身上部有加料口、烟囱、火花罩，中部有热风胆，下部有热风带，风带通过风口与炉内相通。从鼓风机送来的空气，通过热风胆加热后经风带进入炉内，供燃烧用。风口以下为炉缸，熔化的铁液及炉渣从炉缸底部流入前炉。

冲天炉的大小以每小时能熔炼出铁液的质量来表示。常用的为 1.5 ~ 10 t/h。

2. 铸铁炉料

（1）金属料。包括生铁、回炉铁、废钢和铁合金等。

（2）燃料。冲天炉熔炼用的燃料，一般为焦炭或煤球。焦炭要求碳的质量分数要高，硫、灰粉及挥发物等杂质要少。

（3）熔剂。熔剂主要起稀释熔渣的作用。常用的熔剂有石灰石和萤石。

各种炉料的加入比例，应根据铸铁化学成分的要求及炉料的化学成分，并考虑不同金属炉料在熔化过程中的氧化、烧损等因素，在熔炼前通过配料计算确定。一般情况下，焦炭的加入量为金属料的 1/12 ~ 1/8，这一数值称为焦铁比；熔剂的加入量为焦炭的 25% ~ 30%（或金属料的 3% ~ 4%）。

3. 铸铁的铸造性能

（1）灰铸铁的铸造性能。常用的各种铸铁中，灰铸铁的铸造性能最好。可以铸出薄壁和形状复杂的零件，不易产生缩孔和裂纹，一般不需冒口（只要出气口即可），对型砂的要求不高。除铸造工艺上的优点外，其生产设备简单，操作方便，生产效率高，故它是铸造生产中应用最广的一种金属材料。

（2）球墨铸铁的铸造性能。球墨铸铁由于经过球化处理，铁水温度降低很多，浇注温度往往偏低，所以流动性也有所下降。球墨铸铁的液态收缩和凝固收缩较大，容易产生缩孔和缩松，常利用快速浇注，顺序凝固和加设冒口进行补缩。球墨铸铁容易产生气孔，必须严格控制型砂的含水量。

4. 铸铁的熔炼

铸铁的熔炼是获得高质量铸件的重要环节。熔炼的目的是为了得到具有一定化学成分和足够高温度的铁水。如果铁水的化学成分不合格或温度过低，就会降低铸件的力学性能和铸造性能。铸铁的熔炼一般是在冲天炉内进行。

按一定的次序和比例将炉料分层、分批加入冲天炉内，经点火、鼓风、熔炼即得所需的铁水。

5. 浇注与清理

（1）浇注。把液体金属浇入砂型的过程称为浇注。浇注前，应把液体金属表面的熔渣去除干净，在浇注过程中应控制好浇注温度和浇注速度。

（2）清理。从砂型中取出铸件称为落砂。浇注后，铸件必须在铸型中经过充分的凝固和冷却，不能取出过早，否则会因冷却速度太大，冷却不均匀而产生较大的内应力，甚至变形开裂。

对一些断面变化较大或形状较复杂的铸件，在冷却过程中，由于各部位的冷却速度不同，收缩情况也不一样，因而铸件内会产生不同程度的内应力。这不仅使铸件的强度降低，而且还会使零件变形。因此，对精度要求较高的或大型铸件（如床身、机架等），在切削加工前都要进行一次消除内应力处理，即时效处理。时效处理的方法有自然时效和人工时效两种：将铸件放置在室外 6～18 个月，让其自然地缓慢消除内应力，这种处理方法，称为自然时效；将铸件缓慢升温至 500～600℃，保温较长一段时间后，再缓慢地冷却下来，这种处理方法称为人工时效。自然时效可消除 20%～30% 的内应力，而人工时效可消除 90% 以上的内应力。

铸件清理主要包括去除铸件的表面粘砂、毛刺、飞边等，铸铁件的浇冒口一般可用锤击法去除，铸钢件的浇冒口多用气割法去除。

三、铸造的缺陷

铸件常见的缺陷有气孔、渣孔、缩孔、砂眼、夹砂、粘砂、裂纹、冷隔、浇不足、错箱和偏芯等。

造成铸件缺陷的原因是多方面的。例如，造型材料水分过多，铁水温度太低，气体难以逸出，浇注速度太快，会使铸件产生气孔；浇注系统不合理，未起挡渣作用，使熔渣随液体金属进入型腔，形成渣孔；型砂的强度不够，或砂型损坏，使型砂卷入液体金属而形成砂眼；型砂的耐火性能低，型砂黏附在铸件表面，形成粘砂；铸件的结构不合理，铸件壁厚相差悬殊或过渡圆角太小，会造成金属的局部集结，产生缩孔或缩松，严重时会产生很大的铸造内应力而形成裂纹；铸造工艺不适当，如浇注系统设置不合理，合型及型芯的位置不正确，浇注速度及温度不合理，会形成冷隔、浇不足、错箱、偏芯、变形和局部白口等缺陷。

在分析铸件产生缺陷的原因时，要根据缺陷的特点和位置、生产工艺及金属材料等因素，进行综合分析和研究，才能找出产生缺陷的主要原因，以便采取措施防止各种缺陷的产生。

四、铸件的结构工艺性

零件结构的铸造工艺性，是指所设计的零件在满足使用性能要求的前提下，铸件造型的可行性和经济性，即铸造成形的难易程度。良好的铸件结构应与金属的铸造性能、铸件的铸造工艺相适应。

1. 铸造工艺对铸件结构的要求

铸件的结构不仅应有利于保证铸件的质量，而且应考虑到造型、制芯和清理等操作的方便，以利于简化铸造工艺过程，稳定质量，提高生产效率和降低成本。合理的铸件结构应使铸件具有尽可能少而简单的分型面，少而简单的型芯；避免使用活块；避免水平方向出现较大的平面；在垂直于分型面的非加工表面应设有结构斜度；铸件壁厚力求均匀，壁的连接要平缓、圆滑过渡；尽可能使各部分能自由收缩；铸件结构还要有利于型芯的定位、稳固、排气和清理。

2. 合金铸造性能对零件结构的要求

铸件中很多缺陷的出现都是因为铸件结构设计时未考虑到合金的铸造性能所致，如气孔、裂纹、缩孔等。表 4—1 列出了常用合金的铸造性能及结构设计特点，供铸件结构设计时参考。

表 4—1　　常用铸造合金的性能及结构特点

合金种类	性能特点	结构特点
灰铸铁件	流动性好，体收缩和线收缩小，缺口敏感性小，综合力学性能低，抗压强度比抗拉强度高 3~4 倍。吸振性好，比钢约大 10 倍。弹性模量较低	因流动性好，可铸造薄壁和形状复杂的铸件，铸件残余应力小，吸振性好 常用于机床床身、发动机机体、机座等铸件
铸钢件	流动性差，体收缩和线收缩较大，综合力学性能高，抗压和抗拉强度相等，吸振性差，缺口敏感性大	铸件允许最小壁厚比灰铸件要厚，不易铸出复杂件。铸件内应力大，易挠曲变形。结构应尽量减少热节点，并创造顺序凝固的条件。壁的连接圆角与壁之间的过渡段要比灰铸铁大些
球墨铸铁件	流动性和线收缩与铸铁相近，体收缩及形成内应力倾向比灰铸铁大，易产生缩孔、缩松和裂纹。强度、塑性、弹性模量均比灰铸铁高，抗磨性好，吸振性比灰铸铁差	一般都设计成均匀壁厚，尽量避免厚大断面。对某些厚大断面的球墨铸铁件可采用空心结构，如大型的球铁曲轴等
可锻铸铁件	流动性比灰铸铁差、体收缩大。退火前很脆，毛坯易损坏；退火后线收缩小，综合力学性能稍次于球墨铸铁，冲击韧度比灰铸铁高 3~4 倍	由于铸态要求白口，故一般适宜做均匀壁厚的小件，最合适的壁厚 5~16 mm。为增加刚度，截面形状多设计成 T 字形或工字形，应避免十字形截面。零件的突出部分应该用肋条加固
锡青铜和磷青铜	铸造性能类似灰铸铁，但结晶温度区间大，易产生缩松；高温性能差，脆性大；强度随截面增加显著下降；耐磨性好	壁不得太厚，零件的突出部分应用较薄的加强肋加固，以免热裂。铸件形状不宜太复杂
无锡青铜和黄铜	收缩较大，结晶温度范围小，易产生集中缩孔。流动性好、耐磨、耐腐蚀性好	结构特点类似于铸钢件
铝合金	铸造性能类似铸钢，但相对强度随壁厚增加而显著降低	壁不能太厚，其余结构特点类似于铸钢件

第二节　锻压成形

金属压力加工是对坯料施加外力，使其产生塑性变形，改变尺寸、形状及改善性能，用以制造机械零件或毛坯的成形加工方法。金属压力加工包括轧制、挤压、拉拔、锻造（自由锻造、模锻和胎模锻）与板料冲压等。锻压属于压力加工生产的一部分，它是锻造和冲压的总称。用锻压方法生产的金属制品称为锻件或冲压件。

锻压成形加工主要有以下特点：

1. 改善金属组织，提高金属力学性能

通过锻压可以压合铸造组织中的内部缺陷，并能合理控制金属纤维方向，使组织致密，获得较细密的晶粒。

2. 节省材料

坯料的形状和尺寸发生改变而其体积基本不变，与切削加工相比可节约金属材料和加工工时。

3. 生产率较高

除自由锻造外，其他锻压方法如模锻、冲压等都有较高的劳动生产率。

4. 适应范围广

能加工各种形状、质量的工件。

一、锻压成形工艺基础

1. 金属塑性变形的实质

金属在外力作用下首先要产生弹性变形，当外力增大到内应力超过材料的屈服强度时，就产生塑性变形。

金属塑性变形是金属晶体每个晶粒内部的变形和晶粒间的相对移动、晶粒转动的综合结果。单晶体的塑性变形主要通过滑移的形式来实现。金属塑性变形的实质是金属在切应力作用下，金属晶体内部产生大量位错运动的宏观表现。由于晶界的存在和各个晶粒的位向不同以及其他晶体缺陷等因素，使得各晶粒的塑性变形相互受到阻碍与制约，塑性变形的同时也导致了金属的强化。

2. 塑性变形对金属组织和性能的影响

（1）冷变形后的组织变化。金属在常温下经塑性变形，其显微组织出现晶粒伸长、晶粒破碎等特征，并伴随着内应力的产生。

（2）冷变形强化。金属在塑性变形过程中，随着变形程度的增加，强度和硬度提高而塑性和韧性下降的现象称为冷变形强化或加工硬化。它是提高金属材料强度、硬度和耐磨性的重要手段之一，如冷拉高强度钢丝、冷绕弹簧、坦克履带、铁路道岔等。但冷变形强化后使金属塑性和韧性下降，给进一步变形带来困难，甚至导致开裂和断裂。

（3）回复后再结晶。冷变形强化是一种不稳定状态，具有恢复到稳定状态的趋势。当金属温度提高到一定程度，原子热运动加剧，将消除晶格扭曲，内应力大为降低，但晶粒的形状、大小和金属的强度、塑性变化不大，这种现象称为回复。

当温度继续升高，金属原子活动能力更强，则开始以碎晶或杂质为核心结晶出新的晶粒，从而消除了冷变形强化现象，这个过程称为再结晶。金属开始再结晶的温度称为再结晶温度，一般为该金属熔点的 0.4 倍，即：

$$T_{再} \approx 0.4T_{熔}$$

式中温度均用热力学温度表示。

通过再结晶，金属的性能恢复到变形前的水平。金属在常温下需进一步进行压力加工时，常安排中间再结晶退火工序。

再结晶过程完成后，如再延长加热时间或提高加热温度，则晶粒会明显长大，成为粗晶组织，导致材料力学性能下降，使锻造性能恶化。

3. 金属的冷变形与热变形

金属在常温下进行的塑性变形称为冷变形。如钢在常温下进行的冷冲压、冷轧制、冷挤压等。在变形过程中，有冷变形强化过程而无再结晶过程；冷变形工件没有氧化皮，可获得较高的公差等级，较小的表面粗糙度，强度和硬度较高；由于冷变形金属存在残余应力和塑性差等不足，因此常常需要中间退火才能继续变形。

热变形是在$T_{再}$温度以上进行的，变形后保留再结晶组织而不保留冷变形强化。如热锻、热轧、热挤压等。与冷变形比较，热变形的优点是塑性良好，变形抗力低，容易加工变形，但高温下，金属容易产生氧化皮，所以制件的尺寸精度低、表面粗糙。

4. 锻造流线与锻造比

热变形使金属中的脆性杂质被破碎，并沿着金属流动方向呈碎粒状分布，而塑性杂质则随金属变形，并沿晶粒伸长方向呈带状分布，金属中的这种杂质的定向分布通常称为锻造流线。

热变形对金属组织和性能的影响主要取决于热变形的程度，而热变形的大小可用锻造比Y来表示。锻造比是金属变形程度的一种表达方法，通常用变形前后的截面（F）比、长度（J）比或高度（H）比来计算。

拔长时的锻造比　　$Y_{拔}=F_0/F=L/L_0$

镦粗时的锻造比　　$Y_{镦}=F/F_0=H_0/H$

锻造比越大，热变形程度越大，则金属的组织、性能改善越明显，锻造流线也越明显。

单元 4

锻造流线使金属的性能呈现各向异性。在设计和制造机器零件时，必须考虑锻造流线的合理分布，使零件工作时的正应力与流线方向垂直，并尽可能使流线与零件的轮廓相符合而不被切断。

5. 金属的锻造性

金属的锻造性能（可锻性）是衡量材料经受塑性成形加工，获得优质锻件难易程度的一项工艺性能。金属锻造性能的优劣，常用金属的塑性变形能力和变形抗力两个指标来衡量。金属塑性高，变形抗力低，则锻造性能好；反之，则锻造性能差。

影响金属塑性变形能力和变形抗力的因素主要有化学成分、金属组织、变形温度、变形速度、变形程度和应力状态等。

二、自由锻造

自由锻造是利用冲击力或压力使金属在上下两砥铁之间产生变形，以获得锻件的方法。自由锻造的坯料变形是在两砥铁间作自由流动的，故称自由锻。由于锻件是自由变形，所以锻件的形状和尺寸主要由工人的操作技术来保证。

自由锻造的设备和工具有很大的通用性，且工具简单，加工适应范围较广（锻件的质量可以从不足 1 kg 到数百吨）。但自由锻造对锻工的技术水平要求较高，劳动条件较差，金属损耗大，生产效率低，锻件的复杂程度和精度均不宜要求过高。自由锻造主要应用于品种繁多的单件小批生产或维修用的配件生产。

自由锻造在机器制造，冶金，造船、航空及机车车辆制造工业中具有特别重要的意义。如发电机的主轴，汽轮机的叶轮，以及各种大型曲轴、连杆等承受重大载荷的大型零件，都必须采用锻造的毛坯再经切削加工而成。自由锻造是制造大型锻件的唯一方法。

1. 自由锻造的设备

自由锻造包括手工锻造和机器锻造。机器锻造又分为锻锤自由锻和水压机自由锻两种。锻锤锻造是靠冲击力使坯料变形，水压机锻造是用静压力使坯料变形。

自由锻造常用的设备是空气锤、蒸汽锤和水压机。

2. 自由锻造的基本工序

自由锻造的基本工序有镦粗、拔长、弯曲、冲孔、切割、扭转、错移及锻焊等。生产中常用的工序主要有镦粗、拔长和冲孔。

（1）镦粗。镦粗是使坯料高度减小，横截面积增大的工序。主要用于锻造圆盘类零件。

（2）拔长。拔长是使坯料横截面积减小，长度尺寸增加的工序。主要用于锻造杆轴类零件。

（3）冲孔。冲孔是用冲子在坯料上冲出透孔或不透孔的锻造工序。主要用于锻造环套类零件。

3. 自由锻工艺规程的制定

自由锻造工艺规程是组织生产过程，规定操作规范，控制和检查产品质量的依据。自由锻工艺规程的主要内容包括根据零件图绘制锻件图、计算坯料的质量和尺寸、确定锻造工序、选择锻造设备、确定坯料加热规范和填写工艺卡片等。其中，绘制锻件图是工艺规程中的核心内容。它是以零件图为基础结合自由锻工艺特点绘制而成的，如图4—8所示。在锻件图上用细双点画线画出零件主要轮廓形状，并在锻件尺寸线下面用括弧注明零件基本尺寸。绘制锻件图主要考虑以下几个因素：

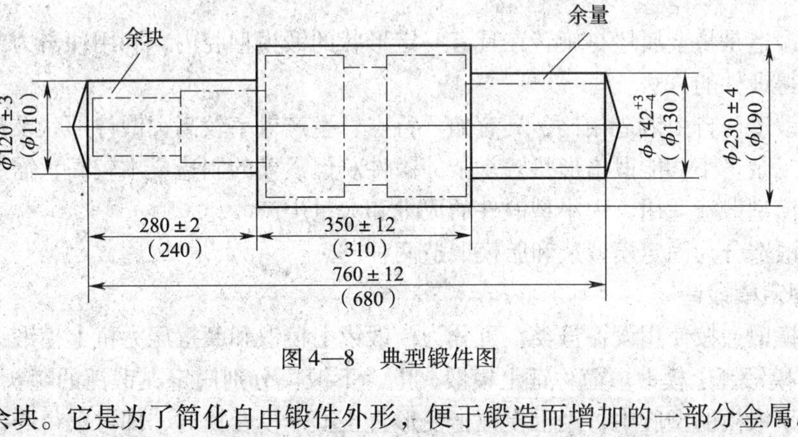

图4—8 典型锻件图

（1）余块。它是为了简化自由锻件外形，便于锻造而增加的一部分金属。多用于零件上的小孔、台阶和凹挡等难以锻出的部位。添加余块应综合考虑工艺的可行性和金属材料的消耗等因素。

（2）加工余量。它是为了克服自由锻件尺寸精度低、表面质量较差的缺点而在零件加工表面上增加的供切削加工用的金属层。加工余量的大小与零件的形状、尺寸等因素有关：零件越大、形状越复杂，则加工余量越大。

（3）锻件公差。它是锻件实际尺寸（锻造尺寸）相对于锻件公称尺寸（零件基本尺寸＋加工余量）所允许的变动量。锻件公差的确定方法与加工余量的确定方法基本相同，通常为加工余量的1/4～1/3。

4. 自由锻件结构的工艺性

设计自由锻件结构和形状时，除满足使用性能要求外，还应考虑自由锻设备和工具的特点。良好的锻件结构工艺性应以结构合理、锻造方便、减少材料与工时的消耗和提高生产效率为目的加以确定。典型自由锻件结构工艺性设计如图4—9所示。

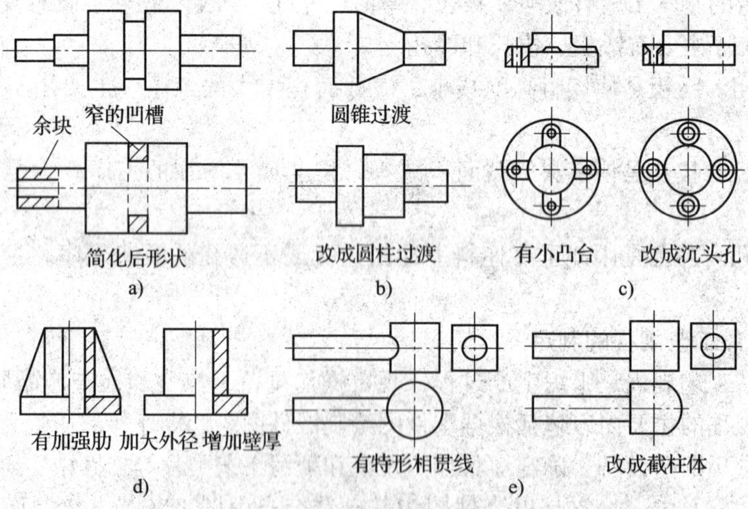

图4—9　自由锻件结构工艺性举例

三、模型锻造

模型锻造是将金属坯料旋转在具有一定形状的锻模型腔内，利用冲击力或压力使之变形而获得锻件的方法。

模型锻造与自由锻造相比，具有如下特点：生产效率较高，锻件形状及尺寸比较准确，机加工余量小，能锻出形状较复杂的锻件。但锻模的制造成本较高，需用专用的模锻设备。模型锻造适用于中小型锻件的成批和大量生产。

模型锻造分为固定模锻造和胎模锻造两种。

1. 固定模锻造

固定模锻造按使用设备分类，可分为模锻锤上模锻和摩擦压力机上模锻。

（1）模锻锤上模锻。简称锤上模锻，上、下锻模分别固定在锻锤的锤头和锤砧上，坯料置于下锻模的型腔中，经上模锤击变形直至上下模合拢时，即可获得与模膛型腔一致的模锻件。模锻件从型腔中取出后，一般带有毛边，还须通过切边除毛边，才能获得锻件成品。

模锻锤上模锻主要设备是蒸汽模锻锤和空气模锻锤。其工作原理与自由锻锤基本相同。但锤头与导轨之间的间隙小，机架直接与砧座相连，这样使锤头运动较精确，以保证锻件的质量。

(2) 摩擦压力机上模锻。它是将上、下锻模分别安装在摩擦压力机的滑块和底座上，坯料置于下锻模的型腔中。利用滑块的迅速下行产生的压力使坯料变形为与型腔一致的模锻件。

摩擦压力机上模锻的主要优点是工作时振动小，设备简单，操作安全；缺点是生产效率较低。适用于小锻件的小批量或中批量生产。

2. 胎模锻造

胎模锻造是自由锻与模锻结合运用的一种锻造方法。整个过程在自由锻设备上进行。

胎模由上、下模组成。下模上有两个导销，上模有两个导销孔，借以套在导销上，以保证上下模对合。工作时，下模放在下砧铁上，把经过预锻的锻坯（一般用自由锻的方法制坯）置于模膛中，然后合上上模进行终锻成形。

与自由锻造相比较，胎模锻造能提高锻件的精度和形状的复杂程度，减少加工余量，节约金属材料，并提高生产效率。

与其他模锻方法比较，由于胎模制造简便，又无需昂贵的模锻设备，因而成本低。胎模锻造工艺灵活多样，可以生产品种繁多的锻件。但在生产效率、精度等方面不及其他模锻方法，而且劳动强度较大。胎模锻造在中、小批量生产中得到广泛应用。

四、板料冲压

板料冲压是通过模具对金属板料施加外力，使之产生塑性变形或分离，从而获得一定尺寸、形状制件的方法。由于冲压通常在常温下进行，也称为冷冲压。

板料冲压能获得尺寸精度高、互换性好、形状复杂的零件。冲压件一般不再进行切削加工，而且制件的质量轻、强度高、刚度好。冲压操作简单，易于实现机械化、自动化生产，生产效率高。但冲模制造复杂，要求高。因此，冲压工艺方法适用于大批量生产。冲压所用的原材料通常是塑性较好的低碳非合金钢、塑性高的合金钢、铜合金、铝合金等金属材料的薄板料、条带料。

1. 冲压设备

板料冲压设备主要有剪床和冲床。剪床用于把板料切成所需宽度的条料，以供冲压工序使用。冲床用来实现冲压加工，是冲压加工的主要设备。

2. 冲压模具

冲模是冲压生产中的必不可少的工艺装备。按冲压工序的组合程度不同可分为简单冲模、连续冲模和复合冲模三种。简单冲模是在冲床的一次冲压行程中只完成一个工序的冲模；连续冲模是在冲床的一次冲压行程中，在模具的不同位置上同时完成数道冲压工序的冲模；复合冲模是在冲床的一次冲压行程中，在模具的同一部位上完成数道冲压工序的冲模。

3. 基本工序

冲压生产可进行的工序有多种，其基本工序有分离工序和变形工序两大类。

分离工序是使坯料的一部分与另一部分分离的工序。如落料、冲孔、切断、精冲等。其中，落料和冲孔统称为冲裁。冲裁是按封闭轮廓使坯料分离的冲压方法。冲裁中，落料和冲孔这两个工序的坯料形成过程和模具结构是相同的。其区别在于，落料是被分离的部分为成品，周边是废料。冲孔是被分离的部分为废料，而周边为带孔的成品。例如冲制垫圈，制取内孔的工序称为冲孔，而制取外形的工序为落料。

变形工序是使坯料的一部分相对于另一部分产生位移而不破裂的工序。如拉深、弯曲、翻边、胀型等。其中，拉深是利用拉深模将冲裁得到的平面坯料变成开口空心件的冲压工序，拉深可制成筒形、阶梯形、盒形、球形及其他复杂形状的薄壁零件。弯曲是将板材、型材或管材在弯矩作用下弯成一定曲率和角度，获得一定形状的冲压工序。翻边是使带孔坯料孔口周围获得凸缘的冲压工序。胀形是利用局部变形使坯料或半成品改变形状的冲压工序，如鼓肚容器成形等。

第三节　焊接成形

焊接是通过加热或加压（或两者并用），并且用（或不用）填充材料，使焊件形成原子间结合的一种加工方法。它是现代工业生产中用来制造各种金属构件和机械零件的重要方法之一，广泛应用于金属材料之间、非金属材料之间、金属材料与非金属材料之间的连接。

焊接生产的优点是：能减轻结构件的质量，节约大量金属材料；生产效率高，生产周期短，劳动强度低；接头质量高，致密性好；产品成本低，便于机械化和自动化操作。

缺点是：易引起较大的残余变形和焊接内应力；焊接接头具有较大的性能不均匀性；接头中存在有一定数量的缺陷，特别是在操作不熟练的情况下更易出现，如裂纹、气孔、夹渣等。

一、常用的焊接方法

焊接方法的种类很多，焊接过程特点可分为三大类：

熔焊。焊接过程中，将焊件接头加热至熔化状态，不加压力完成焊接的方法。这一类方法的共同特点是把焊件局部连接处加热至熔化状态形成熔池，待其冷却凝固后形成焊缝，从而将两部分材料焊接成一体。

压焊。焊接过程中必须对焊件施加压力（加热或不加热），以完成焊接的方法。

钎焊。采用比母材熔点低的金属材料作钎料，将焊件和钎料加热到高于钎料熔点低于母材熔点的温度，利用液态钎料润湿母材，填充接头间隙，并与母材互相扩散，实现连接的焊接方法。

基本焊接方法及其分类如图 4—10 所示。

其中应用较广的有焊条电弧焊、埋弧焊、气体保护电弧焊、电阻焊等。

1. 电弧焊

利用焊接电弧作热源对焊件进行焊接的方法。焊接电弧是由焊接电源供给，具有一定电压的两极间气体介质中产生的强烈而持久的放电现象。

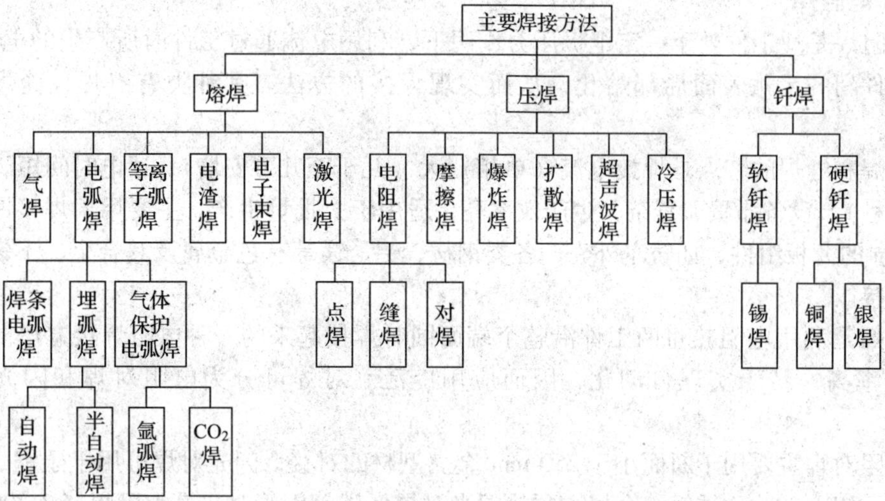

图 4—10　主要焊接方法分类框图

焊接电弧由阴极区、阳极区和弧柱区三部分组成。各区域的温度随所用电极材料而不同。用钢制焊条时，阴极区温度约为 2 400 K，阳极区温度约为 2 600 K，弧柱温度则可高达 5 000～6 000 K。由于两极温度不均匀，当采用直流电源焊接时，便有两种极性接法：将工件接正极焊条接负极，称为正接法；反之称为反接法。焊接厚板或高熔点金属时宜采用直流正接法，而对薄板或低熔点金属的焊接宜采用直流反接法，以避免烧穿。交流电源焊接时，由于电流正负极交替变化，故无正反接之分。

（1）焊条电弧焊。它是利用焊接电弧热作为热源，并用手工操纵焊条进行焊接的一种方法。

焊条电弧焊因其设备简单，操作灵活，可对多种金属材料进行全位置的焊接，所以应用广泛。主要用于普通碳钢，低合金结构钢，不锈钢，铜、铝及其合金的焊接，还可用于重要铸铁部件的修复。

（2）埋弧焊。常用的埋弧自动焊是以机械化连续送进的焊丝作为电极和填充金属，电弧在焊剂层下燃烧来熔化金属进行焊接的一种方法。

与焊条电弧焊相比，埋弧焊可以采用较大的焊接电流，中途不需更换焊条，且无弧光照射。因而生产效率高，焊接速度快，焊接质量好，焊接变形小，劳动条件好，并且省材省电。特别适合于大型工件的长直平焊缝和环焊缝。广泛用于低碳钢、低合金钢和不锈钢的焊接。

（3）气体保护电弧焊（GMAW）。它是利用连续送进的焊丝与工件之间燃烧的电弧作热源，用焊炬嘴喷出的气体保护电弧来进行焊接的方法。常用的保护气体有氩气、CO_2或这些气体的混合气。

气体保护电弧焊的主要优点是焊接速度快，熔敷效率较高，可方便地进行各种位置的焊接。适用于焊接大部分金属，包括碳钢，合金钢，不锈钢，铝、镁、铜、钛、锆及镍合金。

2. 电阻焊

电阻焊是使工件处于一定电极压力作用下，利用电流通过工件时所产生的电阻热，将两工件间的接触表面局部熔化，从而实现焊接的方法。其种类有点焊、缝焊和对焊等。

点焊和缝焊的特点是焊接电流（单相）大（几千至几万安培），通电时间短（几周波至几秒），设备昂贵、复杂，生产效率高，适用于大批量生产。主要用于焊接厚度小于3 mm的薄板组件，如轿车外壳。各类钢材、铝、镁等有色金属及其合金、不锈钢等均可焊接。

对焊是利用电阻热将两工件沿整个端面同时焊接起来的一种电阻焊接方法。对焊生产效率高，易于实现自动化，因而应用广泛。对焊可分为电阻对焊和闪光对焊两种。

电阻对焊主要用于断面小于250 mm^2金属型材的对接；闪光对焊可用于碳钢、合金钢、铜、铝、钛、不锈钢等金属。预热闪光对焊低碳钢钢管时，最大可焊接3 200 mm^2截面的管子。

3. 钎焊

钎焊是利用熔点比被焊材料的熔点低的金属作钎料，加热使钎料熔化，靠毛细管作用将钎料吸附到接头接触面的间隙内，润湿被焊金属表面，使液相与固相之间相互熔解和扩散而形成钎焊接头的一种焊接方法。

钎焊加热温度低，母材不熔化，也不需施加压力，但必须将被焊工件表面清洁，从而确保焊接质量。

钎焊按钎料的液相线温度可分为硬钎焊（液相线温度高于450℃而低于母材金属的熔点）和软钎焊（液相线温度低于450℃）；按热源或加热方法不同，可分为火焰钎焊、感应钎焊、炉中钎焊、浸沾钎焊和电阻钎焊等。

钎焊的特点是对工件材料的性能影响较小，焊件应力变形较小；但钎焊接头的强度较低，耐热能力较差。钎焊可用于碳钢、不锈钢、铝、铜等金属材料及异种金属、金属与非金属的焊接。

4. 气焊

气焊是利用气体火焰为热源的一种焊接方法。应用最广的是以乙炔气作燃料的氧—乙炔火焰。气焊火焰温度较低，有加热均匀而缓慢的特点，设备简单，操作方便。适于焊接较薄的钢板（0.5 ~ 2 mm）和低熔点金属（如铜、铝、铅等有色金属及其合金）及焊补铸铁等。但气焊加热速度慢，生产效率较低，焊接影响区较大，容易产生较大的焊接变形，且气焊接头的综合机械性能较差，所以气焊的应用不如电弧焊广泛。

二、焊接方法的选择

焊接方法选择的原则是在保证焊接质量的前提下，力求高的生产效率和低的生产成本。主要考虑的因素为产品的特点和生产条件。表4—2列出了常用焊接方法特点比较，供选用时参考。

表 4—2　　常用焊接方法比较

焊接方法	气焊	焊条电弧焊	埋弧自动焊	氩弧焊	CO_2气体保护焊	电渣焊	电阻焊	钎焊
特点	1. 各种焊接位置均易单面焊透 2. 焊接质量较差，焊接变形大 3. 生产效率低，所需设备简单	与气焊相比： 1. 焊接质量好，焊接变形小 2. 生产效率高；设备简单，适应性强	与焊条电弧焊比： 1. 生产效率高，成本低 2. 质量稳定，成形美观，但适应性差 3. 劳动条件好 4. 设备较复杂	1. 焊接质量优良 2. 能全位置焊 3. 氩气贵，成本高	1. 生产效率高 2. 焊薄板变形小，可全位置焊 3. 成形性差，飞溅大	与电弧焊比： 1. 厚大截面一次焊成，生产效率高 2. 接头组织粗大，焊后需正火	与熔焊比： 1. 生产效率高 2. 焊接变形小 3. 设备复杂，投资大	与熔焊、压焊比： 1. 接头强度低，工作温度低 2. 变形小，尺寸精确 3. 可焊异种材料以及某些复杂的结构
应用	1. 薄板：1～3 mm 2. 铸铁焊补 3. 管子焊接等	1. 单件小批生产 2. 全位置焊接 3. 短、曲线形焊缝 4. 一般板厚＞2 mm	成批生产，能焊长直焊缝和环焊缝，中厚板平焊	1. 铝及钛合金、不锈钢等合金钢 2. 管子焊 3. 薄板 4. 打底焊	1. 碳钢和普通低合金钢 2. 宜焊薄板，也可焊中厚板	板厚＞40 mm	1. 大批量生产 2. 焊接异种材料 3. 杆件用对焊，薄板件用点焊，薄壁容器用缝焊	1. 电子工业 2. 仪器仪表及精密机械部件 3. 异种金属和特殊结构

一般来说，结构类产品中长焊缝和环缝宜采用埋弧焊；焊条电弧焊主要用于单件、小批量和短焊缝及空间位置焊缝的焊接，机械类产品焊缝一般较短，选用焊条电弧焊或气体保护电弧焊（一般厚度）；薄板件（如汽车车身）采用电阻点焊；半成品类的产品，焊缝规则，批量大，宜采用机械化焊接方法，如埋弧焊、气体保护电弧焊、高频焊等；微电子器件要求导电性、受热程度小，宜采用电子束焊、激光焊、扩散焊及钎焊等方法。

从工件的厚度来讲，焊条电弧焊适用于 2～200 mm，气体保护焊适用于 0.5～80 mm，点焊适用于 0.1～6 mm，氧—乙炔气焊适用于 0.5～10 mm，埋弧焊适用于 5～230 mm，电渣焊适用于 10～600 mm。

不同的焊接方法对焊缝金属及热影响区的金相组织及其力学性能影响程度不同，对产品的使用性能影响也不一样，对母材的要求也不一样。如爆炸焊，就要求所焊材料要具有足够的强度与延展性，并能承受焊接工艺过程中发生的快速变形。再如，对于电阻率较高的金属可用电阻焊；对钼、钽等难熔金属，可用电子束焊；对于异种金属，可采用电阻对焊、闪光对焊、爆炸焊、摩擦焊、扩散焊、激光焊等。

三、常用的焊接设备与焊接材料

1．常用的焊接设备

电焊机是焊接电弧的电源。电焊机应具备的基本特性是容易引弧，焊接过程稳定，短路电流不太大，且焊接电流能够调节。

手工电弧焊常用的电焊机有交流电焊机和直流电焊机两类。

（1）交流电焊机。交流电焊机是一种特殊的降压变压器，又称弧焊变压器。它具有结构简单、噪声小、价格低、使用可靠、维护方便等优点；缺点是电弧稳定性差。如图4—11所示为BX1－330型交流电焊机的外形图。

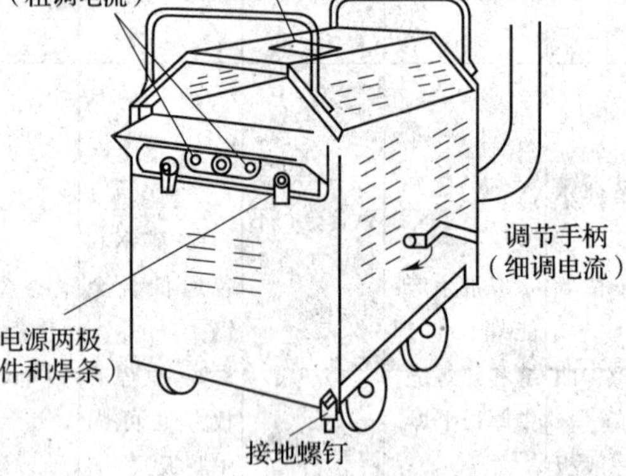

图4—11　BX1－330型交流电焊机

（2）直流电焊机。直流电焊机输出端有正、负极之分，焊接时电弧两端极性不变。电焊机正、负两极与焊条、焊件有两种不同的接线法：将焊件接到电焊机正极，焊条接至负极，这种接法称正接，又称正极性；反之，称为反接，又称反极性。焊接厚板时，一般采用直流正接，这是因为电弧正极的温度和热量比负极高，采用正接能获得较大的熔深。焊接薄板时，为了防止烧穿，常采用反接。但在使用碱性焊条时，均采用直流反接。

直流电焊机根据提供直流电的方式不同，可分为旋转式直流电焊机和整流式直流电焊机两种。

旋转式直流电焊机。旋转式直流电焊机是由一台三相感应电动机和一台直流电焊发电机组成。如图4—12所示是旋转式直流电焊机的外形。其特点是能够得到稳定的直流电，因此引弧容易，电弧稳定，焊接质量较好。但这种直流电焊机结构复杂，价格比交流电焊机贵，维修较困难，使用时噪声大。目前这种直流电焊机在国外已被淘汰。在我国，这类焊机也已停止生产，正在淘汰中。

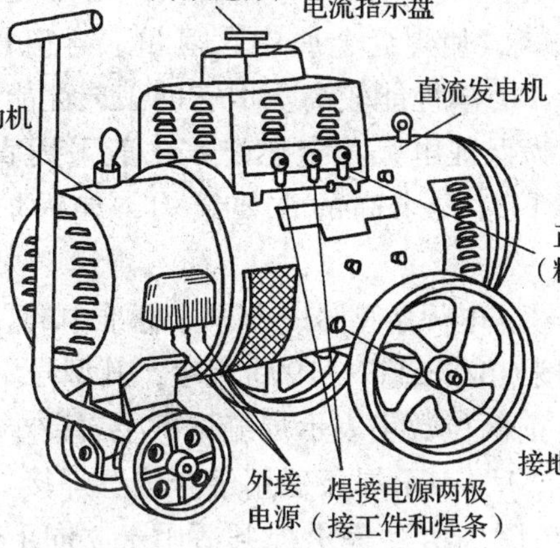

图 4—12　旋转式直流电焊机

整流式直流电焊机。整流式直流电焊机的结构相当于在交流电焊机上加上一个整流器，故可称为焊接整流器，从而把交流电变成直流电。它既弥补了交流电焊机电弧稳定性不好的缺点，又比旋转式直流电焊机结构简单，消除了噪声。目前，它正在逐步取代旋转式直流电焊机。

2. 焊接工具

进行焊条电弧焊时常用的工具有焊钳、面罩、钢丝刷和尖头锤。焊钳是用来夹持焊条进行焊接的工具。面罩用来保护眼睛和脸部免受弧光伤害。钢丝刷和尖头锤则用于清理和除渣。

3. 焊接材料

焊接材料主要有电焊条、焊丝等。这里简要介绍常用的电焊条。

（1）电焊条的结构。电焊条由焊芯和涂敷在焊芯外层的药皮组成。

焊芯的作用，一是作电弧的电极，二是作焊缝的填充金属。焊芯金属的化学成分直接影响焊缝的质量。常用的低碳钢电焊条的焊芯含碳量为 0.08%，焊芯的直径一般为 1.6 ~ 6 mm，长度为 200 ~ 550 mm。

药皮的主要作用是保证焊缝金属具有合乎要求的化学成分和机械性能，并使焊条具有良好的焊接工艺性能。药皮一般由一定数量及用途的矿石、铁合金和化工材料组成。

（2）电焊条分类。按用途分为十大类，即结构钢焊条、不锈钢焊条、耐热钢焊条、低温钢焊条、堆焊焊条、铸铁焊条、铝及铝合金焊条、铜及铜合金焊条、镍及镍合金焊条和特殊用途焊条。

按熔渣特性分为两大类：

酸性焊条。熔渣以酸性氧化物为主（如 SiO_2、TiO_2）。由于熔渣呈酸性，其氧化能力较强，焊接时合金元素大量烧损，焊缝中氧化夹杂物多，同时酸性渣脱硫能力差，因此焊缝金属塑性、韧性和抗裂能力较差。但酸性焊条工艺性能好，对铁锈、油污、水分的敏感性小，并且可交直流两用。这种焊条广泛用于一般低碳钢和强度较低的低合金结构钢的焊接。

碱性焊条。熔渣以碱性氧化物为主。含有较多的铁合金作为脱氧剂和合金剂，焊接时药皮中的大理石分解成 CaO 和 CO_2、CO 气体，能隔绝空气，保护熔池，CaO 能去硫，药皮中的 CaF_2能去氢，使焊缝金属中含氢量、含硫量较低。因此用碱性焊条焊接的焊缝抗裂性能较好，力学性能较高。但它的工艺性能差，对油污、铁锈、水分敏感性大，易产生气孔。为保证电弧稳定燃烧，一般采用直流反接。碱性焊条主要用于裂纹倾向大，塑性、韧性要求高的重要结构，如锅炉、压力容器、桥梁等的焊接。

（3）电焊条型号和牌号。电焊条型号——国家标准中的焊条代号。

碳钢焊条应用最广，按 GB/T 5117—1995 规定，其型号用大写字母“E”和四位数字表示。“E”表示焊条；前两位数字表示焊缝熔敷金属最小值；第三位数字表示焊条适用的焊接位置，“0”和“1”表示焊条适用于全位置焊接（平、立、仰、横），“2”表示焊条适用于平焊及平角焊，“4”表示焊条适用于立向下焊；第三、四位数字组合表示焊接电流种类及药皮类型。

例

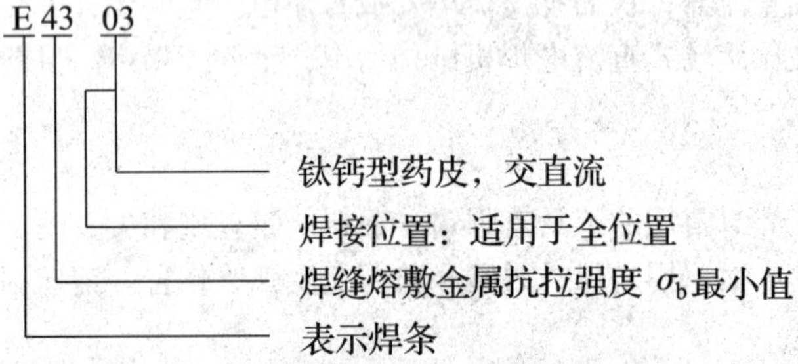

焊条牌号——焊条行业统一的焊条代号

按照机械工业部《焊接材料产品样本》（1997 年版）规定，焊条牌号用一个大写汉语拼音字母和三个数字表示，其大写字母表示大类（按用途分为十大类），第一、二位数字表示小类，第三位数字表示药皮类型和电源种类。

例

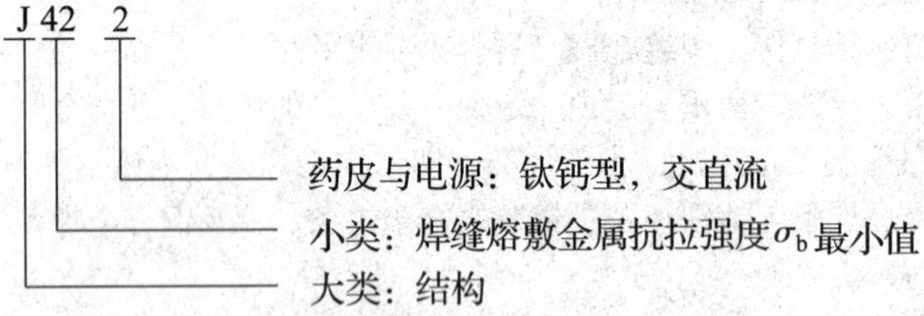

四、焊接接头与坡口形式

1. 接头形式

常用的接头形式有对接接头、角接接头、T 形接头和搭接接头等，如图 4—13 和图 4—14 所示。

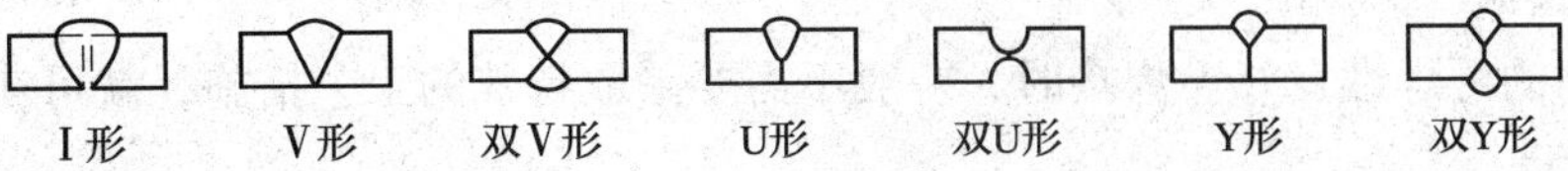

图 4—13　常见的对接接头形式

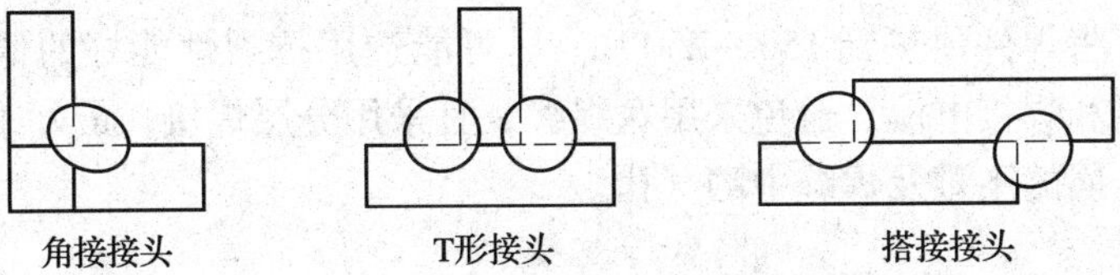

图 4—14　其他常见的接头形式

2. 坡口形式

常用的坡口形式有 I 形、Y 形、双 Y 形、U 形等，如图 4—15 所示。

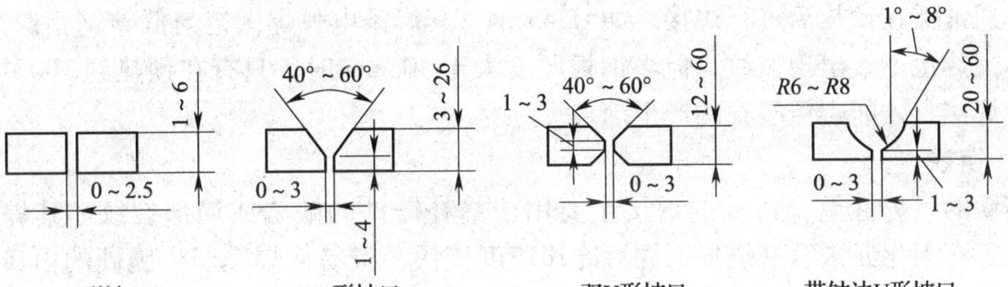

图 4—15　常见的坡口形式

五、常用金属材料的可焊性

金属的可焊性是指被焊材料在合理选用焊接工艺的前提下，获得优质焊接接头的难易程度。不同的金属材料具有不同的可焊性，而且可以随工艺条件的改变得到改善。即便是同一材料，采用不同的焊接工艺，其可焊性也有很大差别。

钢材的可焊性，主要取决于它的化学成分。其中碳对可焊性影响最大，随着钢中含碳量的增加，可焊性变坏。其他合金元素对可焊性的影响比碳小。一般情况下，合金元素的总含量越少，可焊性越好。

在焊接生产中，常常根据钢材的化学成分来判断其可焊性。钢中的碳含量对其可焊性影响最明显，所以常用碳当量来估算钢的可焊性。国际焊接学会推荐计算碳素结构钢、低合金结构钢的碳当量公式为：

$$C_E = C + Mn/6 + (Cr + Mo + V)/5 + (Ni + Cu)/5(\%)$$

式中各元素符号表示钢中含该元素的质量分数。

一般认为，$C_E < 0.4\%$ 时，钢材塑性好，可焊性良好，焊接时一般不需要预热；$C_E = 0.4\% \sim 0.6\%$ 时，钢材的塑性下降，易产生淬硬组织及裂纹，可焊性较差，焊接时需采用预热和一定工艺措施；$C_E > 0.6\%$ 时，钢材塑性较低，淬硬和裂纹倾向严重，可焊性很差，焊接时需要采用较高的预热温度和严格的工艺措施。

1. 低碳钢

低碳钢的可焊性良好。焊接时，一般不需要采取特殊的工艺措施，就可获得质量良好的焊接接头。

2. 中碳钢

中碳钢的可焊性比低碳钢差，容易在热影响区和焊缝中产生裂纹，在焊缝中产生气孔。故焊接时应将焊件预热到150～250℃，尽可能选用抗裂性能好的低氢焊条，选用较小的焊条直径和焊接电流，避免采用宽焊缝，宜采用分层焊接，最好采用直流反接法焊接，以减少金属的飞溅及焊缝中的气孔。

3. 高碳钢

高碳钢的可焊性很差，一般很少采用焊接。在生产实际中，高碳钢的焊接主要是焊补一些损坏的机件。在高碳钢焊接时，必须采取更为复杂的工艺措施。

4. 普通低合金钢

这类钢随合金元素总含量的增加其可焊性变坏，尤其当焊件厚度较大时，更易产生裂纹，通常需在预热后进行焊接。如Q345钢，其焊条电弧焊工艺与低碳钢相似，一般焊前不预热也不致出现裂纹，但当钢板厚度大于40 mm时，只有在预热到100～150℃后进行焊接，才能避免裂纹的产生。

5. 铸铁

铸铁的可焊性差，铸铁的焊接主要用于修补铸件的缺陷或局部裂纹。其焊接时，碳、硅等石墨化元素容易烧损；焊后冷却速度较快，极易使焊缝产生脆硬的白口组织；铸铁本身强度低，塑性差，在焊接应力作用下，易产生裂纹；焊接时，由于碳的烧损，产生一氧化碳气体，使焊缝出现气孔。因此，只有合理地选用焊接工艺，才能获得质量良好的焊缝。

常用铸铁的焊补方法有热焊法和冷焊法两种。

热焊法：焊前将铸件预热到500～700℃再焊补，焊后缓慢冷却。热焊法可以防止白口和裂纹的产生，从而获得良好的焊补质量。但热焊法生产效率低，成本高，劳动条件差。因此，只适用于焊补一些结构复杂、承载大和需要切削加工的铸件。

冷焊法：焊前焊件不预热，或只预热到400℃以下。与热焊法相比，冷焊法的生产效率高、成本低、劳动条件好，但焊缝易出现白口、裂纹和气孔。冷焊时，应采用小电流断续焊，每次的焊缝长度一般不超过50 mm。根据铸件的工作要求，可选用钢芯铸铁焊条、铜铁型铸铁焊条及镍合金铸铁焊条等。

6. 有色金属及其合金

（1）铜及铜合金。铜及铜合金的导热性比钢大几倍，影响了可焊性；高温下生成氧化亚铜（Cu_2O）引起热裂；铜在高温时对氢的溶解度很大，冷却时析出氢生成气孔；铜的膨胀系数大，冷却后产生较大的收缩应力和变形；铜合金的合金元素容易氧化和蒸发，因而降低接头的机械性能，并促使热裂、气孔和夹渣等缺陷的产生。焊接时通常采用气焊，采用中性焰（焊黄铜用氧化焰）及含有脱氧剂的焊丝，并以气剂301作为焊剂。

（2）铝和铝合金。铝和铝合金焊接的主要困难是：铝极易氧化生成Al_2O_3，在焊缝中形成夹渣；液态金属吸收大量氢气，凝固时析出氢而形成气孔；铝的膨胀系数大，焊后的变形大，易产生裂纹；熔化时颜色变化不明显，操作较难控制；高温强度低，焊接时会引起金属的塌陷碎裂。进行气焊时，采用中性焰，焊前预热（200～300℃），须用气焊熔剂（气剂401）。焊后除进行热处理以消除应力外，还应将残余气焊熔剂和残渣洗净，避免焊件被腐蚀。

六、焊接工艺简介

这里只介绍焊条电弧焊的焊接工艺规范。通常包括焊条直径、焊接电流、焊缝层数等参数的选择，至于电弧电压、焊接速度不作原则规定，由焊工根据具体情况灵活掌握。

1. 焊条直径

为了提高生产效率，应尽可能选用较大的焊条直径。但焊条直径过大，会造成未焊透或焊缝成形不良。焊条直径的选择主要取决于焊件的厚度、接头形式、焊缝位置及焊道层数等因素。

按焊件厚度选择焊条直径可参照表4—3选取。

表4—3　　焊条直径与板厚的关系

焊件厚度/mm	<4	4～8	9～12	>12
焊条直径/mm	≤板厚	ϕ3.2～4	ϕ4～5	ϕ5～6

对于搭接和T型接头的焊接，可选用较大的直径的焊条。

平焊时，允许使用较大电流进行焊接，因而焊条直径可选大些，而立焊、仰焊、横焊则宜选用较小直径的焊条。

多层焊的第一层焊缝，为了防止产生未焊透现象，宜采用小直径的焊条。

2. 焊接电流

焊接电流的选择主要依据生产效率和焊接质量两个因素。焊接电流大，能提高生产效率，但也易产生焊缝咬边、烧穿等缺陷；而电流过小又易造成夹渣、未焊透等缺陷。平焊时，焊接电流可按下列经验公式初选：

$$I=(35\sim55)d$$

式中　I——焊接电流，A；

d——焊条直径，mm。

立焊、仰焊、横焊时的焊接电流比平焊电流小10%～20%。碱性焊条使用的电流比酸性焊条的小些，不锈钢焊条使用的焊接电流比结构钢焊条的小些。

3. 焊缝层数

焊缝层数的确定一般按焊件厚度而定。焊缝层数多，有利于提高焊缝金属的塑性、韧性，但焊件变形倾向也增加。一般来说，中、厚板都应采用多层焊；对质量要求较高的焊缝，每层厚度为4～5 mm。

第四节 金属切削加工

一、金属切削加工的基本概念

金属切削加工是指在机床上使用具有一定几何形状的刀具，从工件上切下多余的金属，从而形成切屑和已加工表面的切削过程。切削过程必须具备三个条件：刀具材料的硬度必须大于被加工工件材料的硬度；刀具必须具备一定的几何形状；在切削过程中，刀具与工件之间必须产生相对运动。

金属切削加工分为机械加工和钳工两大类。

机械加工是指利用机械力对工件进行的切削加工，主要用来加工机械零件。常见的机械加工有车削、铣削、刨削、钻削、磨削、镗削等。

钳工一般是指通过操作者手持工具进行的切削加工，主要有划线、锯切、锉削、攻螺纹、套螺纹、刮削、研磨和零部件的装配等工作。

1. 切削运动

切削加工时，工具与工件之间的这种相对运动，称为切削运动。常用机械加工方法的切削运动如图 4—16 所示。切削运动按其在切削过程中所起的作用不同，分为主运动和进给运动。

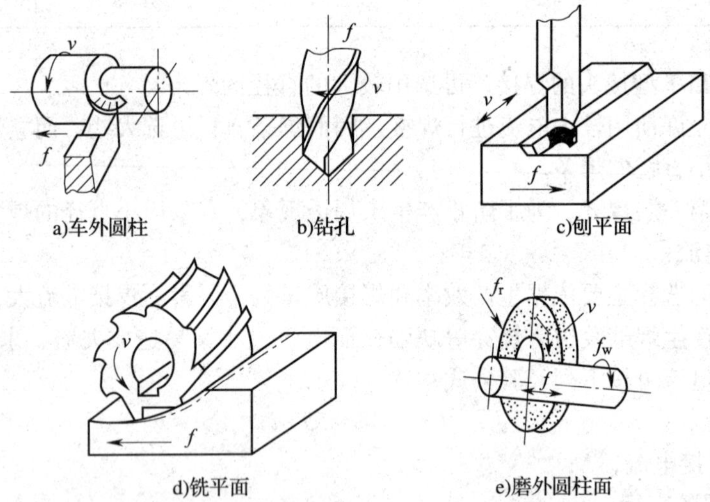

图 4—16 常见机械加工方法的切削运动

（1）主运动。切削运动中，消耗功率最大的运动为主运动，主运动的速度最高，一般只有一个。

（2）进给运动。进给运动是使新的金属层不断投入切削，得以持续地切除工件上被切削层的运动。进给运动一般速度较低，消耗功率较少，可由一个或多个运动组成。

（3）合成切削运动。合成切削运动是由主运动和进给运动合成的运动。刀具切削刃上选定点相对工件的瞬时合成运动方向称合成切削运动方向，其速度称合成切削速度。

2. 切削用量

切削用量是切削速度、进给量和背吃刀量三者的总称。它们是描述切削运动的参数，称为切削用量三要素。在切削加工中，切削用量对于加工质量、生产效率等有重要的影响，它也是调整机床、计算切削力和时间定额及核算工序成本等所必需的参量，应根据加工要求正确地选择。

（1）切削速度 v_c。切削速度是主运动的线速度。刀刃上不同选定点的速度是不相同的，切削速度一般指刀刃上的最高切削速度。

当主运动为旋转运动，如车削、钻削或铣削等加工时，切削速度可按下式计算。

$$v_c = \frac{\pi dn}{1\,000 \times 60} \quad (\text{m/s})$$

式中 d——工件或刀具外径，mm；

n——工件或刀具转速，r/min。

当主运动为往复直线运动，如刨削、插削等加工时，切削速度可按下式计算。

$$v_c = \frac{2Ln_r}{1\,000 \times 60} \quad (\text{m/s})$$

式中 L——往复运动的行程长度，mm；

n_r——主运动每分钟的往复次数，str/min。

（2）进给量 f。进给量是主运动每转一转，刀具沿进给运动方向相对于工件的位移量。单位是 mm/r，f 称为每转进给量。钻削、铣削等多刀齿刀具切削时还可用每齿进给量 f_z 表示，单位是 mm/z。进给运动有时还用进给速度 v_f 来表示，单位是 mm/min，它们的关系是：

$$v_f = fn = f_z zn \quad (\text{mm/min})$$

式中 z——刀具齿数；

n——主运动转速（r/min）。

（3）背吃刀量 a_p。背吃刀量是工件上已加工表面至待加工表面间的垂直距离。

$$a_p = \frac{d_w - d_m}{2} \quad (\text{mm})$$

式中 d_w——工件待加工表面直径，mm；

d_m——工件已加工表面直径，mm。

二、金属切削机床概述

金属切削机床是机械制造的主要设备，其基本功能是在切削加工的过程中为被加工对象和刀具提供必要的运动、动力，并且借助夹具使被加工对象在机械加工的过程中确定与刀具相对的正确位置。机床的技术性能直接影响机械产品的质量及其制造经济性。

1. 机床分类及型号的编制方法

（1）机床的分类。按机床加工性质，我国将机床分为十一大类：车床、钻床、镗床、磨床、齿轮加工机床、螺纹加工机床、铣床、刨插床、拉床、锯床以及其他机床。

每一类机床又根据其工艺范围、布局、结构等分为若干组，每一组又分为若干系。

除以上基本分类法外，机床还可按其特性进行分类。如按万能性程度可分为通用机床、专用机床、专门化机床；按机床的工作精度可分为：普通机床、精密机床、高精度机床等。

（2）金属切削机床的型号编制方法。根据 GB/T 15375—94《金属切削机床型号编制方法》的规定，我国的机床由汉语拼音字母和阿拉伯数字按一定的规律组合成机床的代号，以表示机床的类型、通用特性和结构特性、主要技术参数等，参见图 4—17。

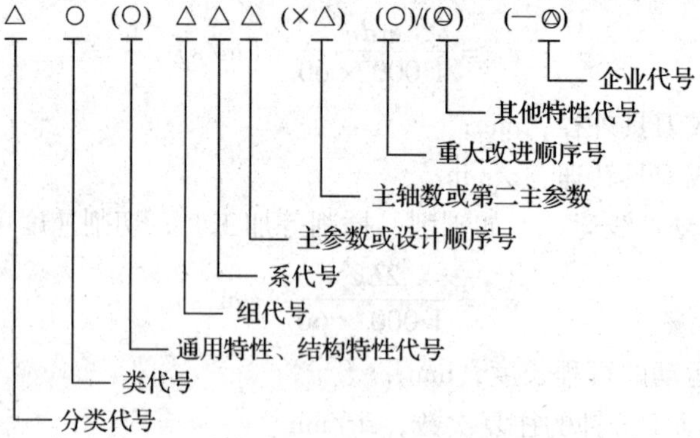

图 4—17　金属切削机床型号编制方法

注：1. 有“( )”的代号或数字，当无内容时，则不表示。若有内容则不带括号。
2. 有“○”符号者，为大写的汉语拼音字母。
3. 有“△”符号者，为阿拉伯数字。
4. 有“◎”符号者，为大写的汉语拼音字母，或阿拉伯数字，或两者兼有之。

1）机床类别代号。用机床名称汉语拼音的第一个大写字母表示，由于磨床的种类较多，所以在类别代号前面还要用阿拉伯数字表示分类代号，第一类分类代号不表示，表 4—4 表示通用机床的类别代号。

表 4—4　　机床的类别和分类代号

类别	车床	钻床	镗床	磨床			齿轮加工机床	螺纹加工机床	铣床	刨插床	拉床	锯床	其他机床
代号	C	Z	T	M	2M	3M	Y	S	X	B	L	G	Q

2）机床的通用特性和结构特性代号。机床的通用特性代号表示机床具有某种通用特性，编制在类别代号之后，通用特性代号可多个同时使用，例：“XK”表示数控铣床，“MBG”表示半自动高精度磨床。表 4—5 表示机床通用特性及其代号。

表 4—5　　通用特性代号

通用特性	高精度	精密	自动	半自动	数控	加工中心（自动换刀）	仿形	轻型	加重型	简式或经济型	柔性加工单元	数显	高速
代号	G	M	Z	B	K	H	F	Q	C	J	R	X	S

3）机床的组、系代号。每类机床分为10组，每组又分为10系。机床的组、系代号分别用阿拉伯数字0～9来表示，位于机床的特性代号之后。在同一类机床中，主要布局或使用范围基本相同的机床为一组。在同一组机床中，主参数相同、主要结构及布局形式相同的机床为一系。系代号位于组代号之后。

4）主参数或设计顺序号。主参数是表示机床规格的参数之一，用阿拉伯数字给出主参数的折算值，折算系数一般是1/10或1/100，也有少数是1，位于系代号之后。某些通用机床无法用一个主参数表示时，就用设计顺序号来表示。

5）主参数和第二主参数。第二主参数是对主参数的补充。如最大工件长度、最大跨距、工作台长度等，第二主参数一般不标出。多轴机床其主参数应以实际数目标于主参数之后，并用"×"分开。

6）机床的重大改进顺序号。当机床的性能和结构有重大改进，并按新产品重新设计、试制和鉴定时，在原机床型号尾部用汉语拼音字母A、B、C……加重大改进顺序号。

7）其他特性代号。主要用以反映各类机床的特性，其他特性代号用汉语拼音字母或阿拉伯字母或两者组合表示。

8）企业代号。企业代号包括机床生产厂和机床研究单位代号。

2. 机床的传动原理及运动分析

机床的运动是由机床的功用确定的，所有机床的运动最后都可以归纳为刀具与工件两者之间的相对运动，通过刀具与工件之间的相对运动切除工件上多余的材料，形成符合技术要求的形状、尺寸和表面质量，从而获得合格的产品。

（1）机床的运动。为了获得所需的工件表面形状，机床在加工过程中必须实现一定的运动，这些运动可归纳为表面成形运动和辅助运动。

根据在切削过程中所起的作用不同，表面成形运动也可以分为主运动和进给运动，除表面成形运动以外其他所有的运动都是辅助运动，其功用是实现机床工作过程中所必需的各种辅助动作。

（2）机床的传动。一台机床必须具备三个基本部分：运动源、执行件和传动装置。

运动源是为执行件提供动力的装置，如三相异步交流电动机、直流电动机、直流或交流伺服电动机、交流变频调速电动机等。执行件是执行机床运动的部件，如主轴、刀架、工作台等，工件或刀具装夹于执行件上，并由其带动，按正确的运动轨迹完成一定的运动。传动装置是传递动力和运动的装置。机床的传动装置有机械、液压、电气及气动等多种形式。

由运动源、传动装置和执行件按一定的规律所组成的传动联系称为传动链。传动链可分为两类：外联系传动链和内联系传动链。

1）外联系传动链。联系运动源和执行件，也可以联系执行件和执行件，以形成简单成形运动的传动链。它使执行件得到预定速度的运动，并传递一定的动力。外联系传动链传动比的变化，只影响生产率和零件表面粗糙度，不影响加工表面的形状。因此，外联系传动链不要求两端件之间有严格的传动比关系，如卧式车床上的主运动传动链和纵向进给传动链。

2）内联系传动链。联系两个执行件以形成复合成形运动的传动链。两端件之间必须有严格的传动比关系，否则就不能保证被加工表面的正确形状。如卧式车床上螺纹加工传动链。为了保证所加工的螺纹符合技术要求，必须保证工件旋转一周时，刀尖移动一个工件导程。

3. 典型机床及刀具

（1）车床及车刀

1）车床的用途。主要用于加工零件各种回转部分的内外表面，如内外圆柱表面、内外圆锥表面、成形回转表面、端面等，车床还可以完成各种孔及螺纹加工。图 4—18 给出了卧式车床所能加工的典型表面。

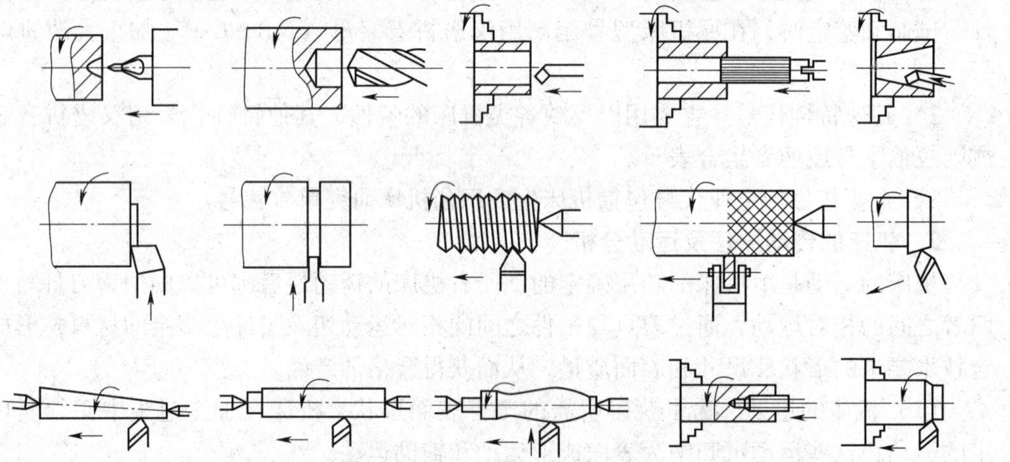

图 4—18　卧式车床所能加工的典型表面

2）车床的运动。工件的旋转是车床的主运动，其运动速度最高，消耗机床动力最多。刀具的直线移动为车床的进给运动。车外圆时，车刀进给运动方向与工件轴线平行，称为纵向进给；车端面时，车刀进给方向与工件轴线垂直，称为横向进给。除工作运动以外，车床还有一些辅助运动，如刀架快速调位运动等。

3）CA6140 型卧式车床。CA6140 型卧式床通用性强，工艺范围广，能加工各种轴类、套类、盘类零件的回转表面，如内外圆柱、圆锥面、端面、螺纹、孔、成形面等。但机床的结构复杂，适用于单件、小批量生产。

机床的传动系统图是一种为了便于了解和分析机床的传动结构及运动传递情况的简单示意图。

图 4—19 所示为 CA6140 型卧式车床的传动系统图。它包括主运动传动链、纵向进给传动链、横向进给传动链、车螺纹传动链、快速空行程传动链。

主运动传动链的功能是把运动源的运动及动力传给主轴，使主轴带动工件按一定转速旋转，实现主运动。主运动的两个端件是电动机与主轴。

①主运动传动链。主运动传动链的传动表达式是：

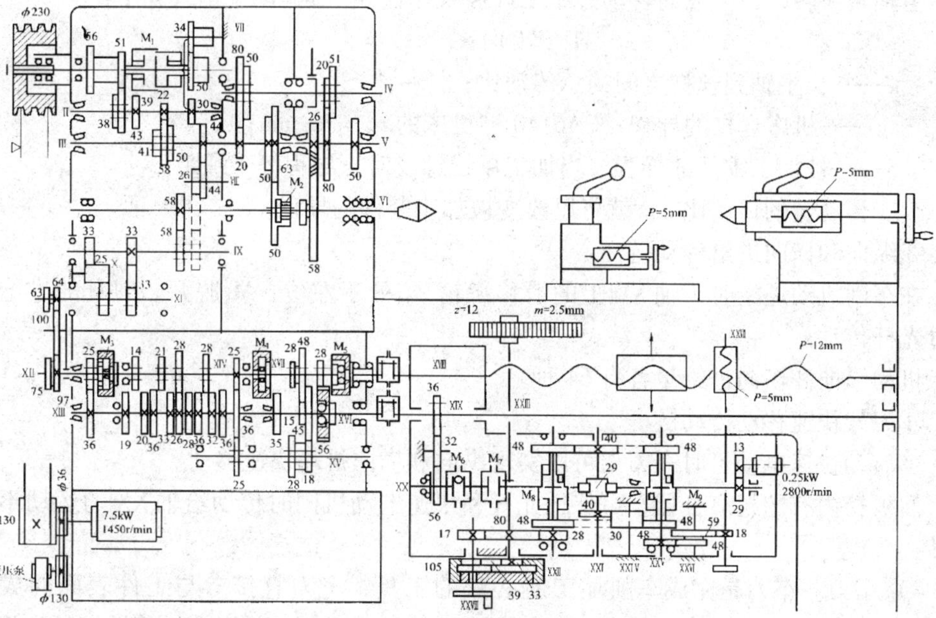

图 4—19　CA6140 型卧式车床传动系统图

$$\text{主电动机}\begin{pmatrix}7.5\text{kW}\\1450\text{r/min}\end{pmatrix}-\frac{\phi130}{\phi230}-\text{I}-\left\{\begin{array}{l} M_1(\text{左})(\text{正转})-\left\{\begin{array}{c}\frac{56}{38}\\ \frac{51}{43}\end{array}\right\}- \\ M_1(\text{右})(\text{反转})-\frac{50}{34}-\text{VII}-\frac{34}{30}-\end{array}\right\}-\text{II}-\left\{\begin{array}{c}\frac{39}{41}\\ \frac{22}{58}\\ \frac{30}{50}\end{array}\right\}-\text{III}$$

$$-\left\{\begin{array}{l} -\frac{63}{50}-M_2(\text{左}) \\ -\left\{\begin{array}{c}\frac{20}{80}\\ \frac{50}{50}\end{array}\right\}-\text{IV}-\left\{\begin{array}{c}\frac{20}{80}\\ \frac{51}{50}\end{array}\right\}-\text{V}-\frac{26}{58}-M_2(\text{右移})\end{array}\right\}-\text{VI}(\text{主轴})$$

由传动表达式可知，主轴正转时可获得 24 级转速，反转时可获得 12 级转速，反转时的转速较高，一般不是用于切削，而是用于车螺纹过程中，在不断开主轴和刀架间传动联系的情况下，使刀架退回起始位置。

主轴的转速可按运动平衡式计算：

$$n_{\text{主}}=1\,450\times\frac{130}{230}\times(1-\varepsilon)u_{\text{I-II}}u_{\text{II-III}}u_{\text{III-VI}}$$

式中　$n_{\text{主}}$——主轴转速，r/min；

ε——带轮传动的滑动系数，可取 $\varepsilon=0.02$；

$u_{\text{I-II}}$、$u_{\text{II-III}}$、$u_{\text{III-VI}}$——各传动轴之间传动比。

CA6140 型车床能够加工米制、英制、模数制和径节制四种标准螺纹，还可以加工大导程、非标准和较精密的螺纹。以上这些螺纹可以是左旋的也可以是右旋的。

②车螺纹传动链。车螺纹传动链的两个端件是主轴和丝杠刀架，两者间的运动关系为：主轴转一转，刀架纵向移动一个工件螺纹导程 S。其运动平衡式如下：

$$1\text{（转）} \times u \times t_{丝} = S$$

式中 u——从主轴到丝杠之间的总传动比；

$t_{丝}$——机床丝杠的导程，CA6140 型机床的 $t_{丝} = 12$ mm；

S——被加工零件的导程，当加工单线螺纹时，导程等于螺距。

改变传动链的传动比 u，就可以改变被加工零件的导程。

③纵向和横向进给传动链

在车削机动进给时，轴 XⅦ 上的滑移齿轮 Z_{28} 处于左位，M_5 脱开。刀具的进给运动通过光杆传动。

机动纵向和横向进给量各有 64 种。

④刀架快速移动传动链

当启动快速电动机时，刀架可以实现纵向和横向机动快速移动。

溜板箱内有超越离合器，可保证光杆和快速电动机同时传动给轴 XX 的运动不相互干涉。

4）车刀。车刀是完成车削加工所必需的工具，车刀直接参与工件表面的成形过程，刀具对车削加工质量、生产效率都有决定性的影响，并且影响机床性能的发挥。车刀的性能取决于刀具的材料、结构和几何参数。

车刀有许多种类，按用途不同，可分为外圆车刀、端面车刀、螺纹车刀、镗孔刀、切断刀等，如图 4—20 所示；按刀具材料可分为高速钢车刀、硬质合金车刀、陶瓷车刀、金刚石车刀等；按结构的不同，又可分为整体式、焊接式、机夹式、可转位式和成形车刀等。

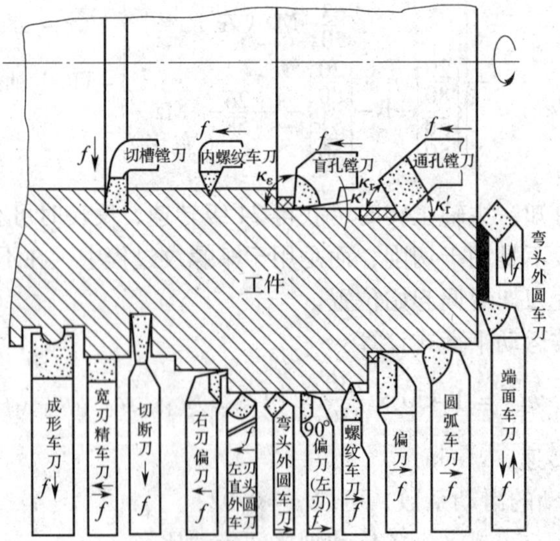

图 4—20　常用车刀的种类

（2）铣床及铣刀。在铣床上可以加工平面、沟槽、分度零件（齿轮、链轮、棘轮、花键轴等）、螺旋表面（螺纹、螺旋槽）及各种曲面，还可以加工内外回转表面，进行切断工作等，如图 4—21 所示。铣床在机械制造业中应用十分广泛。由于铣刀是多齿刀具，切削过程是断续的，所以加工精度较低、表面质量较差，铣削生产一般用于粗加工或半精加工。

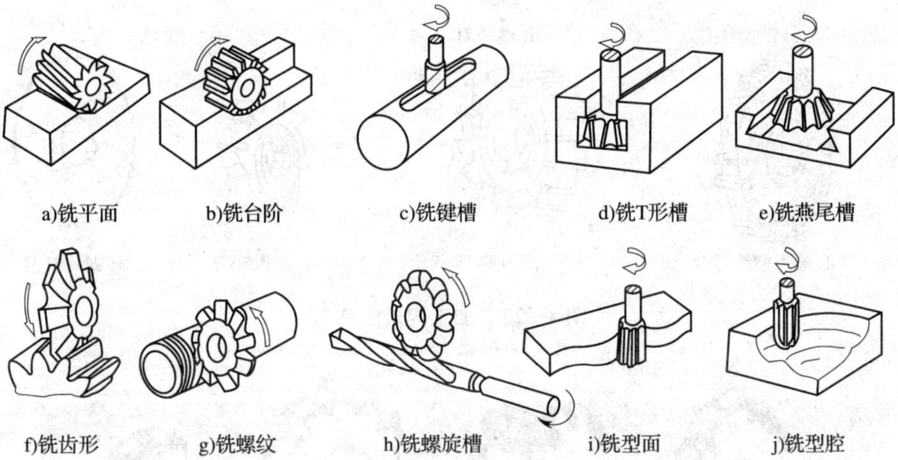

图 4—21　铣床加工的典型表面

1）铣床。铣床的类型很多，根据构造特点及用途分类，主要类型有升降台式铣床、工具铣床、龙门铣床、仿形铣床以及各种专门化铣床。

①升降台式铣床。升降台式铣床是铣床类机床中应用最普遍的一种类型。升降台式铣床的结构特征是：主轴带动铣刀旋转实现主运动，其轴线位置通常固定不动，工作台可在相互垂直的三个方向上调整位置，并可带动工件在其中任何一个方向上实现进给运动。升降台式铣床根据主轴的布局可分为卧式和立式两种。

②龙门铣床。龙门铣床是一种大型高效能的铣床，主要用于加工各类大型工件上的平面和沟槽，借助于附件还可完成斜面、内孔等加工。

③圆台铣床。圆台铣床可分为单轴和双轴两种形式。

2）铣刀。按用途不同，铣刀可分为圆柱铣刀、面铣刀、盘形铣刀、锯片铣刀、立铣刀、键槽铣刀、角度铣刀、模具铣刀、成形铣刀等；按结构不同，铣刀可分为整体式、焊接式、装配式、可转位式铣刀等；按齿背的形式，铣刀可分为尖齿式和铲齿式铣刀。图 4—22 至图 4—24 所示是常用铣刀的示意图。

图 4—22　加工平面的铣刀

a) 键槽铣刀　b) 槽铣刀　c) 立铣刀

d) 镶齿槽铣刀　e) 三面刃铣刀　f) 错齿铣刀　g) 锯片铣刀

图 4—23　加工沟槽的铣刀

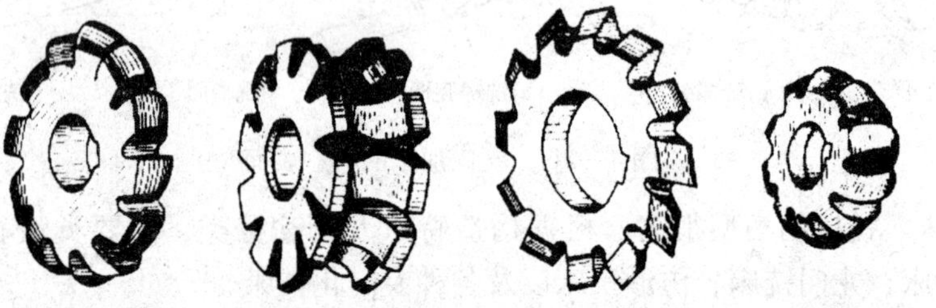

a) 凹面成形铣刀　b) 凸面成形铣刀　c) 尖齿成形铣刀　d) 半圆成形铣刀

图 4—24　加工成形面的铣刀

（3）磨床及砂轮

1）磨床。用磨料磨具（砂轮、砂带、油石和研磨剂等）作为工具进行切削加工的机床称为磨床。磨床可以加工内外圆柱面、圆锥面、平面、渐开线齿廓面、螺旋面以及各种成形面，还可以刃磨和进行切断等工作。

磨床主要用于零件的精加工，尤其是淬硬钢和高硬度特殊材料零件的精加工。

磨床的种类繁多，根据用途和工艺方法的不同，可分为内、外圆磨床，平面磨床，工具磨床，刀具磨床以及各种专门化磨床。

①M1432B 型万能外圆磨床。万能外圆磨床的工艺范围较广，可以磨削内外圆柱面、内外圆锥面、端面等。适于单件小批生产。图 4—25 所示是万能外圆磨床外形图，机床由床身 1、头架 2、工作台 3、内磨装置 4、砂轮架 5 和尾座 6、脚踏操纵板 7 及横向进给机构、液压传动装置、冷却装置等组成。

图 4—26 所示是万能外圆磨床几种典型加工方法的示意图。由图 4—26 可知，机床必须具备以下运动：外磨或内磨砂轮高速旋转的主运动，工件的圆周进给运动，工作台往复纵向进给运动，砂轮周期或连续横向进给运动。此外，机床还有砂轮架的快速进退和尾座套筒缩回两个辅助运动。

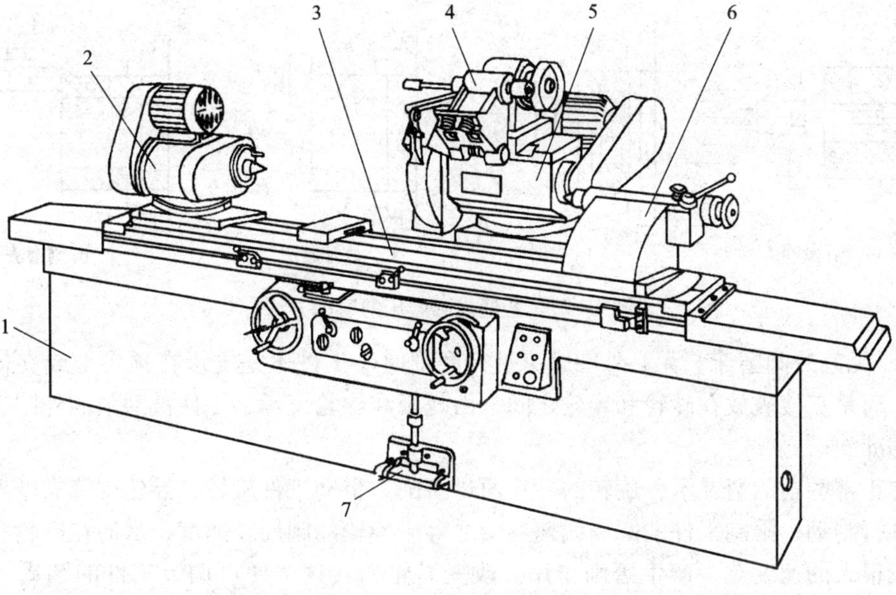

图 4—25　万能外圆磨床

1—床身　2—头架　3—工作台　4—内磨装置　5—砂轮架　6—尾座　7—脚踏操纵板

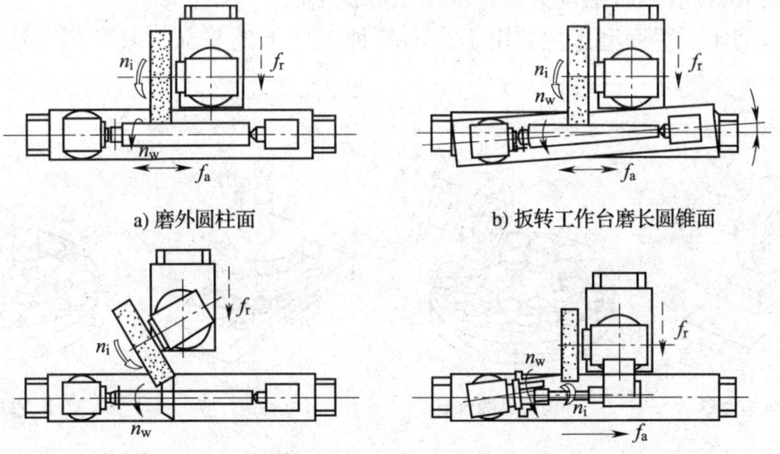

a) 磨外圆柱面　b) 扳转工作台磨长圆锥面

c) 扳转砂轮架磨短圆锥面　d) 扳转头架磨内锥面

图 4—26　万能外圆磨床加工示意图

②其他类型磨床

a. 普通内圆磨床。普通内圆磨床是生产中应用较广泛的机床之一，其磨削方法如图 4—27 所示。

磨削时，根据工件形状和尺寸的不同，可采用纵磨法或横磨法磨削内孔，如图 4—27a、b 所示。有些普通内圆磨床上装备有专门的端磨装置，采用这种端磨装置，可在工件一次装夹中完成内孔和端面的磨削，如图 4—27c、d 所示。这样既容易保证孔和端面的垂直度，又可以提高生产效率。

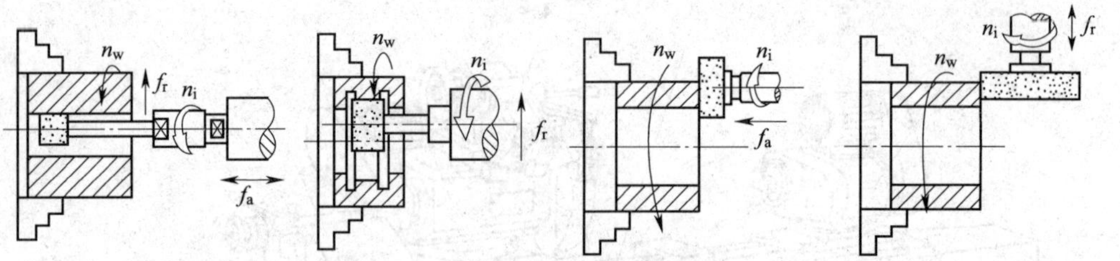

a) 纵磨法　b) 横磨法　c) 端磨法　d) 周磨法

图 4—27　普通内圆磨床的磨削方法

b. 无心外圆磨床。无心外圆磨床进行磨削时，工件不是支承在顶尖上或夹持在卡盘中，而是直接被放在砂轮和导轮之间，由托板和导轮支承，工件被磨削的外圆表面为定位基准面。

在正常磨削的情况下，旋转的砂轮通过磨削力带动工件旋转，导轮则依靠摩擦力对工件进行制动，限制工件的圆周线速度使之等于导轮的圆周线速度，从而在砂轮和工件间形成很大的速度差，产生磨削作用。改变导轮的转速，便可调节工件的圆周进给速度。无心磨削时，工件的中心必须高于导轮和砂轮的中心连线，使工件与砂轮以及工件与导轮的接触点不在同一直线上，从而可使工件在多次转动中逐渐被磨圆。

无心外圆磨床有两种磨削方法：纵磨法和横磨法。

c. 平面磨床。平面磨床主要用于磨削各种工件上的平面，其磨削方法如图 4—28 所示。

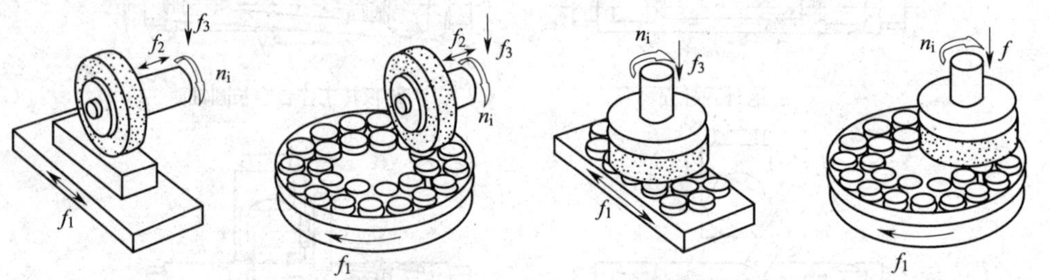

a) 卧轴矩台型　b) 卧轴圆台型　c) 立轴矩台型　d) 立轴圆台型

图 4—28　平面磨床的磨削方法

2）砂轮。砂轮是由磨料和结合剂构成的，磨料与结合剂之间有许多空隙，起着散热的作用。磨料是砂轮的主要成分，它直接担负着切削重任，在磨削时，要经受高速的摩擦、剧烈的挤压，所以磨料必须具有很高的硬度、耐磨性、耐热性以及相当的韧性，还应有锋利的尖角。

（4）钻床与钻头。钻床是一种孔加工机床，它一般用于加工直径不大、精度要求不高的孔。其主要加工方法是用钻头在实心材料上钻孔，此外还可在原有孔的基础上进行扩孔、铰孔、锪平面、攻螺纹等加工。在钻床上加工时，工件固定不动，主运动是刀具（主轴）的旋转，进给运动是刀具的直线（轴向）移动。钻床的加工方法及其所需运动如图 4—29 所示。

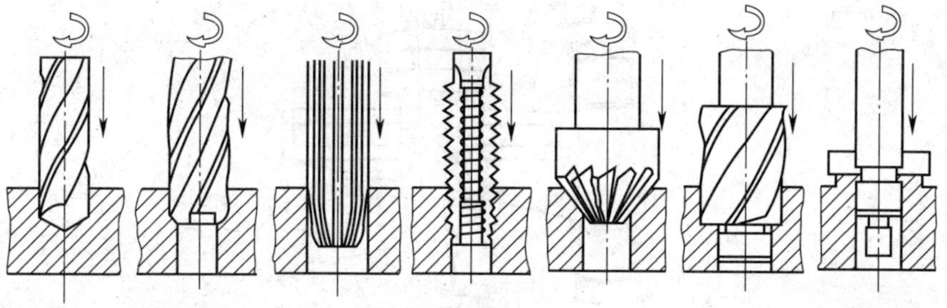

图 4—29　钻床的加工方法

1）钻床。钻床的主要类型有立式钻床、摇臂钻床、台式钻床、深孔钻床等。

①立式钻床。如图 4—30 所示是立式钻床的外形图。

主轴垂直布置是其结构特点。主轴箱 3 中装有主运动和进给运动的变速传动机构、主轴部件及操纵机构等。主轴箱固定不动，用移动工件的方法找正，进给运动由主轴 2 随主轴套筒在主轴箱中做直线移动来实现。手轮 5 可实现主轴快速升降、手动进给以及接通或断开机动进给。工作台和主轴箱都装在方形立柱的垂直导轨上，可上下调整位置，以适应不同高度工件的加工。

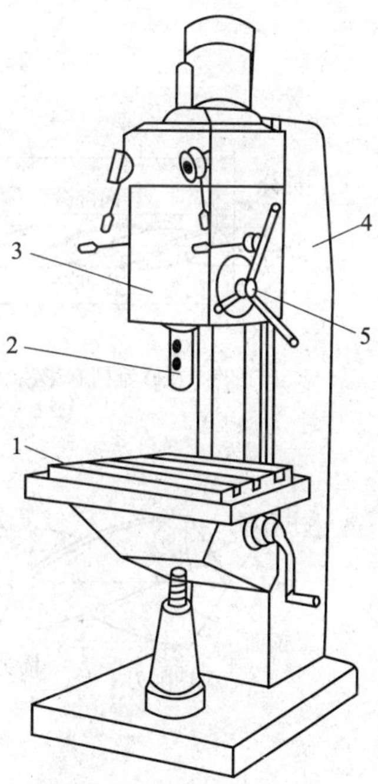

图 4—30　立式钻床

1—工作台　2—主轴　3—主轴箱　4—立柱　5—进给操纵机构

②摇臂钻床。摇臂钻床的主轴能在空间任意调整位置，因此能做到工件不动而方便地加工工件上不同位置的孔，较为适合大而重的工件加工。如图 4—31 所示是摇臂钻床的外形图。

其主轴箱 4 装在摇臂 3 上，可沿摇臂导轨水平移动，而摇臂 3 又可绕立柱 2 的轴线转动，因而可以方便地调整主轴 5 的坐标位置，进行找正。此外，摇臂 3 还可以沿立柱升降，方便加工不同高度的工件，为保证机床在加工时有足够的刚度，使主轴在工作时保持准确的位置，摇臂钻床具有立柱、摇臂及主轴箱的夹紧机构，当主轴位置调整完毕后，可以迅速地将它们夹紧。工作台可用于安装尺寸不大的工件，如果工件尺寸很大，可将其直接安装在底座上，甚至放在地面上进行加工。

2）钻头

①麻花钻。麻花钻是最常用的孔加工刀具，一般用于实体材料上孔的粗加工。常用规格为 $\phi0.1 \sim \phi80$ mm，其结构由柄部、颈部和工作部分组成，如图 4—32 所示。

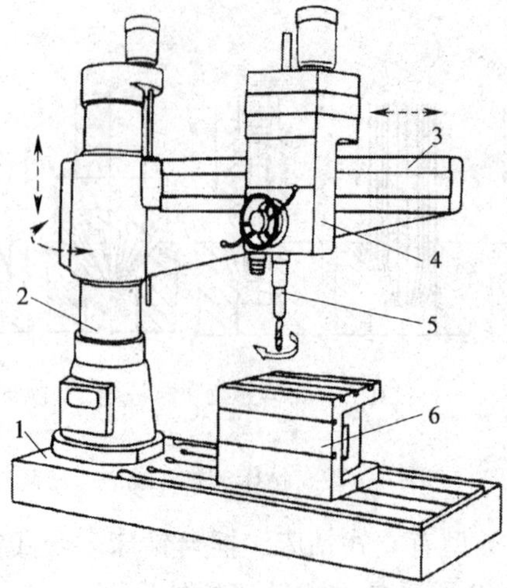

图 4—31　摇臂钻床

1—底座　2—立柱　3—摇臂　4—主轴箱　5—主轴　6—工作台

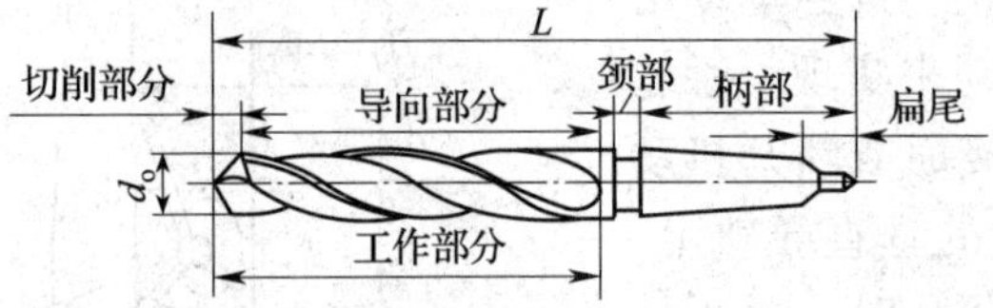

a) 锥柄麻花钻

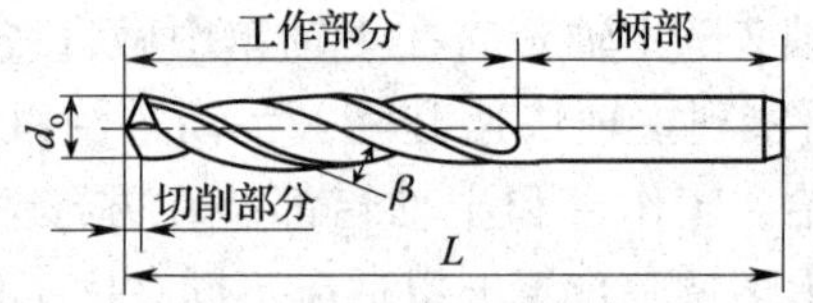

b) 直柄麻花钻

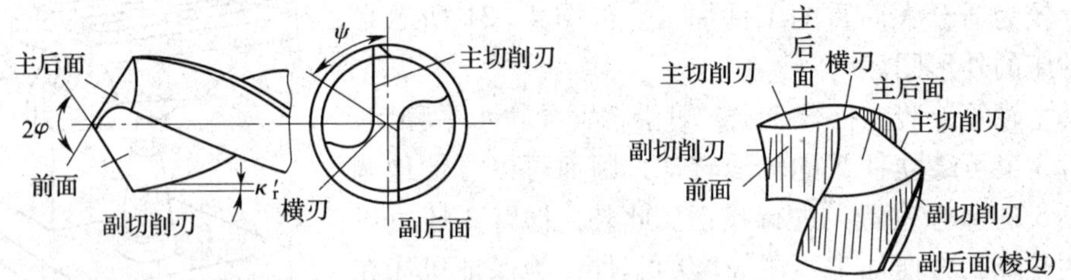

c) 麻花钻切削部分

图 4—32　麻花钻结构

②扩孔钻。扩孔钻是用来对工件上已有孔进行扩大加工的刀具。扩孔钻没有横刃，加工余量小，刀齿齿数多（3～4 个齿），刀具的刚度及强度好，切削平稳，所以扩孔后工件精度比直接钻孔要高。扩孔钻的结构形式分为带柄式及套柄式两类，如图 4—33 所示。

③铰刀。铰刀是一种半精加工或精加工的常用刀具，铰刀的刀齿数多（4～12 个齿），加工余量小，导向性好，刚度大。铰孔后孔的精度较高，表面粗糙度值较低，常见的铰刀结构如图 4—34 所示。

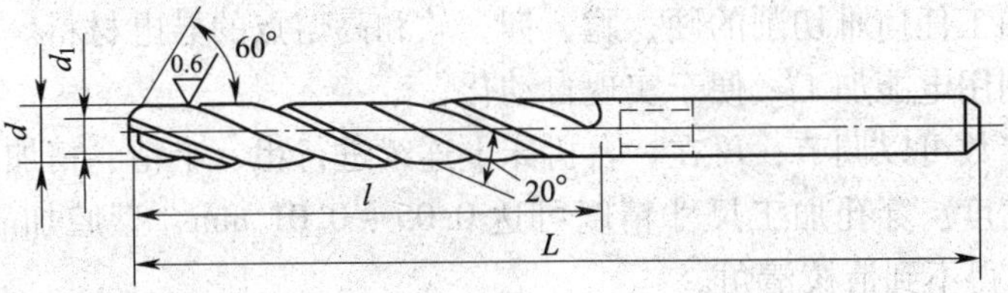

a) 直柄式

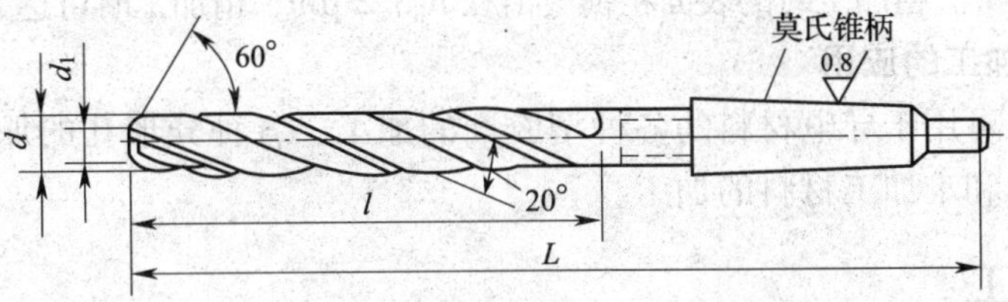

b) 锥柄式

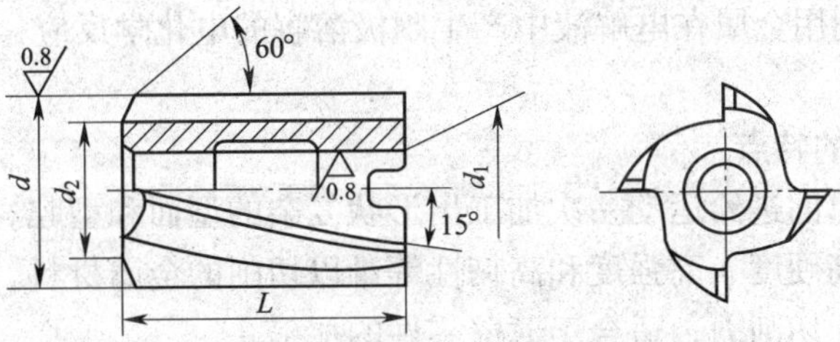

c) 套式

图 4—33　扩孔钻类型

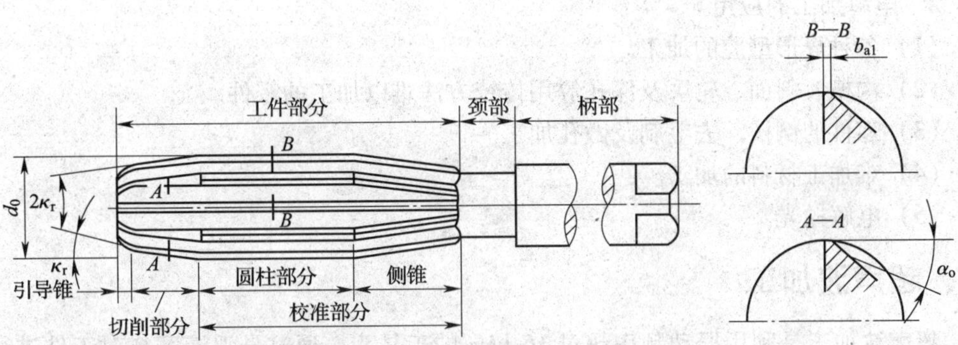

图 4—34　铰刀结构

第五节　特种加工

一、电火花加工

电火花加工是利用两电极之间脉冲放电时产生的电蚀现象对工件材料进行加工的方法。

1. 电火花加工的特点

（1）两电极不接触，无明显切削力，不会产生残余应力或变形。

（2）可以加工任何难切削的硬、脆、韧、软和高熔点的导电材料。

（3）直接利用电能加工，便于实现自动化。

（4）脉冲参数可以调节，可在一台机床上连续进行粗、半精、精加工。

（5）加工精度。穿孔加工尺寸精度可达 0.05～0.01 mm，型腔加工可达 0.1 mm，有圆柱度误差，得不到清棱清角。

（6）表面质量。粗加工时的表面粗糙度值在 R_a3.2 μm，精加工时可达 R_a1.6～0.8 μm。

2. 电火花加工的应用

电火花加工可用于导电材料的各种型腔面的加工、各种异形孔的加工、小孔加工，尤其适用于模具和难加工材料的加工。

二、电解加工

电解加工是利用金属在电解液中产生阳极溶解的电化学反应，将工件加工成形的一种方法。

1. 电解加工的特点

（1）能以简单的进给运动一次加工出形状复杂的型面和型腔。

（2）可加工高硬度、高强度和高韧性等难以切削的金属材料。

（3）加工中无切削力，适合于薄壁零件的加工。

（4）工具电极在理论上不会损耗，可长期使用。

（5）加工后零件表面无残余应力、无毛刺，表面粗糙度值可达 R_a0.2～0.8 μm。

2. 电解加工的应用

（1）各种异形型腔的加工。

（2）沟槽、斜面、轮廓及深孔等用传统方法难以加工的零件。

（3）零件的倒棱、去毛刺及微孔加工。

（4）难加工材料的加工。

（5）电解抛光。

三、超声波加工

超声波加工是利用振动频率超过 16 kHz 的工具头，通过悬浮液磨料对工件进行成形加工的一种方法，其主要特点有：

1. 适于加工各种硬脆材料，特别是不导电的非金属材料，如宝石、陶瓷、玻璃及各种半导体材料等。

2. 工件只受磨料瞬时局部冲击力的作用，没有横向摩擦力，故受力很小，这对薄壁或刚度差的工件加工很有利。

3. 加工精度较高，尺寸精度可达 0.02 mm，表面粗糙度值可达 R_a0.1 μm，工件表面无残余应力，不发生组织变化和烧伤等。

4. 通过选择不同的工具端部形状和不同的运动方式可进行各种微细加工。

5. 加工机床结构和工具均较简单，操作及维修方便。

6. 生产效率较低，这是超声波加工的一大缺点。

四、激光加工

激光加工是一种利用光能进行加工的方法。

1. 激光加工的特点

(1) 激光加工不需要工具，不存在工具损耗、更换调整工具等问题。

(2) 不受切削力的影响，易于保证加工精度。

(3) 几乎能加工所有的金属和非金属材料。

(4) 加工速度快，效率高，热影响区小。

(5) 能进行微细加工。

(6) 可透过玻璃等透明物质对工件进行加工。

(7) 无加工污染，在大气中无能量损失。

2. 激光加工的应用

(1) 激光打孔。适于金刚石、红宝石、陶瓷、橡胶、塑料以及硬质合金、不锈钢等各种材料。

(2) 激光切割。只要工件与激光束之间有相对移动，就可实现激光切割。

(3) 激光焊接和激光热处理。

五、电子束加工

电子束加工是利用高速电子的冲击动能来加工工件。

1. 电子束加工的特点

(1) 能量密度高，用于加工微孔或窄缝时，生产效率比电火花加工高几十倍。

(2) 加工中工件受到的力极小，所产生的应力及变形很小。

(3) 加工时在真空室中进行，故无杂质渗入，表面高温时也不易氧化。

(4) 控制系统可采用电、磁的方式实现，加工过程易于实现自动化。

(5) 所需的专用设备和真空系统价格较贵，应用有一定的局限性。

2. 电子束加工的应用

电子束加工按其功率密度和能量注入时间的不同，可分别用于打孔、切割、蚀刻、焊接、热处理和光刻等加工。

六、离子束加工

离子束加工原理与电子束加工原理基本类似，也是在真空条件下，将离子源产生的离子束经过加速、聚焦后投射到工件表面的加工部位以实现加工的目的。

离子束加工的特点有：

1. 加工精度高（微米级）。

2. 加工应力小，变形极微小，加工质量高，适用于各种材料和低刚度零件的加工。

3. 因在较高的真空度中进行加工，污染小，特别适于加工易氧化的金属材料及半导体材料。

第六节 现代制造技术

一、现代制造技术的特征

现代制造技术是传统制造技术不断吸收机械、电子、信息、材料、能源及现代管理等技术成果，并将其综合应用于产品设计、制造、检测、管理、售后服务等机械制造的全过程，实现优质、高效、低耗、清洁、灵活生产，取得理想技术经济效益的制造技术的总称。

现代制造技术具有5个明显的技术特征：先进性，通用性，系统性，集成性，技术与管理更紧密结合。

二、现代制造技术简介

1. 快速成形制造技术（RPM）

快速成形制造技术是由CAD模型直接驱动的快速制造任意复杂形状三维实体的技术总称。它的特征是：

（1）可以制造任意复杂的三维几何实体。

（2）CAD模型直接驱动。

（3）成形设备无须专用夹具或工具。

（4）成形过程中无人工干预或较少干预。

快速成形制造技术采用离散/堆积成形的原理。该方法首先在CAD造型系统中获得一个三维CAD模型或通过测量仪器测取实体的形状尺寸，转化成CAD模型，将模型数据进行处理，沿某一方向进行平面“分层”离散化，即离散的过程。然后通过专有的CAM系统（成形机）以平面加工方式有序地连续加工出每个薄层并使它们自动黏接而成形，这就是材料堆积的过程。与传统的零件制造技术相比，传统的零件制造技术本质上是一种改变材料形状的加工方法，如线切割机、电火花加工、车、钳、刨、磨、铣加工等，都是按照工件的设计要求，通过采用某种工具和手段来切除材料，从而制造成零件。采用的是“减法”，由毛坯变成零件，越加工体积越小。而RPM却是一种扩展堆积成形的方法，部分地、逐步地生成零件。采用的是“加法”，零件逐步增加其体积，最后生成完整的零件。采用RPM的方法，不仅省去了毛坯制造的工序，而且加工周期短，效率高。

RPM技术应用发展很快，已经从对RPM工艺的熟悉、观望、尝试性应用阶段进入了将RPM真正作为产品开发的重要环节，提高产品开发质量，加快产品开发速度的阶段。

当今RPM技术发展趋势是：完善技术，提高成形精度，降低成形成本，探索新的成形工艺，开发新材料，寻找直接或间接制造高机械性能金属件的方法。

2. 柔性制造系统（FMS）

柔性制造技术是一种能迅速响应市场需求而相应调整生产品种的制造技术。柔性制造系统是由若干台数控设备、物料运储装置和计算机控制系统组成的，并能根据制造任务和生产品种变化而迅速进行调整的自动化制造系统。FMS 的基本组成与特征是：

（1）系统由计算机控制和管理。

（2）系统采用了 NC 控制为主的多台加工设备和其他生产设备。

（3）系统中的加工设备和生产设备通过物料输送装置连接。

FMS 有两个主要特点，即柔性化和自动化。

通过 30 多年的努力和实践，FMS 技术已臻完善，并进入了实用化阶段，形成了高科技产业。随着科学技术的飞跃进步以及生产组织与管理方式的不断更换，FMS 作为一种生产手段也将不断适应新的需求、不断引入新的技术、不断向更高层次发展。

3. 绿色制造（GM）

绿色制造定义为一种综合考虑环境影响和资源效率的现代制造方式，其目标是使得产品从设计、制造、包装、运输、使用到报废处理的整个产品生命周期中，对环境的影响（负作用）最小，资源效率最高，并使企业经济效益和社会效益协调优化。

绿色制造实施的运行模式一般由三大部分组成：一是绿色设计部分，包括产品设计、材料选择直至产品回收处理方案设计；二是产品生命周期全过程，从原材料进入、制造加工过程直至产品寿命终结；三是产品生命周期的外延部分及相关环境。在绿色制造基本思想的指引下，不可再生材料的替代技术、节能技术、清洁生产工艺、产品可拆卸与回收技术、生态工厂循环制造技术等均得到迅猛发展，并聚集成先进制造技术的新的一族。

思 考 题

1. 什么叫铸造生产？其主要工序有哪些？铸造生产有哪些优缺点？

2. 常见的铸件缺陷有哪些？它们产生的原因是什么？

3. 同一材料的锻件与铸件相比，在组织和力学性能方面有哪些优点？

4. 什么叫模锻？与自由锻相比，它有哪些优点？

5. 常用的电弧焊有哪几种？试简述其特点。

6. 常用的焊接接头形式有哪些？对接接头常见的坡口形式有哪几种？坡口的作用是什么？

7. 车削外圆表面时，车刀相对于工件有哪些运动？

8. CA6140 型车床有哪几条传动链？其中哪些是内联系传动链？

9. 钻床的运动特点是什么？

10. 快速成形制造技术的特征是什么？

第5单元

机械加工与装配工艺

第一节 机械加工工艺基本概念

一、生产过程和工艺过程

1. 生产过程

生产过程是指将原材料转变为成品的所有劳动过程。这种成品可以是一台机器、一个部件或者是某一种零件。对于机器的制造而言，其生产过程包括以下几项：

（1）原材料和成品的运输与保管。

（2）生产技术准备工作，如产品的开发和设计、工艺规程的编制、专用工装及设备的设计和制造、各种生产资料的准备以及生产组织等方面的工作。

（3）毛坯的制造。

（4）零件的机械加工、热处理和其他表面处理。

（5）产品的装配、调试、检验、涂漆和包装等。

在现代工业生产组织中，一台机器的生产往往是由许多企业以专业化生产的方式合作完成的。这时，某企业所用的原材料往往是另一企业的产品。例如，机床的制造就是利用轴承厂、电机厂、液压元件厂等许多专业厂的产品，由机床厂完成关键零部件的生产，并装配而成的。采用专业化生产有利于零部件的标准化、通用化和产品系列化，从而能有效地保证质量、提高生产效率和降低成本。

2. 工艺过程

在生产过程中，毛坯的制造、零件的机械加工与热处理、产品的装配等工作将直接改变生产对象的形状、尺寸、相对位置及性质等，使其成为成品或半成品，这一过程称为工艺过程。工艺过程是生产过程的主要部分。其中，采用机械加工的方法，直接改变毛坯的形状、尺寸和表面质量而使其成为零件的过程称为机械加工工艺过程（以下简称工艺过程）。

二、工艺过程的组成

在机械加工工艺过程中，针对零件的结构特点和技术要求，要采用不同的加工方法和装备，按照一定的顺序依次进行加工才能完成由毛坯到零件的过程。因此，工艺过程是由一系列顺序排列的加工方法即工序组成的。工序又由安装、工位、工步和走刀组成。

1. 工序

一个或一组工人在一个工作地点或一台机床上，对同一个或几个零件进行加工所连续完成的那部分工艺过程称为工序。

划分工序的主要依据是工作地点（或机床）是否变动以及加工是否连续。如图5—1所示的台阶轴，当加工数量较少时，其工艺过程及工序的划分见表5—1，由于加工不连续和机床变换而分为三个工序。当加工数量较多时，其工艺过程及工序的划分见表5—2，共有五个工序。

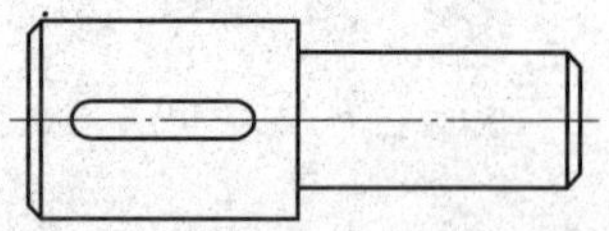

图5—1　台阶轴

表 5—1　　某台阶轴单件、小批量生产的工艺过程及工序的划分

工序号	工序内容	设备
1	车一端面，钻中心孔；掉头车另一端面，钻中心孔	车床
2	车大外圆及倒角；掉头车小外圆及倒角	车床
3	铣键槽；去毛刺	铣床

表 5—2　　某台阶轴大批量生产的工艺过程及工序的划分

工序号	工序内容	设备
1	铣端面，钻中心孔	专用机床
2	车大外圆及倒角	专用车床
3	车小外圆及倒角	车床
4	铣键槽	键槽铣床
5	去毛刺	钳工台

在零件的加工工艺过程中，有一些工作并不改变零件形状、尺寸和表面质量，但却直接影响工艺过程的完成，如检验、打标记等，一般称完成这些工作的工序为辅助工序。

2. 安装

工件在加工前，使工件在机床上或夹具中占有正确位置的过程称为定位。工件定位后将其固定住，使其在加工过程中的位置保持不变的操作称为夹紧。将工件在机床上或夹具中定位后加以夹紧的过程称为安装。在一道工序中，要完成加工，工件可能安装一次，也可能需要安装几次。表 5—1 中的工序 1 和工序 2 均有两次安装，而表 5—2 中的工序 1 只有一次安装。

工件在加工时应尽量减少安装次数，因为多一次安装，就会增加安装工件的时间，同时也加大定位误差。

3. 工位

为了减少由于多次安装而带来的误差及时间损失，采用回转工作台、回转夹具或移动夹具，使工件在一次安装中先后处于几个不同的位置进行加工。工件在机床上所占据的每一个位置称为工位。如图 5—2 所示为采用回转工作台，在一次安装中依次完成装卸工件、钻孔、扩孔、铰孔四个工位加工的例子。采用多工位方法进行加工既减少了安装次数，各工位的加工与工件的装卸又是同时进行的，可以提高加工精度和生产效率。

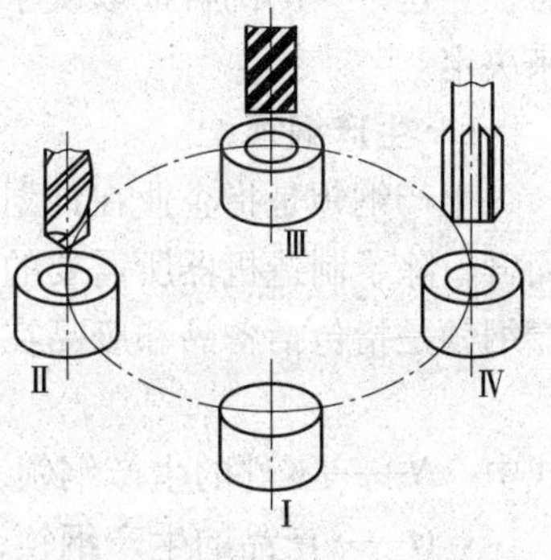

图 5—2　多工位加工

4. 工步

在加工表面不变、加工工具不变、切削用量中的进给量和切削速度不变的情况下所完成的那部分工序内容称为工步。以上三种因素中任一因素改变，即成为新的

工步。

一个工序含有一个或几个工步，表 5—1 中的工序 1 和工序 2 均加工四个表面，所以各有四个工步，表 5—2 中的工序 4 只有一个工步。

为提高生产效率，采用多刀同时加工一个零件的几个表面时也看作一个工步，并称为复合工步，如图 5—3 所示。另外，为简化工艺文件，对于那些连续进行的若干相同的工步通常也看作一个工步。如图 5—4 所示，在一次安装中，用一把钻头连续钻削四个 ϕ15 mm 的孔，则可看作一个工步。

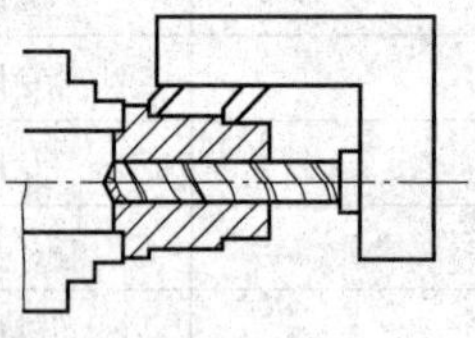

图 5—3　复合工步

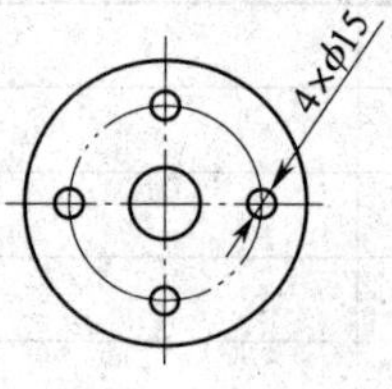

图 5—4　加工四个相同表面的工步

5. 走刀

在一个工序内，若被加工表面切除的余量较大，一次切削无法完成，则可分几次切削，每一次切削就称为一次走刀。走刀是构成工艺过程的最小单元。

图 5—5 所示为工序、安装、工位之间以及工序、工步、走刀之间的关系。

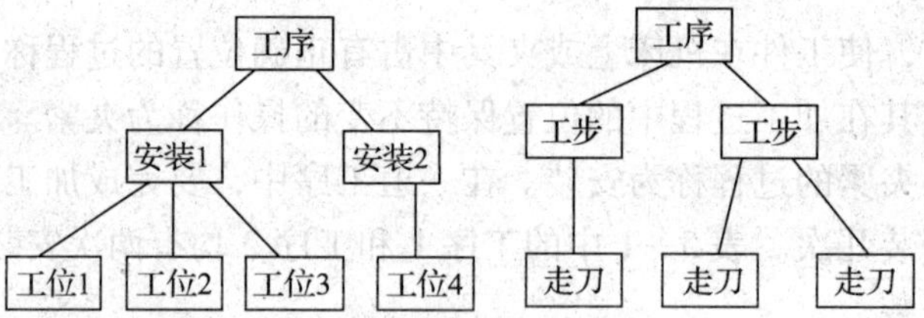

图 5—5　工序、安装、工位之间以及工序、工步、走刀之间的关系

三、生产类型及其工艺特征

不同的机械产品，其结构、技术要求不同，但它们的制造工艺却存在着很多共同的特征。这些共同的特征取决于企业的生产类型，而企业的生产类型又由企业的生产纲领来决定。

1. 生产纲领

生产纲领是指企业在计划期内应生产的产品产量。计划期通常定为一年，对于零件而言，除了制造机器所需要的数量以外，还要包括一定的备品和废品，所以，零件的生产纲领是指包括备品和废品在内的年产量，可按下式计算：

$$N = Qn(1 + a)(1 + b)$$

式中　N——零件的生产纲领，件/年；

Q——产品的生产纲领，台/年；

n——每台产品中含该零件的数量，件/台；

单元 5

a——零件备品率，%；

b——零件废品率，%。

2. 生产类型

生产类型是指企业（或车间、工段、班组等）生产专业化程度的分类。根据生产纲领和产品的大小，可分为单件生产、大量生产、成批生产三大类。

（1）单件生产。单件生产是指单个不同结构和尺寸的产品，工作地点很少重复或不重复的生产类型。如重型机械、专用设备的制造和新产品试制等均属于单件生产。

（2）大量生产。大量生产是指产品数量很大，大多数工作地点重复进行某一零件的某一道工序的加工。如汽车、拖拉机、轴承、自行车等的生产。

（3）成批生产。成批生产是指一年中分批轮流地制造几种不同的产品，工作地点、加工对象周期性地重复。如机床、电动机等的生产。

在成批生产中，每批投入生产的同一种产品（或零件）的数量称为批量。按照批量的大小，成批生产又可分为小批生产、中批生产和大批生产。小批生产的工艺特点与单件生产相似，大批生产与大量生产相似，常分别合称为单件、小批量生产和大批大量生产。

在企业中，生产纲领决定了生产类型，但产品大小也对生产类型有影响。表5—3所列为不同类型的产品生产类型与生产纲领的关系。表5—4所列为不同机械产品的零件质量型别。

表5—3　不同类型的产品生产类型与生产纲领的关系

生产类型	生产纲领/（单位为台/年或件/年）			工作地每月担负的工序数（单位为工序数/月）
	小型机械或轻型零件	中型机械或中型零件	重型机械或重型零件	
单件生产	≤100	≤10	≤5	不做规定
小批生产	>100～500	>10～150	>5～100	>20～40
中批生产	>500～5 000	>150～500	>100～300	>10～20
大批生产	>5 000～50 000	>500～5 000	>300～1 000	>1～10
大量生产	>50 000	>5 000	>1 000	1

注：小型机械、中型机械和重型机械可分别以缝纫机、机床（或柴油机）和轧钢机为代表。

表5—4　不同机械产品的零件质量型别

机械产品类别	质量型别		
	轻型零件	中型零件	重型零件
电子机床	≤4	>4～30	>30
机床	≤15	>15～50	>50
重型机械	≤100	>100～2 000	>2 000

随着科学的进步和人们对产品性能要求的不断提高，产品更新换代周期越来越短，品种规格不断增多，多品种、小批量的生产类型将会越来越多。

3. 工艺特征

不同的生产类型具有不同的工艺特点，即在毛坯制造、机床及工艺装备的选用、经济效果等方面均有明显区别。各种生产类型的工艺过程的主要特点见表 5—5。

表 5—5 各种生产类型的工艺过程的主要特点

特点	单件生产	成批生产	大量生产
工件的互换性	一般是配对制造，缺乏互换性，广泛用钳工修配	大部分有互换性，少数用钳工修配	具有广泛的互换性，少数装配精度较高处采用分组装配法和调整法装配
毛坯的制造方法及加工余量	铸件用木模手工造型，锻件用自由锻。毛坯精度低，加工余量大	部分采用金属模铸造或模锻。毛坯精度中等，加工余量中等	广泛采用金属模机器造型、模锻或其他高生产效率的毛坯制造方法。毛坯精度高，加工余量小
机床设备	通用机床。按机床种类及大小采用"机群式"排列	部分通用机床和部分高生产效率机床。按加工零件类别分工段排列	广泛采用高生产效率的专用机床及自动机床。按流水线或自动线排列设备
夹具	大多采用通用夹具、标准附件，靠划线和试切达到精度要求	广泛采用夹具，部分靠找正装夹来达到精度要求	广泛采用高生产效率夹具，靠调整法达到精度要求
刀具与量具	采用通用刀具和万能量具	较多采用专用刀具及专用量具	广泛采用复合刀具、专用量具或自动检测装置
对工人的要求	需要技术水平较高的工人	需要一定熟练程度的工人	对操作工人的技术水平要求较低，对调整工的技术水平要求较高
工艺规程	有简单的工艺路线卡	有工艺规程，对关键零件有详细的工艺规程	有详细的工艺规程
生产效率	低	中	高
成本	高	中	低
发展趋势	箱体类复杂零件采用加工中心加工	采用成组技术、数控机床或柔性制造系统等进行加工	在计算机控制的自动化制造系统中加工，并可能实现在线故障诊断、自动报警和加工误差自动补偿

单元 5

四、机械加工工艺规程

1. 工艺规程及其作用

规定产品或零部件制造工艺过程和操作方法等的工艺文件称为工艺规程。机械加工工艺规程一般应规定工序的具体加工内容、检验方法、切削用量、时间定额以及所采用的机床和工艺装备等。编制工艺规程是生产准备工作的重要内容之一。合理的工艺规程对保证产品质量、提高劳动生产率、降低原材料及动力消耗、改善工人的劳动条件等都有十分重要的意义。

工艺规程的作用如下：

(1) 工艺规程是指导生产的重要技术文件。合理的工艺规程是在总结广大工人和技术人员长期实践经验的基础上，结合企业具体生产条件，根据工艺理论和必要的工艺试验而制定的。按照工艺规程进行生产，可以保证产品质量和较高的生产效率与经济性。经批准生效的工艺规程在生产中应严格执行；否则，往往会使产品质量下降，生产效率降低。但是，工艺规程也不应是固定不变的，工艺人员应注意及时总结广大工人的革新创造经验，及时吸收国内外先进工艺技术，对现行工艺规程不断地予以改进和完善，使其能更好地指导生产。

(2) 工艺规程是生产组织和生产管理工作的基本依据。有了工艺规程，在产品投产之前，就可以根据它进行原材料及毛坯的准备和供应，机床设备的准备和负荷的调整，专用工艺装备的设计和制造，生产作业计划的编排，劳动力的组织以及生产成本的核算等，使整个生产有计划地进行。

(3) 工艺规程是新建或扩建企业或车间的基本资料。在新建或扩建企业、车间的工作中，根据产品零件的工艺规程及其他资料，可以统计出所建车间应配备机床设备的种类和数量，算出车间所需面积和各类人员数量，确定车间的平面布置和厂房基建的具体要求，从而提出有根据的筹建或扩建计划。

2. 制定工艺规程的原则

制定工艺规程的基本原则是保证以最低的生产成本和最高的生产效率，可靠地加工出符合设计图样要求的产品。因此，在制定工艺规程时应从企业的实际条件出发，充分利用现有设备，尽可能采用国内外的先进技术和经验。

合理的工艺规程要体现出以下几点：

(1) 产品质量的可靠性。工艺规程要充分考虑和采取一切确保产品质量的必要措施，以期能全面、可靠和稳定地达到设计图样上所要求的精度、表面质量和其他技术要求。

(2) 工艺技术的先进性。工艺规程的先进性是指在企业现有条件下，除了采用本企业成熟的工艺方法外，尽可能地吸收适合企业情况的国内外同行业的先进工艺技术和工艺装备，以提高工艺技术水平。

(3) 经济性。在一定的生产条件下，要采用劳动量、物资和能源消耗最少的工艺方案，从而使生产成本最低，使企业获得良好的经济效益。

(4) 良好的劳动条件。制定的工艺规程必须保证工人具有良好而安全的劳动条件。尽可能采用机械化或自动化的措施，以减轻某些笨重的体力劳动。

3. 制定工艺规程的原始资料

制定工艺规程的原始资料主要包括产品的零件图和装配图，产品的生产纲领，有关手册、图册、标准，类似产品的工艺资料和生产经验，企业的生产条件（如机床设备、工艺设备、工人技术水平等）以及国内外有关工艺技术的发展情况等。这些原始资料是编制工艺规程的出发点和依据。

4. 制定工艺规程的步骤

制定工艺规程的大致步骤如下：

（1）研究产品的装配图和零件图，进行工艺分析。分析产品零件图和装配图，熟悉产品用途、性能和工作条件。了解零件的装配关系及其作用，分析用于制定各项技术要求的依据，判断其要求是否合理，零件结构工艺性是否良好。通过分析找出主要的技术要求和关键技术问题，以便在加工中采取相应的技术措施。如有问题，应与有关设计人员共同研究，按规定的手续对图样进行修改和补充。

（2）确定毛坯。在确定毛坯时，要熟悉本企业毛坯车间（或专业毛坯厂）的技术水平和生产能力，各种钢材、型材的品种规格。应根据产品零件图和加工时的工艺要求（如定位、夹紧、加工余量和结构工艺性等），确定毛坯的种类、技术要求及制造方法。在必要时，应与毛坯车间技术人员一起共同确定毛坯图。

（3）拟定工艺路线。工艺路线是指产品或零部件在生产过程中，由毛坯准备到成品入库，经过企业各有关部门或工序的先后顺序。拟定工艺路线是制定工艺规程十分关键的一步，需要提出几个不同的方案进行分析和对比，寻求一个最佳的工艺路线。

（4）确定各工序的加工余量，计算工序尺寸及其公差。

（5）选择各工序使用的机床设备及刀具、夹具、量具和辅助工具。

（6）确定切削用量及时间定额。

（7）填写工艺文件。

5. 工艺文件的格式

指导工人操作和用于生产、管理等的各种技术文件称为工艺文件。在机械加工中常见的工艺文件有以下几种：

（1）机械加工工艺过程卡。是指以工序为单位简要说明产品或零件、部件加工（或装配）过程的一种工艺文件，见表 5—6。它列出了零件加工所经过的工艺路线（包括毛坯、机械加工和热处理等），是制定其他工艺文件的基础。

在单件、小批量生产中，一般只填写机械加工工艺过程卡。

（2）机械加工工艺卡。是指按产品零部件机械加工阶段编制的一种工艺文件。它以工序为单元，详细说明产品（或零部件）在机械加工阶段中的工序号、工序名称、工序内容、工艺参数、操作要求以及采用的设备、工艺装备等，见表 5—7。它是用来指导工人进行生产，帮助车间干部和技术人员掌握零件机械加工过程的一种主要工艺文件，多用于中批生产中。

（3）机械加工工序卡。是指在机械加工工艺过程卡或机械加工工艺卡的基础上，按每道工序所编制的一种工艺文件。一般具有工序简图，并详细说明该工序中每个工步的加工（或装配）内容、工艺参数、操作要求以及所用设备和工艺装备等，见表 5—8。多用于大批生产、大量生产和成批生产中的重要零件。

表 5—6

机械加工工艺过程卡

企业名	机械加工工艺过程卡	产品型号		零件图号			
		产品名称		零件名称		共　页	第　页

材料牌号		毛坯种类		毛坯外形尺寸		每件毛坯可制件数		每台件数		备注	

	工序号	工序名称	工序内容	车间	工段	设备	工艺装备	工时	
								准终	单件
描图									
描校									
底图号									
装订号									

									设计（日期）	审核（日期）	标准化（日期）	会签（日期）	
标记	处数	更改文件号	签字	日期	标记	处数	更改文件号	签字	日期				

单元 5

表 5—7　　机械加工工艺卡

企业名	机械加工工艺卡	产品型号		零(部)件图号		共　页
		产品名称		零(部)件名称		第　页

材料牌号	毛坯种类		毛坯外形尺寸		每件毛坯可制件数		每台件数	备注	

工序	装夹	工步	工序内容	同时加工零件数	切削用量				设备名称及编号	工艺装备名称及编号			技术等级	工时定额	
					背吃刀量/mm	切削速度/(m/min)	每分钟转数或往复次数	进给量/(mm 或 mm/双行程)		夹具	刀具	量具		单件	准终

										编制(日期)	审核(日期)	会签(日期)		
标记	处数	更改文件号	签字	日期	标记	处数	更改文件号	签字	日期					

表 5—8

机械加工工序卡

(工厂名)	机械加工工序卡	产品型号		零件图号			
		产品名称		零件名称		共　页	第　页

(工序简图位置)

车间	工序号	工序名称	材料牌号
毛坯种类	毛坯外形尺寸	每件毛坯可制件数	每台件数
设备名称	设备型号	设备编号	同时加工件数

夹具编号	夹具名称	切削液	
工位器具编号	工位器具名称	工序工时	
		准终	单件

工步号		工步内容	工艺设备	主轴转速/(r/min)	切削速度/(m/min)	进给量/(mm/r)	背吃刀量/mm	进给次数	工步工时 机动	工步工时 辅助

描图
描校
底图号
装订号

										设计(日期)	审核(日期)	标准化(日期)	会签(日期)
标记	处数	更改文件号	签字	日期	标记	处数	更改文件号	签字	日期				

卡片中的工序简图应标示出本道工序的加工表面（加工表面一般用粗实线表示，非本道工序加工表面用细实线表示）、工序尺寸和技术要求，同时用示意符号指明加工的定位基准及夹紧方法等。

第二节 零件工艺分析

制定零件的机械加工工艺规程前，首先要对零件进行工艺分析，以便从制造的角度出发分析零件图样是否完整、正确，技术要求是否恰当，零件结构的工艺性是否良好，必要时可以对产品图样提出修改意见。

一、零件图及技术要求分析

通过分析产品零件图及装配图，了解零件在产品结构中的功用和装配关系，从加工的角度出发对零件的技术要求进行审查。

零件的技术要求包括被加工表面的尺寸精度、形状精度、位置精度，对这些技术要求的作用，应判断其制定得是否恰当，从中找出主要的技术要求和关键技术问题，以便采取适当措施，为合理制定工艺规程做好必要的准备。

二、零件结构的工艺性分析

任何零件从形体上分析都是由一些基本表面和特殊表面组成的。基本表面有内、外圆柱表面和圆锥表面、平面等，特殊表面主要有螺旋面、渐开线齿形表面及其他成形表面。研究零件结构时，首先要分析该零件是由哪些表面所组成的，因为表面形状是选择加工方法的基本因素之一。例如，对外圆柱面一般采用车削和外圆磨削进行加工，而内圆柱面（孔）则多通过钻孔、扩孔、铰孔、镗孔、内圆磨削和拉削等方法获得。除了表面形状外，表面尺寸大小对工艺也有重要影响。例如，对直径很小的孔宜采用铰削加工，不宜采用磨削加工，深孔应采用深孔钻进行加工。它们在工艺上都有各自的特点。

分析零件结构时，不仅要注意零件各构成表面的形状尺寸，还要注意这些表面的不同组合，正是这些不同的组合形成了零件结构上的特点。例如，以内、外圆柱面为主，既可以组成盘类、环类零件，也可以构成套筒类零件。套筒类零件在工艺上存在较大的差异。机械制造中通常按照零件结构和工艺过程的相似性，将各种零件大致分为轴类零件、套类零件、盘环类零件、叉架类零件以及箱体等。

零件结构的工艺性是指设计的零件在满足使用要求的前提下制造的可行性和经济性。许多功能、作用完全相同而结构的工艺性不同的两个零件，它们的加工方法与制造成本常常有很大的差别。零件结构的工艺性好是指零件的结构、形状能在现有的生产条件下用较经济的方法方便地加工出来。

表 5—9 列出了几种零件的结构并对零件结构的工艺性进行比较。

表 5—9　　　　零件结构的工艺性比较

序号	结构的工艺性不好	结构的工艺性好	说明
1	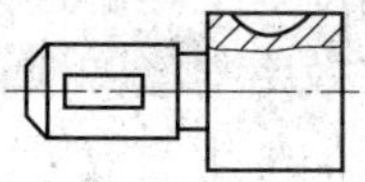	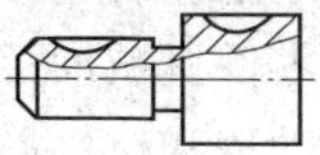	键槽的尺寸、方位相同，可在一次装夹中加工出全部键槽，提高生产效率
2	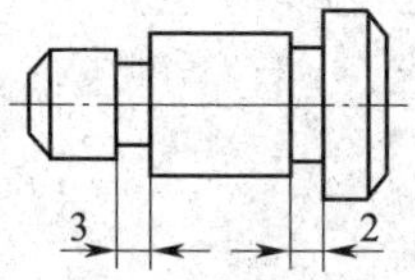	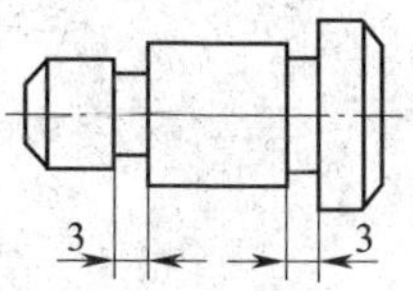	退刀槽的尺寸相同，可减少刀具种类，减少换刀时间
3	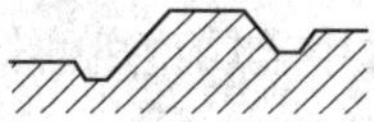	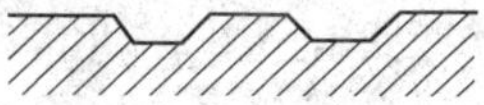	三个凸台表面在同一平面上，可在一次走刀中完成加工
4	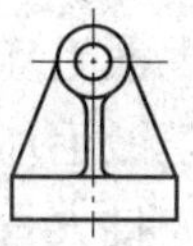	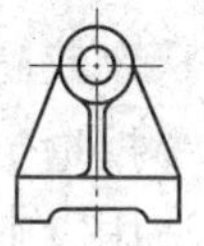	底面带槽，既可以减少加工面积，又能保证良好接触
5	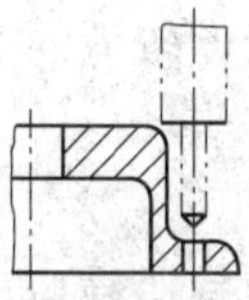	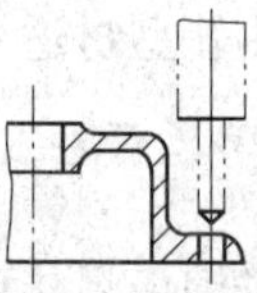	壁厚均匀，铸造时不容易产生缩孔和应力。小孔与外壁距离适当，便于引进刀具
6	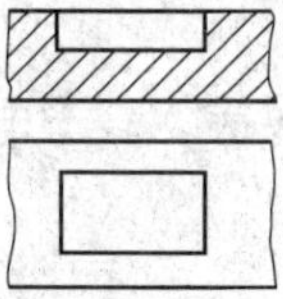	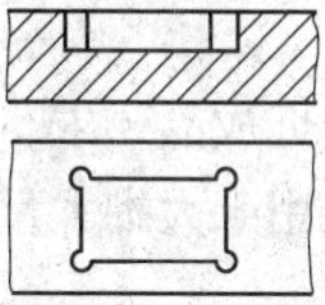	左图所示的方形凹坑加工时无法清角，应设计成右图所示的结构
7	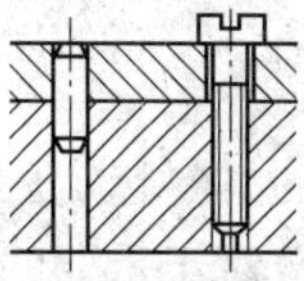	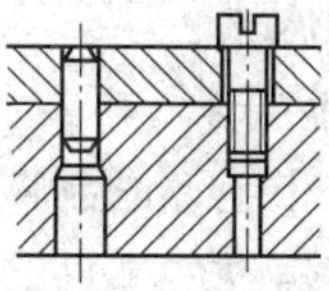	左图所示的孔太深，增加铰孔工作量，螺钉太长，没有必要
8	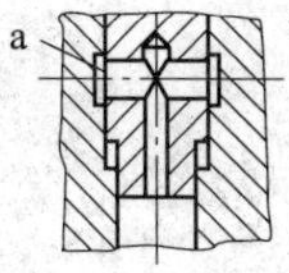	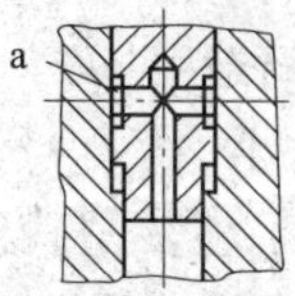	在左图结构中，槽 a 不便于加工和测量，宜将凹槽 a 改成右图所示的形式

第三节 选择毛坯

选择毛坯的基本任务是选定毛坯制造方法及其制造精度。毛坯的选择不仅影响毛坯的制造工艺和费用，而且影响零件机械加工工艺及其生产效率与经济性。如选择高精度的毛坯，可以减少机械加工劳动量和材料消耗，提高机械加工生产效率，降低加工的成本，但是却提高了毛坯的费用。因此，选择毛坯要从机械加工和毛坯制造两方面综合考虑，以求得到最佳效果。

一、毛坯的种类

1．铸件

铸件适用于形状较复杂的零件毛坯。当毛坯精度要求低、生产批量较小时，采用木模手工造型法；当毛坯精度要求高、生产批量很大时，采用金属型机器造型法。铸件材料有铸铁、铸钢等，也有铜、铝等有色金属及其合金。

2．锻件

锻件适用于强度要求高、形状比较简单的零件毛坯。自由锻毛坯精度低，加工余量大，生产效率低，适用于单件、小批量生产以及大型毛坯。模锻毛坯精度高，加工余量小，生产效率高，但成本也高，适用于中、小型零件毛坯的大批大量生产。

3．型材

型材有热轧和冷拉两种。热轧型材适用于尺寸较大、精度较低的毛坯；冷拉型材适用于尺寸较小、精度较高的毛坯。

4．焊接件

焊接件是根据需要用型材或钢板焊接而成的毛坯件。它制造简单，生产周期短，节省材料。但抗振性差，变形大，需经时效处理后才能进行机械加工。

5．冷冲压件

冷冲压件毛坯可以非常接近成品要求，在小型机械、仪表、轻工电子产品方面应用广泛。但因冲压模具昂贵而仅用于大批大量生产。

二、毛坯选择时应考虑的因素

在选择毛坯时应考虑下列因素：

1．零件的材料及力学性能要求

由于材料的工艺特性决定了毛坯的制造方法，当零件的材料选定后，毛坯的类型就大致确定了。例如，材料为灰铸铁的零件必须用铸造毛坯；对于重要的钢质零件，为获得良好的力学性能，应选用锻件，在形状较简单及力学性能要求不太高时可用型材毛坯；有色金属零件常用型材或铸造毛坯。

2．零件的结构、形状与大小

大型且结构较简单的零件毛坯多用砂型铸造或自由锻造；结构复杂的毛坯多用铸造；小型零件可用模锻件或压力铸造毛坯；板状钢质零件多用锻件毛坯；轴类零件的毛

坯，如直径和台阶尺寸相差不大，可用棒料；如各台阶尺寸相差较大，则宜选择锻件。

3．生产纲领的大小

当零件的生产批量较大时，应选用精度和生产效率较高的毛坯制造方法，如模锻、金属模机器造型铸造和精密铸造等。当单件、小批量生产时，则应选用木模手工造型铸造或自由锻造。

4．现有生产条件

确定毛坯时，必须结合具体的生产条件，如现场毛坯制造的实际水平和能力、外协的可能性等。

5．充分利用新工艺、新材料

为节约材料和能源，提高机械加工生产效率，应充分考虑精炼、精锻、冷轧、冷挤压等新工艺以及粉末冶金和工程塑料等新型材料在机械制造中的应用，这样可大大减少机械加工工作量，甚至不需要进行机械加工，可较大幅度地提高经济效益。

三、毛坯的形状与尺寸的确定

实现少切屑、无切屑加工，是现代机械制造技术的发展趋势之一。但是，由于受毛坯制造技术的限制，加之对零件精度和表面质量的要求越来越高，所以毛坯上的某些表面仍需留有加工余量，以便通过机械加工来达到质量要求。这样毛坯尺寸与零件尺寸就不同，其差值称为毛坯加工余量，毛坯制造尺寸的公差称为毛坯公差，它们的值可参照本单元加工余量一节的内容或有关工艺手册来确定。下面仅从机械加工工艺角度来分析在确定毛坯形状和尺寸时应注意的问题。

1．为了加工时装夹工件的方便，有些铸件毛坯需铸出工艺搭子，如图5—6所示。工艺搭子在零件加工完毕一般应切除，如对使用和外观没有影响也可保留在零件上。

2．对于装配后需要形成同一工作表面的两个相关零件，为保证加工质量并使加工方便，常将这些分离零件先做成一个整体毛坯，加工到一定阶段再切割分离。例如，图5—7所示车床进给系统中的开合螺母外壳，其毛坯是两件合制的。

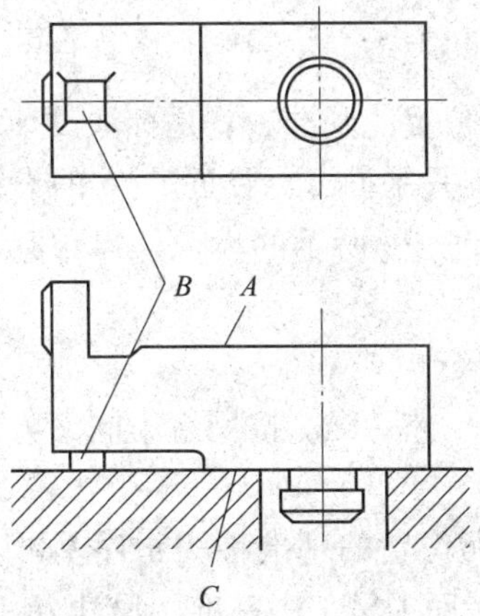

图5—6　工艺搭子实例

A—加工面　*B*—工艺搭子　*C*—定位面

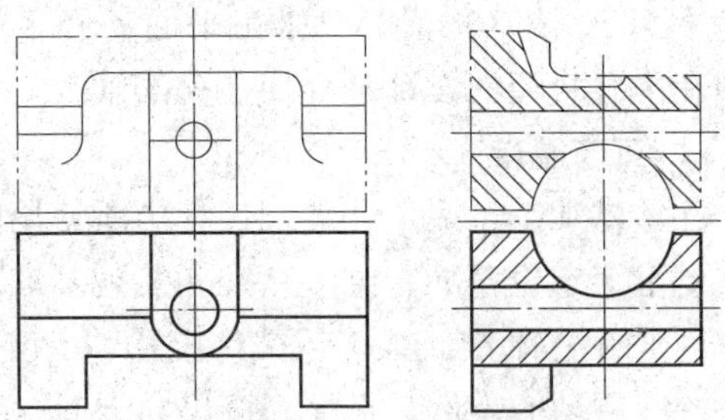

图5—7　车床开合螺母外壳

3．对于形状比较规则的小型零件，为了提高机械加工的生产效率和便于装夹，应将多件合成一个毛坯，当加工到一定阶段后再分离成单件。如图 5—8 所示的滑键，对毛坯的各平面加工好后切割为单件，再对单件进行加工。

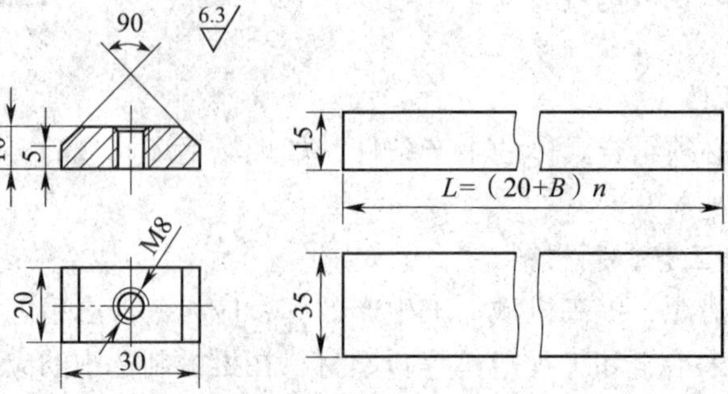

a) 滑键零件图　　b) 毛坯图

图 5—8　滑键

第四节　选择定位基准

在制定工艺规程时，定位基准选择得正确与否，对能否保证零件的尺寸精度和相互位置精度要求，以及对零件各表面的加工顺序安排都有很大影响，当用夹具装夹工件时，定位基准的选择还会影响到夹具结构的复杂程度。因此，定位基准的选择是一个很重要的工艺问题。

一、基准的分类

基准是零件上用以确定其他点、线、面位置所依据的那些点、线、面。它往往是计算、测量或标注尺寸的起点。根据基准功用的不同，它可分为设计基准和工艺基准两大类。

1．设计基准

设计基准是指在零件图上用以确定其他点、线、面位置的基准。它是标注设计尺寸的起点。如图 5—9a 所示的零件，平面 2、3 的设计基准是平面 1，平面 5、6 的设计基准是平面 4，孔 7 的设计基准是平面 1 和平面 4。如图 5—9b 所示的齿轮，齿顶圆、分度圆和内孔直径的设计基准均是孔的轴线。

2．工艺基准

在零件加工、测量和装配过程中所使用的基准称为工艺基准。按用途不同又可分为工序基准、定位基准、测量基准和装配基准。

（1）工序基准。在工艺文件上用以标定被加工表面位置的基准称为工序基准。如图 5—9a 所示的零件，平面 3 按尺寸 H_2 进行加工，则平面 1 是工序基准，尺寸 H_2 叫作工序尺寸。

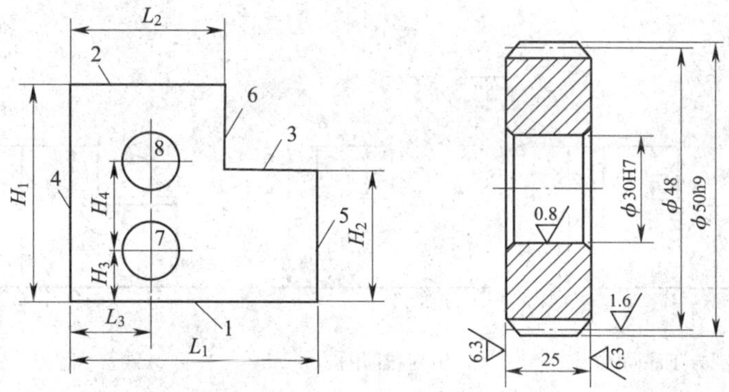

a) 工序简图　　b) 齿轮零件图

图 5—9　设计基准分析

（2）定位基准。在加工时，用以确定零件在机床或夹具中相对于刀具的正确位置所采用的基准称为定位基准。它是工件上与定位元件直接接触的点、线或面。如图5—9a所示的零件，加工平面 3 和 6 时是通过平面 1 和 4 放在夹具上定位的，所以，平面 1 和 4 是加工平面 3 和 6 的定位基准。又如图 5—9b 所示的齿轮，加工齿形时是以内孔和一个端面作为定位基准的。根据工件上定位基准的表面状态不同，定位基准又分为精基准和粗基准。精基准是指已经过机械加工的定位基准，而没有经过机械加工的定位基准称为粗基准。

（3）测量基准。检验零件时，用以测量已加工表面的尺寸和位置的基准称为测量基准。

（4）装配基准。装配时用以确定零件在机器中位置的基准称为装配基准。

需要说明的是作为基准的点、线、面在工件上并不一定具体存在。如轴线、对称平面等，它们是由某些具体存在的表面来体现的，用以体现基准的表面称为基面。例如，图 5—9b 中齿轮的轴线是通过孔表面来体现的，内孔表面就是基面。

二、定位基准的选择原则

选择定位基准时，是从保证工件加工精度要求出发的，因此，定位基准的选择应先选择精基准，再选择粗基准。

1. 精基准的选择原则

选择精基准时，主要应考虑保证加工精度和装夹方便、可靠。其选择原则如下：

（1）基准重合原则。即选用设计基准作为定位基准，以避免定位基准与设计基准不重合而引起的误差。如图 5—10a 所示的零件，用调整法加工 C 面时以 A 面定位，定位基准 A 与设计基准 B 不重合，如图 5—10b 所示。此时尺寸 c 的加工误差不仅包含本工序所出现的加工误差（Δj），而且还包含了由于基准不重合带来的设计基准和定位基准之间的尺寸误差，其大小为尺寸 a 的公差值（T_a），这个误差叫作基准不重合误差，如图 5—10c 所示。从图中可以看出，欲加工尺寸 c 的误差包括 Δj 和 T_a，为了保证尺寸 c 的精度（T_c）要求，应使：

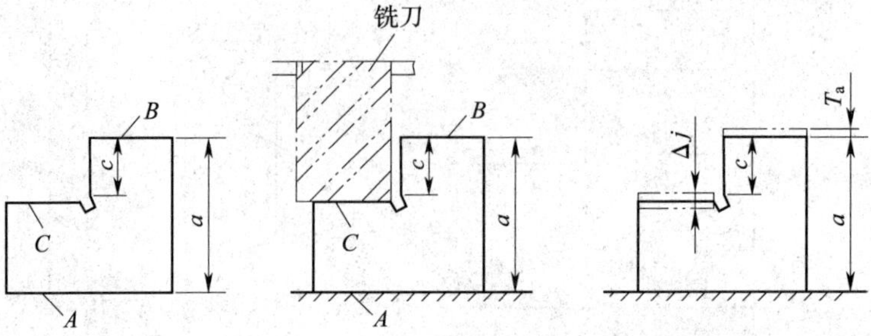

a) 工序简图　b) 定位简图　c) 误差示意图

图 5—10　基准不重合误差示例

A—定位基准面　B—设计基准　C—加工面

$$\Delta j + T_a \leqslant T_c$$

当尺寸 c 的公差 T_c 已定时，由于基准不重合而增加了 T_a，就必须缩小本工序的加工误差 Δj 的值，也就是要提高本工序的加工精度，增加加工难度和成本。

如果能通过一定的措施实现以 B 面定位加工 C 面，如图 5—11 所示，此时尺寸 a 的误差对加工尺寸 c 无影响，本工序的误差只需要满足：

$$\Delta j \leqslant T_c$$

显然，这种基准重合的情况能使本工序允许出现的误差加大，使加工更容易达到精度要求，经济性更好。但是，这样往往会使夹具结构复杂，增加操作的难度。而为了保证加工精度，有时不得不采取这种方案。

（2）基准统一原则。即采用同一组基准定位加工尽可能多的表面，这就是基准统一原则。这样做可以简化工艺规程的制定工作，减少夹具设计、制造工作量和成本，缩短生产准备周期；由于减少了基准的转换，便于保证各加工表面的相互位置精度。例如，加工轴类零件时采用两中心孔定位加工各外圆表面；加工箱体零件时采用一面两孔定位；加工齿轮的齿坯和齿形时多采用齿轮的内孔及一端面为定位基准，这些均符合基准统一原则。

（3）自为基准原则。某些要求加工余量小而均匀的精加工工序，选择加工表面本身作为定位基准，称为自为基准原则。例如，图 5—12 所示为导轨面磨床，用百分表找正导轨面相对于机床运动方向的正确位置，然后加工导轨面，以保证导轨面余量均匀，满足对导轨面的质量要求。另外，用浮动镗刀镗孔、珩磨孔、无心磨外圆等也都是自为基准的实例。

（4）互为基准原则。当对工件上两个相互位置精度要求很高的表面进行加工时，需要用两个表面互相作为基准，反复进行加工，以保证位置精度要求。例如，要保证精密齿轮的齿圈跳动精度，在齿面淬硬后，先以齿面定位磨内孔，再以内孔定位磨齿面，从而保证位置精度。

（5）所选精基准应保证工件装夹可靠，夹具设计简单、操作方便。

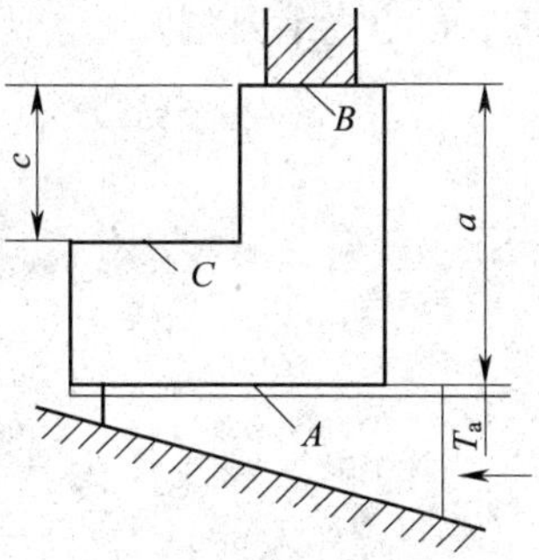

图 5—11　基准重合工件的装夹

A—夹紧表面　B—定位基准面　C—加工面

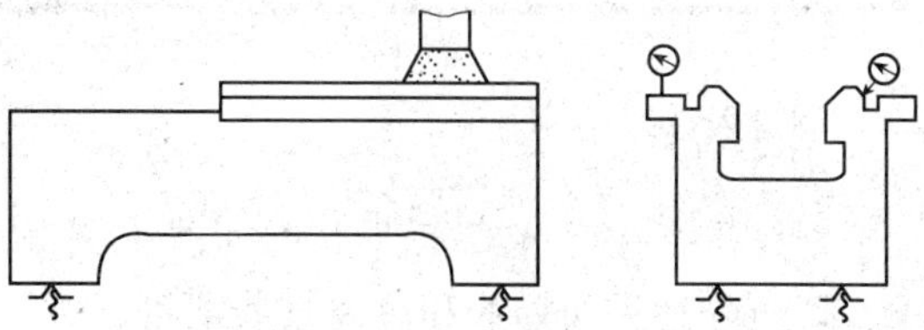

图 5—12　自为基准

2. 粗基准选择原则

选择粗基准时，主要要求保证各加工面有足够的加工余量，并注意尽快获得精基准面。在具体选择时应考虑下列原则：

（1）如果要求保证工件上某重要表面的加工余量均匀，则应选该表面为粗基准。例如，粗加工车床床身时，为保证导轨面有均匀的金相组织和较高的耐磨性，应使其加工余量适当而且均匀，因此，应选择导轨面作为粗基准先加工床脚面，再以床脚面为精基准加工导轨面，如图 5—13 所示。

（2）若要求保证加工面与不加工面间的位置要求，则应选不加工面为粗基准。如图 5—14 所示零件，选不加工的外圆 *A* 为粗基准，从而保证其壁厚均匀。

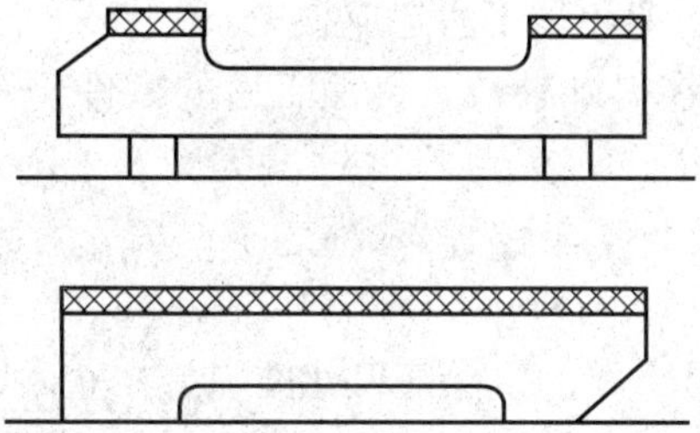

图 5—13　加工床身粗基准时的选择

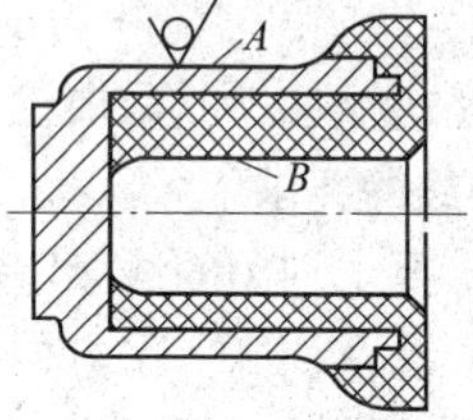

图 5—14　粗基准选择的实例

如果工件上有好几个不加工面，则应选其中与加工面位置要求较高的不加工面为粗基准，以便于保证精度要求。

如果零件上每个表面都要加工，则应选加工余量最小的表面为粗基准，以避免该表面在加工时因余量不足而留下部分毛坯面，使工件成为废品。

（3）作为粗基准的表面应尽量平整、光洁，有一定面积，以使工件定位可靠，夹紧方便。

（4）粗基准在同一尺寸方向上只能使用一次。因为毛坯面粗糙且精度低，重复使用将产生较大的误差。

实际上，无论精基准还是粗基准的选择原则在具体使用时常常会互相矛盾。因此，在选择时应根据具体情况进行分析，权衡利弊，保证其主要的技术要求。

第五节　表面加工

一、划线

划线是指在毛坯或工件上用划线工具划出待加工部位的轮廓线或作为基准的点、线。划线分为平面划线和立体划线两种。

1. 平面划线

只需要在工件的一个表面上划线后即能明确表示加工界线的，称为平面划线。如在板料、条料表面上划线，在法兰盘端面上划钻孔加工线等都属于平面划线。

2. 立体划线

在工件上几个互成不同角度（通常是互相垂直）的表面上划线，才能明确表示加工界线的，称为立体划线。如划出矩形块各表面的加工线以及支架、箱体等表面的加工线都属于立体划线。

3. 划线的作用

划线工作不仅在毛坯表面上进行，也经常在已加工过的表面上进行，如在加工后的平面上划出钻孔的加工线等。划线的作用如下：

（1）确定工件的加工余量，使机械加工有明确的尺寸界线。

（2）便于复杂工件在机床上装夹，可以按划线找正定位。

（3）能够及时发现和处理不合格的毛坯，避免加工后造成损失。

（4）采用借料划线可以使误差不大的毛坯得到补救，使加工后的零件仍能符合要求。

划线是机械加工的重要工序之一，广泛应用于单件、小批量生产。

4. 划线的要求

划线除要求划出的线条清晰、均匀外，最重要的是保证尺寸准确。在立体划线中还应注意使长、宽、高三个方向的线条互相垂直。当划线发生错误或准确度太低时，就有可能使工件报废。由于划出的线条总有一定的宽度，以及在使用划线工具和测量、调整尺寸时难免产生误差，所以不可能绝对准确。一般的划线精度能达到 0.25 ~ 0.5 mm。因此，通常不能依靠划线直接确定加工时的最后尺寸，而必须在加工过程中通过测量来保证尺寸的准确度。

二、保证加工精度的方法

零件的机械加工有许多方法，目的是要保证零件达到一定的加工精度和表面质量。零件的加工精度包括尺寸精度、形状精度和位置精度。

1. 保证尺寸精度的方法

（1）试切法。通过试切—测量—调刀—再试切，反复进行，直到达到规定尺寸再进行加工的一种方法。图 5—15 所示为一个车削的试切法实例。试切法的生产效率低，加工精度取决于工人的技术水平，故常用于单件、小批量生产。

（2）调整法。是指先调整好刀具的位置，然后以不变的位置加工一批零件的方法。如图 5—16 所示，是用对刀块和塞尺调整铣刀位置的方法。用调整法加工生产效率较高，精度较稳定，常用于成批、大量生产。

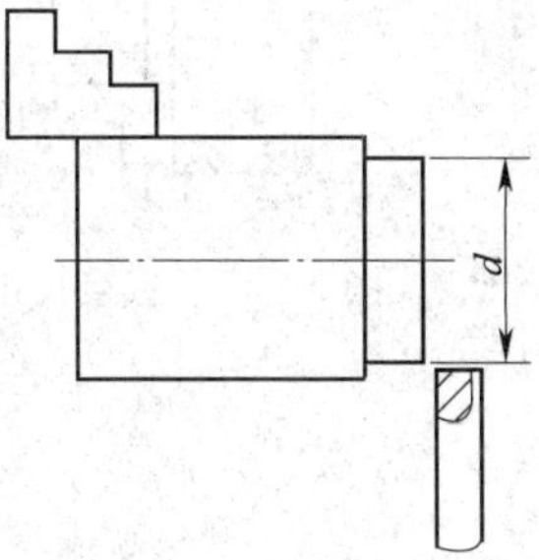

图 5—15　试切法

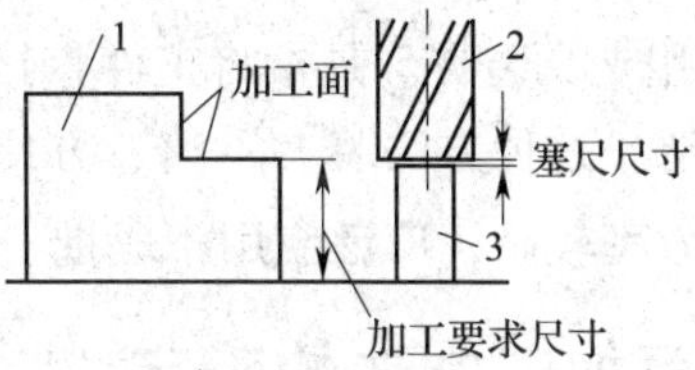

图 5—16　铣削时的调整法对刀

1—工件　2—铣刀　3—对刀块

（3）定尺寸刀具法。通过刀具的尺寸来保证加工表面的尺寸精度，这种方法叫作定尺寸刀具法。如用钻头、铰刀、拉刀来加工孔均属于定尺寸刀具法。这种方法操作简便，生产效率较高，加工精度也较稳定。

（4）自动控制法。自动控制法是通过自动测量和数字控制装置，在达到尺寸精度时自动停止加工的一种尺寸控制方法。这种方法加工质量稳定，生产效率高，是机械制造业的发展方向。

2．保证形状精度的方法

（1）轨迹法。通过刀尖的运动轨迹来保证形状精度的方法称为刀尖轨迹法。所得到的形状精度取决于刀具和工件间相对成形运动的精度。车削外圆、刨削平面等均属于轨迹法加工。

（2）仿形法。是指刀具按照仿形装置进给对工件进行加工的方法。仿形法所得到的形状精度取决于仿形装置的精度以及其他成形运动的精度。仿形铣、仿形车等均属于仿形法加工。

（3）成形法。是指利用成形刀具对工件进行加工保证形状精度的方法。成形刀具替代一个成形运动，所得到的形状精度取决于刀具的形状精度和其他成形运动的精度。用成形车刀车球面、成形铣刀铣齿轮齿形等均属于成形法加工。

（4）展成法。利用刀具和工件做展成切削运动形成包络面，从而保证形状精度的方法称为展成法（又称包络法）。如滚齿、插齿就属于展成法加工。

3．保证位置精度的方法

当零件较复杂、加工面较多时，需要经过多道工序的加工，其位置精度取决于工件的装夹方法和装夹精度。装夹工件常用的方法有以下几种：

（1）直接找正装夹。用划针、百分表等工具直接找正工件位置并加以夹紧的方法称直接找正装正。如图 5—17 所示，用四爪单动卡盘装夹工件，要保证加工后的 *B* 面与

A 面的同轴度要求，先用百分表按外圆 A 进行找正，夹紧后车削外圆 B，从而保证 B 面与 A 面的同轴度要求。此法生产效率低，精度取决于工人技术水平和测量工具的精度，一般只用于单件、小批量生产。

（2）按划线找正装夹。是指先用划针划出要加工表面的位置，再按划针找正工件在机床上的位置并加以夹紧。此方法受划线精度和找正精度的限制，定位精度不高。主要用于批量小、毛坯精度低及大型零件等不便于使用夹具进行加工的粗加工。

（3）用夹具装夹。是指将工件直接安装在夹具的定位元件上的方法。这种方法装夹迅速、方便，定位精度高而且稳定，生产效率较高，广泛应用于成批、大量生产。

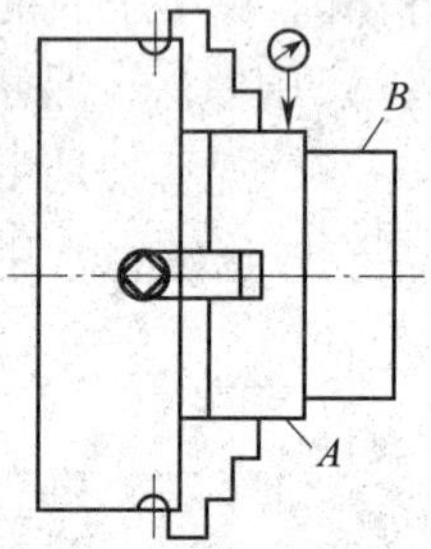

图 5—17　直接找正装夹

三、表面加工方法的确定

任何零件都是由一些简单表面（如外圆、内孔、平面和成形表面等）经不同组合而形成的，根据这些表面所要求的精度和表面粗糙度以及零件的结构特点，将每一表面的加工方法和加工方案确定下来，也就确定了零件的全部加工内容。确定零件表面的加工方法时，是以各种加工方法的加工经济精度和其相应的表面粗糙度为依据的。加工经济精度是指在正常条件下，即采用符合质量要求的设备、工艺装备和标准技术等级的工人，不延长加工时间所能保证的加工精度。相应的表面精度称为经济表面粗糙度。各种加工方法所能达到的经济精度和经济表面粗糙度见表 5—10。详细资料可查阅有关手册。

某一表面的加工方法，主要由该表面所要求的加工精度和表面粗糙度来确定。通常根据零件图上给定的某表面的加工要求，按加工经济精度确定应使用的最终加工方法；然后，则要根据准备加工应具有的加工精度，按加工经济精度确定倒数第二次表面的加工方法，照此办法，可由最终加工反推至第一次加工，从而形成一个获得该加工表面的加工方案。由于获得同一精度的加工方法往往有多种，选择时要考虑生产效率要求和经济效益，考虑零件的结构及形状、尺寸大小、材料和热处理要求以及企业生产条件等。表 5—11 至表 5—13 分别列出了外圆、内孔和平面的加工方案，可供选择时参考。

表 5—10　　各种加工方法的经济精度和经济表面粗糙度（中批生产）

被加工表面	加工方法	经济精度等级	表面粗糙度 R_a 值/μm
外圆和端面	粗车	IT13 ~ IT11	50 ~ 12.5
	半精车	IT11 ~ IT8	6.3 ~ 3.2
	精车	IT9 ~ IT7	3.2 ~ 1.6
	粗磨	IT11 ~ IT8	3.2 ~ 0.8
	精磨	IT8 ~ IT6	0.8 ~ 0.2

续表

被加工表面	加工方法	经济精度等级	表面粗糙度 R_a 值/μm
外圆和端面	研磨	IT5	0.2～0.012
	超精加工	IT5	0.2～0.012
	精细车（金刚车）	IT6～IT5	0.8～0.05
孔	钻孔	IT13～IT11	50～6.3
	铸、锻孔的粗扩（镗）	IT13～IT11	50～1.25
	精扩	IT11～IT9	6.3～3.2
	粗铰	IT9～IT8	6.3～1.6
	精铰	IT7～IT6	3.2～0.8
	半精镗	IT11～IT9	6.3～3.2
	精镗（浮动镗）	IT9～IT7	3.2～0.8
	精细镗（金刚镗）	IT7～IT6	0.8～0.1
	粗磨	IT11～IT9	6.3～3.2
	精磨	IT9～IT7	1.6～0.4
	研磨	IT6	0.2～0.012
	珩磨	IT7～IT6	0.4～0.1
	拉孔	IT9～IT7	1.6～0.8
平面	粗刨、粗铣	IT13～IT11	50～12.5
	半精刨、半粗铣	IT11～IT8	6.3～3.2
	精刨、精铣	IT8～IT6	3.2～0.8
	拉削	IT8～IT7	1.6～0.8
	粗磨	IT11～IT8	6.3～1.6
	精磨	IT8～IT6	0.8～0.2
	研磨	IT6～IT5	0.2～0.012

表 5—11　　外圆加工方案

序号	加工方案	经济精度等级	表面粗糙度 R_a 值/μm	适用范围
1	粗车	IT11 以下	50～12.5	适用于淬火钢以外的各种金属
2	粗车—半精车	IT10～IT8	6.3～3.2	
3	粗车—半精车—精车	IT8～IT7	1.6～0.8	
4	粗车—半精车—精车—滚压（或抛光）	IT8～IT7	0.2～0.025	
5	粗车—半精车—磨削	IT8～IT7	0.8～0.4	主要用于淬火钢，也可用于未淬火钢，但不宜加工有色金属
6	粗车—半精车—粗磨—精磨	IT7～IT6	0.4～0.1	
7	粗车—半精车—粗磨—超精加工（或轮式超精磨）	IT5	0.1～R_z0.1	

单元 5

续表

序号	加工方案	经济精度等级	表面粗糙度 R_a 值/μm	适用范围
8	粗车—半精车—精车—金刚石车	IT7～IT6	0.4～0.025	主要用于要求较高的有色金属的加工
9	粗车—半精车—粗磨—精磨—超精磨或镜面磨	IT5以上	0.025～R_z0.05	极高精度的外圆加工
10	粗车—半精车—粗磨—研磨	IT5以上	0.1～R_z0.05	

表5—12　孔加工方案

序号	加工方案	经济精度等级	表面粗糙度 R_a 值/μm	适用范围
1	钻	IT12～IT11	12.5	加工未淬火钢及铸铁的实心毛坯，也可用于加工有色金属（但表面粗糙度值稍大，孔径小于15 mm）
2	钻—铰	IT9	3.2～1.6	
3	钻—铰—精铰	IT8～IT7	1.6～0.8	
4	钻—扩	IT11～IT10	12.5～6.3	加工未淬火钢及铸铁的实心毛坯，也可用于加工有色金属（但表面粗糙度值稍大，孔径大于15 mm）
5	钻—扩—铰	IT9～IT8	3.2～1.6	
6	钻—扩—粗铰—精铰	IT7	1.6～0.8	
7	钻—扩—机铰—手铰	IT6～IT7	0.4～0.1	
8	钻—扩—拉	IT9～IT7	1.6～0.1	大批大量生产（精度由拉刀的精度而定）
9	粗镗（或扩孔）	IT12～IT11	12.5～6.3	加工除淬火钢外的各种材料，毛坯有铸出孔或锻出孔
10	粗镗（粗扩）—半精镗（精扩）	IT9～IT8	3.2～1.6	
11	粗镗（扩）—半精镗（精扩）—（铰）	IT8～IT7	1.6～0.8	
12	粗镗（扩）—半精镗（精扩）—浮动镗刀精镗	IT7～IT6	0.8～0.4	
13	粗镗（扩）—半精镗—磨	IT8～IT7	0.8～0.2	
14	粗镗（扩）—半精镗—粗磨—精磨	IT7～IT6	0.2～0.1	主要用于淬火钢，也可用于未淬火钢，但不宜用于有色金属
15	粗镗—半精镗—精镗—金刚镗	IT7～IT6	0.4～0.05	主要用于精度要求高的有色金属的加工
16	钻—（扩）—粗铰—精铰—珩磨 钻—（扩）—拉—珩磨 粗镗—半精镗—珩磨	IT7～IT6	0.2～0.025	加工精度要求很高的孔
17	以研磨代替上述各方案中的珩磨	IT6级以上		

单元 5

表 5—13　　平面加工方案

序号	加工方案	经济精度等级	表面粗糙度 R_a 值/μm	适用范围
1	粗车—半精车	IT9	6.3～3.2	端面
2	粗车—半精车—精车	IT9～IT7	1.6～0.8	端面
3	粗车—半精车—磨削	IT9～IT8	0.8～0.2	端面
4	粗刨（或粗铣）—精刨（或精铣）	IT9～IT8	6.3～1.6	一般不淬硬平面（端铣表面粗糙度 R_a 值较小）
5	粗刨（或粗铣）—精刨（或精铣）—刮研	IT7～IT6	0.8～0.1	精度要求较高的不淬硬平面；批量较大时宜采用宽刃精刨方案
6	以宽刃刨削代替上述各方案中的刮研	IT7	0.8～0.2	
7	粗刨（或粗铣）—精刨（或精铣）—磨削	IT7	0.8～0.2	精度要求较高的淬硬平面或不淬硬平面
8	粗刨（或粗铣）—精刨（或精铣）—粗磨—精磨	IT7～IT6	0.4～0.02	
9	粗铣—拉削	IT9～IT7	0.8～0.2	大量生产、较小的平面（精度视拉刀精度而定）
10	粗铣—精铣—磨削—研磨	IT6 级以上	0.1～R_z0.05	高精度平面

单元 5

第六节　安排工序

一、加工阶段的划分

加工阶段分为粗加工、半精加工、精加工及光整阶段。

加工形状较复杂和质量要求较高的零件时，工艺过程应分几个阶段进行。各加工阶段的目的、尺寸公差等级和表面粗糙度的范围及相应的加工方法见表 5—14。

表 5—14　　切削加工阶段的划分

阶段名称	目的	尺寸公差等级范围	表面粗糙度 R_a 值/μm	相应加工方法
粗加工	尽快从毛坯上切除多余的材料，使其接近零件的形状和尺寸	IT12～IT11	25～12.5	粗车、粗镗、粗铣、粗刨、钻孔等
半精加工	进一步提高精度和降低表面粗糙度值，并留下合适的加工余量，为主要表面精加工做准备	IT10～IT9	6.3～3.2	半精车、半精镗、半精铣、半精刨、扩孔等

续表

阶段名称	目的	尺寸公差等级范围		表面粗糙度 R_a 值/μm	相应加工方法
精加工	使一般零件的主要表面达到规定的精度和表面粗糙度要求，或为要求很高的主要表面进行精密加工做准备	一般精加工	IT8 ~ IT7（精车外圆可达 IT6）	1.6 ~ 0.8	精车、精镗、精铣、精刨、粗磨、粗拉、粗铰等
		精密精加工	IT7 ~ IT6（精磨外圆可达 IT5）	0.8 ~ 0.2	精磨、精拉、精铰等
精密加工	在精加工基础上进一步提高精度和减小表面粗糙度值的加工（对其中不提高精度，只减小表面粗糙度值的加工又称光整加工）	IT5 ~ IT3		0.1 ~ 0.08	研磨、珩磨、超精加工、抛光等
超精密加工	比精密加工更高级的亚微米加工和纳米加工，只用于加工极个别的精密零件	高于 IT3		0.012	金刚石刀具切削、超精密研磨和抛光等

应当指出，加工阶段的划分是零件加工的整个过程，不能以某一表面的加工或某一工序的性质来判断。同时，在具体运用时也不能绝对化，对有些重型零件或余量小、精度不高的零件，则可以在一次装夹中完成表面的粗加工和精加工。

划分加工阶段的作用如下：

1. 保证加工质量

工件粗加工时切除金属较多，切削力、夹紧力大，切削热量多，加工后内应力要重新分布，由此而引起的工件变形较大，需要通过半精加工和精加工来纠正。

2. 合理使用设备

粗加工可在功率大、刚度高、精度低的高效率机床上进行。精加工则可采用高精度机床，以确保零件的精度要求，也有利于长期保护设备。

3. 便于安排热处理工序

工件的热处理应在精加工前进行，这样可以通过精加工去除热处理后的变形。对一些精密零件，在粗加工后安排去应力的时效处理，可减小内应力变形对精加工的影响。

4. 便于及时发现毛坯缺陷

毛坯经粗加工后能及时发现工件的缺陷，如气孔、砂眼、裂纹和加工余量不足等，以便及时报废和修补，避免继续加工造成浪费。

二、工序的集中与分散

确定加工方法后就要划分工序。在零件加工的工步、顺序排定后，如何将这些工步组成工序，就需要考虑采取工序集中还是工序分散。

1. 工序集中

工序集中是指零件的加工集中在少数几个工序中完成，每道工序加工的内容较多，工艺路线短。其特点是：

（1）可以采用高效机床和工艺装备，生产效率高。

（2）减少了设备数量以及操作工人和占地面积，节省人力、物力。

（3）减少了工件装夹次数，有利于保证工件各表面间的位置精度。

（4）采用的工艺装备结构复杂，调整及维修较困难，生产准备工作量大。

2. 工序分散

工序分散是指每道工序的加工内容很少，甚至一道工序只包含一个工步，工艺路线很长。其特点是：

（1）设备和工艺装备比较简单，便于调整，容易适应产品的变换。

（2）对工人的技术水平要求较低。

（3）可以采用最合理的切削用量，减少机动时间。

（4）所需设备和工艺装备的数目多，操作工人多，占地面积大。

工序集中与工序分散各有优缺点，要根据生产类型、零件的结构特点和技术要求、机械设备等条件进行综合分析，来决定按照哪一种原则安排工艺过程。一般情况下，单件、小批量生产时只能采用工序集中，在一台普通机床上加工出尽量多的表面；大批大量生产时，既可以采用多刀、多轴等高效、自动机床，将工序集中，也可以将工序分散后组织流水线生产，但从发展趋势来看，一般多采用工序集中的方法来组织生产。

三、工序顺序的安排

1. 机械加工工序的安排

在安排加工顺序时应遵循以下原则：

（1）基准先行。用作精基准的表面要先加工出来，然后以精基准定位加工其他表面。在精加工阶段之前，有时还需对精基准进行修整，以确保定位精度。

（2）先粗后精。整个加工工序应是粗加工在先，半精加工次之，最后安排精加工和光整加工。

（3）先主后次。先安排主要表面的加工（即零件的工作表面、装配基面），后进行次要表面的加工（即键槽、螺孔等）。因为主要表面加工容易出废品，应放在前阶段进行，以减少工时的浪费，次要表面的加工一般安排在主要表面的半精加工之后，也有放在精加工后进行加工的。

（4）先面后孔。先加工平面，后加工内孔。因为箱体、支架等零件平面所占轮廓尺寸较大，用它定位稳定，然后用它作为精基准，加工零件上的各种孔，有利于保证孔与平面的位置精度。

2. 热处理工序的安排

（1）预备热处理。包括正火、退火、时效和调质等。这类热处理的目的是改善加工性能、消除内应力以及为最终热处理做好准备，其工序位置安排在粗加工前后。

1）正火、退火。经过热加工的毛坯，为改善切削加工性能和消除毛坯的内应力，常进行退火、正火。一般安排在粗加工之前进行。

2）时效处理。主要用于消除毛坯制造和机械加工中产生的内应力。对于形状复杂的铸件，一般在粗加工后安排一次时效处理；对于精密零件，要进行多次时效处理。

3）调质处理。调质即淬火后进行高温回火，能消除内应力，改善加工性能并能获得较好的综合力学性能。考虑到材料的淬透性，一般安排在粗加工之后进行。

（2）最终热处理。常用的有淬火、回火、渗碳、渗氮等。它们的主要目的是提高零件的硬度和耐磨性，一般安排在精加工（磨削）之前进行，或安排在精加工之后、光整加工之前进行。

3. 辅助工序的安排

辅助工序一般包括去毛刺、倒棱、清洗、表面处理、检验等。其中检验工序是主要的辅助工序，除每道工序由操作者自行检验外，在粗加工之后、精加工之前，零件转换车间时，以及重要工序和全部加工完毕，入库之前，一般都安排检验工序。

四、机床与工艺装备的选择

制定机械加工工艺规程时，正确选择机床与工艺装备是满足零件加工质量要求、提高生产效率及经济性的一项重要措施。

1. 机床的选择

选择机床应与所加工的零件相适应，即使机床的精度与所加工零件的技术要求相适应，机床的主要尺寸规格与所加工零件的尺寸大小相适应，机床的生产效率与零件的生产类型相适应。此外，还应考虑生产现场的实际情况，即现有设备的实际精度、负荷情况以及操作者的技术水平等，应充分利用现有的机床设备。

2. 工艺装备的选择

（1）夹具的选择。在单件、小批量生产中，应尽量选择通用夹具或组合夹具。在大批大量生产中，则应根据加工要求设计及制造专用夹具。专用夹具的设计和使用后文将有详细的介绍。

（2）刀具的选择。刀具的选择主要取决于所确定的加工方法和机床类型。原则上应尽量采用标准刀具，必要时可采用各种高生产效率的复合刀具和专用刀具。刀具的类型、规格以及精度等级应与加工要求相适应。

（3）量具的选择。量具的选择主要根据检验要求的准确度和生产批量的大小来决定。所选用量具能达到的准确度应与零件的精度要求相适应。单件、小批量生产广泛采用游标卡尺、千分尺等通用量具，大批量生产则采用极限量规及高效专用量仪等。

五、切削用量与时间定额的确定

1. 切削用量的选择

与确定切削用量有关的因素包括生产效率、加工质量（主要是表面粗糙度）、刀具耐用度、机床功率、切削引起的工艺系统的弹性变形和振动等。

切削用量的确定原则：在综合考虑有关因素的基础上，先尽量取大的背吃刀量，其次取较小的进给量，最后取合适的切削速度。但由于许多工艺因素变化较大，故工艺文件上一般不规定切削用量，而由操作者根据实际情况自己确定。

2. 时间定额的确定

时间定额是指在一定生产条件下，规定完成单件产品（如一个零件）或某项工作

（如一个工序）所需要的时间。时间定额不仅是衡量劳动生产率的指标，也是安排生产计划，计算生产成本的重要依据，还是新建或扩建企业（或车间）时计算设备和工人数量的依据。

单件时间定额 $T_{单件}$ 是指完成单件产品一个工序所消耗的时间。由下列各部分组成：

（1）基本时间 $T_{基本}$。是指直接改变工件的形状、尺寸、相对位置与表面质量等所需的时间，即切除金属层耗费的时间。它包括刀具的趋近、切入、切削、切出等时间。

（2）辅助时间 $T_{辅助}$。是指为完成工艺过程而用于各种辅助动作所消耗的时间。它包括装卸工件、开停机床、改变切削用量、对刀、试切和测量等所消耗的时间。

（3）工作地服务时间 $T_{服务}$。是指工人在工作时为照管工作地点及保持正常工作状态所消耗的时间。例如，在加工过程中调整、更换和刃磨刀具，润滑和擦拭机床，清除切屑等所消耗的时间。工作地服务时间可取基本时间和辅助时间之和的2%～7%。

（4）休息与生理需要时间 $T_{休息}$。是指工人在工作时间内为恢复体力和满足生理需要所消耗的时间。一般可取基本时间和辅助时间之和的2%。

上述时间的总和称为单件时间，即：

$$T_{单件} = T_{基本} + T_{辅助} + T_{服务} + T_{休息}$$

（5）准备终结时间 $T_{准终}$。是指工人为了生产一批产品或零部件而进行准备和结束工作所消耗的时间。

因该时间对一批产品或零部件（批量为 N）只消耗一次，故分摊到每个零件上时间为 $T_{准终}/N$。

所以，成批生产时的时间定额为：

$$T_{定额} = T_{基本} + T_{辅助} + T_{服务} + T_{休息} + T_{准终}/N$$

在大量生产时，因 N 极大，时间定额为

$$T_{定额} = T_{单件} = T_{基本} + T_{辅助} + T_{服务} + T_{休息}$$

这种时间定额的计算方法目前在成批和大量生产中广泛应用。对基本时间的确定，是根据手册上给出的各类加工方法的计算办法进行计算的。辅助时间的确定，在大批大量生产中，将辅助动作分解，再分别查表计算；在成批生产中，可根据以往统计资料核定。

第七节 加工余量

一、加工余量的基本概念

加工余量是指加工时从加工表面上切除的金属层厚度。加工余量可分为工序余量和总余量。

1. 工序余量

工序余量是指某一表面在一道工序中切除的金属层厚度，即相邻两工序的尺寸之差，如图5—18所示。

对于外表面，$Z_b = a - b$（见图5—18a）。

对于内表面，$Z_b = b - a$（见图5—18b）。

式中　Z_b——本工序的工序余量，mm；

a——前工序的工序尺寸，mm；

b——本工序的工序尺寸，mm。

上述表面的加工余量为非对称的单边加工余量，回转表面（外圆和孔）的加工余量是对称的加工余量。

对于轴，$2Z_b = d_a - d_b$（见图 5—18c）。

对于孔，$2Z_b = d_b - d_a$（见图 5—18d）。

式中　Z_b——半径上的加工余量，mm；

d_a——前工序加工表面的直径，mm；

d_b——本工序加工表面的直径，mm。

由于毛坯制造和各个工序尺寸都存在着误差，因此，加工余量也是变动值。当工序尺寸按基本尺寸计算时，所得到的加工余量称为基本余量或公称余量。一般所说的加工余量是指基本余量。若以极限尺寸计算时，所得余量会出现最大余量或最小余量，其差值就是加工余量的变动范围，如图 5—18a 所示，以外表面单边加工余量的情况为例，其值为：

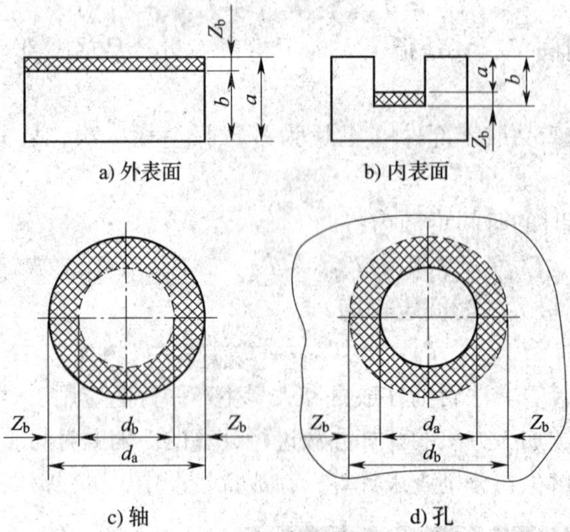

图 5—18　工序余量

$$Z_{bmin} = a_{min} - b_{max}$$

$$Z_{bmax} = a_{max} - b_{min}$$

式中　Z_{bmin}——最小加工余量，mm；

Z_{bmax}——最大加工余量，mm；

a_{min}——前工序最小工序尺寸，mm；

b_{min}——本工序最小工序尺寸，mm；

a_{max}——前工序最大工序尺寸，mm；

b_{max}——本工序最大工序尺寸，mm。

如图 5—19 所示为工序尺寸公差与加工余量的关系。余量公差是加工余量的变动范围，其值为：

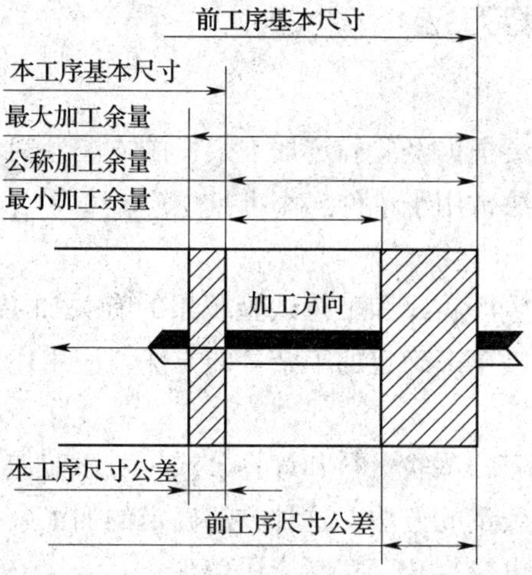

图 5—19　工序尺寸公差与加工余量的关系

$$T_{zb}=Z_{bmax}-Z_{bmin}=(a_{max}-b_{min})-(a_{min}-b_{max})=T_a+T_b$$

式中　T_{zb}——本工序余量公差，mm；

T_a——上工序尺寸公差，mm；

T_b——本工序尺寸公差，mm。

2. 总余量

总余量是指零件从毛坯变为成品的整个加工过程中某一表面所切除金属层的总厚度，也即零件上同一表面毛坯尺寸与零件设计尺寸之差，也等于各工序加工余量之和，即：

$$Z_{总}=\sum_{i=1}^{n}Z_i$$

式中　$Z_{总}$——总余量，mm；

Z_i——第 i 道工序的工序余量，mm；

n——该表面总共加工的工序数。

总余量及公差一般从有关手册中查得或凭经验确定。

二、影响加工余量的因素

加工余量的大小对零件的加工质量、生产效率和经济性都有较大的影响。确定加工余量的基本原则是在保证加工质量的前提下尽量减少加工余量。影响加工余量大小的因素有以下几点：

1. 前工序加工面（或毛坯）的表面质量（包括表面粗糙度和表面破坏层深度）。
2. 前工序（或毛坯）的工序尺寸公差。
3. 前工序各表面相互位置的空间偏差，如轴线的平行度、垂直度和同轴度误差等。
4. 本工序的安装误差，如定位误差和夹紧误差等。
5. 热处理后出现的变形。

三、确定加工余量的方法

1. 经验估计法

经验估计法是工艺人员根据经验确定加工余量的方法。为了避免产生废品，所估计的加工余量一般偏大。此法常用于单件、小批量生产。

2. 查表修正法

查表修正法是以企业生产实践和工艺试验积累的有关加工余量的资料数据为基础，并结合实际加工情况进行修正来确定加工余量的方法，应用比较广泛。

3. 分析计算法

分析计算法是根据一定的试验资料和计算公式，对影响加工余量的各项因素进行分析和综合计算来确定加工余量的方法。这种方法确定的加工余量最经济、最合理，但需要全面的试验资料，计算也较复杂，实际应用较少。

表 5—15 至表 5—17 列出了平面、外圆和内孔的部分常见加工方法的加工余量，可供参考。

表 5—15　　平面加工余量　　mm

加工性质	加工表面长度	加工表面宽度					
		≤100		>100 ~ 300		>300 ~ 1 000	
		余量 a	公差（+）	余量 a	公差（+）	余量 a	公差（+）
粗加工后精刨或精铣	≤300	1.0	0.3	1.5	0.5	2.0	0.7
	>300 ~ 1 000	1.5	0.5	2.0	0.7	2.5	1.0
	>1 000 ~ 2 000	2.0	0.7	2.5	1.2	3.0	1.2
精加工后磨削，零件装夹时未经校准	≤300	0.3	0.10	0.4	0.12	—	—
	>300 ~ 1 000	0.4	0.12	0.5	0.15	0.6	0.15
	>1 000 ~ 2 000	0.5	0.15	0.6	0.15	0.7	0.15
精加工后粗磨，零件装夹在夹具中或用百分表校准	≤300	0.2	0.10	0.25	0.12	—	—
	>300 ~ 1 000	0.25	0.12	0.30	0.15	0.4	0.15
	>1 000 ~ 2 000	0.3	0.15	0.40	0.15	0.4	0.15
粗磨前	≤300	0.15	0.06	0.15	0.06	0.2	0.10
	>300 ~ 1 000	0.2	0.10	0.20	0.10	0.25	0.12
	>1 000 ~ 2 000	0.25	0.12	0.25	0.12	0.30	0.15

注：1. 表中数值为每一加工表面的加工余量。

2. 当精刨或精铣时，最后一次行程前的余量应大于等于 0.5 mm。

3. 热处理的零件磨削前的加工余量需将表中数值乘以 1.2。

表 5—16　**磨削外圆的加工余量**　mm

轴的直径 d	磨削性质	轴的性质	轴的长度 L						磨削前加工的公差等级
			≤100	>100～250	>250～500	>500～800	>800～1 200	>1 200～2 000	
			直径余量						
≤10	中心磨	未淬硬	0.2	0.2	0.3	—	—	—	IT11
		淬硬	0.3	0.3	0.4	—	—	—	
	无心磨	未淬硬	0.2	0.2	0.2	—	—	—	
		淬硬	0.3	0.3	0.4	—	—	—	
>10～18	中心磨	未淬硬	0.2	0.3	0.3	0.3	—	—	
		淬硬	0.3	0.3	0.4	0.5	—	—	
	无心磨	未淬硬	0.2	0.2	0.2	0.3	—	—	
		淬硬	0.3	0.3	0.4	0.5	—	—	
>18～30	中心磨	未淬硬	0.3	0.3	0.3	0.4	0.5	—	
		淬硬	0.3	0.4	0.4	0.5	0.6	—	
	无心磨	未淬硬	0.3	0.3	0.3	0.3	—	—	
		淬硬	0.3	0.4	0.4	0.5	—	—	
>30～50	中心磨	未淬硬	0.3	0.3	0.4	0.5	0.6	0.6	
		淬硬	0.4	0.4	0.5	0.6	0.7	0.7	
	无心磨	未淬硬	0.3	0.3	0.3	0.4	—	—	
		淬硬	0.4	0.4	0.5	0.5	—	—	
>50～80	中心磨	未淬硬	0.3	0.4	0.4	0.5	0.6	0.7	
		淬硬	0.4	0.5	0.5	0.6	0.8	0.9	
	无心磨	未淬硬	0.3	0.3	0.3	0.4	—	—	
		淬硬	0.4	0.5	0.5	0.6	—	—	
>80～120	中心磨	未淬硬	0.4	0.4	0.5	0.5	0.6	0.7	
		淬硬	0.5	0.5	0.6	0.6	0.8	0.9	
	无心磨	未淬硬	0.4	0.4	0.4	0.5	—	—	
		淬硬	0.5	0.5	0.6	0.7	—	—	
>120～180	中心磨	未淬硬	0.5	0.5	0.6	0.6	0.7	0.8	
		淬硬	0.5	0.6	0.7	0.8	0.9	1.0	
	无心磨	未淬硬	0.5	0.5	0.5	0.5	—	—	
		淬硬	0.5	0.6	0.7	0.8	—	—	
>180～260	中心磨	未淬硬	0.5	0.6	0.6	0.7	0.8	0.9	
		淬硬	0.6	0.7	0.7	0.8	0.9	1.1	
>260～360	中心磨	未淬硬	0.6	0.6	0.7	0.7	0.8	0.9	
		淬硬	0.7	0.7	0.8	0.9	1	1.1	

续表

轴的直径 d	磨削性质	轴的性质	轴的长度 L						磨削前加工的公差等级
			≤100	>100~250	>250~500	>500~800	>800~1 200	>1 200~2000	
			直径余量						
>360~500	中心磨	未淬硬	0.7	0.7	0.8	0.8	0.9	1.0	T11
		淬硬	0.8	0.8	0.9	0.9	1.0	1.2	

注：1. 单件、小批量生产时，本表的余量应乘以 1.2，并取成一位小数。

2. 决定加工余量时用轴的长度计算，可参阅有关手册。

表 5—17　　按照孔公差 H7 加工的工序间尺寸　　mm

加工孔的直径	直径					
	钻		用车刀车内孔后	扩孔钻	粗铰	精铰
	第一次	第二次				
3	2.9					3H7
4	3.9					4H7
5	4.8					5H7
6	5.8					6H7
8	7.8				7.96	8H7
10	9.8				9.96	10H7
12	11.0			11.85	11.95	12H7
13	12.0			12.85	12.95	13H7
14	13.0			13.85	13.95	14H7
15	14.0			14.85	14.95	15H7
16	15.0			15.85	15.95	16H7
18	17.0			17.85	17.94	18H7
20	18.0		19.8	19.8	19.94	20H7
22	20.0		21.8	21.8	21.94	22H7
24	22.0		23.8	23.8	23.94	24H7
25	23.0		24.8	24.8	24.94	25H7
26	24.0		25.8	25.8	25.94	26H7
28	26.0		27.8	27.8	27.94	28H7
30	15.0	28.0	29.8	29.8	29.93	30H7
32	15.0	30.0	31.7	31.75	31.93	32H7
35	20.0	33.0	34.7	34.75	34.93	35H7
38	20.0	36.0	37.7	37.75	37.93	38H7
40	25.0	38.0	39.7	39.75	39.93	40H7
42	25.0	40.0	41.7	41.75	41.93	42H7

续表

加工孔的直径	直径					
	钻		用车刀车内孔后	扩孔钻	粗铰	精铰
	第一次	第二次				
45	25.0	43.0	44.7	44.75	44.93	45H7
48	25.0	46.0	47.7	47.75	47.93	48H7
50	30.0	48.0	49.7	49.75	49.93	50H7
60	30.0	55.0	59.5	59.5	59.9	60H7
70	30.0	65.0	69.5	69.5	69.9	70H7
80	30.0	75.0	79.5	79.5	79.9	80H7
90	30.0	80.0	89.3	—	89.8	90H7
100	30.0	80.0	99.3	—	99.8	100H7
120	30.0	80.0	119.3	—	119.8	120H7
140	30.0	80.0	139.3	—	139.8	140H7
160	30.0	80.0	159.3	—	159.8	160H7
180	30.0	80.0	179.3	—	179.8	180H7

注：在铸铁材料上将直径加工到15 mm时，不再用扩孔钻扩孔。

第八节 工序尺寸计算

零件的设计尺寸一般要经过几道工序的加工才能得到，每道工序所应保证的尺寸叫作工序尺寸，它们是逐步向设计尺寸接近的，直到最后工序才保证设计尺寸。工序尺寸及其公差的确定与工序加工余量的大小、工序尺寸的标注以及定位基准的选择和变换有着密切的联系。下面就工艺基准与设计基准重合与不重合两种情况，分别进行工序尺寸及其公差的计算。

一、基准重合时的工序尺寸

当工序基准、定位基准与设计基准重合，表面经多次加工时，工序尺寸及公差的计算是比较容易的。例如，轴、孔和某些平面的加工，计算时只需考虑各工序的加工余量和所能达到的精度。其计算顺序是由最后一道工序开始向前推算，计算步骤如下：

1. 确定各工序余量和毛坯总余量

主要查有关手册获得。

2. 确定工序尺寸公差

最终工序尺寸公差等于设计尺寸公差，其余工序尺寸公差按经济精度确定，查有关手册获得。

3. 求工序基本尺寸

从零件图上的设计尺寸开始，一直往前推算到毛坯尺寸。某工序基本尺寸等于后道工序基本尺寸加上或减去后道工序余量。

4. 标注工序尺寸公差

最后一道工序的公差按设计尺寸标注，其余工序尺寸公差按“入体原则”标注，即对被包容面的工序尺寸公差带取上偏差为零，包容面的工序尺寸公差带取下偏差为零，毛坯尺寸公差为双向分布。

例 5—1 零件孔的设计要求为 $\phi 100^{+0.035}_{0}$ mm，表面粗糙度 R_a值为 0.8 μm，毛坯为铸铁件，其加工工艺路线为毛坯→粗镗→半精镗→精镗→浮动镗，求各工序尺寸。

解：查表 5—17 或凭经验确定毛坯总余量及其公差、工序余量以及工序的经济精度和公差值，计算工序基本尺寸，将结果列于表 5—18 中。

表 5—18 工序尺寸及公差的计算 mm

工序名称	工序加工余量	工序基本尺寸	工序加工精度等级	工序尺寸及公差
浮动镗	0.1	100	H7（$^{+0.035}_{0}$）	$\phi100^{+0.035}_{0}$
精镗	0.5	100 − 0.1 = 99.9	H8（$^{+0.054}_{0}$）	$\phi99.9^{+0.054}_{0}$
半精镗	2.4	99.9 − 0.5 = 99.4	H10（$^{+0.14}_{0}$）	$\phi99.4^{+0.14}_{0}$
粗镗	5	99.4 − 2.4 = 97	H13（$^{+0.54}_{0}$）	$\phi97^{+0.54}_{0}$
毛坯	8	97 − 5 = 92	±1.2	ϕ(92 ±1.2)
数据确定方法	查表确定	第一项为图样规定尺寸，其余计算得到	第一项为图样规定，毛坯公差查表，其余按经济加工精度及入体原则确定	

单元 5

二、基准不重合时的工序尺寸

在零件加工过程中，由于多次转换工艺基准，使得测量基准、定位基准或工序基准与设计基准不重合，则需通过工艺尺寸链进行工序尺寸及其公差的计算。

1. 工艺尺寸链的基本概念

（1）工艺尺寸链的定义和特征。在零件加工（测量）或机械的装配过程中，经常遇到的不是一些孤立的尺寸，而是一些相互联系的尺寸。这些关联尺寸按一定顺序连接成封闭形式的尺寸组合称为工艺尺寸链。

如图 5—20 所示的零件，先按尺寸 A_2加工台阶，再按尺寸 A_1加工左端面，则 A_0由 A_1和 A_2所确定，即 $A_0 = A_1 - A_2$。那么，这些相互联系的尺寸组合 A_1、A_2和 A_0就是一个尺寸链。

再如，在圆柱形零件的装配过程中（图 5—21），其间隙 A_0的大小由孔径 A_1和轴径 A_2所决定，即 $A_0 = A_1 - A_2$。这样，尺寸 A_1、A_2和 A_0就形成一个尺寸链。

工艺尺寸链的主要特征是：

封闭性——这些互相关联的尺寸必须按一定顺序排列成封闭的形式。

关联性——某一个尺寸及精度的变化必将影响其他尺寸和精度的变化，也就是说，它们的尺寸和精度互相联系、互相影响。

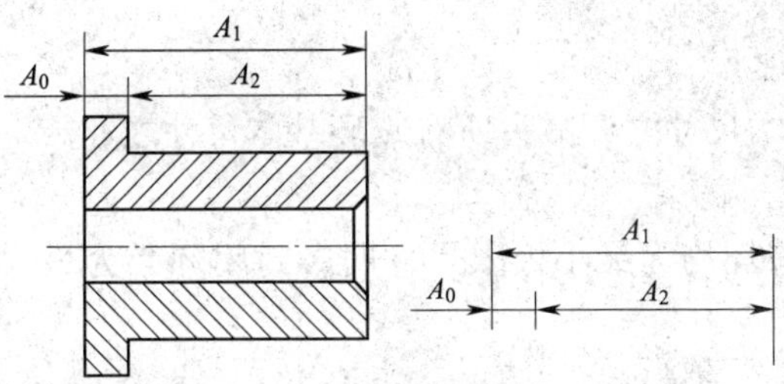

图 5—20　零件加工与测量中的尺寸关系

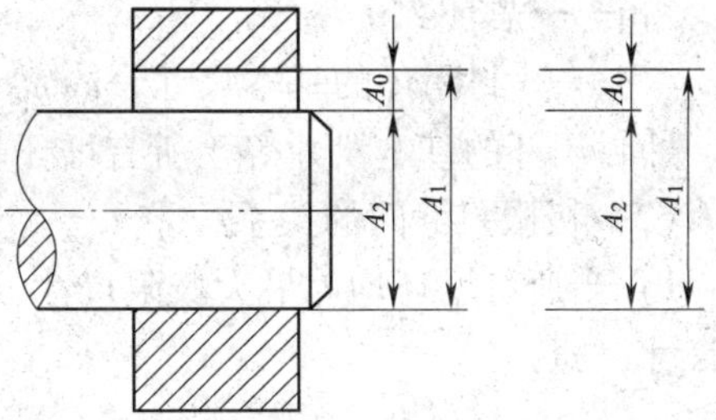

图 5—21　零件装配过程中的尺寸关系

（2）工艺尺寸链的组成。工艺尺寸链中各尺寸简称环。根据各环在尺寸链中的作用不同，可分为封闭环和组成环两种。

1）封闭环（终结环）。是尺寸链中唯一的一个特殊环，是在加工、测量或装配等工艺过程完成时最后形成的。封闭环用 A_0 表示。在尺寸链中封闭环必须在加工（或测量）顺序确定后才能判定。如图 5—20 所示，封闭环 A_0 是所述加工（或测量）顺序条件下最后形成的尺寸。当加工（或测量）顺序改变时，封闭环也随之改变。

2）组成环。是尺寸链中除封闭环以外的各环。同一尺寸链中的组成环一般以同一字母加下标表示，如 A_1、A_2、A_3 等。组成环的尺寸是直接保证的，它又影响到封闭环的尺寸。根据组成环对封闭环的影响不同，组成环又可分为增环和减环。

①增环。在其他组成环不变的条件下，此环增大时封闭环随之增大，则此组成环称为增环，如图 5—20、图 5—21 中尺寸 A_1 为增环。为简明起见，增环可标记为 A_z。

②减环。在其他组成环不变的条件下，此环增大时封闭环随之减小，则此组成环称为减环，在图 5—20、图 5—21 中尺寸 A_2 为减环。减环可标记为 A_j。

单元 5

当尺寸链环数较多、结构复杂时，增环及减环的差别也比较复杂。为了便于判别，可按照各尺寸首尾相接的原则，顺着一个方向在尺寸链中各环的字母上画上箭头。凡组成环的箭头与封闭环的箭头方向相同者，为减环；反之则为增环。如图 5—22 所示的尺寸链由四个环组成，按尺寸走向顺着一个方向画各环的箭头，其中 A_1、A_3 的箭头方向与 A_0 的相反，则 A_1、A_3 为增环；A_2 的箭头方向与 A_0 的相同，则 A_2 为减环。注意：所建立的尺寸链必须使组成环数量最少，这样更容易满足封闭环的精度或者使各组成环的加工更容易、更经济。

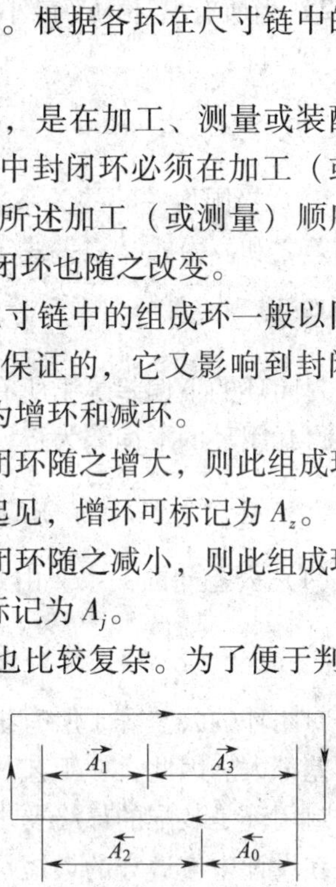

图 5—22　组成环增减性的判别

2．工艺尺寸链计算的基本公式

工艺尺寸链的计算方法有极值法和概率法两种。生产中一般多采用极值法（或称极大极小值法）。

由于尺寸链的各环连接成封闭形式，因此可从图 5—22 中得其计算的基本公式。

（1）基本尺寸间的关系

$$A_0 = \sum_{z=1}^{m} A_z - \sum_{j=m+1}^{n-1} A_j \quad ①$$

式中　m——增环的环数；

n——总环数；

A_0——封闭环的基本尺寸，mm。

即封闭环的基本尺寸等于所有增环基本尺寸之和减去所有减环基本尺寸之和。

（2）极限尺寸间的关系

1）当所有增环均为最大极限尺寸、减环均为最小极限尺寸时，封闭环必为最大极限尺寸，即：

$$A_{0\max} = \sum_{z=1}^{m} A_{z\max} - \sum_{j=m+1}^{n-1} A_{j\min} \quad ②$$

2）当所有增环均为最小极限尺寸、减环均为最大极限尺寸时，封闭环必为最小极限尺寸，即：

$$A_{0\min} = \sum_{z=1}^{m} A_{z\min} - \sum_{j=m+1}^{n-1} A_{j\max} \quad ③$$

（3）极限偏差间的关系。封闭环的上偏差等于所有增环上偏差之和减去所有减环下偏差之和。由式②减去式①，得封闭环的上偏差为：

$$\mathrm{ES}(A_0) = \sum_{z=1}^{m} \mathrm{ES}(A_z) - \sum_{j=m+1}^{n-1} \mathrm{EI}(A_j) \quad ④$$

封闭环的下偏差等于所有增环下偏差之和减去所有减环上偏差之和。由式③减去式①，得封闭环的下偏差为：

$$\mathrm{EI}(A_0) = \sum_{z=1}^{m} \mathrm{EI}(A_z) - \sum_{j=m+1}^{n-1} \mathrm{ES}(A_j) \quad ⑤$$

单元 5

（4）公差间的关系。由式②减去式③，得封闭环的公差为：

$$T(A_0) = \sum_{i=1}^{n-1} T(A_i)$$

封闭环的公差等于所有组成环的公差之和。由此可知，封闭环的公差比任一组成环的公差都大。因此，在工艺尺寸链中，一般选最不重要的环作为封闭环。在装配尺寸链中，封闭环是装配的最终要求。为了减小封闭环的公差，应尽量减少尺寸链的环数，这就是在设计中应遵守的最短尺寸链原则。

3. 工艺尺寸链的分析与计算

解尺寸链的一般步骤是画尺寸链图；确定封闭环、增环和减环；进行尺寸链计算。为保证计算正确，必须正确地确定封闭环、增环和减环，尤其是封闭环的确定。

（1）测量基准与设计基准不重合时工序尺寸的计算。在零件加工时，会遇到一些表面加工之后设计尺寸不便于直接测量的情况。因此，需要在零件上另选一个易于测量的表面作为测量基准进行测量，以间接检验设计尺寸。

例 5—2 如图 5—23a 所示的套筒零件，两端面已加工完毕，加工孔底面 C 时，要保证尺寸$16_{-0.35}^{\ 0}$ mm，因该尺寸不便于测量，试标出测量尺寸。

解：由于孔的深度用游标卡尺测量，因而尺寸$16_{-0.35}^{\ 0}$ mm 可以通过尺寸 $A=60_{-0.17}^{\ 0}$ mm 和孔深尺寸 X 间接计算出来，列出尺寸链，如图 5—23b 所示。尺寸$16_{-0.35}^{\ 0}$ mm 显然是封闭环。

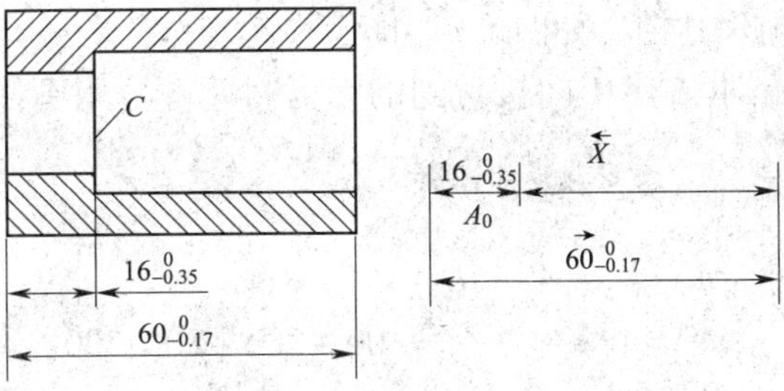

a) 工序简图　　b) 尺寸链

图 5—23　测量尺寸的换算

由式①可得：16 mm = 60 mm − X，则 X = 44 mm

由式④可得：0 = 0 − EI(X)，则 EI(X) = 0

由式⑤可得：−0.35 mm = −0.17 mm − ES（X），则 ES(X) = +0.18 mm

所以测量尺寸 $X = 44_{0}^{+0.18}$ mm

通过分析以上计算结果可以发现，由于基准不重合而进行尺寸换算将带来两个问题：

1）换算的结果明显提高了对测量尺寸的精度要求。如果能按原设计尺寸进行测量，其公差值为 0.35 mm，换算后的测量尺寸公差为 0.18 mm，测量公差减小了 0.17 mm，此值恰是另一组成环的公差值。

2）假废品问题。测量零件时，当 A 的尺寸在$60_{-0.17}^{0}$ mm 之间，X 的尺寸在$44_{0}^{+0.18}$ mm 之间时，则 A_0在$16_{-0.35}^{0}$ mm 之间，零件为合格品。

假如 X 的实际测量尺寸超出$44_{0}^{+0.18}$ mm 的范围，如偏大或偏小 0.17 mm，即 X 为 44.35 mm 或 43.83 mm 时，只要 A 的尺寸也相应为最大 60 mm 或最小 59.83 mm，则算得 A_0的尺寸相应为（60 − 44.35）mm = 15.65 mm 和（59.83 − 43.83）mm = 16 mm，零件仍为合格品，这就出现了假废品。由此可见，只要测量尺寸超差量小于另一组成环的公差时，则有可能出现假废品，这时需重新测量其他组成环的尺寸，再算出封闭环的尺寸，以判断是否为废品。

（2）定位基准与设计基准不重合时的工序尺寸的计算。零件采用调整法加工时，如果加工表面定位基准与设计基准不重合，就要进行尺寸换算，重新标注工序尺寸。

例 5—3　如图 5—24a 所示的零件，孔 D 的设计基准为 C 面。镗孔前，表面 A、B、C 已加工。镗孔时，为了使工件装夹方便，选择表面 A 为定位基准，并按工序尺寸 A_3 进行加工，试求工序尺寸 A_3 及其公差。

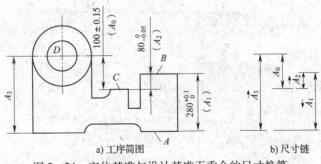

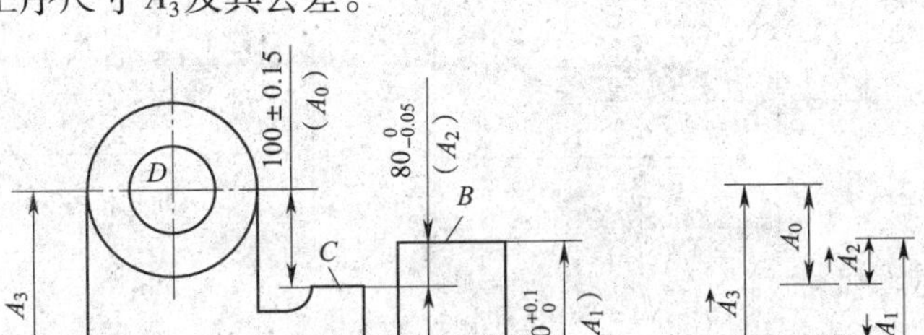

a) 工序简图　　b) 尺寸链

图 5—24　定位基准与设计基准不重合的尺寸换算

解：经分析，列出尺寸链，如图 5—24b 所示。

由于设计尺寸 A_0是本工序中间接得到的，为封闭环。用画箭头的方法判断出 A_2、A_3为增环，A_1为减环。

尺寸 A_3的计算如下：

按式①求基本尺寸：$A_0 = A_3 + A_2 - A_1$

$$A_3 = A_0 + A_1 - A_2 = 100 + 280 - 80 = 300$$

$$A_3 = 300\ \text{mm}$$

按式④求上偏差：$\text{ES}(A_0) = \text{ES}(A_3) + \text{ES}(A_2) - \text{EI}(A_1)$

$$\text{ES}(A_3) = 0.15 - 0 + 0 = +0.15$$

$$\text{ES}(A_3) = +0.15\ \text{mm}$$

按式⑤求下偏差：$\text{EI}(A_0) = \text{EI}(A_3) + \text{EI}(A_2) - \text{ES}(A_1)$

$$\text{EI}(A_3) = -0.15 - (-0.05) + 0.1 = 0$$

$$\text{EI}(A_1) = 0$$

则工序尺寸 $A_3 = 300^{+0.15}_{0}$ mm。

当定位基准与设计基准不重合进行尺寸换算时，也会提高工序的加工精度，使加工困难。同时，也会出现假废品的问题。

在进行工艺尺寸链计算时，还有一种情况必须注意。以图 5—24 为例，如零件图中标注的设计尺寸 $A_0 =$（100 ±0.15）mm，经过计算可得工序尺寸 $A_3 = 300^{+0.15}_{0}$ mm，其公差值 $T_{A3} = 0.15$ mm，显然，精度要求过高，加工难以达到。有时还会出现公差值为零或负值的现象。遇到这种情况一般可以采取两种措施：一是减小其他组成环的公差，即根据各组成环加工的经济精度来压缩各环公差；二是改变定位基准或加工方式。

单元 5

（3）从尚需继续加工的表面上标注的工序尺寸链计算

例 5—4 如图 5—25 所示为齿轮内孔的局部简图，设计要求：孔径为 $85^{+0.035}_{0}$ mm，键槽深度尺寸为 $90.4^{+0.2}_{0}$ mm，其加工顺序为：

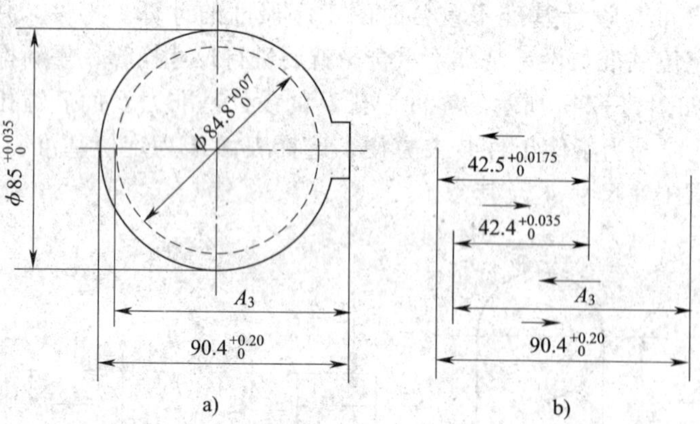

图 5—25 内孔及键槽加工的工艺尺寸换算

1）镗内孔至 $\phi 84.8^{+0.07}_{0}$ mm。

2）插键槽至尺寸 A_3。

3）热处理（淬火）。

4）磨内孔至 $\phi 85^{+0.035}_{0}$ mm，同时保证键槽深度尺寸为 $90.4^{+0.2}_{0}$ mm。

试确定插键槽的工序尺寸 A_3。

解：根据加工顺序列出尺寸链，如图 5—25b 所示。要注意的是，当有直径尺寸时，一般应考虑用半径尺寸来列尺寸链。镗孔后的半径尺寸为 $A_2 = 42.4^{+0.035}_{0}$ mm。

磨孔后的半径尺寸 $A_1 = 42.5^{+0.0175}_{0}$ mm 及键槽加工深度尺寸 A_3 都是直接获得的，为组成环。磨孔后所得的键槽深度尺寸 $A_0 = 90.4^{+0.2}_{0}$ mm 是间接得到的，为封闭环。

利用尺寸链基本计算公式计算可得：

A_3 基本尺寸计算：$A_0 = A_3 + A_1 - A_2$

$$A_3 = A_0 + A_2 - A_1 = 90.4 + 42.4 - 42.5 = 90.3 \text{ mm}$$

A_3 上偏差计算：$ES(A_0) = ES(A_3) + ES(A_1) - EI(A_2)$

则 $ES(A_3) = ES(A_0) + EI(A_2) - ES(A_1) = +0.2 + 0 - 0.0175 = +0.1825$ mm

A_3 下偏差计算：$EI(A_0) = EI(A_3) + EI(A_1) - ES(A_2)$

则 $EI(A_3) = EI(A_0) + ES(A_2) - EI(A_1) = 0 + 0.035 - 0 = +0.035$ mm

所以 $A_3 = 90.3^{+0.1825}_{-0.0350}$ mm

（4）渗氮（碳）层工艺尺寸链的计算。有些零件的表面需要进行渗氮或渗碳处理，并且要求加工后要保持一定的渗层深度。为此，必须确定前道工序的工序尺寸和热处理时的渗层深度。

例 5—5 如图 5—26a 所示为某零件内孔，材料为 38CrMoAlA 钢，孔径为 $145^{+0.04}_{0}$ mm，内孔表面需要渗氮，精加工后要求渗氮层深度为 0.3 ~ 0.5 mm（图 5—26b）。其加工顺序为：

1）磨内孔至 $\phi 144.76^{+0.04}_{0}$ mm（图 5—26c）。

2）渗氮，深度为 t_1。

3）精磨内孔至 $\phi 145^{+0.04}_{0}$ mm。

4）保留渗氮层深度 $t_0 = 0.3 \sim 0.5$ mm。

试求精磨前渗氮层深度 t_1。

解：在孔的直径方向上画尺寸链，如图 5—26d 所示。

显然 $t_0 = 0.6 \sim 1.0 \text{ mm} = 0.6^{+0.4}_{0}$ mm 是间接获得的，为封闭环。

解尺寸链得 t_1 的基本尺寸。

由 $t_0 = t_1 + A_1 - A_2$ 得：

$t_1 = 145 + 0.6 - 144.76 = 0.84$ mm，则 $t_1/2 = 0.42$ mm

求 t_1 的上偏差：$+0.4 = +ES(t_1) + 0.04 - 0$

则 $ES(t_1) = +0.36$ mm

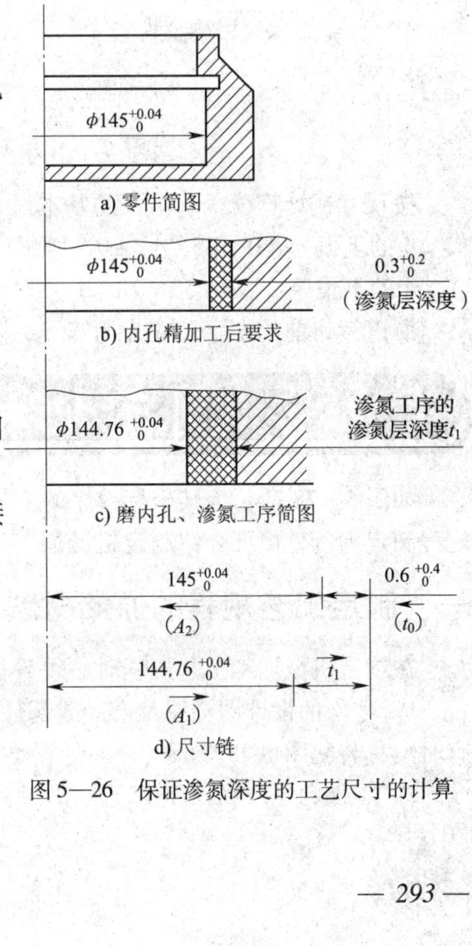

图 5—26　保证渗氮深度的工艺尺寸的计算

求 t_1 的下偏差：$0 = EI(t_1) + 0 - 0.04$

则 $EI(t_1) = +0.04$ mm

所以渗氮时的深度为：$t_1 = 0.84^{+0.36}_{+0.04}$ mm

即单边渗氮层深度为 0.44 ~ 0.6 mm。

(5) 镀层类零件工艺尺寸链的计算。电镀零件在实际生产中有两种情况，一种零件表面上镀后不再加工；另一种是镀后尚需再加工，才能最后达到零件的设计要求。这两种情况在进行尺寸链计算时仅其封闭环有所不同。

例 5—6 如图 5—27a 所示的轴套，其中 $\phi28^{\ 0}_{-0.052}$ mm 的外圆表面上要求镀铬，镀层厚度为 0.025 ~ 0.04 mm（双边即 0.05 ~ 0.08 mm 或 $0.08^{\ 0}_{-0.03}$ mm）。该表面的加工顺序：车削→磨削→镀铬，求 $\phi28^{\ 0}_{-0.052}$ mm 的外圆在镀铬前的工序尺寸 A 和公差。

解：因零件尺寸 $\phi28^{\ 0}_{-0.052}$ mm 是镀铬以后间接保证的，所以它是封闭环。作尺寸链，如图 5—27b 所示。

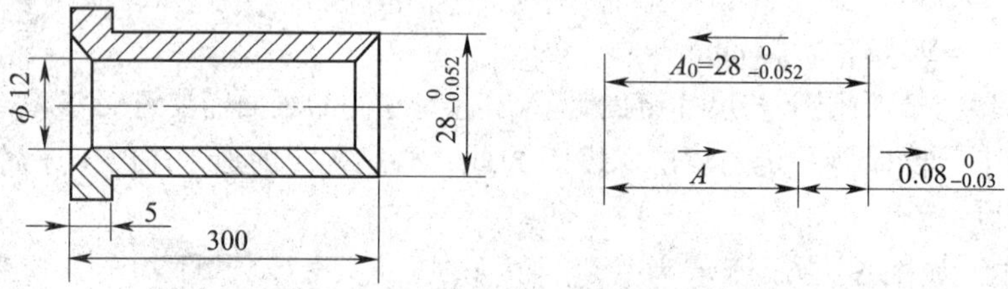

a) 零件简图　　b) 尺寸链

图 5—27　镀后不加工的尺寸换算及尺寸链

按尺寸链计算公式求出 A 的基本尺寸：$28 = A + 0.08$，则 $A = 27.92$ mm

A 的上偏差：$0 = ES(A) + 0$，则 $ES(A) = 0$

A 的下偏差：$-0.052 = EI(A) + -0.03$，则 $EI(A) = -0.022$ mm

所以镀铬前的工序尺寸 A 为 $27.92^{\ 0}_{-0.022}$ mm。

第九节　制定机械加工工艺规程

如图 5—28 所示为某坐标镗床的变速箱壳体。现以小批生产该零件的机械加工工艺规程制定为例，简要介绍制定机械加工工艺规程的方法和要点。

一、制定工艺规程的原始材料

在制定机械加工工艺规程时必须具备下列原始资料：

1．零件的设计图样以及产品或部件的装配图样，对于简单的或者熟悉的典型零件，有时没有装配图也可以。

2．零件的生产纲领和生产类型。

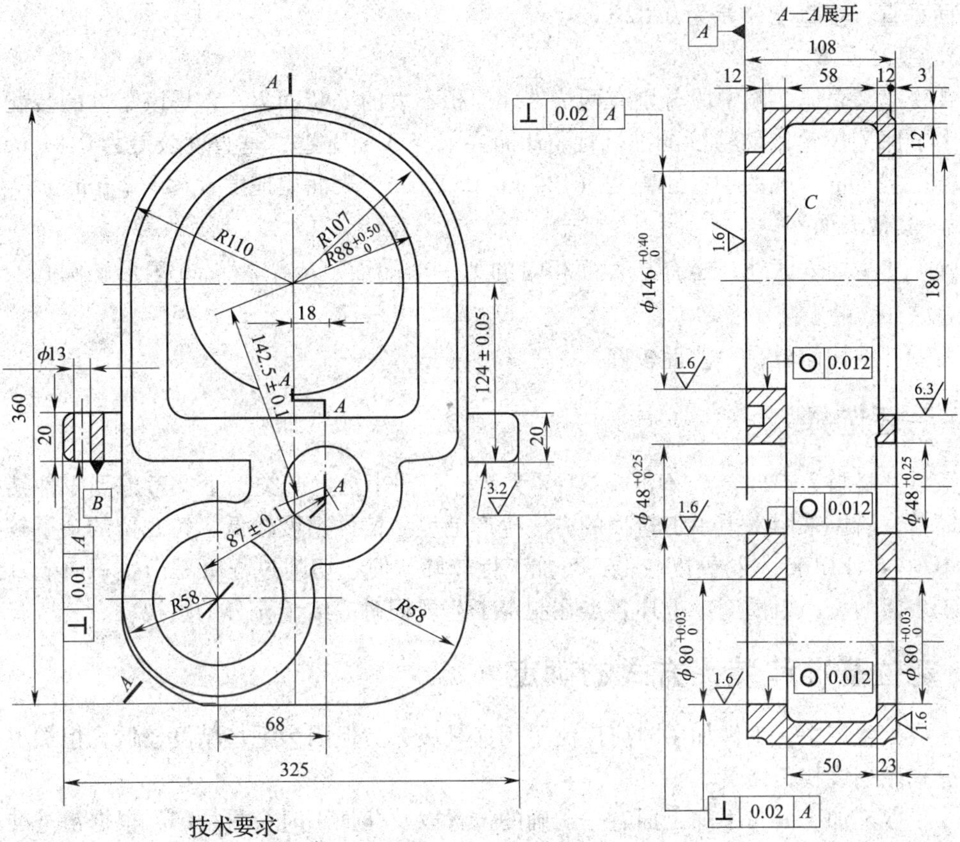

技术要求

1. 材料为ZL106。
2. 内部涂黄漆。

图 5—28　变速箱壳体

3. 现有的生产条件和有关资料。包括毛坯的生产条件、机械加工车间的设备和工艺装备情况、所用设备和工装的制造能力、工人的技术水平以及各种有关的工艺资料和标准等。

4. 国内外同类产品的有关工艺资料。

本例着重介绍工艺规程的制定方法，并未针对某个具体的生产单位，故采用的各项资料来源于手册和标准。

二、零件结构分析

该零件为某坐标镗床的变速箱壳体，其外形尺寸为 360 mm×325 mm×108 mm，属于小型箱体零件，内腔无加强肋，结构简单，孔多、壁薄，刚度较低。其主要加工面和加工要求如下：

1. 三组平行孔系

三组平行孔用来安装轴承，因此都有较高的尺寸精度（IT7）和形状精度（圆度公差为 0.012 mm）要求，表面粗糙度 $R_a \leq 1.6$ μm，彼此之间的孔距公差为 ±0.1 mm。

2. 端面 *A*

端面 *A* 是与其他相关部件连接的结合面，表面粗糙度 $R_a \leq 1.6$ μm，三组孔均要求

与 A 面垂直，垂直度公差为0.02 mm。

3. 基准面 B

在变速箱壳体两侧中段分别有两块外伸面积不大的安装面 B，它是该零件的装配基准。为了保证齿轮传动精度的准确性，B 面要求与 A 面垂直，垂直度公差为0.01 mm，与 $\phi146^{+0.40}_{0}$ mm 大孔的中心距离为（124 ±0.05）mm，表面粗糙度 $R_a \leqslant 3.2$ μm。

4. 其他表面

除上述主要表面外，还有与 A 面相对的另一个端面、$R88^{+0.50}_{0}$ mm 扇形缺圆孔及 B 面上 $\phi13$ mm 的安装小孔等。

该零件结构简单，工艺性较好。

三、毛坯选择

该零件材料为铝硅合金ZL106，毛坯为铸件。在小批生产类型下，考虑到零件结构比较简单，所以采用木模手工造型的方法生产毛坯。铸件精度较低，铸孔留的余量较多而且不均匀。ZL106材料硬度较低，可加工性较好，但在切削过程中易产生积屑瘤，影响加工表面的表面粗糙度。上述各点在制定工艺规程时应给予充分的重视。

四、定位基准和装夹方式的确定

在成批生产中，工件加工时应广泛采用夹具装夹，但因为毛坯精度较低，粗加工可以部分采用划线找正装夹。

单元 5

为了保证加工面与不加工面有一正确的位置以及孔加工时余量均匀，根据粗基准选择原则，选不加工的 C 面和两个相距较远的毛坯孔为粗基准，并通过划线找正的方法来兼顾到其他各加工面的余量分布。

该零件为一小型箱体，加工面较多且互相之间有较高的位置精度要求，故选择精基准时首先考虑采用基准统一的方案。B 面为该零件的装配基准，用它来定位可以使很多加工要求实现基准重合，但 B 面很小，用它作为主要定位基准装夹不稳定，故采用面积较大、要求也较高的端面 A 作为主要定位基准，限制三个自由度；用 B 面限制两个自由度；用加工过程中的 $\phi146^{+0.40}_{0}$ mm 的大孔限制一个自由度，以保证加工余量均匀。

五、工艺路线拟定

1. 选择表面加工方法

工件材料为有色金属，孔的直径大小要求较高，孔加工采用粗镗→半镗→精镗的加工方案；平面加工采用粗铣的加工方案。但 B 面与 A 面有较高的垂直度要求，铣削不易达到，故铣削后还应增加一精加工工序，考虑到该表面面积较小，在小批生产条件下，采用刮削的方法来保证其加工要求是可行的。

2. 加工阶段划分和工序集中的程度

该零件要求较高，刚度较低，加工应划分为粗加工、半精加工和精加工三个阶段。在粗加工和半精加工阶段，平面和孔交替反复加工，逐步提高精度。由于孔系位置精度要求高，三孔宜集中在一道工序、一次装夹下加工出来，其他平面的加工也应适当集中。

3. 工序顺序安排

根据“先基面，后其他”的原则，在工艺过程的开始先将上述定位基准面加工出来。根据“先面后孔”的原则，在每个加工阶段均先加工平面，再加工孔。因为加工平面时系统刚度较高，精加工阶段可以不再加工平面。最后适当安排次要表面（如小孔、扇形缺圆孔等）的加工及热处理、检验等工序。

最后拟定的变速箱壳体加工工艺路线见表5—19。

六、工序内容设计

1. 选择机床和工装

根据小批生产类型的工艺特征，选择通用机床和部分专用夹具来加工，尽量采用标准的刀具和量具。机床的型号和名称以及工艺装备的名称见表5—19。

表5—19　　变速箱壳体加工工艺路线

工序号	工序名称	工序内容	设备	工艺装备
1	铸	铸造		
2	划线	以 $\phi146^{+0.40}_{0}$ mm、$\phi80^{+0.03}_{0}$ mm 两孔为基准，适当兼顾轮廓，划出各平面和孔的轮廓线	钳台	
3	粗铣	按线校正，粗铣 A 面及其对面	X5032型铣床	面铣刀
4	粗铣	以 A 面定位，按划线找正，粗铣安装面 B	X5032型铣床	端铣刀
5	划线	划三孔及 $R88^{+0.50}_{0}$ mm 扇形缺圆孔线	通用角铁	
6	粗镗	用角铁装夹，以 A 面、B 面为定位基准，按划线找正并粗镗三个孔及 $R88^{+0.50}_{0}$ mm 扇形缺圆孔	T6185型镗床	镗刀
7	精铣	精铣 A 面及其对面	X5032型铣床	面铣刀
8	精铣	精铣安装面 B，留刮研余量0.2 mm	X5032型铣床	端铣刀
9	钻孔	用钻模装夹，钻壳体端盖螺钉孔及 B 面安装孔	Z5125型钻床	钻模、钻头
10	刮	刮削 B 面，达6～10点/(25 mm×25 mm)，保证垂直度公差0.01 mm，四边去毛刺、倒角		平板刮刀刮研检具
11	半精镗	用镗模装夹，半精镗三个孔及 $R88^{+0.05}_{0}$ mm 扇形缺圆孔	T6185型镗床	镗模、镗刀
12	涂装	内腔涂黄漆		
13	精镗	用镗模装夹，精镗三个孔达图样要求	T6185型镗床	镗模、镗刀
14	检验	按图样要求检验入库		内径量表

单元 5

2. 加工余量和工序尺寸的确定

以端面加工为例，查表得：

$Z_{毛坯A}=4.5$ mm　　　（铸件顶面）

$Z_{毛坯C}=3.5$ mm　　　（铸件底面）

$Z_{粗铣}=2.5$ mm

粗铣经济精度为 IT12 级：$T_{粗铣}=0.25$ mm

精铣经济精度为 IT10 级：$T_{精铣}=0.14$ mm

计算：毛坯尺寸 $=108+4.5+3.5=116$ mm

第一次粗铣尺寸 $=116-Z_{粗铣}=116-2.5=113.5$ mm

第二次粗铣尺寸 $=113.5-2.5=111$ mm

A 面精铣余量 $=4.5-2.5=2$ mm

C 面精铣余量 $=3.5-2.5=1$ mm

第一次精铣尺寸 $=111-2=109$ mm

第二次精铣尺寸等于工件设计尺寸 108 mm。

按入体方向标注公差，变速箱壳体铣削工序尺寸如图 5—29 所示。图中○表示定位基准，箭头指向加工面；○→表示工序尺寸。

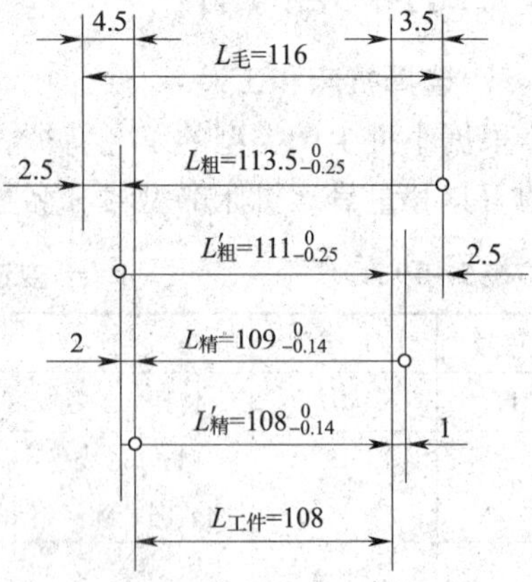

图 5—29　变速箱壳体铣削工序尺寸

3. 切削用量和工时定额的确定

可用查表法来确定各工序切削用量和工时定额。因篇幅限制此处不再详述。

综上所述，工艺规程设计是一种需要大量时间和经验的工作。随着计算机技术的发展，人们还可以采用计算机辅助工艺规程设计（CAPP），即通过向计算机输入被加工零件的原始数据、加工条件和加工要求，由计算机自动地进行编码、至最后输出经过优化的工艺规程卡片的过程。这样不仅能大大减轻工艺人员的重复劳动并显著提高工艺设计的效率，而且将可靠和更有效地保证同类零件工艺上的一致性。目前，计算机辅助工艺规程设计（CAPP）已在不少企业中得到应用。

第十节　机械装配工艺基础

装配是整个机器制造过程中的最后一个阶段，它包括装配、调整、检查和试验等工作。制定合理的装配工艺规程，采用适宜的装配工艺，提高装配质量和装配劳动生产率，是机械制造工艺的一项重要任务。

一、概述

1. 装配的概念

按一定的技术要求，将零件或部件进行配合和连接，使之成为半成品或成品的工艺过程称为装配。零件结合成组件的装配叫作组装，零件和组件结合成部件的装配叫作部装，零件和组件及部件结合成机械产品的装配叫作总装。

2. 装配精度

装配精度一般包含尺寸精度、位置精度、相对运动精度和接触精度等。

(1) 尺寸精度。零部件的尺寸精度包括配合精度和距离精度。配合精度是指配合面间达到规定间隙或过盈的要求。距离精度是指零部件间的轴向间隙、轴向距离和轴线距离等。

(2) 位置精度。零部件的位置精度包括平行度、垂直度、同轴度和各种跳动等。

(3) 相对运动精度。相对运动精度是指相对运动的零件在运动方向和运动位置上的精度。运动方向上的精度包括零部件间相对运动时的直线度、平行度和垂直度等。运动位置上的精度即传动精度，是指内联系传动链中始末两端传动元件间的相对运动精度。

(4) 接触精度。接触精度是指两配合表面、接触表面和连接表面间达到规定的接触面积大小与接触点分布情况。它影响接触刚度和配合质量的稳定性。

3. 装配精度与零件精度及装配方法的关系

机器、部件等既然是由零件装配而成的，那么，零件的制造精度是保证装配精度的基础，装配工艺是保证装配精度的方法和手段。

若装配精度完全靠相关零件的加工精度来直接保证，则零件的加工精度将会很高，给加工带来很大困难。这时生产中常按加工经济精度来确定零件的精度要求，使之易于加工。而在装配中则采用一定的工艺措施（如修配、调整等）来保证装配精度。

二、装配尺寸链

1. 装配尺寸链的基本概念

所谓装配尺寸链，是指在机器的装配关系中，由相互连接的零件或部件的设计尺寸或相互位置关系（如同轴度、平行度、垂直度等）所形成的尺寸链。

装配尺寸链也是尺寸链，与工艺尺寸链并无区别，也有增环、减环、封闭环，并且增环和减环的判断方法、尺寸链的特点、计算方法也相同。工艺尺寸链的各个环在同一个零件上，而装配尺寸链的每个环则是各个不同零件或部件在装配关系中的尺寸。工艺尺寸链的封闭环往往是基准不重合时形成的实际尺寸，而装配尺寸链的封闭环往往是零件或部件装配后形成的间隙或过盈等。

2. 建立装配尺寸链的方法

装配尺寸链的建立就是在装配图上，根据装配精度的要求先确定封闭环，装配尺寸链的封闭环往往是装配的精度或技术要求，再找出与该项精度有关的零件及相应的有关尺寸，即装配尺寸链的组成环，最后画出相应的尺寸链图。装配尺寸链的建立是解决装配精度问题的第一步。

图 5—30 所示为传动箱中传动轴的轴向装配尺寸链的建立。

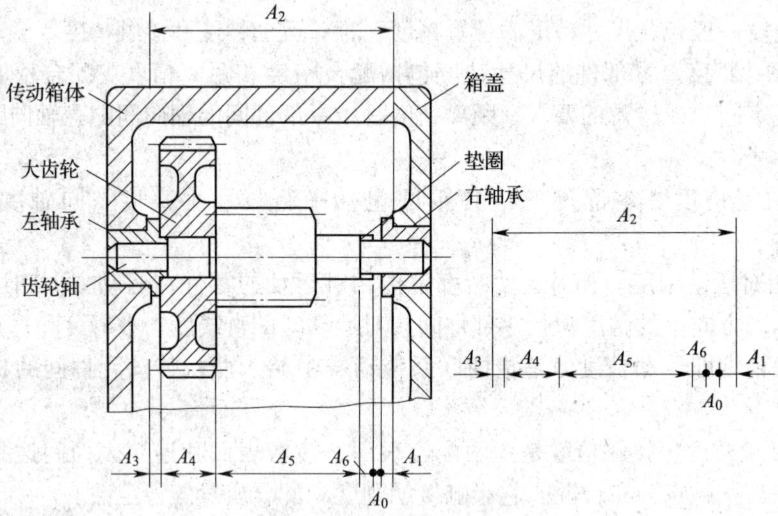

图 5—30　传动箱中传动轴的轴向装配尺寸链的建立

三、保证装配精度的方法及选择

1. 装配方法的种类

保证产品装配精度的方法有互换法、选配法、修配法和调整法等。

(1) 互换法。互换法是指在装配过程中，零件互换后仍能达到装配精度要求的装配方法。产品采用互换法时，装配精度主要取决于零件的加工精度。互换法的实质就是通过控制零件的加工误差来保证产品的装配精度。

根据零件的互换程度不同，互换法又分为完全互换法和大数互换法。

1) 完全互换法。完全互换法就是装配时各配合零件不需要进行任何修理、选择或调整、修配即可达到装配精度要求的装配方法。

这种装配方法的特点是装配质量稳定、可靠，对装配工人的技术等级要求较低，装配工作简单，经济生产效率高，便于组织流水装配和自动化装配，又可保证零部件的互换性，便于组织专业化生产和协作生产。

2) 大数互换法。大数互换法的特点与完全互换法相似，但允许零件的公差比完全互换法所规定的公差大。尤其是在环数较多、组成环又呈正态分布时，扩大组成环的公差最为显著，因而有利于零件的经济加工，装配过程与完全互换法一样简单、方便。

(2) 选配法。选配法是指将相关零件的相关尺寸公差放大到经济精度，然后选择合适的零件进行装配，以保证装配精度的方法。这种装配法常用于装配精度要求很高而组成环数又极少的成批或大量生产中。

选配法按其形式不同分为直接选配法、分组装配法和复合选配法三种。

1) 直接选配法。在装配时，工人从许多待装配的零件中直接选择合适的零件进行装配，以保证装配精度的要求。

这种装配方法的优点是零件不必事先分组，能达到很高的装配精度。缺点是装配工人凭经验挑选合适的零件后通过试凑进行装配，所以装配时间不易准确控制，装配精度很大程度上取决于工人的技术水平。这种装配方法不宜用于生产节拍要求较严的大批大量流水作业。

2）分组装配法。这种方法是将相关零件的相关尺寸公差放大若干倍，使其尺寸能按经济精度加工，然后按零件的实际加工尺寸分为若干组，各对应组进行装配，以达到装配精度要求。由于同组零件具有互换性，所以这种方法又称为分组互换法。

分组装配法在大批大量生产中可降低零件的加工精度，而不降低装配精度。但是，分组装配法增加了零件测量、分组和配套工作，当组成环较多时，这种工作就会变得非常复杂。所以，分组装配法适用于成批、大量生产中组成环数少而装配精度要求高的部件装配。

3）复合选配法。这种方法是分组装配法与直接选配法的复合形式。它是将组成环的公差相对于互换法所求的值进行增大，零件加工后预先测量、分组，装配时工人还在各对应组内进行选择装配。因此，这种方法吸取了前两种的特点，既能提高装配精度，又不必过多增加分组数。

但是，装配精度的保证仍然要依赖工人的技术水平，工时也不稳定。这种方法常用于配合件公差不等时，作为分组装配法的一种补充形式。

（3）修配法。所谓修配法，就是在装配时修去指定零件上预留修配量以达到装配精度的方法。具体来说，就是将装配尺寸链中各组成环按经济精度制造，装配时根据实测结果，通过修配某一组成环的尺寸，或就地配制这个环，用来补偿其他各组成环由于公差放大后产生的累积误差，使封闭环达到规定精度的一种装配方法。这种方法的优点是能获得很高的装配精度，而零件可按经济精度制造。缺点是增加了一道修配工序，既费工、费时，又需要技术熟练的工人，修配工时不易确定，零件不能互换。不适于流水线生产。

采用修配法时，关键是正确选择修配环和确定其尺寸及极限偏差。

修配的方法包括单件修配法、合并加工修配法、自身加工修配法。

（4）调整法。调整法与修配法的实质相同，也是将尺寸链中各组成环的公差值增大，使其能按经济精度制造，装配时选定尺寸链中某一环作为调整环，采用调整的方法改变其实际尺寸或位置，使封闭环达到规定的公差要求。预先选定的环（一般是指螺栓、斜楔、挡环和垫片等零件）称为调整环，它用来补偿其他各组成环由于公差放大后所产生的累积误差。

根据调整方法的不同，调整法分为可动调整法、固定调整法和误差抵消调整法三种。

2. 装配方法的选择

上述各种装配方法各有特色。其中，有些方法对组成环的加工要求较松，但装配时就要求较严格；相反，有些方法对组成环的加工要求较严，而在装配时就比较简单。选择装配方法的出发点是使产品制造的全过程达到最佳效果。具体考虑的因素有封闭环公差要求（装配精度）、结构特点（组成环环数等）、生产类型及具体生产条件。

一般来说，只要组成环的加工比较经济可行时，就要求优先采用完全互换法。成批生产、组成环又较多时，可考虑采用大数互换法。

当封闭环公差要求较严时，采用完全互换法将使组成环加工比较困难或不经济时，就采用其他方法。大量生产时，环数少的尺寸链采用分组装配法；环数多的尺寸链采用调整法。单件、小批量生产时常用修配法。成批生产时可灵活应用调整法、修配法和分组装配法（在环数少时采用）。

一种产品究竟采用哪种装配方法来保证装配精度，通常在设计阶段即应确定。因为只有在装配方法确定后，才能通过尺寸链的解算合理地确定各个零部件在加工和装配中的技术要求。但是，同一种产品的同一装配精度要求，在不同的生产类型和生产条件下可能采用不同的装配方法。例如，在大量生产时采用完全互换法或调整法保证的装配精度，在小批量生产时可用修配法。因此，工艺人员特别是主管产品的工艺人员必须掌握各种装配方法的特点及装配尺寸链的解算方法，以便在制定产品的装配工艺规程和确定装配工序的具体内容时，或在现场解决装配质量问题时，根据具体工艺条件审查或确定装配方法。

第十一节 机床夹具

在机床上加工工件时，为了使被加工表面能达到图样的尺寸精度、形状精度以及与其他表面的相互位置精度等，在加工前必须先将工件装夹在机床上。

一、机床夹具概述

1. 机床夹具的概念及分类

如图 5—31 所示为加工拨叉零件的铣床夹具，如图 5—32 所示为加工拨叉零件的钻床夹具。

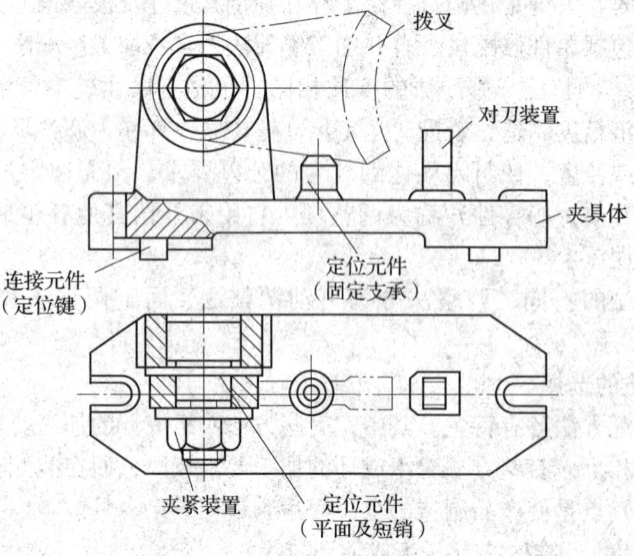

图 5—31 铣床夹具

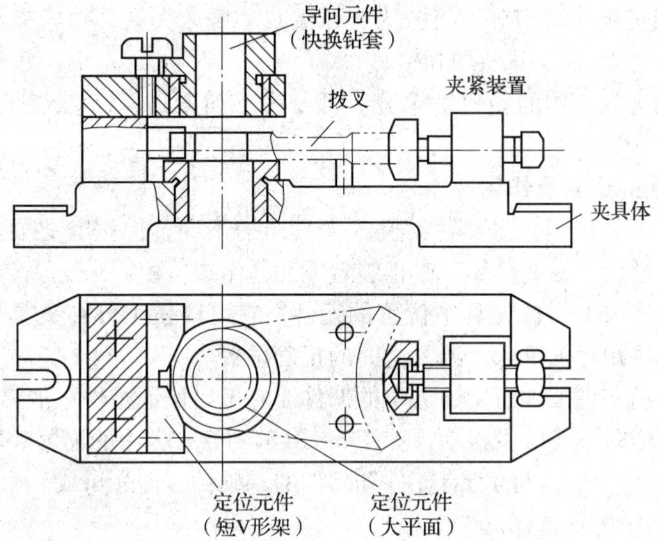

图 5—32　钻床夹具

通过对上述两个机床夹具的分析可知，在加工一批工件时，一般不需要逐个对工件进行找正，就能保证加工的技术要求。由此可以得出结论：

凡是按照机械加工工艺的要求，用来迅速装夹工件，使工件对机床、刀具保持正确的相对位置的装置都称为机床夹具，简称夹具。

机床夹具可以从不同的角度进行分类。

（1）按通用化程度分。可分为通用夹具、专用夹具、可调夹具、组合夹具等。

1）通用夹具。是指已经标准化的，可用于加工一定范围内的不同工件的夹具。例如，车床上的三爪自定心卡盘、四爪单动卡盘；铣床上的机床用平口虎钳、分度头、回转工作台；磨床上的磁力工作台等。这些夹具可以用来装夹一定形状、尺寸范围内的不同工件而不需要进行特殊调整，已成为机床附件，一般由专门企业制造和供应，不需要进行设计。

2）专用夹具。是指专为某一工件的某一工序而设计及制造的夹具。

专用夹具一般在批量较大的生产中使用。因为当产品变更时，往往因夹具无法再使用而报废。

为了扩大夹具的使用范围，弥补专用夹具只适用于一种工件的某一工序的缺点，可采用可调夹具。

3）可调夹具。是指当加工完一种工件后，经过调整或更换个别元件，即可加工另一种工件表面的夹具。主要用于加工形状相近或尺寸相近的工件。

4）组合夹具。是指按某一工件的某道工序的加工要求，由各种通用的标准元件和部件组合安装而成的专用夹具。这种夹具用完后可拆卸存放，当需要时又可重新组装成新的夹具，由于组合夹具的标准元件和部件均是预先制好的，所以，单件、小批量生产也可使用。它在使用上具有专用夹具的优点，而在产品更新时又可拆卸组装成新的夹具。

（2）按使用机床的类型分。可分为车床夹具、铣床夹具、钻床夹具（又称钻模）、镗床夹具（又称镗模）、磨床夹具等。

（3）按驱动夹具工作的动力来源分。可分为手动夹具、气动夹具、液动夹具、电动夹具、电磁夹具等。

2. 机床夹具的组成及作用

（1）机床夹具的组成。虽然各类机床夹具结构不同，但按其主要功能分析，一般由定位元件、夹紧装置、夹具体、其他装置或元件组成。

定位元件是确定工件在夹具中位置的元件。它可以使工件在夹具中获得正确的位置，从而保证工件相对于机床、刀具之间的正确位置。

夹紧装置是用来将工件压紧、夹牢的部件。它可以保证工件在加工过程中受外力后位置不变，同时能防止或减少振动。如图5—31、图5—32中的夹紧装置。

夹具体是用来连接夹具的所有元件和部件的基础件，使之组成一个夹具整体。如图5—31、图5—32中的夹具体。

除以上三部分之外，根据被加工工件的要求所设置的装置包括：

1）连接元件。用于确定夹具和机床之间的相对位置，如图5—31中的定位键。

2）对刀元件。用于确定刀具在加工前正确位置的元件，如图5—31中的对刀装置。

3）导向元件。用于确定刀具位置并引导刀具进行加工的元件，如图5—32中的快换钻套。

这类装置或元件还包括：为使工件在一次装夹中多次转位而加工不同位置上的表面所设置的分度装置；车床夹具上因重心不稳而设置的平衡块；为了便于拆卸下工件而设置的顶出器等。

应该指出，并不是每套机床夹具都必须具备上述各组成部分。但定位元件、夹紧装置和夹具体是夹具上必不可少的基本组成部分。

（2）机床夹具的作用

1）保证加工精度。用夹具装夹工件，可减少对其他生产设备和操作者技术水平的依赖性，能稳定地保证加工精度。

2）提高劳动生产率。用夹具装夹工件，无须找正便能使工件迅速定位和夹紧，缩短了工件装夹时间，提高了劳动生产率。

3）改善工人的劳动条件。用夹具装夹工件方便、迅速。当采用气动、液动等夹紧装置时，可减轻工人的劳动强度。

4）降低生产成本。

二、工件的装夹

1. 装夹的基本概念

装即“定位”，就是要在机床上确定工件相对于刀具的正确加工位置，工件只有处于这一位置上接受加工，才能保证其被加工表面达到工序所规定的各项技术要求。

夹即“夹紧”，就是将工件在已经定好的位置上可靠地夹住，以防止在加工时因受到切削力、冲击力、振动、离心力等的影响而使工件发生不应有的位移，从而破坏了定位。

（1）工件定位的基本原理

1）六点定则。任何一个工件在夹具中未定位前，都可以看成是在空间直角坐标系中的自由物体，即其空间位置是不确定的。如图 5—33 所示，它能够沿 X、Y、Z 轴移动，称为工件沿 X、Y、Z 轴的移动自由度，用 $\overleftrightarrow{X}$、$\overleftrightarrow{Y}$、$\overleftrightarrow{Z}$ 表示；也可以绕 X、Y、Z 轴转动，称为工件绕 X、Y、Z 轴的转动自由度，用 $\overset{\curvearrowright}{X}$、$\overset{\curvearrowright}{Y}$、$\overset{\curvearrowright}{Z}$ 表示。用以描述工件位置不确定性的 $\overleftrightarrow{X}$、$\overleftrightarrow{Y}$、$\overleftrightarrow{Z}$ 和 $\overset{\curvearrowright}{X}$、$\overset{\curvearrowright}{Y}$、$\overset{\curvearrowright}{Z}$ 称为工件的六个自由度。要使工件在某方向上的位置确定，就必须限制工件在该方向上的自由度，为使工件在夹具中的位置完全确定，就必须将它的六个自由度全部予以限制。因此，可以说定位就是根据加工要求限制工件的自由度。

设空间有一固定点，将工件的底面与该点保持接触，那么工件沿 Z 轴的移动自由度便被限制了。如果按图 5—34 所示设置六个固定点，工件的三个面分别与这些点保持接触，则工件的六个自由度都被限制。这些用来限制工件自由度的固定点称为定位支承点，简称支承点。

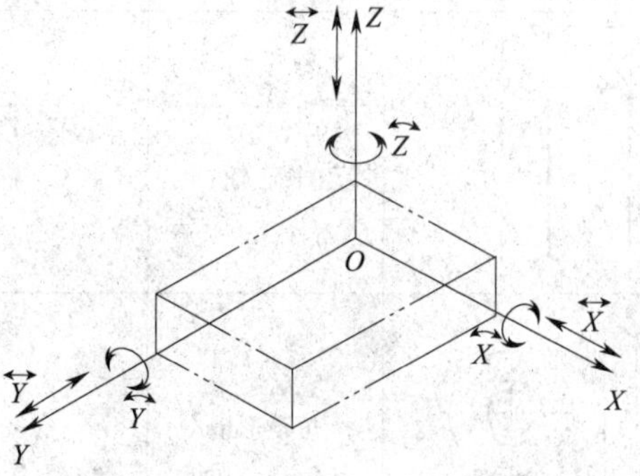

图 5—33　工件的六个自由度

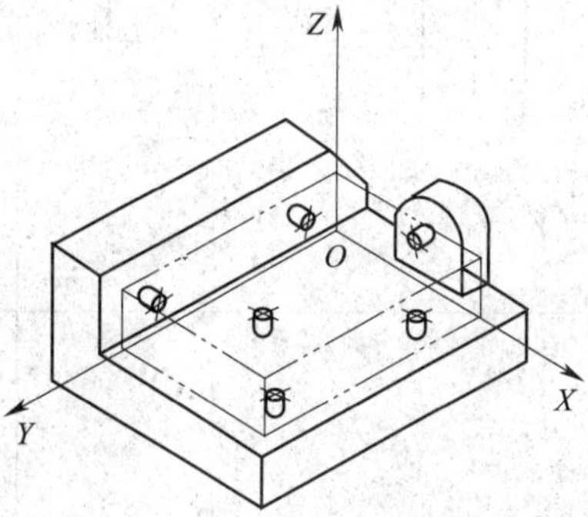

图 5—34　定位支承点的分布

用合理分布的六个支承点限制工件六个自由度的法则称为六点定位规则，简称六点定则。

需要注意的是，支承点的分布必须合理，否则不能有效地限制工件的六个自由度。例如，图 5—34 中工件底面上的三个支承点不能在一条直线上，应放置成三角形，且三个支承点所形成的三角形的面积越大，定位越稳定。侧面上的两个支承点所形成的连线不能垂直于底面，且两点之间的距离应尽量分布得远些。

六点定则可应用于任何形状、任何类型的工件。无论工件的形状和结构有什么不同，它们的六个自由度都可以用六个支承点来限制，只是六个支承点的分布形式不同。在夹具结构中，支承点是用定位元件来体现的。

表 5—20 所列为常用定位元件所能限制的工件自由度。

表 5—20　　　　常用定位元件能限制的工件自由度

工件定位基面	定位元件	定位简图	定位元件特点	限制的自由度
平面 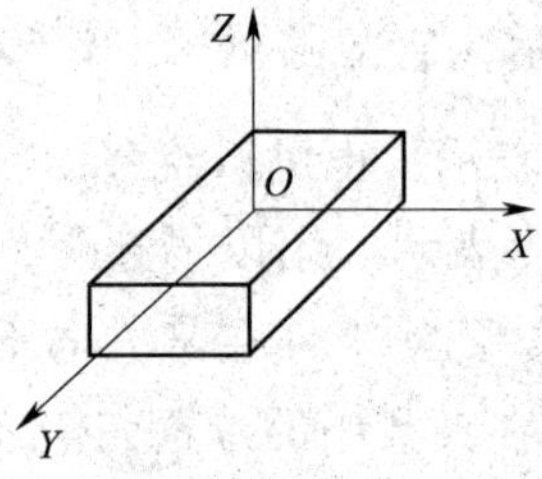	支承钉	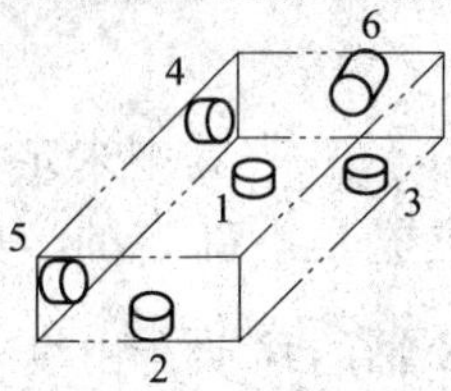		1、2、3—$\overleftrightarrow{Z}$、$\overset{\curvearrowright}{X}$、$\overset{\curvearrowright}{Y}$ 4、5—$\overleftrightarrow{X}$、$\overset{\curvearrowright}{Z}$ 6—$\overleftrightarrow{Y}$
	支承板	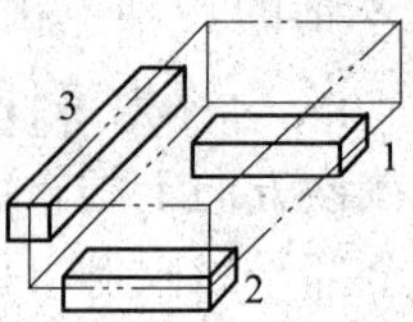		1、2—$\overleftrightarrow{Z}$、$\overset{\curvearrowright}{X}$、$\overset{\curvearrowright}{Y}$ 3—$\overleftrightarrow{X}$、$\overset{\curvearrowright}{Z}$
圆孔 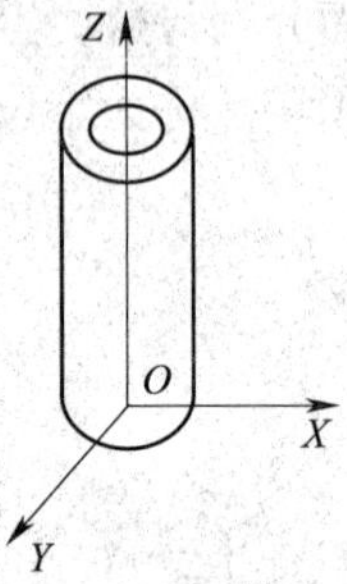	定位销（心轴）	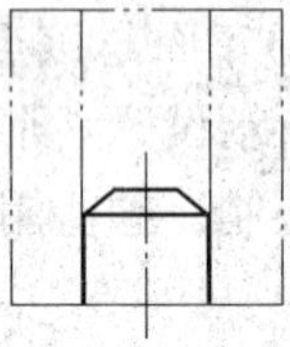	短销（短心轴）	$\overleftrightarrow{X}$、$\overleftrightarrow{Y}$
		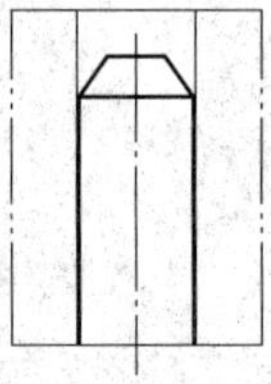	长销（长心轴）	$\overleftrightarrow{X}$、$\overleftrightarrow{Y}$ $\overset{\curvearrowright}{X}$、$\overset{\curvearrowright}{Y}$
	菱形销	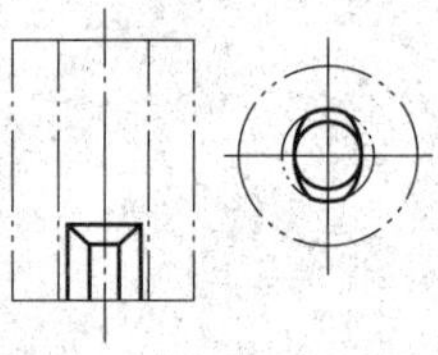	短菱形销	$\overleftrightarrow{X}$
		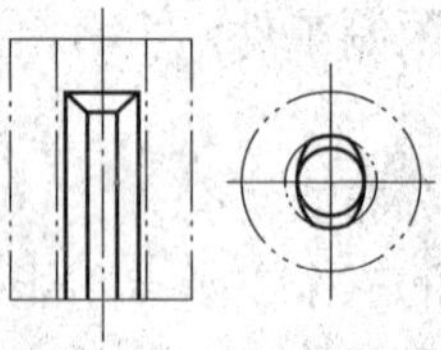	长菱形销	$\overleftrightarrow{Y}$、$\overset{\curvearrowright}{X}$
	锥销			$\overleftrightarrow{X}$、$\overleftrightarrow{Y}$、$\overleftrightarrow{Z}$
		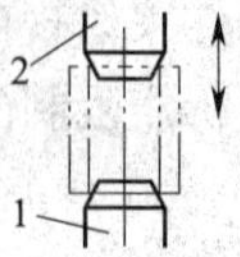	1—固定锥销 2—活动锥销	$\overleftrightarrow{X}$、$\overleftrightarrow{Y}$、$\overleftrightarrow{Z}$ $\overset{\curvearrowright}{X}$、$\overset{\curvearrowright}{Y}$

续表

工件定位基面	定位元件	定位简图	定位元件特点	限制的自由度
外圆柱面 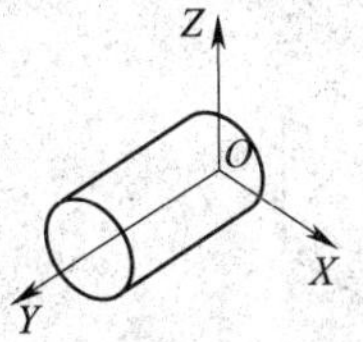	支承板或支承钉	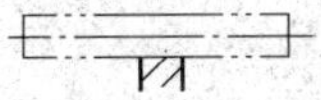	短支承板或支承钉	$\overleftrightarrow{Z}$
		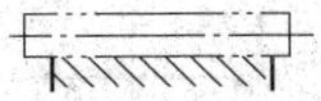	长支承板或两个支承钉	$\overleftrightarrow{Z}$、$\overset{\frown}{X}$
	V 形架	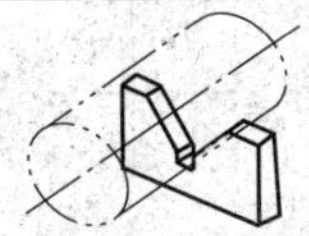	窄 V 形架	$\overleftrightarrow{X}$、$\overleftrightarrow{Z}$
外圆柱面	V 形架	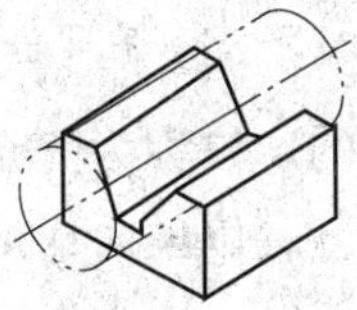	宽 V 形架	$\overleftrightarrow{X}$、$\overleftrightarrow{Z}$ $\overset{\frown}{X}$、$\overset{\frown}{Z}$
	定位套	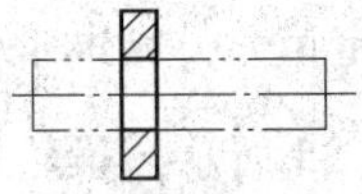	短套	$\overleftrightarrow{X}$、$\overleftrightarrow{Z}$
		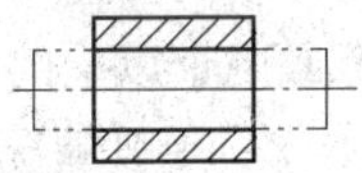	长套	$\overleftrightarrow{X}$、$\overleftrightarrow{Z}$ $\overset{\frown}{X}$、$\overset{\frown}{Z}$
	半圆套	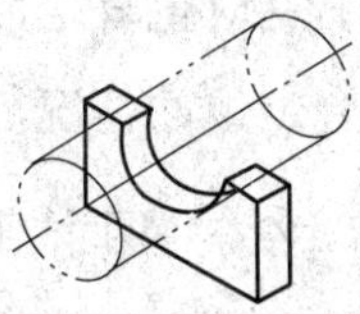	短半圆套	$\overleftrightarrow{X}$、$\overleftrightarrow{Z}$
			长半圈套	$\overleftrightarrow{X}$、$\overleftrightarrow{Z}$ $\overset{\frown}{X}$、$\overset{\frown}{Z}$
	锥套	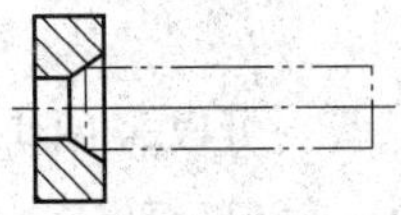		$\overleftrightarrow{X}$、$\overleftrightarrow{Y}$、$\overleftrightarrow{Z}$
		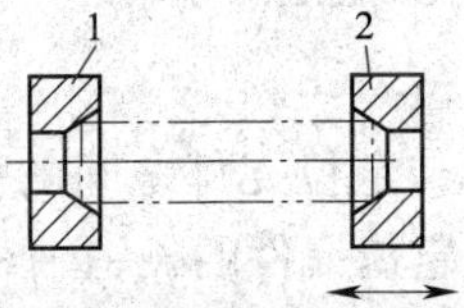	1—固定锥套 2—活动锥套	$\overleftrightarrow{X}$、$\overleftrightarrow{Y}$、$\overleftrightarrow{Z}$ $\overset{\frown}{X}$、$\overset{\frown}{Z}$

2）限制工件自由度与加工要求的关系。在生产中，并不是任何工序都需要限制六个自由度。究竟应该限制几个自由度和限制哪几个自由度，主要是由工件的加工要求决定的。在考虑工件定位时，首先必须根据工件的加工要求确定必须限制的自由度。

如图 5—35 所示为在工件上铣键槽，为保证槽底面与 A 面的距离及平行度的要求，

必须限制 $\overleftrightarrow{Z}$、$\overset{\curvearrowright}{X}$、$\overset{\curvearrowright}{Y}$ 三个自由度；为保证槽侧面与 B 面的距离及平行度的要求，必须限制 $\overleftrightarrow{X}$、$\overset{\curvearrowright}{Z}$ 两个自由度；而因为是通槽，自由度 $\overleftrightarrow{Y}$ 不加以限制也不影响加工要求。

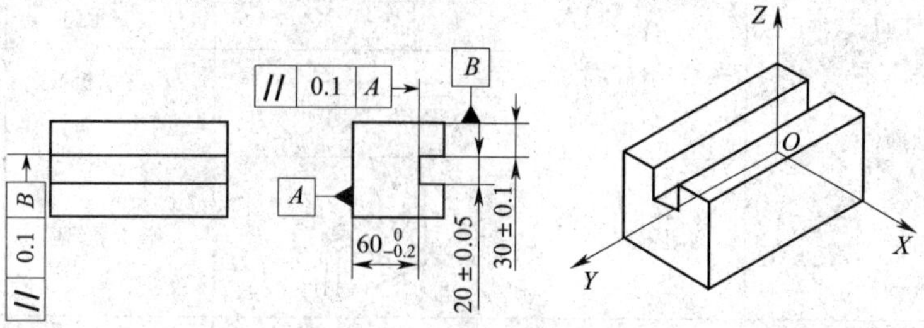

图 5—35 在工件上铣键槽

工件的六个自由度都被限制的定位称为完全定位。工件被限制的自由度少于六个，但能满足加工要求的定位称为部分定位。而根据加工要求应限制的自由度没有被限制的定位称为欠定位。欠定位是不允许的，因为欠定位不能保证工件的加工要求。

这里必须指出，有时为了使定位元件帮助承受切削力、夹紧力，常常对无位置尺寸要求的自由度也加以限制。如图 5—35 所示，虽然从加工要求上看无须限制自由度 $\overleftrightarrow{Y}$，但在决定定位方案时，往往会考虑在工件右侧设置一个支承点，以承受加工时的切削力。

3）正确处理重复定位。两个或两个以上的定位元件同时限制工件的同一个自由度的定位称为重复定位（又称过定位）。一般情况下，如果工件定位时出现重复定位，且对加工产生有害影响，这时重复定位是不允许的。但如果重复定位对工件加工的影响不大，反而可以提高加工时的刚度，这时重复定位是允许的。

图 5—36 所示为孔与端面组合定位的情况。图 5—36a 中，大端面可以限制 $\overleftrightarrow{Y}$、$\overset{\curvearrowright}{X}$、$\overset{\curvearrowright}{Z}$ 三个自由度，长销可限制 $\overleftrightarrow{Z}$、$\overleftrightarrow{X}$、$\overset{\curvearrowright}{Z}$、$\overset{\curvearrowright}{X}$ 四个自由度。显然 $\overset{\curvearrowright}{Z}$ 和 $\overset{\curvearrowright}{X}$ 被重复限制，产生了重复定位。在这种情况下，若工件在端面与孔的轴线不垂直或长销的轴线与台阶端面有垂直度误差，则在轴向夹紧力作用下将使工件或长销产生变形。

防止重复定位的方法如下：

①消除重复限制自由度的支承。可以采用小平面与长销组合定位，如图 5—36b 所示；也可以采用大平面与短销组合定位，如图 5—36c 所示。

②改变定位元件结构。如图 5—36d 所示，使用球面垫圈，去掉重复限制的两个自由度的支承点，避免了重复定位。

③提高工件定位基准之间与定位元件之间的位置精度。如图 5—36a 所示，若将工件孔轴线与左端面的垂直度、定位元件的长销轴线与台阶端面的垂直度精度提高，虽然仍是重复定位，但工件或心轴就不会在夹紧力的作用下变形，而且定位精度高，刚度高，利大于弊。

（2）工件定位的基准。如前所述，在设计零件的机械加工工艺规程时，工艺人员根据加工要求已经选择了各工序的定位基准，并确定了各定位基准应当限制的自由度。夹具设计的任务首先是选择和设计相应的定位元件。

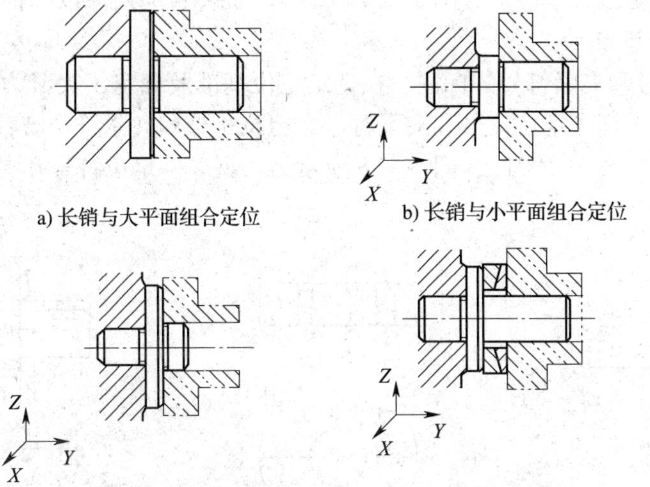

a) 长销与大平面组合定位　b) 长销与小平面组合定位

c) 短销与大平面组合定位　d) 长销与球面垫圈组合定位

图 5—36　重复定位问题与防止重复定位的方法

为了便于分析问题，引入以下几个基本概念：

1）定位基面和定位基准

①工件以回转表面（如孔、外圆等）定位时，与定位元件相接触的表面是回转表面，称为定位基面，而实际的定位基准是回转表面的轴线。如图 5—37a 所示，工件以孔在心轴上定位，工件的内孔表面称为定位基面，它的轴线称为定位基准。

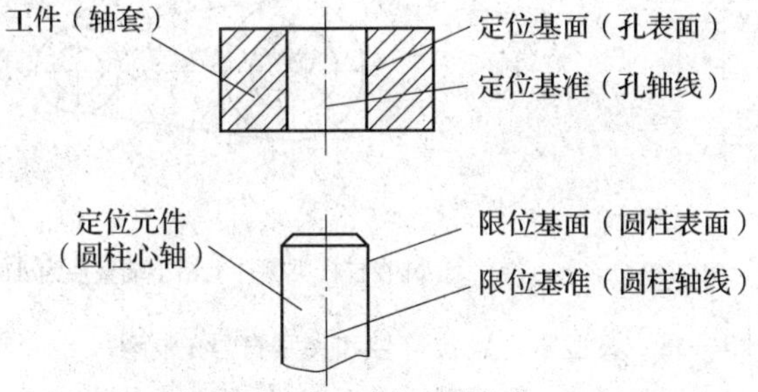

a) 工件以孔在心轴上定位时的基准

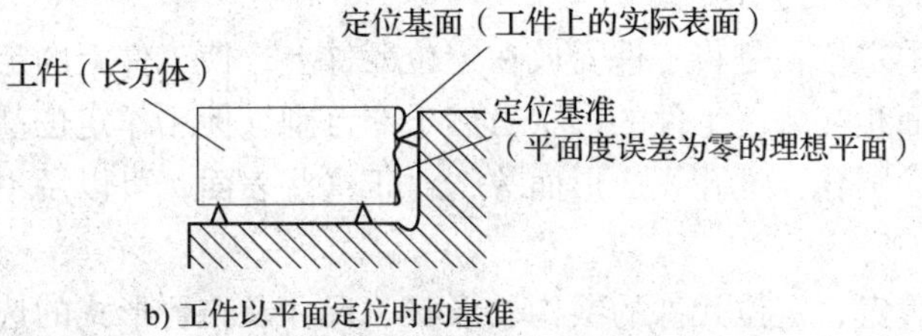

b) 工件以平面定位时的基准

图 5—37　基准的概念

②工件以平面与定位元件接触时，如图 5—37b 所示，工件上实际存在的面是定位基面，它的理想状态（平面度误差为零）是定位基准。

2）限位基面和限位基准。定位元件上与定位基面相配合的表面称为限位基面，而限位基面的轴线是限位基准，如图 5—37a 所示。如果定位元件以平面限位，可认为限位基面就是限位基准。

3）定位符号和夹紧符号的标注。在选定定位基准及确定了夹紧力的方向和作用点后，应在工序图上标注定位符号和夹紧符号。定位符号和夹紧符号已有原机械工业部的部颁标准（JB/T 5061—1991），图 5—38 所示为典型零件定位符号和夹紧符号的标注。

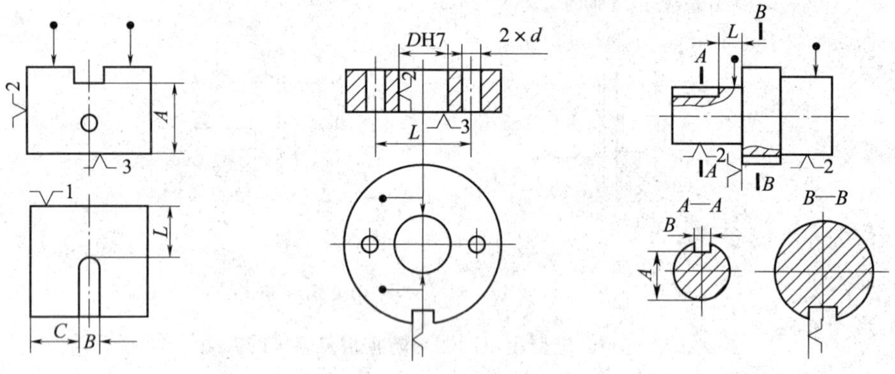

a) 在长方体上铣不通槽　　b) 在盘类零件上加工两个直径为*d*的孔　　c) 在轴类零件上铣小端键槽

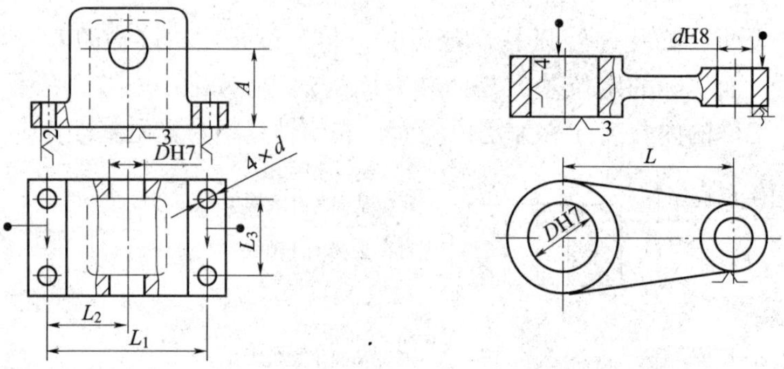

d) 在箱体类零件上镗直径为*D*H7的孔　　e) 在杠杆类零件上钻小端直径为*d*H8的孔

图 5—38　典型零件定位符号和夹紧符号的标注

2. 定位方法和定位元件

工件在夹具中定位，是将工件安放在定位元件上，使工件上的定位基面与夹具上定位元件的限位基面相接触。工件的形状虽然千差万别，但用作定位基准的表面一般都是平面、外圆柱面、圆孔、锥孔、成形面等，对于这些表面，可以用不同的定位元件来实现定位。

定位方法的确定，定位元件的结构、形状、尺寸及布置形式的选择，主要取决于工件的加工要求和工件定位基准面的形状等因素。所以，根据被加工工件的要求，正确地选择定位方法和定位元件是设计夹具的主要内容。

（1）工件以平面定位。平面是简单的几何表面，因此，工件上常用平面作为定位基准。

工件以平面定位时，所有的定位元件一般称为支承元件，支承元件可分为主要支承和辅助支承两类。

1）主要支承。主要支承用来限制工件的自由度，起定位作用。分为以下几种：

①固定支承。固定支承在使用过程中，其定位面是固定不动的，有支承钉（GB/T 226—1991）和支承板（GB/T 2236—1991）两种形式。

a. 支承钉。当定位基准是毛坯面时，若采用平面支承，则只可能是三点接触，而又常因这三点过于接近或偏向一边使定位不稳定。因此，应采用支承钉定位，且已加工平面也可采用支承钉定位，其好处在于可人为地将支承钉的位置布置合理，使工件定位稳定。

图5—39所示为国家标准规定的三种支承钉。图5—39a所示为A型支承钉（平头），多用于已加工平面的定位。图5—39b所示为B型支承钉（球头），主要用于毛坯面的定位，它可使接触面积控制在较小的范围内。

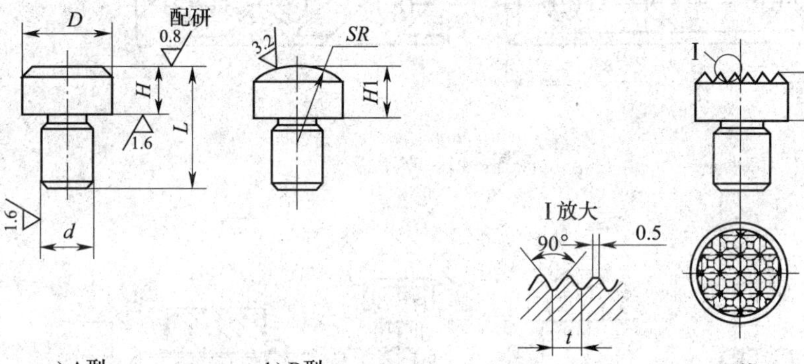

a) A型　b) B型　c) C型

图5—39　支承钉

图5—39c所示为C型支承钉（齿纹头），主要用于工件的侧面定位，齿面可增大摩擦，防止工件受力后移动，但由于齿面难以清除切屑，故不宜作为水平方向的定位支承。支承钉可以直接安装在夹具体的孔中，如果支承钉需经常更换，可在夹具体和支承钉之间加衬套。

在设计夹具时，夹具体上安装支承钉的孔应为通孔，以便支承钉磨损后易取出更换。

b. 支承板。适用于工件已加工平面或较大的定位基准面的定位。

支承板如图5—40所示，A型（连续平面）支承板的结构简单，制造方便，但孔中切屑不易消除干净，故适用于工件以侧面和顶面定位的情况；B型（间断平面）支承板的斜槽可消除切屑对定位的影响，适用于工件以底面定位的情况。

支承钉、支承板均已标准化，其公差配合、材料、热处理等可查阅机床夹具手册。

②可调支承。支承钉的高度可以调整的支承称为可调支承。

图5—41所示为几种常见的可调支承。可调支承常用于以下几种情况：工件定位基面的形状复杂（如阶梯面、成形面等）；同一种工件，但毛坯分批制造，其尺寸及形状变化较大；用同一夹具加工形状相似而尺寸不等的工件。

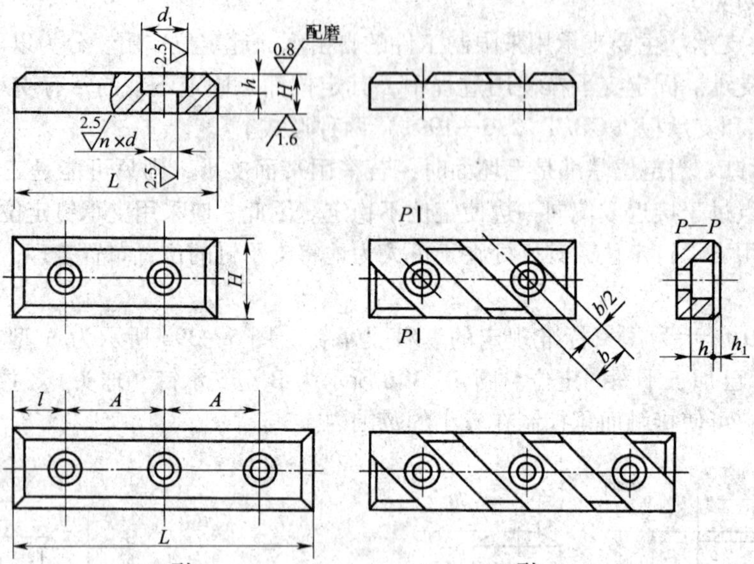

a)A型　b)B型

图 5—40　支承板

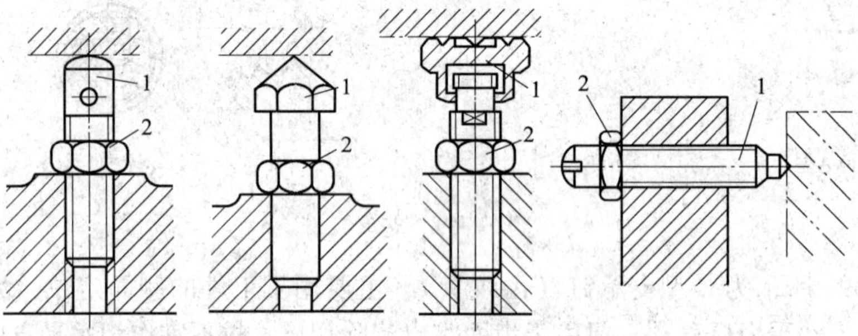

a)球头式　b)锥头式　c)齿纹式　d)侧面式

图 5—41　可调支承

1—调节支承钉　2—锁紧螺母

③自位支承（浮动支承）。在工件定位过程中，能自动调整位置的支承称为自位支承。

如图 5—42a、b 所示为两点式自位支承，图 5—42c 所示为三点式自位支承。自位支承主要用于工件以毛坯面定位或刚度不足的定位。

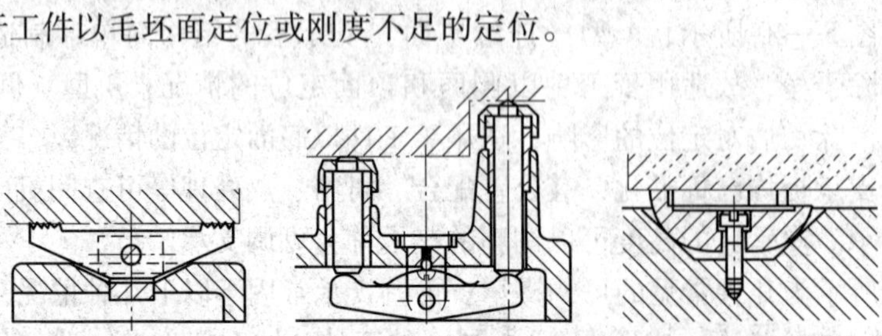

a)两点式　b)两点式　c)三点式

图 5—42　自位支承

这类支承的工件特点是支承点的位置能随着工件定位基面位置的变化而自动调节，当定位基面压下其中一点时，其余点便上升，直至各点都与工件接触为止。自位支承一般相当于一个固定支承，只限制一个自由度，但由于增加了接触点数，提高了工件的装夹刚度和稳定性。

2）辅助支承。在实际生产中，由于工件形状复杂或不对称，或工件在夹具中有时因夹紧力、切削力、工件自重等作用而可能产生变形或位置不稳，为了提高工件的刚度和稳定性，就需要增加辅助支承。如图 5—43 所示，工件以平面 *A* 定位铣削上平面。若在 *B* 处设置辅助支承，则能提高工件的装夹刚度，不起限制自由度的作用，也不允许破坏原有的定位。

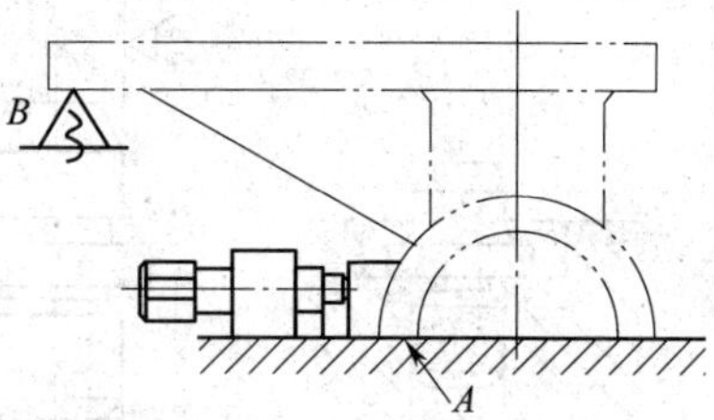

图 5—43　辅助支承的应用

辅助支承有下列几种类型：

①螺旋式辅助支承。如图 5—44a 所示，其结构与可调支承相近，但操作过程不同，常用于小批量生产。

②自位式辅助支承。如图 5—44b 所示，用于生产批量较大时。

③推引式辅助支承。如图 5—44c 所示，主要用于大型工件。

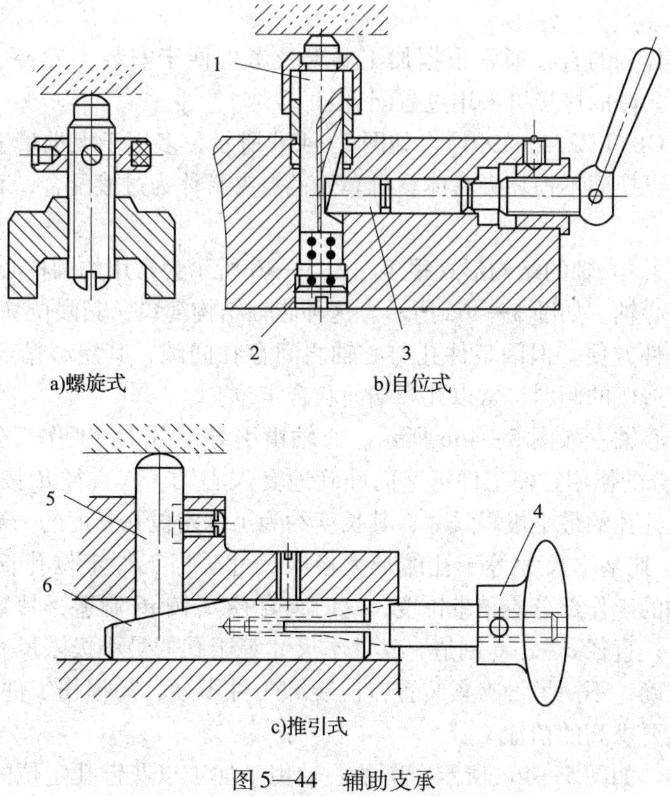

图 5—44　辅助支承

1—滑柱　2—弹簧　3—顶柱　4—手轮　5—滑销　6—斜楔

（2）工件以圆柱孔定位。工件以圆柱孔定位的方法在加工中应用很广泛，夹具上相应的定位元件是定位销和定位心轴。

1）定位销。图 5—45 所示为国家标准规定的常用圆柱定位销的结构。

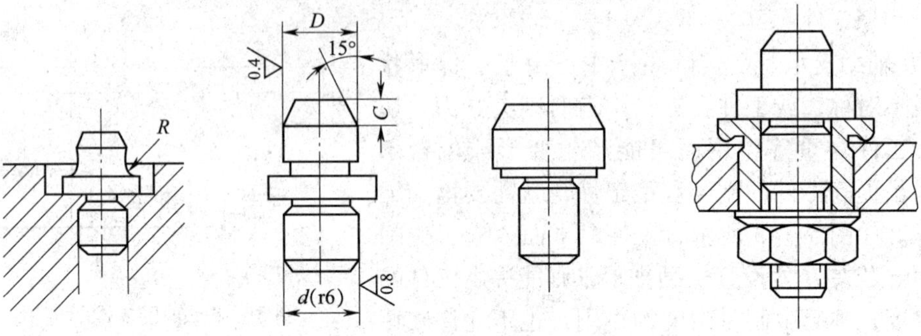

图 5—45　定位销

①固定式（GB/T 2203—1991）。如图 5—45a、b、c 所示，定位销直接压配在夹具体上，用于定位元件不经常更换的情况。根据工件定位孔的大小，可选择合适的形式。当定位销直径为 3 ~ 10 mm 时，为提高刚度，避免定位销在使用中折断或热处理时淬裂，通常把根部倒成圆角 R。夹具体上应没有沉孔，使定位销的圆角部分沉入孔内而不影响定位。

定位销工作部分的直径通常根据加工要求及考虑便于安装，按 g5、g6、f6、f7 制造。定位销与夹具体的连接可采用过盈配合。

②可换式（GB/T 2204—1991）。如图 5—45d 所示，多用于大批量生产时，当定位销磨损后，便于更换而不损坏夹具体。衬套外径与夹具体为过渡配合，其内径与定位销为间隙配合。

2）定位心轴。心轴的结构形式很多，图 5—46 所示为常用的圆柱心轴的结构。

①间隙配合心轴。如图 5—46a 所示。这种心轴结构简单，其限位基面一般按 h6 或 f7 制造，装卸工件方便。但因工件孔与心轴之间存在间隙，其定心精度不高。为了减小工件因间隙而造成的倾斜，常以孔和端面联合定位。

②过盈配合心轴。如图 5—46b 所示。心轴由引导部分 1、工作部分 2、传动部分 3 组成。引导部分的作用是使工件迅速而准确地套入心轴，其直径 d_3 按 e8 制造，d_3 的基本尺寸等于工件孔的最小极限尺寸，其长度约为工件定位孔长度的一半。工作部分的直径按 r6 制造，其基本尺寸等于孔的最大极限尺寸。当工件定位孔长度与直径之比 $L/d>1$ 时，心轴的工作部分应稍带锥度，这时，直径 d_1 按 r6 制造，其基本尺寸等于孔的最大极限尺寸；直径 d_2 按 h6 制造，其基本尺寸等于孔的最小极限尺寸。这种心轴制造简单，定心准确，不用另设夹紧装置，但装卸工件不便，易损伤工件定位孔，因此，多用于定心精度要求高的精加工。

③花键心轴。如图 5—46c 所示。这种心轴用于加工以花键孔定位的工件。当工件孔较大时，心轴的工作部分可带点锥度。

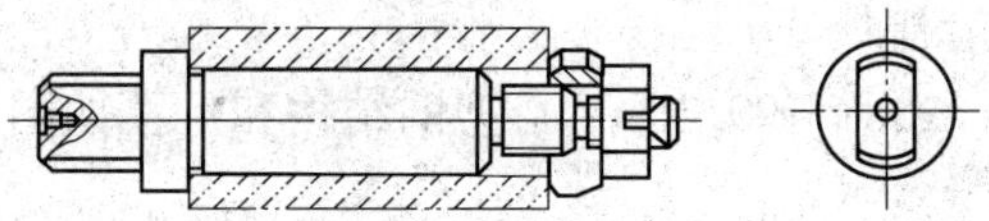

a) 间隙配合心轴

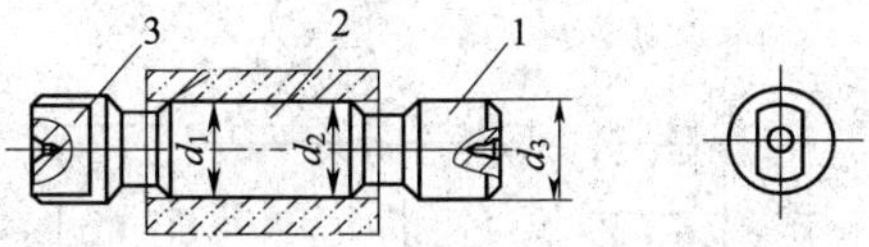

b) 过盈配合心轴

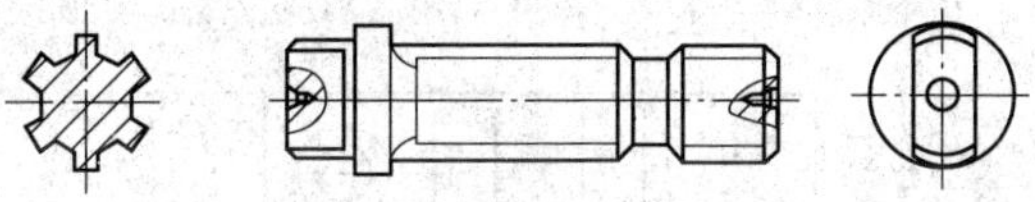

c) 花键心轴

图 5—46　圆柱心轴的结构

1—引导部分　2—工作部分　3—传动部分

3）圆锥销。图 5—47 所示为工件以圆孔在圆锥销上定位，图 5—47a 用于粗定位基面，图 5—47b 用于精定位基面。

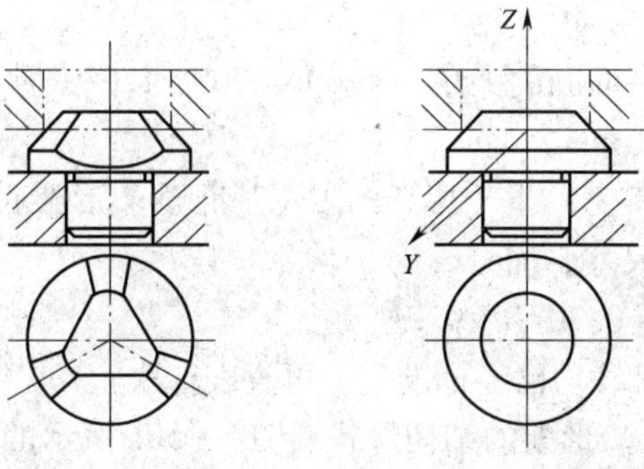

a) 用于粗定位基面　　b) 用于精定位基面

图 5—47　圆锥销定位

工件在单个圆锥销上定位容易倾斜，因此，圆锥销一般应与其他定位元件组合定位，如图 5—48 所示。图 5—48a 所示为圆锥—圆柱组合定位，锥度部分使工件准确定心，圆柱部分可减少工件倾斜。图 5—48b 所示为工件在双圆锥销上定位，其左端为固定圆锥销，右端为活动圆锥销。以上两种定位方式均限制工件的五个自由度。

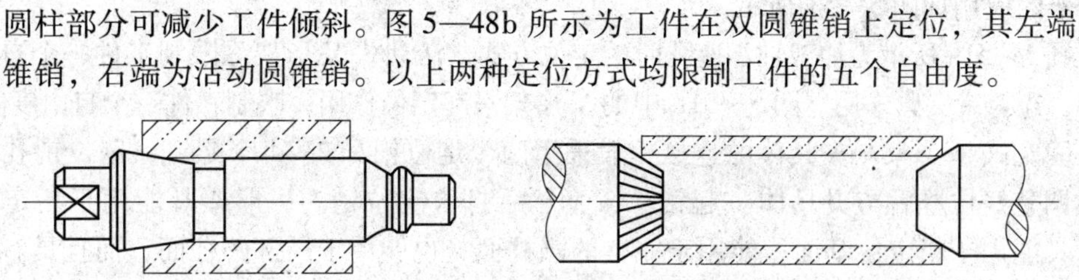

a) 圆锥—圆柱组合定位　　b) 双圆锥销定位

图 5—48　圆锥销组合定位

（3）工件以外圆柱面定位。工件以外圆柱面作为定位基面时，常用的定位元件有V形架、定位套和半圆套等。

1）V形架（GB/T 2208—1991）。V形架的结构和尺寸如图5—49所示，其主要参数包括：

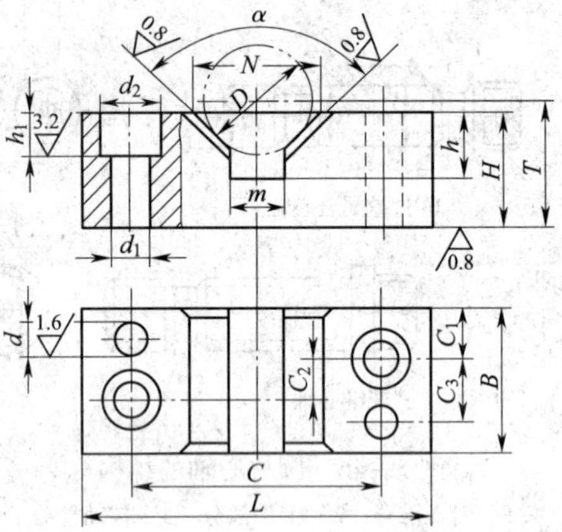

图5—49　V形架的结构和尺寸

D——V形架的设计心轴直径，mm。*D*为工件定位基面的平均尺寸，其轴线是V形架的限位基准。

α——V形架两限位基面间的夹角，有60°、90°、120°三种，以90°应用最广泛。

H——V形架的高度，mm。

T——V形架的定位高度，即V形架的限位基准至V形架底面的距离，mm。

N——V形架的开口尺寸，mm。

当$\alpha = 90°$时，$T = H + 0.707D - 0.5N$。

90°V形架的结构和尺寸均已经标准化，可查表选取。

图5—50所示为常用V形架的结构形状。图5—50a所示的V形架用于较短的精定位基面；图5—50b所示的V形架用于粗定位基面和阶梯定位面；图5—50c所示的V形架用于较长的精定位基面和相距较远的两个定位面。V形架不一定采用整体结构的钢件，可在铸铁底座上镶淬硬支承板或硬质合金板制成，如图5—50d所示。

V形架有活动式（GB/T 2211—1991）、固定式（GB/T 2210—1991）之分，活动式V形架的应用如图5—51所示。

图5—51a所示为加工轴承座孔时的定位方式，活动式V形架除限制工件一个自由度之外，还兼有夹紧作用。图5—51b中的V形架只起定位作用，限制工件一个自由度。

固定式V形架与夹具体的连接一般采用两个定位销和2~4个螺钉，定位销孔在装配时调整好位置后与夹具体一起钻、铰，然后打入定位销。V形架既能用于精定位基面，又能用于粗定位基面；能用于完整的圆柱面，也能用于局部圆柱面；而且具有对中性（使工件的定位基准总处在V形架两限位基面的对称面内），活动式V形架还可兼作夹紧元件。因此，当工件以外圆柱面定位时，V形架是用得最多的定位元件。

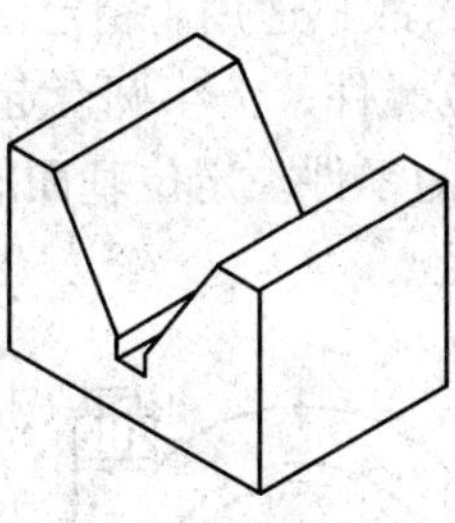

a) 短 V 形架

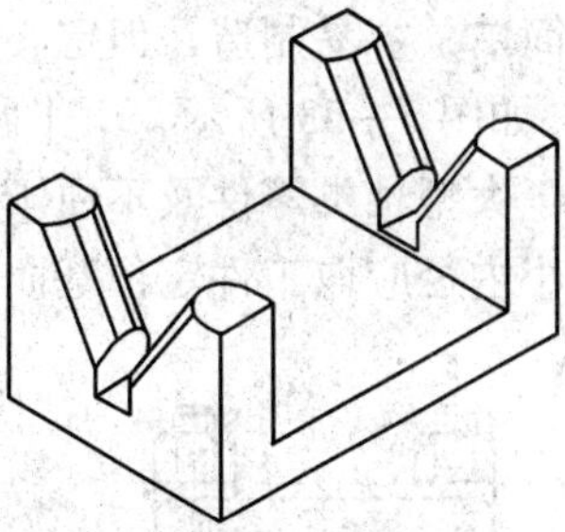

b) 间断形长 V 形架

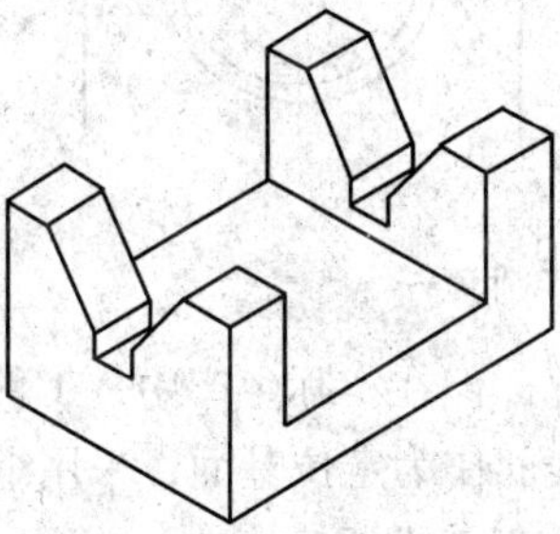

c) 间断形长 V 形架

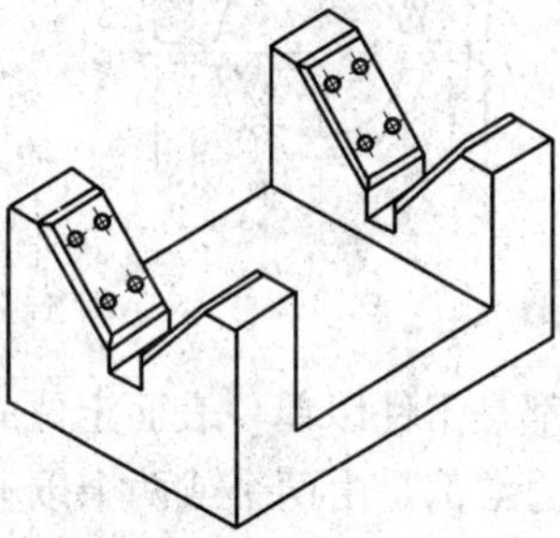

d) 间断形长 V 形架

图 5—50　V 形架的结构形式

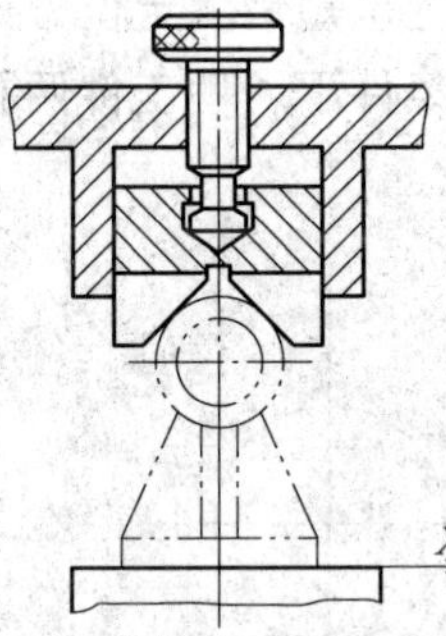

a) 既定位又起夹紧作用

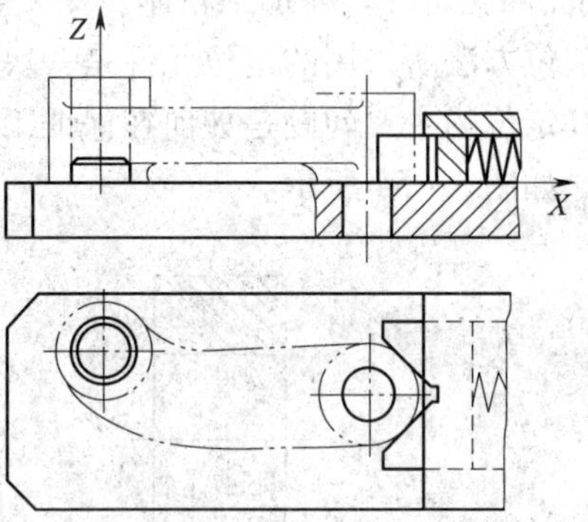

b) 只起定位作用

图 5—51　活动式 V 形架的应用

2）定位套。图 5—52 所示为常用的几种定位套。其内孔轴线是限位基准，内孔面是限位基面。为了限制工件沿轴向的自由度，常与端面联合定位。用端面作为主要限位面时，应控制套的长度，以免夹紧时工件产生不允许的变形。

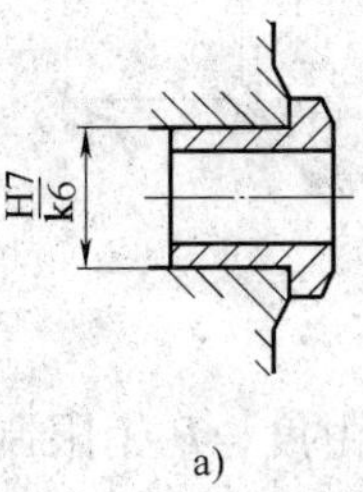

a)

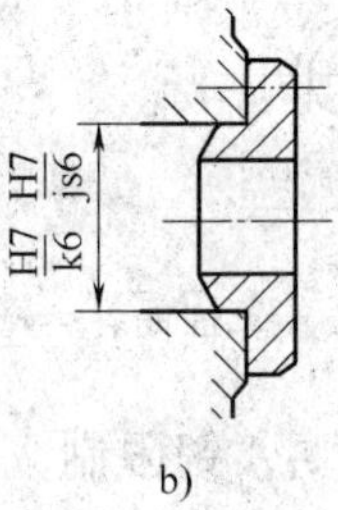

b)

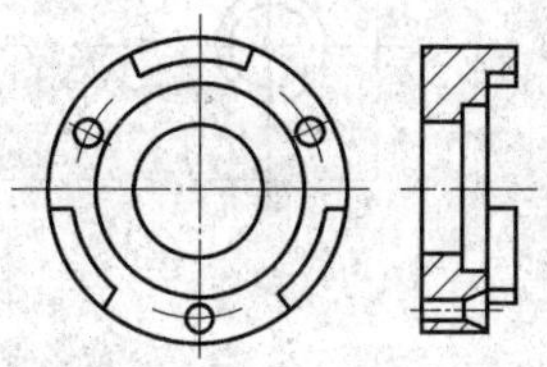

c)

图 5—52　常用的定位套

定位套结构简单，容易制造，但定心精度不高，故只适用于精定位基面。

3）半圆套。如图 5—53 所示，下半圆套是定位元件，上半圆套起夹紧作用。这种定位方式主要用于大型轴类零件及不便于轴向装夹的零件。定位基面的精度不低于 IT8 级，半圆套的最小内径应取工件定位基面的最大直径。

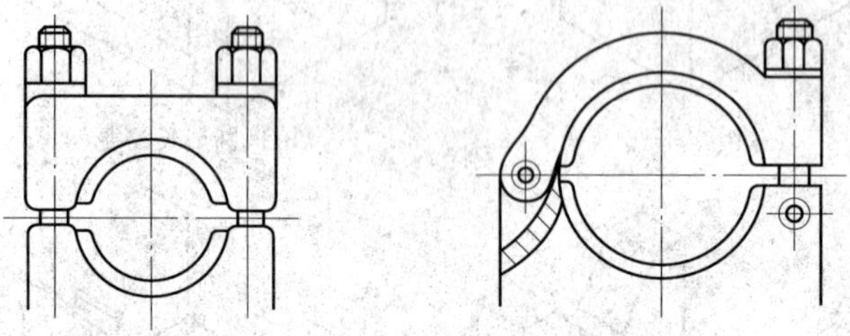

图 5—53　半圆套

以上讨论的都是工件以单一表面定位的情况，但在实际生产中，工件仅以单一表面定位的情况很少，通常都是由两个或两个以上的表面作为定位基面，采用组合定位方式。

（4）组合定位方式。常见的组合定位方式有三平面定位、一面两孔定位、两面一孔定位、一面一孔一圆弧定位、一面两圆弧定位等，这里只介绍常用的几种。

1）一面两孔定位。在加工箱体、支架类零件时，常用工件的一面两孔作为定位基准。这种定位方法所采用的定位元件是一块支承板和两个定位短销，定位方式简单，夹紧方便。其定位的主要问题是如何在保证工件加工精度的条件下，使工件两孔顺利地套在两销上。如图 5—54 所示。

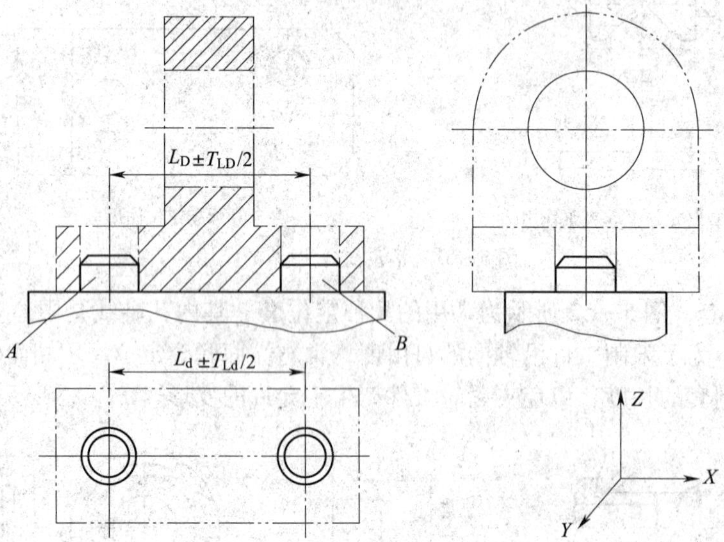

图 5—54　一面两孔定位

支承板限制工件的 $\overleftrightarrow{Z}$、$\overset{\curvearrowright}{X}$、$\overset{\curvearrowright}{Y}$ 自由度，A 销限制 $\overleftrightarrow{X}$、$\overleftrightarrow{Y}$ 自由度，B 销限制 $\overleftrightarrow{X}$、$\overset{\curvearrowright}{Z}$ 自由度，显然出现了重复定位，重复定位可能会使同一批工件中的部分工件孔无法套上定位

销。假定工件的 A 孔可顺利地装在 A 销上，而对于 B 孔，可能由于工件上两孔的间距 $L_D \pm T_{LD}/2$ 及两销的间距 $L_d \pm T_{Ld}/2$，以及孔、销本身的制造误差，会影响 B 孔正确地装在 B 销上。

使工件上两孔均能装在两销上的措施之一是减小 B 销的直径，但减小销径会使 B 孔、销之间的间隙增大。因此，通常并不采用减小销径的方法，而是将 B 销削边来避免两销定位时的重复定位现象，即所谓的削边销，是把销碰到孔壁的部分削去而只留下部分圆柱面，这样，在两孔中心的连线方向上，可以保证孔距、销距变化时两孔能在两销上正确地定位。

削边销一般有以下两种结构：

矩形削边销：常用于定位销直径大于 50 mm 的场合。

菱形削边销：为保证削边销的强度，小直径的削边销做成菱形结构，又称为菱形销，常用于定位销直径小于 50 mm 的场合，其尺寸见表 5—21。

削边销的宽度 b、B 均已标准化，一般可查表 5—21 得到。

具体设计步骤如下：

①确定两定位销的中心距尺寸及公差。取工件上两孔中心距的基本尺寸为两定位销中心距的基本尺寸，其公差一般为：

$$T_{Ld} = \left(\frac{1}{5} \sim \frac{1}{3}\right) T_{LD}$$

②确定圆柱销直径及公差。取相应孔的最小极限尺寸作为圆柱销直径的基本尺寸，其公差一般取 g6、f6 或 h7。

③查表 5—21 确定菱形销的宽度 b。

④计算菱形销的直径及公差

$$X_{2\min} = \frac{b(T_{LD} + T_{Ld})}{D_{2\min}}$$

$$d_{2\max} = D_{2\min} - X_{2\min}$$

计算出菱形销的最大极限尺寸，并取 IT6 或 IT7 的公差等级来确定 $d_{2\min}$。

表 5—21　　削边销尺寸

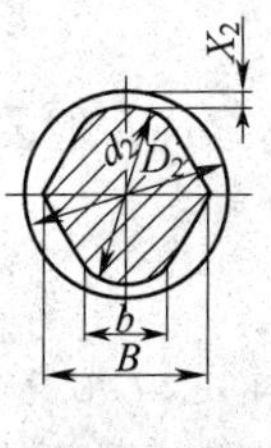	D_2	3 ~ 6	> 6 ~ 8	> 8 ~ 20	> 20 ~ 25	> 25 ~ 32	> 32 ~ 40	> 40 ~ 50
	b	2	3	4	5	6	6	8
	B	$D_2 - 0.5$	$D_2 - 1$	$D_2 - 2$	$D_2 - 3$	$D_2 - 4$	$D_2 - 5$	

注意：削边销的削边方向应垂直于两孔中心连线；否则，削边销不仅不能消除 $\overset{\leftrightarrow}{X}$ 的重复定位，还会因 $\overset{\frown}{Z}$ 没有被限制而出现欠定位。

2）两面一孔定位。工件以两面一孔组合定位的方式在生产中也常遇到。图 5—55

所示为一支架的镗孔夹具定位简图。工件采用两面一孔的方法定位，其底面被限制了 $\overleftrightarrow{Z}$、$\overset{\curvearrowright}{X}$、$\overset{\curvearrowright}{Y}$，侧面被限制了 $\overleftrightarrow{Y}$、$\overset{\curvearrowright}{Z}$，定位孔被限制了 $\overleftrightarrow{X}$、$\overleftrightarrow{Z}$。这里孔的定位元件必须做成削边销，因为底面是主要定位面，故定位销不应限制工件的 $\overleftrightarrow{Z}$，而应在 Z 方向上削边，否则会产生重复定位现象。

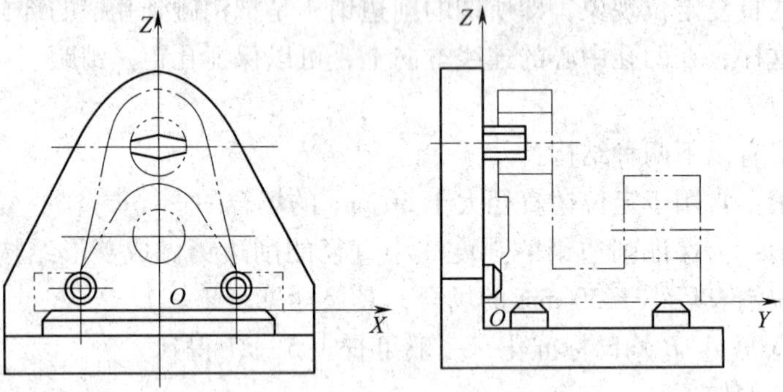

图 5—55　两面一孔的定位简图

3）一面两圆弧定位。图 5—56 所示为工件以一面两圆弧定位的实例。

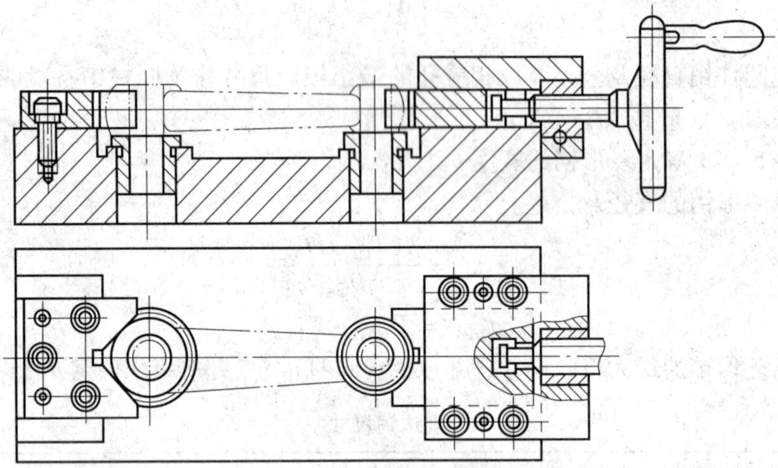

图 5—56　一面两圆弧定位

在加工连杆、拨叉、套筒法兰等工件时，工件在夹具中常采用这种定位方式，但要注意其中一个 V 形架必须做成活动的。

3. 工件在夹具中加工的精度分析

前面的内容主要介绍如何正确地选择定位基准，并根据相应的形状选择定位元件，利用六点定则，使工件正确定位。但由于工件的定位面以及夹具上的定位面和定位元件均有一定的制造误差。因此，工件在夹具中所占有的位置能否保证加工精度要求还是一个未知数，也就是说要进行工件定位精度分析。

定位精度是说明所选择的定位方法及定位元件能否满足加工要求的一个重要因素，精度分析是设计夹具的一个必要环节。而定位精度的高低是依据定位时所产生的定位误差大小体现的。

（1）工件的定位误差。一批工件逐个在夹具上定位时，各工件在夹具上所占据的位置不可能完全一致，以至于使加工后工件的工序尺寸存在误差。由于这种误差只与工件定位有关，所以称为定位误差。

定位误差Δ_D是指因工件定位而产生的工序基准在工序尺寸方向上的最大变动量。

定位误差产生的原因有两个，一是由工件定位基面的制造误差引起的；二是由定位基准未选择工序基准所引起的。所以，定位方法所引起的定位误差Δ_D包括以下两个方面：

1）基准不重合误差Δ_B。图5—57a所示为在工件上铣缺口的工序简图，加工尺寸为A和B。图5—57b所示为加工示意图，工件以底面和E面定位。C是确定夹具与刀具相互位置的对刀尺寸，在一批工件的加工过程中，C的大小是不变的。

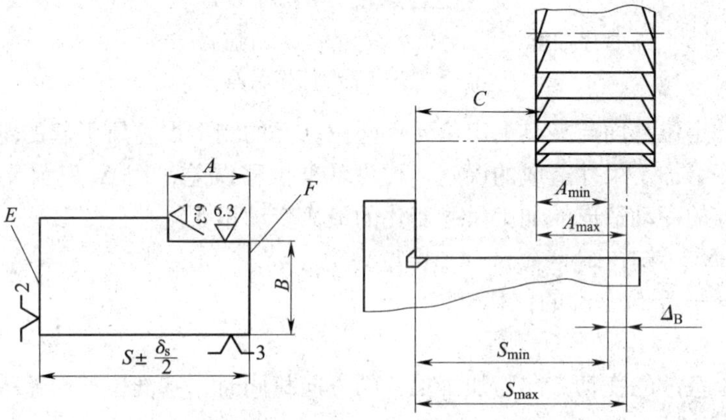

a) 工序简图　　b) 加工示意图

图5—57　基准不重合误差

加工尺寸A的工序基准是F，定位基准是E，两者不重合。当一批工件逐个在夹具上定位时，受尺寸$S \pm \delta_S/2$的影响，工序基准F的位置是变动的。F的变动直接影响A的大小，使A的尺寸产生误差，这个误差就是基准不重合误差。

显然，基准不重合误差的大小等于定位基准与工序基准之间的尺寸公差，用Δ_B表示。由图5—57b可知，S是定位基准E与工序基准F间的距离，称为定位尺寸。则$\Delta_B = A_{max} - A_{min} = S_{max} - S_{min} = \delta_S$。

注意：当定位基准与工序基准不重合，并且工序基准的变动方向与加工尺寸的方向不一致，存在一夹角α时，基准不重合误差等于定位尺寸的公差在加工尺寸方向上的投影，即$\Delta_B = \delta_S \cos\alpha$。

图5—57上加工尺寸B的工序基准与定位基准均为底面，基准重合，所以$\Delta_B = 0$。

2）基准位移误差Δ_Y。图5—58a所示为在工件的圆柱面上铣槽的工序简图，加工尺寸为A和B。图5—58b所示为加工示意图，工件以孔D在水平心轴上定位，O是心轴中心，C是对刀尺寸。在加工尺寸中B是由铣刀宽度决定的，而尺寸A是由工件相对于刀具的位置决定的。尺寸A的工序基准是内孔轴线，定位基准也是内孔轴线，两者重合，$\Delta_B = 0$。但是，由于工件的定位基面（孔）与心轴的限位基面（心轴圆柱面）的制造误差及两者间隙配合的原因，工件孔在心轴上定位时因自重的影响，使工件的定位基准（孔的轴线）下移，这种定位基准的位置变动影响加工尺寸 A 的大小，给尺寸 A 造成误差，这个误差就是基准位移误差。

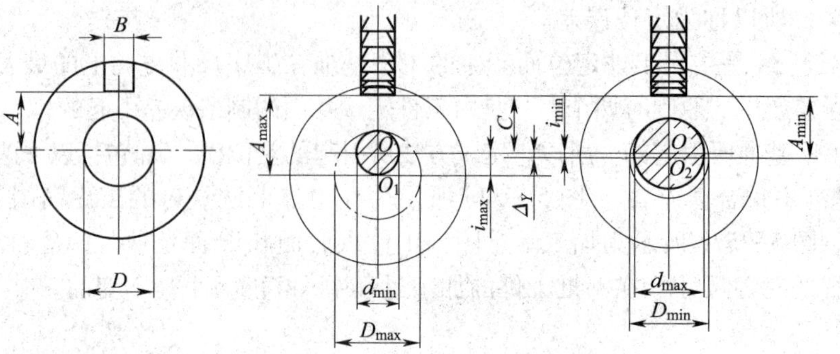

a) 工序简图　　b) 加工示意图

图 5—58　基准位移误差

由于工件定位基面与夹具上定位元件限位基面的制造误差所引起的定位基准和限位基准不重合，给加工尺寸造成的误差，称为基准位移误差，用 Δ_Y 表示。Δ_Y 的大小应等于因定位基准的变动造成的加工尺寸变化的最大变动量 δ_i。

由图 5—58 可知，$\Delta_Y = A_{max} - A_{min} = i_{max} - i_{min} = \delta_i$。

式中　i——定位基准的位移量，mm。

注意：

单元 5

①当定位基准的变动方向与加工尺寸的方向相同时，基准位移误差等于定位基准的最大变动范围，即 $\Delta_Y = \delta_i$。

②当定位基准的变动方向与加工尺寸方向不同时，基准位移误差等于定位基准的最大变动范围在加工尺寸方向上的投影，即 $\Delta_Y = \delta_i \cos\alpha$。

式中　α——定位基准的变动方向与工序尺寸方向间的夹角，(°)。

（2）定位误差 Δ_D 的计算方法。如上所述，当工件以各种方法定位时，可能会同时存在 Δ_B 和 Δ_Y 两项误差，这两项误差均会影响同一个工序尺寸的大小。所以，定位误差是由基准不重合误差与基准位移误差两项组合而成的。计算时，应先根据定位方法分别计算出 Δ_B 和 Δ_Y，然后将两者组合成 Δ_D。组合方法为：

若工序基准不在定位基面上：$\Delta_D = \Delta_B + \Delta_Y$

若工序基准在定位基面上：$\Delta_D = \Delta_B \pm \Delta_Y$

式中“+”“-”号的确定方法如下：

1）分析定位基面直径由小变大（或由大变小）时定位基准的变动方向。

2）假定定位基准的位置不变动，当定位基面直径由小变大（或由大变小）时，分析工序基准的变动方向。

3）若两者变动方向相同，取“+”；反之，取“-”。

从上面分析可知，Δ_B 的产生是因为定位基准与工序基准不重合所引起的，所以要消除 Δ_B，就必须尽量遵守基准重合的原则。而 Δ_Y 的产生是由于定位基面与限位基面的制造误差及配合间隙的存在所引起的，所以减小 Δ_Y 的方法是提高配合表面的精度。

常见定位方式的定位误差见表5—22。

表5—22　　　　常见定位方式的定位误差

限位基面	定位简图	定位误差
平面	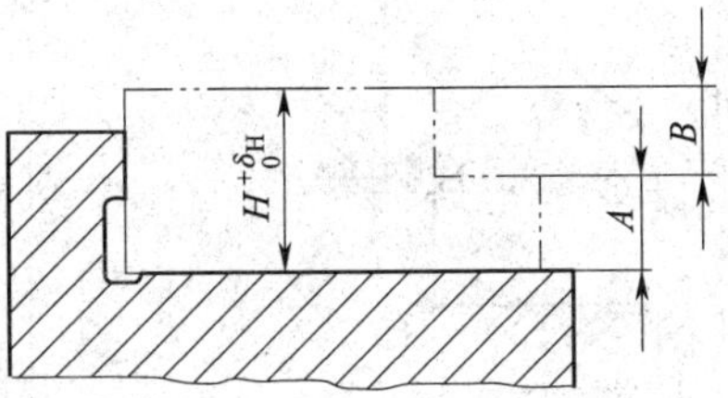	$\Delta_{DA}=0$ $\Delta_{DB}=\delta_H$
圆柱面及平面	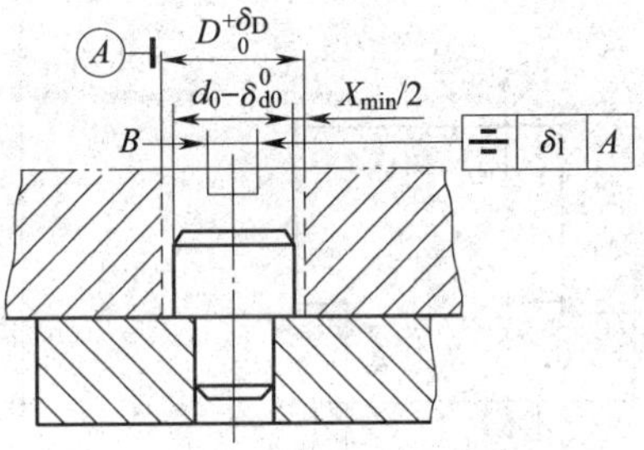	$\Delta_{DA}=\delta_D+\delta_{d0}+X_{min}$ （定位基准任意方向移动）
圆柱面	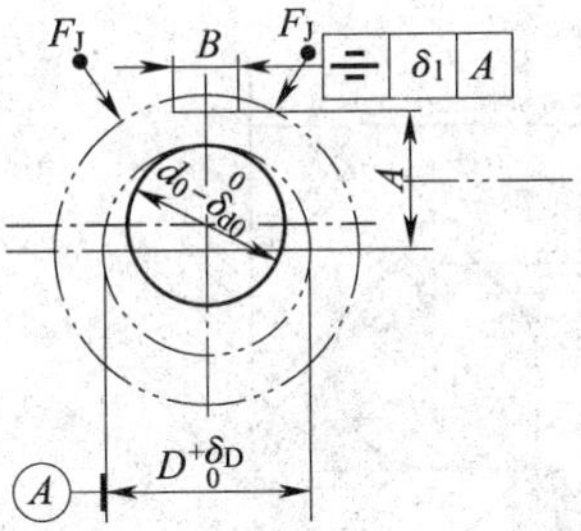	$\Delta_D(\text{⌯})=0$ $\Delta_{DA}=\frac{1}{2}(\delta_D+\delta_{d0})$ （定位基准单方向移动）
两垂直平面	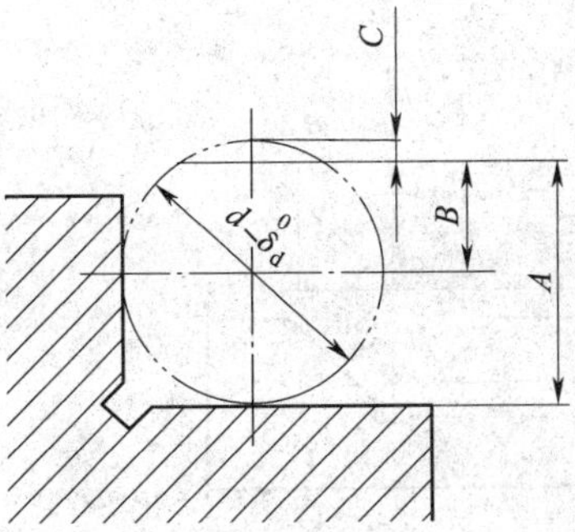	$\Delta_{DA}=0$ $\Delta_{DB}=\frac{\delta_d}{2}$ $\Delta_{DC}=\delta_d$

续表

限位基面	定位简图	定位误差
平面及 V 形面	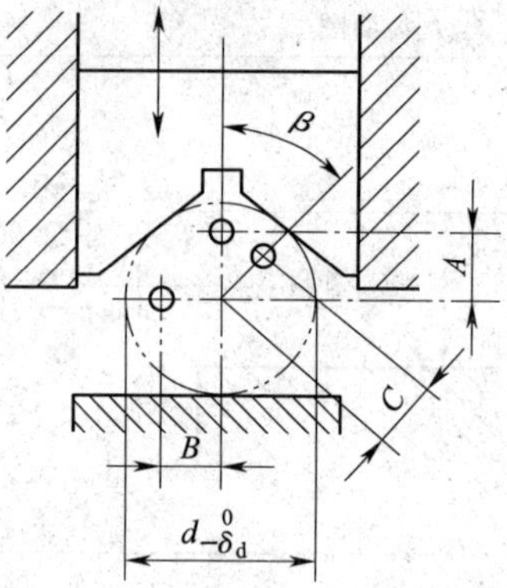	$\Delta_{DA}=\frac{\delta_d}{2}$ $\Delta_{DB}=0$ $\Delta_{DC}=\frac{1}{2}\delta_d\cos\beta$
平面及 V 形面	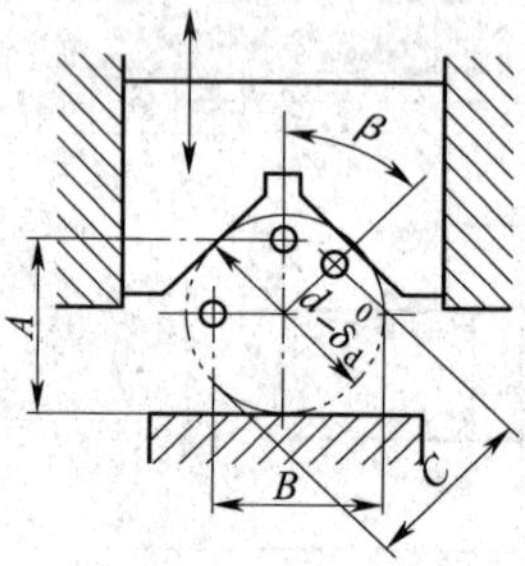	$\Delta_{DA}=0$ $\Delta_{DB}=\frac{\delta_d}{2}$ $\Delta_{DC}=\frac{1}{2}\delta_d(1-\cos\beta)$
平面及 V 形面	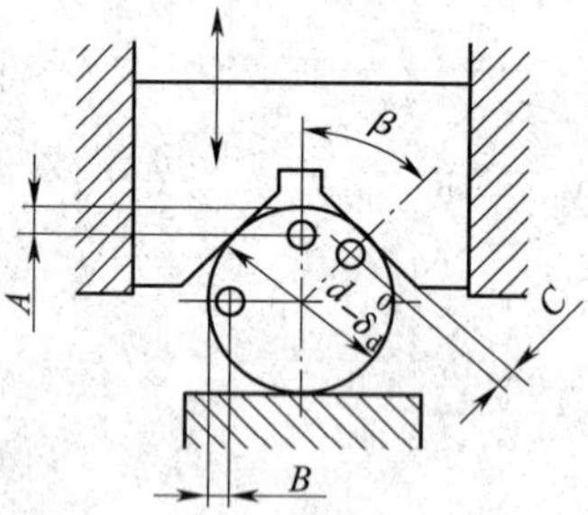	$\Delta_{DA}=\delta_d$ $\Delta_{DB}=\frac{\delta_d}{2}$ $\Delta_{DC}=\frac{1}{2}\delta_d(1+\cos\beta)$
V 形面	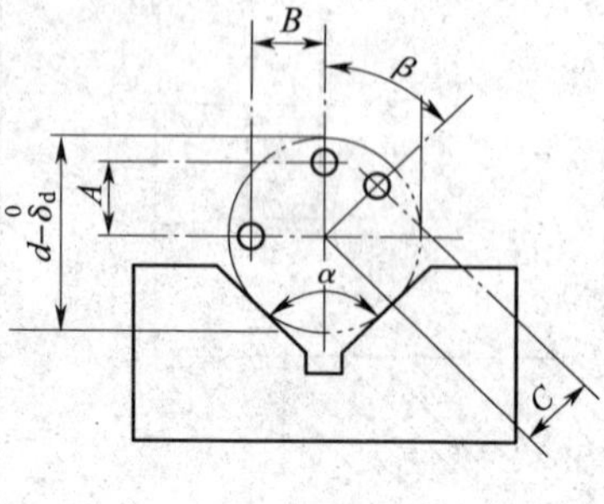	$\Delta_{DA}=\frac{\delta_d}{2\sin\frac{\alpha}{2}}$ $\Delta_{DB}=0$ $\Delta_{DC}=\frac{\delta_d\cos\beta}{2\sin\frac{\alpha}{2}}$

续表

限位基面	定位简图	定位误差
V 形面	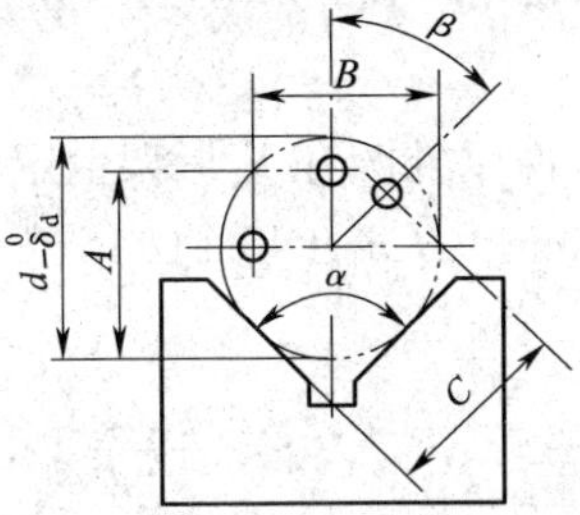	$\Delta_{DA}=\frac{\delta_d}{2}\left(\frac{1}{\sin\frac{\alpha}{2}}-1\right)$ $\Delta_{DB}=\frac{\delta_d}{2}$ $\Delta_{DC}=\frac{\delta_d}{2}\left(\frac{\cos\beta}{\sin\frac{\alpha}{2}}-1\right)$
V 形面	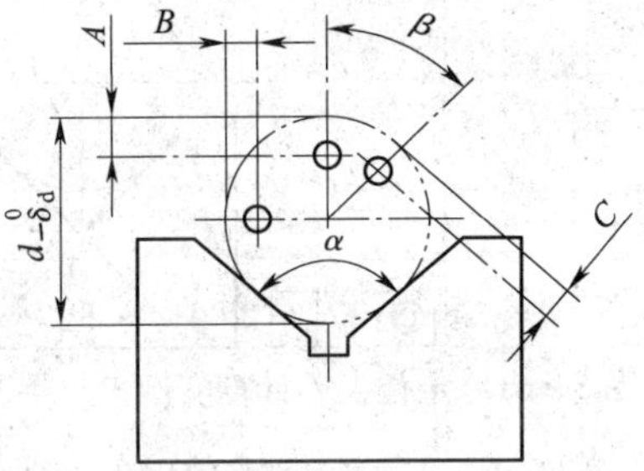	$\Delta_{DA}=\frac{\delta_d}{2}\left(\frac{1}{\sin\frac{\alpha}{2}}+1\right)$ $\Delta_{DB}=\frac{\delta_d}{2}$ $\Delta_{DC}=\frac{\delta_d}{2}\left(\frac{\cos\beta}{\sin\frac{\alpha}{2}}+1\right)$

（3）定位误差计算实例

例 5—7 求图 5—59 所示加工尺寸 A 的定位误差。

解：1）定位基准为底面，工序基准为圆孔中心线 O，定位基准与工序基准不重合，两者之间的定位尺寸为 50 mm，工序基准的变动方向与加工尺寸方向间的夹角 $\alpha=45°$。

$$\Delta_B=\delta_s\cos\alpha=0.2\cos45°=0.141\ 4\ (\text{mm})$$

2）定位基准与限位基准重合，则有：

$$\Delta_Y=0$$

3）$\Delta_D=\Delta_B+\Delta_Y=0.141\ 4$ mm

例 5—8 如图 5—60 所示，工件以 $\phi60^{+0.15}_{0}$ mm 的孔定位，加工孔 $\phi10^{+0.1}_{0}$ mm，定位销直径为 $60^{-0.03}_{-0.06}$ mm，要求保证尺寸（40 ±0.1）mm，试计算定位误差。

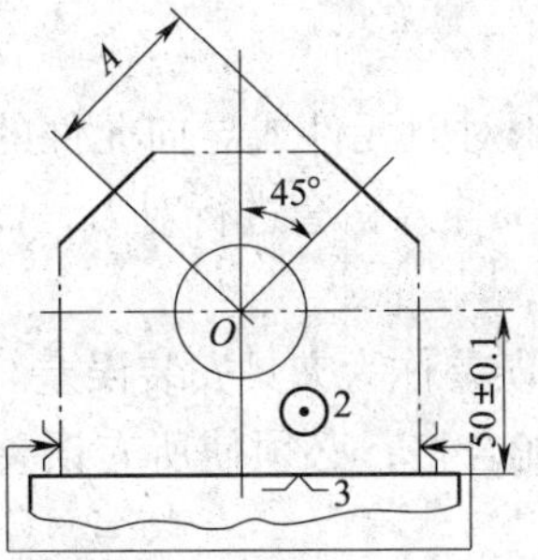

图 5—59 定位误差计算实例 1

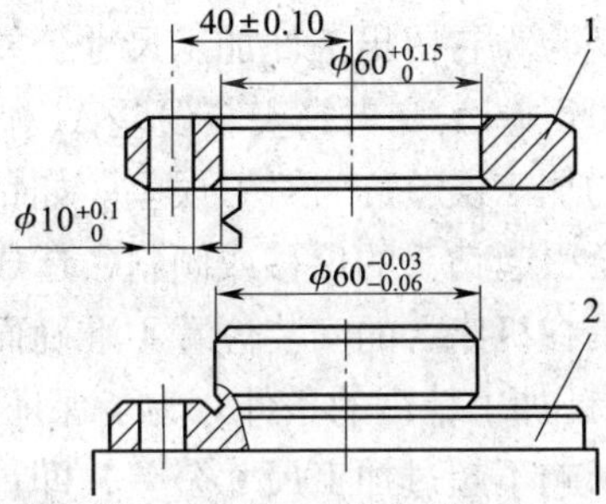

图 5—60 定位误差计算实例 2

1—工件 2—定位元件

解：1）定位基准与工序基准重合，则有：

$$\Delta_B=0$$

2）$\Delta_Y=\delta_D+\delta_{d0}+X_{min}=0.15+0.03+0.03=0.21$（mm）

3）$\Delta_D=\Delta_B+\Delta_Y=0.21$（mm）

例 5—9 如图 5—61 所示，工件以外圆在 V 形架上定位加工孔，要求保证尺寸 H。已知 $d_1=30_{-0.01}^{\ 0}$ mm，$d_2=55_{-0.056}^{-0.010}$ mm，$H=$（40 ± 0.15）mm，$t=0.03$ mm，求加工尺寸 H 的定位误差。

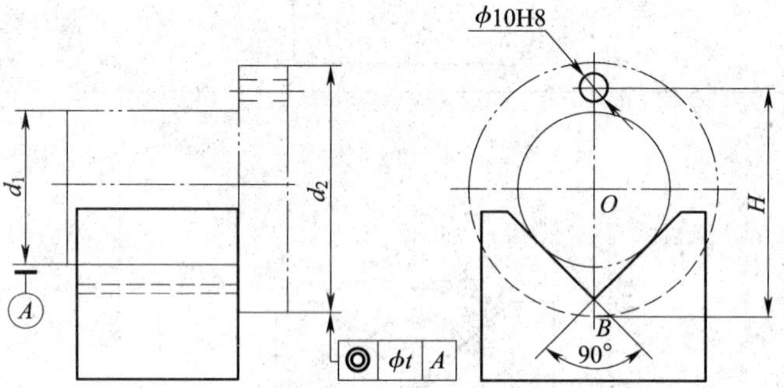

图 5—61　定位误差计算实例 3

解：1）定位基准是外圆 d_1 的轴线，工序基准是外圆 d_2 的母线 B，定位基准与工序基准不重合，则有：

$$\Delta_B=\frac{\delta_{d2}}{2}+t=\frac{0.046}{2}+0.03=0.053(\text{mm})$$

2）$\Delta_Y=\dfrac{\delta_{d1}}{2\sin\dfrac{\alpha}{2}}=0.707\delta_{d1}=0.707\times0.01=0.007$（mm）

3）$\Delta_D=\Delta_Y+\Delta_B=0.007+0.053=0.06$（mm）

（4）加工精度分析

1）影响加工精度的因素。用夹具装夹工件进行机械加工时，影响工件加工精度的因素很多。除了定位误差 Δ_D 外，还有以下几种误差：

①加工方法误差 Δ_G。因机床精度、刀具精度、刀具与机床的位置精度、工艺系统在加工过程中的受力变形和热变形等因素所引起的加工误差统称为加工方法误差。所以，根据经验为它留出工件加工尺寸公差 δ_K 的 1/3。

②对刀误差 Δ_T 和夹具安装误差 Δ_A。因刀具相对于对刀元件或导向元件的位置不准确而造成的加工误差称为对刀误差。如钻削前须将钻头伸入钻套进行对刀，而钻头与钻套的间隙会引起钻头的位移或倾斜，造成加工误差。

因夹具在机床上的安装位置不准确而造成的加工误差称为夹具安装误差。

2）保证加工精度的条件。为了保证工件加工后能合格，必须使所有误差对加工尺寸的综合影响不超过加工尺寸公差，即：

$$\Delta_D+\Delta_G+\Delta_T+\Delta_A\leqslant\delta_K$$

考虑到各项误差的方向性，以及各项误差的最大值也很难同时出现，因此应用概率法叠加，则保证工件加工精度的条件为：

$$\sum\Delta = \sqrt{\Delta_D^2 + \Delta_G^2 + \Delta_T^2 + \Delta_A^2} \leqslant \delta_K$$

即工件的总加工误差$\sum\Delta$应不大于工件的加工尺寸公差δ_K。

根据经验，在设计夹具时，通常是使Δ_D、Δ_G各占$1/3\delta_K$，其余误差占$1/3\delta_K$，在经过分析后，可按具体情况加以调整。

4. 夹紧装置及夹紧力的确定

工件的定位是指使工件在夹具上占有一个正确的加工位置。但要使工件在加工过程中确保此加工位置不变，即不会由于切削力、工件重力、惯性力和离心力等的作用而发生位置的变化或产生振动，夹具上还应设有夹紧装置，把工件压紧夹牢在定位元件上，以保证加工精度和安全。

（1）夹紧装置的组成。图5—62所示为液压夹紧铣床夹具。

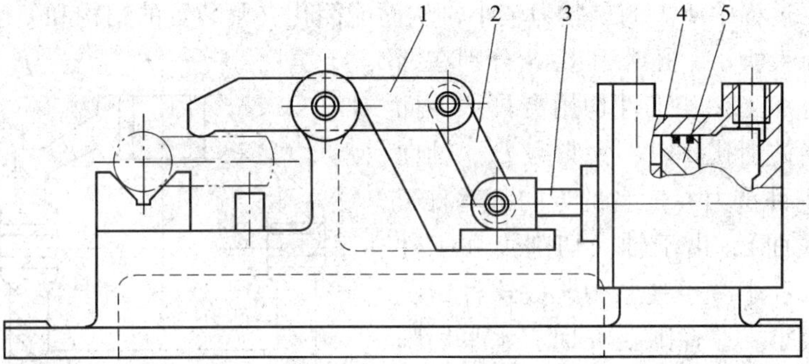

图5—62　液压夹紧铣床夹具

1—压板　2—铰链臂　3—活塞杆　4—液压缸　5—活塞

压缩空气由配气阀经管道进入液压缸4的右腔，推动活塞5左移，活塞杆3产生的水平方向作用力通过铰链臂2传至压板1夹紧工件。

夹紧装置一般分为以下两大组成部分：

1）产生力源（原始作用力）部分。对于力源来自机械或电力的，一般称为传动装置。常用的有气压、液压、电力等传动装置。力源来自人力的，则称为手动夹紧。

2）夹紧部分。是指接受和传递原始作用力使之变为夹紧力并夹紧工件的部分。

在夹紧装置的设计中，要求其结构简单、合理，操作方便，使用安全，夹紧可靠。要达到这些要求，必须正确解决夹紧力的大小、方向、作用点问题。

（2）夹紧力的确定。确定夹紧力就是确定夹紧力的方向、作用点和大小三个要素。而夹紧力三要素的确定，要分析工件的结构特点、加工要求、切削力的方向以及工件定位方式、布置方式等。

1）夹紧力的方向。夹紧力的方向主要与工件的定位及工件所受外力的作用方向等有关。

①夹紧力应指向主要定位基面。工件如图5—63a所示，欲在角形支座上镗孔，要求保证孔的中心与A面垂直。如果夹紧力指向底面，如图5—63b、c所示，则由于A面与底面交角误差的影响，会使A面离开夹具的定位表面或使A面产生变形，其结果是

破坏了定位，不能保证孔与平面 A 的垂直度要求。若夹紧力的方向垂直于 A 面，如图5—63d 所示，则有利于保证垂直度要求。

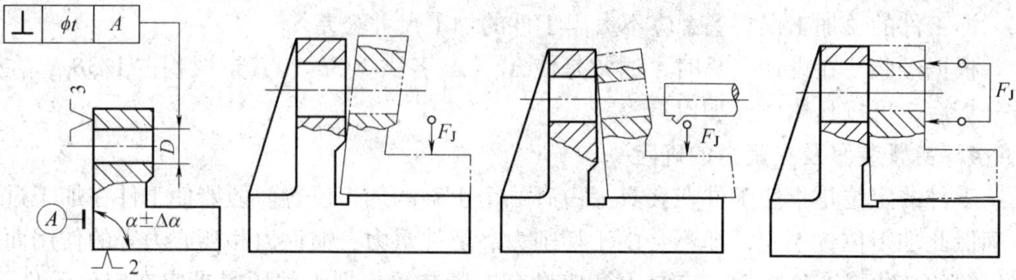

a) 工序简图　b) 夹紧力指向底面　c) 夹紧力指向底面　d) 夹紧力指向 A 面

图 5—63　夹紧力应指向主要定位基面

②夹紧力应尽可能与切削力、工件重力同向。当夹紧力与切削力、工件重力的方向相同时，加工过程中所需的夹紧力较小，从而能简化夹紧装置的结构和便于操作。

如图 5—64 所示，孔 A 和孔 B 分别在两道工序中进行加工，若工件均用夹具的一面两销定位。当钻削孔 A 时，夹紧力 F_J、轴向切削力 F 和工件重力 G 三者的方向都垂直于定位基面（底面），由于轴向切削力和工件重力的作用有利于减小夹紧力，故这种情况所需夹紧力最小。在镗削孔 B 时，水平切削力 F_H 与夹紧力 F_J、工件重力 G 相垂直，此时只能依靠夹紧力和工件重力在支承面上产生的摩擦力来平衡切削力，则所需的夹紧力远大于切削力。

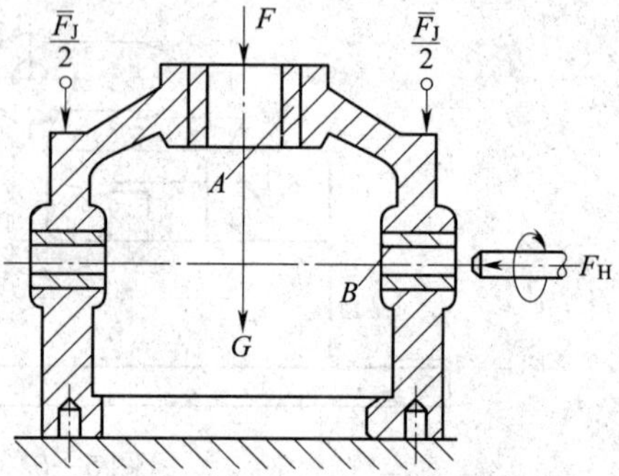

图 5—64　夹紧力与切削力、工件重力的关系

分析上面的情况可知，若夹紧力与切削力、工件重力同向，则所需的夹紧力一般较小。

③夹紧力的方向应有助于定位稳定。如图 5—65a 所示，夹紧力 F_J 的垂直分力背向限位基面，可能会使工件翻转。图 5—65b 中夹紧力的两个分力分别指向两限位基面，将有助于定位稳定。

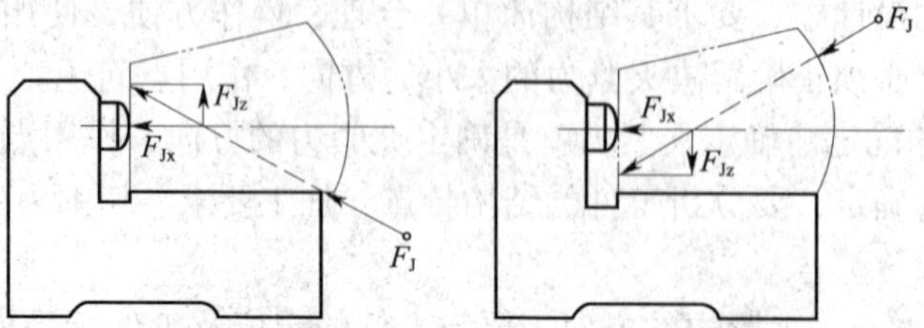

a) 不合理　b) 合理

图 5—65　夹紧力的方向应有助于定位稳定

2）夹紧力的作用点。当夹紧力的方向确定后，要选择夹紧力作用点的位置，此时主要考虑的问题是如何保证夹紧时不会破坏工件的定位及引起工件变形最小。

①夹紧力的作用点应落在定位元件的支承范围内。图 5—66b、d 所示为夹紧力的作用点均落在支承范围之外，夹紧时将破坏工件的定位，而图 5—66a、c 所示为合理的方式。

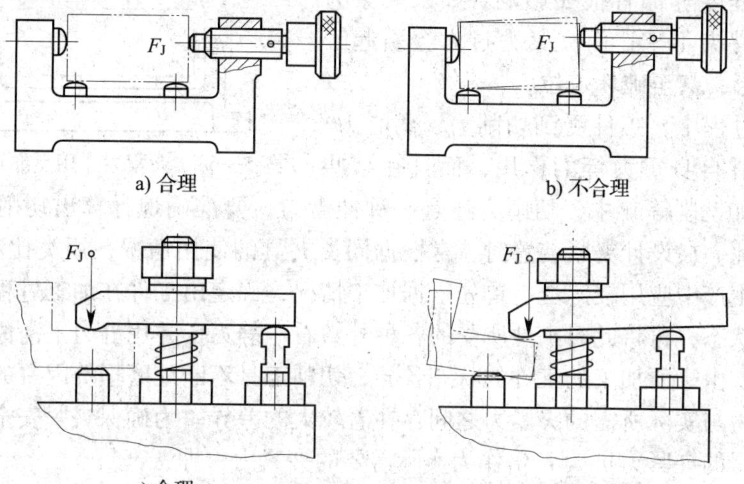

a) 合理　b) 不合理
c) 合理　d) 不合理

图 5—66　夹紧力作用点的位置

②夹紧力的作用点应落在工件刚度较高的部位。工件在不同方向或不同部位的刚度是不同的。如图 5—67a 所示，薄壁套筒工件的轴向刚度比径向高，用卡爪在径向夹紧时易使工件变形；若改从轴向施加夹紧力，则变形会小得多。图 5—67b 所示的薄壁箱体，夹紧力应作用在刚度较高的凸边上。箱体无凸边时，可如图 5—67c 所示，将单点夹紧改为三点夹紧，使着力点落在刚度较高的箱体壁上，从而改变着力点的位置，减小工件的夹紧变形。

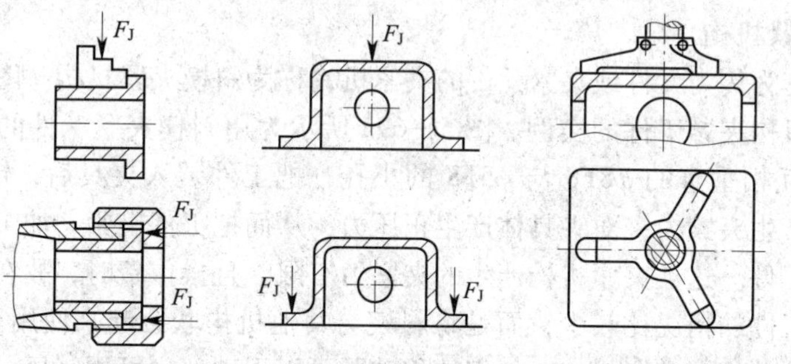

a) 工件轴向刚度　b) 工件凸边上刚度　c) 单点受力改多点受力

图 5—67　夹紧力与工件刚度的关系

③夹紧力的作用点应靠近加工表面。夹紧力靠近加工表面可提高加工部位的夹紧刚度，防止或减小工件产生振动。如图 5—68 所示，工件上的被加工面为 *A*、*B* 面，若只采用夹紧力 F_{J1} 进行夹紧力，因加工部位距离夹紧力作用点较远，加工时会产生较大振动，影响加工质量。如果在靠近加工表面的地方增设一个辅助支承，并增加夹紧力 F_{J2}，可提高工件的装夹刚度，减小加工时工件的振动。

3）夹紧力大小的确定。夹紧力的大小对工件装夹的可靠性、工件和夹具的变形、夹紧机构的复杂程度等都有很大影响。如果夹紧力太小，则工件夹不牢；而夹紧力过大会引起工件与夹具变形，甚至破坏定位。

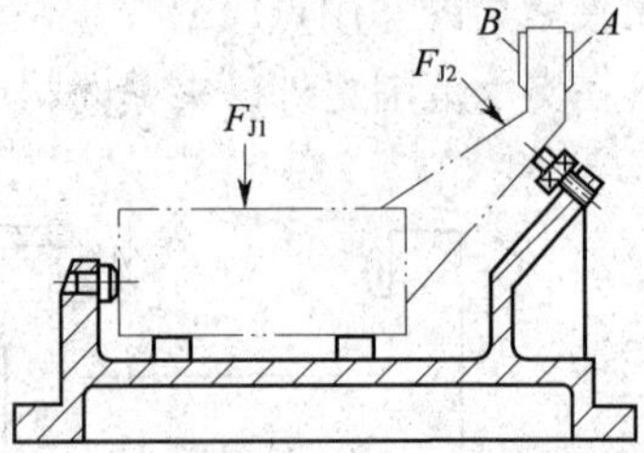

图 5—68　夹紧力作用点靠近加工表面

在加工过程中，工件受到切削力、离心力、惯性力和工件自身重力等的作用，而且在某些切削加工（如铣削等）中，切削力还是一种冲击力。要准确地计算出切削力的大小十分困难，因此，在设计夹紧装置时，常根据同类夹具的使用情况，用类比法进行估算，这种方法在生产中应用较广泛。首先根据加工情况，确定出工件在加工过程中对夹紧最不利的瞬时状态，再将此时工件所受的各种外力看作静力，并用静力平衡原理计算出所需的夹紧力。由于所加工的工件的状态各异，切削工具不断地磨损等因素的影响，所计算出的夹紧力与实际所需的夹紧力之间存在着较大的差异。为确保夹紧安全、可靠，往往将计算所得的夹紧力扩大 K 倍作为实际需要的夹紧力，即：

$$F_K = KF$$

式中　F_K——实际所需夹紧力，N；

F——在一定条件下，用静力平衡原理计算出的夹紧力，N；

K——安全系数。粗加工时，取 $K=2.5\sim3$；精加工时，取 $K=1.5\sim2$。

各种典型切削方式所需夹紧力的静力平衡方程式可参阅《夹具设计手册》。

单元 5

三、基本夹紧机构

夹具的夹紧机构种类很多，但其结构大都以斜楔夹紧机构、螺旋夹紧机构和偏心夹紧机构为基础，且应用最为普遍，这三种夹紧机构合称为基本夹紧机构。

1. 斜楔夹紧机构

采用斜楔作为传力元件或夹紧元件的夹紧机构称为斜楔夹紧机构。图 5—69 所示为几种斜楔夹紧机构夹紧工件的实例。图 5—69a 所示为用斜楔夹紧工件的钻孔夹具，需在工件上钻削互相垂直的 ϕ8F8 与 ϕ5F8 的小孔，把工件装入夹具后，锤击斜楔大端，则斜楔对工件产生夹紧力，对夹具体产生正压力，从而把工件楔紧。加工完毕，锤击斜楔小端，松开工件。这类夹紧机构产生的夹紧力有限，且操作费时，故在实际生产中直接用斜楔夹紧工件的情况比较少，而是将斜楔与其他机构联合起来使用。图 5—69b 所示为斜楔—滑柱的组合夹紧机构，斜楔的移动既可以手动，也可用气压、液压驱动。图 5—69c 所示为用端面斜楔实现对工件夹紧的夹紧机构。

（1）斜楔的夹紧力。图 5—70a 所示为作用力 F_Q 存在时斜楔的受力情况，根据静力平衡原理可得：

$$F_1 + F_{RX} = F_Q$$

而 $F_1 = F_J\tan\varphi_1$

$F_{RX} = F_J\tan(\alpha+\varphi_2)$

代入上式得：

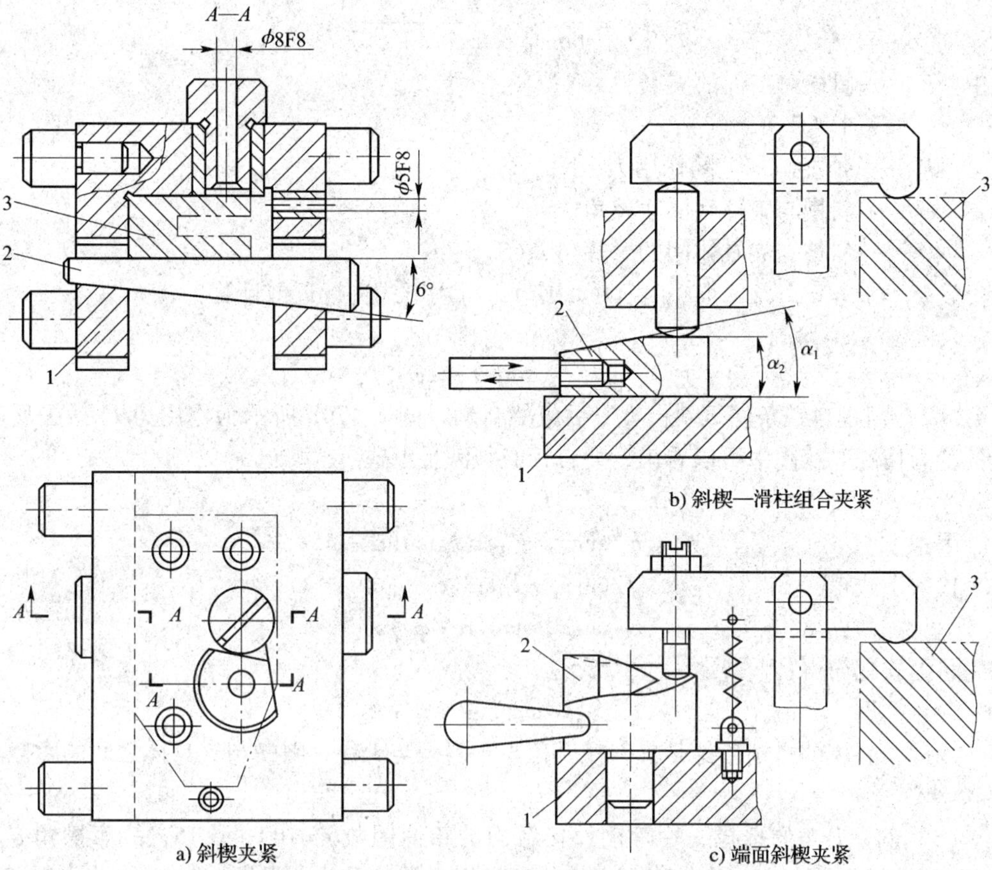

图 5—69　斜楔夹紧机构

1—夹具体　2—斜楔　3—工件

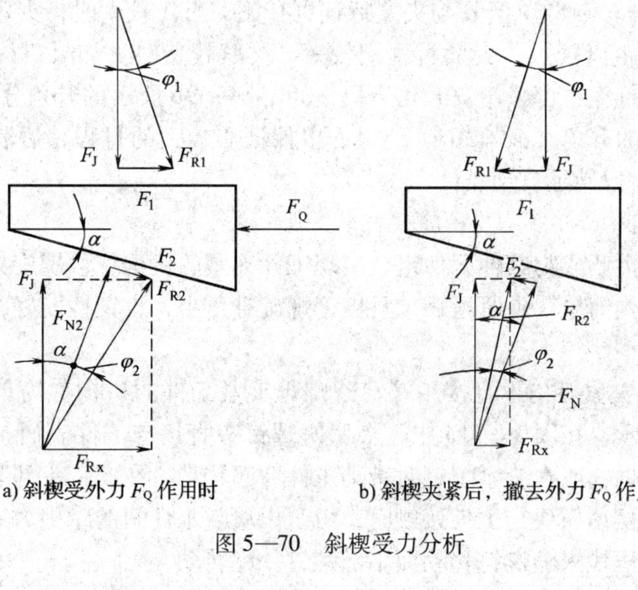

图 5—70　斜楔受力分析

$$F_J = \frac{F_Q}{\tan\varphi_1 + \tan(\alpha + \varphi_2)}$$

式中 F_J——斜楔对工件的夹紧力，N；

α——斜楔升角，(°)；

F_Q——加在斜楔上的作用力，N；

φ_1——斜楔与工件间的摩擦角，(°)；

φ_2——斜楔与夹具体间的摩擦角，(°)。

设 $\varphi_1 = \varphi_2 = \varphi$，当 α 很小时（$\alpha \leqslant 10°$），可用下式进行近似计算：

$$F_J = \frac{F_Q}{\tan(\alpha + 2\varphi)}$$

（2）斜楔自锁条件。斜楔夹紧后应能自锁，图 5—70b 所示为作用力 F_Q 撤去后斜楔的受力情况。从图中可以看出，要自锁必须满足下式：

$$F_1 > F_{RX}$$

因：
$$F_1 = F_J\tan\varphi_1,\ F_{RX} = F_J\tan(\alpha - \varphi_2)$$

代入上式得：
$$F_J\tan\varphi_1 > F_J\tan(\alpha - \varphi_2)$$
$$\tan\varphi_1 > \tan(\alpha - \varphi_2)$$

将上式化简得：

$$\varphi_1 > \alpha - \varphi_2 \text{或} \alpha < \varphi_1 + \varphi_2$$

因此，斜楔的自锁条件是：斜楔升角小于斜楔与工件、斜楔与夹具体之间的摩擦角之和。

（3）斜楔升角的选择。一般钢件接触面的摩擦因数 $f = 0.1 \sim 0.15$，故摩擦角 $\varphi = \arctan(0.10 \sim 0.15) = 5°43' \sim 8°30'$。为保证自锁可靠，手动夹紧机构一般取 $\alpha = 6° \sim 8°$。用气压或液压装置驱动的斜楔不需要自锁，可取 $\alpha = 15° \sim 30°$。

斜楔升角 α 与斜楔的自锁性能有关，即从满足夹紧机构的自锁条件方面来确定 α 的大小，一般取 $\alpha = 6° \sim 8°$。但 α 与夹紧行程也有关，当 α 较大时，夹紧行程较长；而当 α 较小时，夹紧距离较长，夹紧行程则较短，夹紧较费时。如果机构要求既要自锁又要有较大的夹紧行程，可采用双升角楔块，如图 5—69b 所示的升角分别为 α_1 和 α_2 两段。前段采用较大的升角（$\alpha_1 = 30° \sim 35°$），以保证有较大的行程，后段采用较小的升角（$\alpha_2 = 6° \sim 8°$），以满足自锁条件。

2. 螺旋夹紧机构

采用螺旋直接夹紧或与其他元件组合实现工件夹紧的机构统称螺旋夹紧机构。由于这种夹紧机构的结构简单，夹紧可靠，且由于螺旋升角小，自锁性能好，在机床夹具上应用最为广泛。

（1）单个螺旋夹紧机构。直接用螺钉或螺母夹紧工件的机构称为单个螺旋夹紧机构，如图 5—71 所示。在图 5—71a 中，夹紧时螺钉头直接与工件表面接触，为了防止螺钉转动时损伤工件，或在旋紧螺钉时带动工件一起转动，在螺钉头部装有图 5—72 所示的摆动压块。当摆动压块与工件接触时，由于压块与工件间的摩擦力矩大于压块与螺钉间的摩擦力矩，压块只随螺钉移动而不随螺钉一起转动。

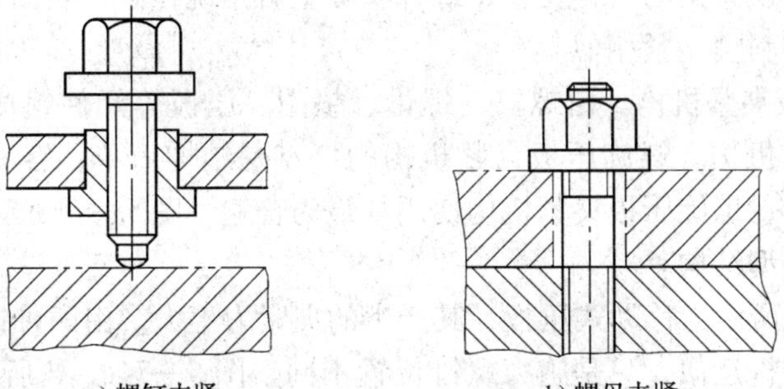
a) 螺钉夹紧　　b) 螺母夹紧

图 5—71　单个螺旋夹紧机构

标准的摆动压块的结构有两种类型，如图 5—72（GB/T 2172—1991）所示，A 型的端面是光滑的，用于夹紧已加工表面；B 型的端面有齿纹，用于夹紧毛坯粗糙表面。

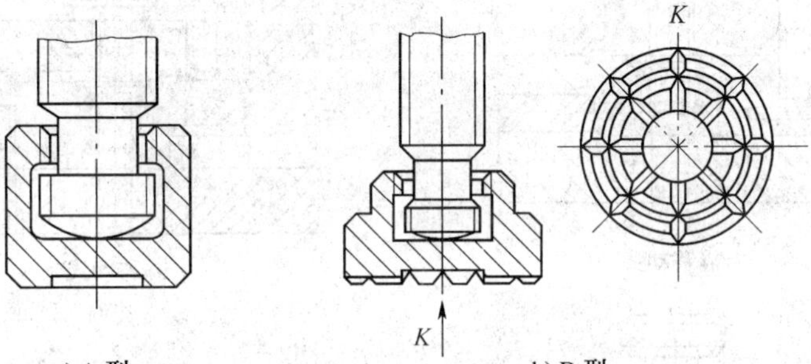

a) A 型　　b) B 型

图 5—72　摆动压块

由于夹紧动作慢，工件装卸费时，为了克服这些缺点，可以使用各种快速接近或快速撤离工件的螺旋夹紧机构，如图 5—73 所示。图 5—73a 使用了开口垫圈，图 5—73b 则采用了快卸螺母，图 5—73c 为快速移动螺杆机构。

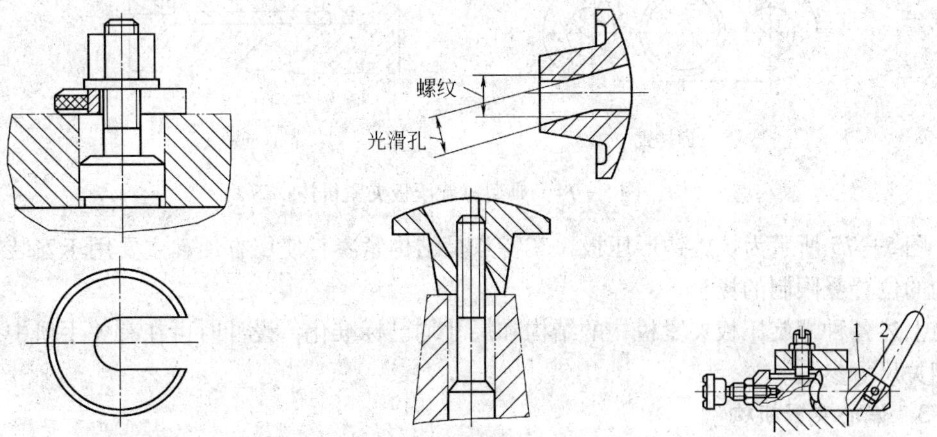

a) 开口垫圈　　b) 快卸螺母　　c) 快速移动螺杆

图 5—73　快速螺旋夹紧机构

螺旋夹紧是斜楔夹紧的一种变型，螺杆实际上就是绕在圆柱表面上的斜楔，所以它的夹紧力的计算与斜楔夹紧相似。

（2）螺旋压板夹紧机构。由螺钉、螺母、垫圈、压板等元件组成的夹紧压板机构称为螺旋压板夹紧机构。螺旋压板夹紧机构的特点是结构简单，容易制造，自锁性能好，在各种夹具中，螺旋压板夹紧机构使用得最为普遍。图 5—74 所示为常用螺旋压板夹紧机构的四种典型结构。

图 5—74a、b 所示为移动式压板，其产生的夹紧力不大。由两种螺旋压板夹紧机构比较可知，两种结构近似，只是施力螺钉位置不同。图 5—74c、d 所示为回转式压板，其产生的夹紧力比作用力大，故操作省力，工件的装卸方便，但使用时受工件形状的限制，主要用于需增大夹紧力的场合。

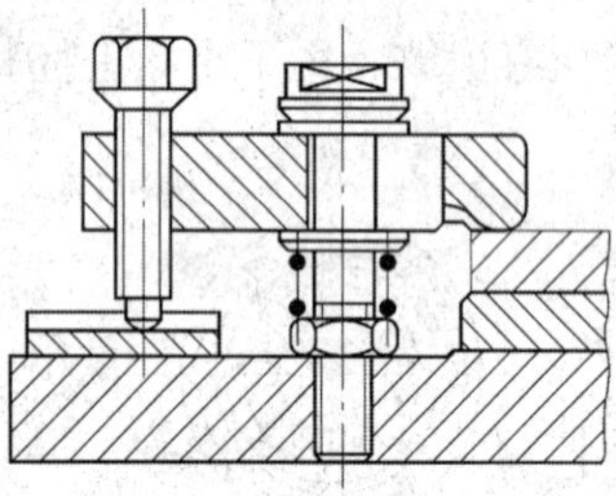

a) 移动式

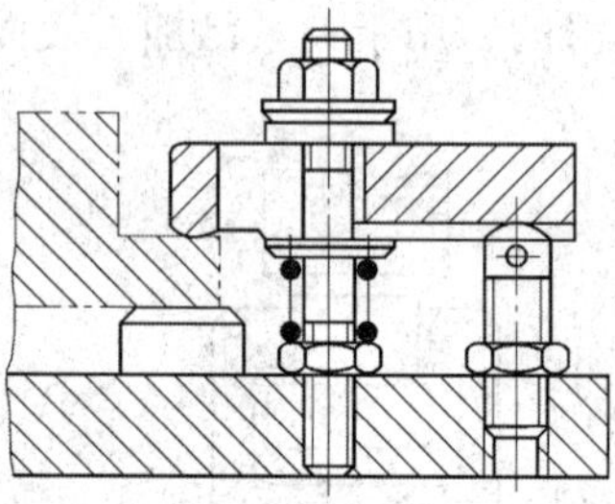

b) 移动式

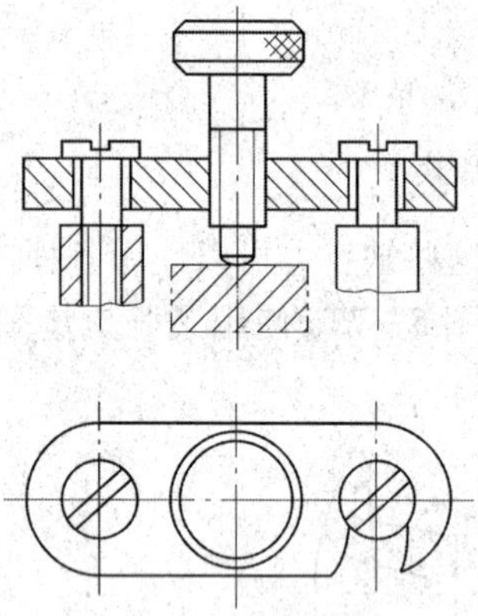

c) 回转式

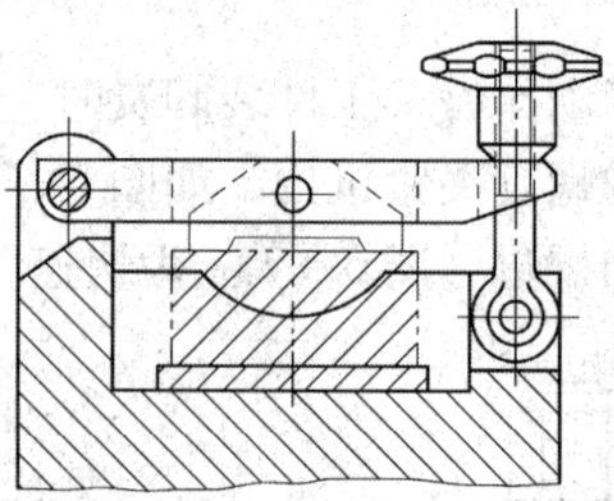

d) 回转式

图 5—74　典型螺旋压板夹紧机构

图 5—75 所示为螺旋钩形压板，其特点是结构紧凑，使用方便，主要用于安装夹紧机构的位置受限制的场合。

上述各种螺旋压板夹紧机构的结构和尺寸均已标准化，设计时可在有关手册中查到其相关尺寸参数。

3. 偏心夹紧机构

用偏心件直接夹紧或与其他元件组合夹紧工件的机构称为偏心夹紧机构。其结构简单，制造方便。

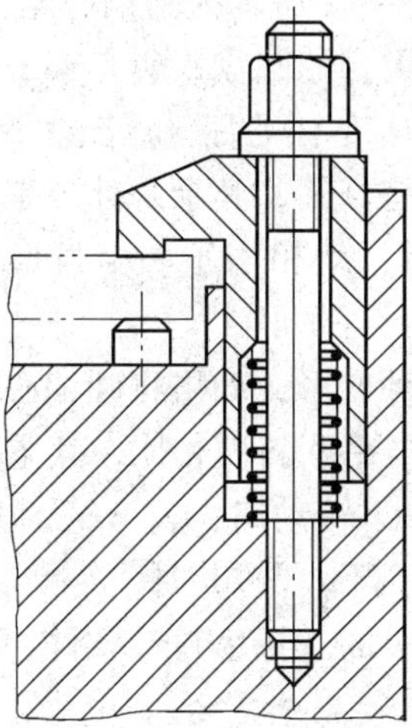

图 5—75　螺旋钩形压板

图 5—76 所示为常见的几种偏心夹紧机构。

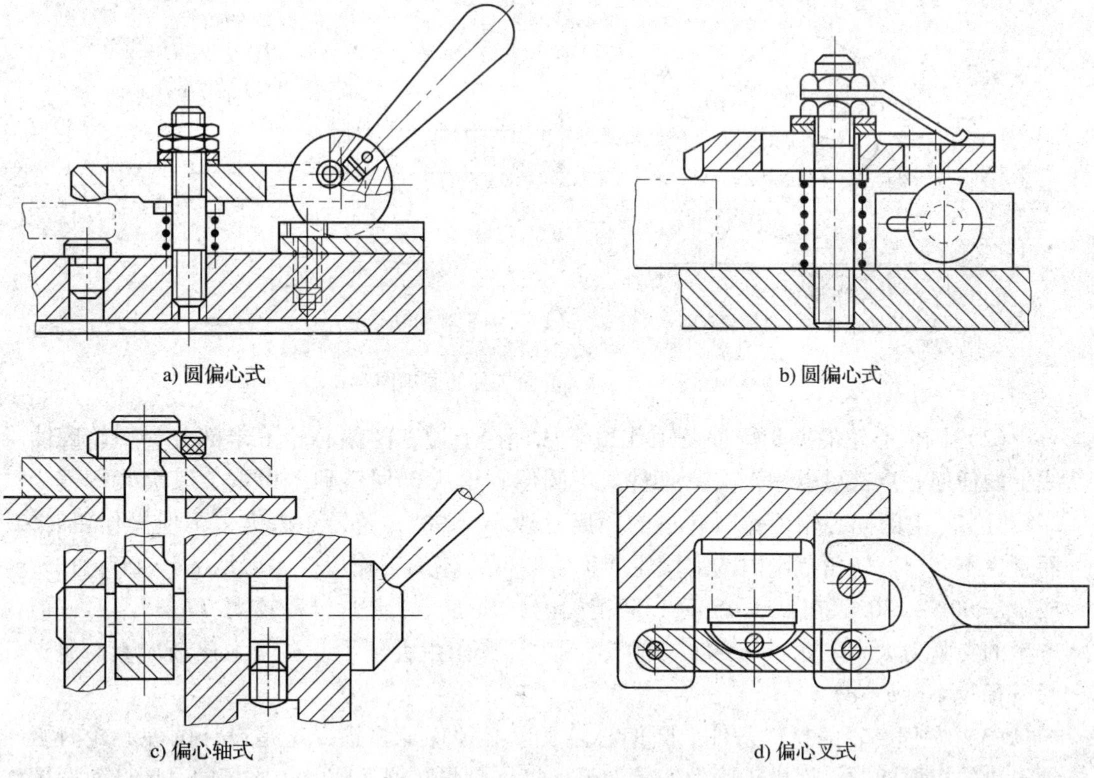

a) 圆偏心式　b) 圆偏心式

c) 偏心轴式　d) 偏心叉式

图 5—76　偏心夹紧机构

图 5—76a、b 所示为圆偏心轮式，图 5—76c 所示为偏心轴式，图 5—76d 所示为偏心叉式。

偏心夹紧机构的主要优点是结构简单、夹紧迅速，其缺点是夹紧力和夹紧行程都较小。

（1）圆偏心夹紧原理。图5—77a 所示为圆偏心轮直接夹紧工件的原理图。圆偏心轮是一个几何中心与回转中心不重合的圆盘，O_1是偏心轮的几何中心，R 是它的几何半径。O_2是偏心轮的回转中心，O_1O_2是偏心距 e。若以 O_2 为圆心，r 为半径作一虚线圆，可将偏心轮分成三部分，虚线圆是基圆，其余两部分是两个相同的弧形楔块。当偏心轮绕回转中心 O_2顺时针方向转动时，就相当于一个弧形楔块逐渐楔入基圆与工件之间，从而夹紧工件。

圆偏心轮实际上是斜楔的一种变形，如果将圆偏心轮上的弧形楔圆周展开，可得到弧形楔的展开图（图 5—77b），与平面斜楔相比，其主要特性是工作表面上各点的升角是变值。当圆偏心轮绕回转中心 O_2转动时，$\varphi_x = 0°$，升角 $\alpha = 0°$；随着 φ_x 的增大，α 也随之增大，$\varphi_x = 90°$时 $\alpha_{达到最大}$；当 $\varphi_x > 90°$时，α 减小；$\varphi_x = 180°$时，$\alpha = 0°$。圆偏心轮的这一特性很重要，它与工作段的选择、自锁条件、夹紧力的计算和主要结构尺寸等的确定均有关。

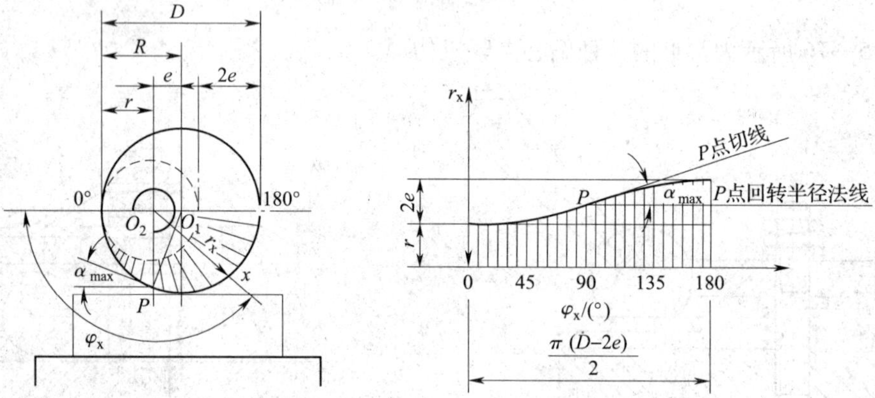

a) 圆偏心轮夹紧工件的原理图　　b) 弧形楔的展开图

图 5—77　圆偏心轮工件的原理图

（2）圆偏心轮的夹紧行程及工作段。从理论上说，圆偏心轮下半部分整个轮廓曲线上的任何一点都可以用来夹紧工件。当圆偏心轮从0°回转到180°时，其夹紧行程为2e。但实际上圆偏心轮工作时转过的角度一般小于90°，若转角太大，不但操作费时，而且也不安全。转角范围内的那段轮周称为圆偏心轮的工作段，一般取 $\varphi_x = 45° \sim 135°$ 或 $\varphi_x = 90° \sim 180°$。在 $\varphi_x = 45° \sim 135°$范围内，升角大，夹紧行程较大（$h \approx 1.4e$），但产生的夹紧力太小。在 $\varphi_x = 90° \sim 180°$范围内，升角由大到小，夹紧力逐渐增大，但夹紧行程较小（$h \approx e$）。

（3）圆偏心轮的自锁条件。圆偏心轮夹紧必须保证自锁，这是设计圆偏心轮时必须解决的主要问题。而由于圆偏心轮的弧形楔夹紧与斜楔夹紧的实质相同。因此，圆偏心轮的自锁条件与斜楔的自锁条件一样，应满足下列条件：

$$\alpha_{max} \leqslant \varphi_1 + \varphi_2$$

式中　α_{max}——圆偏心轮的最大升角，P 点的切线与 P 点回转半径的法线之间的夹角，(°)；

φ_1——圆偏心轮与工件间的摩擦角，(°)；

φ_2——圆偏心轮与回转轴间的摩擦角，(°)。

由图 5—77a 可知：$\sin\alpha=\dfrac{3e}{D}$

为了安全起见，不考虑转轴处的摩擦，即令 $\phi_2=0°$，因 α_{max} 很小，可近似得 $\alpha_{max}=\tan\alpha_{max}$，则：

$$\tan\alpha_{max}\leqslant\tan\varphi_1$$

圆偏心轮的自锁条件为：

$$\frac{2e}{D}\leqslant f_1$$

式中 f_1——圆偏心轮与工件间的摩擦因数。

当 $f_1=0.1\sim0.15$ 时，$D=(14\sim20)e$。在实际设计中，多采用 $D=14e$ 来设计圆偏心轮。

（4）圆偏心轮的设计。设计圆偏心轮，主要是确定圆偏心轮的夹紧行程、偏心距和偏心轮直径。

1）确定夹紧行程。偏心轮直接夹紧工件时的夹紧行程为：

$$h=s_1+s_2+s_3+\delta$$

式中 s_1——装卸工件所需的间隙，mm，一般取 $s_1=0.3$ mm；

s_2——夹紧装置本身的弹性变形量，mm，一般取 $s_2=0.05\sim0.15$ mm；

s_3——夹紧行程储备量，mm，一般取 $s_3=0.1\sim0.3$ mm；

δ——工件夹压表面至定位面的尺寸公差，mm。

2）计算偏心距

用 $\delta_x=45°\sim135°$ 作为工作段时，$e=0.7h$；

用 $\delta_x=90°\sim180°$ 作为工作段时，$e=h$。

3）按自锁条件计算偏心轮直径 D

$f=0.1$ 时，$D=20e$；

$f=0.15$ 时，$D=14e$。

4）圆偏心轮的结构。圆偏心轮的结构已标准化，有关技术要求、参数可查阅 GB/T 2191～2194—1991。

思 考 题

1. 什么是生产过程、工艺过程、工序、工步、走刀、安装和工位？

2. 什么是生产纲领？单件生产和大量生产各有哪些重要工艺特点？

3. 什么是六点定则？部分定位和重复定位是否均不能采用？为什么？

4. 什么是粗基准和精基准？试述它们的选择原则。

5. 什么是定位误差？定位误差是由哪些因素引起的？定位误差的数值一般应控制在零件公差的什么范围内？

6. 安排切削加工工序的原则是什么？为什么要遵循这些原则？
7. 什么是工艺尺寸链？试举例说明组成环、增环、封闭环的概念。
8. 产品的装配精度与零件的加工精度、装配工艺方法有什么关系？
9. 什么是装配尺寸链？它与一般尺寸链有什么不同？
10. 保证产品精度的装配工艺方法有哪几种？各在什么情况下使用？
11. 什么是机床夹具？夹具有哪些作用？
12. 机床夹具有哪几个组成部分？各起什么作用？
13. 对夹紧装置的基本要求有哪些？
14. 试分析三种基本夹紧机构的优缺点。

第6单元

电工常识

第一节　直流电路

一、电路及基本物理量

1．电路

（1）电路的组成及作用。电流经过的路径称为电路，它是为了某种需要由某些电工设备或元器件按一定方式组合起来的。如图 6—1a 所示为一个简单电路的实物接线图。

电路可以用电路图来表示，图中的设备或元器件用国家统一规定的符号表示。图 6—1b 就是图 6—1a 的电路图。

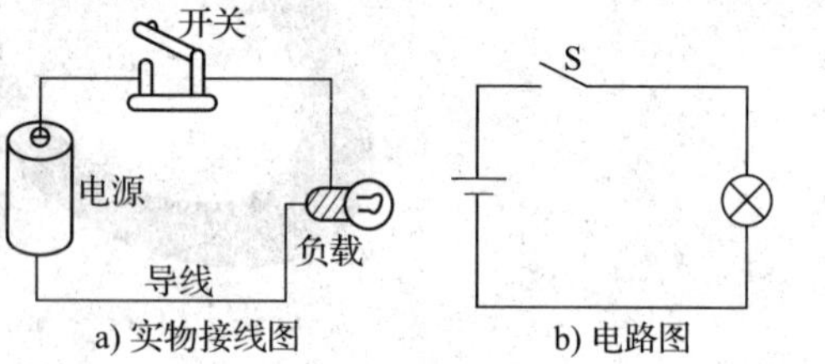

图 6—1　电路和电路图

电路的作用就是实现电能的传输和转换。

（2）电路的状态。电路通常有以下三种状态：

1）通路状态：电路中的开关闭合形成闭合回路，负载中有电流流过。

2）断路状态：电源两端或电路某处断开，电路中无电流。

3）短路状态：电源未经负载而直接经导体形成闭合回路。短路时往往形成过大的电流，损坏供电电源、供电线路及负载，必须严格防止，避免发生。

2．电路中几个物理量

（1）电流。电荷有规则地定向移动称为电流。导体中的电流是由于导体内部自由电子在电场力作用下有规则地移动而形成的。电流的大小取决于在一定时间内通过导体横截面的电荷量的多少。在相同时间内通过导体横截面的电荷量越多，就表示流过该导体的电流越强，反之越弱。电流的大小等于单位时间内通过导体横截面的电荷量，用字母 I 来表示。若在 t 秒内通过导体横截面的电荷量为 Q 库仑，则电流 I 就可用公式表示为：

$$I = Q/t$$

式中　I——电流，A；

Q——电荷量，C；

t——时间，s。

如果在 1 s 内通过导体横截面的电量为 1 C，则导体中的电流就是 1 A。

电流不仅有大小，而且有方向，习惯上规定以正电荷移动的方向为电流的方向。

（2）电压。电压又称为电位差，是衡量电场力做功本领大小的物理量。若电场力将电荷 Q 从 A 点移到 B 点，所做的功为 W_{AB}，则 AB 两点间的电压 U_{AB} 为：

$$U_{AB} = W_{AB}/Q$$

式中　U_{AB}——AB 两点间的电压，V；

W_{AB}——电场力做的功，J；

Q——电荷量，C。

（3）电动势。电动势是衡量电源将非电能转换成电能本领大小的物理量。在外力（非静电力）作用下，单位正电荷从电源负极经电源内部移到正极所做的功，称为该电源的电动势，用符号 E 表示，即：

$$E = W/Q$$

式中 E——电源电动势，V；

W——外力所做的功，J；

Q——外力移动的电荷量，C。

电动势的单位与电压相同，也是伏特（V）。电动势的方向规定为由电源负极指向电源正极。

对于一个电源来说，既有电动势又有端电压。电动势只存在于电源内部，而端电压则是电源加在外电路两端的电压，其方向由正极指向负极。一般情况下，电源的端电压总是小于电源内部的电动势，只有当电源开路时，电源的端电压才与电源的电动势相等。

（4）电阻。导体对电流的阻碍作用称为电阻，用符号 R 来表示。其单位为欧姆，简称欧，用符号 Ω 来表示。若导体两端所加的电压为 1 V，通过的电流是 1 A，那么该导体的电阻就是 1 Ω。导体的电阻跟导体的长度成正比，跟导体的横截面积成反比，并与导体的材料性质有关。对于长度为 l，横截面积为 S 的导体，其电阻可用下式表示为：

$$R = \rho l/S$$

式中 R——导体的电阻，Ω；

l——导体的长度，m；

S——导体的横截面积，m^2；

ρ——导体的电阻率，Ω · m。

上式中的 ρ 是一个与导体材料性质有关的物理量，称为电阻率。电阻率通常是指在 20℃时，长度为 1 m 而横截面积为 1 mm^2 的某种材料的电阻值。

常用的电器都有电阻，如灯泡、电动机、电炉丝等。

二、欧姆定律及其应用

1. 部分电路欧姆定律

如图 6—2 所示为不包含电源的部分电路。当在电阻 R 两端施加电压 U 时，电阻中就有电流流过。实验证明，流过导体的电流 I 与这段导体两端的电压 U 成正比，与这段导体的电阻 R 成反比。即：

$$I = U/R$$

式中 I——流过导体的电流，A；

U——导体两端的电压，V；

R——导体电阻，Ω。

这一规律，称为部分电路欧姆定律。欧姆定律揭示了电路中电流、电压、电阻三者之间的关系，是电路分析的基本定律之一，应用非常广泛。

由上式还可得到：

$$U = IR$$

从图6—2中还可看出，电阻两端的电压方向是由高电位指向低电位，并且电位是逐渐降低的，所以通常将电阻两端的电压称为“电压降”或“压降”。

欧姆定律适用于所有交、直流线性电路。

2. 全电路欧姆定律

全电路是指含有电源的闭合电路，如图6—3所示。图中的点画线框表示一个电源的内部电路，称为内电路。电源内部一般都是有电阻的，这个电阻称为内电阻，简称内阻，用符号 r 或 R_0 表示。内电阻也可以不单独画出，而在电源符号旁边注明内电阻的数值。电源外部的电路称为外电路。

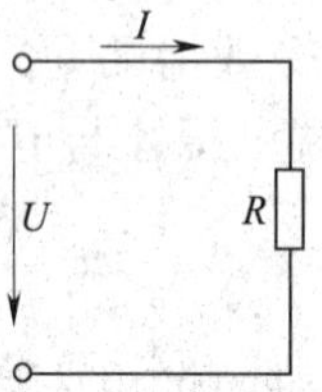

图6—2 部分电路

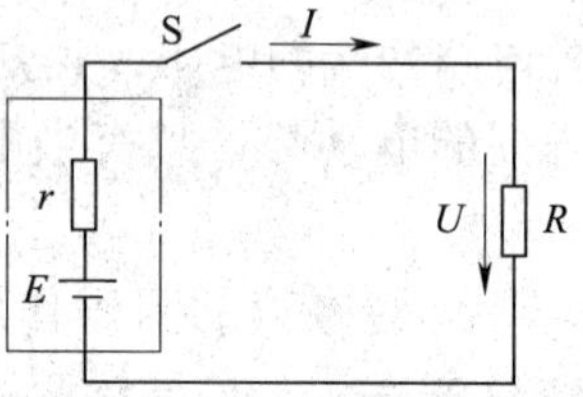

图6—3 全电路

全电路欧姆定律的内容是：在全电路中，电流与电源的电动势成正比，与整个电路的电阻成反比。其数学表达式为：

$$I = E/(R + r)$$

式中 I——电路中的电流，A；

E——电源电动势，V；

R——外电路（负载）电阻，Ω；

r——内电路电阻，Ω。

由上式可得到：

$$E = IR + Ir$$

式中 IR 是指电源向外电路的输出电压，也称为电源的端电压；Ir 是指电源内阻上的电压降。因此，全电路欧姆定律又可表述为电源电动势在数值上等于闭合电路中内、外电路电压降之和。

电源端电压 $U = IR = E - Ir$。当负载电阻 R 为无穷大即外电路开路时，$I = 0$，端电压最高且等于电源电动势 E；当负载电阻 R 变小时，电路中的电流将增加，内电压 Ir 随着增加，端电压将减小。反过来，负载电阻 R 增大时，电流 I 减小，端电压 U 将增大。可见电源端电压随负载电流的变化而变化。

电源端电压的高低和负载有着密切的关系，而且与电源内阻的大小有关。

3. 电阻的串并联

（1）电阻的串联。在电路中，若两个或两个以上的电阻依次相连，组成一条无分支电路，这种连接方式叫作电阻的串联。如图6—4所示为两个电阻的串联电路。

电阻串联电路具有以下性质：

1）串联电路中流过每个电阻的电流都相等，即：

$$I = I_1 = I_2 = \cdots = I_n$$

式中下角标1、2、…、n分别代表第1、第2……第n个电阻（以下出现的含义相同）。

2）串联电路两端的总电压等于各电阻两端的电压之和，即：

$$U = U_1 + U_2 + \cdots + U_n$$

3）串联电路的等效电阻（即总电阻）等于各串联电阻之和，即：

$$R = R_1 + R_2 + \cdots + R_n$$

4）串联电路中，各电阻上分配的电压与电阻值成正比，即：

$$U_n/U = R_n/R$$

串联电路的应用很广，可利用电阻串联构成分压器，还可以利用串联电阻来限制或调节电路中的电流。

（2）电阻的并联。两个或两个以上的电阻接在电路中相同的两点之间，承受同一电压，这种连接方式叫作电阻的并联。如图6—5所示为两个电阻的并联电路。

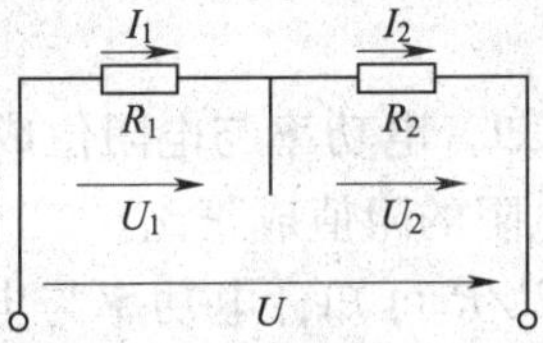

图6—4　两个电阻串联电路

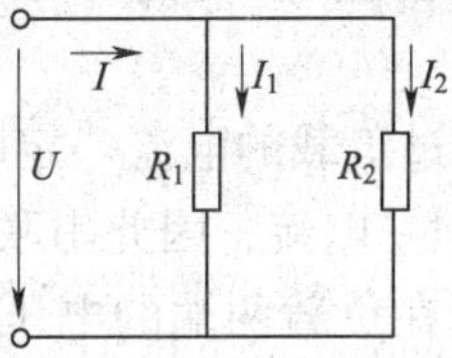

图6—5　两个电阻并联电路

电阻并联电路具有以下性质：

1）并联电路中各电阻两端的电压相等，且等于电路两端的电压，即：

$$U = U_1 = U_2 = \cdots = U_n$$

2）并联电路中的总电流等于各电阻中的电流之和，即：

$$I = I_1 + I_2 + \cdots + I_n$$

3）并联电路的等效电阻（即总电阻）的倒数等于各并联电阻的倒数之和，即：

$$1/R = 1/R_1 + 1/R_2 + \cdots + 1/R_n$$

4）并联电路中，各支路分配的电流与支路的电阻值成反比，即：

$$I_n/I = R/R_n$$

式中 $R = R_1 /\!/ R_2 /\!/ R_3 /\!/ \cdots /\!/ R_n$

并联电路的应用也十分广泛。凡额定电压相同的负载几乎全是并联的，这样任何一个负载正常工作时都不影响其他负载，人们可根据需要来启动或断开某个负载。有时还可以用电阻并联电路组成分流器，以提供各不相同的支路电流。

三、电功与电功率

1. 电功与电功率

（1）电功。电流流过负载时，负载将电能转换成其他形式的能（如磁能、热能、

单元 6

机械能等）。通常把电能转换成其他形式能的过程称为电流做功，简称电功或电能，用符号 W 表示。

在实际工作中，电功的单位常用千瓦小时（kW·h）。

（2）电功率。电流在单位时间内所做的功，称为电功率，简称功率，用字母 P 表示，其数学表达式为：

$$P = W/t$$

式中 P——电功率，W；

W——电功，J；

t——时间，s。

上式中，若电功的单位为焦耳（J），时间的单位为秒（s），则电功率的单位是焦耳/秒，简称瓦，用字母 W 表示。

电功率的常见计算公式为：

$$P = IU = I^2R = U^2/R$$

由上式可知：

1）当负载电阻一定时，由 $P = I^2R = U^2/R$ 可知，电功率与电流的平方或电压的平方成正比。

2）当流过负载的电流一定时，由 $P = I^2R$ 可知，电功率与电阻值成正比。由于串联电路流过同一电流，因此串联电阻的功率与各电阻的阻值成正比。

3）当加在负载两端的电压一定时，由 $P = U^2/R$ 可知，电功率与电阻值成反比。因为并联电路中各电阻两端的电压相等，所以各电阻的功率与各电阻的阻值成反比。

如额定电压均为 220 V 的白炽灯，25 W 灯泡的灯丝电阻比 40 W 灯泡的灯丝电阻大。如果把它们并接到 220 V 电源上，由 $P = U^2/R$ 可知，40 W 灯泡比 25 W 灯泡亮；但是如果把它们串联后接到 220 V 电源上，由 $P = I^2R$ 可知，25 W 灯泡比 40 W 灯泡要亮。

2. 焦耳定律

电流通过导体时使导体发热的现象称为电流的热效应。或者说，电流的热效应就是电能转换成热能的效应。

实验证明电流通过某段导体时所产生的热量与电流的平方、导体的电阻及通电时间成正比，这一定律称为焦耳定律。其数学表达式为：

$$Q = I^2Rt$$

式中 Q——热量，J；

I——电流，A；

R——电阻，Ω；

t——时间，s。

电流的热效应有利也有弊。利用这一现象可制成许多电器，如电灯、电炉、电熨斗等；但热效应会使导线发热、电气设备温度升高等，若温度超过规定值，会加速绝缘材料的老化变质，从而引起导线漏电或短路，甚至烧毁设备。

第二节 磁与电磁

一、电流的磁场

1. 磁的基本知识

（1）磁体与磁极。人们把物体能够吸引铁、镍、钴等金属及其合金的性质称为磁性。具有磁性的物体叫磁体（磁铁）。磁体分为天然磁体（磁铁矿）和人造磁体两类。常见的人造磁体有条形、蹄形和针形等几种，如图6—6所示。

磁体两端磁性最强的区域叫磁极。若将实验用的磁针转动，待静止时会发现它停止在南北方向上，如图6—7所示。磁针指北的一端叫北极，用N表示；磁针指南的一端叫南极，用S表示。任何磁体都具有两个磁极，而且无论把磁体怎样分割，磁体总保持有两个异性磁极，即N极和S极总是成对出现的。

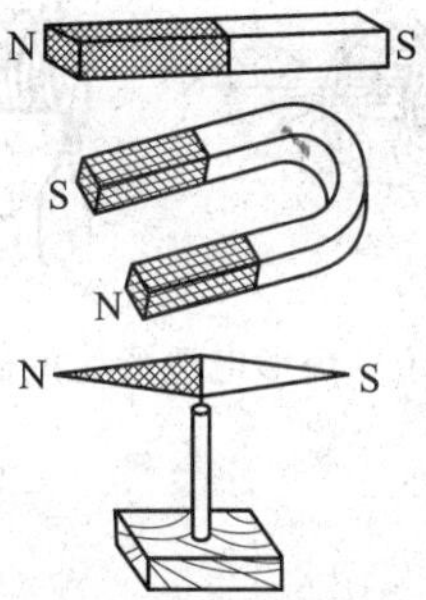

图6—6 人造磁体

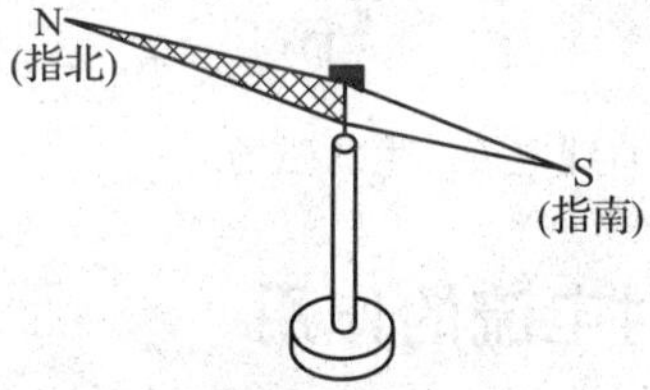

图6—7 磁针

与电荷间的相互作用力相似，磁极间也具有相互作用力，即同名极互相排斥，异名极互相吸引。

（2）磁场与磁力线。磁极间存在着相互作用，这一现象说明在磁体周围空间有力的存在，这种力叫作磁力。我们把具有磁力存在的空间叫作磁场。互不接触的磁体间具有的磁力，就是通过磁场这一特殊物质进行传递的。磁场具有力和能的特性。

不同的磁铁吸引铁屑的能力不同，那是因为它们磁场强度不同。为了形象描述磁场的存在，并描绘出磁场的强弱和方向，人们通常用假想的磁力线来表示，如图6—8所示，磁力线具有如下特点：

1）磁力线是互不交叉的闭合曲线，在磁体外部，磁力线由N极指向S极，在磁体内部，磁力线由S极指向N极。

2）磁力线上任意一点的切线方向，就是该点的磁场方向，即小磁针N极的指向。

3）磁力线越密，磁场越强；磁力线越疏，磁场越弱。磁力线均匀分布且又相互平行的区域，称为均匀磁场；反之则称为非均匀磁场。

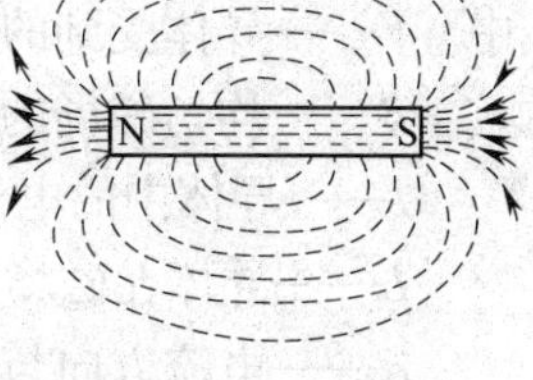

图6—8 磁感应线

2．电流磁场的产生

丹麦物理学家奥斯特于1820年发现，电流周围存在着磁场。同时，近代科学研究又进一步证明，产生磁场的根本原因是电流的存在，而且，电流越大，它所产生的磁场就越强。

电流与其产生磁场的方向可用安培定则（也称右手螺旋定则）来判断。安培定则既适用于判断电流产生磁场的方向，也可用于在已知磁场方向时判断电流的方向。

（1）直线电流产生的磁场。如图6—9所示，用右手握住通电直导体，让拇指指向电流方向，则弯曲四指的指向就是磁场方向。

（2）环形电流产生的磁场。如图6—10所示，用右手握住螺线管，弯曲四指指向线圈电流方向，则拇指方向就是磁场方向。

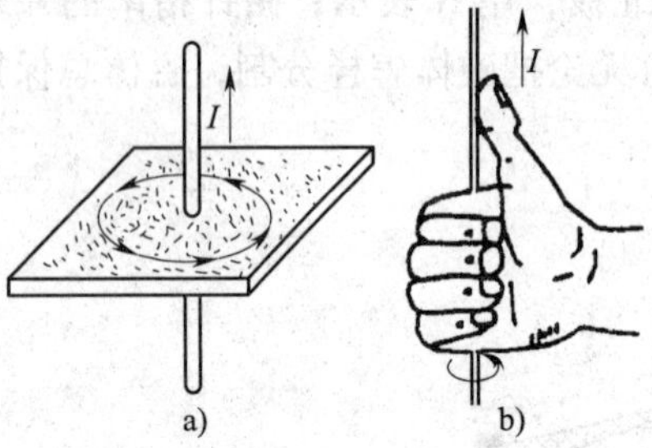

图6—9　直线电流产生的磁场

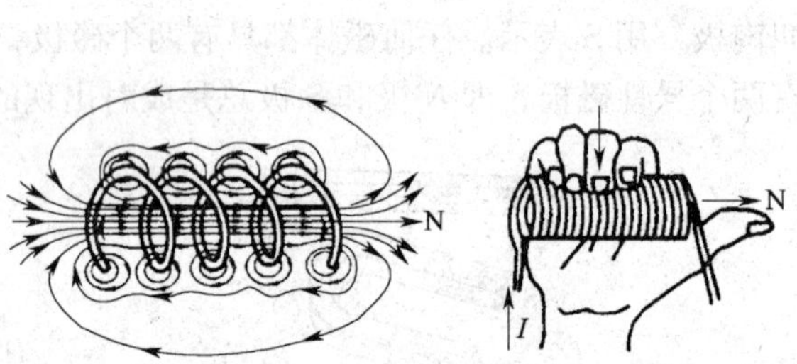

图6—10　环形电流产生的磁场

二、磁场对电流的作用

1．磁场对通电直导体的作用

我们已经知道，如果把两块磁体放在一起会产生相互作用力，载流导体周围存在着磁场，因此，如果把一根载流直导体放在磁场中，它们之间也会产生作用力。

如图6—11所示，在蹄形磁铁中间悬挂一根直导体，并使导体垂直于磁力线，当导体流过如图所示的电流时，导体立即会向磁铁内运动。若改变导体电流方向或磁极极性，则导体会向相反方向运动。

我们把载流导体在磁场中所受到的作用力称为电磁作用力，简称电磁力，用F表示。实验还证明，电磁力F的大小与导体电流大小成正比，也与导体在磁场中的有效长度及载流导体所在位置的磁感应强度成正比。

即：
$$F = BIL\sin\alpha$$

式中　F——导体受到的电磁力，N；

B——均匀磁场的磁感应强度，T；

I——导体中的电流，A；

L——导体在磁场中的有效长度，m；

α——电流方向与磁力线之间的夹角。

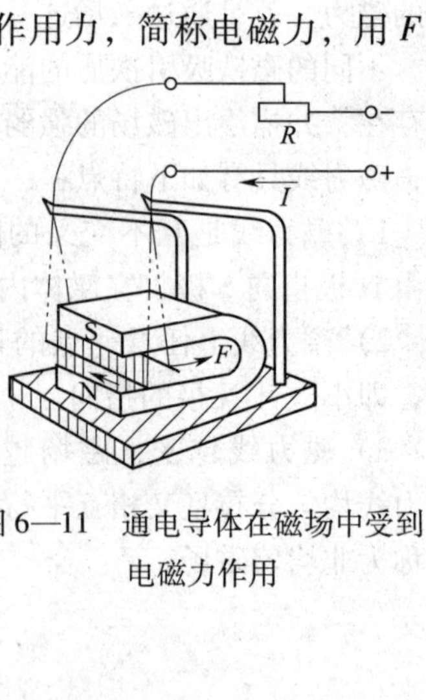

图6—11　通电导体在磁场中受到电磁力作用

从上式可看出：当$\alpha = 90°$（导体与磁力线垂直）

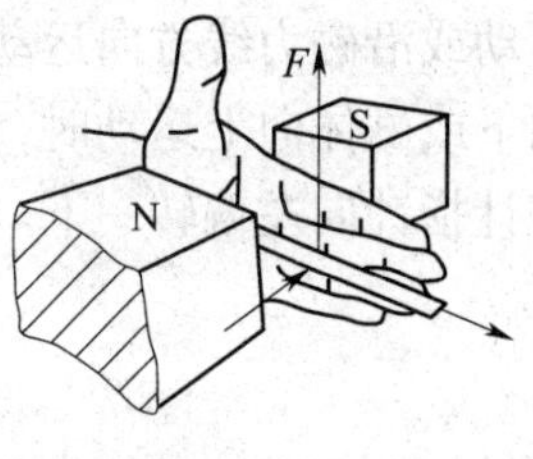

图 6—12　左手定则

时，$\sin 90° = 1$，导体受到的电磁力最大；当 $\alpha = 0°$（导体与磁力线平行）时，则 $\sin 0° = 0$，导体受到的电磁力最小，等于零。

载流直导体在磁场中的受力方向，可用左手定则来判别（图 6—12），将左手伸平，拇指与其余四指垂直并在同一个平面内，让磁力线垂直穿过手心，四指指向电流方向，则拇指所指方向就是导体受力方向。

2. 磁通

为了表示磁场在空间的分布情况，可以用磁力线的多少和疏密程度来描述，但它只能定性分析。为此引入了磁通这一物理量来定量描述磁场在一定面积上的分布情况。

通过与磁场垂直的某一面积上的磁力线的总数，叫作通过该面积的磁通量，简称磁通，用字母 Φ 表示。它的单位是韦伯（Wb），简称韦。

当面积一定时，通过该面积的磁通越多，磁场就越强。这一点在工程上有极其重要的意义，如变压器、电磁铁提高效率的重要因素之一就是减小漏磁通，也就是希望全部磁力线尽可能多地通过铁心的截面积，以减小漏磁损耗，提高效率。

3. 磁感应强度

垂直通过单位面积的磁力线的数目，叫作该点的磁感应强度，用字母 B 表示。在均匀磁场中，磁感应强度可表示为：

$$B = \Phi / S$$

式中　B——磁感应强度，T；

Φ——磁通，Wb；

S——磁力线垂直通过的面积，m^2。

上式表明磁感应强度 B 等于单位面积的磁通量。如果通过单位面积的磁通越多，则磁力线越密，磁场也就越强，所以，磁感应强度也叫磁通密度。

磁感应强度不但表示了磁场中某点磁场的强弱，而且还能表示出该点磁场的方向。因此，磁感应强度是个矢量。磁力线上某点的切线方向，就是该点磁感应强度的方向。

若磁场中各点磁感应强度的大小相等，方向相同，这种磁场称为均匀磁场。以后若不加以说明，均为在均匀磁场中讨论问题，并且用符号“⊗”和“⊙”分别表示磁力线垂直穿入和穿出纸面的方向。

三、电磁感应定律

1. 电磁感应现象及其产生条件

前面我们已经论述了电能产生磁的基本原理，那么，磁能否产生电呢？英国科学家法拉第在 1831 年发现了磁能够转换为电，即磁生电的重要事实及其规律——电磁感应定律。

为了理解电磁感应定律，我们先来观察两种实验现象。

(1) 直导体切割磁力线产生感应电动势。如图 6—13 所示，当导体在磁场中静止不动或沿磁力线方向运动时，检流计的指针不偏转，说明导体回路不产生电流。当导体向下或磁体向上运动时，检流计指针向右偏转一下；当导体向上或磁体向下运动时，检流计指针向左偏转一下。这说明导体回路有电流存在。

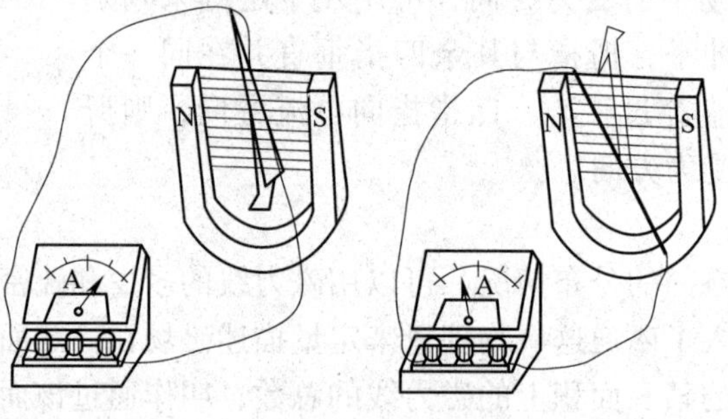

图 6—13　切割磁力线时产生感应电动势和感应电流

（2）线圈中磁通变化产生感应电动势。如图 6—14 所示，当将一块条形磁铁瞬时插入线圈时，我们会观察到检流计指针向一个方向偏转；如果条形磁铁在线圈内静止不动时，检流计指针不发生偏转；再将条形磁铁由线圈中迅速拔出时，又会观察到检流计指针向另一方向偏转。

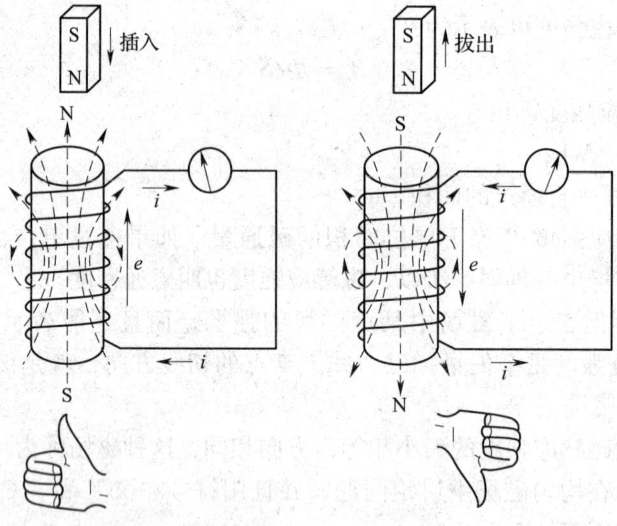

a）磁铁插入线圈时的情况　　b）磁铁拔出线圈时的情况

图 6—14　条形磁铁插入和拔出线圈时产生感应电流

上述实验现象说明当导体相对于磁场运动而切割磁力线或者线圈中的磁通发生变化时，在导体或线圈中都会产生感应电动势。若导体或线圈构成闭合回路，则导体或线圈中将有电流流过。若把图 6—14 中的直导体回路看成是一个单匝线圈，那么导体中的电流也是由于磁通的变化而引起的。我们把这种由于磁通变化而在导体或线圈中产生感应电动势的现象称为电磁感应。由电磁感应产生的电动势称作感应电动势（感生电动势）。由感应电动势引起的电流叫作感应电流或感生电流。

2. 电磁感应定律

(1) 楞次定律。以上分析表明当穿过线圈回路的磁通发生变化时，在线圈回路中就会产生感应电动势和感应电流。

楞次定律指出了变化的磁通与感应电动势在方向上的关系，即感应电流的磁通总是阻碍原磁通的变化。也就是说，当线圈中磁通增加时，感应电流就要产生与它方向相反的磁通去阻碍它的增加；当线圈中磁通减少时，感应电流就要产生与它方向相同的磁通去阻碍它的减少。

楞次定律可以用来判断感应电动势和感应电流的方向，具体步骤如下：

1) 首先判断原磁通的方向及其变化趋势（增加或减少）。

2) 确定感应电流的磁通方向应和原磁通同向还是反向。

3) 根据感应电流产生的磁通方向，用右手螺旋定则确定感应电动势或感应电流的方向。

应当注意的是，判断时必须把产生感应电动势的线圈或导体看作电源。

在图 6—14a 中，当把磁铁插入线圈时，线圈中磁通要增加，根据楞次定律，感应电流的磁场应阻碍原磁通的增加，则线圈感应电流产生的磁场方向应为上 N 下 S，再由右手螺旋定则可判断出感应电流的方向是由左端流进检流计。当磁铁拔出线圈时（图 6—14b)，用同样的方法可判断出感应电流由右端流进检流计。

直导体中感应电动势的方向，可用右手定则判断。如图 6—15 所示，平伸右手，拇指与其余四指垂直，让掌心正对磁场方向，以拇指指向表示导体运动方向，那么其余四指的指向就是感应电动势的方向。

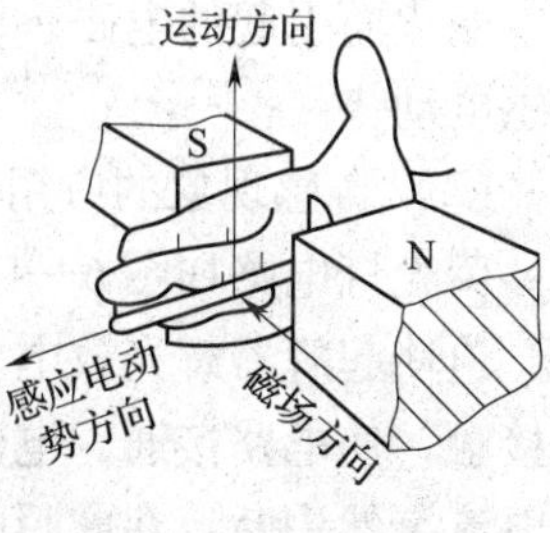

图 6—15　右手定则

(2) 法拉第电磁感应定律。感应电动势的大小与哪些因素有关呢？在图 6—14 所示的实验中我们发现，检流计指针偏转角度的大小与磁铁插入或拔出线圈的速度有关，磁铁运动速度越快，检流计指针偏转角度越大，反之越小。而磁铁插入或拔出的速度，反映的是线圈中磁通变化速度的快慢。

上述现象可以总结为：线圈中感应电动势的大小与穿过同一线圈的磁通变化率（磁通变化快慢）成正比。这一规律叫作法拉第电磁感应定律。

设通过线圈的磁通量为 Φ，则单匝线圈中产生的感应电动势的大小为：

$$e = \Delta\Phi/\Delta t$$

对于 N 匝线圈，其感应电动势为

$$e = N\Delta\Phi/\Delta t$$

式中　e——在 Δt 时间内感应电动势的平均值，V；

N——线圈的匝数；

$\Delta\Phi$——线圈中磁通的变化量，Wb；

Δt——磁通变化所需的时间，s。

对于在磁场中切割磁力线的直导体来说，依据上式可推导出计算感应电动势的具体公式为：

$$e = BLv\sin\alpha$$

式中 e——感应电动势，V；

B——磁场中的磁感应强度，T；

L——导体在磁场中的有效长度，m；

v——导体在磁场中的运动速度，m/s；

α——导体运动方向与磁力线之间的夹角。

四、自感、互感和涡流

1. 自感

（1）自感现象。在如图 6—16 所示电路中，当开关 S 合上瞬间，灯泡 EL1 立即发光，但灯泡 EL2 却由暗逐渐变亮。产生该现象的原因是开关 S 闭合瞬间，通过线圈 L 的电流发生了由无到有的变化，因而线圈中产生了较高的感应电动势。根据楞次定律可知，感应电动势要阻碍线圈中电流的变化，EL2 支路中电流的增大必然要比 EL1 支路来得迟缓些，因此灯泡 EL2 也亮得迟缓些。

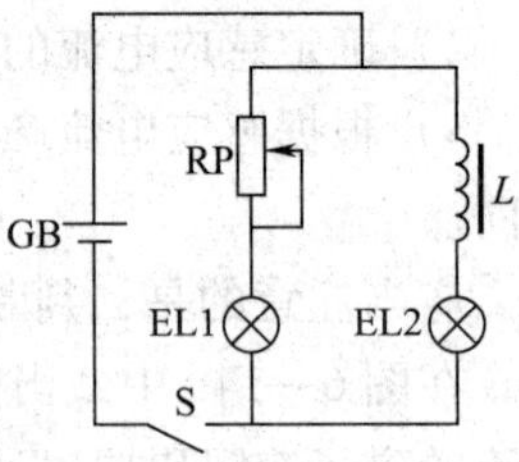

图 6—16 自感现象

上述现象是由线圈自身电流发生变化而引起的，我们把这种由流过线圈本身的电流发生变化而引起的电磁感应现象叫自感现象，简称自感，由自感现象产生的电动势称作自感电动势。

（2）自感现象的应用。荧光灯就是利用自感现象进行工作的。

荧光灯电路如图 6—17 所示。在开关接通瞬间，线路上的电压全部加在起辉器两端，迫使起辉器辉光放电。辉光放电所产生的热量使起辉器中双金属片变形，并与静触片接触，使电路接通，电流方向如图 6—17a 所示。经过片刻，起辉器自动断开，电路的电流突然中断，在此瞬间，镇流器两端产生一个很高的自感电动势，此高压与电源电压一起加在被预热了的灯管两灯丝之间，使管内氩气电离导电，进而使管内的水银变为蒸气，最后水银蒸气被电离导电，如图 6—17b 所示。放电时辐射出的紫外线激励管壁上的荧光粉，发出像日光一样的光线。荧光灯管壁上涂不同的荧光粉，可得到不同颜色的光线。

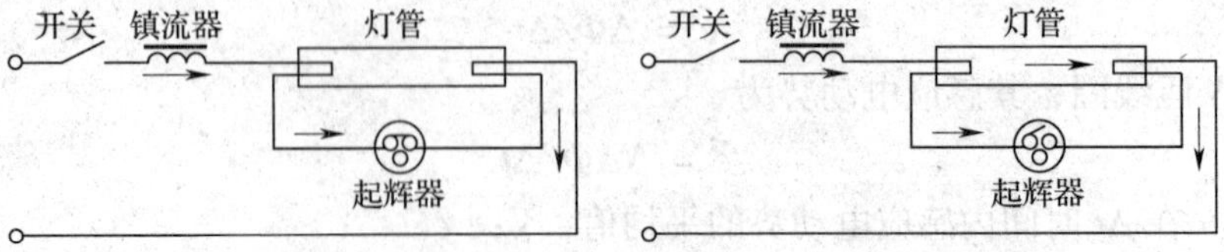

a) 灯丝预热时　　b) 灯管点燃后

图 6—17 荧光灯电路图

2. 互感

（1）互感现象。在如图 6—18 所示实验电路中，当电阻的阻值发生变化时，检流计的指针会发生偏转。这是由于线圈 1 中的电流发生了变化，从而引起磁通 Φ_1 的变化，其中穿过线圈 2 的部分磁通 Φ_{12} 也发生变化。这样在线圈 2 中便产生了感应电动势和感应电流。

我们把这种由于一个线圈中的电流发生变化，而在另一线圈中产生感应电动势的现象叫作互感现象，简称互感。由互感产生的感应电动势叫作互感电动势。

（2）互感现象的应用。如图 6—19 所示为一简单变压器的示意图。当变压器的一次绕组接入交变电压 u_1 时，在一次绕组中便有交变电流流过，并产生交变磁通，该磁通同时穿过一、二次绕组时，就在两个绕组中分别产生与电源频率相同的感应电动势 e_1 和 e_2。设一、二次绕组的匝数分别为 N_1 和 N_2，由法拉第电磁感应定律可推出

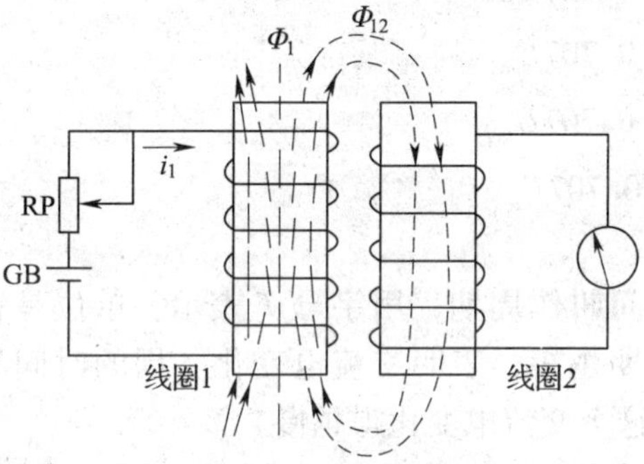

图 6—18　互感现象

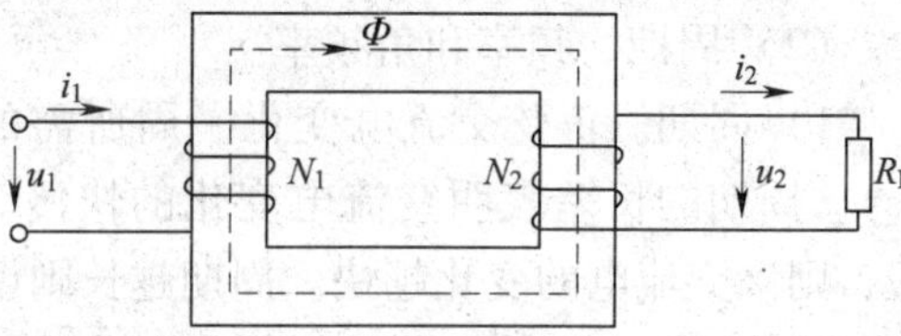

图 6—19　变压器的工作原理

$$u_1/u_2 = N_1/N_2$$

可见，只要改变一、二次绕组的匝数比，就可以得到所需要的二次电压。

第三节　正弦交流电路

一、交流电的基本概念

1. 交流电

交流电在日常的生产和生活中应用极为广泛，即使是在某些需要直流电的场合，也往往是通过整流设备将交流电转换成直流电。大多数的电气设备如电动机、照明器具、家用电器等都使用交流电。

所谓交流电是指大小和方向都随时间作周期性变化的电流（或电压、电动势），它是交流电流、交流电压或交流电动势的总称。我们使用的交流电都是按正弦规律变化的，即正弦交流电，简称交流电。

2. 表征正弦交流电的物理量

（1）瞬时值、最大值和有效值

1）瞬时值。交流电的大小时刻在变化，因此把交流电在某一瞬间的数值称为交流

单元 6

电的瞬时值。分别用小写字母 e、u、i 表示。

2）最大值。正弦交流电在一个周期所能达到的最大瞬时值叫作正弦交流电的最大值（又称峰值、振幅）。最大值用大写字母加下标 m 表示：E_m、U_m、I_m。

3）有效值。因为交流电的大小和方向都是随时间改变的，所以在研究交流电的功率时，需要有一个数值能等效地反映出交流电做功的能力，这就是交流电的有效值。有效值是这样规定的：使交流电和直流电加在同样阻值的电阻上，如果在相同的时间内产生的热量相等，就把这一直流电的大小叫作相应交流电的有效值。有效值用大写字母表示：E、U、I。

电工仪表测出的交流电数值及通常所说的交流电数值都是指有效值。正弦交流电的有效值和最大值之间有如下关系：

$$\text{有效值} = 1/\sqrt{2} \times \text{最大值}$$

$$E = E_m/\sqrt{2} \approx 0.707E_m$$

$$U = U_m/\sqrt{2} \approx 0.707U_m$$

$$I = I_m/\sqrt{2} \approx 0.707I_m$$

（2）周期、频率和角频率

1）周期。正弦交流电变化一周所需的时间叫作周期，用字母 T 表示，单位是秒（s）。周期的长短表明交流电变化的快慢。周期越短，表明交流电变化一周的时间越短，则该交流电的变化越快。周期越长则说明这个交流电变化得越慢。

2）频率。频率是指 1 s 内交流电重复变化的次数，用字母 f 表示，单位是赫兹（Hz），简称赫。

根据周期和频率的定义可知，周期和频率互为倒数，即：

$$f = 1/T \text{ 或 } T = 1/f$$

我国工业的电力标准频率为 50 Hz（习惯上称工频），其周期为 0.02 s。美国、日本等则采用 60 Hz 的频率。

3）角频率。角频率是单位时间内变化的角度，符号为 ω，单位为弧度/秒（rad/s）。由定义可知，交流电变化一周，角度变化 2πrad，所需时间为一周期，即：

$$\omega = 2\pi/T = 2\pi f$$

周期、频率和角频率都是反映正弦交流电变化快慢的物理量，知道三者中的一个量，就能求出其余的两个量。

（3）初相位。初相位是用来确定正弦交流电在 $t=0$（开始瞬间）瞬时值的物理量，如图 6—20 所示。

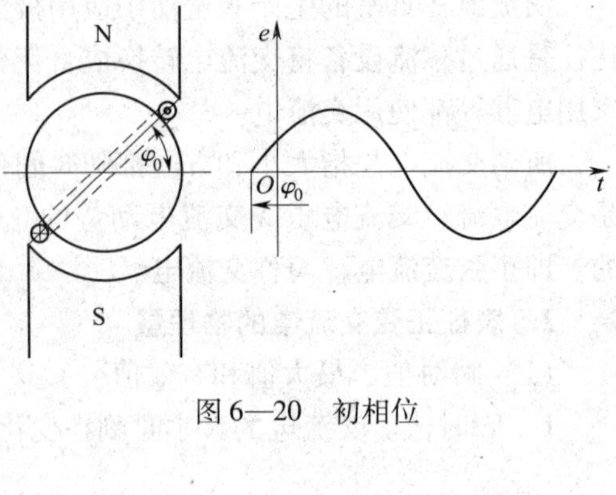

图 6—20　初相位

综上所述，正弦交流电的最大值反映了正弦量的变化范围；角频率反映了正弦量的变化快慢；初相位反映了正弦量的起始状态。它们是表征正弦交流电的三个重要物理量。知道了这三个量就可以唯一确定一个交流电，写出其瞬时值表达式，因此，通常把最大值（或有效值）、角频率（或频率）、初相位称为正弦交流电的三要素。

二、三相交流电的基本概念

1. 三相交流电的优点

前面所讲的单相交流电路中的电源只有两根输出线，而且电源只有一个交变电动势。如果在交流电路中有几个电动势同时作用，每个电动势的大小相等，频率相同，只有初相位不同，那么就称这种电路为多相制电路。其中每一个电动势构成的电路称为多相制的一相。

目前，应用最为广泛的是三相制电路。其电源是由三相发电机产生的。和单相交流电相比较，三相交流电具有以下优点：

（1）三相发电机比同尺寸的单相发电机输出的功率大。

（2）三相发电机的结构和制造不比单相发电机复杂多少，且使用、维护都较方便，运转时比单相发电机的振动要小。

（3）在同样条件下输送同样大的功率，特别是在远距离输电时，三相输电线可比单相输电线节约24%的材料。

由于具有以上优点，所以三相交流电比单相交流电应用得更为广泛。

2. 三相正弦电动势的产生

三相电动势是由三相交流发电机产生的。如图6—21a 所示为三相交流发电机的示意图。三相交流发电机主要由定子和转子组成。转子是一对磁极的电磁铁，磁极表面的磁场按正弦规律分布。定子铁心中嵌入三个相同的对称绕组。三相对称绕组的形状、尺寸和匝数完全相同。三相绕组始端分别用 U1、V1、W1 表示，末端用 U2、V2、W2 表示，分别称为 U 相、V 相、W 相。三相绕组在空间位置上彼此相隔 120°。

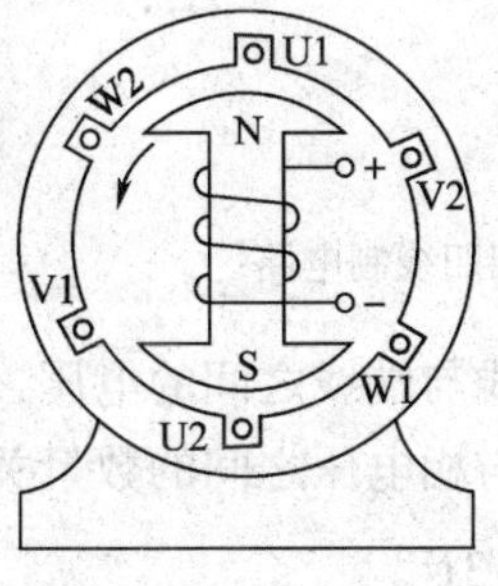

a）示意图

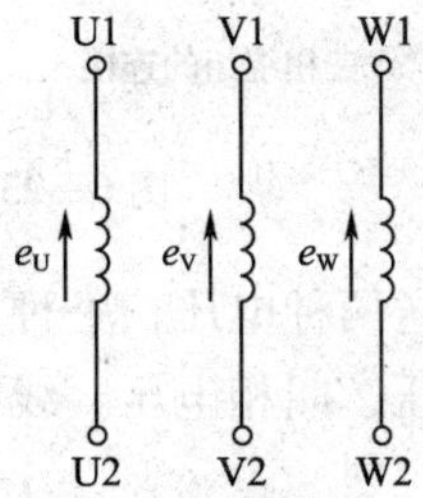

b）三相对称绕组

图6—21　三相交流发电机示意图

当转子在原动机带动下以角速度 ω 作逆时针匀速转动时，在定子三相绕组中就分别感应出振幅相等、频率相同、相位互差120°的三相交流电动势，这种三相电动势称为对称三相电动势。其解析式为：

$$e_U = E_m \sin(\omega t + 0°)$$

$$e_V = E_m\sin(\omega t - 120°)$$

$$e_W = E_m\sin(\omega t + 120°)$$

其中 e_U、e_V、e_W 的波形图如图 6—22 所示。

以后在没有特别指明的情况下，所谓三相交流电就是指对称的三相交流电，而且规定每相电动势的方向是从绕组的末端指向始端（图 6—21b），即电流从始端流出时为正，反之为负。

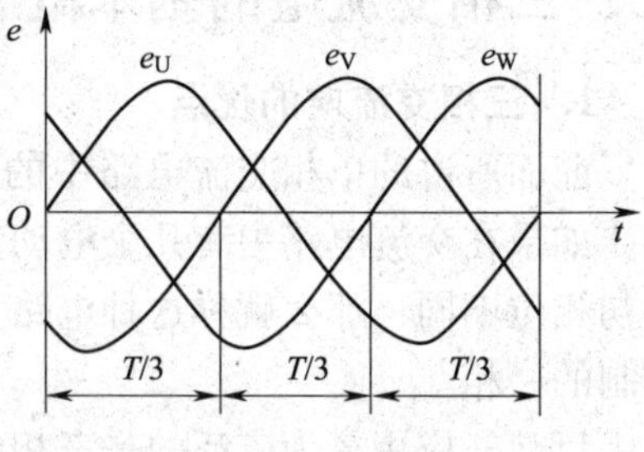

图 6—22　对称三相电动势的波形

3. 三相四线制

目前在低压供电系统中多数采用三相四线制供电，如图 6—23a 所示。三相四线制是把发电机三相绕组末端连接在一起，成为一个公共端点，又称为中性点，用符号“N”表示。从中性点 N 引出的一条输电线称为中性线，简称中线或零线。从三相绕组始端 U1、V1、W1 引出的三根输电线叫作端线或相线，俗称火线，常用 L1、L2、L3 标出。有时为了简便，常不画发电机的绕组连接方式，只画四根输电线表示相序，如图 6—23b 所示。所谓相序是指三相电动势达到最大值时的先后次序。习惯上的相序为第一相超前第二相 120°，第二相超前第三相 120°，第三相超前第一相 120°。

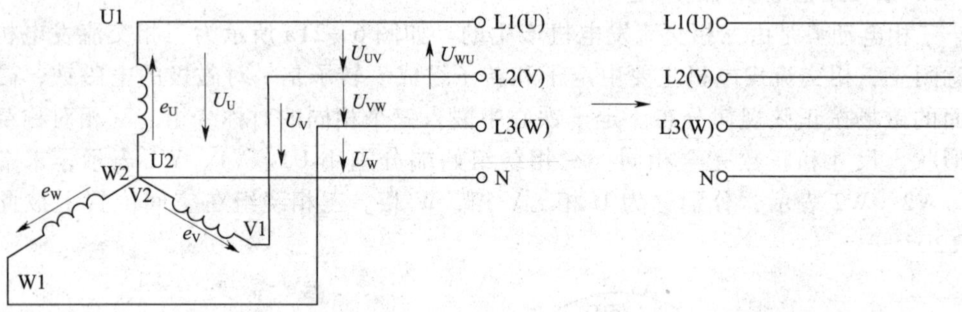

a) 三相绕组的连接　　b) 中性线和相线

图 6—23　三相四线制电路

三相四线制可输送两种电压，一种是端线与端线之间的电压，叫线电压；另一种是端线与中线之间的电压，叫相电压。线电压与相电压之间的数量关系为：

$$U_{线} = \sqrt{3}U_{相}$$

生产实际中的四孔插座就是三相四线制电路的典型应用。其中较粗的一孔接中线，其余三孔分别接 U、V、W 三相，则细孔和粗孔之间的电压就是相电压，细孔之间的电压就是线电压。

4. 三相负载的连接

三相电路中连接的三相负载，各相负载可能相同，也可能不同。如果每相负载大小相等，性质相同，这种负载便称为三相对称负载，如三相电动机、三相变压器、三相电阻炉等。若各相负载不同，就叫不对称三相负载，如三相照明电路中的负载。

使用任何电气设备，均要求负载所承受的电压等于它的额定电压，所以负载要采用一定的联结方式，以满足负载对电压的要求。三相负载的联结方式有星形和三角形两种。

(1) 三相负载的星形联结。把三相负载分别接在三相电源的一根相线和中线之间的接法称为三相负载的星形联结（常用“Y”标记），如图 6—24 所示，图中 Z_U、Z_V、Z_W 为各相负载的阻抗值，N'为负载的中性点。

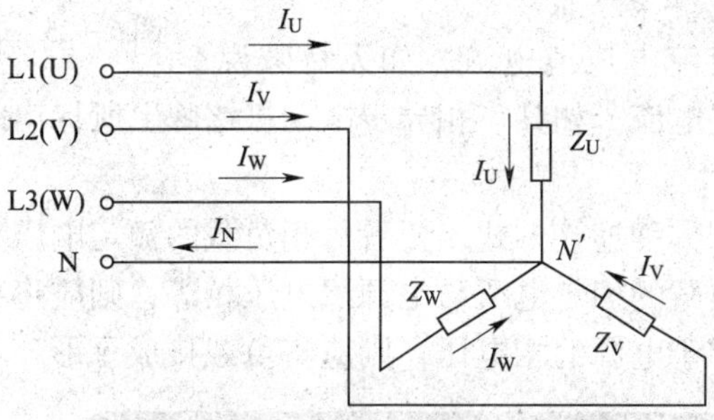

图 6—24　三相负载的星形联结

负载两端的电压称为负载的相电压。在忽略输电线上的电压降时，负载的相电压就等于电源的相电压，三相负载的线电压就是电源的线电压。负载的相电压 $U_{Y相}$ 和负载的线电压 $U_{Y线}$ 的关系为：

$$U_{Y线} = \sqrt{3}U_{Y相}$$

星形负载接上电源后，就有电流产生。流过每相负载的电流叫作相电流，用 I_U、I_V、I_W 表示，统称为 $I_{Y相}$。把流过相线的电流叫作线电流，用 I_U、I_V、I_W 表示，统称为 $I_{线}$。由图 6—24 可见线电流的大小等于相电流，即：

$$I_{Y线} = I_{Y相}$$

由于三相对称负载星形联结时中线电流为零，因而取消中线也不会影响三相电路的工作，三相四线制实际变成了三相三线制。通常在高压输电时，由于三相负载都是对称的三相变压器，所以都采用三相三线制。

对于三相不对称负载的电路，因为中线的存在，它能平衡各相负载的电压，保证三相负载成为三个互不影响的独立电路，此时各相负载的电压等于电源的相电压，其电压不受负载的变化而变化。三相电路应力求三相负载平衡，如三相照明电路，应注意将照明负载均匀地分布在三相电源上，这样可使三相电源负荷趋于均衡，提高电能的利用率。

(2) 三相负载的三角形联结。把三相负载分别接在三相电源每两根相线之间的接法称为三角形联结（常用“Δ”标记），如图 6—25 所示。在三角形联结中，由于各相负载是接在两根相线之间，因此负载的相电压就是电源的线电压，即：

$$U_{\Delta线} = U_{\Delta相}$$

三相对称负载作三角形联结时的相电压是星形联结时的相电压的$\sqrt{3}$倍。因此，三相负载接到电源中，是作三角形还是星形联结，要根据负载的额定电压而定。

三角形联结的负载接通电源后，就会产生线电流和相电流，图6—25中所标I_U、I_V、I_W为线电流，I_U、I_V、I_W为相电流。线电流与相电流的数量关系为

$$I_{\Delta线} = \sqrt{3} I_{\Delta相}$$

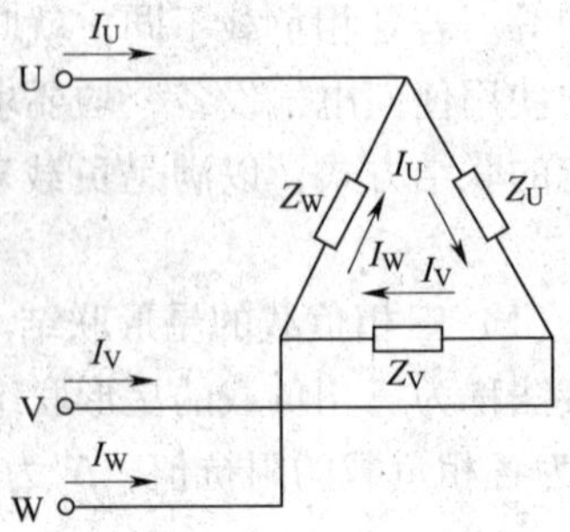

图6—25　三相负载的三角形联结

通常所说的三相交流电压或电流，如无特殊说明，都是指线电压或线电流。如某三相异步电动机铭牌上所标出的额定电压值、额定电流值。

三相负载究竟采用哪种连接方式，要看每相负载的额定电压和三相电源线的电压的大小而定。如果每相负载的额定电压与电源线电压相等，则应将负载接成三角形；如果每相负载的额定电压等于电源的相电压，则应将负载接成星形。

第四节　电动机与变压器

一、三相笼型异步电动机

电动机是一种把电能转换成机械能，并输出机械转矩的动力设备。一般电动机可分为直流电动机和交流电动机两大类。交流电动机按所使用电源的相数可分为单相电动机和三相电动机两种，其中三相电动机又分为同步式和异步式两种。异步电动机按转子结构不同分为绕线转子和笼型两种。

三相异步电动机具有结构简单、维修方便、运行可靠的特点，与同容量其他电动机相比重量轻、成本低、价格便宜，因此应用非常广泛。

二、变压器

1. 变压器的用途和基本结构

（1）变压器的用途。变压器是一种静止的电气设备。它是根据电磁感应原理，把某一数值的交变电压变换为频率相同而大小不同的交变电压的。

在输电系统中，为减少电能在输电线路上的损耗并节约电线材料，而采用高压输电，输电电压一般为110 kV、220 kV、550 kV。但是，由于受到发电机本身结构及所用绝缘材料的限制，不可能直接产生这样高的电压，因此，在输电时要用变压器将电压升高。

（2）变压器的基本结构。虽然变压器种类繁多，用途各异，但变压器的基本结构大致相同。变压器主要是由一个闭合的软磁铁心和两个套在铁心上相互绝缘的绕组所构成的，如图6—26所示。与交流电源相接的绕组叫作一次绕组，与负载相接的绕组叫作二次绕组。根据需要，变压器的二次绕组可以有多个，以提供不同的交流电压。铁心和

绕组是变压器的主体，如图 6—26 所示是油浸式电力变压器，其主体部分浸入盛满变压器油的箱体内部。变压器油能使变压器冷却并增强绝缘性能。为使变压器安全可靠地运行，箱体上设有高、低压绝缘套管、储油柜、分接开关、干燥器、气体继电器和温度计等。

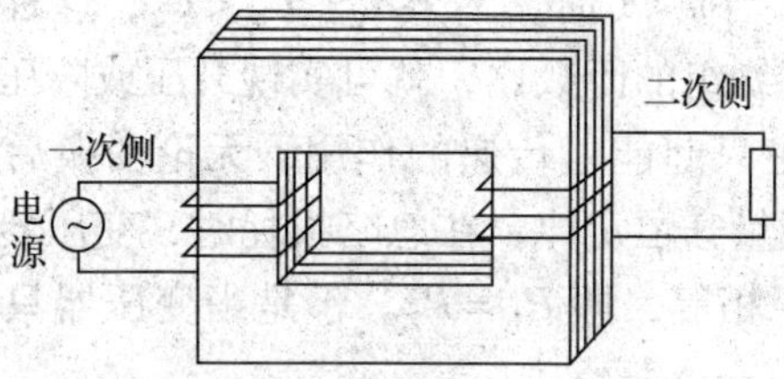

a）基本结构

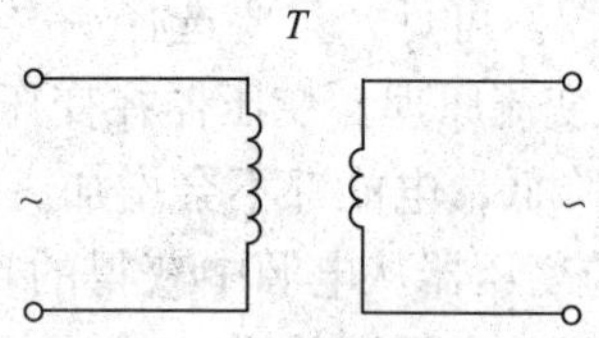

b）基本符号

图 6—26　变压器的基本结构和符号

铁心是变压器的磁路部分，绕组是变压器的电路部分。

2. 变压器的工作原理

（1）变压原理。如图 6—27 所示，当变压器一次绕组接上交流电源、二次绕组接上负载阻抗 Z 时，变压器便在负载下运行起来。

如图 6—28 所示，变压器一次绕组在交流电压 u_1 作用下，在一次绕组内便产生一个交变电流 i_1，这个电流在铁心中产生一交变磁通 Φ，由于一、二次绕组同绕在一个铁心上，所以交变磁通 Φ 在穿过一次绕组的同时也穿过二次绕组，根据互感原理，在变压器二次侧感应出交变电动势 e_2；如果二次绕组接上用电设备，便有电压 u_2 输出，即产生了变压器二次电流 i_2。经过公式推导，可得：

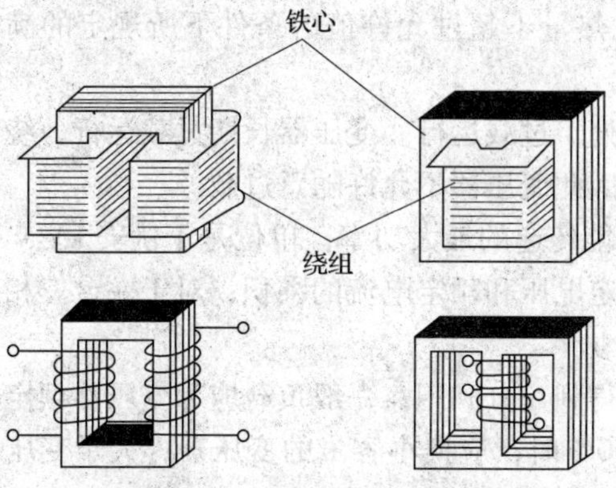

a）芯式　　b）壳式

图 6—27　芯式变压器和壳式变压器

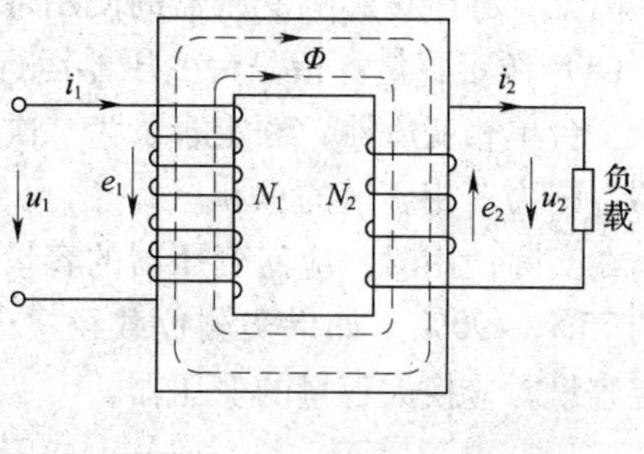

图 6—28　单相变压器的原理

$$E_1/E_2=U_1/U_2=N_1/N_2=n$$

式中　E_1、E_2——一、二次电动势，V；

U_1——一次电压的有效值，V；

U_2——二次电压的有效值，V；

N_1——一次绕组的匝数；

N_2——二次绕组的匝数；

n——一次侧、二次侧的电压比，或匝数比。

上式表明，变压器一次、二次绕组的电压比等于它们的匝数比。当 $n>1$ 时，$N_1>N_2$，$U_1>U_2$，这种变压器是降压变压器；当 $n<1$ 时，$N_1<N_2$，$U_1<U_2$，这种变压器是升压变压器。可见，只要选择一次、二次绕组的匝数比，就可实现升压或降压的目的。

（2）变流原理。变压器在变压过程中只起能量传递的作用，无论变换后的电压是升高还是降低，电能都不会增加。根据能量守恒定律，在忽略损耗时，变压器的输出功率 P_2 应与变压器从电源中获得的功率 P_1 相等，即 $P_1=P_2$。于是当变压器只有一个二次绕组时，应有下述关系：

$$I_1U_1 = I_2U_2$$

$$或\ I_1/I_2 = U_2/U_1 = N_2/N_1 = 1/n$$

上式说明，变压器工作时其一次侧、二次侧电流比与一次侧、二次侧的电压比或匝数比成反比，而且一次电流随着二次电流的变化而变化。

变压器是根据电磁感应原理而工作的，它只能改变交流电压，而不能使直流电变压，因为直流电的大小和方向不随时间变化，在铁心内产生的磁通也是恒定不变的，因而就不能在变压器二次绕组中感应出电动势，所以变压器对直流电不起变压作用。

3. 变压器的几个参数

单元 6

（1）额定电压。一次绕组的额定电压是根据变压器的绝缘等级和允许发热条件规定的，指加到一次绕组上的电源线电压额定值。

二次绕组的额定电压是指一次绕组加上额定电压后，变压器在空载运行时，二次绕组的电压值。

（2）额定电流。指变压器正常运行，发热量不超过允许值的条件下所规定的满载电流值。

在变压器运行时，超过了额定电流就是处于过载运行。变压器长期过载运行，绕组产生高温，会严重影响变压器的使用寿命，因此变压器不允许随意过载。

（3）额定容量。指一台变压器运行时所能传递的最大功率，单位是千伏安 kV·A。对于一台单相变压器，额定容量为二次侧额定电压和额定电流的乘积；对于一台三相变压器，则为三相容量的总和。

在实际使用时，应使变压器的容量能够得到充分利用。一般负载应为变压器额定容量的 75% ~90%。如果实测负载经常小于 50% 时，应换小容量的变压器；大于变压器额定容量时应换大容量的变压器。

第五节　基本电气控制线路

一、常用低压电器

电器是所有电工器械的简称。低压电器是指在交流 50 Hz（或 60 Hz）、额定电压为

1 200 V 及以下，直流额定电压为 1 500 V 及以下的电路中起通断、保护、控制或调节作用的电器。

本节将介绍几种常用低压电器的结构、工作原理及其应用。

1. 开关

开关主要用于分断和接通电路。一般情况下用手进行操作，因此，它是一种非自动切换电器。其主要类型有刀开关、组合开关、断路器等。

（1）刀开关。刀开关是一种结构简单，且应用十分广泛的低压电器。刀开关的种类很多，最常用的有以下几种：

1）开启式负荷开关。它是一种比较简单的刀开关，根据刀极数分为二极和三极两种，其外形结构以及在电气原理图中的符号分别如图 6—29、图 6—30 所示。

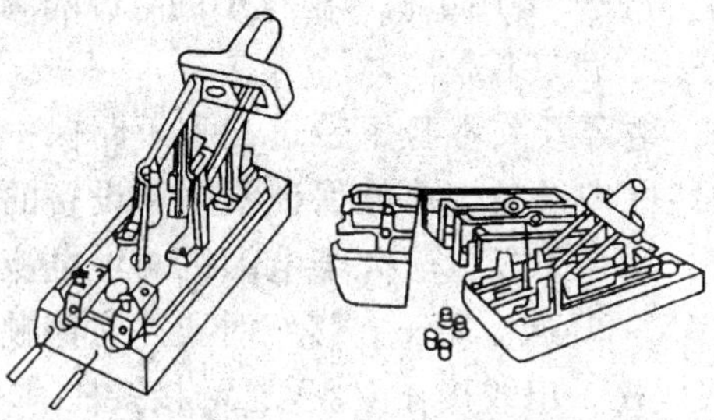

a) 二极　　b) 三极

图 6—29　开启式负荷开关

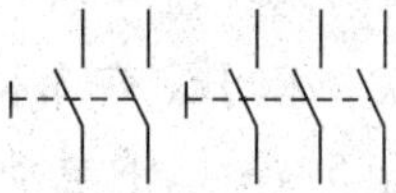

a) 不带熔断器刀开关

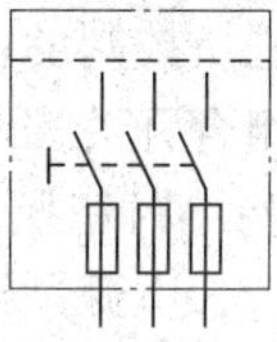

b) 带熔断器刀开关

图 6—30　开启式负荷开关的电路符号

开启式负荷开关安装时应将电源线连接到静夹座上，负载线连接到可动闸刀一侧，这样当断开电源时，裸露在外面的闸刀不带电。确保装换熔丝和维修用电设备时的安全。另外，开启式负荷开关的安装位置应该是合闸时向上推闸刀，如果装反，闸刀就容易因振动和重力的作用跌落而造成误合闸。开启式负荷开关可用在一般照明和不频繁启动的小功率电动机的控制电路中。

2）封闭式负荷开关。这种开关是在开启式负荷开关的基础上改进设计的。如图 6—31 所示为封闭式负荷开关的外形、结构和符号。它主要由刀开关、瓷插式熔断器、操作机构和外壳等组成。为了保证用电安全，封闭式负荷开关装有机械联锁装置，即箱盖打开时不能合闸，合闸后箱盖不能打开。

安装封闭式负荷开关时，应注意的问题有两点：第一，电源进、出线应分别穿入铁壳上方进、出线孔，并将电源进线接在开关的下接线柱，出线接在开关的上接线柱；第二，安装时封闭式负荷开关的铁壳一定要可靠接地，以防意外漏电引起触电。

封闭式负荷开关常用于不频繁的通断电路中，或作为电源的隔离开关，也可用来直接起动小功率电动机。

（2）组合开关。组合开关又叫转换开关。最常用的有两种形式。如图 6—32 所示为 HZ10 系列无限位型组合开关；如图 6—33 所示为 HZ4 - 132 型有限位型组合开关，也称倒顺开关。

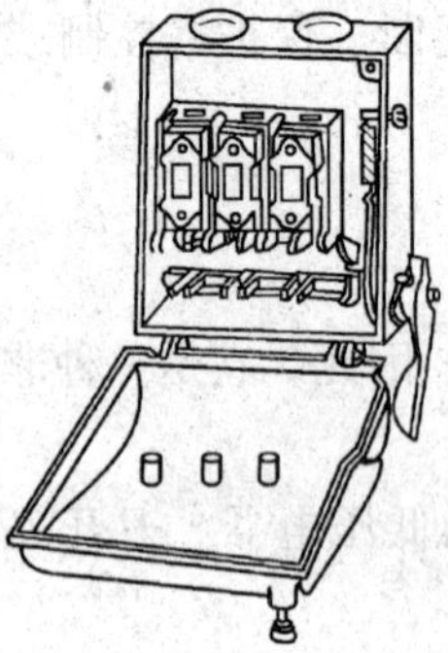

a）结构

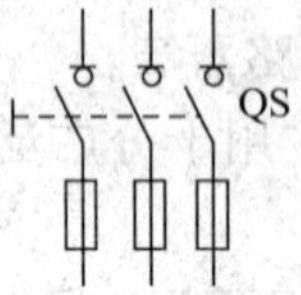

b）电路符号

图 6—31　封闭式负荷开关

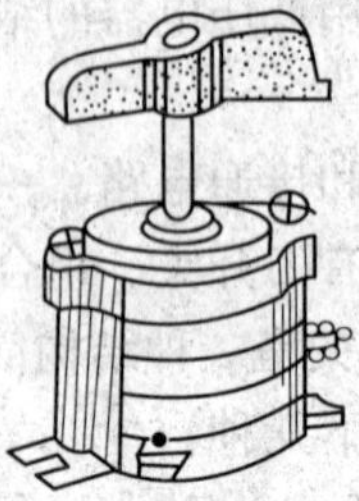

a) 结构

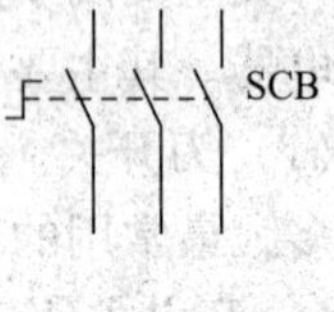

b) 电路符号

图 6—32　组合开关

组合开关体积小、寿命长、结构简单、操作方便，多用于机床电气中的电源隔离开关，也可用于 5 kW 以下电动机的直接启动、停止、反转控制。

在使用组合开关时应注意以下三点：第一，组合开关本身不带过载和短路保护装置，因此，在它所控制的电路中，必须另外加装保护设备，才能保证线路和设备的安全。第二，用组合开关控制电动机的全压启动，其开关容量应大于电动机额定电流的 1. 5 ~2. 5 倍，每小时切换开关的次数不宜超过 15 ~20 次。第三，接线时要注意倒顺开关的线号和位置，电源进线接在 L1、L2、L3 接线柱，出线接在 U、V、W 接线柱。

（3）断路器。断路器主要用作供电线路的保护开关、电动机及照明系统的控制开关等，也用于输、配电系统的某些重要环节中。它带有多种保护功能，当线路中发生短路、过载、欠电压等不正常的现象时，能自动切断故障电路。其结构和电路符号如图 6—34 所示。

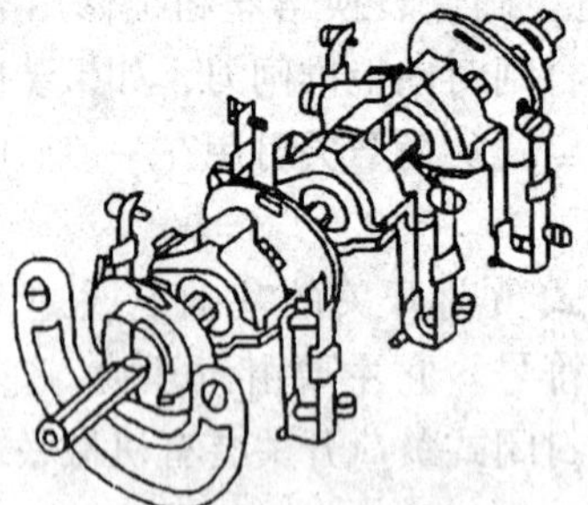

a) 结构

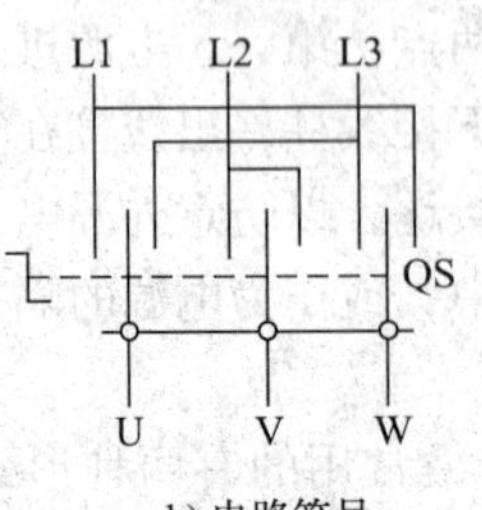

b) 电路符号

图 6—33　倒顺开关

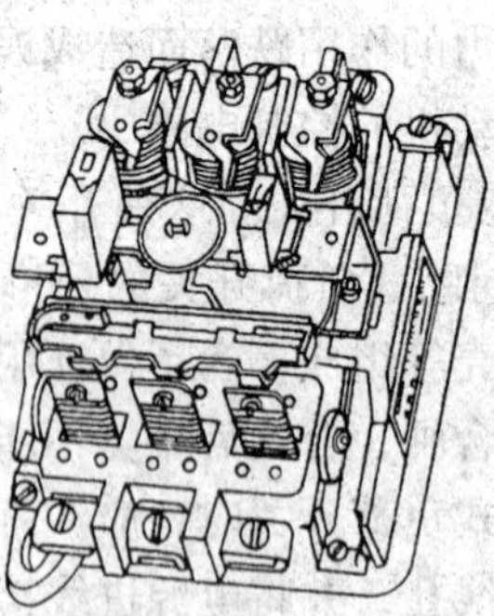

a) 结构

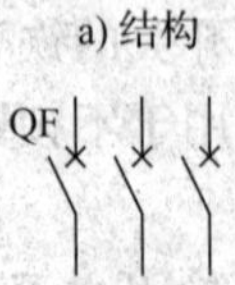

b) 电路符号

图 6—34　断路器

断路器的主要保护装置是电磁脱扣器、欠电压脱扣器和热脱扣器。电磁脱扣器主要用作短路保护；欠电压脱扣器用作欠电压（零电压）保护；热脱扣器用于过载保护。

断路器与刀开关和熔断器相比，具有安装方便、操作安全的特点。它在短路故障排除后就可使用，不需更换熔体，它能自动地同时切断三相主电路，可靠地避免电动机的断相运行。所以断路器在机床电气中得到广泛应用。

2. 熔断器

熔断器是配电电路及电动机控制线路中用作过载或短路保护的电器。熔断器串联在被保护的线路中，当线路或用电设备发生短路或过载时，能在线路或设备尚未损坏之前及时熔断，使设备与电路断开，起到保护供电线路的作用。

熔断器按结构形式分为瓷插式和螺旋式两种。

（1）瓷插式熔断器。其结构由瓷盖、瓷座、动触头、静触头及熔丝五部分组成，如图 6—35 所示。瓷座中部有一空腔，与瓷盖的凸出部分组成灭弧室。60 A 以上的瓷插式熔断器空腔中还垫有编织石棉，用以加强灭弧功能。

（2）螺旋式熔断器。螺旋式熔断器由上接线端、底座、下接线端、瓷套、熔断管及瓷帽六部分组成，如图 6—36 所示。

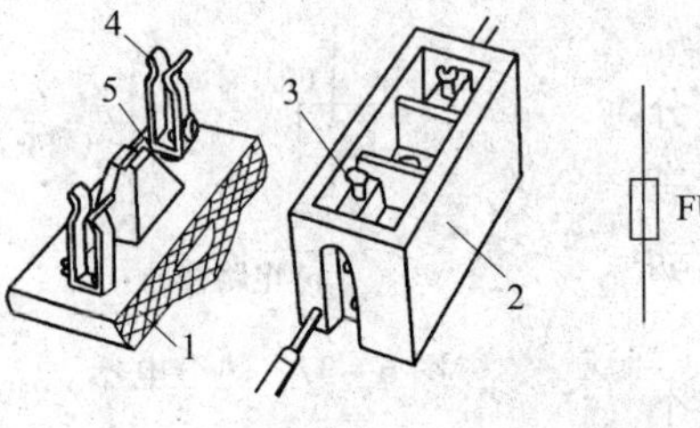

a) 结构　　b) 电路符号

图 6—35　瓷插式熔断器

1—瓷盖　2—瓷座　3—静触头

4—动触头　5—熔丝

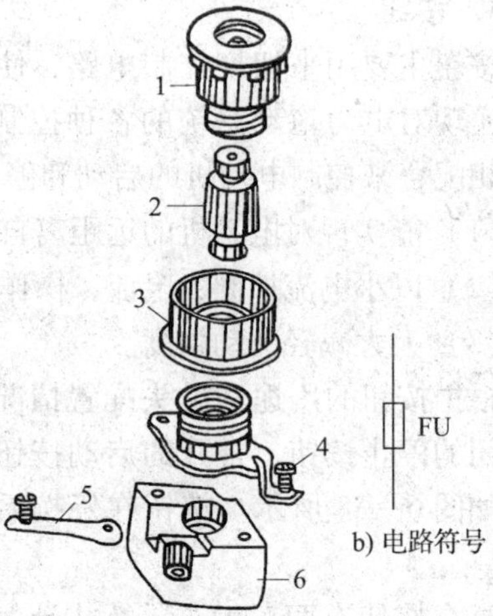

a) 结构　　b) 电路符号

图 6—36　螺旋式熔断器

1—瓷帽　2—熔断管　3—瓷套

4—上接线端　5—下接线端　6—底座

熔断器的主要元件是熔体。熔体的主要技术参数有额定电流和熔断电流。额定电流是指长时间通过熔体而不熔断的最大电流；熔断电流是指线路中不能较长时间维持的电流，否则熔体会很快熔断。

（3）熔断器的选择

1）熔体额定电流的选择。对电炉、照明电路等电阻性负载电路，熔体的额定电流应稍大于负载的额定电流；对电动机负载电路，熔体的额定电流应等于1.5～2.5倍电动机的额定电流。

2）熔断器的选择。熔断器的额定电压必须大于或等于线路的工作电压；熔断器的额定电流必须大于或等于所装熔体的额定电流。

3. 交流接触器

接触器是用来接通或切断交直流主电路及大容量控制电路的自动控制电器。它具有手动切换电器不能实现的自动切换功能，工作可靠，寿命长。适用于频繁操作和远距离控制。接触器虽然有较强的接通和分断负载电流的能力，但本身不具备短路保护和过载保护功能，因此，在电动机控制线路中，必须与熔断器、热继电器配合使用。

接触器按主触头通过电流的种类，可分为交流接触器和直流接触器两种。

4. 热继电器

热继电器是利用电流的热效应对电动机或其他用电设备进行过载保护的控制电器。热继电器主要由热元件、触头、动作机构、复位按钮和整定电流调节按钮等组成，其外形、结构和电路符号如图6—37所示。

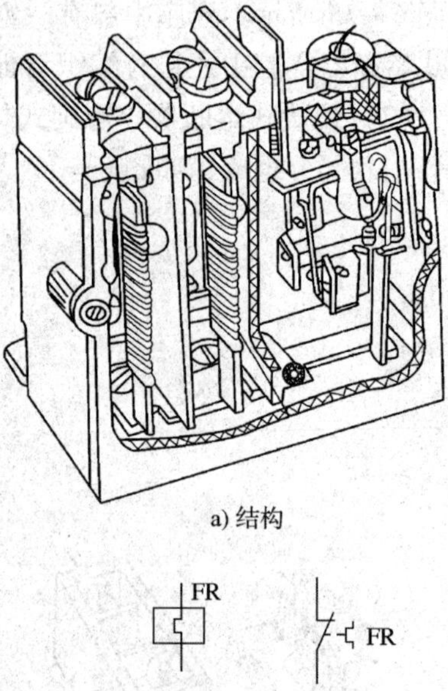

a) 结构

b) 电路符号

图6—37　热继电器

5. 按钮

按钮主要用来切换控制电路，使电路接通或分断，实现对电力拖动系统的各种控制。用按钮和接触器相配合来控制电动机的启动和停止有如下优点：

（1）能实现对电动机的远距离自动控制。

（2）以小电流控制大电流，操作安全可靠。

（3）大大减轻劳动强度。

根据按钮的用途和触头配置情况，可把按钮分为常闭的停止按钮、常开的启动按钮和复合按钮三种，如图6—38所示。按钮在停按后，一般能自动复位。

复合按钮有两对触头，桥式动触头和上部两个静触头组成一对常闭触头，另外还与下部两个静触头组成一对常开触头。按下按钮时，桥式动触头向下移动，先分断常闭触头，后闭合常开触头；停按后，在弹簧作用下自动复位。复合按钮若只使用其中一对触头，即成为常开的启动按钮或常闭的停止按钮。

6. 行程开关

行程开关又称位置开关或限位开关，是一种小电流的控制电器。

行程开关的结构形式很多，按其动作及结构可分为按钮式（直动式）、旋转式（滚轮式）、微动式三种，如图6—39所示。

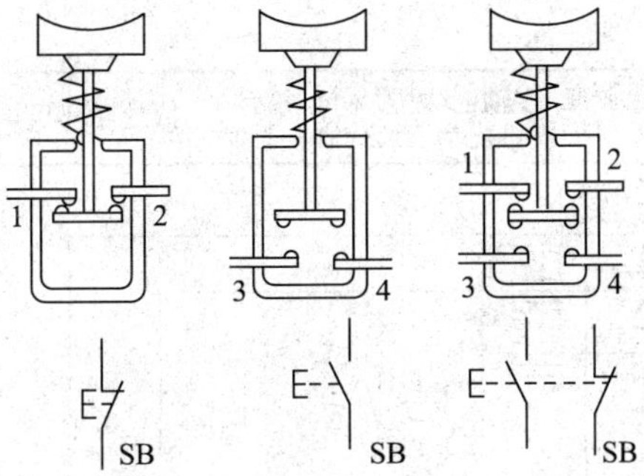

a) 停止按钮　b) 起动按钮　c) 复合按钮

图 6—38　按钮

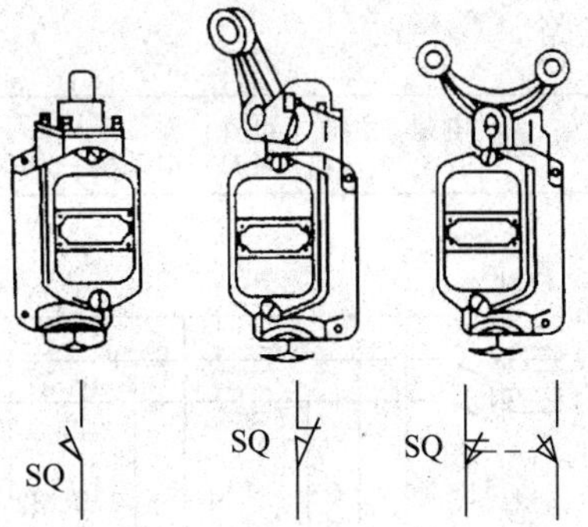

a) 按钮式　b) 旋转式　c) 微动式

图 6—39　行程开关

行程开关一般是由操作头、触头系统和外壳三部分组成。操作头接受机械设备发出的动作指令和信号，并将其传递到触头系统。触头系统将操作头传递的指令或信号变为电信号，输出到有关控制电路，进行控制。

行程开关是利用生产设备上某些运动部件产生的机械位移碰撞操作头，使其触头动作，从而将机械信号转换成控制信号，以接通和断开其他控制电路，从而实现机械运动的电气控制功能的。通常情况下，它用于限制机械运动的位置或行程，使运动机械实现自动停止、反向运动、自动往返运动、变速运动等控制要求。例如，常在刨床、行车等控制线路中用作限位。

二、电气控制线路原理图的有关知识

1. 电气控制线路原理图常用图形符号及文字符号

工作机械的电气控制线路可用电气原理图来表示，原理图是用图形符号、文字符号和线条表明各个元器件的功能及其连接关系的示意图。

原理图的一个重要特征是将元器件以图形符号和文字符号的形式出现在图上。原理图上的符号必须采用国家最新颁布的《电气简图用图形符号》和《电气技术中的文字符号制定通则》中所规定的图形符号和文字符号来绘制。因此，在识读电气原理图前必须熟悉、理解国家标准《电气简图用图形符号》和《电气技术中的文字符号制定通则》，需要时应随时查阅。

2. 电气控制线路的组成

工作机械的电气控制线路由动力电路、控制电路、信号电路和保护电路等组成。

动力电路是指由电网向电动机供电的电路，也称为主电路。控制电路是指操纵工作机械和电动机、电磁铁等设备的电路，如控制电动机的启动、变速、制动等，同时也对电动机等动力设备起到保护作用，控制电路与主电路之间有着密切的信号联系。信号电路是指示工作机械的动作或状态的电路，如各类信号指示灯、声响报警器电路等。保护电路指接地安全装置，如 PE 板、接地导线等。

如图 6—40 所示为 CA6140 型卧式车床电气控制线路图，其中编号 2、3、4 所对应的是主电路；5、6、7、8、9 所对应的是控制电路；10 是信号电路，图中的 PE 板是保护电路。

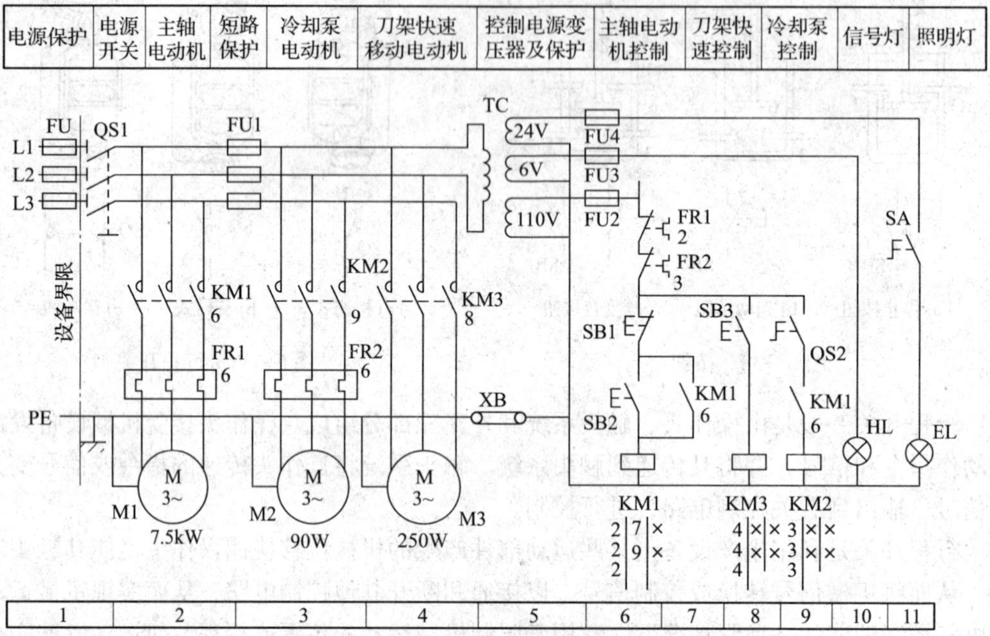

图 6—40　CA6140 车床电气控制线路

第六节　电流表和电压表

电工测量中最基本的电量是电压与电流。测量时主要使用的仪表是电流表、电压表以及万用表。本章主要介绍几种代表性的仪表。

一、电流表

测量电流用的仪表称为电流表。在测量电流时，必须将电流表与待测电路相串联，因为串联电路中电流处处相等。由于电流表本身总有一定内阻，串联接入被测电路后，电路总的有效电阻将会增加，这就改变了电路原来的工作状态，从而产生一定的测量误差。为了减小测量误差，要求电流表内阻尽量小，小到与负载阻抗相比可以忽略不计。

根据电流的种类和被测电路的性质，需要不同结构的仪表，本节介绍以下几种电流表的特点及使用范围。

1. 磁电系电流表

磁电系测量机构由于具有测量准确度高、灵敏度高、功耗小及标尺刻度均匀等优点，在直流电流和电压的测量过程中得到广泛应用。

（1）基本特点

1）刻度均匀，便于准确读数。

2）准确度高，灵敏度高。

3）功率消耗较小。由于测量机构内部通过的电流很小，所以仪表消耗的功率也很小。

4）过载能力小。

5）只能测量直流。

（2）注意事项。根据磁电系仪表的特点，使用时应注意以下几点：

1）只适合测量小电流的直流电路，若需要测量较大的直流电流时，则需加分流电阻或专用分流器来扩大电流表的量程，否则将烧坏游丝。

2）在接线时一定要注意正负极性。通常在仪表的端子上都标注有“+”“-”符号，当接入被测电路时，必须按端子上的极性进行接线，一旦接反将使指针反向偏转，造成指针撞弯甚至损坏。

2. 电磁系电流表

电磁系测量机构具有结构简单、坚固可靠、成本较低、便于制造以及可以实现交、直流两用等优点，在电工测量中已得到极为广泛的应用。

（1）基本特点

1）标尺刻度不均匀。

2）过载能力强。

（2）注意事项

1）既可用于测量直流电流，又可用于测量交流电流。

2）常制成 200 A 以下的单量程安装式仪表。

二、电压表

电压表用于测量电压。为了测量电路中某两点间的电压，电压表必须与被测电路并联，因为并联负载两端的电压相等，接线如图 6—40 所示。为了使电压表连接后不致影响原电路的工作状态，电压表的内阻要尽量大，一般为负载阻抗的 100 倍以上，以免由于电压表的连接而使被测电路的电压发生变化，造成测量误差。

在进行电压测量时，通常采用如图 6—41a 所示的连接方法。若欲扩大电压表的量程，在直流电路中通常与电压表串联一个高阻值的附加电阻 R，如图 6—41b 所示；在交流电路里则采用电压互感器连接，如图 6—41c 所示。这两种方法都可以使较高的被测电压按一定的比例变换成电压表所能承受的电压，从而扩大电压表的量程。

常用的电压表有磁电系和电磁系两种。

1. 磁电系电压表

（1）基本结构。因为磁电系测量机构的表头只允许通过很小的电流，所以用它只能直接测量几十至几百毫伏的电压。要使其适合各种电压的测量，可采用附加电阻与磁电系测量机构串联而制成的磁电系电压表，如图 6—42 所示。

（2）注意事项。在面板上有“⋂”符号。

1）只能够测量直流电压。

2）要注意端子的“+”“-”极性。

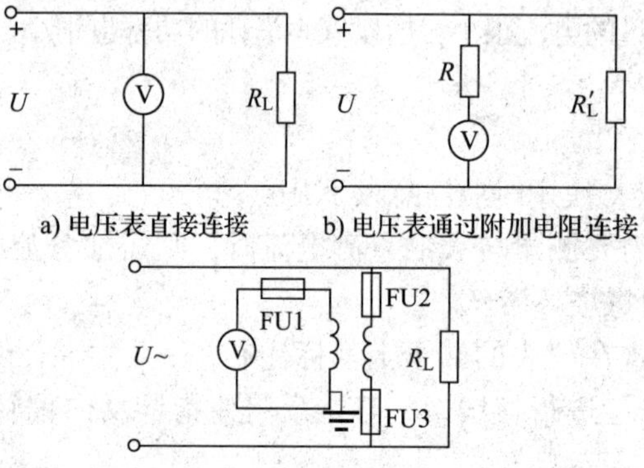

a) 电压表直接连接　b) 电压表通过附加电阻连接

c) 交流电压表通过电压互感器连接

图 6—41　电压表连接图

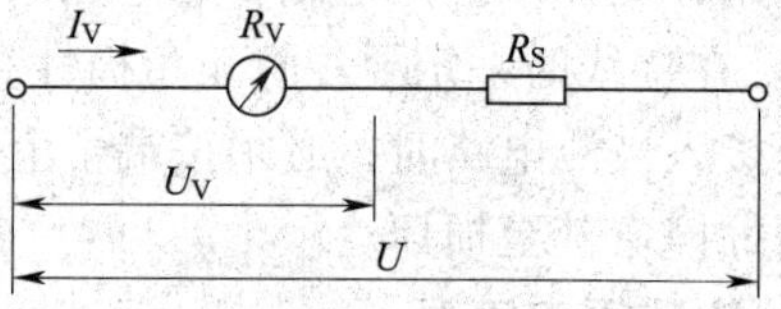

图 6—42　用附加电阻扩大电压表量程

2. 电磁系电压表

（1）基本结构。电磁系电压表由电磁系测量机构串联附加电阻构成。因为流过电压表固定线圈的电流很小，所以可用很细的漆包线绕制。电磁系电压表与电流表一样，标尺分度是不均匀的，但有较强的过载能力，因此被广泛应用。一般制成单量程安装仪表，量限最大可达 600 V。测量更高的交流电压应与电压互感器配合使用，如图 6—41 所示；也可制成便携式多量程电压表。

（2）注意事项。面板上标为“ ”的符号。

1）既可用于测量直流电压，又可用于测量交流电压。

2）在便携式多量程时，要注意公共端“ * ”和“U_1”“U_2”等端钮的配合使用。

单元 6

思　考　题

1. 什么是电路？它由哪几部分组成？各部分起什么作用？

2. 某灯泡上标有“220 V、40 W”表示什么意思？如果将此灯接在 110 V 电源上，此时该灯的功率是多少？

3. 额定值分别为 220 V、60 W 和 110 V、40 W 的白炽灯各一只。问：

（1）把它们串联后接到 220 V 电源上时哪只灯亮？为什么？

（2）把它们并联后接到 48 V 电源上时哪只灯亮？为什么？

4. 试判断下列结论是否正确并说明原因

（1）磁力线永远是从磁体的 N 极出发，终止于 S 极。

（2）产生感应电流的唯一条件是导体做切割磁力线的运动或线圈中的磁通量发生变化。

（3）感应磁场的方向总是和原磁场的方向相反。

（4）感应电动势是由于线圈中流过恒定电流引起的。

5. 在图 6—43 中，根据电流方向或磁场方向标出磁极极性或电源的正负极性。

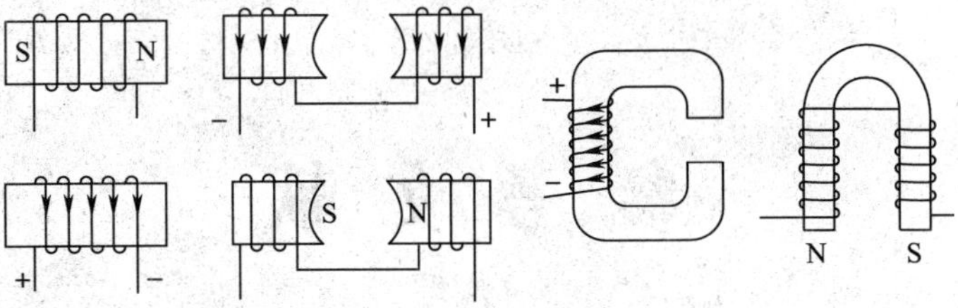

图 6—43　思考题 5 题图

6. 什么叫交流电的频率、周期、角频率？它们的关系怎样？

7. 三相负载有几种接法？当三相不对称负载作星形联结时中性线能否去掉？

8. 让 10 A 的直流电流和最大值为 12 A 的交流电流分别通过阻值相同的电阻。问在同一时间内，哪个电阻的发热量大？为什么？

9. 三相异步电动机的用途是什么？它主要由哪几部分组成？各部分的作用是什么？

10. 当旋转磁场形成后，三相异步电动机的转子是如何旋转起来的？

11. 电力制动有哪些形式？简述制动原理。

12. 电流表在测量电流时，应如何与被测电路连接？对电流表的内阻有什么要求？

13. 电压表在测量电压时，应如何与被测电路连接？对电压表的内阻有什么要求？

14. 使用万能表测量电阻时要注意哪些事项？

参 考 文 献

[1] 曾仿颐. 中国机械检查工培训教材. 北京：机械工业出版社，1992

[2] 雷萍. 国家职业资格培训教程（机械加工通用基础知识）. 北京：中国劳动社会保障出版社，2006

[3] 陈宏钧. 简明机械加工工艺手册. 北京：机械工业出版社，2007

[4] 马智贤. 实用机械加工手册. 沈阳：辽宁科学技术出版社，2002

[5] 梁国明. 制造业质量检验员手册. 北京：机械工业出版社，2003

[6] 刘承启. 简单检验工手册. 北京：机械工业出版社，2005

[7] 梁国明. 机械工业质量检验员手册. 北京：机械工业出版社，1993

[8] 石坚中. 机械工业质量检验和质量监督人员培训教材. 北京：机械工业出版社，1998

[9] 张维德. 质量管理个人读本. 北京：机械工业出版社 ，2009

[10] 张维德. 机械工业质量管理教程. 北京：机械工业出版社 ，2008

[11] 朱林林，顾凌云. 机械制图（第 2 版）. 北京：北京理工大学出版社，2009

[12] 李杨. 公差配合与技术测量. 长春：吉林大学出版社，2009

[13] 徐茂功. 公差配合与技术测量. 北京：机械工业出版社，2009

[14] 杨建群. 模具材料与热处理. 西安：西安地图出版社，2008

[15] 张继世. 机械工程材料基础. 北京：高等教育出版社，2005

[16] 邓昭铭，张莹. 机械设计基础（第 2 版）. 北京：高等教育出版社，2000

[17] 赵中云. 测量与机械零件测绘. 北京：机械工业出版社，2009

[18] 杨翠敏. 电工常识. 北京：机械工业出版社，2010